前进和发展中的能源研究所

—— 国家发展和改革委员会能源研究所建所 30 年优秀研究成果汇编

能源研究所 编

中国环境科学出版社·北京

图书在版编目(CIP)数据

前进和发展中的能源研究所 / 能源研究所编. —— 北

京:中国环境科学出版社,2012.12

ISBN 978 – 7 – 5111 – 1118 – 0

Ⅰ. ①前…　Ⅱ.①能…　Ⅲ.①能源 — 科技成果 — 汇编

— 中国　Ⅳ.①TK01 – 12

中国版本图书馆 CIP 数据核字(2012)第 216639 号

责任编辑	高　峰
责任校对	扣志红
封面设计	兆远书装

出版发行	中国环境科学出版社
	(100062　北京东城区广渠门内大街 16 号)
	网　　址:http://www.cesp.com.cn
	联系电话:010 – 67112765(编辑管理部)
	010 – 67112739(第三图书出版中心)
	发行热线:010 – 67125803,010 – 67130471(传真)
	印装质量热线:010 – 67113404
印　　刷	北京东海印刷有限公司
经　　销	各地新华书店
版　　次	2012 年 12 月第 1 版
印　　次	2012 年 12 月第 1 次印刷
开　　本	787 × 1092　1/12
印　　张	34 彩插 24
字　　数	700 千字
定　　价	118.00 元

前　言

　　能源研究所是上世纪我国改革开放初期由中央机构编制委员会办公室批准成立的，至今已走过了 32 年的历程。30 多年来，能源研究所一代又一代的科研人员不畏艰辛，辛勤耕耘，为我国改革开放和能源宏观决策提供咨询服务，取得了值得骄傲的成绩。为了总结其中的优秀成果，我们特此编辑出版"国家发展和改革委员会能源研究所建所 30 年优秀研究成果汇编"。

　　该"优秀研究成果汇编"主要收集整理了近 10 年来我所获得国家一等奖、二等奖、三等奖，省部级一等奖、二等奖、三等奖或相当的科研课题成果，充分展示我所从建所以来经过长期不懈地努力、逐步形成的研究领域，即在能源经济与发展战略、能源效率、可再生能源、能源环境与气候变化、能源系统分析等领域的研究成果。

　　"优秀研究成果汇编"分为三部分。第一部分为科研课题篇，介绍我所来自横向、纵向的，获得优秀研究成果的项目；第二部分为基础课题篇，介绍此类课题获奖的项目。基础课题是我国财政部支持宏观经济研究而设立的研究项目，是专门用于 40 岁以下的有发展前途、有望成为学科带头人的青年科研骨干。2006 年之前，此类课题称为基础性课题，2006 年之后，称为基本科研业务费专项课题。自 2005 年以来，我所承担此类课题 20 多项，这里刊登获奖的 9 项；第三部分为优秀调研报告篇，介绍我所获得此类奖励的项目。优秀调研报告是国家发展和改革委员会宏观经济研究院为鼓励科研人员深入基层调研、为国家宏观决策提供更为翔实的研究成果而设立的奖项，分为国内优秀调研报告与境外优秀调研报告两部分。这里刊登我所获得优秀调研报告 13 篇。

　　"优秀研究成果汇编"是我所建所 30 多年来优秀研究成果的一次集中展示，记录了这一时期我所科研人员付出的努力与取得的辉煌成果，具有纪念意义。不言而喻，书中尚有许多不足，欢迎提出宝贵意见。

国家发展和改革委员会能源研究所所长

2012 年 12 月 10 日

目　录

科研课题篇

基础课题篇

优秀调研报告篇

科研课题篇

我国实施节能优先战略重大问题研究

韩文科 江冰 郁聪 安丰全 白泉 姜克隽 熊华文 田智宇 朱跃中 吴瑞鹏

1 获奖情况

本课题获得 2010 年度国家能源局软科学优秀研究成果三等奖。

2 本课题的意义和作用

本课题研究是受原国家能源领导小组办公室委托,由国家能源局战略和规划司组织完成的国家中长期能源战略研究的重点子课题之一。课题成果还被引用到国家工程院中长期(2030—2050 年)能源战略研究中。课题成果为我国能源战略的制定提供了重要依据。研究报告坚持了分析方法和数据基础的客观性和科学性,成为推动我国能源可持续发展,支撑国家制定积极的节能降耗目标,完善节能政策法规的有力的基础依据之一。

本课题研究结果的具体应用包括:为国家制定应对气候变化 2020 年目标提供技术支撑。作为制定 2020 年碳排放强度下降 40% ~ 45% 的依据之一。作为制定"十二五"节能降耗 16% 目标的技术依据之一。研究结果被引用作为重要依据,客观判断全国和各地方的节能潜力,纠正某些地方节能潜力估计过低的倾向,保持了积极的节能目标。国家节能降耗目标每实现一个百分点,相当于节约能源约 4 500 万 tce,直接经济效益十分显著。

推动制定积极的节能降耗目标,除了直接节约巨大的能源消耗成本以外,还有节约大量能源和交通基本设施建设成本,节约环境外部成本和治理成本,促进产业升级,促进科技发展等重大经济和社会效益。

3 本课题简要报告

早在 20 世纪 80 年代改革开放初期,中国政府为了解决能源供应短缺问题就首次提出了节能优先方针,从此经历了三个阶段的变化,即以应对能源紧缺为目的,过渡到满足经济社会可持续发展的需要,直到成为落实科学发展观、转变经济发展方式的重要手段,成为保障中国能源供需平衡的重要前提,成为建设资源节约型、环境友好型社会和建设生态文明的核心要求,成为响应国际能源形势和共同应对全球气候变化的必然选择。

3.1 总体思路

3.1.1 节能优先的概念

节能优先,是一种全新的能源发展道路乃至经济发展道路的选择。节能优先不仅是在能源开发和节约之间更强调节约能源的重要意义,其更深刻的含义是采用全新的发展思路,在经济社会发展中,坚持以更小的资源环境代价、更集约高效的能源利用方式,获得更高的能源经济效益;坚持以资源的可持续利用、人与自然的协调发展、经济增长对能源投入的更低依赖,作为选择经济发展方式和评判经济发展质量的重要准则。

节能优先,是满足社会经济发展、生活水平不断提高的需要,是以保障能源安全、保护生态环境为目标,采用综合政策、措施,建立以节能为前提的能源发展体系乃至社会发展体系。

节能优先,意味着在国家发展战略、体制机制环境、经济增长模式、基本经济结构、产业组织形式、要素投入结构、能源开发利用以及进出口结构、消费模式等国民经济和社会发展的全过程,全面体现推动能源节约和高效利用,增强国家可持续发展能力的优先地位和战略地位。

节能优先与促进国民经济又好又快发展是紧密相连、有机统一的,节能优先战略是又好又快发展理念在能源领域的具体体现和基本要求。"优先"二字体现了"好"字当头,要求摒弃单纯追求快速增长的观念,坚持质量、效益、结构和发展的可持续性,以节能要求实现对单纯"快"的制约;同时,"优先"并不代表限制发展、禁止发展,而是在发展基础上的"优先",也只有快速发展才能蓄积国力以解决发展中的问题和矛盾,为切实"优先"奠定基础、创造条件。从某种意义上说,在节能优先基础上的快速发展就是"又好又快"的发展,是质量与速度统一、经济增长与资源约束协调的可持续发展。

节能优先不仅是能源问题,更是经济发展问题,还是社会变革问题。节能优先要求在思想意识、发展模式、体制机制、法律政策规范、技术创新、消费模式、行为准则等经济社会发展的各个方面进行变革。这种变革,是生产、生活方式的变革,是价值观念和社会文明的变革。节能优先不仅对中国未来的能源发展道路起着决定性作用,而且对未来经济发展切实转入可持续发展轨道具有指导作用,对构建和谐社会、建设和谐世界具有深远影响。

3.1.2 实施强化节能优先战略的总体思路

实施强化节能优先战略的基本思路,是要在节能优先战略的基础上,通过设定合理的社会发展目标,调控能源消费总量;建立更加严格的能效准入制度,进一步优化经济结构;大幅度提升主要行业的整体技术水平,全面提高家用电器和其他主要用能设备的能源效率;限制煤炭的使用,优化能源结构;抑制奢侈型消费,引导科学合理的消费行为等非常规措施,实现在同一经济社会发展水平下,最大限度地提高能源利用效率,降低经济和社会发展对化石能源的依赖程度,实现人与自然协调发展的目标。

基于我国特定的历史发展阶段、基本国情和国际经验,实施节能优先战略应把握"三个坚持"原则:

一是坚持开发与节约并举、节能优先。要将节约能源纳入能源发展规划,真正把节能作为最清洁的能源资源,统筹安排,优先开发,并在产业政策、投资政策、信贷政策等方面予以优先支持。

二是坚持节能以优化配置能源资源为核心。政策措施要着眼于调控和引导能源资源以及其他经济资源更多地流向能源投入产出比较高的经济领域,同时限制和约束低能源投入产出比的经济部门盲目扩张,以节能促经济发展方式的转变,力求以合理的能源消费增长支持经济良性健康发展。

三是坚持以节能促进科学发展。要以推进节能为契机,在研发、工程示范、推广应用诸环节大力加强节能技术进步支持政策,强力推动节能科技创新和产业化应用,发展高技术产业、节能产业,构建节能型产业体系,大力提升国民经济竞争力,以节能促进经济科学发展。

同时,还要在实施的过程中以统筹协调为根本方法,做到"四个结合":

一是注重发挥市场节能机制作用与实施政府节能宏观调控相结合。在节能管理模式上既要注重加强节能宏观调控,强化政策导向,同时也要注重发挥市场节能机制作用,努力营造有利于节能的体制环境、政策环境和市场环境。

二是注重依法管理与政策激励相结合。要注重加强节能法律法规、基本和重大节能制度建设,依法开展节能管理,依法规范和约束企业和社会全体的能源消费行为,加强和完善节能财税和价格政策,引导和鼓励企业和社会居民节能。

三是注重突出重点与全面推进相结合。除重点抓好工业节能外,还要注重工业、建筑、交通领域节能工作的全面推进。特别要重视建筑、交通用能的增长趋势以及在全社会能源消费总量中地位的变化。在工业部门中,重点抓重点耗能行业、重点用能企业,但也不可忽视中小工业企业节能。

四是注重源头控制与存量挖潜相结合。要通过强化能效标准和行业规范的贯彻执行,对主要耗能产品、设备、新增生产能力和生活能力项目建设实行严格源头控制,提升主要用能设备和行业的能效水平。同时,下大力气全面、深入地开展节能技术改造,挖掘既有生产能力的节能潜力。

3.2 战略目标

3.2.1 总体战略目标

我国节能优先战略的总体目标是:以全面建设小康社会、开创中国特色社会主义事业、建设资源节约型和环境友好型社会为目标,形成节约能源资源和保护生态环境的产业结构、发展方式和消费模式,构建起具有中国特色社会主义的、满足经济社会发展需要的、资源环境代价尽可能小的、体现先进文化和生态文明的科学社会发展体系;能源消费增长保持较低速度,能源消费弹性系数长期维持较低水平;建立以节约资源为特征的现代产业体系,实现在装备和技术创新上的国际领先;显著降低单位 GDP 能耗,争取尽快达到世界先进水平(见图1)。

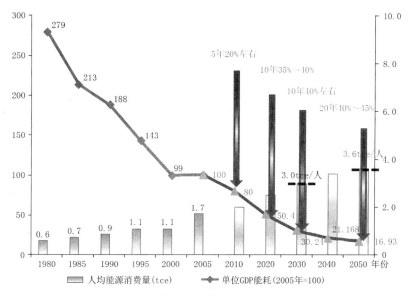

图1 节能优先战略的阶段目标

具体战略目标如下:

(1)2010 年前,确保年均单位 GDP 能耗下降 4% 左右,5 年累计降低 20% 左右,基本实现"十一五"期间节能目标;同时逐步转变经济发展方式和产业结构,充分研究、试行各类节能政策,淘汰低效落后生产能力,大力研发具有自主知识产权的节能技术和装备,为"节能优先"战略的实施打下扎实基础。

(2)2010—2020 年,进一步转变经济发展方式和产业结构,实现信息、生物、新材料、航空航天、海洋等产业和现代服务业的快速发展,大规模应用各种节能技术、装备,初步建成节能优先的生产和消费体系;确保单位 GDP 能耗 10 年累计下降 37% 左右,比基准节能方案下降幅度快 4 个百分点,以较低的能源消费增长速度支撑国民经济的快速发展和工业化的基本完成。

(3)2020—2030 年,实现经济发展方式和产业结构的彻底转变,以世界先进的能耗水平完成工业化和城市化的进程;确保单位 GDP 能耗 10 年累计下降 39% 左右,比基准节能方案下降幅度

快 7 个百分点,实现能源与经济、社会、资源、环境协调发展。

(4)2030—2050 年,将我国建成为具有世界领先水平重大节能技术、装备的输出国,确保单位 GDP 能耗 20 年累计下降 44%,比基准节能方案下降幅度快 2 个百分点。2050 年比 2005 年单位 GDP 能耗降低 80% ~ 85%,以远低于目前发达国家的能耗水平支撑我国步入中等发达国家的行列。

(5)2030 年以人均能源消费量约 3 tce / a,比基准节能优先方案的人均能源消费水平低 17% 的世界高能效水平保证基本完成工业化。2050 年在人均 GDP 实现中等发达国家水平约 2 万美元时,人均能源消费量约 3.6 tce / a,也将比基准节能方案的人均能源消费水平低 18%。

3.2.2 强化节能优先战略目标下的宏观经济目标

强化产业和工业结构的调整和优化

切实从过去 30 年经济增长主要依靠第二产业带动转变为依靠第一、第二、第三产业协同带动。在基准节能优先方案的基础上,进一步优化三次产业结构,第三产业比重以每年 0.5 个百分点的速度提高,2020 年工业化完成时第三产业比重达到 49%,2030 年城市化进程基本完成时第三产业比重达到 55%,2050 年基本形成后工业化的典型产业结构特征,第三产业比重达到约 65%;比基准节能优先方案基本高 2% ~ 2.5%。2020 年、2030 年和 2050 年工业占 GDP 的比重分别为 40%、37% 和 29%(见表1),分别比基准节能方案低 1.3% ~ 1.5%。

表1   2005—2050 年产业结构

单位:%

	2005 年	2010 年	2020 年	2030 年	2040 年	2050 年
第一产业	12.2	9.73	6.75	4.99	4.0	3.7
第二产业	47.7	46.80	44.60	40.56	35.38	31.27
工业	42.2	41.58	40.06	36.78	32.34	28.69
建筑业	5.5	5.22	4.54	3.79	3.04	2.58
第三产业	40.1	43.47	48.65	54.45	60.58	65.06

调整工业内部结构,在科技创新的前提下,推动与航空航天、大型能源设施、数控机床、第三代移动通信、高速列车、重大技术装备制造等领域相关的高新技术、高加工度、高附加值行业的发

展,降低以原材料开采和初加工为特征的采掘业在工业结构中的比重,降低工业增长对钢铁、有色金属、建材等高耗能原材料的依赖度,实现工业结构的优化。2020 年、2030 年和 2050 年,高加工度制造业比重分别达到 41%、49% 和 59%,分别比基准节能方案高 2.4% ~ 3.8%(见表 2,表 3)。

表 2　2005—2050 年工业内部构成

单位:%

	2005 年	2010 年	2020 年	2030 年	2040 年	2050 年
轻工业	21.3	20.39	18.91	18.37	16.79	16.13
能源原材料基础工业	50.6	47.56	39.98	33.08	28.00	24.54
高加工度制造业	28.1	32.05	41.11	48.55	55.22	59.33

表 3　工业增加值构成

单位:%

	2005 年	2010 年	2020 年	2030 年	2040 年	2050 年
工业增加值构成	100.0	100.0	100.0	100.0	100.0	100.0
煤炭开采和洗选业	5.1	4.7	3.2	2.3	1.9	1.7
石油和天然气开采业	6.2	4.2	2.3	1.5	1.1	0.8
黑色金属矿采选业	0.8	0.8	0.6	0.4	0.3	0.3
有色金属矿采选业	0.8	0.7	0.6	0.5	0.4	0.3
其他采矿业	0.5	0.5	0.4	0.3	0.2	0.2
食品制造及烟草加工业	9.7	9.4	8.8	8.9	7.5	6.9
纺织业	4.4	4.2	3.8	3.3	3.0	2.8
服装、皮革、羽绒及其制品业	3.2	3.0	2.6	2.4	2.3	2.2
木材加工及家具制造业	1.2	1.2	1.2	1.2	1.2	1.2
造纸及纸制品业	1.6	1.5	1.3	1.2	1.1	1.0
印刷业和记录媒介的复制	0.6	0.7	0.7	0.7	0.9	0.9
文教体育用品制造业	0.5	0.5	0.5	0.6	0.9	1.1
石油加工、炼焦及核燃料加工业	2.7	2.5	2.2	1.9	1.5	1.3
化学原料及化学制品制造业	6.0	5.6	4.8	3.7	2.8	2.3
医药制造业	2.1	2.0	2.1	2.2	2.5	3.0
化学纤维制造业	0.7	0.6	0.6	0.5	0.5	0.5
橡胶制品业	0.8	0.9	1.0	1.0	0.9	0.8

	2005 年	2010 年	2020 年	2030 年	2040 年	2050 年
塑料制品业	1.7	1.8	1.9	1.9	1.9	1.8
非金属矿物制品业	3.8	3.5	2.9	2.3	1.8	1.5
黑色金属冶炼及压延加工业	7.9	8.0	6.8	5.1	3.9	3.1
有色金属冶炼及压延加工业	2.6	2.6	2.1	1.5	1.1	0.9
金属制品业	2.3	2.4	2.3	2.0	1.6	1.3
机械设备制造业	6.3	7.4	9.5	11.1	12.8	13.4
交通运输设备制造业	5.2	6.0	7.5	8.8	9.9	10.5
电气机械及器材制造业	4.9	5.5	7.3	8.8	9.9	10.5
通信设备、计算机及其他电子设备制造业	7.8	9.0	12.2	14.6	16.8	18.2
仪器仪表及文化、办公用机械制造业	1.0	1.2	1.6	2.0	2.2	2.4
其他制造业	0.9	0.9	1.0	1.1	1.2	1.2
电力、热力的生产和供应业	8.2	8.3	7.5	7.3	7.0	6.9
燃气生产和供应业	0.2	0.2	0.3	0.3	0.4	0.4
水的生产和供应业	0.4	0.4	0.4	0.4	0.4	0.4

3.2.3　强化节能优先战略目标下的技术经济目标

3.2.3.1　建设现代化高能源密度产业体系

坚持以满足国内需求为主的方针,通过科学引导消费需求,有效抑制主要高耗能产品产量的过快增长。钢产量控制在 6 亿 t 左右,峰值产量在 2020 年左右,2030 年产量目标值为 5.6 亿 t,2050 年 3.6 亿 t 左右。水泥产量不超过 16 亿 t,在 2020 年左右达到峰值,2030 年目标产量为 15.7 亿 t,2050 年为 9 亿 t 左右。主要高耗能产品的产量目标值详见表 4。

对新增产能要制定更为严格的技术和能效准入标准,对基础较好的已有制造业产能实施大规模技术改造,淘汰落后低效的产能;尽快对主要高耗能行业的整体技术装备水平实施节能技术改造,全面提升能源效率水平。

努力做到 2020 年水泥、平板玻璃、砖瓦、烧碱、乙烯、造纸、合成氨等行业的单位产品能耗强度比 2005 年下降 1/4 左右,2030 年比 2005 年下降 1/3 左右;2020 年粗钢、电解铝、铜、电石、纯碱

表 4　主要高耗能产品产量情景

产品	单位	2005 年	2020 年	2030 年	2040 年	2050 年
钢铁	亿 t	3.55	6.1	5.7	4.4	3.6
水泥	亿 t	10.6	16	15.7	12	9
玻璃	亿重量箱	3.99	6.5	6.9	6.7	5.8
铜	万 t	260	700	700	650	460
铝	万 t	851	1 600	1 600	1 500	1 200
铅锌	万 t	510	720	700	650	550
纯碱	万 t	1 467	2 300	2 450	2 350	2 200
烧碱	万 t	1 264	2 400	2 500	2 500	2 400
纸和纸板	万 t	6 205	11 000	11 500	12 000	12 000
化肥	万 t	5 220	6 100	6 100	6 100	6 100
乙烯	万 t	756	3 400	3 600	3 600	3 300
合成氨	万 t	4 630	5 000	5 000	5 000	4 500
电石	万 t	850	1 000	800	700	400

表 5　主要高耗能产品单位能源消耗

产品	单位	2005 年	2020 年	2030 年	2040 年	2050 年
粗钢	kgce / t	760	650	564	554	545
水泥	kgce / t	132	101	86	81	77
平板玻璃	kgce / 重量箱	24	18	14.5	13.8	13.1
砖瓦	kgce / 万块	685	466	433	421	408
合成氨	kgce / t	1 645	1 328	1 189	1141	1 096
乙烯	kgce / t	1 092	796	713	693	672
纯碱	kgce / t	340	310	290	284	279
烧碱	kgce / t	1 410	990	890	868	851
电石	kgce / t	1 482	1 304	1 215	1 201	1 193
铜	kgce / t	1 273	1 063	931	877	827
电解铝	kWh / t	14 320	12 870	12 170	11 923	11 877
造纸	kgce / t	1 047	840	761	721	686

表 6　主要高耗能产品单位能源消耗下降率

单位:%

产品	2005—2020 年	2005—2030 年	2005—2050 年
粗钢	14	26	28
水泥	23	35	42
平板玻璃	25	40	45
砖瓦	32	37	40
合成氨	19	28	33
乙烯	27	35	38
纯碱	9	15	18
烧碱	30	37	40
电石	12	18	20
铜	16	27	35
电解铝	10	15	17
造纸	20	27	34

等产品的单位能耗与 2005 年相比下降 1 / 6 左右,2030 年争取做到比 2005 年下降 1 / 5 左右。经过 20 年对新增能力实施严格的能效准入制度,对落后产能的淘汰,对既有能力实施高强度的节能技术改造,2020 年钢铁和乙烯行业的整体技术水平达到世界领先水平,平板玻璃、合成氨、烧碱行业达到世界先进水平;2030 年水泥、铝、合成氨、纯碱行业整体技术、装备水平接近或达到世界领先水平(见表 5,表 6,表 7),国际竞争力显著提高。

强化节能优先方案下,2020 年粗钢和乙烯单位产品能耗的降低率比基准节能方案分别高 3.5 个百分点和 12 个百分点,2030 年水泥和电解铝的单位产品能耗降低率分别高 9 个百分点和 4 个百分点。

3.2.3.2　建立节能优先的交通运输体系

（1）优化交通运输网络

公路、铁路、航空、水运等运输方式的特点各有不同,在客运、货运中的定位也有所不同。航空运输的优点是速度快,缺点是成本高、运量有限、单位运量能耗高、易受天气影响,目前主要用于中长途客运,也有少量运力用于运输时间要求高的货物;水运特点则正

相反,优点是成本低、运量大、单位运量能耗低,缺点是速度慢和覆盖范围有限,目前主要用于通航水系沿岸的货物运输和少量客运;

表 7　主要高耗能产品单位能源消耗

产品	单位	2005 年	2020 年	2030 年	2040 年	2050 年
粗钢	kgce/t	760	650	564	554	545
水泥	kgce/t	132	101	86	81	77
平板玻璃	kgce/重量箱	24	18	14.5	13.8	13.1
砖瓦	kgce/万块	685	466	433	421	408
合成氨	kgce/t	1 645	1 328	1 189	1 141	1 096
乙烯	kgce/t	1 092	796	713	693	672
纯碱	kgce/t	340	310	290	284	279
烧碱	kgce/t	1 410	990	890	868	851
电石	kgce/t	1 482	1 304	1 215	1 201	1 193
铜	kgce/t	1 273	1 063	931	877	827
电解铝	kWh/t	14 320	12 870	12 170	11 923	11 877
造纸	kgce/t	1 047	840	761	721	686
火电	gce/kWh	350	305	287	274	264

铁路运输的优点是中长距离成本低、速度仅次于航空、运量大、单位运量能耗低,缺点是短途运输成本偏高、只能沿铁路网运行,目前是中长途货运的主力,在中长途客运中也发挥重要作用;公路运输优点是短距离成本低、灵活性强,缺点是运量小、成本和能耗较高,目前是中短途客运的主力,在货运中也发挥着重要作用。

未来我国应在全面提高交通运输能力的前提下,从节能优先的角度出发,合理优化交通运输网络。一是尽快开始大力发展铁路运输,尽早形成覆盖全国的高速、大容量铁路客货运输网络和与之配套的运输能力,并实现客货分运,在长途客运领域替代一部分航空运输,在货运领域替代相当一部分公路运输,实现煤炭、粮食、车辆等大宗货物主要靠铁路运输。二是在有通航条件的地区积极发展水路货运,替代部分公路和铁路运输。三是积极发展高速公路和航空运输网络,满足居民商务出行、旅游以及现代物流业发展的需要。

（2）发展公共交通运输

发展公共交通能够大幅降低城市内和城市间车流量,因此能够有效减少交通运输用能。一是在各主要城市圈普及城际客运轨道交通,基本取代公路和航空运输。二是在各大城市积极建设完善大规模公共交通体系,方便居民市内出行。三是综合采取财政补贴、税收调节等方式,合理控制家庭小轿车的数量和行驶里程。2030 年城际和城市客运轨道交通里程要达到约 32 000 km,2050 年要达到 50 000 km。2030 年全国特大型城市（人口 1 000 万以上）的公共交通出行占机动化出行的比重达到 70%以上,主要城市圈城际铁路完全普及,轨道交通出行占公共交通出行的比重达到 50%。

2020 年、2030 年和 2050 年全社会千人汽车保有量分别在 110 辆、160 辆和 210 辆以内。尽管汽车保有量水平远低于 2004 年 OECD 国家千人汽车保有量 580 辆的水平,但仍然要采取引导合理出行方式的措施,降低家庭汽车行驶里程,将 2005 年的 9 500 km/a 的家庭汽车出行里程降低到 2020 年的 8 600 km/a,2030 年的 8 400 km/a 和 2050 年的 8 000 km/a,实现交通用能的合理配置,引导节能型的消费方式。

（3）发展普及节能型交通技术

在铁路运输领域,增大电力机车比重,逐步扩大电气化线路范围;在风机、水泵上加装变频变速调速节电技术;在电力机车牵引供电方面使用功率因数补偿技术,广泛采用再生电力制动回收能源;在内燃机车上推广使用柴油添加剂,在铁路车站使用自动照明控制技术等。

在水路运输领域,推广使用机桨配合优化技术、自抛光油漆优化船型、润滑油电子定时螺旋喷射诸如技术、无凸轮柴油机和船舶设备综合热能系统。同时,港口方面,应在集装箱码头鼓励采用轨道式场桥代替轮胎式场桥或采用超级电容装置回收能量;在干散货码头采用皮带机双电机启动单电机运行模式;液体散货码头采用新型储罐加热器热电联产;件杂货码头在门机上安装电能回馈装置回收能量。

在公路运输领域,研究、开发和推广汽车节能技术,提高机动车燃油经济性标准,有效降低机动车油耗水平。在营运系统,积极推广天然气、混合动力、纯电动和燃料电池技术,提高车辆管理水平,减少空驶率;在家庭汽车方面,鼓励购买新能源汽车,提高节能型汽车比重。争取 2020 年小轿车每百公里平均油耗在 2005 年基础上下降 23%左右,2030 年比 2005 年每百公里平均油耗下降

36%,2050年比2005年下降55%左右。低能耗汽车(百公里油耗5.4 L以下)的比重要由2005年的16%提高到2020年的40%,2030年以后达到90%以上。

在航空运输领域,要制定符合实际情况的航路选择和飞行计划,在减襟翼着陆、无反推着陆、关车滑行以及落地油管理等方面提高技术水平。

3.2.3.3 构建节能优先的建筑发展模式

(1)控制建筑面积增长

综合采取各种措施,在保障人民群众合理的基本住房要求前提下,加大力度限制大面积住宅、别墅等的数量,有效控制人均住房面积的增长。我国人均住房建筑面积在2020年和2030年分别控制在36 m² 和38 m² 以内,2030年以后增长幅度很小,2050年人均住宅建筑面积要控制在39 m² 以内(见图2)。尽管从发达国家的经验看,随着收入水平的提高,人均住宅面积呈持续上升趋势,且人均收入水平越高,人均住宅面积越大。但是中国拥有十几亿人口和未来几十年农村劳动力快速转移的国情,要求中国必须探索一条适合中国的共同富裕的道路。控制人均住宅建筑面积的方式,是强化节能优先的特殊手段,也是中国国情下实现全面小康社会和构建和谐社会的必要选择。

加大力度改善大型公共建筑能耗现状,控制大型公共建筑的比重。到2030年大型公共建筑面积占服务业建筑面积的比重要控制在16%以内,2050年不能超过19%。

着力提高建筑物寿命,限制提前拆除寿命期内建筑,保证建筑物的使用年限不低于50年,力争每年拆除面积不超过8亿 m²,也是提高社会资源利用效率、减少能源浪费的重要手段,是强化节能优先战略的有效措施。

(2)优化节能建筑设计

普及节能和超低能耗建筑是未来建筑发展的必然趋势。在不断完善建筑节能设计标准的前提下,强化标准执行,落实实现建筑节能的技术措施;出台适合中国国情的既有建筑节能改造融资政策,力争到2030年全国城镇住宅建筑面积中的节能建筑比例由2005年的不到10%提高到55%;公用建筑面积中节能建筑的比例达到65%;2050年75%的全国城镇住宅面积都达到50%的节能设计标准,其中还有部分能够达到65%甚至75%的节能设计标准,公共建筑基本完成节能改造,节能建筑比例达95%。

总结国内外建筑节能的经验,避免盲目效仿追求时尚和超舒适度的节能建筑模式,选择适合国情的节能建筑发展道路,充分利用自然光和自然通风等方式,有效降低建筑物制冷与照明能源消耗。

推广使用先进建筑材料,提高墙体、屋顶、窗的热阻值与热惰性指标,改善采暖住宅保温隔热性能,减少房屋和管网热损失,提高供热系统能源利用水平。

(3)提高建筑采暖能效水平

随着居民生活水平的提高,采暖温度、天数、面积都有可能相应提高,采暖量有可能显著增加,必须采取措施提高建筑采暖能效水平。

首先必须优化采暖能源结构,在居民密集的城市地区大力推进集中供热,适度发展天然气分户空暖,因地制宜发展太阳能与地源热泵供暖,降低燃煤分散供暖的比例;在农村地区应积极发展太阳能与地源热泵供暖,适度发展燃煤供暖,降低生物质能功能的比例。力争实现城市燃煤供暖比例在2020年下降至50%以下,此后逐年下降;农村生物质能供暖比例2020年下降至60%,2030年下降至50%以下,2050年下降到约40%;太阳能与地源热泵供暖比例在2020年城市与农村分别达到0.5%和2%,2030年达到1.5%和14%,2050年达到3%和18%(见图3,图4)。

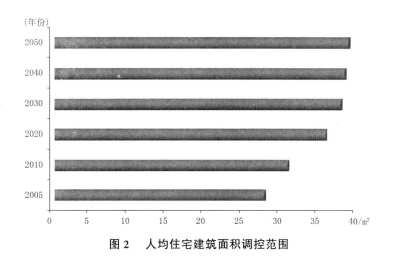

(年份)

图2 人均住宅建筑面积调控范围

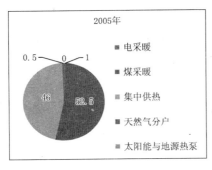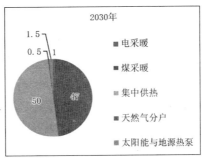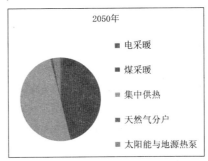

图3　2005—2050年城市居民采暖能源构成变化/%

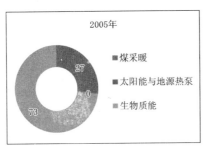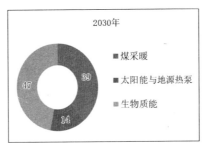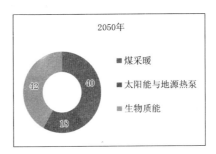

图4　2005—2050年农村居民采暖能源构成变化/%

其次要加强建筑物供暖管理,设定合理的供暖目标温度和天数,培育和完善供热市场,逐步推进供热商品化、市场化,采取按热量计费的方式收取供暖费用。

最后要提高建筑供暖装备技术水平,积极利用水力平衡、气候补偿、温控和计量等方面的先进实用技术,加大资金投入力度,加快淘汰高耗能、低效率设备,改造供热设施和管网,充分挖掘现有系统供热能力。

通过以上措施,我国建筑单位面积采暖能耗将会有显著降低。预计,北方城镇和农村居民采暖单位面积能耗2030年比2005年分别降低45%和40%,2050年在2030年基础上进一步降低30%;过渡地区城镇和农村居民采暖单位面积能耗2030年比2005年分别下降15%和30%,2050年进一步下降25%(详见图5)。

(4)推广节能型电器

在家用电器方面,随着居民生活水平提高,城镇和农村居民对各种家用电器的需求都将显著提高,电器利用时间也会上升,从而带来居民用电量的快速增长。初步测算,2030年、2050年城镇居民家用电器容量有可能分别比2005年增长接近80%和140%,而农村居民则有可能增长250%和380%左右。因此,必须完善家电能效标准,普及能效标识的应用,力争2030年主要家用电器的能效水平提高30%以上,2050年提高50%以上。

不断提高大型公共建筑电器效率,到2030年大型公共建筑电器能源效率水平要在2005年基础上提高近20%,2050年提高约40%。

3.2.3.4　构建节能优先的能源体系

(1)优化能源消费结构

煤炭产业的发展在落实科学发展观、建设和谐社会的要求下,必须以建立安全、环保、经济、高效的产业为目标,切实解决目前行业发展带来的威胁矿工生命安全和健康、生态破坏和环境污染等问题,以安全定产、以环境定产为原则。为此,就要求控制煤炭需求量,将峰值需求限制在约32亿t,煤炭消费在一次能源结构中的比例逐年减小,由2005年的69.7%下降到2030年的48%

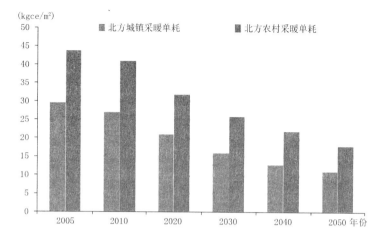

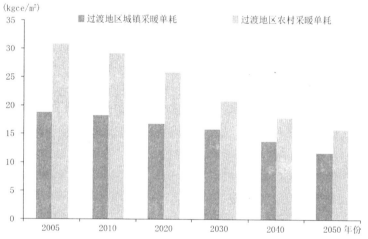

图 5　北方和过渡地区城镇和农村采暖单耗降低趋势

和 2050 年的 36%。

石油需求将随着交通运输业的发展，特别是私人轿车普及率的上升，石油需求量在 2030 年将达到约为 6.8 亿 t，2050 年约为 7.8 亿 t；随着天然气、可再生能源、核电和新能源技术应用的增加，石油消费在一次能源消费中的比例在 2030 年以后可维持在 22% 左右。

天然气在一次能源需求量中的比重显著提高，由 2005 年的 2.7% 提高到 2030 年的 11% 和 2050 年的 13% 左右。

水、核电在一次能源需求量中的比例 2030 年分别要达到 7% 左右，核电比例 2050 年要达到 14%。

风电和生物质发电比例在一次能源需求量中的比重在 2030 年分别达到近 3% 和 1%，2050 年分别达到 4% 和近 1.5%。太阳能发电比重 2050 年达到近 2%（详见图 6）。

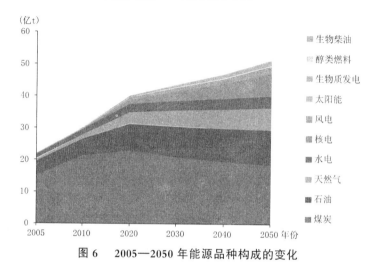

图 6　2005—2050 年能源品种构成的变化

煤炭的使用仍然以发电为主，2020 年发电用煤达到峰值，约 16 亿 t，占煤炭需求总量的 48%；2030 年约 14 亿 t，占煤炭需求总量的 50%，2050 年发电用煤需求仍保持在 13 亿 t 左右，仍将占煤炭需求总量的 50%；建材窑炉用煤和炼焦用煤的比重逐渐降低，煤化工等行业用煤比重明显上升，成为继发电行业后的第二大用煤行业（详见图 7）。

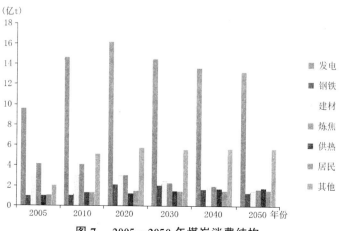

图 7　2005—2050 年煤炭消费结构

（2）优化电源结构,提高能源利用效率

优化电源结构是节约能源、提高能源利用效率的重要手段。优化电源结构一是提倡水电、风电、太阳能等可再生能源发电,降低不可再生的化石能源发电的比重;二是要优化发电技术,提高核电、天然气发电以及先进的燃煤发电技术比例,提高能源效率,减少燃烧化石能源带来的环境污染。节能优先战略下优化电源结构的目标如下:

1）新增电力装机按照以核电、水电、风电优先的原则,2020—2030 年煤电装机限制在 7.7 亿 kW 左右,2030 年以后煤电装机减少, 发电用煤峰值控制在 16 亿 t 左右;2020 年在发电总装机中,煤电比重要由 2005 年的 71% 降低到 2020 年的 57%,2030 年和 2050 年进一步降低到 46% 和 31%。

2）水电装机在 2030 年达到约 3.4 亿 kW,2050 年达到 4.3 亿 kW, 基本用完水电可采资源量,在电源结构优化中发挥最大的作用。

3）核电在优化电源结构和提高能源利用效率方面的作用在 2030 年以后显现,届时核电装机达到约 1.6 亿 kW,2050 年达到 3.7 亿 kW;核电比重 2030 年达到 10%,2050 年进一步提高到 16%。

4）风电装机 2020 年达到 1.2 亿 kW,2030 年达到约 1.9 亿 kW,2050 年达到约 3.9 亿 kW;风电装机比重将由 2005 年的 0.2% 左右, 以较高的速度增长到 2030 年和 2050 年的 12% 和 16%。太阳能发电 2030 年达到 3 000 万 kW,2050 年达到近 2 亿 kW,在发电装机的比重将达 8%。

5）天然气作为清洁能源,在电源结构中也将占据重要地位,2030 年用于发电的天然气约为 1 110 亿 m³,装机 1.2 亿 kW;2050 年用于发电的天然气约为 1 800 亿 m³,装机 1.8 亿 kW;2030 年和 2050 年用于发电的天然气分别占天然气需求总量的 30% 和 35%。天然气装机比重由 2005 年的不到 1% 提高到 2030 年的 7% 和 2050 年的 7.5%（详见图 8）。

（3）控制终端能源需求增长速度,优化终端能源消费结构

2005—2030 年终端能源需求量的增长速度控制在年均 2.5%

---

① 大交通的概念,既包括交通运营部门,也包括社会车辆和私人汽车。

左右,2030—2050 年终端能源需求量要实现低于 1% 的年均增长,约 0.6%,使终端能源需求在 2030 年和 2050 年分别控制在约 30 亿 tce 和 34 亿 tce。工业能源需求量在 2030—2040 年出现拐点,形成近零增长;工业用能占终端能源消费的比重由 2005 年的 70% 降低到 2030 年的 52% 和 2050 年的 48%。交通用能① 比重由 2005 年的 12% 提高到 2030 年及以后的 20% 左右。服务业用能比重由 2005 年的不到 5% 提高到 2030 年的 10% 和 2050 年的 13%。居民生活用能量的增长速度要得到有效控制,居民生活用能到 2030 年要控制在 4.6 亿 tce 左右,2050 年不超过 6 亿 tce;人均生活能源消费量在 2030 年控制在 200 kgce 左右,2050 年目标值为 300 kgce;生活用能占终端能源消费的比重由 2005 年的 10% 增长到 2050 年的 17%（详见表 8）。

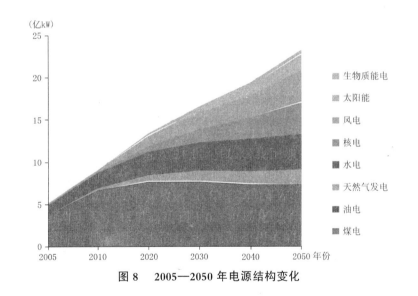

图 8　2005—2050 年电源结构变化

3.3　节能优先战略下的节能潜力分析

强化节能优先战略下的能源需求,是建立在能源需求预测中基准方案基础之上的。基准方案中的一些参数,如 GDP 增长速度、人口规模、城市化率等也是节能优先方案的基本参数。强化节能优先方案与基准方案在情景设置上的最大差别主要体现在三

表8 终端能源需求量及构成

	2005 年	2010 年	2020 年	2030 年	2040 年	2050 年
终端能源需求总量 / 亿 tce	16.51	21.13	27.83	30.12	32.09	34.18
农业	0.47	0.56	0.73	0.86	0.89	0.91
工业	11.60	14.37	16.53	15.75	15.94	16.40
交通	1.93	2.62	4.67	5.94	6.41	6.67
服务业	0.77	0.99	2.03	2.94	3.57	4.28
居民	1.74	2.60	3.87	4.64	5.29	5.92
城镇	1.19	1.79	2.71	3.30	3.88	4.48
农村	0.55	0.81	1.16	1.34	1.40	1.44
终端能源需求构成 / %	100.0	100.0	100.0	100.0	100.0	100.0
农业	2.82	2.63	2.63	2.86	2.8	2.7
工业	70.28	68.00	59.39	52.27	49.7	48.0
交通	11.71	12.38	16.77	19.71	20.0	19.5
服务业	4.68	4.66	7.29	9.76	11.1	12.5
居民	10.51	12.32	13.92	15.40	16.5	17.3
城镇	68.3	68.8	70.0	71.1	73.5	75.7
农村	31.7	31.2	30.0	28.9	26.5	24.3

个方面:一是在同一 GDP 规模和增速下,节能优先方案按照科学发展观的理念,以提升经济发展质量为目标,协调消费、投资和出口的关系,更加优化了产业结构和工业内部结构;二是在节能技术的选择上,节能优先方案更加优化技术结构,最大限度地采用已经成熟的节能技术,对可见的先进节能技术在展望其学习曲线的条件下,在合适时段予以适当利用;三是采用一些超常规政策、措施,例如控制高耗能产品产量、限制不合理消费等。

根据研究结果,在基准方案下,2030 年我国能源需求总量将达 52.1 亿 tce,与实施节约优先战略下的能源需求总量 43.8 亿 tce 相比,能源需求约有 8.3 亿 tce 之差。我们把不同情景下能源需求的差别称为实施节能优先战略的节能潜力(见图 9)。8.3 亿 tce 的节能潜力主要来源于进一步优化产业结构、控制高耗能产品产量、合理引导需求带来的结构节能,也来源于提升产业技术

水平、提高能源利用效率的技术节能。

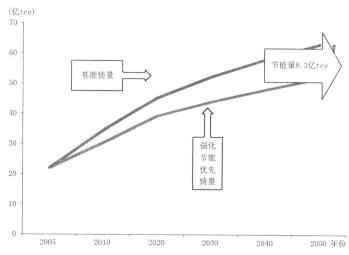

图 9 节能优先方案与基准方案能源需求量比较

3.3.1 产业(以工业为主)节能潜力

产业节能潜力包括三部分:三次产业结构优化的节能潜力、工业内部结构优化的节能潜力和单位增加值能耗降低的节能潜力。前二者为结构节能潜力,单位增加值能耗降低在此定义为通过改进技术和工艺水平等技术措施获得的技术节能潜力。从理论上说,结构节能潜力还应包括所有工业部门内部产品结构调整形成的节能潜力,但这部分节能潜力的计算需要大量数据支持。因此本部分产业节能量分析,只是针对产业和工业内部结构调整及单位增加值能耗变化三个层面。

(1)结构调整带来的节能

在强化节能优先方案中,2030 年三产比重比基准方案高 2.7 个百分点,二产比重比基准方案低 2.4 个百分点。由于三产单位增加值能耗明显低于二产,因此强化节能优先方案在产业结构优化实现的节能量约为 1 亿 tce。

在强化节约优先方案中,更加强调了经济发展以内需为主的工业化发展方针,对主要高耗能产品的发展规模进行了终端需求解析,结合满足全面建设小康社会的消费需求及主要行业发展规划,认为如果以提高发展质量为目标,科学、合理地使用资源,是有可能降低全社会对主要高耗能产品的峰值需求。因

此，与基准方案相比，强化节能优先情景减小了钢、水泥等主要高耗能的峰值产量。例如，2020年强化节能优先情景的钢产量比基准情景减少15%~20%，水泥产量有可能减少15%左右，且2020年以后钢和水泥产量规模有可能不再增长。其他高耗能产品如铜、铝等有色金属、氯碱类产品、化肥和乙烯等产量，也都有可能通过合理引导消费、提高资源利用效率而减小规模（见图10）。高耗能产业规模的减少，必然要求寻找新的经济增长点，推动高加工度、高附加值产业的发展，从而带动工业内部结构的优化。由于强化节能优先方案中高加工度制造业比重的提高，同时能源原材料基础工业比重的降低，将带来约1.9亿tce的节能量。强化节能优先下产业结构和工业内部结构优化，共带来约2.9亿tce的节能量。

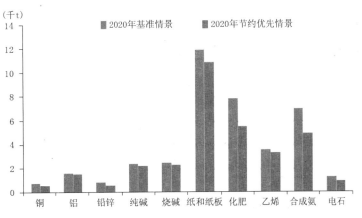

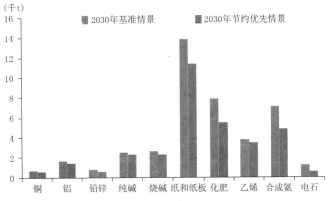

图10 不同情景下主要高耗能产品产量

（2）技术进步和工艺改进带来节能

在强化节能优先情景中，先进节能技术在工业行业的普遍应用，使主要高耗能产品单耗水平缩短了和国际先进水平的差距，能源利用效率水平较基准方案有明显改善（见表9）。

表9 不同情景下主要高耗能产品的单耗对比

产品	单位	2005年	2030年	
			基准情景	节约优先情景
钢铁	kgce／t	760	660	564
水泥	kgce／t	132	115	86
玻璃	kgce／重量箱	24	19	14.5
砖瓦	kgce／万块	685	560	423
合成氨	kgce／t	1 645	1 390	1 189
乙烯	kgce／t	1 092	842	713
纯碱	kgce／t	340	315	290
烧碱	kgce／t	1 410	1 020	890
电石	kgce／t	1 482	1 330	1 215
铜	kgce／t	1 273	1 170	931
铝	kWh／t	14 320	13 200	12 170
造纸	kgce／t	1 047	890	761

主要高耗能产品单耗的下降，可带来节能2.1亿tce。其他未列入表中的砖瓦、石灰、铅、锌、化肥、化纤等产品单位能耗水平的下降还能带来2 300万tce的节能量。两项合计约节能2.4亿tce。

其他工业行业由于通用设备如锅炉、电机、窑炉、照明效率的提高，也可形成节能能力3 500万tce。

在以发电为主的能源加工转换行业，在强化节能优先情景中，由于更多地选择了水电、核电、风电等无碳一次能源，也更多地采用超超临界、IGCC等发电技术，2030年火电发电煤耗可由基准情景的300 gce／kWh，降低到节能优先情景的284 gce／kWh。形成节能潜力7 000万tce，供热等其他加工转换部门可节能约1 600万tce。

3.3.2 建筑物运行节能潜力

建筑物运行节能包括两部分,即居民家居生活节能、商业服务业及公用建筑节能。

居民生活用能的节能潜力主要取决于是否能有效控制人均住宅建筑面积,是否实现较高的建筑节能设计标准执行率和较大范围的既有建筑节能改造,是否能不断扩大节能型家用电器市场占有率等。在基准情景中,2030 年人均住宅建筑面积比强化节能优先情景的 38 m² 多 2 m²,由于住房面积增加多耗用的采暖和空调用能约 1 200 万 tce。强化节能优先情景在执行建筑节能设计标准、普及节能型家用电器、推广太阳能热水器等方面采取强制性措施,2030 年生活用能可减少 1.1 亿 tce。

强化节能优先情景在商业服务业领域采取的大幅度提高建筑节能设计标准执行力度,更普遍采用节能型办公设备,鼓励节能服务产业,实施建筑物能耗限额标准和差别电价等强化政策、措施,2030 年可获得 8 300 万 tce 的节能量。但由于商业服务业产业增长速度快于基准情景,可导致能源需求增长 3 900 万 tce,因此净节能潜力约 4 200 万 tce。

3.3.3 交通运输节能潜力

交通运输领域节能潜力主要来自强化公共交通体系、提高运输工具效率水平等政策执行的差异。在强化节能优先情景下,采用高燃油税政策、高额市区停车收费等强化节能的政策;同时成功完成便捷的城市轨道交通网络,使人们出行有可能更多地选择公共交通;通过提供较充足的汽车节油和代油技术的研发和推广资金,使汽车每百公里油耗较大幅度下降;以及采取降低税费鼓励购买新燃料汽车等措施,可带来 1.1 亿 tce 的节能潜力。

综合上述结果,实施强化节能优先战略可获得约 8.3 亿 tce 的节能潜力。其中,第二产业对节能的贡献最大,约 5.6 亿 tce,占一次能源节约量的 67%;建筑领域节能 1.5 亿 tce,约占 18%;交通运输领域节能量 1.1 亿 tce,占 13%。

3.4 保障措施

3.4.1 有效调控能源需求总量,建立科学评价考核体系

切实转变观念,用科学发展观的思想指导经济社会发展的各项活动,切实将投资和出口拉动 GDP 转变为以内需、投资和出口

表 10　节能潜力来源

	节能潜力 / 亿 tce	比重 / %
工业与建筑业	5.61	67
结构调整	2.1	37
产品单耗降低	3.51	63
建筑物运行	1.52	18
居民生活	1.1	72
服务业	0.42	28
交通与运输	1.1	13
农业	0.1	1
合计	8.33	100

协调拉动;设定以合理需求为前提的经济社会发展目标;设定长期能源需求总量调控目标和阶段调控目标。

我国不仅要努力完成"十一五"时期的节能目标,还应建立更长期的节能目标,对"十二五""十三五"乃至 2030 年的经济社会发展提出相应的、具体的节能减排要求,才能推动经济社会的发展与节约型社会的要求相匹配。长期的社会节能目标必须与培育新的经济增长点、建设节约型的消费方式、建设节约型的生产体系等方面的目标相互协调、一致。

与此同时,完善、科学、透明的能源消耗目标考核监督机制和评价考核指标体系,除定期公布各地区单位 GDP 能源消费量指标外,要定期公布各部门主要工业产品单位产品能耗指标、最佳节能产品和淘汰产品清单,定期公布与构建和谐社会相关的城镇居民人均可支配收入、农村居民人均纯收入、人均公园绿地面积、居民家庭文教娱乐支出比重、社会保险基金收入以及反映环境保护基本情况等指标,科学评价和考核节能目标完成情况,使节能优先真正成为落实科学发展观、转变经济发展方式的重要抓手。

3.4.2 引导科学合理的消费方式,调整投资方向和结构,实现结构节能

调整产业结构和工业内部结构,提高低能源消耗、高附加值行业在国民经济中的比重,是提升经济发展质量、提高能源利用效率、实现结构节能的重要途径。但是调整经济结构不是靠主观

意志就能实现的，一是要通过科学、合理地引导消费模式，建立满足国内需求生产体系和适应节约型社会要求的消费体系，才能拉动适应节约型社会的合理消费需求，改变经济发展过多依赖重化工业的状况，促进结构调整；二是要通过完善投资指导政策，配合国家财政扶持政策，进一步明确鼓励发展行业、限制发展行业，调整和优化投资方向和结构，切实将政府投入和民间资本转向高技术、高附加值产业和新兴的节能、环保产业以及公共事业上，拉动产业结构和工业结构的调整；三是要建立严格的能效准入制度，对不能达到国内领先水平或国际先进水平的高耗能项目，实行禁批政策。通过以上政策、措施，实现经济结构的调整和优化，实现发展方式的真正转变，走出一条中国特色的、低资源消耗、高社会效益的工业化和现代化道路。

3.4.3 把握政府宏观调控与市场之间的关系，积极采用财政、税收和价格等综合政策

实施节能优先战略需要政府行政手段与市场手段协调联动的机制，绝不是仅靠行政手段或仅靠市场机制就能实现的。针对现阶段推动节能的行政手段多于市场手段的状况，建议尽快建立系统的财政、税收和价格政策体系，向市场参与者传递正确的市场信号，发挥市场配置资源的基础性作用，促进经济结构调整和先进技术普及，推动节能和提高能源效率。

（1）要通过税收调整市场信号。能源税是调节能源价格的重要工具，发挥边际能源成本的效用。能源税的部分收入要重点支持节能产品、节能建筑和低油耗轿车的开发、销售和使用，降低节能型产品的购置和使用成本。征收能源税将推动能源和高耗能产品价格上涨，从而降低高耗能产品的消费量，最终起到抑制化石能源消费的目的。从长远来看，能源税的征收将对企业产生长期的动态激励，促使企业把更多的资金投入到清洁生产技术和资源节约型技术的创新中，对调整投资结构乃至产业结构都将发挥积极的作用。

除征收能源税外，采取非常规的措施，如对工业和建筑领域超过能效限额标准的产品和服务征税，对居民奢侈型的能源消费和服务征收特种消费税等，是强化节能优先战略实施的条件。

（2）要加快资源性产品价格改革，使资源产品价格既能反映资源的稀缺程度，又能反映生态和环境成本，还要有助于打破资

源开发垄断和市场分割格局，引导和激励市场主体在充分竞争中节约能源，提高资源利用效率。逐步理顺煤、电、油、气价格的形成机制，理顺不同能源品种之间的比价关系，发挥社会主义市场经济体制下的价格杠杆作用。

（3）要建立健全资源产权和有偿使用制度。应设立资源开采特许权，通过竞标并支付特许开采权费获得资源开采权。要提高资源税的征收比例，优化征收方式。此外，要加强对矿产资源勘探开发的统一规划管理，建立矿业权交易和矿产资源有偿占用制度。要将能源资源的产权制度改革与价格形成机制相结合，共同推动能源资源节约。

3.4.4 加大节能科技创新、技术认定和示范推广的投入力度，加强重点行业的节能技术改造

实现强化节能优先的目标，既要依靠结构调整，增加高附加值行业的比重，提升经济增长质量，也要不断提高重点产业、行业的技术水平，改善能源利用效率水平。无论是调结构还是上效率，最根本的是要依靠技术和工艺的创新与应用；对现有能力实施节能技术改造，也是持续推进节能工作的重要途径，同样也离不开技术的推陈出新。

但是，目前我国在节能领域科技创新投入明显不足，2007年全国研究与实验发展经费支出1 540亿元，仅相当于GDP比重的1.5%；其中政府资金仅占30%。企业科技投入与发达国家相比差距很大，即使是高技术产业企业，我国企业研发经费投入不足美、日、法、英等国家企业的1/5，对节能科技的投入就更少了。因此，为保障强化节能优先战略目标的实现，必须加大政府对节能科技创新的支持力度；完善财政和税收方面的机制，鼓励企业增加研发投入。定期更新国家鼓励发展的产业、产品和技术目录，建立国家级节能技术、产品认定实验室，克服市场推广障碍，加快新技术、新产品市场化进程。

3.4.5 建立节约型社会资金投入的保障体系和长效节能融资机制

要实现将2030年能源需求总量控制在44亿tce左右的目标，2011—2020年每年在构建节约优先的社会经济体系的固定资产投资和更新改造投资需要约12 000亿元，占当年GDP的2%～4%；2021—2030年每年需要约15 000亿元，仅占届时GDP的

0.6%～1.3%。尽管节能投入在未来 GDP 中占的比重较低，但现有的投资体系和节能融资机制尚不能保证节能资金的长期、足量的投入。因此，亟须政策引导，特别是在目前国内投资较为充足的情况下，这种引导不仅具有直接节能效果，而且还可转移对高耗能行业的过度投资，有利于改善经济结构。为此，要制定分行业的投资指南，出台财政激励政策，吸引对节能和可持续发展建设的投资，培育绿色信贷和融资政策环境；更加广泛地开放投资领域，扩大民间投资进入的空间，充分利用多种国际、国内合作机会，吸引投资进入节能、环保领域和公共事业领域，为建设和谐社会创造条件。

3.4.6 实施提高公众意识政策，合理引导和约束消费需求

合理引导和约束消费需求，将节约优先的理念融入公众生活，利用公众消费方式的转变影响产业、行业的发展方向和投资选择，需要系统的政策导向。针对不断扩大住房面积的需求实施必要的引导和约束，对广大消费者进行资源忧患意识的教育，普及节能环保知识，转变住房消费理念；从构建和谐社会的角度，出台向中小户型倾斜的政策，长期执行"90/70"政策；建立合理的住房价格形成机制，充分体现资源稀缺性和合理的利益分配格局，设置房产税，特别对别墅类商品房实施高额房产税政策；构建体现不同消费等级的能源价格和水价体系，对超限额消费实行递增

累进式的阶梯价格；合理利用现有房源建立和完善的廉租房体系；引导消费支出向教育、文化、健康、保险等方面转移。到 2030 年城镇人均住宅建筑面积和农村居住面积均控制在约 38 m²，2050 年人均住宅建筑面积控制在 39 m²。

以立法形式约束提前拆除寿命期内建筑，保证建筑物的使用年限不低于 50 年，每年拆除面积不得超过 8 亿 m²。开展大型公共建筑的能耗统计、能源审计、能耗定额和超定额加价等制度，使新增公共建筑面积控制在年均 8 亿 m² 左右，年均增速不超过 7.5%。

采取宣传教育和经济手段相结合的方式，引导私人汽车的使用模式。一方面，加大建设节约型社会的意识和行为教育的力度，普及公众参与的节能宣传；另一方面可以通过调整燃油税、提高城区停车费等措施，抑制家庭汽车保有量的快速增长。到 2030 年将家庭汽车保有量控制在 110 辆/千人，2050 年控制在 130 辆/千人。同时，必须持续改善公共交通系统的水平，提高优质服务能力，引导 2030 年家庭汽车年均出行距离降低到 8 400 km/a，2050 年达到 8 000 km/a。综合运用财政、税收优惠政策等手段，鼓励地方政府和企业对国外先进技术的消化、吸收和再创新，尽早建设适合节能型汽车（特别是插电式电动车）推广应用的基础设施，不断提高节能型汽车的市场占有率。

提高能效实现 2020 年单位 GDP 二氧化碳排放量下降 40%~45% 目标的途径、措施和政策研究

戴彦德　杨宏伟　白泉　熊华文　郁聪　田智宇　刘静茹　谷立静　付冠云

1 获奖情况

本课题获得 2011 年度国家发展和改革委员会优秀研究成果二等奖。

2 本课题的意义与作用

本课题对节能指标与碳强度控制指标之间的逻辑关系和数学关系进行了系统分析，完整地提出了定量计算节能对二氧化碳减排贡献度的方法和公式，并对其进行了实证研究。在此基础上，对 2020 年非化石能源发展前景和潜力进行了分析和判断，提出"要实现 2020 年 40%~45% 的碳强度控制目标，未来十年必须大力依靠节能、必须继续坚持较高节能目标"的明确观点，并定量测算了行业结构调整、工业、交通、建筑节能潜力及其所能形成的现实节能量，并据此完整地提出了实现碳强度控制目标和节能目标的现实可能途径和重大政策选择。与同类成果相比，本课题成果具有较高的系统性、前瞻性和独创性，既体现了较高的学术水平和理论价值，也具备较强的决策参考意义和实用价值。

本课题研究的创新点在于：①对碳强度主要影响因素进行系统的理论分析和实证分析，并据此提出了实现碳强度下降目标的具体途径；②提出单位 GDP 能耗和能源消费总量双控制的观点，以及通过设定弹性目标合理控制能源消费总量的政策建议。

本课题对碳强度控制目标与能源强度和非化石能源比重之间的关联作用的定量关系研究结果，为制定国家"十二五"节能减排专项规划和合理控制能源消费总量提供了科学支撑。

研究成果已提供给相关政府部门，作为其制定和实施支持实现 2020 年 40%~45% 碳强度控制目标和"十二五"节能目标的政策措施的决策参考和科学依据，预计可对全社会应对气候变化和节能工作起到有效推动和指导作用。研究成果对影响碳强度变化的主要因素以及节能贡献度的分析方法进行了理论方面的探索，并做了实证分析，可以作为其他科研机构开展相关研究的重要参考。

基于研究成果整理的多篇论文在《经济日报》《中国经济周刊》《宏观经济管理》《中国能源》等国内报刊上公开发表，对增强全社会绿色低碳意识和认识当前节能减排形势，切实贯彻科学发展、和谐发展的理念有积极的推动作用。

3 本课题简要报告

2009 年 11 月 25 日国务院常务会议决定，到 2020 年我国单位国内生产总值（GDP）二氧化碳排放比 2005 年下降 40%~45%，作为约束性指标纳入"十二五"及其后的国民经济和社会发展中长期规划，并制定相应的国内统计、监测、考核办法。单位 GDP 二氧化碳排放强度下降目标（以下简称碳强度下降目标）是中国政府本着积极、建设性和对人类社会高度负责的态度，在全面考虑中国国情和发展阶段，社会经济和能源发展趋势，建设资源节约型、环境友好型社会的目标和任务，以及为应对全球气候变化作贡献的基础上，经过反复研究论证制定的。实现这一目标需要付出艰苦卓绝的努力。2009 年 12 月 18 日，温家宝总理在哥本哈根气候变化会议领导人会议上发表了题为《凝聚共识，加强合作，推

进应对气候变化历史进程》的重要讲话中重申了这一目标,并表示中国政府确定减缓温室气体排放的目标是根据自身国情采取的自主行动,不附加任何条件,不与任何国家的减排目标挂钩。

3.1 设定碳强度下降目标体现大国责任,符合可持续发展内在要求

3.1.1 提出碳强度下降目标体现了中国应对气候变化的积极努力

我国"十五"期间的 GDP 能源强度呈上升趋势,体现了重化工业阶段共有的规律,代表了中国到 2020 年工业化发展阶段的趋势照常的发展情景。"十一五"以来,我国将应对气候变化与国内可持续发展相结合,以强有力措施大力推进节能减排,扭转了"十五"期间单位 GDP 能耗持续上升的趋势,节能减排政策措施的成效日益显现。尽管困难很大,经过各地方、各行业的艰苦努力,完成了"十一五"期间单位 GDP 能耗比 2005 年下降 20% 左右的目标。但随着节能减排和控制单位 GDP 二氧化碳排放强度目标的推进,节能减排和控制二氧化碳排放强度的边际成本将逐渐增大,这主要是由于近期可供选择的低成本减排技术能提供的节能和减排潜力是有限的,需要统筹考虑我国社会经济的承受能力。在未得到国际资金和技术支持的情况下,继续提高二氧化碳排放强度的下降幅度需要用较昂贵的技术并付出巨大的增量减排成本。因此,将二氧化碳排放下降目标选择在 40% ~ 45% 这个临界区域,对国内来说是尽力而为、量力而行的目标,从国际角度看也合情合理、适当可行。

我国提出的单位 GDP 二氧化碳排放下降目标,是"不掺水"的目标,完全是与能源消费相关的二氧化碳排放,不包括森林碳汇、土地利用等其他活动产生的减排量。"十一五"期间通过大量淘汰落后产能,关闭小火电、小炼钢、小水泥等措施促进实现节能降耗的目标。但随着生产水平的提高和技术改造的深入,"关停并转"困难将越来越大,控制温室气体排放潜力越来越小。尽管实现单位 GDP 二氧化碳排放下降目标面临巨大挑战,需要付出巨大代价,中国政府始终坚持走可持续发展道路,始终采取积极、强有力措施,控制温室气体排放。这些措施的力度是很多发达国家所不及的。与我国相比,主要发达国家从 1990—2005 年 15 年间,单

位 GDP 二氧化碳排放强度仅下降 26%。根据目前发达国家所承诺的减排目标,若只考虑其与能源相关的二氧化碳的减排,折合成单位 GDP 二氧化碳排放强度下降目标测算,2005—2020 年,其单位 GDP 的二氧化碳强度下降为 30% ~ 40%,其中美国下降约 32%,远低于我国提出的 40% ~ 45% 下降目标。单位 GDP 二氧化碳强度下降的幅度反映了一个国家单位碳排放所创造的经济效益的改进程度,也反映了一个国家在可持续发展框架下应对气候变化的努力程度和效果。从这个角度分析,我国在工业化过程中做出的努力不仅大大超过了很多发达国家处于相同发展阶段时的措施,也胜于其目前的努力,体现了我国应对气候变化的自觉意识、负责态度和坚定行动。

3.1.2 实现碳强度下降目标是落实科学发展观、实现可持续发展的内在要求

改革开放以来,我国经济持续高速增长,能源消费量也随之持续增加。为了解决能源短缺问题,能源行业进行了一系列改革,解决了投资"瓶颈"问题,煤炭行业基本实现了市场化,电力行业实现了投资和运行的多元化,发电领域引入了竞争机制,石油天然气行业进行了企业改制上市,进入了国际竞争领域。能源行业的这些改革使我国能源供应能力大幅度提高,初步解决了能源供应短缺问题。进入 21 世纪以来,我国加入 WTO,中国经济加快了融入经济全球化的进程,能源需求出现了超常增长,能源消费弹性系数从改革开放前 20 年平均 0.4 左右上升到"十五"后期连续两年大于 1,最高达到 1.6。市场化改革的深入,使我国的能源供应增长紧跟需求的拉动,能源和相关的建材、能源装备制造业等高耗能行业成为投资热点。2008 年和 2009 年,我国能源消费量分别达到 29.14 亿 tce 和 30.66 亿 tce,比 2000 年 13.85 亿 tce 翻一番还多,将原来设想的 2020 年的能源消费量提前了 12 年。由于我国能源结构以煤为主(煤炭占我国一次能源总量的 2/3 以上),而美国的能源结构优于我国(煤炭在其一次能源总量中的比重不到 1/4),我国化石燃料燃烧的二氧化碳排放量已经超过美国成为全球最大排放国。如果我国的能源消费维持目前每年 2 亿 tce 的增速,2020 年将达到 53 亿 tce,即使按乐观估计,2020 年非化石能源(核电、可再生能源)可提供 7 亿 tce,石油和天然气可提供约 13 亿 tce,那么剩余的供应缺口约 33 亿 tce(相当于 47 亿 tce)

需要用煤炭来提供,已经远远超出我国煤炭安全生产能力,目前这种粗放型经济增长方式必然受到能源资源的严重制约。

此外,环境保护因素已成为我国能源发展的基本制约因素。从国内环境保护要求来看,"十一五"期间国家已经提出并实施了二氧化硫和化学需氧量总量减排10%的目标,保护和改善生态环境已经成为实践科学发展观的重要内容,要求我们在显著提高能源供应总量的同时,有效控制能源生产、加工、运输和利用过程的环境负面影响,根据各地区的环境和生态承载力来确定能源的开发潜力,特别是煤炭的合理产能要认真考虑生态破坏和安全生产的客观要求,以及煤炭开采边际成本迅速上升带来的制约。从全球环境保护要求来看,应对气候变化、控制二氧化碳等温室气体排放,已经成为国际环境和国际政治角力的热点问题,正在深刻影响世界能源发展的方向和发展速度。我国政府提出碳强度控制目标,表明气候变化也将成为未来我国能源发展的一个最主要制约因素;同时,低碳消费和低碳能源技术的发展已成为全球性的新技术革命发展方向,我国必须迎接挑战,前瞻部署,才能争取先机。因此,中央提出节能减排和碳强度下降目标,是指导未来10年我国经济结构调整、发展方式转型,创建碧水蓝天优美环境、建设生态文明、实现人与自然和谐发展的行动纲领,将对我国全面建设小康社会和实现"三步走"战略目标产生深远影响。

3.2 单位GDP能耗和非化石能源比重是决定碳强度的两大影响因素

3.2.1 碳强度控制目标影响因素的理论分析

理论分析表明,二氧化碳减排量来自两部分(参见图1):①单位GDP能耗下降。单位GDP能耗下降的内涵,就是通过结构节能、技术节能和管理节能在内的广义节能来提高经济系统的能源利用效率,反映了调结构和转方式对提高经济系统整体的能源利用效率的客观诉求。②能源结构变化调整。反映非化石能源在一次能源总量中的比重增加对二氧化碳减排的贡献,当然其中也包括不同化石能源品种结构变化可能带来二氧化碳减排(或增排)效果。对降低碳强度而言,非化石燃料比重增加是我国一次能源结构优化的主要方面。

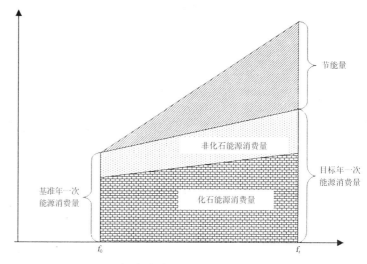

图1 提高能效对二氧化碳减排的贡献

3.2.2 碳强度控制目标影响因素的实证分析

本研究定量测算了以下因素对碳强度下降的影响:①提高能效形成的二氧化碳减排量及对碳强度下降的贡献率;②非化石能源比重增加形成的二氧化碳减排量及对碳强度下降的贡献率。

第一个15年期间,碳强度下降了45.9%,从1990年的5.50 t CO_2 / 万元下降到2005年的2.99 t CO_2 / 万元。从能源消费对应的二氧化碳减排量看,相对于1990年为基准年的趋势照常情景,2005年的排放量减少了46.9亿 t CO_2。其中,提高能效形成的减排量为45.3亿 t CO_2,贡献率为96.5%;非化石能源比重增加形成的减排量为1.6亿 t CO_2,贡献率为3.5%。

第二个15年期间的趋势与此相类似,但具体结果发生了一些变化。碳强度从1995年的4.07 t CO_2 / 万元下降到2010年的2.40 t CO_2 / 万元,下降了41.1%,与前15年相比降幅略收窄。从能源消费对应的二氧化碳减排量看,相对于1995年为基准年的趋势照常情景,2010年的排放量减少了51.9亿 t CO_2。其中,提高能效形成的减排量为49.5亿 t CO_2,贡献率为95.2%;非化石能源比重增加形成的减排量为 2.5 亿 t CO_2，贡献率为 4.8%。

实证分析结果表明，提高能效对我国 1991—2005 年和 1996—2010 年两个 15 年期间碳强度下降的贡献率均超过 95%，是碳强度下降的最主要驱动因素;现阶段增加非化石能源比重对碳强度下降的贡献率均低于 5%，需要加大力气发展才能形成对化石能源的显著替代。

3.3 降低单位 GDP 能耗是实现 2002 年碳强度下降目标的关键

3.3.1 非化石能源发展迅速但贡献有限

（1）2020 年我国水电装机 3.2 亿 kW，形成 3.38 亿 tce 供应能力

我国水力资源丰富，但地域分布极不均匀，西部多，东部少，西部 12 个省区市占全国水能资源的 82%，其中西藏、四川和云南占 64%。现在未开发的水力资源主要集中在西南，部分水电需要长距离外输。西北地区也有一定潜力，其他地区潜力已经不大。此外，水电开发还面临着库区移民和环境影响问题等方面的挑战。截至 2009 年年底，我国水电装机已达到 1.96 亿 kW。按比较乐观的估计，2020 年常规水电加上小水电总装机可达到 3.2 亿 kW（不含抽蓄），按水电平均年发电 3 300 h 测算，年发电可达 1.056 万亿 kWh，相当于每年可形成 3.38 亿 tce 的一次能源供应能力。

（2）2020 年我国核电装机 8 000 万 kW，形成 1.84 亿 tce 供应能力

核电是重要的一次电力，也可以成为重要的一次能源。近日，据报道，中国科学家在核研究上取得重大技术突破，实现了核动力堆中乏燃料回收利用和循环利用，铀资源利用率提升近 60 倍，我国核电发展的资源性约束基本解除。我国可以利用现在已有的、成熟的核电技术，实现核电的快速发展，核电技术的可应用性对我国近中期核电发展不构成实质性约束。但核电建设规模和速度是制约近中期我国核电发展的主要因素，综合考虑现在核电已经开工和各方面进行的准备投建的情况，2020 年我国核电比较乐观的建设规模是 8 000 万 kW。按年发电小时数 7 200 h 计算，2020 年核电发电量为 5 760 亿 kWh，相当于每年可形成 1.84 亿 tce 的一次能源供应能力。

（3）2020 年我国风电装机 1.2 亿 kW，形成 0.77 亿 tce 供应能力

我国风能资源分布较广，开发几亿千瓦风电有资源保障，近中期风电开发的实际制约条件在于风电的技术经济特性。我国目前风电上网电价在 0.51 ~ 0.61 元 / kWh，明显高于其他电源。从单纯技术可能的角度看，通过加强电网能力的各种技术措施，可以提高对风电的接入能力，但实际形成的附加成本会进一步降低风电与其他电源的市场竞争力，同时系统效率的下降还将拖累同一电网内的其他电源的效率水平。我国风电在 2020 年的发展规模存在较大的不确定性，比较乐观估计装机数量可以达到 1.2 亿 kW，按风电年平均发电 2 000 h 计算，2020 年的发电量为 2 400 亿 kWh，相当于每年可形成 0.77 亿 tce 的一次能源供应能力。

（4）2020 年我国太阳能发电装机 2 000 万 kW，形成 0.096 亿 tce 供应能力

太阳能发电可以利用的能源数量，将取决于太阳能发电的经济性。目前我国太阳能光伏集中规模发电的单位千瓦投资仍然要在 1.5 万元以上，年平均利用时间折合不到 1 500 h，经济有效的上网电价仍然要达到每千瓦时 1.5 元左右。加上太阳能发电的非连续性，以及西北部大规模太阳能发电需要长距离外输，大规模太阳能发电外输的用户成本还比其他多种发电技术的成本明显偏高。在近中期的太阳能光伏发电发展规模主要取决于政策支持的经济能力。太阳能发电能否有实质性的能源贡献，一方面要求太阳能发电技术经济性的尽快突破，另一方面还要解决大规模太阳能发电并网或分布式应用技术问题。比较乐观估计，2020 年我国太阳能光伏发电装机规模可达到 2 000 万 kW。按年平均发电小时数 1 500 h 计算，年发电量为 300 亿 kWh，相当于每年可形成 960 万 tce 的一次能源供应能力。

（5）2020 年我国生物质能发电装机 1 500 万 kW，形成 0.192 亿 tce 供应能力

我国生物质能源可以实际利用的资源数量，尽管还有一些增长空间，但在现有的技术和社会条件下，大幅度增长有很大困难。生物质能发电在生物质能源资源可获得性和经济可供性双重约束下，发展规模不可能大幅度增长。比较乐观估计，2020 年我国生物质能发电装机可能达到 1 500 万 kW，按年发电 4 000 h 计算，年

发电量为 600 亿 kWh，每年可形成约 1 920 万 tce 的供应能力。

（6）2020 年我国其他可再生能源利用可形成约 1 亿 tce 供应能力

除上述可再生能源发电利用之外，还存在生物质能源作为燃料利用、太阳能热利用、地热能、海洋能等其他可再生能源利用方式。其中生物质燃料利用和太阳能热利用近中期能够形成有效商品能源供应能力。生物质燃料利用包括生物质能源以固体、液体或气体方式作为燃料利用，包括薪柴、秸秆、沼气等作为炊事或供热能源，生物乙醇、生物柴油作为机动车燃料等。太阳能热利用，目前主要集中在太阳能热水器。比较乐观估计，2020 年生物质燃料利用和太阳能热利用一共可形成 1 亿 tce 左右的一次能源供应能力。

（7）2020 年非化石能源比重增加对碳强度下降的贡献率低于 12%

综上所述，2020 年我国非化石能源按比较乐观估计的供应能力一共可以达到 7.278 亿 tce，其中：水电 3.38 亿 tce，核电 1.84 亿 tce，风电 0.77 亿 tce，太阳能发电 0.096 亿 tce，其他可再生能源利用约 1 亿 tce。考虑到 7.278 亿 tce 是比较乐观估计的结果，将其取整为 7 亿 tce，并按 ±5% 浮动范围设定取值范围（6.65，7.35）。并设定其他测算条件：①2020 年非化石能源在我国一次能源消费总量中的比重达到 15%；②"十二五"和"十三五"期间 GDP 年均增速分别按 9% 和 8% 计算；③2020 年一次能源消费量中，石油达到 6 亿 t，天然气达到 3 000 亿 m^3。

测算结果：①对应非化石能源发展目标范围 6.65 亿 ~ 7.35 亿 tce，按照非化石能源比重占 15% 反算，2020 年全国一次能源消费总量为 44.3 亿 ~ 49.0 亿 tce，其中，煤炭消费量为 25.29 亿 ~ 29.26 亿 tce（换算成煤炭实物量为 35.4 亿 ~ 41.0 亿 t）。②2020 年碳强度为 1.30 ~ 1.45 t CO_2 / 万元，比 2005 年下降 51.4% ~ 56.5%。③非化石能源比重从 2005 年的 6.8% 增加到 2020 年的 15%，对碳强度下降的贡献率为 10.5% ~ 11.9%。换言之，提高能效对实现 2020 年碳强度下降目标的贡献率接近 90%。如图 2 所示，测算结果表明：大力发展非化石能源、增加非化石能源在一次能源消费结构中的比重对实现 2020 年碳强度下降目标的贡献有限，即使在非化石能源发展比较乐观的情况下，其对 2020 年碳强

度下降的贡献率也仅为 10.5% ~ 11.9%。提高能效成为实现碳强度下降目标最有效和最可依赖的手段。

3.3.2 未来 10 年必须坚持较高的节能目标

目标期 15 年的时间已经过去 5 年，未来 10 年即"十二五"和"十三五"期间，必须在"十一五"期间大力推进节能工作取得成效的基础上，继续坚持较高的节能目标不动摇，坚定不移地实施节能优先战略，尤其要在发展方式和发展途径的选择上切实体现节能优先，确保提高能效能够支撑起 90% 左右的碳强度下降任务。

（1）"十一五"期间节能对碳强度下降的贡献率超过 90%

"十一五"期间，通过实施 10 大重点节能工程，节能约 3.4 亿 tce。通过淘汰落后产能，共关停小火电机组 7 000 多万 kW、炼铁产能超过 1 亿 t、水泥产能超过 2.6 亿 t 等，节能约 1.3 亿 tce。通过开展千家企业节能行动，累计节能 1.5 亿 tce。通过实施"节能产品惠民工程"，推广节能灯 3.6 亿只、高效节能空调 2 000 多万台、节能汽车 20 万辆。新建建筑施工阶段节能标准执行率从 21% 上升到 90% 以上，2009 年年底，全国累计建成节能建筑 40.8 亿 m^2，完成北方采暖地区既有居住建筑供热计量及节能改造 1 亿 m^2。

对"十一五"期间碳强度下降的主要影响因素测算结果如下：相对于 2005 年为基准年的趋势照常情景，2010 年能源消费对应的排放量减少了 18.3 亿 t CO_2。其中，提高能效形成的减排量为 17.1 亿 t CO_2，贡献率为 93.6%；非化石能源比重增加形成的减排量为 1.2 亿 t CO_2，贡献率为 6.4%（见图 2）。

（2）"十二五"和"十三五"节能目标不应低于 16% 和 18%

综合考虑"十一五"节能目标完成情况，以及我国经济发展阶段和地区经济发展的特点，未来尽管面临诸多挑战，包括：能源消费总量大、增速快，资源环境矛盾突出；能源利用效率总体偏低，浪费现象大量存在；经济结构偏重，交通和建筑部门能耗加快增长；以及发展方式粗放，缺乏长效机制，基础工作薄弱等，但只要统一思想、提高认识，经过积极努力，在碳强度目标期剩余的两个五年计划期间，仍可延续"十一五"的趋势实现较高的节能目标，支撑碳强度下降目标的实现。2015 年，万元国内生产总值能耗比 2010 年下降 16%，相当于 2015 年比 2005 年下降 33%；2020 年，万元国内生产总值能耗比 2015 年下降 18%，相当于 2020 年比 2005 年下降 45% 左右，为 40% ~ 45% 碳强度下降

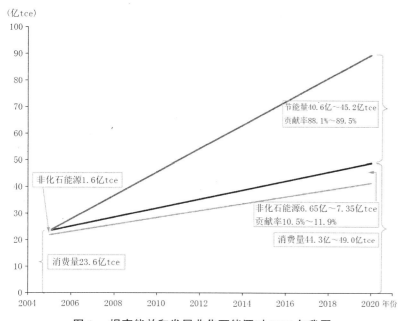

（亿tce）

节能量40.6亿～45.2亿tce
贡献率88.1%～89.5%

非化石能源1.6亿tce

非化石能源6.65亿～7.35亿tce
贡献率10.5%～11.9%

消费量44.3亿～49.0亿tce

消费量23.6亿tce

**图2　提高能效和发展非化石能源对2020年我国
碳强度下降目标的贡献情况**

目标形成坚实支撑。

**3.4　大力调整经济结构、大幅提高技术水平是提高能效的根
本途径**

加快转变经济发展方式、调整产业结构，大力推进节能技术
进步、大幅提高能源利用效率水平是降低单位GDP能源强度的
根本途径。

3.4.1　各途径对实现单位GDP能耗下降目标的贡献度

（1）调整经济结构

通过行业结构调整节能，即通过调整、优化各行业的增加值
构成来实现节能，其总的方向是大力发展服务业，提高第三产业
增加值比重，尤其应加快生产型服务业和新型服务业的发展；适
当控制工业部门增长速度，尤其应严格控制高耗能工业行业的增
长速度，但同时应加快高附加值工业发展，进一步提高其增加值
比重。在"十二五"期间，三次产业结构调整可形成节能量6 659
万tce，对实现单位GDP能耗下降目标的贡献度为8.2%；工业内
部行业结构调整可形成节能量18 147万tce，对实现单位GDP能

耗下降目标的贡献度为22.4%，两者合计对实现单位GDP能耗下
降目标的贡献度达到约30%。"十三五"期间，随着工业化进程向
中后期阶段发展，基础设施建设规模和速度也趋于平稳，主要高
耗能产品产量达到或接近峰值，增速趋缓，三次产业结构调整和
工业内部行业结构调整取得显著进展，第三产业比重和工业内部
高新技术、高附加值产业比重相比"十二五"期间均有大幅提高，
由此形成的节能量分别为21 590万tce和43 720万tce，对实现
单位GDP能耗下降目标的贡献度分别为19.9%和40.3%（如图3
所示）。

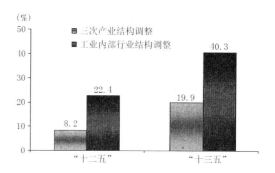

图3　产业结构调整途径对实现节能目标的贡献度

（2）推动技术进步

在工业部门，技术进步主要体现在两方面，一是能源利用效
率不断提高，推动单位产品能耗持续下降；二是产业链延长，产品
附加值和加工深度不断提高，高附加值产品比重提高。"十二五"
期间，主要耗能产品单位生产能耗下降可形成节能量27 400万
tce，产品附加值提高可形成节能量8 712万tce，对实现单位GDP
能耗下降目标的贡献度分别为33.9%和10.8%。"十三五"期间，
由于我国主要耗能产品能效和技术水平已接近或达到国际先进
水平，单耗下降形成的节能量相对于"十一五"、"十二五"时期将
有所减少，但仍可达到25 319万tce，对实现节能目标的贡献度达
到23.3%；随着制造业产业升级步伐加快，产业发展的质量和效
益显著提高，产品附加值提高形成的节能量将达到12 658万tce，
对实现节能目标的贡献度达到11.7%（如图4所示）。

在交通运输部门，由于市场客观需求的拉动，单位服务量能
耗相对较高的航空、公路客货运等运输方式比重有所升高，其结

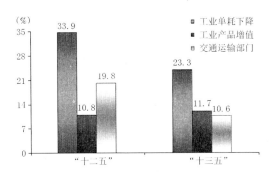

图4 技术进步途径对实现节能目标的贡献度

构变动呈现"不节能"趋势；但通过提高运输工具能效性能、优化运营组织结构、加快淘汰老旧设备等措施提高各类运输方式的效率，降低单位服务量的能源消耗，可形成较为显著的正节能量。考虑两者的综合影响效果，交通运输部门在"十二五"、"十三五"时期可分别形成 –495 万 tce 和 220 万 tce 的节能量。

在建筑用能部门，通过引导"节约型"的居民消费模式，对新增建筑物及各种建筑能源系统/设备能效水平进行控制，以及对既有建筑用能系统/设备和建筑物实施节能改造等措施，可在"十二五"期间形成 16 476 万 tce 的节能量。"十三五"期间，由于人民生活水平提高进入新的阶段，建筑能源服务总量和建筑能源服务水平的快速增长和提高，建筑用能部门形成的节能量相比"十二五"时期将有所减少，但仍可达到 11 231 万 tce。

3.4.2 实现单位 GDP 能耗下降目标的战略重点

（1）大力发展第三产业

采取更严格措施，切实从过去 30 年经济增长主要依靠第二产业带动转变为依靠第一、第二、第三产业协同带动。进一步优化三次产业结构，第三产业比重以每年 0.5 个百分点的速度提高，2020 年基本完成工业化时第三产业比重达到 49%，工业比重下降到 40%。按三次产业的能源消费量和二氧化碳排放量计算，第二产业的碳强度是第三产业的 3.45 倍，其中工业的碳强度更高，是第三产业的 3.95 倍。据此推算，三次产业结构的上述变化可以导致 2020 年的碳强度比 2005 年下降 1.9%。

（2）严控能源直接出口和间接出口

当前，我国经济增长高度依赖出口，世界工厂角色日渐浓重，中国制造的低端产品充斥世界各地。这些产品表面看上去

既不是能源也不是高耗能产品，但产品越是终端其载能量就越高。据初步测算，我国每年直接、间接出口的能源达 6 亿多 tce，占全国能源消耗总量的 20% 以上。目前，我国外汇储备居世界第一，经济总量居世界第二，综合国力显著增强。调整出口结构，发展知识经济、品牌经济、创意经济，改变世界工厂的角色已具备条件。否则，如果继续延续世界消费我国埋单的发展模式，能源消费还将和过去十年一样快速增长。如能顺利实现向高附加值、高技术含量产品的出口模式转变，将直接出口和间接出口的能源总量降低一半，就可为今后十年发展腾出 3 亿 tce的空间。

（3）推动高耗能行业率先建立现代化产业体系

坚持以满足国内需求为主的方针，通过科学引导消费需求，严格控制高载能产品出口，不断优化出口结构，有效抑制主要高耗能产品产量的过快增长。对新增产能要制定更为严格的技术和能效准入标准，对基础较好的已有制造业产能实施大规模技术改造，淘汰落后低效的产能；尽快对主要高耗能行业的整体技术装备水平实施节能技术改造，全面提升能源效率水平。努力实现2020 年水泥、平板玻璃、砖瓦、烧碱、乙烯、造纸、合成氨等行业单位产品能耗强度比 2005 年下降约 1/4，粗钢、电解铝、铜、电石、纯碱等产品的单位能耗与 2005 年相比下降 1/6 左右。经过 20 年对新增能力实施严格的能效准入制度，对落后产能的淘汰，对既有能力实施高强度的节能技术改造，2020 年钢铁和乙烯行业的整体技术水平达到世界领先水平，平板玻璃、合成氨、烧碱行业达到世界先进水平，国际竞争力显著提高。通过上述努力，2020 年与2005 年相比，可实现 4.87 亿 t 的技术节能能力，相应可减少二氧化碳排放 12.9 亿 t。

（4）大幅提高交通领域能效水平

1）强化发展公共交通运输

随着客货运周转量的提高，交通运输用能也会快速增长，给我国保障能源供应安全，尤其是石油供应安全带来巨大压力。因此，必须及早谋划，在节能优先的前提下，逐步形成结构合理、运力充足、技术先进、管理完善的综合交通运输网络。一是在各主要城市圈普及城际客运轨道交通，基本取代公路和航空运输。二是在各大城市积极建设完善大规模公共交通体系，方便居民市内出

行,加快发展城际和城市客运轨道交通,2020年全国特大型城市(人口1 000万以上)实现公共交通出行占机动化出行的比重达到50%以上。三是综合采取财政补贴、税收调节等方式,合理控制家庭小轿车的数量和行驶里程,将2005年的9 500 km/a的家庭汽车出行里程降低到2020年的8 600 km/a,实现交通用能的合理配置,引导节能型的交通出行和消费方式。

2)优化交通运输网络

未来我国应在全面提高交通运输能力的前提下,从节能优先的角度出发,合理优化交通运输网络。一是尽快开始大力发展铁路运输,尽早形成覆盖全国的高速、大容量铁路客货运输网络和与之配套的运输能力,并实现客货分运,在长途客运领域替代一部分航空运输,在货运领域替代相当一部分公路运输,实现煤炭、粮食、车辆等大宗货物主要靠铁路运输。二是在有通航条件的地区积极发展水路货运,替代部分公路和铁路运输。三是积极发展高速公路和航空运输网络,满足居民商务出行、旅游以及现代物流业发展的需要。

3)发展普及节能型交通技术

在铁路运输领域,增大电力机车比重,逐步扩大电气化线路范围;在风机、水泵上加装变频变速调速节电技术;在电力机车牵引供电方面使用功率因数补偿技术,广泛采用再生电力制动回收能源;在内燃机车上推广使用柴油添加剂,在铁路车站使用自动照明控制技术等。

在水路运输领域,推广使用机桨配合优化技术、自抛光油漆优化船型、润滑油电子定时螺旋喷射诸如技术、无凸轮柴油机和船舶设备综合热能系统。同时,港口方面,应在集装箱码头鼓励采用轨道式场桥代替轮胎式场桥或采用超级电容装置回收能量;在干散货码头采用皮带机双电机启动单电机运行模式;液体散货码头采用新型储罐加热器热电联产。

在公路运输领域,发展汽车节能技术,降低油耗水平,争取2020年小轿车每百公里平均油耗在2005年基础上下降20%左右,2030年在2020年基础上再下降15%,2050年在2030年基础上下降约25%,接近届时发达国家平均水平;同时积极研制和推广混合动力和电动车技术。

在航空运输领域,要制定符合实际情况的航路选择和飞行计划,在减襟翼着陆、无反推着陆、关车滑行以及落地油管理等方面提高技术水平。

(5)控制建筑领域能源消费过快增长

1)控制建筑面积过快增长

综合采取各种措施,在保障人民群众合理的基本住房要求前提下,加大力度限制大面积住宅、别墅等的数量,有效控制人均住房面积的增长。2020年,城镇和农村人均住房建筑面积分别控制在34 m²和37 m²以内。同时,着力提高建筑物寿命,限制提前拆除寿命期内建筑,保证建筑物的使用年限不低于50年,力争每年拆除面积不超过8亿m²。

2)提高建筑采暖能效水平

随着居民生活水平的提高,采暖温度、天数、面积都有可能相应提高,采暖量有可能显著增加,必须采取措施提高建筑采暖能效水平,使我国建筑单位面积采暖能耗有显著降低。北方城镇和农村居民采暖单位面积能耗由2005年的30 kgce/m²和44 kgce/m²降低到2020年的21 kgce/m²和32 kgce/m²,过渡地区城镇和农村居民采暖单位面积能耗要由2005年的19 kgce/m²和31 kgce/m²降低到2020年的17 kgce/m²和26 kgce/m²。

3)推广节能型电器

必须完善家电能效标准,普及能效标识的应用,争取2030年主要家用电器的能效水平提高20%以上。家庭和公用电器和用能设施的技术进步和能效提高,将为建筑物节能提供有力支撑。近年来家用电器实施能效标准和标识制度,使家用电器的能源利用效率水平得到长足改善。能效等级为1级的家用房间空调器的能效比已达到7~8,比刚实行能效标识制度的2年前提高了40%~60%。照明技术的进步也十分明显,紧凑型荧光灯比白炽灯节电70%,半导体照明等先进照明技术可以使照明能效进一步提高。照明技术的进步和普及,已经带来了我国照明服务显著提高,而照明用电比例保持较低水平的效果。电视机、计算机显示器不断革新,使大屏幕的显示器用电量低于过去较小屏幕电视和计算机。通过继续推动相关技术进步和普及节能性电器,实现2020年主要家用电器的能效水平平均提高25%。

3.5 提高能效的重大政策选择

3.5.1 以能源强度和能耗总量双控目标形成倒逼机制

"十一五"经验表明,仅依靠单位 GDP 能耗下降一个指标不能控制能源需求的过快增长。"十一五"虽然单位 GDP 能耗大幅下降,但能源消费总量大大超出预期,压缩了未来能源需求增长的空间。"十二五""十三五"节能目标的制定,除继续设定单位 GDP 能耗强度下降的相对指标外,还应对能源消费总量进行调控。

考虑到节能目标与我国碳强度控制目标和非化石能源发展目标相衔接的要求,建议在全国"十二五"经济社会发展规划及能源发展、节能减排等专项规划中,将 40 亿 tce 作为 2015 年能源消费总量控制目标,并根据 2020 年比较可行的非化石能源发展规模将 50 亿 tce 作为届时我国一次能源消费总量上限。

综合比较不同能源消费总量控制方案的利弊,包括适用范围、可操作性、实施保障条件、可能带来的问题等,结合现阶段我国区域发展不平衡等基本国情,我们建议:"十二五"时期通过实施单位 GDP 能源强度弹性控制,对全国能源消费总量进行调控。第一步,按照地区资源禀赋、经济社会发展阶段和水平、产业结构、技术水平、财政实力等因素,在既定"十二五"全国规划经济增长速度前提下,对以单位 GDP 能耗下降率表述的全国节能目标进行地区分解;第二步,在确保全国能源消费总量控制目标前提下,对地区 GDP 增速超过地方与中央协商结果的地区,相应调高地区单位 GDP 能耗下降目标。

3.5.2 继续强化节能目标责任评价考核

继续把节能目标分解落实到各级地方人民政府和重点耗能企业,作为地方各级人民政府领导班子和领导干部任期内贯彻落实科学发展观的主要考核内容,作为国有大中型企业负责人经营业绩的主要考核内容,实行严格的问责制,完善奖惩制度,落实奖惩措施。进一步完善节能目标责任评价考核方法,强化节能目标进度考核,每年由国务院组织开展省级政府节能目标完成情况考核,考核结果向社会公布。强化部门节能责任,建立部门节能工作评价制度,每年由审计部门对有关部门落实节能政策情况和节能任务完成情况进行审计和评价,审计评价结果报国务院。

3.5.3 合理调控高耗能产品市场需求

高耗能产业快速增长的驱动因素中既有供应侧因素,也有需求侧因素,当前看,需求侧因素应该占主流,这与地方各级政府以大量投资拉动经济、开展大规模造城运动、大搞形象工程政绩工程、大拆大建低水平重复建设不无关系。未来遏制高耗能产业过快增长、促进经济结构调整,相关产业政策应该由单纯控制产能向合理调控市场需求转变。在市场经济条件下,只有需求保持平稳,不合理需求减少,高耗能行业过快增长的局面才有可能得到根本改观。当前,应该对我国基础设施和城市建设的规模和前景有一个科学规划,在考虑资源环境承载力和可持续发展能力的条件下,放缓建设速度,控制在建规模,防止大起大落造成大量产能闲置和浪费,对经济发展带来不良影响;要杜绝城市发展中的急功近利和相互攀比,杜绝建设规模和速度的层层加码,切实将工作重点从追求规模和速度转移到更加注重科学规划、系统高效、财富积累和人民得实惠上来。

3.5.4 注重宏观经济政策与节能政策的协调

要客观认识节能工作对其他经济社会活动可能造成的影响和两者间互相制约、存在矛盾的地方,全面、统筹考虑节能目标与其他发展目标的协调发展问题,使其互为促进。近中期,可考虑进一步改善中央和地方的利益分配机制,引导地方政府转变发展思路,探索经济又好又快增长的新路子,实现节能与经济增长的良性循环。应客观评价当前我国出口贸易对经济增长的拉动作用,准确审视出口贸易对国内能源消费和污染物排放的影响,确定合理的出口贸易规模和对外贸易目标,严格控制高耗能产品的出口,适度控制量大面广的、低附加值的一般载能产品的出口规模,实现节能与对外贸易的协调发展。

目前在诸多高耗能行业实行的总量控制政策,以及严格繁琐漫长的项目审批核准程序从某种程度上阻碍了产业升级和淘汰落后的步伐。建议严格按照规模、技术经济、节能环保、质量安全等市场准入条件进行新上项目的审批核准工作,将市场准入条件作为项目审批核准的充分条件,只要满足明确的、统一的准入条件即可开工建设;同时,不宜将行业产能总量控制、产能过剩等需由市场做出判断的指标作为审批核准项目的先决条件;应加快项目审批核准的决策进程,减少外部环境和突发事件(如经济过热、金融危机等)对审批核准进程的影响和干扰,为先进产能进入市场建立绿色通道,为高耗能产业升级创造有利的制度条件。

3.5.5 建立节能长效机制,以市场手段引导和激励企业和社会的节能行为

进一步加快能源资源价格改革,理顺比价关系,加大差别电价、峰谷电价实施力度,推广实施超限额能耗加价政策。对"两高一资"产品出口征收关税,研究出台能源税、碳税。在居民用能领域,加快供热体制改革,全面推行居民用电、用热的阶梯价格,在保护低收入群体利益的同时,坚决采用价格杠杆来抑制能源浪费和奢侈性消费,促进社会公平与和谐。

进一步推动资源性产品价格改革,对于大宗、长期的资源性产品交易,如电力企业与煤炭企业之间的电煤交易,铁矿石企业与钢铁企业之间的矿石交易,应鼓励企业通过参股、联营、签订长期合约等方式,形成稳定的供求关系和价格预期;对不能或无法完全由市场决定其价格的某些垄断性、基础性的资源产品,如水资源、土地等,政府的价格管制要形成反映各方利益、能够及时灵活调整、透明度高的机制,以尽可能地反映资源稀缺程度,减少或防止资源价格的扭曲。

加快制定鼓励生产、使用节能环保产品和节能建筑以及低油耗车辆的财政税收政策;逐步扩大节能环保产品实施政府采购的范围;完善资源综合利用税收优惠政策,建立生产者责任延伸制度;完善消费税税制,要扩大消费税税种,对浪费能源和污染环境行为课以重税。

3.5.6 转变政府节能管理职能,强化节能的基础性工作

政府节能管理职能转变的方向是:由对企业的"管制性"价值取向向"服务型"转变;由对几项节能专项行动在操作层面上事无巨细的具体管理向规范市场、制定规则方向转变。

加强政府对企业和社会的节能服务职能,主要体现在:①依法维护节能市场,加大对假冒伪劣节能产品的制造和销售的打击力度,维护正常的、良性的节能市场秩序,为节能产品生产和经营者、消费者创造一个良好的节能市场环境;②加强节能信息服务,对公益性节能信息传播机构要提供财政资助,加快建立起覆盖全国的、可满足不同群体和个人节能信息需要的、比较完善的节能信息传播体系;③加强与行业协会等中介机构在节能服务上的合作,通过它们间接地为企业和社会提供节能咨询、工程、技术、信息等内容更为广泛的服务。

强化节能的基础性工作,应着重完善以《节约能源法》为核心的节能法律法规体系,为促进全社会节约能源、提高能源利用效率提供有效的法律基础;应夯实能源统计工作、完善能源消耗统计方法、完善重点用能企业能源消费监控网络,建立全面的、科学的能源消费数据库系统;加快对先进节能环保技术、产品的研发和推广应用,支持科研单位和企业开发高效节能环保工艺、技术和产品,增强自主创新能力,解决技术"瓶颈"。

3.5.7 引导节能低碳型的生活方式和消费模式

应建立长效的节能环保公众宣传机制,采用多层次、多品种、范围广的宣传教育手段,引入先进的、环保的、可持续发展的社会发展理念和生活理念,明确建立在新发展观基础上的社会发展方向,引导、鼓励社会合理的、节能低碳型的消费选择。

应充分认识到引导合理生活消费方式的重要意义,加强市场信号对合理生活方式的正确引导,如节能环保型产品的价格补贴政策、合理的能源价格政策等;同时应广泛利用能效标准、标识、认证等手段,引导市场消费;此外,完善相关基础设施建设、建立有利于可持续发展的、符合公众利益的社会基础设施和市场环境也是推动消费者选择合理生活消费方式的基础和重要手段。

中国光伏发电平价上网路线图

李俊峰　王斯成　胡润青　高虎　董路影　常瑜　王文静　沈辉

1　获奖情况

本课题获得 2011 年度国家发展和改革委员会宏观经济研究院优秀研究成果二等奖。

2　本课题的意义和作用

2.1　专家评审意见

2011 年 8 月 12 日,课题专家评审会在北京举行,国家能源局新能源和可再生能源司、科技部高新司、国家发改委能源所、中国可再生能源学会及其光伏专业委员会和产业工作委员会以及中科院电工所等有关单位的领导和专家参加了评审。专家组成员认真听取了《中国光伏发电发展路线图》(以下简称《路线图》)课题组的汇报,并对相关问题进行了深入讨论,一致认为:

《路线图》全面总结了先进国家的光伏发电发展经验,展望了全球范围内的技术路线及发展趋势,研究和分析了我国太阳能光伏发电实现平价上网的技术路线,探讨了促进技术发展、推动成本下降、建立商业化发展的政策框架和进行大规模商业化应用的可能性,对我国太阳能发电的稳定、持续、长久发展,具有重要借鉴意义。

《路线图》研究基于全球光伏发电技术发展的基本趋势,分析和提出了我国未来五年的光伏发电的技术进步和成本下降的技术途径与发展路线,提出了实现我国平价上网的政策建议和技术措施。这些建议和措施,对于国家相关部门在制定太阳能发电发展规划以及制定可再生能源政策具有重要的参考价值。

《路线图》剖析了中国太阳能发电发展的现状,指出了未来太阳能发电的发展目标和方向,在路线图的制定过程中充分听取了相关企业和科研院所的意见,部分企业直接参与了研究,其结论符合产业发展实际,因此对光伏行业自身的发展具有较高的指导意义,得到了业内的普遍好评。

《路线图》对国内外的光伏市场做了深入的分析研究,展望了国内外不同时段的光伏市场发展趋势,给出了不同光伏电池的技术发展路线,为光伏制造企业制定企业未来的发展方向及选定企业的技术开发路线提供了重要依据。

《路线图》中指出,随着光伏发电产业技术的不断进步和规模的不断扩大,已经为光伏发电实现平价上网提供了产业和技术基础。未来太阳能发电发展的大好前景,必将吸引更多的金融机构及开发商投资太阳能发电的建设及运营。

《路线图》提出的关于"光伏发电可能成为重要的替代能源,预示着光伏发电在全球范围内的大规模应用已经开始。提示国家电网应提前做好电源配备及布局规划,提前规划并加快加强电网智能电网的建设,为大规模吸纳可再生能源电力做好充分准备"的观点引起了有关部门的重视,在"十二五"电网规划中开始考虑光伏发电大规模接入的问题。

专家组一致认为,《路线图》基础工作扎实、资料翔实、数据可靠、论据充分合理、分析思路清晰,观点正确,结论准确可行,可作为中国太阳能发电发展的重要参考文献。

2.2　委托单位意见

项目委托单位——世界自然基金会和能源基金会也对项目研究成果给予了很高的评价。世界自然基金会和能源基金会一致认为:该报告分析了中国发展光伏发电的重要意义,反映了当前中国光伏产业发展的主要问题,提出了"平价上网"的发展目标和路线图;报告在广泛征询业内专家和企业的意见的基础上,探讨了光伏发电实现平价上网的产业和技术基础,给出了合理的情景分析,为政策的制定和出台提供了有价值的参考意见;该报告的主要结论,包括中国光伏发电有望 2015 年实现用电侧平价上网等,得到了业界的普遍认可,报告的推出引起了社会和媒体的广泛关注;该报告是一份高质量和具有广泛影响力的报告。

3 本课题简要报告

3.1 我国发展太阳能光伏发电的重要意义

3.1.1 面临的能源形势

能源需求增长迅速。随着能源需求快速增长,我国能源供给面临诸多挑战,能源供应的低碳化、清洁化是保障我国经济、社会可持续发展的重要条件。

能源供应形势严峻。我国全部的化石能源包括煤炭、石油、天然气以及核电所必需的铀资源对外依赖程度将会持续增加,能源安全问题凸显,我国必须考虑提高可再生能源比例,满足日益增长的能源需求。

应对气候变化与温室气体减排压力。中国作为二氧化碳头号排放国,已经在气候变化谈判过程中受到来自其他国家特别是美国和欧洲的巨大压力,因此一定要下决心大力发展可再生能源等低碳能源。对中国来说,控制能源消费、发展低碳能源既是自身转变发展方式,实现可持续发展的需要,也是对国际社会负责任大国的表现。

3.1.2 太阳能光伏发电的特点和开发潜力

与常规发电技术相比,光伏发电具有一系列特有的优势。发电形式简捷,无污染,不消耗水,规模大小随意,寿命长,维护管理简单,可实现无人值守。太阳能资源与城市中的负荷高峰相重叠,可以起到电网削峰的作用,发出的是"黄金电力";可方便地与建筑结合,直接安装在负荷中心,作为分布式发电具有得天独厚的优势。

就资源的可获得性而言,与水电、核电和风电等技术相比,太阳能发电资源几乎没有限制。随着其技术的不断进步和成本的降低,太阳能光伏发电成为继风电和生物质发电之后又一个可以大规模开发利用的可再生能源技术。

3.1.3 具备了大规模发展的条件

光伏发电效率提高、成本持续下降。2010 年光伏组件的平均价格已经下降到 2 美元 / Wp 以下,具备了大规模发展的条件。

光伏发电产业成为新的竞争领域。光伏产业是典型的装备制造业,无论是原材料的生产,装备的生产或组件的安装都需要大量的劳动力,可以增加就业,所有各国都把光伏发电作为新兴产业刺激经济增长。

"平价上网"可以预期。综合国际多数机构的预测,光伏发电的电价将在 2015 年左右达到 1 元 / kWh(15 美分 / kWh)以下,与大多数国家用户侧的销售电价一致,实现"自发自用"平价上网,2020 年前后实现发电侧的"平价上网"。

3.2 国内外的发展形势

3.2.1 全球光伏市场进入千万千瓦时代

全球光伏市场延续了 2006 年以来的强劲增长势头,2010 年全球太阳能光伏市场新增装机 16.6 GW,年增速超过 100%,全球光伏新增市场迈进 10 GW 时代。

综观全球市场,光伏区域发展依然不平衡。欧洲是光伏装机最多的地区,仅德国一个国家 2010 年新增装机容量就达到了 7.4 GW,占全球新增装机的 45%。包括日本和美国在内的新兴市场需求增长迅速,中国首次跻身世界前十,新增装机为 500 MW。

欧盟光伏发电新增装机超过风电。2010 年,欧盟 27 国的光伏发电新增装机 13.2 GW,比当年风电新增装机 9.3 GW 高出了 3.9 GW,实现了新增装机容量光伏超过风电的历史性突破。

光伏电池制造业继续向中国大陆和台湾地区集中。2010 年中国大陆光伏电池组件的产量已经超过 10 GW,加上我国台湾地区 3.5 GW 的产量,占世界总生产量的 56.7%。

晶体硅电池仍占主导地位。由于 2008 年以来,多晶硅材料价格开始下降,虽在 2010 年价格有所回升,但从成本比较看,晶硅电池比薄膜电池更占优势,其市场份额一直在 80% 以上,2010 年晶硅电池的市场份额为 86.1%。

3.2.2 国内光伏发电产业发展有了坚实的基础

已形成规模化的产业能力。得益于欧洲市场的拉动，我国光伏产业在 2004 年之后飞速发展，2007 年我国已经成为世界最大的太阳能电池及组件生产国，并连续四年居世界第一，2010 年我国太阳能电池产量达到 13 GW，太阳能电池组件产量上升到 10 GW，占世界产量的 45%。

已形成比较完整的光伏产业链。无论是装备制造，还是基础的辅料制造，国产化进程都在加速。在光伏产业链中的各个环节具有很多生产企业，硅片、太阳电池、太阳电池组件的生产能力基本均衡，多晶硅的生产能力较弱，还需要进口，但技术发展非常快，到 2010 年行业年产值超过 3 000 亿元，就业人数 30 万人。光伏设备制造业逐渐形成规模，为产业发展提供了强大的支撑。在多晶硅太阳能电池生产线的十几种主要设备中，6 种以上国产设备已在国内生产线中占据主导。

技术水平不断提升。我国已经掌握了产业链各个环节中的关键技术，并在不断地创新和发展，在产品质量和成本上处于世界领先地位。较为薄弱的多晶硅制造技术近年来发展迅速，千吨级多晶硅规模化生产技术取得重大突破，初步实现循环利用和环保无污染、节能低耗生产，与国际先进水平的差距在缩小。

国内市场初具规模。2009 年，我国开始实施太阳能光电建筑应用示范项目、金太阳能示范工程和特许权招标项目，中国光伏市场正式启动。2010 年，我国光伏市场的新增装机容量为 500 MWp，是 2009 年的 3 倍多。

3.3 我国光伏发展面临的形势与主要问题

3.3.1 面临的形势

发展可再生能源是全球的共识。虽然气候变化谈判没有就量化目标达成一致，发达国家对进一步的减排指标并不积极，但是各国在应对气候变化的决心是坚定的，大力发展可再生能源是世界各国共同的目标。欧盟、美国、日本、澳大利亚等很多国家均提出了具体的发展目标。

不论是从成本分析看，还是从各国对光伏发电的支持力度和电力市场需求看，光伏发电已经具备大规模发展的条件。作为一个成熟的技术，有可能已经进入类似于风电的规模化发展阶段。

虽然目前光伏发电仅占世界电力的 0.1%，展望未来，光伏发电将成为世界主要的能源供应。

尽管光伏产业还面临诸多不确定性，从 2010 年开始一些欧洲国家纷纷减少对光伏发电的补贴以及大幅降低上网电价，欧洲的发展速度可能放缓；但是美国、日本、中国、印度等新兴的光伏市场正在逐步启动，市场潜力巨大。同时，日本福岛核事故引发的核电危机以及中东"茉莉花革命"所引发的石油价格上涨，都为光伏发电的发展带来了机遇。

综观我国的可再生能源资源情况，要实现 2020 年可再生能源比例达到 15% 的目标，就必须大力发展光伏发电。到"十二五"末，水电、风电已接近发展的上限，核电发展放缓已成定局，只有光伏发电还有可能达到每年 20 GW，乃至 50 GW 以上的能力，因此光伏发电需要承担更大的责任。

3.3.2 主要问题

国家研发投入不够，技术支撑能力不强，制约我国光伏产业核心竞争力的提高。国内的工艺和装备的更新速度慢，关键通用装备仍依赖进口，太阳能电池用配套材料生产规模小，研发能力弱，不能适应光伏产业快速发展的要求。同时国家对前瞻性的技术安排不够，缺乏预见性的安排。

落后产能盲目扩张，重复建设严重。政府拉动拔苗助长，现在我国有 100 多个城市打造光伏产业发展基地；企业强势介入，自 2009 年下半年国内的组件商开始大规模扩产；发展导向差，形成一批落后产能，特别是多晶硅生产和薄膜电池的生产。产能的过剩带来无序竞争和过度竞争的严重后果，造成投资浪费。

市场发展不均衡，过度依赖国外市场。国内市场还没有开放，国内光伏产品 90% 以上都销往国外，生产和需求过度依赖国外市场。欧洲光伏市场的下滑、美国市场的保守、日本市场的封闭以及我国政策的不明朗，将使得庞大的中国光伏产业面临风险。此外，我国内部市场不均衡，主要依赖政府主导，还没形成一个自发的市场环境。

光伏发电缺乏长期的产业和市场发展目标、政策环境有待完善。目前还在讨论阶段的可再生能源和太阳能发电的"十二五"规划还没有出台，国家对于未来 5 ~ 10 年的政策尚不明朗。国家已开始实施太阳能光电建筑示范项目和金太阳示范工程，对光伏发电项目提供补贴,但规模小、发展缓慢。大型荒漠电站特许权招标项目,最低价中标的原则,使企业的利润空间小,商业投资回报率低,不利于光伏市场的健康发展。因此,必须制定清晰的、合理的价格机制来保障光伏发电的可持续发展。

电网接入问题亟须解决。光伏发电是理想的分布式发电电源,当前中国正在实施的"光电建筑"和"金太阳示范工程"都属于"用户侧并网"、"自发自用"的分布式发电,在电网接入方面遇到很多困难。要解决好这一问题,首先要在法律法规上实现突破,电力公司必须允许分布式发电的接入,其次才是技术问题和利益平衡的问题。

成本较高仍是规模化发展的最大障碍。我国太阳电池组件和光伏电站系统的成本一般比国际平均水平要低 10%~15%。但是,与火电和风电相比,光伏发电的初始投资高,年运行时间短,即使在日照比较好的地区(年满发 1 500 h),光伏发电平均上网电价也要在 1 元/kWh 左右,远高于火力发电和风力发电的上网电价。因此,今后 10 年降低成本仍然是光伏发电最重要的努力方向。

企业可持续发展和清洁发展理念尚需提高。由于现有的市场供不应求,很多电池组件厂商的产品质量都存在不同程度的问题。一些多晶硅生产企业环保不达标,却在追求利润诱惑下,依然开工生产,使原本是清洁能源的产业却背负了高耗能、高污染的骂名,不利于光伏产业的可持续发展。

3.4 发展目标与路线

3.4.1 发展目标

(1)基本需求

我国现处于工业化发展中期,人均用电水平较低。电力需求在今后一段时间内仍将保持较快增长。预计 2015 年和 2020 年,全社会用电量将会分别达到 5.99 万亿 kWh 和 6.57 万亿 kWh,全国发电装机容量将分别达到 14.37 亿 kW 和 18.85 亿 kW。

到 2015 年,按光伏发电占全部发电装机容量 0.5%、1%、1.5% 和 2% 的发展比例计算,光伏发电装机将可达到 700 万、1 500 万、2 000 万和 3 000 万 kW,相应的发电量可达 90 亿、200亿、260 亿和 390 亿 kWh。

到 2020 年,按光伏发电占全部发电装机容量 1%、2%、4% 和 6% 的发展比例计算,光伏发电装机将可达到 2 000 万、4 000万、7 500 万和 10 000 万 kW,相应的发电量可达 260 亿、520 亿、980 亿和 1 300 亿 kWh。

根据国家"十二五"规划的发展目标,"十二五"期间,我国的非化石能源占一次能源消费的比重达到 11.4%,单位国内生产总值能耗降低 16%。到 2015 年光伏发电装机规模至少要达到 1 000万 kW 或更多,到 2020 年需要达到 5 000 万 kW 或更多,从 2010年到 2015 年,每年有 200 万 kW 的市场,集中电站和分布式入网的应用方式都有自己的市场。

(2)成本目标

对未来成本目标的估计,有基本情景和先进情景两种方案。

基本情景是基于行业的平均发展水平,到 2015 年电池效率每年提高 0.3%~0.4%、总体提升 2%,成本可以降低 50%,多晶硅能耗降低 50%。电池组件平均成本水平由目前的 1.5 美元/W 下降到 2015 年的 1 美元/Wp。光伏组件价格下降到 10 元/Wp,电站投资价格降到 14 元/Wp。根据这种发展趋势分析,到 2015 年我国光伏发电平均上网电价可降至 1 元/kWh 以下,使配电侧并网的分布式光伏发电达到"平价上网";到 2020 年光伏发电平均上网电价可以达到 0.8 元/kWh 以下,在发电侧达到届时常规发电的电价水平,实现"平价上网"。

先进情景体现了先进企业的发展水平,包括规模化生产、技术进步带来的生产成本的下降,也包括通过市场竞争实现的企业利润率的下降。按照先进企业的发展水平,到 2015 年,电池组件成本可下降到 0.8 美元/Wp,光伏组件价格降到 8 元/Wp,光伏电站初始投资降至 10 元/Wp,发电成本达到 0.8 元/kWh 以下,2020 年可以基本上实现 0.6 元/kWh。

3.4.2 技术发展路线

太阳电池占光伏发电系统成本的 60% 以上,降低太阳电池的成本是降低太阳光伏电池发电成本的主要途径。

实现平价上网最现实的途径,主要是发展高效、低成本的晶硅电池技术和薄膜电池技术以及新一代电池技术。近、中期以晶体硅电池为主,在继续加大晶硅电池技术研发投入,通过技术创新,提高效率和降低成本的同时,加大薄膜电池技术水平研发和产业化技术集成与创新,以及相关产业链的基础建设,提高薄膜电池商业化水平。此外,还要着眼未来,开发新一代光伏电池技术,尤其是那些材料来源广、无毒无害、制作过程能源消耗低的电池技术,比如纳米硅电池、染料敏化电池等。实现平价上网的技术发展路线图,如图1所示。

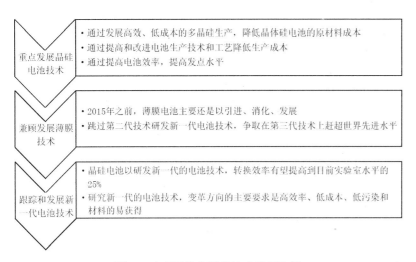

图1 实现平价上网的技术发展路线

（1）重点发展晶硅电池技术

晶体硅电池发展的趋势是低成本发电,低成本发电也是光伏发电技术的发展方向。低成本的实现途径包括效率提高、成本下降及组件寿命提升三方面。第一,通过发展高效、低成本的多晶硅生产技术,降低晶体硅电池的原材料成本,到2015年通过多晶硅的成本下降至少可以使电池组件成本下降5%～10%。第二,通过提高和改进电池生产技术和工艺降低生产成本,到2015年使电池生产成本下降约15%～20%。第三,通过提高电池效率,提高发电水平。到2015年,电池效率提高两个百分点,多晶硅电池效率达到17%～18%,单晶硅电池效率达到19%～20%。第四,加速高端设备和基础材料的自主研发和工业化生产,实现产品的高附加值,建设光伏制造强国。

（2）兼顾发展薄膜技术

在发展薄膜电池问题上坚持引进和研发并重。在2015年之

前,薄膜电池主要还是引进、消化、发展。当然,支持研发是非常重要的,可以跳过第二代技术研发新一代电池技术,争取在第三代技术上赶超世界先进水平。要走向大规模光伏发电应用,急需开展新一代高效硅基薄膜电池设计与制备技术研究,以充分发挥其低成本的优势和潜力。在3～5年内,将实现稳定效率10%～12%的硅基薄膜太阳电池组件的规模化生产,使其实现具有竞争力的低于0.5美元/Wp的目标。

（3）跟踪和发展新一代电池技术

新一代电池技术是未来太阳能电池技术发展重要方向之一。包括硅材料的变革,纳米硅和纳米碳的探索,及其他有可能取代晶体硅电池的新型电池。新型电池技术的变革方向主要是高效率、低成本、低污染和材料的易获得。

3.4.3 规模化应用路线

规模化应用是支持市场化的前提,因为太阳能发电是依赖于规模化发展盈利的技术,必须有足够的规模才能支持产业的发展和技术创新,必须有市场规模才能带动企业的投入。制定规模化应用路线,是带动太阳能光伏发电发展的关键。发展光伏应用的途径主要有三种,即大规模发电、分布式发电以及离网式的应用。

（1）发展大规模并网发电

大型并网光伏电站是我国光伏发电的基本特色。首先,我国西部地区拥有大面积的荒地和荒漠资源,太阳能资源丰富,具有发展大型光伏电站的优势。如果在2%的戈壁和荒漠面积上安装太阳能光伏发电系统,可安装约20亿kW。其次,西部地区属于我国的主要能源供应基地,配套的大规模、远距离的输电网络可以为大规模太阳能光伏并网提供保障,而不会受到电网送出能力和就地消纳能力的限制。最后,可发挥光伏发电与用电负荷高峰相匹配的优势,与其他能源形式相结合,实现风光互补,光水互补。

到2015年,按照全国累计光伏装机1000万kW,在青海、甘肃、新疆等西部地区,建设大型并网光伏发电站500万kW;到2020年,按照全国累计光伏装机5000万kW,将在西部建设百万千瓦级的大型太阳能光伏发电基地,总装机将达到2000万kW。

（2）推广与建筑结合的分布式发电

推广与建筑结合的并网光伏发电应用,在商业建筑、居民小

区、工业园区和公共设施等建筑屋顶安装光伏发电系统,这种应用方式不受电网送出能力的限制,位于负荷中心,可以就近上网,就近消纳。目前,我国已有建筑面积约450亿 m²,屋顶和南面墙至少有50亿 m²,使用20%的可利用面积即可安装大约1亿 kW 太阳能光伏系统。

分布式发电对于电网来讲属于"不可控单元"(也没有必要受控),国际上普遍采取总量控制。国际经验表明,在总安装量不超过配电容量15%的条件下,电网是将分布式发电系统作为负荷管理的,对电网不会有任何负面影响,因为这比正常的负荷波动范围还要小。在中国,这一市场空间至少2亿 kW。

到2015年,按照全国累计光伏装机1 000万 kW,与建筑结合的并网光伏系统可达到300万~400万 kW,到2020年,按照全国累计光伏装机5 000万 kW,建筑光伏系统将达到2 000万~3 000万 kW。

(3)扩大离网式发电应用范围

根据我国的特殊情况,在偏远、无电地区推广离网式发电应用,解决偏远地区的用电问题。扩大离网式发电在通信、交通、照明等领域的应用,如太阳能通信电源、太阳能路灯、草坪灯、交通信号电源、城市景观、电动汽车充电站等分散利用方式,离网式发电每年也有几百万千瓦的应用规模。到2015年,离网式光伏系统可达到100万 kW 以上,到2020年达到500万~1 000万 kW。

3.4.4 成本下降路线

2010年,我国大型光伏电站特许权招标项目的平均初始投资是1.5万元/kW,金太阳示范工程项目设备招标测算出的初始投资为1.74万元/kW。由于均采用的最低价中标的原则,中标价格偏低。

2010年并网光伏发电项目的社会平均初始投资为2.0万元/kW,以后每年下降8%,2015年和2020年可分别降至1.2万元/kW和1.0万元/kW。

2010年离网式光伏发电项目的初始投资为4.5万元/kW,预计以后每年下降8%,2015年和2020年可分别下降到3万元/kW和2万元/kW。

按照我国光伏产业目前的发展趋势,随着技术的进一步提升和装备的全面国产化,到2015年,并网发电项目的初投资可降至

1.2万元/kW,发电成本小于1元/kWh,首先在配电侧达到平价上网是完全有把握实现的;经过努力,2020年,并网发电项目的初始投资达到1万元/kW,发电成本达到0.6元/kWh,在发电侧达到平价上网也是完全有可能的。上网电价与平均电价趋势如图2所示。

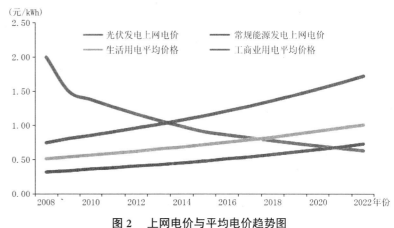

图2 上网电价与平均电价趋势图

平价上网基本数据假设为:2009年的光伏上网电价按照1.5元/kWh,以后每年下降8%;2009年的全国平均火电上网电价为0.34元/kWh,以后每年上涨6%;2009年家庭用电为0.54元/kWh,以后每年上涨6%;2009年工商业用电平均价格为0.81元/kWh,以后每年增加6%。

平价上网时间假设为:到2014年,工商业用电价格首先超过光伏发电上网电价,率先实现"平价上网";2018年家庭用电价格超过光伏发电上网电价,也能实现终端消费的"平价上网";到2021年以后,火电电价上涨到0.68元/kWh,超过光伏发电的上网电价达到发电侧的"平价上网"。

3.4.5 电网保障能力建设

经过多年的努力,我国已经建成了强大的电力供应和保障体系,具备了支持光伏发电发展的能力。为了进一步推动光伏发电入网,需要进一步提高电网保障能力,电网保障能力建设主要通过传统电网增容与改造,解决光伏发电本地消纳和大规模外送问题,通过微型电网和智能电网的发展以及大规模存储技术的突破来解决光伏发电的不连续、不稳定和不可调度的问题,以实现规

模化的应用。

3.5 政策确保路线图实施

3.5.1 国际激励政策

国际上促进太阳能光伏产业和市场发展的激励政策主要有三种,即购电法,补贴和税收政策,以及净电量计量法。这三种激励政策都有其特有的优点和局限性,重要的是要与产业发展阶段相适应。

购电法是国际上认可度最高的可再生能源激励政策,目前已有60多个国家实施该政策,也可通俗地称为"分类电价制度"。该政策的重要特点是,根据各种可再生能源的技术特点制定不同的可再生能源上网电价;购买可再生能源电力所产生的额外费用全部由全体电力用户共同分摊,可再生能源补贴没有预算的制约。由于光伏发电成本远高于风电、生物质发电等其他可再生能源发电成本,购电法成为对光伏发电推动效果最显著的激励政策,世界上最主要的光伏市场国家,如德国、意大利、西班牙等国家,都是实施购电法。

净电量计量法是针对太阳能光伏发电的特有的激励政策。目前,日本、美国的42个州和华盛顿特区都在实施净电量计量法。由于光伏发电的成本远大于常规能源发电成本和电网的销售电价,净电量计量法常与补贴政策同时使用。光伏财税激励政策通常包括初始投资补贴政策和税收优惠政策。

3.5.2 我国现行的激励政策

2009年以来,中央政府颁布实施了一系列的光伏激励政策,启动国内光伏市场。目前,中国的光伏市场激励政策主要有两大类,即初始投资补贴政策和固定上网电价政策,只能两者选其一。初始投资补贴政策主要适用于中小型光伏发电系统,包括太阳光电建筑示范项目补贴和金太阳示范工程补贴。对于大型光伏电站项目,目前仍采取一事一议的上网电价审批政策,2009年和2010年实施了两批大型荒漠光伏电站特许权招标项目,通过特许权招标的办法公开选择光伏项目的开发商,上网电价通过招标确定。第一批特许权招标项目的上网电价为1.09元/kWh,第二批特许权招标项目的上网电价为0.7288~0.9907元/kWh。

光伏发电是国家鼓励和扶持的重点领域,尚处于发展初期,

项目投资风险大,其基准收益率理应高于常规电力项目的基准收益率8%。但是,在特许权招标项目中,最低价中标的原则使投标企业大幅度压低项目收益,一些项目的内部收益率被降到了5%左右。在目前的现实条件下,受特许权招标项目的影响,近期光伏发电项目的内部收益率很难回到8%的水平,从长期可持续发展的观点看,光伏发电项目内部收益率至少要达到6%的水平。

2011年7月,我国出台了光伏发电固定上网电价政策,2011年7月1日前核准建设、2011年建成投产的光伏发电项目的上网电价为1.15元/kWh(含税)。2012年建成投资项目的上网电价为1元/kWh(含税)。今后,将根据投资成本变化、技术进步情况等因素适时调整。

3.5.3 实现固定电价政策:是否有足够的资金维持光伏发电发展

(1)上网电价的测算

最低价中标的评标原则,使特许权招标项目的中标电价远远低于光伏专家和业界的测算和预期,引起很大的震动。根据我国现有的项目开发环境和光伏组件的市场价格,专家和业界测算的光伏发电合理上网电价远高于特许权招标电价。

2010年在中国开发光伏电站项目,较为经济合理的价格应为,晶体硅组件价格为12~15元/kW,光伏电站初始投资为1.8万~2万/kW。如按年满发1500h和内部收益率8%计,上网电价(含税)应在1.45元/kWh左右。即使将晶体硅组件和光伏电站的投资大幅度压低,晶体硅组件价格为11元/kW,光伏电站初始投资为1.6万/kW,同时,将内部收益率降为6%,年满发1500h对应的上网电价仍为1.173元/kWh,远高于1元/kWh的电价水平。

(2)补贴总额的测算

2009年的光伏发电平均上网电价按照1.5元/kWh,以后每年下降8%,2015年和2020年的上网电价分别为0.91元/kWh和0.60元/kWh。假定2015年和2020年的火电上网电价分别为0.48元/kWh和0.65元/kWh。

2020年光伏发电累计装机目标为2000万kWh,2009—2020年总补贴金额为481亿元;2020年累计装机目标为5000万kWh,2009—2020年总补贴金额为729亿元;如果2020年的目标为

100 GW（1亿kW），则累计补贴金额也仅为1 038亿元。

根据可再生能源法，应从全国发电量中提取可再生能源电力附加，用于可再生能源电价补贴，现行的提取标准是1 kWh电力提取4厘钱。从2011年1月起，全国每年1 kWh电力提取4厘钱，到2020年累计提取可再生能源电力附加可达2 572亿元。如果增加到1 kWh 1分，则到2020年累计提取的可再生能源补贴资金可高达6 430亿元。

所以，即使光伏发电快速发展，如果能够将电力附加增加到1分钱/kWh，则完全可以满足国内可再生能源发展的需求。

3.5.4 政策建议

中国光伏发电市场的启动虽然万事俱备只欠东风，但是仍有一些问题需要解决。首先要创造一个良好的市场环境，为光伏发电的大规模发展奠定政策基础。其次加大研发投入，鼓励企业创新，不断提高电池效率和降低成本。最后是提高公众意识，增强对光伏发电技术开发和利用的认同。具体建议如下：

（1）建立和完善光伏发电市场体系

完善光伏市场体系，尽快明确发展目标，建立有资源区别的电价机制，形成规范的市场，由政府的直接补贴和直接干预向市场竞争转化；规范电网公司行为，实现电网与光伏发电的无缝连接，消除光伏上网机制的障碍；开展规模化的光伏并网实用化试点和应用；在靠近负荷中心地域，积极推广分布式光伏发电系统；建立关于光伏发电系统方面的技术标准和认证体系；建立国家级高水平光伏发电检测机构，提升产品检测能力和检测水平，确立并维护检测的国际权威性。

（2）加大研发投入

研发投入是确保光伏产业核心竞争力的关键，国家和企业都应加大在资金、人员方面对光伏技术的研发投入力度；建立国家级的技术创新和研发中心，从事光伏技术的开发研究；解决产业发展的关键和共性技术问题，促进科技成果转化，使企业在技术、设备、工艺等方面不断进步；重点解决光伏产业从材料到系统全产业链的技术提升和创新，高端制造设备的国产化以及应用技术的突破。大规模推广应用太阳能光伏发电的关键是太阳能电池组件的生产成本和价格。特别是在原材料利用、污染及能耗的控制等方面继续改进和完善，尽快达到国际领先水平。

（3）提高全社会的绿色和可持续发展的意识

光伏电池生产企业首先做到清洁生产。太阳能产品的生产过程必须达到清洁生产的要求，必须做到低排放、低能耗、低污染。应该及早开始考虑未来的光伏电池回收问题。产业的可持续发展涉及企业的社会责任和环保意识的提高，企业之间要加强技术交流与合作，通过产业联盟的形式，交流整合积累经验，提高企业管理水平。

提高发电生产企业和电网自觉履行社会义务的意识。对开发商、电力供应商和电网企业，建议采用可再生能源配额制，然后将配额在市场上公开拍卖，同时鼓励发电企业自觉地承担一定的社会义务，在发电中提高绿色电力的比例。作为垄断企业，电网公司要自觉地承担社会责任，多接纳绿色电力，克服技术上的障碍，开发智能电网等技术，提高电网接纳光伏发电等清洁能源的能力，承担电网公司为促进我国清洁能源发展的社会责任。

全社会要接受发展绿色和清洁能源的成本和代价。在今后一定的时期内，光伏发电相对于燃煤发电还是昂贵的，发展太阳能光伏发电是要付出一定的代价，我国资源匮乏、温室气体减排压力大，需要发展低碳的、清洁的电力，支持光伏发电等清洁电力的发展势在必行。这就要求要求全社会树立危机意识，全体电力用户，包括个人和企业，自觉承担利用绿色能源和清洁能源所需要付出的成本代价，全社会承担绿色发展的责任。

促进可再生能源大规模发展的战略性
框架设计和相关政策研究

王仲颖　任东明　高虎　赵勇强　时璟丽　胡润青　秦世平　陶冶　贺德馨　刘明亮

1 获奖情况

本课题获得 2010 年度国家能源局软课题优秀研究成果二等奖。

2 本课题的意义和作用

2.1 课题评价

在对我国能源发展形势分析的基础上,从促进可再生能源大规模发展的角度出发,研究提出了我国可再生能源发展战略总量目标及制度和政策体系,具体开展了以下研究:①科学制定可再生能源发展规划研究,分析了可再生能源发展规划方法学,进行了省级可再生能源发展规划的实践,提出了科学制定"十二五"发展目标的建议;②适应可再生能源规模化发展的电价机制研究,提出了可再生能源电力定价原则和思路,进行了可再生能源分类电价政策设计、费用分摊机制设计;③保障大规模可再生能源电力消纳的配额制度,包括配额制度设计和绿色交易体系探索;④支持农村可再生能源发展的绿色能源示范县建设,研究设计了绿色能源县的评价方法体系和扶持政策;⑤提出了促进可再生能源大规模发展的产业政策建议,包括产业发展激励政策研究、资源调查与评价管理办法和分类管理办法研究。

最后,本项研究提出了我国可再生能源大规模发展的建议:①建立可再生能源发展总量目标,制定相关技术发展路线图,促进可再生能源产业可持续发展;②逐步建立合理的可再生能源分类电价制度,促进可再生能源大规模发展;③建立支持可再生能

源的发展基金,形成推动可再生能源发展的稳定资金来源和投入机制;④制定并颁布可再生能源配额管理办法,落实《可再生能源法》可再生能源发电全额保障性收购制度;⑤完善产业激励政策和监管办法,促进可再生能源产业健康快速发展;⑥启动绿色能源示范县建设,促进农村地区可再生能源的高效开发利用。

上述研究成果和重要建议为我国制定完善有关可再生能源法律法规、国家和省级发展规划、电价机制、配额制度、产业政策等提供了有力支持。

2.2 应用情况

本课题研究提出了新的可再生能源发展总量目标,为国家重新修订 2020 年可再生能源发展总量目标,以及制定 2020 年非化石能源占一次能源消费比重 15%目标提供了量化分析依据。

省级可再生能源方法研究建立了省级可再生能源规划的方法学和基础性数据库,形成了省级可再生能源规划指南,并直接支持贵州省发展和改革委员会完成该省可再生能源规划研究。

制定可再生能源配额制度的必要性和可行性分析,以及《可再生能源配额制》的初步方案,为全国人大 2009 年修订的《可再生能源法》中的第十四条里"全额保障性收购制度""年度中督促落实"等制度的制定,提供了有力的依据。配额制研究还为 2010 年《国务院关于加快培育和发展战略性新兴产业的决定》正式提出"实施新能源配额制,落实新能源发电全额保障性收购制度"提供了依据。

价格、补贴和费用分摊办法研究成果为国家出台和实施可再

生能源发电和费用分摊的有关政策提供了理论和技术支持,除支持了"可再生能源法"修订工作外,课题提出的机制建设的建议和具体的政策操作模式直接应用于国家完善可再生能源发电价格和费用分摊政策(包括2009年6月颁布完善风力发电上网电价政策文件、2009年11月颁布调整各区域电网电价的一系列文件、2009年和2010年颁布海上风电、太阳能光伏发电招标文件、2010年颁布农林废弃物发电电价文件)以及绿色能源示范县等综合性示范项目中。

3 本课题简要报告

3.1 课题研究背景和方法

随着我国经济的飞速发展,能源供需矛盾日益突出,传统能源开发利用造成的环境问题日益恶化,加快发展可再生能源成为我国的重大能源战略选择。为了推进可再生能源的开发利用,《可再生能源法》于2005年2月28日通过,2006年1月1日起施行。但是该法主要确定了发展可再生能源的原则性内容,实际的实施仍有赖于针对性的制度设计、具体的规划指导以及全面系统的政策措施。特别是考虑到可再生能源技术种类很多,水电、风电、太阳能和生物质能利用等各类技术的产业化进程有很大不同,在技术可行性、市场经济性以及市场规模化推动手段方面,社会各界还存在不同的认识,这导致我国可再生能源在朝向规模化和市场化发展的过程中,面临可再生能源的战略定位不清晰、发展目标较保守和电价、补贴、财税等具体的支持政策不协调等方面的局限性,难以适应支撑大规模可再生能源发展的需要。

本研究是我国能源领域首个针对未来国家可再生能源大规模发展进程和相关制度建立及政策设计的专项战略研究,从系统梳理国内外可再生能源规划制定及实施、制度建立和政策设计的有关理论论述入手,以发展理念→发展目标→实现途径→理论研究→实践总结→发展方式的系统思维为逻辑主线,以系统论为指导构筑了促进中国可再生能源规模化发展的规划制定、制度建立和政策设计方法的理论基础,并以对可再生能源发展的客观规律性本质的认识为依据,首次将系统工程理论引入国家级可再生能源发展战略设计的实践工作当中。

研究方法遵循理论研究与实地调查相结合、系统研究与典型案例分析相结合、宏观调研与重点调研相结合、定性与定量分析相结合的原则,吸收借鉴国际经验,立足多年科研基础,采用多种分析手段,注重实证研究,保证研究的全面、系统、科学、可行。研究方法的霍尔三维结构如图1所示。

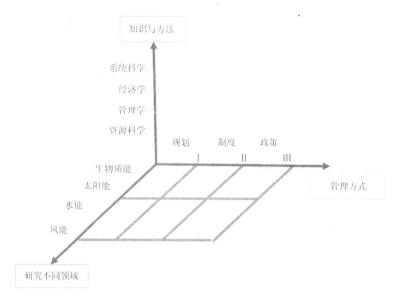

图1 研究方法的霍尔三维结构

3.2 战略性框架和有关政策研究内容

为适应新形势下可再生能源政策需求,本课题从规划、制度和政策等三个方面开展以下八大专题研究:

专题1 "2020年中国可再生能源发展总量目标研究"

通过回顾发展现状,分析技术成本与发展趋势,对早期制定的可再生能源中长期发展规划方法进行分析和改进,提出了可再生能源常规发展和积极推进两种情景下的目标方案,并分别评估了能源资源环境效益与经济代价。

专题2 "省级可再生能源规划方法研究"

在总结现有工作经验的基础上,结合中国的国情,确定了可再生能源规划基础指标数据库,为各省制定可再生能源规划提供统一的方法学和框架,以及规划指导纲要;并从配合全国实现可再生能源中长期发展目标及落实重点发展项目的角度出发,选择两个典型的省份,帮助他们因地制宜地开展中长期发展规划制定工作,为他们的规划工作提供技术支持。

专题3 "可再生能源发电定价机制和费用分摊办法研究"

吸取国际特别是欧美在价格和费用分摊形成理论和政策实践方面的经验和教训,明确提出可再生能源定价机制形成的五项基本原则,形成了标准成本法、机会成本法、标准和机会成本两者结合三种定价方法。依此设计出风电、生物质发电、太阳能发电的定价机制和政策的系统性框架,提出相应的风电和生物质发电固定电价、太阳能发电招标和固定电价结合、费用分摊政策以及具体电价水平的建议。

专题4 "可再生能源配额制及实施绿色电力交易机制政策研究"

总结了国际制定可再生能源强制性配额目标经验,指出并网收购和市场消纳问题是当前制约我国大规模可再生能源发电的最大"瓶颈",提出建立主要面向电网企业的可再生能源配额制度,以促进实现区域电网间的同步连接和大范围消纳可再生能源电力的电网保障性收购制度。主张在建立配额制的基础上实施绿色电力交易机制。

专题5 "产业发展指导目录和激励政策措施研究"

分析了我国现有各类产业指导目录和可再生能源产业发展目录的制定实施情况,指出现行可再生能源目录在可再生能源走向大规模商业化发展阶段时已表现出明显不足,提出了修改完善产业指导目录的基本原则和具体建议。按照"更加重视提高产业发展的质量和效益、扶持对象和政策体系更完备、政策手段更加丰富"的思路,提出完善可再生能源激励政策、建立可再生能源发展基金的具体建议。

专题6"可再生能源资源调查评价和开发管理办法研究";专题7"风电公共技术试验平台研究";专题8"绿色能源县的评定管理办法和扶持政策研究"三个专题提出了实施可再生能源资源开发、产业管理、风电技术公共服务平台和农村能源发展方面的具体建议。

3.3 主要研究结论和建议

(1)建立可再生能源发展总量目标,制定相关技术发展路线图,促进可再生能源产业可持续发展

在常规发展情景目标方案下,到2020年,可再生能源发电装机总量达到47 978万kW,年发电量16 198亿kWh;加上生物质供气和太阳能供热以及生物液体燃料,所有可再生能源能够提供的能源总量为68 206万tce,占国内一次能源消费量的比重为14.51%。二氧化碳减排量为188 528万t;可累计拉动投资39 980亿元,其中需要政府补贴4 058亿元。在积极推进方案下,2020年可再生能源发电装机总量达到51 378万kW,年发电量16 958亿kWh;加上生物质供气和太阳能供热以及生物液体燃料,所有可再生能源能够提供的能源总量为74 545万tce,占国内一次能源消费量的比重为15.86%,二氧化碳减排量为204 124万t;可累计拉动投资47 456亿元,需要政府补贴4 685亿元。

抓住"十二五"发展的重要战略机遇期,针对可再生能源种类多、产业化进程不一致、产品形式多样的特点,建立可再生能源发展的中长期战略思路,科学制定我国长远期的可再生能源发展的总量目标,深入研究不同可再生能源技术的发展路线图,明确可再生能源的发展原则、路径和布局,科学制定国家可再生能源发展战略、规划和保障措施,促进可再生能源产业可持续发展。

(2)逐步建立合理的可再生能源分类电价制度,促进可再生能源大规模发展

国内外实践证明,电价政策是促进可再生能源电力市场和产业发展从而带动技术进步、成本降低的有效措施。我国可再生能源电力正处于大规模发展的起步阶段,考虑现实国情,今后经济发展潜力和相应的经济承受能力,根据风电、秸秆直燃发电、秸秆气化发电、沼气发电、垃圾发电、光电、太阳能热发电等各类可再生能源发电技术的不同特点,以"促进发展、提高效率、降低成本、鼓励竞争"为基本原则,分别考虑项目发展规模、原料种类和发电形式,分别采取适宜的分类电价政策,制定合理的电价水平,促进可再生能源的规模化发展。

(3)建立支持可再生能源的发展基金,形成推动可再生能源发展的稳定资金来源和投入机制

按照促进可再生能源开发利用的宗旨、政府性基金的性质设立可再生能源发展基金,按照"收支两条线"原则纳入中央财政预算管理,从而建立起支持可再生能源研发、示范试点等活动的制度性资金来源。

建议从如下渠道筹集资金:对省级电网企业在本省(区、市)区域内扣除部分地区和农业生产用电后的全部销售电量征收可再生能源电价附加;对成品油批发经营企业销售量内扣除军用和储备销量外的全部成品油销售量征收可再生能源燃油加价;中央和省级财政预算安排的可再生能源专项资金;中央和省级财政的资源和环境税费收入;社会捐助资金等。

建议基金对不同活动实行不同的支持方式和实施机制。对公共技术研发机构建设、基础研究和技术开发、示范项目建设和运营、公共利用项目等活动的支持方式为无偿资助(经费补助)、股权投资等,支持对象的选择机制为竞争性招标和择优指定;对规模化推广应用活动的支持方式为价格补贴、贷款贴息等,所有符合规划并经核准和备案的该类项目均可申请支持。建议加强基金预算和项目管理,按年度制定颁布各项各批基金支持项目计划。

(4)制定并颁布可再生能源配额管理办法,落实《可再生能源法》规定的可再生能源发电全额保障性收购制度

大规模可再生能源发电需要解决上网收购和市场消纳问题,为此必须进行重大的制度创新。建议建立可再生能源配额制,明确发电公司和电网公司的有关责任及义务,以立法为基础强制要求发电企业承担可再生能源发电义务,强制要求电网公司承担购电义务,合理确定和分配各责任者应承担的配额指标,明确监管者和惩罚措施。在条件允许的情况下,建立绿色电力市场,引入绿色证书交易制度,以市场手段为配额义务承担者提供完成义务的灵活机制。

(5)完善产业激励政策和监管办法,促进可再生能源产业健康快速发展

根据各类可再生能源的技术特点,按照有利于可再生能源发展和经济合理的原则,制定和完善可再生能源电力、热力、燃气、燃料的价格和税收优惠政策。通过税收返还支持地方发展经济和脱贫。清理不利于可再生能源市场竞争和技术进步的政策、法规,消除贸易壁垒和地域歧视。加强电力和石油领域的垄断企业和环节监管,制定适应可再生能源发电特点的电网运行规则,建立生物液体燃料收购和销售体系。加强技术标准研究工作,制定完善产品标准和技术规范,建立适应可再生能源发展需要的认证制度,规范可再生能源产品的市场准入。

(6)启动绿色能源示范县建设,促进农村地区可再生能源的高效开发利用

坚持政府扶持和市场推动相结合的原则;完善政策体系,强化对农林废弃物能源化利用技术和产业的支持,适当提高补贴标准;强化后续管理和服务体系建设,支持建立服务专业化、管理物业化模式;按照"因地制宜、整体规划、分批实施、市场运作"的思路,有序推进绿色能源示范县建设。

图2反映了"促进可再生能源大规模发展的战略性框架设计和相关政策研究"的框架、成果及应用的相互逻辑关系。

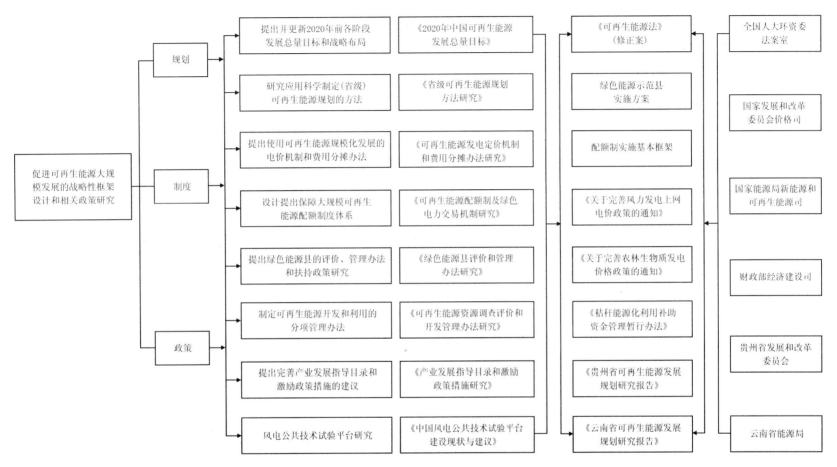

图 2 "促进可再生能源大规模发展的战略性框架设计和相关政策研究"的框架、成果及应用

建立能效目标的工作责任分解和考核评价体系研究

周大地　周伏秋　郁聪　丁志敏　刘志平　朱晓杰　白泉　康艳兵　胡晓强　徐华清

1　获奖情况

本课题获得 2006 年度国家发展和改革委员会优秀研究成果三等奖。

2　本课题的意义和作用

本课题研究对落实"十一五"期间单位 GDP 能耗降低 20％的节能目标具有重大的现实意义。本项研究全面系统地论述了建立节能目标考核指标体系的重要意义和作用，从宏观政策环境到具体节能技术和管理方面较全面地分析了影响我国能源消费和实现节能降耗目标涉及的主要领域和驱动因素，提出了实现节能降耗目标要从宏观经济目标和相关政策，加强管理和市场引导，以及技术和产业实践方面进行综合努力，设立针对不同层次和对象的指标和评价体系。本项研究对我国节能目标考核的现状和存在的主要问题的分析符合实际，抓住了主要矛盾和关键环节，提出的节能目标任务分解和评价考核指标体系具有科学性、系统性、现实性。

本研究成果首次提出了针对我国管理体制特点的中央、地方、企业三级节能目标责任分解体系和定量、定性相结合的指标体系，体现了综合性、系统性、现实针对性、工作导向性。为实际制定"十一五"节能目标任务的分解，落实节能目标责任制，提供了科学的依据和具体落实的基础。

本项研究的部分成果已被应用于国家发展改革委资源节约和环境保护司制定的"建立节能目标责任制和评价考核体系实施办法"中，成为"十一五"省级政府完成节能目标责任评价考核指标体系的重要依据和基础，也作为"千家企业节能行动"中考核千家企业节能目标完成情况指标体系的重要基础。

3　本课题简要报告

3.1　建立能效目标工作责任分解和考核、评价体系具有多重意义

建立能效目标工作责任分解和考核、评价体系能够尽可能地动员和推动全社会、中央到各级地方政府、各个相关部门以及消耗能源的各个主体，共同落实能耗降低的各种措施，加强对能源消费的全方位管理，加快经济增长方式转变。

能效目标工作责任分解和考核、评价体系能够帮助各级政府了解实现 GDP 能耗下降至少应该包含哪些方面的工作，必须动员哪些部门和行业领域来共同参与，至少要使哪些层次的政府相应承担责任，以及必须对哪些相关企事业的能源消耗进行有效监管，才能将 20％的节能目标进行合理分解，分工落实。

能效目标工作责任分解和考核、评价体系建立后，可以有助于在相应内容的基础上，构建能源消费的监测和预警机制，为中央政府和地方政府长期监控能源消费的动态变化，以及制定能源应急方案提供新的科学工具。

3.2　我国能源消耗目标考核现状、存在的主要问题及国际经验借鉴

（1）我国现状及主要问题

省地市节能管理机构基本保留，但职能弱化；政府节能投资体系不健全，只有少数省市建立了节能专项基金；尽管节能被政府认定是必须坚持的，但一直是以喊节能口号为主，推进节能的手段有限；企业能源管理体系覆盖面不宽，能源消耗计量体系不

健全、水平低;个别省市制定了行业能效标准市场准入门槛制度,控制高耗能、低附加值产业的发展,但有效调整工业结构、促进技术升级的节能措施远远没有普及;从全国情况看,真正重视和建立重点工业企业能源消费信息上报制度,形成能源消费信息化管理的省市很少,这是造成目前能源消费统计薄弱,难以支持能源政策研究的主要原因之一。

1998 年以来,各工业行业协会没有建立新的节能管理机制,节能队伍萎缩,部分高耗能企业撤销或削弱了节能管理机构和人员,节能管理人员大量流失,造成近些年节能管理工作的滑坡。

我国在 1982 年曾经建立起了比较完整的能源统计体系,这套体系在当时的经济管理体制条件下发挥了既有的作用。随着经济体制改革的不断推进,首先,在能源统计方法与制度的改革过程中,缺乏正确的适应性调整;其次,由于经济及社会发展进程的限制,人们对能源统计重要性的认识还没有达到相应的水平。所以,其统计指标及调查内容不断减少,功能不断弱化,具体表现在:

1)能源平衡表的一些数据在编制过程中缺乏必要的调查依据,反映产业及其行业消费的数据,核算的成分比较大,人为因素难以避免,数据的不确定因素较大。

2)不适应对能源市场进行宏观调控的需要。鉴于反映和监测能源动态供需、能源市场运行状况的统计调查还没有完全建立起来,目前的能源统计还无法满足为能源市场的宏观调控提供统计服务的需要。

3)不适应能源管理的需要。从我国能源统计功能的现状分析中可以看出,能源利用效益统计资料和信息,现有的残缺不全,也尚未建立相关数据、信息的收集渠道,为能源管理提供服务功能不足。

4)不适应国际交流、比较的需要。我国的能源统计,在产品分类、行业分类、平衡表体系上,与国外及国际组织的能源统计存在较大差距。

(2)值得借鉴的国际经验

鉴于能源之于经济、社会可持续发展的极端重要性,国际社会对能源可持续发展极为关注和重视。20 世纪 90 年代以来,不少国家如英国、法国等,以及一些国际机构如国际原子能机构(IAEA)、欧盟(EU)、世界能源理事会(WEC)等,纷纷着手开发了各具特色的能源消耗目标评价指标体系,用于对能源可持续发展能力和状态进行测度和评估。

目前国际上比较有代表性的能源消耗目标评价指标体系主要有:英国能源行业指标体系、IAEA 可持续发展能源指标体系、EU 能源效率指标体系、WEC 能源效率指标体系等;此外,英国国家可持续发展评价指标体系中也综合纳入了若干能源评价指标。

总的来看,上述指标体系在开发目的、框架设计、指标设定、具体应用等方面大体有以下几个特点:

1)指标体系开发的具体目的多样化。以英国为例,2003 年 2 月,英国政府发布了能源白皮书《我们的能源未来——建立低碳经济》,阐述了英国的能源可持续发展长期战略和能源政策框架;提出了未来能源发展的四个基本目标:环境友好;能源供应的可靠性;消除家庭能源贫困;建立竞争性的能源市场。在此背景下,英国开发的能源行业指标体系的主旨是供作为评价主体的英国政府用于测度本国在实现上述四大能源发展目标方面所取得的具体进展。

2)这些指标体系的框架设计各有特色。以 EU 能源效率指标体系为例,该指标体系框架为分类设计,具体包括六类宏观性质的能源效率指标,用于评价和反映国家、行业的能源效率、能源强度、单位能耗、能效指数(用于对某一行业能源效率趋势进行总体评估)、调整指标(用于进行国际比较;该类指标试图调和国与国之间在产业结构、气候等方面存在的差异)、扩散指标(用于监测节能技术和设备的推广应用情况)、目标指标(这类指标旨在提供参考值,表明一国可能达到的能效目标或提高能效的潜力)等。此外,出于对全球气候变化问题的关注,该指标体系还包括一类二氧化碳指标,作为对能源效率指标的补充。

3)这些指标体系在具体构建上,较好地遵循了构建指标体系的一般原则,即系统性、引导性、可比性、可操作性等。例如:定量指标与定性指标相结合的方式,以定量指标为主;指标不仅囊括了能源生产、加工转换、消费诸环节,而且涉及了经济、环境、社会多个领域,能够比较客观地反映各国可持续发展的多重影响因素。

上述国际上有代表性的能源消耗目标评价指标体系对我国

建立能效目标工作责任分解和考核、评价体系的启示主要有以下几点：一是我国能效目标工作责任分解和考核、评价体系的构建，应旨在服务于国家能源发展战略和国家长远发展目标。二是指标体系应具有较好的引导性，用于指导部门、地区、用能单位设定节能目标，制定相关规划、计划、实施方案和措施，落实节能工作责任。三是指标体系应具有系统性，在具体指标的设定上，不仅应有反映能源利用经济效率的宏观性质的指标，还要有反映能源利用的技术效率的指标，同时也要有反映政府相关职能部门能源管理行政效率、效果和效益的指标。四是指标体系在框架设计上应采用定量指标与定性指标相结合的方式，以定量指标为主；考虑到政府相关职能部门能源管理行政效率、效果和效益可能难以量化，可适当设置若干定性指标。五是该指标体系的构建应充分考虑其可操作性。考虑到目前我国能源统计基础工作较为薄弱的实际，在定量指标的选择上，应充分考虑到在统计上是否有相应的数据和资料作为保障。

3.3 落实"十一五"能效目标需要尽快进行工作责任分解，建立相应考核、评价体系

为了落实中央提出的"单位国内生产总值能源消耗比'十五'期末降低20%左右"的"十一五"期间能效目标，有关部委和各省市正在重新审视"十一五"经济社会发展规划和能源发展规划。最近全国人大通过了总理工作报告和"十一五"规划纲要，推动了许多省市对原来提出的"十一五"能效提高目标进行了新的修订。从各地早些时候提出的"十一五"发展规划看，大约70%的省、市、自治区制定的节能目标未能达到降低20%左右的国家目标。经过近期调整，31个省市中已有13个提出20%左右能效目标，8个省市提出20%以上目标（其中6个提出具体数量）。4个省市尚不明确。只有6个省市目前的能效目标为15%或更低，其中经济和能源消费大省只有广东（13%）和浙江（约15%）。从各地提出的能效提高目标数字看，尽管全国能耗下降20%左右的目标可以说基本上已经落实到各地了，但是从各地规划的经济增长速度指标和增长内容上看，31个省市GDP增长的预期平均水平为10.1%，许多省市的经济增长内容仍然偏重重化工业，上煤电、煤化、石化项目的热度不减，说明如何实现能耗指标下降的措施并不落实。

2006年头两个月，冶金、化工、建材等高耗能行业产品产量仍在高速增长，不少产品2月份的增速高于1月份，煤炭电力的增速也保持高位。这种趋势不改变，实现能耗下降目标十分困难。

GDP能耗水平能否下降，取决于多种因素。其中经济和产业结构以及产业内部结构和质量，技术结构和技术进步，还有消费结构和模式，对能耗水平都有直接的影响。"十一五"时期我国能耗水平上升，产业结构过于偏重是主要因素。我国工业能耗占总能耗的70%左右。工业能耗中，冶金、建材、化工、石化等行业又占近70%。近年来高能耗行业的过度扩张，导致了能源特别是电力的供需失衡。各产业内部的产品和技术结构不合理，产业扩张技术水平不高，经济规模集约度低，也是能耗上升的重要原因。一些消费政策和消费引导不合理，推动了部分浪费性需求。要降低能源消费强度，就必须认真调整产业结构，推动技术升级，合理引导消费结构和模式。

"十五"时期我国出现高能耗产业过度扩张，经济偏向重化方向，增长方式没有实现重大转变，有其必然性。"十五"时期我国市场经济体制基本建立，对外开放程度已经较高，经济发展速度加快。但是，由于我国土地、能源和其他矿产资源的价值在现行管理体制下没有得到充分体现和合理分配，环境外部性内部化程度过低，经济和社会价值体系过于向部分社会成员和短期效益倾斜。在这样的价值体系和相应的价格与资源管理体系条件下，我国的经济增长必然倾向主要依靠大量投入和过度使用土地、矿产和环境资源。由于我国的科技和教育水平仍然较低，自主创新能力差，以来料加工为主的外向型经济同样使我国处于以生产低端产品为主的地位。即使有一些高端产品，由于核心技术大多由外方控制，我方实际得到的附加值比例并不高，也形成大量消耗土地矿产能源和环境资源的现象。"十一五"期间要使单位GDP能耗明显下降，就必须从市场的内在驱动因素方面进行必要的转变，才能转变整个投资结构和经济结构变化的方向。

在市场经济条件下，必须从两个方面对产业结构，技术结构，以及消费模式等进行调整。一是要转变宏观调控的目标和重点，认真调整市场信号和市场导向，充分利用市场对资源配置的基础作用，对全社会的经济投入方向和能源消费活动进行新的导向，实现合理引导。二是要调整政府的市场管理功能，加强政府的节

能管理力度,用推动节能的法律法规、技术标准以及引导社会舆论等措施方法对经济活动和能源消费进行引导,促进节能。

合理的价格体系是最有效的经济杠杆。能源等资源价格的变化对能源的即期消费有一定的直接作用,对长期的能源消费及其强度变化有明显的作用。我国的土地、能源和其他矿产资源市场价格过低,排污收费的力度弱,难以引导对资源的高效利用和环境保护。现在我国由政府直接管理的价格已经不多,基本上集中在土地和能源等少数领域。虽然改革开放以来我国的能源价格有大幅度的提高,然而"十五"期间国际能源价格整体有大幅度提升,使我国的能源价格目前又重新明显低于国际能源价格水平。能源资源稀缺、国内市场供需紧张的市场价格条件没有能够充分反映到目前的价格形成机制中来,环境外部性更没有得到充分反映。经济全球化的发展,使国际价格体系中知识产权等无形资产的价格比重不断提高,能源等资源性产品的相对比价进一步降低。这样的价格体系,促使我国在国际分工中向高资源消耗,高环境代价的低端产业和产品倾斜发展。能源价格对终端消费的影响也很显著,不少奢侈、浪费型的消费比比皆是。我国的资源和能源价格体系如果不做重大调整,转变我国的资源高消耗型增长方式将十分困难。

要利用税收和财政分配政策促进节能,尽快较大幅度调整能源矿产资源税、环境税,使能源产品的生产成本合理化。对高效节能新产品的生产或销售过程实行优惠税率,对提供节能服务的企业给予适当的税收优惠,推动节能产业发展。对能源、能源载体和高能耗产品的出口,应该采取取消各种出口税费优惠,征收出口税,实行严格配额,以至完全禁止出口的政策。

要建立和提高促进节能的财政支出,特别是各种转移支付和补贴,合理引导产业政策和能源消费。要改变用财政补贴维持能源低价,降低煤炭生产成本的现行做法。在经常性预算中,应增加节能支出专项,支持节能科研和技术开发;节能示范项目和示范工程以及节能新技术的推广;节能信息的收集和传播,相关的教育培训;标准标识和相关法规的制定和实施,节能监测监管体系包括队伍的建设和维持等。在中央和地方的建设性财政支出中,应增加对节能和实现 GDP 能效下降的投入。

在政府采购和政府出资或有财政支持的建设项目中,应尽快

增加能效标准产品评价和选择指标,建设项目能效可行性评价内容。对政府既有建筑物带头实现必要的节能改造和加强管理,引进奖励节能,惩罚浪费的财政经费使用办法。

要改善对提高能效投入的投融资条件,促进社会资金增加对提高能效的项目进行投入。

要加强政府对市场的节能管理力度,修改和完善节能法律法规。尽快制定完善有利于提高能效的各种市场准入条件和标准标识。目前能效标准的覆盖面还小,多数标准仍然是最低能效标准,只能针对少数落后产品。应该发展超前性能效标准,推动厂商不断提高产品能效标准。还要加强对企业规模,工艺技术,原料路线等方面的标准制定。推动工业企业和设备规模达到经济高效的规模水平。这方面的标准制定和实施工作,可以和产业政策和产业结构调整密切结合。即在现有产能过剩的一些行业,引进新设备新工艺,实现效率效益规模优化,仍然是投资和产业结构调整的重要内容。

建筑物的采暖或空调用能标准,将对我国的建筑物用能效率的提高起到巨大的推动作用。要进一步完善建筑物能效标准,特别是要强化标准。推进建筑功能合理设计,开发和推广各种高能效建筑材料和高效空调采暖系统技术,尽快推进节能型建筑的销售和使用,加快供热体制改革的进程。

交通运输规划和运输工具的产业政策需要进一步向节能方向引导。汽车的燃油经济性标准将明显提高在国内生产和销售汽车的燃油经济性。在汽车发展和运行管理方面,除了取消对小排量汽车的各种限制,还应该制定和实施鼓励、推动高效省油机动车生产和使用的政策措施。例如在公路使用收费方面,包括城市停车收费等方面都可以对小型高效环保车辆实行优惠。应该通过增加铁路运力,尽快将煤炭等大宗低值货物的长途公路运输转移到铁路运输;合理进行城市功能区和快速公交设施(包括轨道交通)的规划和建设,大幅度减少不必要的出行,提高出行效率,减少能源消耗;普及出租车的无线呼叫系统,大幅度减少出租车的空驶率,减少直接油耗,缓解道路堵塞。建设城市间的快速轨道交通,结合各地联网的汽车出租系统,大幅度地减少我国长距离带车出行比例,节约能源。

制定和实施各种能效法律法规和标准标识等市场管理的政

策措施,需要强有力的立法、执法能力,需要相应的组织落实。各种推动能效的法律法规,需要政府各部门根据自己的工作需要积极制定。标准标识的制定,需要技术,企业,市场,经济分析等各方面力量共同参与,要有强有力的专业队伍和组织协调。而各种法律法规和能效标准标识的实施和贯彻执行,更需要有专业的管理和执法队伍。

中央和地方政府,以及重点耗能企事业,都需要进行节能工作的组织建设。我国现有节能管理机构薄弱,难以协调和有效推动实现GDP单耗下降社会经济目标密切相关的众多政策问题。能效指标考核也需要相应的权威机构实施,才能对相关政府部门进行问责。各级经贸委或发改委的节能主管单位难以直接对企业的实际能耗情况进行技术和管理方面的有效监督。多数地方缺少对节能法规和能效标准、标识的执行情况的监测监察机构。许多重点耗能企事业单位中缺乏必要的能源管理岗位,能源平衡分析和能源审计、诊断等行之有效的能源管理方法在多数行业没有实施,缺少规范的能源消费和能效管理手段。不少企业甚至缺少能源消费统计。

各级比较完善的能源管理组织体系及其有效运行是我国从20世纪80年代到20世纪末实现能源翻一番保障经济翻两番的组织保证。当时国务院有节能办公会制度,主管全国经济管理的综合经济部门有专管节能的司局,各地有三电办等具体负责节约用电的协调管理机构,各部委以至企业都有节能办等。在当前社会主义市场经济体制下,要实现GDP能耗下降的目标,必须考虑建立相应的能源消费和节能的管理组织体系,才能具体实施转变经济增长方式这样的重大社会目标。

3.4 实现"十一五"能效目标的工作责任分解和相应考核、评价体系的框架和内容

要实现能耗下降目标,必须有重大政策调整,采取强有力的措施,进行体制创新。以上列举的是实现能耗下降目标必须开展的部分工作内容,涉及中央政府各部门的相关职能,和全国各地的经济社会发展密切相关。必须动员全社会的力量,分解工作责任,共同参与。首先要使中央政府的各个有关部门行动起来,各级地方政府也需要明确如何实现本地单位GDP能耗下降的具体责

任和工作分解。同时,还要把节能行动落实到主要的能源消费主体,即重点耗能单位和全部高耗能企业,直至每个能源消费个体——影响居民能源消费模式的选择。经过全社会的努力,才能实现"十一五"的节能目标。

(1)中央、国务院等部委局在落实"十一五"能效目标方面的工作责任

国务院要尽快制定全国性实现GDP能耗下降的具体行动计划。目前的节能规划还不能覆盖实现这个重大社会目标的许多必要领域。

国家发改委各个相关司局,商务部、国土资源部、建设部、科技部、国资委、金融主管机构等应从本部门职能工作中考虑促进节能的产业结构调整和产业质量升级目标和政策措施。

发改委价格主管司局、国土资源部、财政部、税务总局、交通部等都要从建设节约型社会的需要出发,调整财政支出方案,调整能源和资源价格以及相应税费政策,提出相关工作计划。

商务部、财政部、税务总局要调整高能耗产品和其他产业的进出口政策。

建设部应就城市规划、建筑物节能等方面提出实现能耗指标下降的工作方案。

国家质量监督检验检疫总局、商务部、工商局等要积极推动各种能效标准标识的制定和执行。

国家统计局应提出完善的能源消费统计,对重点用能单位执行能源使用情况上报制度等工作计划。

科技部在推动高效能源技术发展上要加大投入和引导。

各级国资委要提出如何推动国有企业主动参与产业结构调整升级,自愿承诺节能目标,实施节能管理方面的工作计划。

中宣部、文化部、广电总局、教育部要提出在建设节约型社会的宣传教育,倡导合理的消费文化引导消费,以及对优秀节能产品和节能实践的宣传推广方面的工作计划。

中编办应支持建立和加强节能机构建设,对实现经济增长方式转变方面的组织落实。

全国人大财经委和环资委在起草《能源法》和修订《节能法》方面负有主要责任。"十一五"节能目标能否实现,在很大程度上取决于是否有法律依据,法律法规是否适应发展的需要,以及法

律法规的可操作性等。如此等等。

（2）各级地方政府在推动当地经济社会发展方面负有重要责任

落实"十一五"期间 GDP 能耗下降 20% 左右的目标，地方政府的共同努力非常重要。地方政府要提出本地实现经济增长方式转变的具体目标和行动方案，地方政府的各个厅局也都要在自己的工作职责范围内，认真考虑和落实实现经济增长方式转变的新举措。地方在推动和引导经济发展方面有更多的实践，和企业与社会各方面的联系更加紧密。各地要根据本地的特点，具体制定本地 GDP 单耗下降的积极目标，在国家大的宏观政策基础上，进一步创造和深化当地的政策调整。应该鼓励各地采取比国家政策、标准等更积极的措施。各地可以推行更严格，更有力的政策，包括在产业政策、价格，市场准入条件和管理、标准标识、节能组织队伍建设等。地市一级应该是进行 GDP 能耗下降管理的基本行政单位。对地方政府的问责应该由省和地市两级组成。各地市对下辖县级政府的能源消费管理采取什么样的推动检查和考核方式，可以由各地自行决定。各级政府除了制定相关政策措施以外，还要负责对具体用能单位的能源管理和能效水平进行推动、监测和监察。

（3）全社会动员要落实到重点能源消费活动主体

按《节能法》的规定，对年耗能源达到一定数量的企事业单位，可以由不同级别的政府对其能源管理和节能情况进行重点监督检查。目前发改委环资司已要求年耗能在 18 万 tce 以上的约 1 000 家企业加强能源使用的跟踪、监督、审计，并指导千家企业提高能源使用效率。各地可根据不同情况，确定其重点企事业单位加强能源管理的起点和范围。另外，考虑到我国 5 个高能耗行业的能源消费占工业能耗约 70%，为了防止高耗能小企业脱离监督，形成管理真空，对属于高耗能行业的所有企业，不论其规模大小，都要实行严格的能源管理。

（4）考核、评价体系框架及相应的指标体系

我国实现能效目标的工作责任分解和考核、评价，需包括中央政府各有关部门、省市自治区和地市级政府以及重点用能企事业单位的三个层次和系统。

为了推动工作分解和进一步的考核、评价工作，我们提出了四方面的工作分解和考核的目标框架，并对部分考核内容进行举例细化，具体的工作分解还需各地、各部门进一步细化，结合自身特点确定工作内容和相关考核、评价指标。

四个方面的工作和考核、评价指标包括：综合能源消耗指标、政府管理政策指标、管理组织体系建设指标和技术性控制指标。

国家一级的综合能耗指标是各地区万元 GDP 能耗、万元 GDP 能耗降低率、规模以上工业企业万元工业增加值能耗和万元 GDP 电力消费量。这四个指标已被要求从 2006 年开始，每 6 个月向社会公布一次。

政府管理政策指标用于推动和评价各部门和各级政府在经济手段、政策法规、标准标识、市场管理和宣传教育工作，制定落实转变经济增长方式，推动节能的工作计划和实施效果。

管理组织体系建设指标是为了考核各级政府是否落实节能工作的人员和机构建设，包括管理机构、监察和节能技术队伍。

技术经济控制指标是用于考核节能技术标准、企业能源管理水平、节能市场准入制度等的技术经济指标，考核重点在重点用能企事业和高耗能行业。

3.5 "十一五"能效目标的具体工作分解

能效目标工作分解和考核、评价体系对象分为三个层次。

（1）中央、国务院各部委局

中央、国务院各部委局，主要包括国务院机构、国务院直属机构、具有全权的和最高的地位的全国人民代表大会，以及中共中央部委。

根据各部委局的职能和能耗下降工作的相关程度，在工作分解和考核、评价体系中将职能与节能管理直接相关的机构，定义为"直接相关部门"，例如国家发展和改革委员会、国资委、商务部、科技部、财政部、国土资源部、建设部、铁道部、农业部、国家税务总局、国家质量监督检验检疫总局、国家统计局、财政经济委员会、环境与资源保护委员会等。职能虽然不直接参与能源消费过程的管理，但其职能可以通过影响人们的行为而对实现节能目标产生重要的间接影响的机构定义为"间接相关部门"，例如原国家环保总局、中组部、中宣部、教育部、文化部、国家广播电影电视总局和国家新闻出版总署等。职能与实现社会节能目标关系较弱的

一些机构定义为"弱相关部门"。具体考核指标详见表1。

（2）地方政府管理部门

地方政府管理部门，可分为省、市、自治区和地级市两级。

地方政府职能部门的设置与国务院各部委基本上存在有对口关系。按职能与能源消耗目标管理工作的相关性，地方政府职能部门也可分为三子类：直接相关部门，包括地方发改委（地方经委、地方经贸委）、地方科技、财政、税务、国土资源、质检、建设、农业、统计等部门；相关性比较密切的部门，包括地方环保、教育、文化、广电、新闻出版等部门；相关性较小的部门，如地方计划生育部门等。

（3）重点企业

重点企业主要包括重点用能企业和高耗能企业，如图1所示。

在工作分解和考核指标的设定上，首先要有考核一个地区能源消耗目标管理实绩的总体性和综合性指标。其次，按职能与能源消耗目标管理工作的相关性，针对不同的职能部门设置不同的工作分解和考核指标。对职能与能源消耗目标管理工作直接相关的地方政府部门，应进行比较具体的工作分解和设定相对硬性的考核指标。对职能与能源消耗目标管理工作的相关性比较密切的地方政府部门，可比照对其国家对口部门的考核要求，提出与这些部门的职能相容的、相对软性的工作要求和考核指标。对职能与能源消耗管理工作的相关性较小的地方政府部门，可以不纳入考核范畴；但他们也是重要的用能单位，可考虑对这些部门提出能耗目标管理工作的自查和报告要求。

基于上述考虑，对于省级政府团队以及属于第一小类的省级政府部门，在四类考核指标的每一类之下，初步设想了若干定量或定性的考核指标，见表2。具体为：

在"综合能源消耗指标"类下，提出了地区万元GDP能耗、地区万元GDP能耗降低率、地区规模以上工业企业万元工业增加值能耗、地区万元工业增加值电力消费量4个考核指标。

在"政策法规和管理指标"类下，提出了地区节能法规的制定与执行情况、地区产业政策与节能政策的协调性、财政资金对节能的投入占地区GDP比重、地区节能税收激励政策的制定和执行情况、地区重点用能企业能源审计率、地区主要工业节能设计规范执行率、地区建筑节能设计标准执行率等11个指标。

在"组织体系建设指标"类下，初步提出了地区能源／节能管理职能部门机构健全性及人员能力、地区能源统计机构体系的健全性及人员能力、地区节能监督与技术服务机构体系健全性及人员能力3个考核指标。

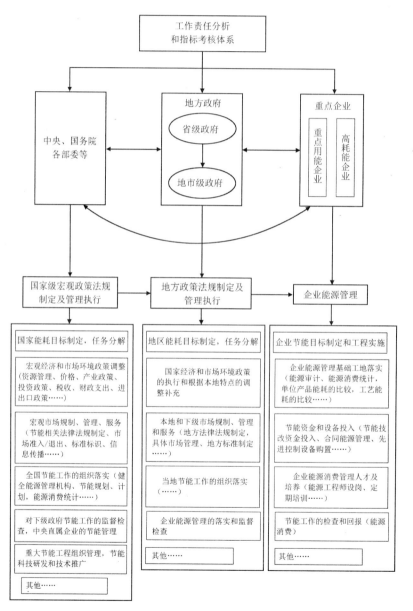

图1 工作责任分析和指标考核体系

在"技术经济能效控制指标"类下,提出了地区主要高耗能产品单耗、国家重点推广的高效节能产品的地区普及率、高能耗产品的地区淘汰率、地区量大面广的能耗设备的运行效率4个考核指标。

至于地市级政府的考核,可参照使用针对省级政府设定的考核指标。

（4）重点用能单位、高耗能行业的企业的能源消耗目标管理工作责任与考核指标

重点用能单位是指年综合能源消费总量1万tce以上的用能单位,以及国务院有关部门或者省、自治区、直辖市人民政府管理节能工作的部门指定的年综合能源消费总量5 000 t以上不满1万tce的用能单位。重点用能单位能源消费在全国能源消费总量中占有较大比重,历来是政府节能管理工作的重点。在《节能法》《重点用能单位管理办法》等法律、法规中,明确规定了重点用能单位的能源消耗目标管理工作责任,因此,理应将重点用能单位纳入考核对象范畴。

高耗能行业的企业是指钢铁、建材、有色、化工、石化等传统高耗能行业中除重点用能单位以外的企业。这些企业尽管不能包含在重点用能单位中,但由于其高耗能行业的性质,集中了大量高耗能行业中的中小型企业,因此必须纳入考核对象范畴,明确他们的能源消耗目标管理工作责任,促使其加强企业用能的管理能力、提高企业节能技术进步水平。

对于重点用能单位,依据有关节能法律、法规为其具体规定的能源消耗目标管理工作责任,考虑其能源用户属性和用能特点等,在四类考核指标的每一类之下,初步设想了若干定量或定性的考核指标,见表3。

在"综合能源消耗指标"类下,提出了本单位工业增加值能耗及下降率、本单位主要产品综合能耗及下降率2个考核指标。

在"政策法规和管理指标"类下,提出了本行业节能技术政策大纲的执行情况、本行业节能技术规范和规定的执行情况、节能计划的制定和实施情况、能源计量、监测管理制度的健全性、能源消耗成本管理制度的健全性、节能工作责任制的健全性、能源消费统计和能源利用状况报告制度的健全性、节奖超罚办法的建立和执行情况8个考核指标。

在"组织体系建设指标"类下,初步提出了本单位能源管理部门的健全性、本单位能源统计机构的健全性、能源管理岗位设立及人员能力3个考核指标。

在"技术经济能效控制指标"类下,提出了主要产品综合能耗、主要产品综合能耗下降率、主要产品电耗、主要产品电耗下降率、大型公用建筑单位综合能耗、大型公用建筑单位综合能耗下降率、工艺(工序)综合能耗、工艺(工序)电耗、节能改造投资占本单位支出比重、工艺技术装备水平(与国际水平和国内先进水平进行对比)10个考核指标。

至于对高耗能行业的企业的考核,可参照使用针对重点用能单位设定的考核指标。

3.6 如何建立和实施能耗目标工作分解和考核、评价制度

（1）能耗目标工作分解和考核、评价实施机构

建议由国家能源领导小组领导组织能耗目标工作分解和考核、评价实施。国家能源领导小组每年就能耗下降目标的工作落实和进展召开1～2次专题会议,布置和检查能耗下降工作,听取各部委和选定的省市自治区汇报能耗下降工作计划和实施情况。根据进展和问题,确定新的工作要求。国家能源领导小组将能耗下降工作计划内容向中央和全国人大进行报告,并向各级政府和公众进行公告。日常工作可由国家能源领导小组办公室承办。

全国及省级人大及其常务委员会负责对能耗目标的实施情况的监督检查。

（2）国家相关部委的具体考核、评价内容

对于如何考核国家相关部委在落实"十一五"能效目标方面所做的工作和努力,我们建议应根据其职能,采用工作绩效评价方法,明确有区别的评价内容,建立评价机制。对于14个具有一定能源管理职能的相关政府机构,如国家发展和改革委员会、国资委、商务部、科技部、财政部、国土资源部、建设部、铁道部、农业部、国家税务总局、国家质量监督检验检疫总局、国家统计局等,应针对如何落实GDP能耗下降20％的目标,在其职责范围内明确其具体的工作内容,包括产业结构、价格、财税、投融资、进出口政策、市场准入、标准标识、节能技术等诸多方面的具体行动。这些部门应定期就促进GDP能耗下降的工作计划、预期效果、实施

效果等情况向国家能源领导小组作专题汇报。对于间接相关的职能部门，如教育部、文化部、国家广播电影电视总局等，应做好相应节能降耗宣传教育工作，并定期向国家能源领导小组汇报。对于其他弱相关的政府机构，尽管不列入考核范围，但也要求进一步推进本单位所属政府机构的内部节能工作。可采用自我评价和社会评价相结合的方法，每年各部委局对其在上述职能内推动节能工作的实施和落实情况，进行工作绩效评价，督促国家相关部委局积极参与落实"十一五"能效目标的行动。

（3）省级政府的具体考核内容

对于省级地区的考核工作，应在国家拟建立的地区GDP能耗指标公报制度的基础上，重点加强以下几个方面的内容：一是明确各地区具体的能耗下降考核目标。省级地方政府应向国家能源领导小组提交能耗目标考核年度计划报告和五年设想，内容包括本地区能耗目标年度计划、依据和措施和五年设想。国家能源领导小组根据各省提出的目标，组织能源专家审核，提出意见，经与各省协商修改后作为考核依据；二是落实监督检查工作。省级地方政府领导应定期向省人大及其常务委员会汇报能耗目标年度计划执行情况，接受检查和监督。省级地方政府也应定期向国家能源领导小组报告能耗目标年度计划完成情况。

没有完成能耗下降目标的地方，国家可考虑对其高能耗项目和能源项目的审批工作从严控制，限制当地高耗能行业的发展。

（4）重点用能单位和高耗能企业的具体考核内容

重点用能单位和高耗能企业是主要能源消耗单位，也是实施国家能源消耗考核目标的重点。对于高耗能企业能耗考核工作，其主要内容包括：专职节能管理机构设置、年度节能计划编制、能源消耗统计体系建立、能耗计量设备齐全、重点耗能产品和设备能效标准达标率、监督和奖惩制度健全等。中央国有大型企业应率先将赶超国际能效指标先进水平列入企业节能计划目标。高耗能企业应定期向企业主管部门汇报能耗目标年度计划执行情况，并接受政府节能主管部门的监督检查。

3.7 实施能耗目标考核工作的保障条件

（1）加快相关法规的制定、修订、完善工作

必须通过法律程序，明确和理顺不同法律、法规间的关系，保证能源消耗目标考核工作有法可依、有标准可循、有政策可执行。《节能法》是开展节能工作的法律保障，也是实施国家能耗目标考核工作的法律依据。

（2）加强对能耗目标考核工作相关的统计和研究工作

能耗目标工作责任分解和考核、评价体系建立具有复杂性，国家统计局应加强能源方面的统计工作，国家有关部门要广泛动员各方面的力量加强相关理论和方法等方面的研究。必须重视和加强能源消费统计工作的能力建设，建立年耗能5 000 tce企事业单位的能源平衡表制度，完善能源统计的基础工作。

（3）加强能源消费考核体系的组织建设

国务院在现在的能源领导小组基础上，建立起国务院和中央各部委对实现GDP能耗下降目标的工作落实、汇报和检查机制，是上述能源考核指标体系建设的最重要的起点。

（4）进一步完善干部政绩考核、评价体系，充分发挥社会舆论监督作用

应提高GDP能耗指标在干部政绩考核指标体系中的权重，加强地区间在建设节约型社会方面的评比和经验交流工作，并通过媒体向社会公布，充分发挥社会舆论的监督作用。

（5）修订工艺能效标准，建立行业准入制度

修订和实施重点耗能企业的工艺过程能效标准，建立新增能力的行业准入能效标准制度。各地区要根据重点耗能行业的分布和特点，建立各地区相关行业的能效准入标准。

表 1　中央、国务院等部委工作责任分解和考核指标体系

类型	指标	基本指标
综合能源消耗指标	能源经济	以下四项指标已作为定期社会公布指标： 1.万元 GDP 能耗； 2.万元 GDP 能耗降低率； 3.规模以上工业企业万元工业增加值能耗； 4.万元 GDP 电力消费量
政策法规和管理指标	管理	1.国家能源领导小组定期召开降低单位 GDP 能耗执行情况的办公会； 2.恢复国务院节能办公会制度； 3.各能源管理职能部门定期召开节能办公会(相关机构:国家发改委、建设部、铁道部、国家质检总局等)； 4.各部委局定期向国务院汇报《节能法》实施效果(相关机构:国家发改委、建设部、铁道部、国家质检总局等)； 5.国务院定期向全国人大汇报《节能法》实施效果； 6.全国人大定期安排《节能法》执法检查和效果评估
	规划和产业政策	1.相关部门在产业发展规划或产业政策制定中落实节能降耗内容(相关机构:国家发改委、国资委、科技部、建设部、铁道部、农业部、原国家环保总局等)； 2.相关部门定期评估产业发展规划或产业政策在降低能耗方面的实施效果(相关机构:国家发改委、科技部、建设部、铁道部、农业部、原国家环保总局等)
	财税	1.组织财税政策的研究、制定和实施效果评估(相关机构:财政部、国家税务总局等)； 2.节能基金占 GDP 比例(相关机构:财政部等)； 3.节能减免税效果评估(相关机构:财政部、国家税务总局等)
	价格	组织能源价格政策研究、制定和效果评估(相关机构:国家发改委等)
	投资	建立投资审批程序中能效指标评估制度(相关机构:国家发改委、财政部、中国人民银行等)
	资源	土地审批程序中限制或禁止超标高耗能项目准入制度的完善和执行(相关机构:国土资源部、国家质量监督检验检疫总局等)
	进出口	进出口政策中,限制或禁止能源和高耗能产品出口政策的完善和执行(相关机构:商务部、国家海关总署等)
	宣传、教育和交流	1.加强"节能宣传周"等节能宣传、教育活动(相关机构:国家发改委、中宣部、文化部、教育部、国家广播电影电视总局、国家新闻出版总署等)； 2.定期组织全国节能中心主任会和节能经验交流会(相关机构:国家发改委、国资委等)； 3.在大、中、小学校设置节能相关课程(相关机构:教育部等)
	政府机构节能	组织评估政府机构大楼达标运行、政府节能采购等活动的实施效果(相关机构:国务院机关事务管理局等)
组织体系建设指标	组织机构	1.增加执行降低能耗的工作责任和考核所需人员的编制(相关机构:中编委、民政部等)； 2.建立"企业节能工程师"制度(相关机构:国家发改委、国资委等)； 3.落实全国和各地省级节能监察中心人员编制和职能(相关机构:中编委、国家发改委、人大等)； 4.建立国家强制性标准执行的监督检查队伍(相关机构:中编委、国家质检总局等)； 5.落实和增加省级、地市级能源消费统计人员编制(相关机构:中编委、国家统计局等)

类型	指标	基本指标
技术经济能效控制指标	标准和设计规范	1.加强工业、建筑、交通领域能效标准制定工作(相关机构:国家发改委、国家质检总局、建设部等);
		2.组织评估工业、建筑、交通领域能效标准的执行效果(相关机构:国家发改委、国家质检总局、建设部等);
		3.修订、完善工业、建筑、交通领域节能设计规范,落实执行情况(相关机构:国家发改委、国家质检总局、建设部等);
		4.落实产业准入规模和技术能源效率准入标准(相关机构:国家发改委、国家质检总局、国资委等)
	准入和淘汰	1.更新市场准入制度,增加能效评价指标(相关机构:国家发改委、国家质检总局等);
		2.建立执行高耗能产品、设备、工艺淘汰制度的监督机制(相关机构:国家发改委、国家质检总局等)

表 2　省级政府能源消耗目标管理考核指标

分类指标	考核指标
1. 综合能源消耗指标	①地区万元 GDP 能耗;
	②地区万元 GDP 能耗降低率;
	③地区规模以上工业企业万元工业增加值能耗;
	④地区万元工业增加值电力消费量
2. 政策法规和管理指标	①地区节能法规的制定与执行情况;
	②地区节能规划的制定与实施情况;
	③地区产业政策与节能政策的协调性;
	④财政资金对节能的投入占地区 GDP 比重;
	⑤地区节能税收激励政策的制定和执行情况;
	⑥地区有利于节能的价格政策的制定和执行情况;
	⑦地区国土资源政策与节能政策的协调性;
	⑧地区重点用能企业能源审计率;
	⑨地区主要工业节能设计规范执行率;
	⑩地区建筑节能设计标准执行率;
	⑪地区政府机构大楼单位面积能耗降低率
3. 组织体系建设指标	①地区能源 / 节能管理职能部门机构健全性及人员能力;
	②地区能源统计机构体系的健全性及人员能力;
	③地区节能监督与技术服务机构体系健全性及人员能力
4. 技术经济能效控制指标	①地区主要高耗能产品单耗;
	②国家重点推广的高效节能产品的地区普及率;
	③高能耗产品的地区淘汰率;
	④地区量大面广的能耗设备的运行效率

表3 重点用能单位、高耗能行业的企业能源消耗目标管理考核指标

分类指标	考核指标
	重点用能单位(含大型公用建筑)
1.综合能源消耗指标	①本单位工业增加值能耗； ②本单位工业增加值能耗下降率
2.政策法规和管理指标	①本行业节能技术政策大纲的执行情况； ②本行业节能技术规范和规定的执行情况； ③节能计划的制定和实施情况； ④能源计量、监测管理制度的健全性； ⑤能源消耗成本管理制度的健全性； ⑥节能工作责任制的健全性； ⑦能源消费统计和能源利用状况报告制度的健全性； ⑧节奖超罚办法的建立和执行情况
3.组织体系建设指标	①本单位能源管理部门的健全性； ②本单位能源统计机构的健全性； ③能源管理岗位设立及人员能力
4.技术经济能效控制指标	①主要产品综合能耗； ②主要产品综合能耗下降率； ③主要产品电耗； ④主要产品电耗下降率； ⑤大型公用建筑单位综合能耗； ⑥大型公用建筑单位综合能耗下降率； ⑦工艺(工序)综合能耗； ⑧工艺(工序)电耗； ⑨节能改造投资占单位支出比重； ⑩工艺技术装备水平(与国际水平和国内先进水平进行对比)

全球温室气体中长期减限排机制对我国能源发展和碳排放战略的影响研究

韩文科 姜克隽 冯升波 康艳兵 熊小平 朱松丽 蒋小谦 袁 敏 丁 丁 黄 禾

1 获奖情况

本课题获得 2011 年度国家发展和改革委员会优秀研究成果三等奖。

2 本课题的意义

气候变化是一个长期的和全球性的环境问题，涉及世界农业、渔业、水资源、能源、森林、人类健康和全球陆地生态系统，与世界各国经济和社会发展密切相关。1992 年世界环发大会制定了《联合国气候变化框架公约》（UNFCCC），提出了气候变化减缓的目标和行动。1997 年《联合国气候变化框架公约》的第三次缔约国大会上提出了《京都议定书》，对发达国家的减排目标提出了定量要求。然而，采取气候变化减缓行动所涉及的范围广泛，对经济的影响明显。世界各国已经认识到防范气候变化的重要性。发达国家已经纷纷制定了国家气候变化应对战略，如欧盟、英国、日本、美国等。

随着国际气候变化应对的不断深入，国际减限排机制的格局也越来越清晰和严格。我国作为温室气体排放最大的国家，一定会成为国际减限排机制中扮演核心角色的国家。这些减限排机制会对我国的能源战略和气候变化战略产生深远影响。

国内外一些研究机构就碳排放权分配对世界经济和能源发展格局以及主要排放大国的碳排放路径已经进行了初步分析，对各种全球温室气体中长期减限排方案做了初步对比，并初步探索了应对气候变化约束下我国能源发展战略和未来温室气体排放

变化。但还没有专门针对全球中长期减限排机制对我国能源发展和碳排放战略的影响的专题研究，且随着气候变化国际谈判形势的快速变化，对相关问题的研究有待深入。本报告考察了全球气候变化谈判渠道以及其他主流的中长期减限排方案，国内外关于温室气体减限排对世界和我国能源需求、能源结构、能源技术及投资等的影响和要求，及其对世界和我国经济发展、产业结构调整影响的相关研究结果。利用能源所 IPAC 模型组的最新研究成果，分析中国在全球温室气体减限排中长期目标和机制下的排放途径，以及该排放途径下中国的能源系统实现这种排放的可行性和约束，进而得到中国能源和社会经济体系实现这种减排途径的战略需求。

3 简要报告

3.1 背景

不少发达国家已经制定了 2020 年和 2050 年的减排目标，说明了温室气体排放可以和经济发展相脱钩。发达国家在经历了经济工业化发展阶段以后，已经进入后工业化社会，这个阶段的明显特点是服务业占 GDP 的份额很大，而服务业的单位 GDP 能耗与工业相比很低。同时在工业化后期，技术进入到精制和低能耗阶段，为降低能源消费提供了良好基础。

随着国际气候变化应对的不断深入，国际减限排机制的格局也越来越清晰和严格。我国作为温室气体排放最大的国家，一定会成为国际减限排机制中扮演核心角色的国家。这些减限排机制

会对我国的能源战略和气候变化战略产生深远影响。

3.2 全球温室气体中长期减限排机制

3.2.1 全球温室气体减排长期目标

IPCC 第四次评价报告中给出了未来不同稳定情景的排放目标,见图1、图2(IPCC,2007)。从图中可以看出,第一类的二氧化碳当量浓度在 445～490 ppm,可能的升温在 2.0～2.4℃,2050 年的排放量与 2000 年相比减少 50%～85%。第二类的二氧化碳当量浓度在 490～535 ppm,可能的升温在 2.4～2.8℃,2050 年的排放量与 2000 年相比减少 30%～60%。第三类的二氧化碳当量浓度在 535～590 ppm,可能的升温在 2.8～3.2℃,2050 年的排放量与 2000 年相比减少 30%。目前国际模型研究组,以及国际合作讨论中,较多地以这三类情景作为减排情景。

2009 年意大利 G8 峰会提出的 2℃目标被写入《哥本哈根协议》,但另外一个指标,2050 年全球温室气体排放相比 1990 年减半,未纳入该协议。

《哥本哈根协议》的关键内容可归纳为三点:一是长期行动目标方面,维持了将全球气温上升控制在比前工业化时期不超过 2℃的此前共识。二是减排承诺方面,《公约》附件一缔约方在 2010 年 1 月 31 日前提交 2020 年的量化减排目标;非《公约》附件一缔约方在 2010 年 1 月 31 日前提交减缓行动措施,仅供文件汇编用途。三是资金供给方面,在有意义的减缓行动和透明的背景下,发达国家到 2020 年每年共同筹集 1 000 亿美元以满足发展中国家的减排需要;在 2010—2012 年发达国家提供 300 亿美元额外资金帮助发展中国家减少因毁林和森林退化造成的排放。上述供资大部分均由新设立的"哥本哈根气候绿色基金"管理。

2010 年的坎昆会议再次确认了全球 2℃的气候变化控制目标,国际推动减排的合作已经在不断推进中,而且进程将越来越快。

3.2.2 全球目标下的排放情景

在进行未来气候变化减缓目标设置时,一般采用控制未来的温度上升。IPCC 报告中主要讨论到 2100 年的升温目标,目前大家所讨论的减排基本上是在 IPCC 报告中给出的升温目标下确定的。

在本研究中如果要分析未来全球减排目标,也同样需要有一个全球减排情景。这里我们就利用能源研究所的 IPAC 模型中的气候模型。图1给出了一个结果。该结果设置的目标为 2100 年浓度控制在 450 ppme 的浓度目标。输入的温室气体排放利用了 IPAC-Emission 全球模型的多种温室气体排放途径。

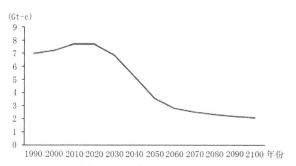

图 1　全球实现 450 浓度目标的 CO$_2$ 排放途径

3.3 国际温室气体中长期减限排机制下中国减排目标分析

为模拟各个国家或地区的未来排放空间,应采取责任分担的形式。关于责任分担的一些主流观点包括:

人均排放:人均排放在目标年趋同,以在排放上体现人权。

人均累计排放:认为在目标年(如 2050 年、2075 年)人均累计排放应趋同,在起始年上则可以选取 1850 年、1900 年。

混合方式:综合考虑支付能力、人均排放和减排潜力,已得到能被大多数人接受的分担方式。

根据全球减排情景,以及 SRES 采用的世界银行的人口预测,我们对人均排放趋同进行了分析。图2给出了按照人均趋同进行分担分析的结果。

由图2可知,中国温室气体排放将在 2025 年左右达到峰值,约为 85.6 亿 t CO$_2$。但是这样的分析是在要求发达国家到 2020 年和 1990 年相比减排约 30%～35%,以及其他发展中国家也进行强有力的减排行动情况下得到的。这个前提的可能性存在,但似乎也很困难。也就是说,如果要实现全球 2℃升温的控制目标,中国有可能要在 2025 年之前达到峰值。上面我们的分析,主要是考虑了要给中国的减排留出空间,但这种空间看起来也很有限。此

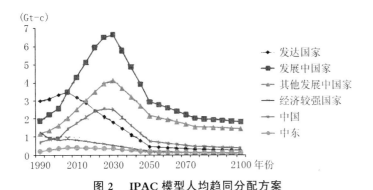

图 2　IPAC 模型人均趋同分配方案

结论比 IPAC 强化低碳情景更为严峻。基于对 GDP 的不同假设，2025—2020 年碳强度的降幅为 49%～59%，高于政府公布的行动目标。IPAC 模型组正在研究中国的 2℃情景，考察排放路径的可行性和成本。基于现有成果，我们认为达成目标并非天方夜谭，但有待进一步深入分析。

3.4　温室气体减限排和能源发展

正是由于能源活动产生的温室气体排放占全球人为温室气体排放总量的较大比重，能源活动相关温室气体排放是全球温室气体排放总量控制的主要目标，其排放量大小直接影响减缓全球气候变化目标的实现。未来温室气体减排将对能源发展产生多方面的影响。

已有研究结果表明，能源领域的减排是全球温室气体减排的主要可能途径，且主要减排潜力集中在发展中国家。IPCC 第 4 次评估报告分析认为，2030 年全球减排经济成本不高于 100 美元 / t 二氧化碳当量的减排潜力超过 200 亿 t，其中能源供应 72 亿 t、交通 21 亿 t、建筑 56 亿 t 和工业部门 40 亿 t；这些减缓潜力在 OECD、EIT 和非 OECD 国家有不同的分布，主要集中于非 OECD 国家。麦肯锡的研究认为，全球减排经济成本低于 60 欧元 / t 的技术减排潜力到 2030 年可达 380 亿 t。这些减排潜力来源可以分为三类，分别是提高能效、低碳能源供应和森林、农业等土地利用变化。

大规模的温室气体减排对未来的能源发展会产生重要影响，长期能源系统的发展，基本将走向以近零排放的可再生能源和核电为主的能源格局。在 IEA 的 450 ppm 温室气体浓度控制目标情

景中，世界能源总需求在 2007—2030 年增长 20%，年均增长速率仅为 0.8%，远小于基准情景下的 1.5%；相对基准情景，450 ppm 情景下 2030 年一次能源需求总量下降近 14%。尽管化石能源依旧占据能源需求总量的绝大部分，2030 年化石能源所占比例相对 2007 年水平下降 13%；与此同时，世界一次能源需求中零碳能源比例由 2007 年的 19% 提高到 2030 年的 32%。煤炭需求量受影响最为显著，到 2015 年需求总量达到峰值为 5 190 Mtce，自 2020 年后开始迅速下降。450 ppm 情景下煤炭 2030 年需求量仅为基准情景下的 50%。

电力行业脱碳是全球二氧化碳深度减排工作的中心，在 BLUE Map 情景下，发电的碳排放强度相比 2007 年水平将降低近 90%，同时可再生能源发电占全球发电量的近一半，核能占略少于 1/4。在工业方面，CCS 将成为许多能源密集型工业行业，如钢铁、水泥、化工、造纸等的减排技术选择，而生物质和废料替代燃料和原料技术也是发展的另一个重要方向。建筑行业需要开发包括高效热泵、太阳能热系统和使用氢燃料电池的热电联供系统用于空间供暖和水加热，商业建筑则同时需要高效取暖、制冷和通风技术。到 2050 年，生物燃料、电力和氢能总计占交通运输行业使用燃料总量的 50%。

温室气体减限排和能源技术进步还将引起全球投资方向的调整，包括未来经济增长方式的革新。大量的新增额外投资将主要用于低碳能源和低碳技术的研发和应用。IEA 在 450 ppm 浓度情景下的分析结果显示，2010—2020 年能源领域累计新增投资需求为 2.4 万亿美元，在 2021—2030 年更增加到 8.1 万亿美元。2010—2030 年低碳电力新增投资需求总额为 6.6 万亿美元，其中可再生能源、核能和 CCS 分别占 72%、19% 和 9%。新增投资需求占世界 GDP 的比重为 2020 年占 0.5%，2030 年占 1.1%。其中，我国 2010—2020 年累计新增投资需求为 0.4 万亿美元，在 2021—2030 年增加到 1.7 万亿美元。

中国的温室气体减排面临着各种挑战。首先中国正处在工业化和城市化进程加速发展的阶段，发达国家工业化进程的经验表明，在此阶段伴随着大量基础设施建设，能源消耗和温室气体排放上升不可避免；其次中国的能源资源禀赋决定着中国能源结构在相当长一段时期内仍将以煤炭为主，为此，能源消耗对应的二

氧化碳排放强度将高于其他国家;中国在控制排放方面能作出多大贡献取决于中长期内减限排机制的设置,以及通过这些机制能够获得的资金和技术支持。在考虑以上因素的基础上,运用IPAC模型分析的结果表明,中国控制温室气体排放对中国的能源发展将带来显著影响。

(1)控制温室气体排放未来将显著减少一次能源需求总量和优化一次能源结构

与基准情景相比,低碳情景2030年一次能源需求总量减少了近12亿tce,其中近10亿t为煤炭;2050年减少了近16亿tce,其中煤炭超过10亿t。2030年低碳情景由于核能发电和水力发电量的增加,与基准情景相比,能源需求量结构得到优化;2050年低碳情景由于石油、核能发电和天然气需求量的增加致使一次能源需求结构与基准情景相比得到了进一步优化。2050年低碳情景中风电、生物质能发电、醇类汽油、生物柴油等能源需求量所占比重达到5.4%,比基准情景上升了2个百分点。

(2)控制温室气体排放将促进技术进步和能源效率提高,对应终端能源需求量和单位GDP能源强度下降

基准情景和低碳情景下2050年终端能源需求量由2005年的16.89亿tce分别增加到48.7亿tce和32.53亿tce,2050年低碳情景相对基准情景减少了16亿tce,2030年则减少了13亿tce。从能源品种的贡献看,煤炭的贡献最大,其次是油品、热力和电力。从部门的贡献看,工业部门贡献最大,其次是交通部门、民用部门、服务部门和农业。从工业部门内部行业看,其他工业贡献最大,其次是非金属矿业制品、其他制造业、钢铁工业、化学工业等。

提高能源效率是实现低碳情景的关键选择。2005—2030年基准情景和低碳情景单位GDP能源强度年均下降分别为4.19%和5.21%;2030—2050年基准情景和低碳情景单位GDP能源强度年均下降分别为3.31%和3.46%。提高能源效率的潜力重点在第二产业,实现低碳情景要求第二产业单位产值能耗在2005—2050年年均下降4.99%。

(3)控制温室气体排放要求采取相应措施优先发展可再生能源、核电和CCS等技术

实现低碳情景,需要长时期在广泛的领域实施技术创新、观念创新、消费行为变革和政策机制等创新。对于技术创新,主要包括在发电、工业节能、节能型消费品、交通运输和建筑节能领域实施和推广应用高科技、新材料、先进的工艺流程、节能和低碳消费品等。另外,也要注重推广应用诸如更先进的工业锅炉、窑炉以及保温等增量技术。

与低碳情景相比,强化低碳情景在进一步强化节能的基础上,一次能源需求总量下降了4.5%,可再生能源发电、核电等发电量所占比例增加了7%,达到58%。同时,燃煤电站在2020年之后大规模普及IGCC,同时配备CCS。钢铁、水泥、电解铝、合成氨、炼油、乙烯等高耗能工业普遍使用CCS。建筑普遍使用可再生能源,如先进太阳能热水器供热水和采暖,同时户用风电和光伏技术在适宜的建筑和地区得到普遍使用。因此,在可再生能源有关技术、核电技术和CCS技术等方面需要加大投入。

3.5 温室气体减排对经济发展的影响

3.5.1 温室气体减限排的经济成本

鉴于成本估算中的不确定性和未知性,减缓成本的范围区间为全球GDP的0.2%~2%,或每年1 800亿~12 000亿美元(2030年)。该估算范围主要取决于方法学以及温室气体浓度的稳定目标是否设置为450 ppm或550 ppm。在这些研究中,BAU情景中的成本都相对较高,甚至全球GDP损失可能高达20%。

IPCC(2007)第三工作组对各种减排目标下全球的宏观成本进行了估算。多种温室气体减缓朝着稳定在445 ppm和710 ppm二氧化碳当量之间水平发展的全球平均宏观经济成本,与实现各种长期稳定目标的最低成本轨迹基线相比,到2030年处于全球GDP降低3%和有小幅增长这一范围内,到2050年处在全球GDP下降5.5%至增长1%之间,对GDP年增长率的影响均不高于0.12个百分点。

根据能源所IPAC模型组的研究结论,低碳经济未来是可能实现多种社会发展目标的未来,对可持续发展目标、社会千年发展目标、中国国家经济发展三步走总体目标、中国构建科技创新强国目标都有一致性,而且实现低碳经济的额外投入不大。

二氧化碳的减排可以为我们带来一定的效益,根据一些研究机构的研究,减排关键技术可以在全球共享,这些技术的运用有

助于全球——不仅是中国或者欧盟，还包括非洲和南美——低碳经济的实现。目前中国从美国和欧盟进口了多种减排技术，已经取得了一定成果，因为很多技术目前已经具有成本效益，所以在2030年或者在2020年之前中国应大规模推广和利用这些先进技术。

3.5.2 低碳发展的必要性

实现低碳发展的途径包括调整经济到一个低能耗高效的产业结构；全面实现用能技术的先进化，通过多种政策措施大范围普及先进高效技术；全面合理发展可再生能源和核电，使可再生能源和核电在一次能源中的比重占据重要位置；全民参与，改变生活方式，寻求低碳排放的消费行为；发展低碳农业，增强森林覆盖和管理。

对中国来讲，就是优化产业结构，控制高耗能工业发展，减少和控制高耗能产品出口；争取在2025年左右是中国工业的能源技术效率达到当时世界先进水平；大力发展使用的可再生能源技术，如风力发电、水电要进一步大规模普及，光热发电、光伏发电技术要进行接近商业利用的示范；全面大力发展核电，特别是着重第三代、第四代先进核电技术；进行大范围的公众意识提高，使低碳生活方式成为普遍行为。

可以看出，低碳发展的方方面面与现在中国正在进行的节能减排努力是很一致的。因此低碳发展并非一个新的、额外的努力，而是要对现在的国家能源、环境对策进行扩展。

3.6 国际温室气体中长期减限排机制下中国能源和碳排放战略

在温度升高2℃目标下，未来中国可能需要在2030年之前达到温室气体排放峰值。这一结果相对于此前对峰值预测时间大大提前。而对未来减排和能源消费需求的分析结果表明，我国不但需要而且可能用相对较低的能源和碳排放增长支撑较快经济发展。为此需要对国家应对气候变化战略以及能源发展战略作出相应调整。

3.6.1 加快经济结构调整步伐，抑制高耗能产业发展

经济结构调整，是节能和低碳排放的重要因素。发展低能耗高附加值产业，是我国目前的国家发展基本战略，必须继续坚持。

在实现进一步节能潜力的目标下，需要很好地控制高耗能工业的发展，以满足国内需求为控制目标，在一定条件下，可以考虑一定量的进口。经济结构优化，特别是在重工业中的高耗能行业必须重点进行调整。

3.6.2 坚持节能优先战略，控制能源消费总量

全力实施节能优先战略，到2030年使中国主要行业的用能技术和工艺效率达到当时世界先进水平。中国现在主要行业的新增技术装备已经是国际领先。要在2030年实现中国主要行业能源效率世界领先，需要从现在就采用先及技术。优势是目前许多先进技术已经国产化，使得这些技术的成本与落后技术相比具有竞争性。从我国能源供应能力的保障程度，相应的资源环境制约条件出发，考虑我国有可能实现的节能优先发展前景下的能源消费需求，我们应该力争到2020年把能源消费总量控制在40亿tce以内，2030年控制在45亿t左右，2050年争取能源消费总量控制在50亿t左右，不超过55亿t。进一步强化节能优先战略，有利于此目标的实现。

3.6.3 大力发展高效节能技术，加快技术推广应用

节能技术研发及推广利用是实现节能减排的重要因素。绝大多数的先进节能技术目前已经在市场上出现，但仍然比较贵。还有一些技术仍在示范阶段，但已经具备市场化大规模利用的前景。未来着重考虑这些技术的普遍利用，同时考虑这些先进技术的学习曲线的变化，即未来成本的下降，政府出台相应政策加大对先进节能技术的支持力度，增强投资导向倾斜。而我国在先进燃煤发电技术、水泥窑外分解窑技术、高炉技术、干熄焦、高炉顶压发电技术、转炉负能炼钢技术、浮法玻璃熔炼技术、有色金属冶炼技术等方面已经接近发达国家水平，甚至在成本上具有明显优势，这为我国未来实现低碳排放提供良好基础，也表明我国工业在技术研究与开发中具有很大潜力。进一步明确政策导向，争取在未来形成以低碳技术为核心的国家竞争力格局。

3.6.4 加快可再生能源和核能发展速度，控制煤炭消费总量

以低能源需求实现能源平衡，可以使煤炭需求量峰值可以控制在约30亿t，意味着将降低我国煤炭资源的开采的压力。由于煤炭大规模开采带来的水资源污染、土地塌陷、生态破坏，以及与煤矿安全相关联矿工健康等环境和社会问题，都将得到明显改

善。煤炭在能源使用中份额的减少,也为城市地区解决能源带来的环境问题和环境治理工作创造了机会和条件。煤电比重的降低,使燃煤电厂带来的对周边生态环境的影响显著减少。在控制煤炭消费的基础上,大力发展各种低碳和无碳能源,进一步优化能源结构。按照目前展望,2050年风电装机会达到4亿kW左右,核电4亿~5亿kW,水电4亿~5亿kW,太阳能2亿~3亿kW,占据发电装机容量的55%以上。

3.6.5 加快发展CCS技术,在多领域内试点联用

要实现温室气体排放峰值提前目标,CCS技术的开发使用是关键要素之一。CCS将是一个长期负排放技术。在2050年中国煤炭消费量仍在18亿t以上,必须使用CCS技术减少其排放量。对电力行业CCS技术成本研究结果表明,引入CCS技术后电价上涨0.15~0.25元,相应工程投资在3 000~5 600元/kW。若采用IGCC与CCS联用,其发电效率下降约为6%。未来应通过投资、税收等多种优惠政策支持,加快在电力、石油化工等高能耗行业的CCS试点应用,开发CCS技术与其他技术的联合应用技术,大幅度减少相应行业内二氧化碳排放。

3.6.6 创新体制机制,促进节能减排

模型模拟分析结果还表明,实现低碳情景,需要长时期,在广泛的领域实施技术创新、观念创新、消费行为创新和政策机制创新等。对于技术创新,主要包括在发电、工业节能、节能型消费品、交通运输和建筑节能领域实施和推广应用高科技、新材料、先进的工艺流程、节能和低碳消费品等。另外,也要注重推广应用诸如更先进的工业锅炉、窑炉以及保温等增量技术。对于政策机制创新主要如适应低碳发展的产业政策、制定更加严格的能源效率标准、低碳商品标准、实施碳税、制定鼓励建立低碳与能效市场的相关政策等。

参考文献

[1]Energy Information Administration(EIA),International Energy Outlook 2009,Office of Integrated Analysis and Forecasting,U.S. Department of Energy,Washington,DC,2009.

[2]International Energy Agency（IEA）,Energy Technology Perspectives 2009,OECD/IEA,Pairs,2009.

[3]International Energy Agency（IEA）,Energy Technology Perspectives 2008,OECD/IEA,Pairs,2008.

[4]International Energy Agency（IEA）,World Energy Outlook 2009,OECD/IEA,Pairs,2009.

[5]Intergovernmental Panel on Climate Change,2007,Climate Change 2007:Mitigation. Contribution of Working Group III to the Fourth Assessment Report of the Intergovernmental Panel on Climate Change. Cambridge,UK and New York,USA:Cambridge University Press,2007.

[6]McKinsey,Company,Pathways to a Low-Carbon Economy,Version 2 of the Global Greenhouse Gas Abatement Cost Curve,2009.

[7]Meinshausen,M.,N. Meinshausen,W. Hare,S.C.B. Raper,K. Frieler,R. Knutti,D.J. Frame and M. Allen,Greenhouse Gas Emission Targets for Limiting Global Warming to 2℃,Nature,2009.

[8]Stern N. The Economics of Climate Change:The Stern Review [M]. Cambridge,UK: Cambridge University Press,2006.

[9]UNFCCC,Information provided by Annex I Parties relating to Appendix I of the Copenhagen Accord.

[10]UNFCCC,Information provided by non-Annex I Parties relating to Appendix II of the Copenhagen Accord.

[11]UNFCCC,Report of the Conference of the Parties on its fifteenth session,held in Copenhagen from 7 to 19 December 2009.

[12]United Nations Conference on Trade and Development,Geneva. Trade and Development Report,2009. United Nations Publication ISBN 978-92-1-112776-8,ISSN 0255-4607.

[13]McKinsey,Company,中国的绿色革命,实现能源与环境可持续发展的技术选择,2009.

[14]WWF.气候变化国际制度:中国热点议题研究[M]. 北京:中国环境科学出版社,2007.

[15]陈文颖,高鹏飞,何建坤.未来二氧化碳减排对中国GDP

增长的影响研究[J].清华大学学报(自然科学版),2004,44(6):744-747.

[16]丁仲礼,等.国际温室气体减排方案评估及中国长期排放权讨论.中国科学D辑:地球科学,2009(12).

[17]国家发展和改革委员会能源研究所课题组.中国2050年低碳发展之路,能源需求暨碳排放情景分析.北京:科学出版社,2009.

[18]胡秀莲.终端部门减排潜力和成本分析,第二次国家气候变化评估报告.北京:科学出版社,2009.

[19]张希良,等.能源供应部门减排潜力分析,第二次国家气候变化评估报告.北京:科学出版社,2009.

[20]郑爽.《哥本哈根协议》现状与气候谈判前景.中国能源,2010(4).

实现单位 GDP 能耗降低约 20% 目标的途径和措施研究

戴彦德　周伏秋　朱跃中　熊华文　康艳兵　白泉　戴林

1　获奖情况

本课题获得 2007 年度国家发展和改革委员会优秀研究成果二等奖,宏观经济研究院优秀研究成果一等奖。

2　本课题的意义和作用

本课题研究方法具有创新性。课题报告提出了单位 GDP 能耗影响因素的定量分析方法,为探究"十一五"节能降耗途径奠定了方法学基础,并采用该方法实证分析并揭示了结构因素是影响我国单位 GDP 能耗的决定性因素。

本课题成果具有独创性。课题报告分析并阐明了"十一五"不同经济增长情形下,全国需要完成的目标节能量不同,工作难度迥异;设定两种"十一五"经济增长方案(7.5%规划方案、9%高增长方案),分别定量测算了行业结构调整、工业、交通、建筑节能潜力及其所能形成的现实节能量,并据此在国内首次完整地提出了实现 20% 节能目标的现实可能途径,给出了各具体途径实现既定节能目标的路线图和优先顺序,明确指出了"十一五"节能降耗要多途径全面推进,工业是重点,结构调整是关键;全面剖析了实现 20% 节能目标面临的巨大挑战和有利条件;深入研究了国外节能降耗的政策措施以及我国节能降耗政策实施的基本经验,在此基础上在国内首次系统地提出了"十一五"节能降耗工作的基本思路和加强"十一五"节能降耗工作的对策措施建议,指明了 20% 节能目标的实现既需要多层次、全方位推进节能规制和政策建设,更需要针对"十一五"节能重大途径建立节能长效机制,组织落实

一系列节能降耗重大行动。

研究成果已报送国办、国家发改委、财政部等作为制定节能政策的重要参考。国家发改委环资司在研究起草"节能减排综合性工作方案"和制定"重点耗能企业能效水平对标活动实施方案""关于加快节能服务产业发展的指导意见"等工作中参考了本成果。研究成果还被发送至江苏、上海、广西、云南等部分省、直辖市、自治区节能主管部门,作为其制定节能政策的重要参考。

3　本课题简要报告

国家"十一五"规划纲要中,明确提出了 2010 年单位 GDP 能耗比"十五"期末降低 20% 左右的约束性节能指标。如何实现这一目标,是目前各级政府、全社会以及国际社会所共同关注的热点和焦点问题,同时也是当前节能领域中需要深入研究的重大问题。本报告对单位 GDP 能耗的影响因素进行了理论探讨和实证分析;取两种"十一五"经济增长方案(7.5%的规划方案、9%的高增长方案),分别就行业结构调整节能潜力、工业部门节能潜力、交通部门节能潜力、建筑用能部门节能潜力进行了定量测算,梳理、归纳了"十一五"节能降耗的现实可能途径;扼要分析了实现该目标面临的主要挑战和若干有利条件;借鉴国际经验,基于我国实际,从全面加强节能法制、规制、机制、机构建设,多方面完善节能经济支持政策、节能科技创新和应用支持政策、强化对企业和社会的节能服务,以及针对"十一五"节能重大途径组织落实节能降耗重大行动这三个层面,提出了较具系统性、针对性和可操

59

作性的"十一五"节能降耗政策措施建议。

3.1 20%节能目标是引领节约型社会建设的标志性指标

能源关乎经济社会发展的全局；单位 GDP 能耗是衡量一个国家或地区经济和社会活动中能源利用效率的综合性指标。改革开放以来的 20 多年间，我国经济保持了持续快速增长，但也付出了极大的资源环境代价。特别是"十五"后四年里，主要由于重化工业爆发性外延式的增长，全国经济增长呈现为依赖能源资源的高投入、高消耗，单位 GDP 能耗不降反升，能源约束矛盾成为经济社会生活中的主要矛盾之一。考虑到资源禀赋、环境承载能力等诸多制约因素，在全面建设小康社会过程中，倘若按照传统的发展模式以大量消耗资源来建设工业化和城镇化，既不切实际，也无异于竭泽而渔，有悖于资源的永续利用。要实现全面协调、可持续的科学发展，根本出路唯有转变经济增长方式，走出一条以节约为本的新型工业化道路。

"十一五"是全面建设小康社会承前启后的关键时期；党中央、国务院审时度势，适时作出了"建设节约型社会"这一具有全局性和战略性的重大科学决策。建设节约型社会的重点，首在节能。在国家"十一五"发展规划纲要中，明确提出了 2010 年单位 GDP 能耗比"十五"期末降低 20%的约束性目标。该目标的提出可谓意义深远，昭示了党和政府实施科学发展观、转变经济增长方式和发展模式、把经济社会发展切实转入全面协调可持续发展轨道的战略意旨和决心，是引领"十一五"时期全国节约型社会建设工作的标志性指标，并将对"十一五"时期全国节能降耗工作产生持久而普遍的鞭策作用。

3.2 结构因素是影响我国单位 GDP 能耗的决定性因素

单位 GDP 能耗影响因素众多，除了与经济、社会发展有关的因素外，还与能源消费结构以及当地自然条件（如气候、国土面积）等有关。不同国家或地区由于经济发展阶段不同、能源消费结构不同以及自然条件的差异，加上汇率等因素的影响，使得国家或地区之间单位 GDP 能耗存在较多的不可比性。

从数学分解上看，单位 GDP 能耗由产业部门单位增加值能耗和虚拟的居民生活部门能源消费强度构成。对于不同的国家或地区，这两者对单位 GDP 能耗的影响度不尽相同。发达国家或地区居民生活已达到了相当的水平，居民生活部门用能对单位 GDP 能耗有较大影响；而像我国这样处在工业化进程中的国家，产业部门的能源活动水平几乎决定了单位 GDP 能耗的高低。

产业部门单位增加值能耗的影响因素可归结为两大类：一是广义的结构因素，包括产业结构、行业结构、产品结构等多层次内容；二是技术因素，是指由于技术进步而导致的单位产品（服务量）综合能耗的下降。

对"九五"以来我国单位 GDP 能耗变化及其主要影响因素的实证分析结果表明：

（1）结构因素对产业部门单位增加值能耗变化的影响和贡献率达 70%左右，起主导和决定作用。1995—2005 年，我国产业部门单位增加值能耗呈现前期下降、后期有所上升的态势，其中技术因素一直发挥了积极的、正向的节能推动作用，十年间主要耗能产品（服务量）综合单耗下降了 20% ~ 30%；而结构因素作为产业部门单位增加值能耗变化的决定性因素，这一期间其对产业部门单位增加值能耗下降产生正向推动作用时，则产业部门单位增加值能耗呈下降趋势，反之则产业部门单位增加值能耗呈上升趋势。

（2）在结构因素方面，"九五"以来三次产业结构一直在向使产业部门单位增加值能耗上升的方向变动，形成了负节能效应；工业内部行业结构和行业内产品结构调整在 1995—2002 年形成了显著的正节能效应，并抵消了三次产业结构变动的负节能效应，使整个结构因素对产业部门单位增加值能耗下降发挥了主要推动作用；2003—2004 年，结构因素中三次产业结构变动、工业内部行业结构调整以及行业内产品结构调整均对单位增加值能耗下降产生了反作用，整个结构因素形成了负节能效应，从而主导了产业部门单位增加值能耗的上升趋势。

实证分析结果的启示意义主要有以下几点。一是要重点抓好工业节能。从"九五"以来工业内部行业结构调整、产品结构调整及产品单耗下降对全国节能的影响和贡献看，工业部门是全国节能降耗工作的重点，对全国节能起主导和决定性作用。要实现既定的"十一五"节能目标，抓好工业节能是关键。二是要大力推动三次产业结构调整节能。"十一五"期间，应将三次产业结构调整作为促进结构节能的重要内容来抓，力争实现其对全国节能和单位 GDP 能耗下降产生正向推动作用。三是不可忽视居民生活部门和交通部门节能。"十一五"期间要通过合理引导居民消费方式等多种措施，降低居民生活部门和交通部门服务量单耗，减缓其能源消耗总量的增长速度，使这些部门的能耗增长与 GDP 增速相适应。

3.3 实现 20% 节能目标要多途径全面推进，工业是重点，结构调整是关键

实现 20% 节能目标，必须多途径全面推进。一是要大力推进三次产业结构调整节能，加快发展服务业，尤其是生产型服务业和新型服务业，提高第三产业增加值比重，并适当控制工业部门增长速度，使三次产业结构调整所形成的负节能效应进一步减弱。二是要将优化调整工业内部行业结构、推进新型工业化作为结构节能的主攻方向，严格控制高耗能工业行业的增长速度，进一步加快高附加值、高新技术产业的发展。三是要加快工业部门尤其是高耗能工业的技术进步和产品结构升级，通过技术创新、控制新增产能能效水平、加快淘汰落后产能和实施对现有产能全面技术改造等多个途径，实现工业部门产品单耗下降节能（技术节能）和产品结构调整节能。四是要不遗余力地推进交通运输和建筑用能部门节能，通过交通运输方式结构的优化、各类交通运输方式效率的提高、对"节约型"居民消费模式的引导、对新增建筑物及各种建筑能源系统 / 设备能效水平的控制以及对既有建筑用能系统 / 设备和建筑物的节能改造等途径，合理控制这两个部门的能源消费增长速度，力争使其对总体节能目标的实现发挥积极作用。

工业部门是实现 20% 节能目标的重点领域。在 7.5% 规划方案下，工业部门内部行业结构调整、技术进步（单位产品综合能耗下降）和产品结构调整等途径下可形成节能潜力 5.97 亿 tce，对完成全国目标节能量的可能贡献率达到 93.2%，可见工业部门节能对全国节能将起主导和决定性作用，抓好工业部门节能可取得事半功倍的效果。抓工业部门节能，要继续通过技术进步促进耗能产品单耗持续下降，发挥技术进步对节能的积极推动作用；要结构调整与技术进步并重，一方面要以"十一五"期间大部分行业产能过剩或潜在过剩为契机，促进企业产品结构向深加工、高附加

值方向发展，另一方面，要进一步优化工业内部行业结构，加快汽车、电子、机械装备制造等高附加值行业的发展，确保工业内部行业结构调整对整体节能产生积极而明显的推动作用。

实现"十一五"节能目标，结构调整是关键。在 7.5% 规划方案下，相关结构调整措施（产业 / 行业结构调整、行业内产品结构调整、交通运输方式结构调整等）可形成 3.86 亿 tce 的节能潜力，对完成全国目标节能量的可能贡献率达 60%；即使在 9% 的高经济增长方案下，广义的结构调整节能潜力依然达到 2.37 亿 tce。"十一五"期间，推动经济结构优化调整将是全国节能降耗的关键点。

3.4 实现 20% 节能目标面临巨大挑战

3.4.1 经济超预期增长加大 20% 节能目标实现有难度

20% 节能目标是一个相对指标；在满足实现该指标、不同经济增长情形下，2010 年全国需要完成的目标节能量将是不同的。根据国内外多家机构关于我国"十一五"经济增速预测值、各地区"十一五"经济发展规划指标和内容以及全国经济走势来综合判断，"十一五"期间我国经济仍可能保持在高位运行，GDP 年均增速很可能超过 7.5% 这一"十一五"规划纲要中提出的预期值，实际有可能达到 9% 左右水平。即使要实现 6.4 亿 tce 这一对应于 7.5% 年均 GDP 增速下的目标节能量，尚且需要全社会付出巨大努力；而在经济高增长情形下，到 2010 年全国需要完成的目标节能量将较 6.4 亿 tce 更高，20% 节能目标的实现难度将因此加大。

3.4.2 结构调整节能面临多方面的重大挑战

首先，"十一五"将是我国加速工业化和城镇化、居民消费进一步升级的阶段，加上新农村建设的推进，客观上对工业产品仍有极大的消费需求，预期工业规模仍将有明显扩张，工业比重很可能不降反升，至多有小幅下降。这意味着"十一五"期间降低第二产业比重的难度很大。另一方面，"十一五"期间第三产业的发展受居民消费能力的可能不足等诸多因素的制约。倘若"十一五"期间没有重大政策调整和行之有效的措施，三次产业结构调整节能将难以有大的作为。

其次，工业内部行业结构调整节能将面临不少问题，特别是工业部门固定资产投资规模和方向的调整将面临困难。一方面，"十五"期间固定资产投资规模快速扩张、工业部门投资向能耗

密集型的重工业倾斜的投资趋势具有较大的惯性。事实上,目前在建/拟建的重化工项目中,相当一部分是"十五"期间上马或立项的;这些项目多为地方政府重点扶持的项目,或其业主为强势利益集团,即使不合理,也难以叫停。另一方面,从各地"十一五"规划提出的经济增长内容上看,受发展水平、发展条件等诸多因素的制约,不少中、西部省份,甚至一些东部省份所规划的经济增长内容仍然偏重重化工业。这表明"唯GDP论"在地方政府仍大有市场,地方政府片面追求经济增长速度的冲动强烈,比较普遍地存在不注重经济结构优化和调整的倾向。

此外,调整和优化出口产品结构特别是制造业出口产品结构,实现出口产品结构从高能耗/资源密集型产品为主向高技术产品为主转变面临变数。一方面,目前我国高技术产业尚处于国际高技术产业分工中的中下游水平,高技术产业创新能力的大幅度提高与长足发展绝非可在短期里一蹴而就,"十一五"期间高技术产品出口实现突破性增长的可能性不大。另一方面,是国际市场高能耗/资源性产品价格的影响。对于国内高能耗/资源性产品生产企业而言,当国际市场价格高走、国内市场又相对平淡时,其出口冲动难以遏制。

3.4.3 技术创新支持工业节能的不确定性

"十一五"工业节能推进对技术创新有很高的要求,但目前企业技术创新能力提高面临不少问题。①企业科技投入不足。"十五"期间,我国高技术产业企业科研经费投入占高技术产业增加值的比重基本维持在4.5%左右,虽明显高于全国制造业的平均水平,但与美、日、法、英等发达国家相比,我国高技术产业企业科研投入强度不足其1/5。②消化吸收引进技术的能力差。2004年,我国技术引进与消化吸收的投入比例仅为1:0.14,与日、韩1:3的投入水平相比相差甚远。③技术创新环境有待完善。技术创新,尤其是自主创新历来具有较高的风险和不确定性;就支持"十一五"工业节能而言,技术创新能否提供及时有效的支持存在较大变数,特别是对自主创新寄予过高的期望恐怕不切实际。

3.4.4 淘汰工业落后产能面临极大困难和社会阻力

淘汰工业落后产能的阻碍力量为地方政府和产能落后企业,此外还有市场因素。我国淘汰工业落后产能的推动力量主要为中央政府,该项工作已开展了多年,但成效不大,甚至可以说是收效

甚微。究其原因,主要是淘汰落后产能牵涉地方经济发展、社会就业、小企业的生存,政府主要依靠行政手段,而信贷政策、财税政策等经济和法律手段的运用不够,特别是工业落后产能的退出机制存在缺失。由此看来,"十一五"淘汰工业落后产能的工作难度和阻力极大,如何将这一块技术节能潜力变为现实将是一个棘手的问题。

3.5 国外节能降耗政策措施值得重视和借鉴

(1)国外政府在节能降耗促进政策措施的制定与施行上,注重多层次同时推进;在推进节能的具体方式方法上,对企业的直接行政干预较少,鼓励性措施和惩罚性措施都有法可依。

(2)依法进行节能管理已成为世界各国的通行做法。日本等14个国家有专门的节能法;其他国家如美国虽然没有专门的节能法,但在有关能源的法律法规中都涉及节能问题。国外节能法律法规大多构建了较为完善的节能管理制度框架,其内容涉及市场干预、能源定价等内容。日本的经验表明,完善的节能法及其有效施行,是全面深入开展节能降耗工作的必要法制保障。

(3)政府对节能的宏观引导作用越来越重要。各国政府在机构改革中强化节能职能或成立专门节能机构,增加编制和财政预算,极大地强化了节能管理的力度。世界各主要大国如美国、日本,其政府节能管理机构的行政级别一般较高,职能明确而集中,具有较高的节能行政效率。

(4)在市场经济国家里,能源价格政策一直被政府视为最重要的节能降耗促进政策之一,多年来在实际中得到了广泛应用。在具体做法上,市场经济国家政府逐步取消了对能源价格的直接管制以及补贴等扭曲市场的做法;同时,出于对支持实现本国节能环保政策目标的考虑,往往针对特定的能源品种课税并内置于能源价格中,从而有效保持政府对能源价格的间接控制。

(5)从世界范围来看,节能财政支持政策无疑是一项促进各国节能降耗的重大政策措施。国外财政政策支持节能具有明确的领域、支持对象、支持原则,并形成了几种较为通行的方式,包括政府补贴、贷款优惠等。在具体的节能财政支持政策制定上,建立节能专项资金在国际上已成为一种趋势。迄今为止,已经有20多个国家先后建立了节能专项资金。

(6)大多数国家制定和实施了与能源效率有关的税收政策,

特别是在 IEA 成员国,税收政策作为提高能源效率和减少温室气体排放的重要手段获得了普遍应用。国外鼓励节能的税收激励政策主要是:对企业节能投资提供税收优惠;对节能产品减免部分税收,这一政策有效地促进了节能型设备和产品的推广应用;实行环境能源税,即基于一种能源产品燃烧时产生的碳/二氧化碳课税,这使得能源价格上升,因而鼓励了节能,同时可以为实现国家节能减排目标筹措资金。

（7）实施能效标准和标识制度以其投入少、见效快、节能和环保效果显著等优点,得到了许多国家政府的认可。目前已有 30 多个国家和地区制定和实施了能效标准和能效标识制度,有效推动了高效节能产品的市场渗透。

（8）综观世界各国,能源效率正逐步成为一些行业技术进步的主要推动力。发达国家政府十分重视以节能降耗为主的技术开发和技术改造,通过制定长期的节能优先政策和对节能技术的研究、开发提供资助,促进节能新技术的发展。

（9）在政府节能管理模式上,市场经济国家大多采用以市场机制为主,比较注重推行电力需求侧管理、合同能源管理等与市场经济相容的节能新机制,并为之创造适当的政策环境。

（10）在市场经济国家中,三次产业结构变动和工业内部行业结构变动总体上是市场行为的结果;市场机制与政府调控的有机结合可以有效地促进经济结构调整向有利于节能的方向转变。

3.6 我国现有节能降耗促进政策体系不足以支持 20% 节能目标的实现

经过 20 多年的发展,我国节能降耗促进政策和措施趋于多样化;特别是由于近年全国能源约束矛盾突出,国家出台节能降耗促进政策的步伐明显加快。目前我国已经初步建立起了综合性的节能降耗促进政策框架体系。这一体系主要包括四个方面:节能法规标准、政策支持、监督管理、技术服务;其对实现"十一五"单位 GDP 能耗降低 20% 的目标将起到不同程度的支持和促进作用,其中一些政策的实施效果已然显现。

但这一体系尚存在诸多问题与不足:节能法规需要加强和完善,并提高其可操作性;政府节能管理机构体系和人员能力有待加强,提高节能行政效率;尽管近年来节能经济激励政策建设趋

于加强,但仍存在重大缺失,离实现 20% 节能目标的支持需求还有很大差距;节能设计规范和标准还有待完善,特别是需要加强实施监督;节能产品认证与能效标识制度实施和监督检查有待强化;高耗能行业准入制度的行业覆盖面狭窄,相关配套政策措施也有待跟进;需要设法提高高耗能行业结构调整政策的执行效力;还没有形成以市场为导向、企业为主体、政策作支撑的节能技术创新体系,节能技术进步促进政策,特别是节能技术创新支持政策需要进一步增强;节能服务中心这一支节能专业队伍的作用有待进一步发挥;推行适应市场经济的节能新方法、新机制所需要的相关支持政策还比较欠缺;能源统计制度建设、节能信息传播工作、企业能源审计工作等都需要加强与完善。

总的来看,我国现有节能降耗促进政策体系不足以支持 20% 节能目标的实现。政府应针对上述各方面的问题与不足,研究加强和完善相应政策与措施,尽快建立完善的、适合我国国情的、适应社会主义市场经济体制要求的节能降耗促进政策体系,为实现 20% 节能目标提供全面而有效的政策保障。

3.7 实现 20% 节能目标亟待多层次、全方位推进节能规制和政策建设,更要组织落实节能降耗重大行动

3.7.1 推进"十一五"节能降耗工作基本思路

（1）总体思路

以《国务院关于加强节能工作的决定》的精神为指导,政府在推进"十一五"节能降耗工作的总体思路上,要把握"三个坚持",并注重"四个结合"。一是坚持开发与节约并举,节能优先。二是坚持节能以优化配置能源资源为核心。三是坚持以节能促进科学发展。四是注重发挥市场节能机制作用与实施政府节能宏观调控相结合。五是注重依法管理与政策激励相结合。六是注重突出重点与全面推进相结合。七是注重源头控制与存量挖潜相结合。

（2）工作方向

政府在推进"十一五"节能的工作方向上,要从以下六个方面入手,扎实推进:一是通过调整结构节能;二是依靠技术进步节能;三是通过加强管理节能;四是通过深化改革节能;五是强化法治节能;六是动员全民参与节能。

3.7.2 加强"十一五"节能降耗工作的具体对策建议

政府在"十一五"节能降耗工作的推进上，既要着眼当前，也要兼顾长远，尽快制定近期能够显著推动节能的政策措施，加快建立完善的、适合我国国情的、适应社会主义市场经济体制要求的节能降耗促进政策体系，为实现20%节能目标提供多方面的综合保障，并为"十一五"之后节能工作的长期持续开展奠定扎实基础。

具体而言，"十一五"节能降耗工作的推进，要考虑从三个层面着手进行：一是要全面加强节能法制、规制、机制、机构建设；二是要多方面完善节能经济支持政策、节能科技创新和应用支持政策，强化对企业和社会的节能服务；三是要针对"十一五"节能重大途径，组织落实节能降耗重大行动。

（1）加快完善以《节约能源法》为核心的节能法律法规体系，为实现20%节能目标提供有效的法律保证。

（2）健全和加强政府节能管理机构体系及职能，充分发挥政府对节能降耗工作的主导作用，全面做好节能组织、协调、推动工作，为20%节能目标的实现提供有力的组织保证。

（3）完善七项重大节能制度，加强实施，为实现20%节能目标以及节能工作的长期持续开展提供扎实的制度保证。尤其要加快建立与实施固定资产投资项目合理用能评估与审查制度、节能目标评价考核制度。

（4）全面推行合同能源管理、电力需求侧管理、节能自愿协议等与市场经济相容的节能机制，让市场机制优化配置节能资源的作用较好地发挥出来，为实现20%节能目标提供多方面的机制保障。

（5）加强和完善节能经济支持政策。包括节能财税支持政策、能源价格形成机制与价格政策、中小企业金融扶持政策等。

（6）强化节能科技创新和应用支持政策。包括增加政府节能研发预算投入、调整企业技术创新政策引导性资金的使用方向、调整中小企业创新基金的使用方向、实行税收优惠政策等。

（7）全方位加强政府对企业和社会的节能服务。政府节能部门要加快职能转变，摒弃陈腐的管制性价值取向，接纳以服务为宗旨的节能管理价值取向，全方位地加强政府对企业和社会的节能服务。

（8）组织落实节能降耗重大行动。政府要针对"十一五"节能重大途径，组织落实节能降耗重大行动，为实现"十一五"国家节能目标提供坚实支撑和强力保障。主要包括结构调整节能专项行动、高耗能行业新增产能能效控制专项行动、淘汰现有工业落后产能专项行动、高新节能技术产业化专项行动、十大重点节能工程、千家企业节能行动等。

天然气市场规律和市场需求预测技术与模型研究

李俊峰　刘小丽　李　际　姜鑫民　肖新建　杨　光　陈进殿　周淑慧　李　伟　王占黎　牛　晨

1　获奖情况

本课题获得 2010 年度国家发展和改革委员会宏观经济研究院优秀研究成果三等奖。

2　本课题的意义和作用

本课题旨在通过对天然气市场规律的研究,正确认识天然气市场发展趋势和特点,探索开发我国天然气需求预测方法和模型系统,预测各省区未来天然气需求,引导企业投资,指导天然气产业发展,为国家制定天然气和能源规划提供科学决策依据和技术支撑。

(1) 全面、系统地分析了典型国家的天然气市场发展规律、特点,行业管理体制和定价机制,总结出对我国天然气市场发展的借鉴和启示。

(2) 对我国八大地区天然气市场现状、特点和存在的问题进行分析和总结,从国内资源勘探开发、天然气利用方向、遵循市场规律、构建调峰体系、保障供气安全等方面提出政策建议。

(3) 通过对 20 多个省市的实地调研、收集了大量第一手资料,建立了全国分省区天然气需求预测模型基础数据库。全面梳理和系统评价了国内外天然气需求预测方法和模型系统,自主开发出一套体系完整、科学性和应用性较强的,适合我国天然气市场发展特点的全国分省区天然气需求预测方法和预测模型系统。

(4) 充分考虑我国社会经济发展、能源供需形势、政策环境变化、能源替代比价关系等方面的因素,并设定了相关参数,应用该模型系统首次对 2010—2030 年全国 30 个省区分部门天然气需求进行了预测和分析。

(5) 根据模型预测结果,分析出全国八大区域未来天然气市场发展的特点,提出了提升天然气战略地位和作用,调整天然气利用方向,理顺天然气定价机制,提高天然气发电经济性等政策建议。

与国内外处于领先地位的同类成果进行对比,本课题的创新点主要表现在以下几个方面:

(1) 全面、系统地研究了美国、日本、韩国、英国等国家的天然气市场发展历程,总结出典型国家天然气市场特点和发展规律以及对我国的启示。首次系统分析评价和总结了我国八大地区天然气市场所处的发展阶段和特点。

(2) 通过实地调研,掌握了大量的第一手资料和数据,建立了分省区天然气需求预测的数据库和预测体系,为开展我国分省区天然气需求预测打下了更加完备而扎实的基础。

(3) 在吸取国外天然气需求预测方法和模型经验的基础上,结合我国不同省区天然气市场发展特点,针对不同部门采用多种可相互对比、校核的预测手段和方法,自主开发出一套体系完整、综合多种预测技术、适合我国天然气市场预测的全国分省区天然气需求预测方法和模型系统。预测模型系统具有用户界面友好、使用灵活及多种输入和输出功能的优点。

(4) 首次应用该模型系统对我国 30 个省区“十二五”及到 2030 年分部门天然气需求进行了系统的预测和分析,提高了全国天然气需求预测的科学性。

(5) 报告提出的进一步提升天然气在我国能源发展中的战略地位、重新审视天然气发电问题、调整天然气利用方向、理顺定价机制等观点和政策建议,对正确认识天然气是我国实施节能减排目标的重要而现实的选择,指导天然气产业发展,制定产业政策具有重要参考价值。

3 本课题简要报告

3.1 国外主要国家天然气市场规律及对我国的启示

3.1.1 国外天然气市场发展阶段及其主要特征

世界主要发达国家天然气市场的发展基本上都经历了 3 个阶段,即启动期、发展期和成熟期。

市场启动期的主要特征是:①天然气作为石油工业的副产品,不是勘探开发的重点。天然气工业刚刚起步,在国民经济和一次能源结构中处于次要地位。②天然气基础设施薄弱,无跨越地区的长输天然气管道。③天然气消费市场容量有限,主要用于油田生产和周边一些工业用户,城市民用和商业用户仍以煤气或者其他燃料为主。④天然气市场行为欠规范,没有全国统一的天然气行业法律,只有一些法规或地方法律。⑤政府监管水平低下,没有专门的主管部门对天然气工业进行统筹管理或者管理力度不够。

美国天然气市场启动期始于 20 世纪 30 年代初,日本始于 20 世纪 70 年代初,英国始于 20 世纪 40 年代中期至 60 年代中期。

市场发展期的主要特征是:①以发现大气田(美国)或大量进口天然气资源(日本、韩国)以及建设区域管道等标志性工程为转折点。②天然气工业逐步得到重视,在国民经济和一次能源结构中的地位显著提高。③基础设施建设速度加快,区域之间管道和输配网络建成。④天然气消费量迅速增长,用途逐渐扩大。在城市民用和商用领域天然气逐渐取代煤气。一些国家(日本、韩国)还大力发展天然气发电。市场向周边和全国延伸,但市场范围仍为区域市场。⑤对不同用户采用不同价格。对于可中断及均衡用户实行优惠价,不均衡用户实行较高气价。⑥制定全国统一的天然气法律。⑦政府成立或者指定专门的部门来监管天然气工业。

美国天然气市场由启动期进入发展期始于 20 世纪 30 年代初至 70 年代初,约 40 年,以 1931 年建成从得克萨斯州潘汉德至芝加哥的长度超过 1 600 km 的输气管道为标志。1938 年第一部《天然气法》出台。天然气在一次能源消费中的比例逐步上升到

30%(1970 年)。

英国天然气市场发展期始于 20 世纪 60 年代末至 90 年代中期,约 30 年,以发现北海西索尔气田为标志。政府投资完成了全国燃气设施转换和输配气基础设施的建设。1986 年颁布新《天然气法案》,将竞争机制引入输配气环节中。

日本天然气市场发展期始于 1974—2000 年,约 30 年,以大量进口 LNG 替代石油、降低对中东地区石油的过度依赖为标志。在快速发展期,日本用了 15 年的时间将石油的比例下降了 13 个百分点,其中天然气消费量的增加贡献了 50%。

市场成熟期的主要特征是:①以建成多气源、多用户的全国性天然气管道网络为标志。②天然气工业成为国家主要产业之一,特别是在一次能源结构中与石油、煤炭形成鼎足之势或者成为主要能源。③基础设施高度发达,输气干线、配气管线形成网络,储气设施完善。④形成一个相对稳定的天然气市场,天然气消费结构比较合理,天然气在一些行业成为主要能源,特别是成为城市民用和商用的主要能源。⑤天然气经营方式非常灵活,市场化程度越来越高。⑥天然气价格机制形成,价格透明。⑦天然气法规基本完善,市场运行有序。⑧政府对天然气工业高度重视,实现合理、有效的监管。

美国天然气市场由发展期进入成熟期始于 20 世纪 70 年代后期至今,主要特征是政府逐步调整天然气政策,颁布了一系列天然气法规,如《燃料使用法》《气井自由生产法》,解除对天然气价格的管制,由市场定价;逐步解除对天然气利用的限制,使其能在各领域与其他能源竞争;管道独立运营,开放管道输送业务,允许用户自主选择天然气。

英国天然气市场成熟期始于 20 世纪 90 年代中期至今,政府通过修改《天然气法案》,进行燃气企业的拆分、重组、业务分割、捆绑等一系列改革,完善了天然气供应链各环节竞争机制、降低家庭用燃气市场的准入门槛,实现了家庭用燃气市场的自由化。

日本天然气市场从 2001 年至今处于稳步发展阶段。为了解决能源供应安全和环境问题,通过引入竞争机制,加快天然气替代原有工业燃料的步伐,扩大天然气在商业、冷热电联产、燃气汽车领域的使用规模,使天然气市场保持稳步发展。

3.1.2 对我国的启示

从对国外主要国家天然气市场规律的研究，可得到以下启示。

国家能源政策取向对天然气市场的培育和发展起了很重要的作用。为了应对20世纪70年代的石油危机，降低对石油的依赖程度，日本政府明确提出了重点以核电和天然气替代石油的能源政策，并制定了长期的能源供应目标。政府通过公共财政、政府融资和财税制度等激励手段促进天然气的发展。替代政策实施后，天然气在日本得到了迅速地发展。到1983年，石油在一次能源消费总量中的比重由1973年的77.4%下降到62%，天然气的比重由1973年的1.5%上升到1983年的7%。

以资源为先导，管网为基础，价格为杠杆推动市场快速发育。20世纪初期，随着一些大型和较大型油气田的发现，美国天然气储量迅速增加，1945年储量超过4万亿 m³。为推动天然气的大规模利用，美国加快管网建设，1930—1945年的15年间，平均每年增加管线7 000多 km，同时政府控制并实行低气价政策，不到油价的15%，使得天然气消费以每年增加50多亿 m³的速度迅速增长，到1945年天然气在一次能源结构中的比例超过14%。20世纪60年代形成连接48个州的全国天然气管网，消费量平均每年增加190多亿 m³，到1970年在一次能源结构中的比例上升到36%。

天然气市场的不同发展阶段，有着不同的天然气重点开发领域和方向。市场开发初期，日本的天然气主要用于城市居民、商业用户及电力用户，解决石油危机和环境问题。当市场发展到一定规模后，为解决天然气的调峰和降低燃气供应成本问题，日本积极开拓稳定的工业大用户和燃气制冷与供热用户。20世纪90年代后，为了进一步提高能源效率和改善环境，日本开始发展小型燃气热电联产，在短短的十几年内燃气热电联产得到迅速发展。待基本实现了工业、城市燃气和电力领域的石油向天然气的转换后，为了进一步减少空气污染和对石油的依赖，日本又开始发展天然气汽车，到2006年天然气汽车达3.15万辆，成为天然气汽车大国。

通过政策和法律的手段保障天然气市场正常运转。美国主要围绕价格、市场准入和管输等影响天然气发展的关键因素进行调控。如《天然气法》规定各监管机构的职责和如何监管；《菲利普斯决议》，对天然气州际管道井口价格进行监管，由国会授权FPC设定州际井口价格。在天然气定价方面，既考虑生产者的成本和利润，也考虑用户的承受能力，使天然气价格与替代能源相比具有竞争力。

适当培育和引入竞争，经营方式适应市场变化。美国实行管网分开，使市场在最终用户和生产商之间具备了竞争的基本条件。为了引入竞争和降低运营成本，日本允许燃气公司外的企业参与LNG资源的引进和经营。实践证明，这种联营方式不仅取得了规模经济效益、减少投资、降低运营成本，而且也平衡了电力和燃气消费高峰时间的差异、稳定用气负荷、提高设备运转率，降低燃气生产和供应成本。经营方式随市场变化而变化。在天然气市场紧缺情况下，天然气合同采用"照付不议"条款，市场供应过剩时采用更灵活的合同条款和定价方式。如买卖合同有长期、短期和现货。

建立储备保障天然气供应。为防御突发事件的发生和保障天然气稳定供应，日本建立以LNG储罐方式的天然气存储设施，解决日、月调峰问题。美国主要是利用地下储气设施来保障供气安全。截至2006年年底，美国有397座地下储气库，总工作气量1 150亿 m³，相当于当年天然气总消费量的19%。

3.2 我国八大地区天然气市场的现状和特点

随着2004年"西气东输"管道项目正式商业运作，我国天然气市场由启动期进入快速发展期。目前我国天然气消费市场迅速扩大，消费结构持续优化，天然气供应能力不断增强，国家级基干管网已现雏形，广东、福建和上海LNG接收站的商业运行以及中亚天然气管道的投运，多元化气源供应格局正在逐步形成。目前我国主要地区天然气市场已初步形成，并呈现出以下特点：

（1）已经逐渐形成八大不同类型的天然气消费市场：东北地区的工业燃料替代型天然气市场；环渤海地区的城市清洁型和发电型天然气市场；长三角地区的城市清洁型、化工型和发电型相交织的混合型天然气市场；东南沿海地区的发电型天然气市场；中南地区的化工型天然气市场；西南地区的化工型天然气市场；西北地区的发电、化工和城市清洁型天然气市场；以及中部地区工业、城市清洁型市场。

（2）环渤海、长三角和珠三角经济区是我国经济发展的中心和人口聚居区域，是天然气消费的中心区域，天然气需求增长较快。根据课题预测，到2020年，上述三个地区天然气需求量将达到1 200亿 m³，占全国总消费量的40%以上。

（3）经济区域的中心城市是天然气的主要市场。目前环渤海、长江三角洲和珠江三角洲的北京、天津、青岛、大连、上海、苏州、杭州、南京、广州、深圳十大城市人口密度高，经济发展快，是天然气消费的主要市场，天然气消费量占全国总消费量的60%~70%。

（4）地区天然气市场发展受到气候的影响。环渤海经济区是我国主要的供热区域，据统计，该地区目前供热面积占全国的48.5%，蒸汽占全国供热总量的49.49%，热水占全国供热总量的37.8%。由于经济发展和环境保护的要求，冬季供暖和夏季制冷正逐步实施以气代煤工程，增加了天然气调峰需求。

（5）天然气气源制约市场的发展。目前在国内沿海的三个主要经济区域中，以北京为中心的环渤海地区以多源国产天然气为主，以上海为中心的长三角地区的天然气供应也将形成多气源互补的格局，而以中南地区天然气供应最为薄弱，导致天然气资源制约了该地区天然气市场的发展。

3.3 研究思路和预测方法

本课题的全国天然气需求预测研究是基于对各省的分部门的天然气需求预测的研究。首先，先对各省的分部门天然气需求进行预测，然后再将地区内各省的分部门天然气需求预测汇总得到地区分部门的天然气需求预测量，最后将八大地区的分部门天然气需求预测汇总得到全国分部门的天然气需求预测量。

本课题的分省天然气需求预测模型的构建思路如图1所示。

宏观经济模块：应用计量经济和情景分析方法预测未来GDP、经济结构、人口、城市化率等社会经济方面的数据。

政策信息库：将各省社会经济发展规划、能源规划、电力规划及能源和环境政策等作为情景设定的主要因素，并尽可能定量化地分析它们对天然气需求产生的影响。

相关参数模块：结合各省规划和专家咨询以及情景分析等方

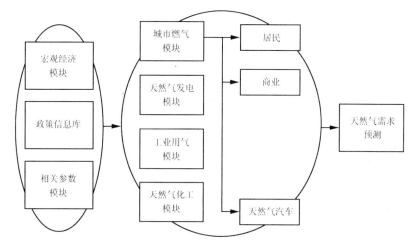

图1　天然气需求预测模型构建思路框架

法给出未来天然气供应量、天然气管道长度、供热和制冷面积、各省气温、不同能源品种的价格等方面的数据。

城市燃气预测方法：按照天然气用途分成3个子模块，即民用天然气预测、商业天然气预测和天然气汽车预测模块。

根据各地区经济发展状况、城镇化率发展水平、价格承受能力、供气源及天然气相关基础设施建设等对所研究的省市按市场发展好、较好、中等、差四类分类。

对市场发展好和较好的省、市主要采用计量经济模型，并结合国外主要城市的民用和商业天然气消费增长规律及各省实际情况进行民用和商业天然气需求量预测，如：

$$GSRE = 0.173\ 88 + 0.000\ 843\ 66\ RGDP + 0.043\ 671\ TPOP - 0.097\ 906\ 2\ TEMP + 0.018\ 084\ LN（RPRICE / CPI）+ 0.000\ 128\ 23\ LENGTH$$

$$GSCO = -58.12 + 0.000\ 471\ 36\ RGDP + 0.043\ 671\ TPOP + 0.001\ 145\ 4\ LN（CPRICE/CPI）$$

对市场发展中等、差的省、市主要采用人均用气法和类比法预测民用和商业天然气需求量。

汽车用气需求预测主要是根据各省市汽车（主要考虑城市公交车和出租车）数量的历史发展趋势，结合各省未来规划，预测各省市的汽车增长数量；结合相关政策和规划预测各省市未来汽车气化率；最后根据各预测时段的单位汽车耗气量和汽车气化率，预测各省市未来汽车天然气需求量。

工业部门天然气预测方法：主要采用项目调查法、工业产值单耗法和燃料替代分析法相结合的方法对某一个省市工业部门的燃料用天然气需求进行预测。

项目调查法：主要是走访大用户，对每一个大用户的用能现状与未来用气意向进行调查，列出清单，评估量化，最后得到工业部门天然气需求量。此方法主要适用于短期预测，即"十二五"时期的工业部门天然气需求预测。

工业产值单耗法：在分析主要用气产业部门能耗现状的基础上，根据产业部门产值能耗与结构发展趋势及技术进步进行有关参数设定，再考虑到未来产业发展规划的产值，得到预测年份的天然气需求量。

燃料替代分析法：首先，根据工业部门实际用能情况，分析和选择哪些工业子部门的燃料消费可被天然气所替代，设定天然气替代上述能源的最大潜力率；其次，进行工业用 LPG、燃料油、柴油、煤炭与天然气的替代经济性比价分析。在比价分析中，借鉴了国外工业部门能源与天然气比价关系，同时考虑了我国不同地区 LPG、燃料油、柴油及煤炭与天然气的比价关系的差异性和未来天然气价格上涨对替代的影响，在此基础上设定了我国各省工业用 LPG、燃料油、柴油及煤炭与天然气的基准比价及区间；再次，综合考虑各种因素，如各省天然气资源的可获性、基础设施的建设情况等确定各省的替代率；最后，基于以上分析预测出各省工业部门燃料用天然气的替代量。

天然气发电预测方法：为充分反映现实情况，力求预测做到比较准确、符合实际，宏观和微观相结合，本课题主要采用重点调查、定性分析和定量分析相结合的方法。首先，调查和预测各省（区）可供天然气发电的天然气气量；其次，将各省（区）按照天然气发电发展的条件，如能源资源条件、经济承受力、供气条件等按照好、中、差进行分类。天然气发电发展条件好的地区属于1类地区，中、差地区分别属于2类地区和3类地区；最后，进行各省（区）天然气发电市场分析。对于非1类地区，定性预测分析未来电力需求增长态势、电力发展的外部条件和未来电力发展思路，结合项目调查法和天然气供需平衡的定量分析法，预测出未来可能的天然气发电装机、发电量和天然气消费量。对于1类地区对

天然气发电市场进行了较为细致的分析，即预测各省（区）电力需求，分析电力发展的外部条件和未来电力发展思路，结合项目调查法和天然气供需平衡的定量分析法，进行各类电源的电力供需平衡定量分析，预测出未来天然气发电装机、发电量和天然气消费量。

化工用气预测方法：考虑到天然气化工用气的特殊性，2015年以前采用项目法预测各省化工用气需求。具体而言，依据各省天然气化工产业现状、各省已有的化工项目，以及各省规划扩建和新建项目的规划进行预测。2015年以后的各省化工用气预测采用情景分析法，主要考虑的因素有：我国天然气供应情况、化工市场、天然气化工的经济性、我国天然气利用政策以及天然气化工重要领域。在此基础上，预测各省2015年后的天然气化工用气需求量。

3.4 方案设定

本课题研究基年为2005年，2010年、2015年、2020年和2030年为预测年，采用基准、高、低三个情景方案进行预测分析。对全国30个省市（除西藏外）采用基准方案情景进行了详细预测和分析，对典型地区（长三角和东南沿海地区）在基准方案的基础上，考虑燃料替代的经济性，增加了高、低两个方案情景（见表1）。

基准方案设定主要考虑了经济社会发展、人口发展趋势、工业化和城镇化进程、国家的能源和天然气政策、环境保护、天然气供应和基础设施建设等方面的因素。具体而言：

（1）经济发展趋势：预计2005—2030年，我国GDP年均增长8%。其中，2011—2020年为8.1%、2021—2030年为6.4%。2030年达到135.7万亿元（2005年价，下同）。我国人均GDP将由2005年的1 885美元增加到2030年的16 962美元，届时将接近2007年韩国的水平。

（2）人口：未来我国人口总量继续增长，但增速逐步减缓，预计到2030年我国人口总量基本达到峰值，为14.74亿。就地区而言，西南、中南和西部地区人口增长速度将快于其他地区，2005—2030年年均增长速度分别达到6.7‰、5.6‰和5.5‰，其他地区人口增长速度将在4.0‰～4.9‰。

（3）城镇化率：未来我国城镇化进程将加快。2030年我国城

镇化率将达到 64.5%。受多种因素影响，未来各地区城镇化进程差异仍很明显。2025 年左右长三角地区城镇化率将在全国率先到达目前发达国家的平均水平 77%，到 2030 年，该地区将达到 81.3%；到 2030 年，东南沿海地区城镇化率将达到 71.4%，位居全国各地区第二；环渤海地区城镇化将增加到 67.5%，仅次于长三角和东南沿海地区；未来中南和西南地区城镇化进程发展最快，分别由 2007 年的 38.9% 和 35.1% 增加到 2030 年的 60.9% 和 56.4%；东北和中部地区将分别由 2007 年的 55.8% 和 44.2% 增加到 2030 年的 62.5% 和 63.8%；西北地区是全国城镇化率最低的地区，到 2030 年仅为 50.2%，比长三角地区低 30 个百分点。

（4）国家能源战略和天然气政策：未来我国一次能源结构向清洁方向发展，尤其是经济较为发达的东南沿海地区，天然气和可再生能源比重更高。终端能源消费结构更优化，天然气、电力等清洁能源比重更高。本研究对我国天然气政策的考虑主要是基于国家的《天然气利用政策》。未来比较明确的政策走向是"逐步理顺天然气价格与可替代能源价格的关系"。

（5）其他因素考虑：在课题研究中，2015 年前的各地天然气需求预测考虑了我国各省天然气的资源供应情况、管道天然气和 LNG 资源的进口可能性，以及全国天然气干线管网和各省天然气管网设施的建设情况，但对 2015 年后的各省天然气需求预测，主要是从经济社会展、城镇化进程、工业化进程、节能减排、国家能源和天然气政策等方面来看未来天然气需求发展趋势，对天然气资源能力没有做太多的约束。

（6）经济性分析：考虑天然气在不同部门利用的竞争性，如民用主要和 LPG 竞争，商业主要和电竞争，工业主要是和燃料油比较，发电与燃料价格以及利用小时数有很大关系。

3.5 主要结论

3.5.1 未来全国天然气需求发展趋势及特点

表1 三种方案的主要假设条件描述

	基准方案	高方案	低方案
GDP	2005—2030 年，全国 GDP 年均增长 8%	● 采用基准方案	● 采用低方案
工业 GDP 增长	2005—2030 年，全国工业 GDP 年均增长 7.6%	● 采用基准方案	● 采用低方案
人口	2030 年 14.74 亿人	● 采用基准方案	● 采用基准方案
城镇化率	2030 年达到 64.5%	● 采用高方案	● 采用低方案
经济政策	● 现行政策	● 采取更强有力的政策措施实施低碳经济发展模式，产业结构更具合理，高附加值行业和服务业比重上升较快	● 现行政策
能源政策	● 现行天然气政策及其执行力度保持不变，天然气利用分类：优先／允许／限制／禁止。未来比较明确的天然气价格政策走向，即"逐步理顺天然气价格与可替代能源价格的关系"	● 国家加大一次和终端能源结构及电力结构优化的力度，天然气在一次能源消费结构中的比例更高。 ● 2020 年后进一步加大减少环境污染物排放力度。天然气价格机制改革较适应市场发展	● 现有天然气政策及其执行力度保持不变，天然气利用分类：优先／允许／限制／禁止。未来国家执行较高的天然气价格政策
电力市场	● 电力市场发展较好	● 电力市场发展较好。给予鼓励天然气发电的相关政策	● 电力市场萎缩
天然气供应及基础设施	● 目前已规划的进口管道天然气和 LNG 项目能如期建成	● 除已规划的管道天然气和 LNG 项目外，还能够进口更多的天然气资源。国家天然气管网建成，城市管网设施较为健全	● 天然气供应受到进口管道和 LNG 资源方面的限制

注：本课题对 30 个省市 GDP、工业 GDP、人口和城镇化率进行了预测。

（1）未来 20 多年内，全国天然气需求仍将以较快的速度增长。

在经济较快发展、城镇化和工业化进程快速推进、环境保护和对清洁能源的迫切需求的拉动下，未来 20 多年我国天然气需求将以较快的速度增长。2005—2030 年，全国天然气需求年均增速达 8.3%。2015 年全国天然气需求将达到 1 956 亿 m^3，2020 年和 2030 年分别增加到 2 816 亿 m^3 和 3 977 亿 m^3。长三角、东南沿海、环渤海和中南地区四个地区是未来我国天然气需求市场的主力地区，四个地区天然气需求量占全国总需求量的比例由 2007 年的 43.4% 增加到 2030 年的 80% 左右。

（2）随着市场的发展，天然气需求结构将得到较大的优化。

未来我国天然气需求结构将得到较大的优化。到 2030 年，城市燃气天然气需求将由 2005 年的 120 亿 m^3 增加到 1 540 亿 m^3，占总需求量的 38.7%，是第一大用气大户，其比例比 2005 年提高了近 13 个百分点。工业燃料用气需求由 2005 年的 191 亿 m^3 增加到 1 318 亿 m^3，占 33.1%，是第二大用气部门，但比例较 2005 年下降了近 8 个百分点。发电天然气需求将由 2005 年的 28 亿 m^3 增加到 618 亿 m^3，占 15.5%，其比例较 2005 年提高了 9.5 个百分点。化工用气需求由 2005 年的 125 亿 m^3 增加到 501 亿 m^3，占 12.6%，其比例较 2005 年下降了 14.3 个百分点，是比例下降最大的部门。

（3）工业燃料用气以较快的速度增长，主要用于替代石油制品。

由于经济性因素以及煤炭清洁利用技术的推广应用，天然气对煤炭的替代作用在短期内不是太强，从中长期看，由于环保因素和城市土地资源的限制，城区内工业锅炉将不同程度地改烧天然气。未来工业燃料用天然气需求将以年均 8% 的速度增长，由 2005 年的 191 亿 m^3 增加到 2030 年的 1 318 亿 m^3。从地区看，中南地区工业燃料用气需求最大，2030 年工业燃料用气占全国工业燃料用气的 20%，其次为长三角地区占 19.4%、环渤海地区占 15.4%、东南沿海地区占 10.8%。工业部门天然气需求潜力很大，但其需求规模主要取决于经济性和环保要求。

（4）天然气发电将适度发展，并主要集中在经济发达地区。

在现有天然气利用政策下，未来我国天然气发电将适度发展，并主要集中在经济发达地区。2005—2030 年，全国天然气发电需求将以 13.1% 的速度增长。发电用气需求量将由 2005 年的 28 亿 m^3 增加到 2030 年的 618 亿 m^3。气电装机由 2007 年的 1 947 万 kW 增加到 2030 年的 8 129 万 kW。未来我国气电主要集中在经济发达的东南沿海、长三角和环渤海地区，其占比分别为 31.8%、24.3% 和 13.1%。

（5）根据区域资源特点，因地制宜地发展天然气化工。

2005—2030 年，全国化工用气需求将以 5.7% 的速度增长，用气需求将由 2005 年的 125 亿 m^3 增加到 2030 年的 501 亿 m^3。未来我国天然气化工主要集中在天然气资源丰富的西南地区和西北地区，这两个地区化工用气占全国化工用气的比例分别是 48.2% 和 18.2%。从地区和省份看，西南地区天然气化工各产品链均将获得较大发展，成为我国重要的天然气精细化工产业基地。西北地区将成为我国重要的天然气合成氨、天然气甲醇生产基地。内蒙古、宁夏将分别成为我国两大天然气甲醇及全国第三大天然气合成氨生产基地。海南省将成为全国重要的天然气合成氨及天然气甲醇生产基地。

（6）经济性表现不同，是影响天然气需求总量的重要因素。

在城市燃气、工业、发电和化工四大天然气利用部门中，天然气经济性对工业和发电的天然气需求量影响较大，成为影响天然气规模的重要因素。如 2030 年东南沿海地区天然气需求高方案为 822 亿 m^3，低方案为 540 亿 m^3，高方案比低方案增加了 282 亿 m^3，其中主要是工业和发电的影响，增量分别为 110 亿 m^3、89 亿 m^3，共占增量的 70%。

（7）人均天然气消费大幅提升，但仍低于世界人均平均消费水平。

随着未来天然气需求的快速增长，人均天然气消费量将由 2005 年的 36.3 m^3 提高到 2030 年的 273 m^3，提高了 7 倍，但仍为 2006 年人均世界天然气水平的 62%。

（8）天然气在一次能源消费中的比重逐步提高，但仍有提升空间。

2020 年我国天然气需求总量 2 800 亿 m^3，约占一次能源总消费量的 8%，2030 年达到 4 000 亿 m^3，在一次能源消费中的比重提高至 10%，但与世界主要国家 25% 的水平相差较大，仍有很大的提升空间。

3.5.2 未来各地区天然气需求市场特征

（1）长三角地区将成为未来我国最大的天然气需求中心。2030 年该地区天然气需求量将占全国天然气总需求量的 17.3%，并由目前的工业主导型发展为城市燃气和工业并重、发电为辅的多元市场。

（2）东南沿海地区将成为我国主要的天然气消费地区。2030 年该地区天然气需求量占全国天然气总需求量的 15.9%，并由工业型和发电型为主导的天然气市场转变为城市燃气为主、工业和发电为辅的天然气消费市场。

（3）环渤海地区将成为以城市清洁型和工业型为主、兼有发电型的天然气消费市场。

（4）中南地区是未来我国天然气需求增长最快的地区，并形成工业为主、城市燃气次之、发电为辅的天然气消费市场。

（5）受经济欠发达和煤炭资源丰富的影响，中部地区天然气需求以较低的速度增长。

（6）东北地区是未来我国天然气需求增长较快的地区之一，并形成工业为主、城市燃气次之、化工为辅的天然气消费市场。

（7）西南地区是未来我国最大的天然气化工基地。

（8）受经济欠发达的影响，未来西北地区天然气需求增长缓慢，地区内发展也不平衡。

3.6 政策建议

（1）进一步提升天然气在能源发展战略中的地位和作用。2009 年年底，我国政府为应对气候变化问题，明确提出了 2020 年中国控制温室气体的行动目标。天然气作为可大规模利用的一种清洁低碳能源，应得到国家高度重视和大力利用。为此，建议国家在能源发展规划中像核电和可再生能源一样，明确提出天然气的发展目标。

（2）基于我国国情和市场特点，调整天然气利用方向。随着我国天然气供应量的增加和基础设施的不断完善，以及应对气候变化和优化能源结构的需要，我国应重新审视天然气发电问题。我国大规模发展核电、风电等，增大了对调峰电源的需求。从提高

系统的安全、稳定运行和满足调峰需要看，电网需要建设适量的运行灵活、调峰性能好的电站，天然气调峰电站可减轻电网输电和电网建设的压力，提高电网运行的稳定性。未来北方地区燃气供热需求的快速发展，使天然气峰谷差不断扩大，发展一定规模的调峰气电将有利于削峰填谷。为此，我国需要调整天然气利用方向和政策。

（3）制定合理的天然气价格政策，提高天然气发电的经济性。建议给予天然气发电环保价值。天然气发电不排放二氧化硫，天然气发电的脱硫价值应不低于燃煤脱硫的价值[1]；建议给予天然气电厂的电调峰价值和储气调峰价值。如果给予天然气电厂平均上网电价的 1.8 倍[2]，则重点地区天然气发电上网电价水平可以达到 0.68 ~ 0.90 元 / kWh，相应电厂可承受气价可上升到 2.1 ~ 3.1 元 / m^3，这将极大地提高天然气电厂的经济性和竞争力。根据国内地下储气库投资和运行成本数据测算，初步认为，天然气电厂作为气量调节大户，可获得的气价优惠最高为 0.4 ~ 0.59 元 / m^3，具体视其替代建设的储气库的类型和规模而定。此外，如果能够对天然气发电项目减免 50% 的所得税，所得税税率由 33% 降低到 17%，初步测算天然气电厂的上网电价将平均降低 0.02 元 / kWh，天然气发电经济性将有所提高。

（4）及早落实天然气资源，保障供应安全。根据预测，2015 年我国天然气对外依存度将达到 25% 左右，2020 年将达到 40% 左右。因此，为保障我国天然气供应安全，除加快国内常规天然气资源的勘探开发外，应积极研究促进非常规天然气资源勘探开发和利用的激励政策，使其尽快成为我国重要的替补资源，同时须及早制定进口天然气资源战略，特别是 2015 年前应抓住全球天然气市场进入"买方市场"的机会，加紧开展 LNG 项目的引进工作，早日落实已计划的 LNG 项目资源，同时积极进口管道天然气，保障天然气资源供应安全。

（5）加快建设适应市场需求的调峰和储备设施，着手制订天然气战略储备规划。建议国家加快制订我国天然气调峰应急储备规划，确定储备规模、布局和选址，并将其纳入国家和省"十二五"

---

① 我国对燃煤脱硫机组在上网电价的基础上有一个环保加价补贴，为每千瓦时电 1 分 5 厘。

② 据国际经验，调峰电价可达到平均上网电价的 1.8 ~ 2 倍，是低谷电价的 3 ~ 5 倍。

天然气规划之中。制定我国天然气储备管理条例或储备法,对政府、企业和用户的有关职责、义务进行法律约定。除建设调峰储备设施外,应加强需求侧用气管理,通过发展可中断用户和调峰用户等措施降低天然气需求负荷波动,减少调峰应急压力。随着我国天然气进口依存度的不断增加,为防范供应中断对我国经济社会产生重大影响,我国应着手制定天然气战略储备规划。

(6)继续跟踪国内天然气市场研究,不断完善我国天然气统计体系。我国天然气市场处于快速发展期,国家经济发展环境及能源、环境和价格政策对天然气需求影响较大,建议对全国及各省天然气市场进行跟踪研究,根据市场变化情况对天然气需求预测量进行调整,使天然气需求预测结果能够对国家能源发展规划和石油公司开展天然气业务提供决策依据。另外,我国大部分省份刚刚开始使用天然气,天然气利用方面统计数据有限,天然气需求预测工作难度较大,建议不断完善天然气统计体系,为开展天然气需求预测工作奠定基础。

我国可再生能源发电经济总量目标评价研究

王仲颖　高 虎　樊京春　秦世平　时璟丽　胡润青　赵勇强

1 获奖情况

本课题获得 2010 年度国家发展和改革委员会宏观经济研究院优秀研究成果二等奖。

2 本课题的意义和作用

2.1 课题立项的意义

包括我国在内的多数国家，在衡量可再生能源产品经济性时，都没有将化石能源的环境外部性成本考虑在内，所进行的与可再生能源相关的成本效益分析，没有从全社会的角度进行合理的、定量性的评价，从而影响了对可再生能源实际经济性的科学判断。此外，不同的可再生能源技术，发电的经济性也有很大差别。在我国 2020 年非化石能源满足 15%能源需求的总目标下，不同的成熟和新兴发电技术的组合，总的社会补贴需求将是不同的，市场规模的不同反过来又会影响技术的经济性，并影响到市场经济最优规模的判断。

为真实评价可再生能源发电的经济性，需要对各类可再生能源发电项目的开发成本进行详细核算，确定经济最优的非化石能源目标实现方式，并通过计算常规电力（主要是煤电）的环境外部性成本，确定可再生能源发电的经济可开发总量。

2.2 课题成果的使用情况

本研究对中国各类可再生能源发电技术进行了梳理，细致分析了在中国开展各类可再生能源发电的资源基础、技术条件、产业现状和市场应用前景，并在对化石能源环境外部性量化分析的基础上，核算了中国合理的可再生能源经济总量，特别是首次绘

制了我国可再生能源发电的供应曲线，提出并建立了衡量环境友好型能源项目的新方法、新思路。本课题研究结论已经在国家可再生能源发展"十二五"规划中有所体现，其中提出的尽快建立有利于反映可再生能源环境效益成本核算体系的建议在规划中得到了采纳，有关可再生能源的经济总量目标结论也在更新 2020年可再生能源发展目标时得到了参考。

2.3 课题产生的影响

本课题主要是在科学、合理评价可再生能源发电经济性的方法学上提出了新的观点和思维方式，并通过定量化的计算，首次绘制了我国可再生能源发电的供应曲线，这将有助于我国建立科学的衡量可再生能源经济性的评价体系，并推动我国建立有利于实现低碳社会发展战略的政策体系。

3 本课题简要报告

（1）可再生能源的特点和面临的形势

现代化利用的可再生能源技术，包括风力发电、太阳能发电、生物质能利用，其经济性受到资源条件、技术水平、产业基础、市场需求以及政策环境等多个要素的影响。

一方面，对这些新能源技术而言，是否有吸引市场的明确发展目标，以及电价、财税为代表的补贴政策，将决定这些新兴产业的未来发展走势。

另一方面，对于仍属于最大发展中国家的我国而言，在致力于转变生产方式、走绿色发展道路的同时，仍将继续实践以经济性为核心的市场发展原则，从而不可避免地将对补贴型产业的发展规模和节奏提出更高要求，并反过来影响到政府发展目标及电

价补贴等政策的制定。

（2）可再生能源经济性的核算

令人遗憾的是，包括我国在内的多数国家，在衡量可再生能源产品经济性时，都没有将化石能源的环境外部性成本考虑在内，即化石能源开采、转换和消费过程对环境所造成的不可逆性损害成本都被"忽略了"。因而，所进行的与可再生能源相关的成本效益分析，没有从全社会的角度进行合理的、定量性的评价，从而影响了对可再生能源实际经济性的科学判断。这些外部性成本，对于可再生能源而言，都是可以避免的。换言之，这些可再生能源的"隐形效益"，并没有被实际纳入经济性的核算。

此外，不同的可再生能源技术，发电的经济性也有很大差别。在2020年非化石能源满足15%能源需求的总目标下，不同的成熟和新兴发电技术的组合，总的社会补贴需求将是不同的，市场规模的不同反过来又会影响技术的经济性，并影响到市场经济最优规模的判断。

（3）本文研究内容

为了真实评价我国可再生能源发电的经济性，本研究在分省资源分析的基础上，对各类可再生能源发电项目的开发成本进行了详细核算，描绘了全国（及省级）可再生能源"可开发电力总量"与"开发成本"之间的对应关系，首次建立起了我国可再生能源电力的"供应曲线"，确定了经济最优的非化石能源目标实现方式；此外，通过计算常规电力（主要是煤电）的环境外部性成本，得到了我国实际可再生能源发电的经济可开发总量。

（4）研究结论

燃煤发电的环境损害随经济发展水平、人口密度等因素的增加而增加。本研究通过建立不同的煤电环境损害标准，考虑了"低环境"和"高环境"两个基础方案，其中，全国平均燃煤发电（单位发电量）外部性成本分别为0.156元/kWh和0.873元/kWh；考虑燃煤发电的平均发电成本后，两个环境方案下，全国燃煤发电的真实社会成本分别为0.511元/kWh和1.23元/kWh。按照这种社会成本，得出未来（2020年）我国可再生能源发电的"经济总量"分别为6 368亿kWh和10 791亿kWh（不含大水电），装机容量为160 GW和314 GW，分别可替代1.97亿tce和3.34亿tce。

各类可再生能源产业化进程存在巨大差异。为了更好地促进可再生能源的发展，本研究从敏感性分析着手，对影响未来成本走势的各种因素进行了分析，并对制定发展目标、电价、配额制等政策措施，提出了相关建议。

3.1 我国可再生能源产业发展形势

进入21世纪，能源安全和环境保护已成为全球化的问题。各国政府高度重视发展可再生能源，将其作为缓解能源供应矛盾、振兴国家经济、减少温室气体排放和应对气候变化的重要措施，纷纷制定了宏大的发展目标和一系列激励政策，引导、鼓励可再生能源的发展。

2005年我国颁布了《可再生能源法》。在强大的法律及陆续出台相关配套政策的鼓励和引导下，我国可再生能源产业有了长足的进步，特别是以各类发电技术最为成熟，包括风力发电、太阳能光伏发电、生物质能发电等领域已基本跨越产业发展的起步时期，为我国规模化开发利用可再生能源提供了有力保障。即使在"十一五"末期世界金融危机引发全球经济衰退的宏观背景下，我国可再生能源产业和市场仍然保持了持续发展，风电装机连续四年翻番，太阳能光伏电池产量连续三年位居世界第一，各类生物质能发电市场规模稳步扩大。这些成绩标志着我国可再生能源产业开始步入全面、快速、规模化发展的重要阶段。

虽然我国可再生能源产业取得了明显进步，但总体来说，若实现大规模补充和替代常规化石能源，特别是实现2020年非化石能源满足15%能源供应以及40%～45%碳强度降低的宏大目标，还面临不少技术、产业、经济方面的挑战。

一方面，可再生能源的经济性虽然一直在不断改善，但作为一个新兴能源，在当前仍不具有市场经济性，比如风力发电的成本比常规火电高50%左右，光伏发电是火电的2～3倍，这大大限制了可再生能源资源的开发。

另一方面，尽管我国已经制定了较为完善的可再生能源支持框架和宏大的发展目标，比如生物质能发电、风电确定了固定电价，光伏发电制定了完善的财税补贴政策，2020年风电的发展目标从3 000万kW提高到1.5亿kW，光伏发电达到2 000万kW，生物质能达到3 000万kW，但在既有的能源成本核算体系中，可再生能源"环境友好型"的收益并没有被纳入其中,这反过来影响了社会对可再生能源产品经济性的判断,从而影响了决策制定和市场参与者的行为。

3.2 可再生能源发电的供应曲线

资源潜力普查的缺乏、迅速变化的技术创新以及薄弱产业对政策的高度依赖,使得我国当前无法准确把握全部可再生能源的开发成本。可再生能源供应曲线就是描述了"资源开发量"与"开发成本"关系的一个工具。

3.2.1 供应曲线

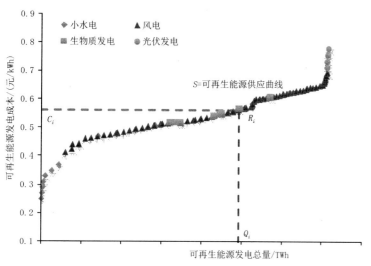

图 1 可再生能源发电供应曲线示意图

图 1 为可再生能源供应曲线的示意图,X 轴表示各类可再生能源项目按经济成本大小进行排序后的规模总量(TWh),Y 轴表示可再生能源的经济成本(元 / kWh),曲线 S 由不同可再生能源项目组成,各技术类型用不同形状进行标识。供应曲线 S 与 X 轴的交点 Q_i 表示当开发成本为 C_i 时可再生能源的开发总量。可再生能源供应曲线可提供以下几方面的信息:

(1)确定一定资源范围内的可再生能源资源开发总量;

(2)确定一定开发成本下的可再生能源资源开发总量;

(3)对不同种类的可再生能源技术进行排序,描述未来合理

的开发组合和次序。

3.2.2 火力发电社会成本

可再生能源发电供应曲线的建立反映出不同"开发成本"下的"可再生能源资源开发总量",但如何实现这些资源量的"经济开发",需要将可再生能源置于整体电力系统中进行综合分析。

目前我国的常规发电以燃煤发电技术为主,因此选取火电项目的发电成本作为可"经济开发"的比较基准。在此,煤电的成本并不是传统意义上的"经济成本",而是包括直接环境损害成本和温室气体排放环境成本在内的"燃煤发电社会成本"。以"煤电社会成本"为基准,低于这一成本的"可再生能源资源开发总量"被称为"可再生能源经济总量"。图 2 显示实线为煤电社会成本基准线,对应与 X 轴的交点 Q_i 为"可再生能源经济开发总量"。

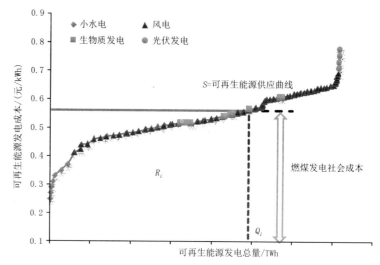

图 2 火力发电社会成本基准线示意图

煤电的社会成本由三部分构成:

(1)煤电的经济成本。

(2)煤电的直接环境成本。主要指燃煤电厂所排放的大气污染物对社会产生的环境损害成本,即污染物排放所造成的经济损失,污染物主要包括二氧化硫、氮氧化物和烟尘。

(3)煤电的温室气体排放成本。主要考虑燃煤电厂所排放二氧化碳的负面影响。

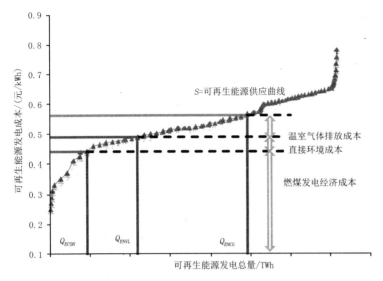

图3 可再生能源经济可开发量示意图

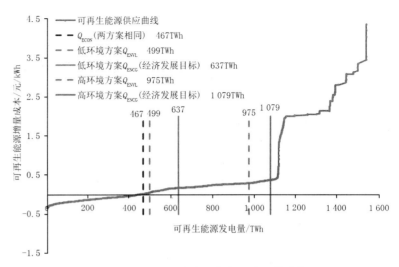

图4 全国可再生能源发电经济总量分析

后两类成本也可统称为煤电的外部环境成本。目前国际和国内的环境问题已成为研究领域的热点问题,相关研究成果较多,本文在比较优选的基础上,采用相关研究机构的既有成果开展分析。

3.2.3 可再生能源经济总量的确定

确定了燃煤发电的经济成本和外部环境成本,就能够比较可再生能源经济开发总量,图3描绘了可再生能源供应曲线中的三类可再生能源开发总量,其中:

Q_{ECON} 表示低于"燃煤发电成本"的可再生能源发电经济总量;

Q_{ENVL} 表示低于"燃煤发电成本 + 直接环境成本"的可再生能源发电经济总开发量;

Q_{ENVG} 表示低于"燃煤发电成本 + 直接环境成本 + 温室气体排放成本"的可再生能源发电总开发量,即本研究所论述的发电经济总量。

3.3 可再生能源发电经济总量的研究结论

根据不同的煤电环境损害标准,本文设计了低环境和高环境两个基础方案,这两个方案的研究结论如下:

(1)两个方案中,未来我国可再生能源发电的"经济总量"分别为6 368亿kWh和10 791亿kWh,装机容量为160 GW和314

GW,分别可替代1.97亿tce和3.34亿tce。

与之相对应,我国已颁布的中长期可再生能源发展规划及酝酿中的新兴能源产业促进目标,折算电量分别为5 329亿kWh和8 569亿kWh,装机容量合计为130 GW和269 GW,能源替代量为1.65亿tce和2.66亿tce。

(2)由于以"经济性"作为主要考虑因素,在两个基础方案中,小水电的贡献都超过了5 000亿kWh,接近了其资源极限(超过1亿kW);而在国家公布的规划中,小水电仅贡献约3 000亿kWh。在高环境方案中,生物质能发电和风力发电的能源贡献明显上升,分别达到1 564亿kWh及3 864亿kWh;不过光伏发电的贡献仅为8.3亿kWh,显示出较差的经济性。

(3)燃煤发电的环境损害随经济发展水平、人口密度等因素的增加而增加,浙江、江苏和安徽等省火力发电的单位环境外部成本最高,低环境方案下,这三个省为0.25~0.28元/kWh;将全国的环境损害成本加权平均,可得到两个环境方案中的全国平均燃煤发电(单位发电量)外部性成本分别为0.156元/kWh和0.873元/kWh;同样方式得到全国燃煤发电的平均发电成本为0.354元/kWh;因而,两个方案下燃煤发电的真实社会成本分别为0.511元/kWh和1.23元/kWh。

(4)通过对"高环境方案"结果的测算,2020年我国发展可再生能源的年环境效益为:减排二氧化硫 98 万 t,氮氧化物 70 万 t,颗粒悬浮物 47 万 t,而对二氧化碳的减排量高达 3.0 亿 t。

(5)中长期可再生能源发展规划及酝酿中的产业促进规划,都是以"装机容量 GW"为目标。如果没有按照"经济性"的原则,通过开发小水电等低成本资源去实现其电量目标(即 5 329 亿 kWh 和 8 569 亿 kWh),规划目标方案将因此分别比"经济方案"多付出 0.084 元 / kWh 和 0.132 元 / kWh 的社会成本;但这部分成本中,隐含的环境效益分别占 66% 和 38%,如果剔除了这部分效益,实际单位电量的额外成本仅为 0.029 元 / kWh 和 0.082 元 / kWh。

(6)敏感性分析显示,社会折现率的变化将会显著影响可再生能源发电经济开发的总量。煤炭成本、环境损害标准都会影响本文确定的"经济性"基准,因而也是研究的关键敏感性因素。在不同的环境标准下,可再生能源成本的降低对研究结果的敏感性程度有所差异,环境标准越低,成本下降的敏感程度越高。因而,在当前电价机制还没有考虑煤电环境外部性的情况下,对于风电和光伏发电来说,必须在继续推动技术进步、不断促进生产成本下降的同时,继续给予持续稳定的价格补贴政策,才能进一步推动这些资源的开发。

3.4 对现有可再生能源电价和配额政策的分析结论

本研究针对我国已出台的固定电价政策和未来将要设计的配额两类政策进行了分析。结论如下:

3.4.1 电价政策

(1)风电:在现有的四类风资源区域定价政策下,未来风电装机容量为 53 GW,发电量为 1 431 亿 kWh,已超过了中长期发展规划目标要求;如要实现促进目标,风电生产成本需下降 15% 以上,才能满足经济性开发的要求。

(2)生物质发电:当生物质补贴达到 0.35 元 / kWh 时,未来生物质装机容量为 25 GW,发电量为 1 559 亿 kWh,已可以实现政府目标的要求。

(3)光伏发电:由于目前还未实行光伏发电的固定电价。当固定电价为 1 元 / kWh 时,光伏发电的投资成本需下降 70% 以上才可实现促进目标装机容量 20 GW 的需求;但如果为 2 元 / kWh,

成本仅需下降 30%,即可实现促进目标。

3.4.2 配额政策

如果限定各省必须开发一定比例的可再生能源,则:

(1)如果不允许各省进行配额交易,则可再生能源的开发成本会达到 9 990 亿元;在允许交易的情况下,仅为 2 580 亿元,因此鼓励配额交易将在很大程度上降低可再生能源的开发成本。

(2)从可再生能源配额交易的资金流向来看,从东部向西部的净资金转移为 3 780 亿元,说明政策实施可体现我国东部支援西部的国家战略。

3.5 建议

(1)当前政府拟定中的国家可再生能源规划目标,已经凸显了政府将花大力气发展可再生能源的决心;应从国民经济发展和应对气候的实际需要出发,合理评价发展可再生能源的真实社会经济成本,并以此不断调整可再生能源总量目标,落实实现总量目标的措施。

(2)在当前电力价格机制还没有考虑煤电环境外部性的情况下,对于风电和光伏发电来说,必须在继续推动技术进步、不断促进生产成本下降的同时,继续给予持续稳定的价格补贴政策,才能进一步推动这些资源的开发。

(3)设定发电装机容量的总量目标(GW),与设定发电量的总量目标(TWh),对产业的促进作用及实际的能源获得效果差别较大。设定专门的发电装机容量目标,对制造业的促进作用明显,但不利于考核实际发电量;设定发电量的总量目标,有利于掌握实际的能源产出,但需要通过电价等差异性政策手段,达到促进当前经济性较差产业发展的目的。因而,建议设定总的发电量目标,同时设定各个产业市场规模的目标,从而既能引导产业的发展,也能明确未来清洁能源的供应总量。

(4)固定电价政策足以保障生物质发电目标的实现;在现有区域固定电价政策下,风电目标的实现有赖于未来风电成本的进一步降低;光伏发电目标的实现需要有一定水平的电价保障(如 2 元 / kWh)以及发电成本的大幅降低(如降低 30%)的同时作用才可能完成。因而,由于产业化进程的差异,对于未来成本存在较大不确定性的技术,宜于结合实际需要采取合适的电价政策,特别是对于处于产业成长期的光伏而言,电价政策的制定更需要有特殊考虑。

（5）可交易的配额制，是能够有效配置可再生能源市场合理布局并降低社会总开发成本的一个有效措施。为此,需要建立绿色交易证书之类的交易机制。研究表明,配额及证书交易能有效保障可再生能源总量目标以成本最低的方式实现,并实现资金向资源丰富但较为贫困地区的转移。

（6）市场配额制政策需要绿色证书体系的参与，这样在市场中存在证书及可再生能源产品两个价格,对市场的自由度要求也较高;固定电价政策可以直接确定产品的价格水平,实施的政策成本较低,对市场的自由度要求也低。因而,在市场发展初期,固定电价政策比较适合;随着市场规模的扩大,以及市场主体参与程度的不断深入,可以考虑结合配额制的实施。

2001—2020年实现GDP"翻两番"的能源战略研究

周大地　韩文科　郁聪　高世宪　刘小丽　杨宏伟　朱跃中　张有生　梁志鹏　姜鑫民

1　获奖情况

本课题获得2004年度国家发展和改革委员会优秀研究成果二等奖。

2　本课题的意义

本课题成果是在我国能源供需形势发生重大变化时对21世纪我国能源战略的重新思考,不是简单地分析测量了经济增长对能源的需求和能源供给能力问题,而是以科学发展观为指导,按照全面建设小康社会以及在21世纪中叶基本实现现代化的战略目标对能源供给可靠性、安全性、清洁性、经济性等多方面的要求,着重于在完善社会主义市场经济体制条件下如何解决能源与社会经济发展的协调机制来展开深入研究的。本课题研究具有战略研究的高度和分析的深度,提出比较完整、具有鲜明创新性的战略思路,为制定我国中长期能源战略和规划提供了很有价值的决策依据。

本课题成果提出的以下几个主要观点,尤其值得充分重视:①设立国家可持续能源需求总量的社会控制目标,选择合理的社会能源结构,正确引导社会能源终端消费行为;②在能源发展战略中赋予节能新的思想,把社会能源需求目标管理作为战略能源的重要措施,实现社会经济发展战略,行业发展规划,地区发展规划,一体化节约和提高能源利用效率战略的保障措施;③我国需要实现的能效水平,不仅要达到目前发达国家已经取得的水平,而且必须超过其能效水平,才能实现我国的现代化目标;④环境保护已经成为影响我国能源发展的重要因素,要把减少经济部门的煤炭消费量放在优先地位,并切实解决煤炭清洁燃烧问题,应当积极利用环境需求推动我国能源技术发展;⑤树立全球化的能源战略,能源结构优质化战略,基于市场的能源经济供应战略,主动积极的能源安全战略,科学兴能战略。

3　本课题简要报告

3.1　能源发展现状和面临的问题

（1）我国能源供需的重大变化引起对能源战略的重新思考

我国能源供需情况出现了重大变化。这种能源供需变化使能源发展的前景具有了更大的不确定性,增加了重新讨论我国能源发展战略的必要性。

从改革开放以来到现在,我国的能源发展可以粗略地分为三个变化阶段。反映了在经济发展过程中的不同能源需求和发展阶段。

1978—1996年,能源消费迅速增长,能源短缺严重,成了制约经济发展的"瓶颈"。国家提出了节能优先的能源方针,节能效果显著。能源工业先后重点解决增加煤炭供应和电力供应的问题。煤炭主要是通过增加乡镇煤矿产量解决增产,乡镇煤矿产量曾达到总产量的一半。电力行业提出多家办电,解决电力融资问题。石油的进口开始解决石油供应不足的问题。能源工业改革相对被动,能源价格改革是这个时期改革的主要内容。对外部投资的需求,使能源工业开始对外部有所开放。能源短缺仍然是这个时期的特征。

1997—2000年是一个过渡性调整阶段。在这个阶段中,经济增长从过热实现了"软着陆",保持了相对平缓的持续增长。从1996年起我国全面进入了买方市场,标志着市场需求的硬约束开始决定供应方的增长。而有统计的能源消费"奇迹"般地下降，引发了能源供应能力是否出现"过剩"的争论，以致能源建设步伐有所放慢。

2000 年至今是第三个阶段，这个阶段到什么时候为止还不清楚。当人们仍在探讨能源"供应相对过剩"的原因时，国内能源局势发生了转折性的变化：虽然经济仍然保持平稳增长，但能源消费增长却强劲反弹，能源供需再次紧张。能源发展同时面临数量和质量的双重挑战，能源安全问题引起广泛关注。

能源重现紧张来势之快、之猛，又一次出乎各方意外。目前还难以预料，这次能源需求的迅猛增长，是作为对前几年能源消费下降的一种补偿性波动，只是一个短期的高峰，还是我国经过 20 多年的改革和经济结构调整，现在进入了一个能源超前发展的时期，即今后能源的增长将基本与经济增长同步，甚至快于经济增长的速度？后者是许多经济起飞的发展中国家都共同经历过的。

能源的再次紧张，使我们对实现全面小康究竟需求多少能源的认识具有了更大的不确定性。如何为这种很可能持续高扬的能源需求提供充足、有保障、清洁和经济有效的能源供应，也成为新的挑战。

能源再次出现大面积的短缺，深刻地说明了我国能源发展和社会经济发展之间的自我协调机制还远远没有建立起来。在市场经济的条件下，特别是在发达国家，也有个别短暂电力紧张的情况出现，例如前几年美国加州出现的电力紧张，但作为一种长期的趋势，经济发展和能源之间的平衡得到了较好的协调。和其他主要商品一样，尽管对能源供应的安全问题各国都很关注，但在实际经济生活过程中，并没有出现周期性的较长时期的能源短缺。我们在完善社会主义市场经济过程中，必须要解决能源和社会经济发展的协调机制问题，而不能像 20 世纪八九十年代一样，仅仅在供应能力方面进行努力。

（2）实现全面小康目标的能源发展任务和挑战

实现全面小康的能源发展有以下十大任务和挑战：

1）保障能源供应，为国民经济翻两番、全面建设小康社会提供充足的能源；

2）优化能源结构；

3）深化体制改革，构建符合国情的能源市场体系；

4）建立世界级清洁、安全、高效的能源供应体系；

5）建立确保能源效率持续提高的激励机制和管理体系，实现一番保两番；

6）保持能源发展的长期可持续性；

7）基本解决能源活动产生的国内环境问题，显著降低单位 GDP 的温室气体排放强度；

8）建立能源技术发展促进机制，使能源科学技术的发展成为增加能源供应和提高能效的有力保障；

9）建立可靠的能源安全保障体系，不断提高安全保障程度；

10）解决农村能源发展问题。

（3）2020 年能源战略需要回答的问题

为了达到在 2020 年实现全面建设小康社会的发展目标，我国 2020 年的能源战略需要考虑和回答以下重大问题：

1）实现全面小康社会的能源需求将会是什么？2020 年我国究竟需要多少能源？需要什么样的能源？

2）2020 年实现全面小康社会的能源需求和 2050 年我国基本实现现代化长远目标时的能源需求的关系如何？

3）如何从全面协调和可持续发展观看待能源需求？可持续发展的能源需求是什么样的？又如何能达到？

4）在经济全球化的趋势中，我国的能源发展和世界能源发展的关系是什么？我国将来的能源发展和世界能源发展总趋势是否趋同？还是继续差别明显？原因何在？

5）除了经济增长以外，环境和其他可持续发展因素对能源生产和消费的影响是什么？将如何影响我国的能源结构、效率和使用途径？

6）我国能源供应的最经济有效、最安全、最清洁的途径是什么？

7）我国 2020 年前后能源合理结构的目标模式如何确定？

8）如何解决和确保我国能源的资源和安全保障问题？如何协调能源需求变化、环境保护、资源和安全保障以及能源供应的经济有效性的关系？

9）我国能源产业发展的目标和关键制约因素是什么？引导和推动能源产业健康发展的基本政策取向如何确定？

10）如何认识能源技术发展和创新在能源战略中的重要意义

和地位？我国应该在哪些关键能源技术领域建立起领先地位？

3.2 能源发展的国际能源环境

经济全球化对我国的经济发展有着深远的影响。世界能源发展的趋势，说明在世界范围内，在市场对资源配置的作用下，能源资源和能源技术按经济规律发展的方向。各国都有自己的特殊国情，在能源战略和政策的取向上也有所差别，但各国在能源结构和基本能源技术发展方向上却是相同的。

（1）世界能源发展趋势

1）世界能源需求和供应将持续上升，2030 年世界商品能源需求将从 2000 年的 91 亿 toe，增加到 153 亿 toe 以上，2050 年将可能增加到 213 亿 toe 以上；

2）未来 50 年，化石燃料仍然占据重要位置，2020 年保持在 90% 左右，2050 年仍将占 60% ~ 70% 以上，在化石能源中，石油天然气仍然起主导作用；

3）天然气的份额明显扩大，从 2000 年的 22.7% 上升到 2020 年的 25% ~ 30%，2050 年为 26% ~ 35%；

4）油在一次能源中的比例逐渐下降，大多数情景表明其所占比例逐渐下降，石油从 2000 年的 39% 下降到 2020 年的 33% ~ 38%，2050 年下降到 15% ~ 22%；主要原因是在一些领域天然气替代石油，特别是发电部门。交通是石油的主要使用部门，在发展中国家将有明显增长。但最近几年，先进低能耗交通车辆的研究快于预期，技术进步会对未来交通对石油制品的需求产生重要影响；

5）煤炭的消费仍主要用于发电，在一次能源结构中的比例可能有所下降；

6）可再生能源在 2030 年之后开始逐渐进入大规模应用，2050 年可以达到 20% 以上；一些研究认为，在考虑应用技术快速发展的情况下，其比例可能上升；

7）发展中国家未来能源需求可能增长迅速，特别是在亚洲地区。发展中国家在全球一次能源消费中的比例有可能由 2000 年的 30% 上升到 2030 年的 40% 左右，2050 年的 50% ~ 60%；

8）全球能源贸易将有明显增长；

9）一些重大技术发展将对未来能源发展模式产生显著影响，

不同的技术发展情景将导致长期能源发展的显著差别；

10）目前全球各种化石燃料的探明储量相对较为丰富。IEA 的一个基本结论是在 2030 年之前，全球化石燃料资源完全可以满足需求；从长期来看，2050 年左右如果没有新的石油探明资源，则需要非常规石油资源，或者其他替代燃料。

（2）各国能源战略和政策对世界能源发展趋势的影响

环境因素在世界各国的能源政策中起了重大的作用。当前世界各国对于全球气候变化问题的关注，将对世界能源路线产生长期的重大影响。欧盟国家加快了节能和开发可再生能源的步伐，天然气的利用也加快了速度，煤炭的使用受到了进一步的限制。美国则开始启动新的能源技术发展计划，提出要开发以碳封存和氢经济为代表的下一代能源技术，但目前没有采取新的实质性政策措施。

能源安全是各国能源战略的重点之一。各国能源安全问题的范围开始强调国内电力、天然气等公用系统确保供应的安全问题，但国际石油供应安全问题仍是能源安全问题的重点。进一步推动能源和能源进口的多元化、多样化，鼓励节能，通过完善市场促进能源投资以扩大能源资源的开发和供应能力，考虑为全球性的供需平衡做好准备，以及继续完善和加强现有的国际能源安全机制等，是各国在能源安全方面的主要战略取向。

各国在能源技术开发、能源需求管理和节能、能源投资和市场管理等方面的政策基本上是围绕着如何在全球和本国新的环境保护要求下，在经济可支付条件下，做到能源供需平衡，进行必要的调整。

目前各国的能源战略和政策取向，仍然基于能源资源和技术在市场条件下的发展。在可以预见的将来，除了全球气候变化问题以外，没有什么根本性的因素能够对这种发展趋势产生重大影响。全球气候变化因素将推动能源结构进一步向低碳方向转变，但进程较长。各方对今后在可预见的时期内化石燃料，特别是石油、天然气将继续作为主导能源这一点，并没有大的分歧。进一步的能源多元化是远期能源发展的主要方向。

3.3 强调节能的高能效战略

将节能作为可持续能源发展战略的核心，强化节能在产业政策中的地位和作用,引导适应可持续发展要求的社会发展目标和生活方式,实施社会能源需求目标管理。

(1) 保证国民经济翻两番的能源需求存在极大的不确定性,如果不予以合理的引导和控制,2020 年能源需求有可能达到 36 亿 tce,甚至更高

国内外研究机构预测大多认为我国 2020 年的能源需求总量在 22 亿~32 亿 tce,但也有分析认为可能高于这个范围。例如,若 20 年后我国城市居民总体水平达到目前上海或北京水平,农村地区用能水平得到改善,届时我国的能源需求量就会超过 40 亿 tce。能源所最新的能源需求情景分析表明,如果按照目前的重化工业发展趋势、城镇化发展趋势和开始消费高级化的趋势,到 2020 年我国的能源需求有可能超过 36 亿 tce,能源消费弹性系数达 0.67,实现能源翻一番保证国民经济翻两番的目标将面临挑战。

(2) 2020 年的能源需求战略需要为更长期的能源发展战略目标奠定基础

从长远发展战略看,2020 年全面实现小康只是"分三步走实现现代化"发展战略的中间阶段,我们的发展目标是要到 2050 年达到届时中等发达国家水平,即有望在 2020 年基础上 GDP 再翻两番,人均 GDP 达到 12 000 美元。如果到 2020 年,我国煤炭消费量就要超过 30 亿 t,石油消费 70%靠进口,天然气消费是目前的 5 倍,水电资源已接近开发极限,那么 2020 年以后的经济和能源的增长将难以为继。

即便在后 30 年,我国能源消费弹性系数还能保持 0.5 的水平,2050 年的能源需求总量也将超过 70 亿 tce,大约相当于美国目前水平的 2.2 倍。如果保持 2020 年的能源结构,煤炭需求量将高达 60 亿 t 以上;石油年消费量将突破 10 亿 t。显然,从能源资源、环境保护的角度,这么高的能源需求量很难与社会、经济之间保持协调发展。对于 2020 年的能源发展战略,我们不仅要考虑 2020 年以前我国能用多少能源,更要考虑 2020 年以后的能源问题。要使 2050 年的能源供需建立在清洁、高效的能源供应体系上,就必须在前 20 年实现能源需求与社会、经济、资源、环境的协调发展,减缓 2030 年以后能源供需平衡的压力。

(3) 走可持续发展道路可以明显降低未来的能源需求

如果控制好人口增长,逐渐提高城镇化比例;加快第三产业的发展,降低第二产业比重;限制高耗能行业不合理的规模扩张,走新型工业化道路,促进企业的规模化经营;优化能源消费结构,显著提高电源结构中水电、天然气、核电、风电等清洁能源的比重;通过技术进步,降低高耗能产品单耗,提高能源加工转换效率;引导合理、节能型的生活方式和社会发展目标,有可能实现 28 亿 tce,甚至更低的能源需求支持经济翻两番。能源消费弹性系数有可能达到 0.5 以下,实现国民经济翻两番、能源翻一番的目标。

(4) 以人为本、全面协调发展的新发展观,要求设立社会能源需求控制目标

作为世界上人口最多的发展中国家,我国不可能照搬发达国家的消费模式和发展道路,也根本没有现成的经验可循。无论从国内资源条件、环境保护要求,还是从以人为本,全面、协调发展的新发展观来看,都要求我们探索适合可持续发展的能源消费模式。在市场经济条件下,终端消费的发展方向决定了经济结构的调整方向,选择何种社会发展目标和生活消费模式,将极大地影响能源需求。因此,必须对我国今后的能源需求进行合理引导和管理,设立国家可持续能源需求总量的社会控制目标,建立国家可持续能源需求的预警指标体系,选择合理的社会经济结构,正确引导社会能源终端消费行为。

(5) 设定可持续发展的社会能源需求控制目标,必须有强有力的战略、政策和措施给予保证

到 2020 年我国能源需求有可能控制在 28 亿 tce 左右。把能源需求控制在 24 亿 tce 也有技术可能性。从我国与发达国家在能效水平和节能技术上存在的差距看,降低未来能源需求总量具有巨大的潜力。我国目前的能源效率只有 33%左右的水平,约比发达国家低 8%~10%;我国主要高耗能产品的单耗平均仍比国外高出 30%以上;工业锅炉平均运行效率与国际先进水平相差 30%左右;建筑物能耗是同纬度国家的 3~4 倍。在发电技术、余能利用技术、先进高效节能设备、重点工艺过程节能技术等方面我国与国外先进水平还存在相当差距。因此,设定可持续发展的

社会能源需求目标是可以通过挖掘节能潜力实现的,但要实现这一目标不是维持目前现状或延续目前趋势就可以的,必须在政策导向和配套措施上付出远高于以往的努力,创造和满足实现能源消费弹性0.5左右必须具备的所有条件。

（6）建议将2020年的社会能源需求控制目标设定在28亿tce左右,力争能源消费弹性系数达到0.5

从近年经济发展的态势和能源需求增长势头看,实现20年能源消费弹性系数平均0.4以下很可能难以实现。为保证2020年实现全面建设小康社会、国民生产总值在2000年基础上翻两番的目标,真正实施走新型工业化道路的可持续发展战略,减轻能源供应压力和由于能源使用造成的环境压力,我们应力争将2020年的社会能源需求目标设定在28亿~29亿tce,即未来20年的能源消费弹性系数约为0.5。

（7）必须将设定社会能源需求控制目标作为强化节能战略的重要组成部分,在能源发展战略中赋予节能新的思想

社会可持续能源需求目标管理是一个新概念,既包括原有的以技术节能为主的传统节能做法,也加入了引导社会能源需求、倡导高效生活模式的新思路。而后者的实施难度较前者大得多。因此,要充分认识到节能工作不能采取修修补补的做法,不能放任节能效果的大小,而是要令节约能源、提高能源利用效率成为经济建设和社会发展的重要环节。同时,还必须适时评价社会能源需求目标的实现情况。只有把社会能源需求目标管理作为节能优先的重要措施,将目标落实到社会经济发展战略、产业发展规划、地区发展规划中,才能保证能源翻一番、国民经济翻两番目标的实现。

（8）实施强化节能和提高能源利用效率战略的保障措施

1）加强节能管理体制的建设

健全和加强各级政府节能管理机构及职能,建立政府节能管理机构与相关政府部门之间的工作协调机制,提高节能管理工作的力度。加强能源管理、能源服务、能源监测的能力建设,完善技术服务体系和能源监测体系,充分发挥政府监督检测机构、民间监督团体、市场监督等多种监督方式的作用,鼓励建立基于合理竞争机制的企业间相互促进的监督机制。实施重点用能企业能效水平评价和公报制度,推动企业提高能源利用水平。完善能源统计体系,提高政策分析和决策能力。积极探索在公共财政框架内持续支持节能能力建设的扶持政策,增强全社会的节能能力。

2）强化节能在产业政策中的作用

在产业发展政策中强化节能概念,将能源效率指标作为产业发展政策的重要量化指标,落实到产业发展战略、规划和工程设计、验收指标体系中。在未来产业发展过程中,保证包括引进项目在内的新建项目的能源效率指标达到国际先进水平,提升引进技术的门槛,杜绝末流低效技术的购买,倡导一流、高效技术的引进。

3）引导节能型生活方式和可持续的社会发展目标

中国必须探索一条完全有别于工业化国家发展的道路,鼓励节约型的生活方式,倡导可持续的社会发展目标。生活方式的引导要比建立节能型生产方式困难得多,必须克服现有节能机制的限制、高效基础设施缺乏的限制、节能法律和法规不完善的限制、节能投入不足的限制,特别是公众接受节约型消费意识存在的极大障碍。开展大规模的宣传、教育、培训,引入先进的、环保的、可持续发展的社会发展理念和生活理念,明确建立在新发展观基础上的社会发展方向,鼓励社会合理的消费选择。

4）充分利用价格、税收、利率等市场杠杆和信号推动全社会节能

制定向节能倾斜的价格、财政、税收、信贷政策,引导和激励企业和社会的节能行为。研究能源消费税的可行性,适时率先实施燃油税方案。制定节能产品鼓励目录,对生产和使用目录的产品和企业实行减免税政策。对采用先进、高效的节能设备,实行特别加速折旧政策。提高对节能投资项目的税收优惠水平,给予节能新产品生产企业税收优惠。国家政策性银行为节能项目提供贴息贷款,引导商业银行向节能领域的投资行为。建立节能发展专项资金（或基金）,支持节能技术的研发和推广,节能工程的示范及相关的能力建设。

5）加强节能技术的开发

我国需要实现的能效水平,不仅要达到目前发达国家已经取得的水平,而且以后必须超过其他国家的能效水平,才能实现我国的现代化目标。各种节能和高能效的社会目标的实现,在很大程度上取决于是否有足够的可用的技术。节能技术的开发量大面

广,用户分散,需要政策支持。应在国家科技发展资金中给予投入(如"863"计划等)。

3.4 环境保护正在成为影响我国能源发展的重要因素

党中央提出全面建设小康社会的发展目标,在 2020 年要努力实现经济翻两番,使可持续发展能力不断增强,生态环境得到改善,资源利用效率显著提高,促进人与自然的和谐,推动整个社会走上生产发展、生活富裕、生态良好的文明发展道路。未来 20 年我国必将迎来一个环保高潮时期,这也将是我国努力实现经济发展与人口、资源、环境相协调的一个关键时期。

全面建设小康社会要求的大气环境分期目标是:2005 年,全国二氧化硫、烟尘等主要污染物排放量比 2000 年减少 10%,酸雨控制区和二氧化硫控制区二氧化硫排放量比 2000 年减少 20%,50%地级以上城市空气质量达到国家二级标准,矿山生态恢复治理率达到 25%以上。到 2010 年,基本改变生态环境恶化的状况,城乡环境质量有比较明显的改善,二氧化硫等主要污染物排放总量比 2005 年下降 10%。到 2020 年,全国二氧化硫排放量要控制在 1 200 万 t 以内,基本解决二氧化硫污染问题,酸雨问题得到有效控制,"两控区"环境质量显著改善,城市空气质量经过逐年稳步改善之后全年达到二级水平。

在全球环境保护方面,目前我国人均碳排放量是世界平均水平的 2/3,要继续在电力、工业、交通和民用等部门积极寻求"双赢"机会,主动采用和实施一些有利于控制温室气体排放的清洁能源技术和政策措施,到 2020 年,使我国人均二氧化碳排放量维持在届时的世界平均水平,减轻我国承担温室气体限排义务的压力,使我国能源和社会经济的发展能够为全球环境保护有所贡献。

未来 20 年我国能源环境面临的主要挑战是化石燃料的大量燃烧造成的城市大气污染和温室气体排放量的增长。此外,能源生产过程中的环境问题也将日益突出,成为制约我国能源工业可持续发展的重要因素。

二氧化硫和氮氧化物的排放是我国能源活动产生的主要大气污染问题,解决二氧化硫污染问题的关键是控制燃煤产生的二氧化硫,解决氮氧化物污染问题的关键是控制迅速增长的城市机动车产生的尾气污染和火电厂的氮氧化物排放。能源活动是我国最主要的温室气体排放源,在全国总量中约占 80%。煤炭的生产和利用中的环境问题是我国能源环境问题的焦点。我国人口密度大,城市集中,城市规模大,数量众多,绝大多数城市都不同程度地存在环境问题,要实现城市环境质量的根本好转还需要持续不懈地付出巨大努力,此外,由于城市化带来的环境压力也不容忽视。我国的工业化和城市化进程对环境保护提出了更高的要求。

通过对煤炭各种用途以及这些用途能使用的排放控制技术及其效果进行分析,结论是如果不能降低煤炭在能源消费结构中的比重,上述环境保护目标可能难以实现。

环境目标的约束要求我国的能源消费在体现引导合理需求的同时,要努力使能源结构优质化,尤其要尽一切可能降低煤炭的比重,使不同品种能源在部门之间得到合理的配置。要把减少终端部门的煤炭消费量放在优先地位,并切实解决煤炭清洁燃烧的问题。环境目标要求到 2010 年,力争把能源消费总量控制在 21 亿~22 亿 tce,其中煤炭消费量不超过 19 亿 t(实物量),煤炭用于终端部门的比重不超过 1/3。到 2020 年,力争把能源消费总量控制在 28 亿~29 亿 tce,煤炭消费量不超过 23 亿 t(实物量),其中用于终端部门的比重不超过 20%。

从能源安全和能源的经济性来看,环境因素的重要性将与日俱增。另一方面,从为我国经济发展争取尽可能大的环境空间考虑,我们也应该坚持可持续发展观,积极寻求"双赢"和"无悔"机会,使能源结构中较清洁和较低碳排放能源的比重逐渐提高,努力实现"一番保两番",不断降低我国单位 GDP 的碳排放强度。为了满足环境保护对我国能源发展提出的要求,我们必须抓住主要矛盾来寻求解决问题的对策。

由于降低我国终端煤炭消费量比重需要一个较长的努力过程,2020 年前通过能源结构优质化和提高加工转换部门的脱硫率还不能完全解决煤炭燃烧的二氧化硫污染问题,必须采取减少终端部门燃煤的二氧化硫排放的措施。

尽管未来 20 年我国能源结构优质化、煤炭比重下降,但由于我国能源消费总量的持续增长,煤炭消费的绝对数量仍将维持持续增长趋势。煤炭的清洁利用,是解决我国二氧化硫和酸雨问题的关键;因此要提高煤炭的集中转换率,使煤炭主要用于发电和大型燃煤装置。火力发电厂要做到全面脱硫,从现在起,所有的煤电都应该安装和使用高效脱硫装置。以后要尽快应用脱硝技术。

除了电厂和少数大型工业锅炉可以实现高水平脱硫以外，用于终端部门的大量中小锅炉和窑炉，烟气脱硫在技术上和经济性上都存在较大困难。除钢铁等少数部门外，其他终端部门的能源应向非煤炭化方向发展，清洁能源应优先在终端部门使用。工业锅炉要逐渐完全采用循环流化床和加压循环流化床锅炉等洁净煤技术，可以首先在大城市和东部、沿海的经济较发达地区进行。在技术需求和保障方面，应当十分重视高效洁净煤技术的开发、引进和推广利用，尤其应在成熟技术的商业化推广应用方面加大投入力度，确保高效洁净煤技术能够得到优先发展，尽早解决如何用好煤炭的问题。

环境制约是我国开发和利用煤炭的最大的限制条件。煤炭能否发挥更大的作用，取决于我们能否解决煤炭生产过程和消费过程中的各种社会和环境问题。要把环境问题作为煤炭发展的中心问题，切实解决好。

此外，应当积极利用环境需求推动我国能源技术的发展。发达国家从五六十年代以来，经过二三十年的努力，基本解决了国内环境问题，同时带动了环境友好技术的开发和应用。《联合国气候变化框架公约》诞生以来，由于能源既是经济发展的动力，同时又是温室气体的最主要排放源，环境保护需求对能源技术发展表现出了比以往更大的推动力，在很多国家，并不是由于能源短缺，而是由于气候变化的原因来发展风电和其他可再生能源。在应对气候变化挑战所引发的社会、经济和政治利益驱动下，世界主要发达国家的能源环境技术的开发与应用发生了不同程度的倾斜，从中长期来看，气候变化问题有可能成为促成能源技术取得突破性进展的一个契机。我们要重视利用国内环境保护和全球环境保护产生的环境需求来推动一些重大能源技术的开发和应用，改善我国商品能源质量，提高能源转换和终端利用部门的能源效率，推动我国的能效标准和机动车尾气排放等环境标准逐渐向国际水平看齐，使我国的电力、工业、交通、民用等部门的能源活动在受到环境因素约束的同时，也能在环境因素的推动下提高系统运行效率。

总结以上论述，我国的能源环境战略可以简要概括为"四化"，即能源结构优质化，煤炭生产利用清洁化，环境外部性内部化，能源环境技术现代化。"能源结构优质化"指尽可能降低煤炭比重，减轻能源的环境负担；城市交通燃料也要进一步提高质量做到清洁化；东部和城市地区要尽快推进能源优质化。"煤炭生产利用清洁化"指在煤炭的生产过程中要充分考虑环境影响和治理；在使用过程中要坚决采用清洁煤技术和污染排放控制技术。"环境外部性内部化"指能源开发和利用过程中的环境和社会成本能够在能源价格中得到比较充分的体现，实现外部成本的内部化，利用市场法则形成良性机制。"能源环境技术现代化"指依靠具备商业化条件的高效、清洁的能源技术和环保技术，多渠道加大投入力度，尽早、尽快推广利用这些技术，实现对能源环境问题的标本兼治。

3.5 为社会经济发展提供充足、清洁、经济的能源

2020年我国能源需求巨大，总量将达28亿tce，如果全社会的能源消费控制目标不能有效实现，也可能需要36.2亿tce，甚至更多。届时的能源消费总量可能将居世界第一位。而届时国内原油产量只能达到2.0亿t，原油进口量将达到2.0亿～4.8亿t；国内天然气产量最多能达到1 300亿～1 500亿m³，天然气进口量将达到约600亿m³；煤炭需求要达到23亿～31.8亿t，全部依靠国内生产有很多困难。除了常规化石能源外，还需要尽可能地开发利用水电、核电和各种可再生能源。

由于我国的经济发展可能出现加速增长，一些时期的增长速度将很可能明显高于7.2%的期望平均速度。因此，我国能源供应还应该有足够的灵活性和快速扩大能力的潜力，当出现经济超速发展、能源需求增长高于预期的情况时，能够迅速应对。

全面实现小康社会，必然要加快推进能源消费优质化，特别是终端能源消费优质化的进程，要求提供更方便、更清洁的能源；经济结构向高技术化、信息化的转变和升级对能源品质的要求越来越高。

随着我国社会主义市场经济体系的建立和完善，市场在未来的能源资源配置方面将发挥越来越显著的基础性作用。能源供应应该符合科学发展观，不仅要追求发展速度，而且更要注重发展质量；能源系统提供的品种不仅从技术上是可获得的，而且在经

济上也是合理的。

我国能源在 2020 年以后仍要持续增长,2050 年能源需求很可能将比 2020 年再翻一番。所以能源供应战略必须考虑到今后继续大幅度增长的可能性,并做好相应的资源和技术准备。

因此,我国能源供应必须走能源多元化的道路,充分利用各种可能利用的能源资源,才可能使我国的能源供应得到保障。由于我国的能源需求总量十分巨大,单靠任何一种能源资源都不可能解决问题,必须多元并举。现在特别要防止对煤炭供应扩大能力盲目乐观的倾向,不要片面认为我国可以基本依靠煤炭解决一次能源供应总量增加的问题,更不要期望利用煤炭解决液体和气体燃料的问题。我国煤炭生产必须解决相应的水资源保护、土地塌陷,矿区生态等环境问题,还必须解决安全生产问题,否则生产难以为继,更不用说大量增产。煤炭的利用要解决相应的二氧化硫、氮氧化物排放等环境问题,否则将遭到环境容量的硬制约。对石油和天然气需要增加的供应能力,我们宁可估计大些,多多益善。除了在煤炭、石油、天然气等方面要全面增加供应能力以外,要充分重视水电、核电、风电以及其他多种可再生能源在今后能够发挥的必不可少的重要作用。其中核电在 2020 年前后将逐步替代煤炭,成为主要的新增发电能源。其他可再生能源也将逐步发挥有效作用。

要做到如此大量地、全面地增加和保障能源供应,我国的能源供应战略应在以下四个方面树立新的战略思路:

(1)全球化的能源资源战略

资源全球化,是我们这样一个人口大国实现现代化解决能源资源问题的必然选择;也是根据国际分工和比较经济学优化我国经济和能源结构的必然选择;还是赶超世界能源技术进步、增加总体经济竞争力的必然选择;也可以说,只有实现能源资源全球化,才能使我国的能源供应得到最可靠的保障。我们必须跳出囿于本国资源的思路,从世界能源资源发展的总趋势出发,进行资源战略选择,解决能源供应问题。从总体看,我国能源资源贫乏,国内能源资源,特别是天然气、石油资源难以满足迅速增长的社会需求,进口石油、天然气、铀资源,甚至煤炭是由我国资源数量和质量所决定。不仅从 2020 年的能源需求来看,还是考虑以后的能源增长,都需要从全球的能源资源供应能力出发,从全球能源资源的经济性比较出发,才能解决问题。

(2)能源优质化战略

优化能源结构以适应能源需求的变化、服务质量的提高和环境保护的要求。能源结构的优化过程应该顺应市场和环保要求,从能源发展战略上要充分认识到,由于终端能源服务水平的提高和城市化的进程加速,能源优质化将是我国今后能源需求变化的主要趋势,能源供应要为此做好准备。充分利用两种资源,两个市场,多能并举。优化的步骤应该是先终端,后一次能源;先沿海,后全国。先从终端能源优化做起,使煤炭逐步从民用、城市中小锅炉退出。沿海地区要把能源优质化作为能源发展的重点。

(3)基于市场的能源经济供应战略

以比较经济为基本原则,根据世界和国内能源资源的可获得性,合理配置能源资源,尽可能以最低的成本提供优质的能源品种和服务。我国能源生产过程中劳动力成本低已经不足以抵消资源环境社会等条件的成本上升,能源供应将进入一个高价格时期。国内不同能源价格与世界能源价格比较的优势逐步丧失,煤炭外部成本内部化后与油气相比的价格优势也将明显缩小。靠低价能源,特别是低价煤炭支撑能源供应的阶段将不复再来。对能源价格的上升趋势要有充分准备,在价格形成机制方面要适应市场变化的要求。另一方面,要进一步引进竞争机制,通过打破垄断,提高能源工业的经营水平,提高效益。通过管理升级和技术进步,努力降低成本,使能源价格的上升保持在合理的范围之内。

(4)主动积极的能源安全战略

采取积极主动的措施,建立既符合我国国情,又适应世界发展趋势的综合能源安全保障机制,保障能源供应的安全、可靠。从未来我国能源供需平衡结果看,能源大量进口是必然的,能源对外依存度将持续提高,这是我国国力增强的体现。能源进口国都面临安全问题,关键在于积极去解决,而不能因噎废食,因担心安全问题阻碍我国的能源系统融入国际能源大系统的进程,闭关锁国反而更不安全。进口能源存在的风险,通过采取积极有效的措施完全可以规避,或者说可以把风险可能带来的损失降到最低限度。对能源进口带来的风险的规避措施,不能以长期使我国能源合理供应和优质化进展缓慢为代价。

我国的能源安全问题,并不限于进口石油。实际上目前电力短缺已成为最大的能源不安全因素，对国民经济的制约最大，社会的负面影响最大。同时，煤炭供应的短缺已经成为重要的能源供应安全问题，今后煤炭供应安全将日渐突出。事实说明，用一个相对窄小的内部市场去确保能源安全，并不能提供真正安全的能源供应。而面对一个广大的世界能源供应市场，尽管需要进行许多安全努力，但却是保障我国能源不断增长的供应需求的最有效、最经济的途径。

能源供应战略的四个方面虽各有侧重，但密切相关，不可分割。全球化资源战略是物质基础，优质化战略是调整方向，经济供应战略是基本机制，安全战略是重要前提。

3.6 科技兴能战略

科学技术的发展是解决我国能源问题的基础。应该充分重视科技发展在推动节能、优化能源结构、实现环境目标上的作用，为我国实现能源现代化创造科学技术条件。

在国家能源战略中纳入能源科技发展战略，是"科技是第一生产力"的重要表现，符合能源发展受技术进步驱动这一客观规律，也是国家能源管理者面临的新课题。提高能源科技水平是增强我国综合国力的重要表现之一，是与能源管理、能源进口等并列的解决能源问题、提高能源质量的有力工具之一。

（1）技术进步是能源发展的支撑因素，是实现可持续发展的重要手段

技术进步在大幅度降低能源需求总量、增加能源资源的多元化和可利用资源量、减少能源生产消费造成的污染、提高能源的可供性和能源安全、开发利用后续能源等诸多方面发挥推动作用。在能源环境问题逐渐成为世界能源焦点之一的今天，通过技术进步解决能源环境问题已成为全世界的共识。各国对新一代能源技术（如新一代洁净煤技术、先进核电技术、二氧化碳埋存技术等）的研发予以高度重视，以期实现向"低碳经济"的转化。

（2）我国节能优先战略、多元化供应战略、达到环境目标要靠"科技兴能"战略推动

我国节能优先的战略中含有大量先进节能技术的推广和研发内容，若持续我国低技术含量发展的状况，大量采用能耗比国外高30%以上的生产过程，不提高建筑的节能水平，仍大量生产

每百公里油耗高20%以上的汽车，显著降低能源需求的能效目标恐难以实现，必须加大节能技术的开发力度。面对多元化的能源战略，化石能源的高效清洁开发利用、核电的大发展、可再生能源的规模化利用对我国掌握技术和设备国产化制造能力均提出了更高要求，如果不加紧研发，恐难保证未来充足、安全、优质、经济的能源供应。环境战略已要求我国首先解决煤炭带来的污染问题，其次降低温室气体排放，对能源技术提出了更高要求，更加凸显研发洁净煤技术、污染物控制技术研发的紧迫性。

（3）中国亟待先进技术填补新增市场，为能源大发展提供保障

目前，我国能源工业整体规模已居世界前列，但除少数例外，重大能源技术都仍然依靠引进，缺乏自主创新能力。我国将要建设世界最大的电力系统，但重要的电力技术如大型燃气轮机技术、快中子增殖堆等多项关键技术都尚未掌握，距离发达国家有一二十年的差距，大容量超超临界发电机组、先进压水堆等诸多技术也在引进过程之中。我国是世界最大的煤炭消费国，但洁净煤技术却要靠外国创新引领。只有实现先进设备的国产化设计、制造，才能推动能源工业实现由"量"向"质"的飞跃。从更长远角度看，要想实现2020年后我国向能源多元化时代的转变，一方面要不断开发化石能源的高效清洁利用技术，另一方面可走"法国之路"，高速发展核电、风电等大规模替代能源。能源科技研发要为2020年后的战略性发展做好技术准备。

（4）我国应将先进节能技术、洁净煤技术、先进电力技术和核电风电等替代能源技术作为研发重点

作为发展中国家，我国难以在一二十年内取得能源技术的全面领先，但必须在事关重大的能源领域有选择地突破。应将先进节能技术、洁净煤技术、先进电力技术，以及核能等替代能源技术作为研发的重中之重，力争在2020年前使其应用达到世界水平，其中部分技术达到国际先进水平并拥有世界一流的技术创新能力。

（5）实施科技兴能战略的建议

1）加大对能源科技的投入。能源科技的投入包括科技研发（R&D）投入、技术引进投入、国际合作投入等。仅靠科技部的国家"863计划"、"973计划"等研发计划给予投入是远远不够的，发展

改革委有必要对能源科技给予相关投入。

2）高新技术应包括能源技术。高新技术并不能仅限于信息、纳米、电子、材料等领域，能源科技中含金量很高，特别是某些技术集多种高新技术之大成（如燃料电池技术、激光核聚变技术等）。作为具有重大战略意义的技术，能源技术应纳入高新技术

的范畴。

3）节能技术应有专门的领域。在能源科技中，节能技术具有与洁净煤技术、核电技术等同样的战略地位，应被视为具有高度重要性的战略技术研发领域。国家重大科研计划中应开辟节能技术的专门领域。

我国可持续的能源科技发展战略研究

刘福垣　韩文科　张阿玲　白泉　张有生　周胜　滕飞　赵勇　于慧利　祁玉清　刘一飞　罗蓉

1　获奖情况

本课题获得 2006 年度国家发展和改革委员会宏观经济研究院优秀研究成果二等奖、国家发展和改革委员会优秀研究成果三等奖。

2　本课题的意义和作用

2.1　内容提要

当前,人类社会正在经历一场全球性的科学技术革命,这给各国带来了难得的发展机遇,也带来了严峻的挑战。

科技创新是全面建设小康社会中的重要一环。能源科技进步对推动建设节约型社会、实现能源多元化和优质化、消除环境污染、提高能源安全、提高企业效益和核心竞争力具有重要的意义。

世界能源科技发展历史表明,能源科技属于高投入、研发周期长的高新技术,一旦成功,对人类社会进步的贡献则是巨大的。未来 20 年中, 世界能源科技发展将以应对气候变化和实现向低碳经济过渡为主线。

课题组在对国内外煤炭技术、油气技术、电力技术、核能技术、可再生能源和新能源技术、污染控制和再资源化技术、终端用能技术的发展现状和未来趋势进行充分调研的基础上,提出我国未来 20 年能源科技的发展总体目标为:力争在 2020 年使我国的能源科技的整体水平达到 2000 年的国际先进水平, 在少数具有高度战略性、全局性、前瞻性的重点科学技术上实现突破。在以煤炭的高效洁净发电技术、先进核能系统等重要能源科技的科研水平和本地化能力上有较大突破,达到届时世界先进水平。

从全面推动科技进步的角度出发,课题组针对技术成熟程度和社会影响力各异的四类能源技术,提出了侧重点各有不同的发展战略。从科技研发重点的角度出发,课题组遴选出了"煤炭高效清洁发电系统"等十项重点技术和一项重要战略储备技术,并明确了每一项重点技术的发展目标、发展步骤、研究重点和建议示范项目。

最后,结合我国能源科技在新时期面临的新挑战,提出了强化资金支持、建立科学的决策程序、组建国家能源科技研发基地等政策建议。

2.2　理论方法技术的创新点及与国内外处于领先地位的同类项目的对比

（1）视角新颖

以往的能源研究,往往按照煤炭、电力、油气、核能、可再生能源等能源品种逐个进行,不同品种之间几乎没有交叉,科技问题更是如此。本研究报告既对各能源品种的科技问题有着深入的分析,又在制定发展思路时,跳出了能源品种的框框,从技术成熟不同阶段的视角提出我国在全面提高能源科技水平上应有不同的侧重点。这种超脱了单纯技术范畴的新颖视角,使其在"国家中长期科技发展规划"研究会议中获得多位院士、专家的好评。

（2）在多种方法的基础上进行科技发展预测

科技发展的预测是软科学中的一个复杂问题,本研究在判断我国未来能源科技发展态势时,综合采用了下述多种方法:①专家调研:按能源科技类别找专家调研;②历史趋势判断:回顾世界能源科技百年发展历史;③跟踪最新进展:全面跟踪发达国家对能源科技趋势的判断,及其最新发展动态;④结合宏观发展要求:与我国全面建设小康社会、能源实现可持续发展的战略需求相结合;⑤结合我国当前国情:详细研究了我国"863"、"973"、科技攻关计划等重大科技研发项目的安排和进展情况。多种方法的综合使用提高了能源科技发展预测的可信度。

（3）实现了具体科技项目与国家宏观需求的完美结合

在科技规划制定过程中,单纯依靠科研工作者自下而上地提出研究课题,往往会受专家个人意见左右,或将规划变成一个"大包裹";而单纯自上而下地从国家需求出发,又很难提出恰如其分的科技问题。本课题组由我国宏观经济研究的权威机构——宏观经济研究院和科学技术领域的顶尖学府——清华大学的两支专业队伍组成,通过充分的交流实现了国家宏观经济发展需求和重大科学技术问题的完美结合。以科技部秘书长为首的课题评审组认为"该研究成果处于国内先进水平"。

（4）重点技术具体、明确,可操作性较强

在本课题的研究报告中,对煤炭高效清洁发电系统、先进核能技术等10项重点技术都制定了比较明确的发展战略,并拟定了2020年的科技发展目标。这使得本报告不但有助于能源科技研发的管理者理清思路,而且为"国家中长期科学和技术发展规划"和"国家'十一五'科技规划"的制定提供了较高价值的参考。

（5）覆盖范围广、调研全面深入

本课题不仅对煤炭、油气等七大领域的能源科技问题展开了深入的调研,并对国内科技部组织下的重大课题、全球百年科技发展历程和国外最新科技发展态势进行了研究。科技是推动社会发展的重要驱动力。这些调研资料的收集和整理是国家发改委学术能力建设的重要组成部分,为国家发改委探索如何落实"科技含量高、经济效益好、资源消耗低、环境污染少、人力资源优势得到充分发挥的新型工业化路子"提供了重要的参考。

2.3 成果应用情况

本课题报告提出的我国能源科技发展目标,未来20年能源科技的发展思路,所遴选的11项重点技术及其目标、步骤和建议示范项目,以及加强能源科技研发投资力度、组建国家能源科技研发基地等政策建议等主要观点和结论已经被纳入科技部制定《国家中长期科学和技术发展规划》以及《国民经济和社会发展第十一个五年计划科技教育发展专项规划》的过程中,为上述规划

的制定提供了比较重要的参考依据。本课题在研究过程中,还向以王大中院士为组长的中国工程院"我国能源发展战略研究"课题组提供了初步研究成果。

目前,《国家中长期科学和技术发展规划》已通过国务院审批,《国民经济和社会发展第十一个五年计划科技教育发展专项规划》正在进一步修订和完善中。

2.4 成果的经济和社会效益

作为科技部制定《国家中长期科学和技术发展规划》以及《国民经济和社会发展第十一个五年计划科技教育发展专项规划》的参考依据之一,本课题提出的观点和结论已经被纳入上述规划中。

目前,《国家中长期科学和技术发展规划》已通过国务院审批,《国民经济和社会发展第十一个五年计划科技教育发展专项规划》正在进一步修订和完善中。

3 本课题简要报告

3.1 能源科技的战略地位

当前,人类社会正在经历一场全球性的科学技术革命,这给各国带来了难得的发展机遇,也带来了严峻挑战。

科学技术是第一生产力,是先进生产力的集中体现和主要标志,能源科技水平的高低更体现着生产力水平的先进程度。

我国全面建设小康社会的宏伟目标对我国能源的发展前景提出了更高的要求。抓住全球科技革命的机遇,加强能源科技进步,全面提高我国能源科技水平,对我国实现长期可持续发展具有战略意义。

（1）科技进步可显著提高能效,推动建设节约型社会

我国能源利用率低的主要原因除了经济结构、产业结构和能源供应及消费结构不合理,生产工艺和技术水平普遍落后外,能源开发技术和用能技术水平低下也是重要原因。我国必须加强先进节能技术的研发和推广,特别要关注建筑节能水平的提高和节油型汽车的生产,为贯彻落实"节能优先"提供技术支撑。

（2）科技进步是实现能源多元化和优质化的主要途径

能源结构多元化是我国能源发展的重要目标之一,化石能源

的清洁利用、核电的加快发展、可再生能源的规模化利用对我国能源科技提出了更高要求。我国长期以煤炭为主的能源格局,造成科技研发向煤炭侧重较多,油气、核电等优质能源相关技术的研发相对滞后。如果不加紧国产化研发,未来恐难以保证充足、安全、优质、经济的能源供应。

（3）科技进步可减少环境污染保证可持续发展

能源是当前造成环境污染的主要来源。未来20年我国煤炭在一次能源中的比例仍将保持在50%以上,大量煤炭如何清洁利用是我国中近期面临的首要问题,从长远看,也要考虑降低温室气体排放问题。另外,仅停留于污染物治理是不够的,必须要从根本上减少污染物的产生。循环经济体系的建立并不只是一个规划布局问题,科技进步必须提供相关的技术支持。

（4）科技进步可提高能源安全

充足和可靠的能源供应是能源发展的首要任务,也是能源安全的基本要求。能源新技术的开发不但能增加石油的国内供应能力,还可能用其他液体燃料替代一部分石油,降低对国外石油的依赖。另外,我国电力需求猛增、电网建设相对滞后,特别是"西电东送、南北互供、全国联网"局面彻底形成后,大电网的安全性问题将更加突出。电力系统安全性的提高也要依靠科技进步。

（5）科技进步可提高企业效益和核心竞争力

通过技术进步降低生产过程的能源消耗,是解决我国经济发展需要和能源资源相对不足这一矛盾的重要措施之一。先进生产工艺的开发、设备的大型化、多余能量的回收利用,都需要依靠科技创新,通过降低企业的能源消耗获得更多经济效益,提高核心竞争力。随着今后人们收入水平逐步提高,我国劳动力成本低的优势将会逐渐丧失,能耗成本高的弱点将进一步凸显,采用先进技术降低成本的要求会更加紧迫。

3.2 世界能源科技回顾与发展趋势展望

百余年来,能源科技的进步有力地支持了社会发展和人类进步。20世纪,世界能源结构发生了巨大的变化,从前50年基本依赖煤炭,迅速转向对石油的依赖,石油发生问题后,20年内核电开发规模迅速提高,核电也发生问题后,天然气又成为新兴能源的代表。世纪交接之际,氢能经济等诸多新概念的提出又为下一

个百年的能源发展提供了新的选择。

（1）百年能源科技发展回顾

20世纪前50年是煤炭主导的年代,也是电力进入人类历史的年代。在这个时代中,燃煤发电厂、电动洗衣机、电冰箱等现代能源技术相继崭露头角。然而1943年的美国洛杉矶光化学烟雾事件和1952年的伦敦大雾事件,让人类初次感受到了能源利用造成的环境污染对人类生产和生活的冲击,促使人类借助科技的力量寻找更清洁的能源。

1950—1970年,是石油大发展的时代,1973年第一次石油危机后,核电获得了快速发展。试图以石油和核能为主的能源发展模式也并非理想。1973年和1980年的两次石油危机,1979年美国三哩岛核事故和1986年苏联切尔诺贝利核事故,使人类认识到石油和核能也并非是理想的技术选择,石油安全、核安全成为了人们关注的焦点。

80年代后,臭氧层空洞和全球变暖现象的发现,使人类认识到如果不采取技术措施,长期大量使用化石燃料将带来严重的后果。欧洲将眼光转向以水能、风能、太阳能为代表的可再生能源。美国认为单纯依靠可再生能源很难满足其庞大的国内能源需求,于是将技术研发重点放在煤炭的"零排放"利用技术上。作为一种无温室气体排放的能源技术,核能的战略地位也正在被美国和欧洲重新认识。

（2）未来世界能源科技发展展望

未来50年内,世界能源供需总量将持续上升,化石燃料在2020年将仍然保持在90%左右,2050年占60%～70%以上。可再生能源在2020年前技术将不断成熟,2030年后将会逐渐进入规模化应用,2050年可能达到20%以上。

在较长时期内,采取措施应对全球气候变化、实现可持续发展将是能源工业发展面临的主要约束,也是能源科技进步的主要驱动力。只有安全、高效、清洁、经济地利用能源,使能源开发和利用对环境的影响最小,才能保障人类社会的长期可持续发展。

在人类社会未来20年、50年甚至100年的发展中,能源工业和能源科技进步将围绕三条主线进行:首先是如何创造性地开发对环境影响最小的化石能源利用方法;其次是如何更安全地利用核能;第三是如何大规模地开发可再生能源。在第一个方面,将积

极推进以煤气化为基础的多联产系统和二氧化碳的封存问题;在核能方面,核电的战略重要性被重新认识,开始研发更经济、安全性更好的先进核电技术,并加强受控核聚变的研究;在可再生能源和新能源方面,将努力降低风电、光伏电池发电等的成本,加强氢能和燃料电池技术研发,并对未来有较大潜力的新能源进行探索。

3.3 我国能源科技发展回顾

（1）我国能源科技的成就

改革开放以来,在国家的大力投入下,我国能源科技水平稳步提高。

从能源供应的角度看,在勘探和开发方面,煤炭综合机械化开采技术已达到国际先进水平,石油工业已形成从科学研究、勘探开发、地面工程建设到装备制造的完整体系;在能源转换方面,我国已掌握了亚临界 60 万 kW 火电机组、超临界 80 万 kW、500 kV 交直流输变电设备的设计和制造技术,电厂脱硫、脱硝技术也基本掌握,并开始替代液体燃料技术的攻关;可再生能源与新能源方面,我国已能自行设计制造 600 MW 压水堆核电站,太阳能热利用规模居世界领先水平。

在能源消费方面,我国单位 GDP 的能耗水平由 1980 年的 7.68 tce/万元下降到 2001 年的 2.58 tce/万元,下降了 66%,折合累计节约和少用能源近 10 亿 tce,其中不乏众多节能技术的贡献。

（2）我国能源科技与世界先进水平的主要差距

与世界先进水平相比,我国的能源科技水平仍有一定差距。

在勘探和开发方面,煤矿的环境友好开采技术和煤矿安全技术水平有待提高,深海油气勘探开采技术距离世界先进水平有较明显的差距;能源转换方面,增压流化床锅炉和整体煤气化联合循环(IGCC)发电技术的示范进展较慢,缺乏大型燃气轮机、大型气化炉的国产化设计、制造能力已成为当前我国发展洁净燃煤发电技术的"瓶颈";可再生能源与新能源方面,光伏电池因成本高昂仅停留在小规模示范阶段,燃料电池的造价仍居高不下。

在能源终端利用方面,与国外先进水平相比仍有较大差距。

主要工业产品的单耗比国外高出 20%~90%;锅炉运行效率和电机拖动系统运行效率比国外低 10% 以上;单位面积采暖空调负荷为同纬度国家的 2~3 倍;汽车平均每百公里油耗比国际先进水平高 20% 以上,总体看仍有较大潜力可挖。

3.4 我国能源科技的发展目标、发展思路和发展重点

3.4.1 发展目标

我国能源科技发展的总体目标是:力争在 2020 年使我国能源科技的整体水平达到 2000 年的国际先进水平,力争在少数具有高度战略性、全局性、前瞻性的重点科学技术上实现突破。在煤炭高效清洁发电系统、先进核能技术等重要能源科技领域达到或接近届时世界先进水平。

3.4.2 发展思路

为实现上述战略目标,全面提高我国能源科技水平,提出发展思路如下:

（1）对国内成熟的高效清洁的能源技术采取强有力的推广战略

我国能源效率低、污染严重,在某种程度上并不是因为我们不掌握技术,而是由于体制不合理和市场机制不完善,造成大量高效清洁的能源技术不能得到及时推广。

对于国内已成熟的高效清洁能源技术,急需在管理体制、信息传播和队伍培养等方面下功夫,克服技术推广中的体制和市场障碍,提高能源规划水平,加强能源科技信息传播,更新技术使用者的知识。通过推行强有力的推广战略,可以使我国能源技术的整体水平迅速提高到一个新的高度。

亟待大规模推广的主要技术有:

① 热电联产技术;

② 工业节能技术:包括电机调速技术、先进节能工艺/设备的推广等;

③ 建筑节能技术:包括节能建筑材料、绿色照明等。

（2）对国际上成熟的主流常规能源技术采取引进技术、消化吸收、立足国内制造的战略

我国目前急需的主流能源技术在发达国家已经相当成熟,并有大量的应用经验,与当前我国已普遍使用的技术相比,这些技

术有更高的能源利用效率,更好的环保效果,更好的经济性,但技术研究和开发周期较长,从研究开发到工业化规模应用往往需要10～20年。对于这类技术,如果一味追求自主开发,就会在当前能源快速发展时期建设一大批落后装备,由此造成的低效、高污染状况将在短期内难以改变。发达国家能源市场已近饱和,国际大公司为了进入我国能源装备市场,很可能会同意我国提出的技术转让要求。

对目前国际上已成熟、我国尚未成熟的主流常规能源技术,宜采取"以市场换技术",以"技贸结合"的方式引进国外先进技术,尽快提高国产大型能源动力设备的制造能力,做到"引进技术、消化吸收、立足国内制造"。应尽早用目前国际先进的主流技术和装备武装我国能源工业,使我国能源工业在较短时期内摆脱整体技术水平落后的状况,同时鼓励国内开展集成创新和消化吸收基础上的再创新。

亟待国产化的主流常规能源技术包括:

① 核电技术:两代加或第三代压水堆技术等;

② 先进火力发电技术:包括超超临界发电技术、大型燃气轮机技术、大型气化炉技术、大型超临界循环流化床锅炉技术等;

③ 大电网互联的安全性技术和超高压输电技术;

④ 油气的勘探开采技术:包括非常规油气田、深海油气田的开采技术等。

(3)对近期可达到成熟阶段的非主流能源技术,采取跨越式发展战略

这类技术主要是一些可再生能源技术,如风力发电、生物质能现代利用技术等,虽然目前在国际上发展很快,在5～10年时间内可望具备较强的市场竞争力,但在今后20年左右的时间内作用还很微弱,总体应用规模还十分有限,近期内可被视为非主流能源技术。短期内,这类能源技术对我国的能源发展还不会有太大贡献,国内外的技术也没有完全成熟。只要我们加强国内的研究开发力度,给予必要的政策扶持,就可以缩短与国际水平的差距,从而实现跨越式发展。

亟待强化的非主流能源技术包括:

① 风力发电技术;

② 生物质能利用的先进技术:包括生物质制气、生物质发电、

生物质颗粒化技术等;

③ 太阳能利用技术;

④ 先进节能技术:包括热电冷三联供技术、绿色建筑技术、混合动力汽车技术、低排放柴油轿车技术、固体照明技术等。

(4)对近期不能达到商业化应用阶段的后续能源技术,采取重点突破的发展战略

新的能源技术将对能源发展产生革命性的影响,例如煤炭的多联产技术、氢能和燃料电池技术、核聚变能的开发等。虽然2020年前世界能源仍会以化石能源为主,但在2020—2050年,技术发展对能源格局的影响将是惊人的,2050年的能源格局可能会与现在有较大差别。因此在技术研发时不能仅考虑解决眼前的问题,而应为跨越式发展做好打算。发达国家在后续能源技术上具有明显优势,我国也很难实现全面超越。但是,由于后续能源技术具有重要的战略意义和前瞻性,我国必须有重点地给予长期支持。一方面,国际科学技术合作为我国选择能源技术突破点提供了新的契机,另一方面,也需要鼓励自主科技创新,开发具有我国特色的能源技术和技术路线。

在后续能源技术的发展战略上,我国首先要选择符合我国国家战略需求的关键能源科技内容,制定国家中长期能源科技发展的规划;其次,对重点的战略性能源技术采取自主研究与国际合作相结合的方式予以大力发展,对国家需求比较小的后续能源技术,可以采用以技术跟踪为主的发展方式;在某种技术基本成熟时,需要及时建立科技成果的产品转化和产业发展机制,吸引企业积极参与科研工作,尽早将产品推向全社会。要力争尽早缩短我国所选的重点后续能源技术与国外的技术差距,待所选技术可大规模应用时,我国能与发达国家基本处于同一技术水平。

亟待重点发展的、具有战略性地位的后续能源技术有:

① 煤炭的多联产技术;

② 第四代核电技术,核燃料循环和核废料后处理技术等;

③ 燃料电池技术;

④ 可控核聚变技术。

⑤ 力争经过多年的重点突破,在上述几项关键技术领域能位居世界前列。

此外,需要给予长期关注和支持的重要后续能源技术有:

① 氢能经济体系的相关技术;

② 天然气水合物的相关技术;

③ 二氧化碳封存技术等。

3.4.3 发展重点

（1）遴选重点的原则

在遴选我国能源科技发展重点的过程中,课题组充分考虑了我国与发达国家科研"起跑线"不同的现状以及当前我国能源科技的优势和问题,按照"有所为,有所不为"、突出"全局性、战略性、前瞻性"科学技术、应对未来能源可持续发展和国家能源安全的原则,选定了我国未来20年能源科技发展的10项重点技术和1项重要战略储备技术。

（2）中长期能源科技发展重点

本研究遴选的10项重点技术是:

① 煤炭高效清洁发电系统;

② 先进核能技术;

③ 可大规模发展的可再生能源技术;

④ 重大节能技术;

⑤ 煤炭高效绿色开采技术;

⑥ 先进电力系统技术;

⑦ 现代油气勘探开采技术;

⑧ 燃料电池技术;

⑨ 氢能作为二次能源使用的技术;

⑩ 污染控制和再资源化处理技术。

1项重要战略储备技术是:液体替代燃料技术。

上述11项重点技术中,煤炭高效清洁发电技术、先进核能技术、可大规模利用的可再生能源技术、煤炭的高效绿色开采技术和先进电力系统技术主要应对我国未来可能出现的能源供应问题。现代油气勘探开采技术、液体替代燃料技术主要应对我国未来的石油短缺问题,特别是由此带来的能源安全问题。污染控制和再资源化技术将直接应对能源使用带来的环境污染和气候变化问题。重大节能技术主要将通过技术创新和技术进步,同时达到减缓能源供应压力、提高能源安全、减少环境污染的多重目的。

1）煤炭高效清洁发电系统

今后几十年中,煤炭仍然是我国主要的一次能源,但分散使用将逐渐减少,更多在电厂中集中使用。

中长期内,我国煤炭高效清洁发电系统的技术发展将分两步走:第一步,中近期内的技术发展以超临界/超超临界燃煤发电技术的国产化为主攻方向,同时解决大型燃气轮机、大型气化炉等煤气化发电技术关键设备的国产化,进一步提高大型循环流化床锅炉的国产化设计、制造水平,开展IGCC发电技术的示范和商业化运行,开展煤气化为基础的多联产的基础性研究、试验研究和小型示范;第二步,中远期着重发展煤气化为基础的多联产技术,逐步建立以煤气化为龙头的下一代燃煤电厂,届时电厂将兼备供气厂、化工厂的功能,可提供城市煤气、液体燃料、化工产品等。在此基础上,可进行二氧化碳封存的理论和实验研究,为在更远期内达到煤炭使用的"零排放"做技术准备。

上述两步走方案在2020年前恐难以完全实现,但是该方案应成为我国清洁煤技术长期发展的战略步骤。

2020年,我国煤炭高效清洁发电系统应达到的目标是:

① 国产60万kW以上的超临界/超超临界机组成为发电的主力机组;

② 大型燃气—蒸汽联合循环机组实现国产化;

③ 国产60万kW级大型超临界循环流化床锅炉开始示范;

④ 煤气化为基础多联产系统的系统集成、控制技术、电站运行仿真技术已基本成熟,建成并试运行大型多联产示范电站。

2）先进核能技术

在2020年后,国内化石燃料的供应将受到制约,核电可能会在较大程度上承担起大规模发电的任务,科技进步应为此奠定技术基础。

从技术路径上看,未来我国先进核能系统的发展应按照"压水堆—快堆—聚变堆"的顺序分三步走:第一步,在中近期内彻底解决压水堆国产化过程中的科学技术问题,发展国产二代加/第三代压水堆,同时建立快堆示范设施,推动以快堆、加速器驱动次临界系统（ADS）为主的先进核燃料循环技术的研究,开展受控热核聚变的理论研究、关键技术的研究和点火前的相关试验研究。第二步,中远期应组建包括压水堆、商用快堆、ADS系统在内的燃料可自持的核能发电系统，继续强化核聚变有关的科学技术研究。第三步，在远期内使受控热核聚变从试验装置研究走向建立核聚变试验电站。

2020 年前，上述"三步走"方案可能只能实现其中的第一步或第二步的一部分，该战略规划的完全实现至少需要 50 年甚至 100 年的时间。

在 2020 年，我国先进核能技术研究应达到目标有：

① 彻底掌握第三代核反应堆的国产化设计和制造能力，并建立示范电厂，第四代核电关键技术取得突破；

② 国产快堆实现商业化运行，实现 ADS 系统有效性的工业化验证，初步建立起先进核燃料循环系统；

③ 核聚变基础理论研究取得重要突破，解决一批关键部件、关键设备的设计、制造问题。

3）可大规模发展的可再生能源技术

可再生能源是化石燃料枯竭后最有潜力的替代能源之一，我国应推动可再生能源的发展。

风电技术和太阳能利用技术应成为未来可再生能源科学技术发展的重点，我国中近期应着重解决大型风机的设计、国产化制造问题，努力降低光伏电池的生产成本，克服其大规模应用的市场和技术障碍。在一定时间段内，生物质能技术可能在农村地区作为商品能源使用（城市化程度高后可能会改用传统商品能源），也应适当发展生物质能发电等技术。

在 2020 年我国可再生能源科技发展的目标是：

① 风电的成本下降到火电的水平，实现大型风机全部设备的国产化、系列化；

② 研制低成本、高效率的太阳能电池，使国产光伏电池的成本下降到 15 元 / Wp，发电成本下降到 1 元 / kWh 以下的水平；

③ 发展生物质能源的现代化利用技术，在农村建立一批可商业化自持运行的生物质能发电示范厂。

4）重大节能技术

节能有助于降低能源供应压力，是减少能源使用导致环境污染和气候变化的最有效手段之一。

在工业节能科技方面，要重点研究能提高热量交换和电流输送效率的新理论和新技术，开发国产、低成本的高压变频设备，电

机系统节能诊断技术等；在建筑节能科技方面，要深入研究热电冷三联供技术、新型节能围护材料以及半导体照明（LED）等先进照明技术；在交通节能科技方面，积极开发低排放柴油轿车、混合动力汽车等汽车节能型汽车。

2020 年，我国节能技术的发展目标有：

① 实现热量、电力能量传递 / 输运新理论、新技术的突破；国产高压变频器设计、制造全部国产化；电机系统诊断系统被广泛应用；

② 热电冷三联产商业化推广到一定规模；半导体照明器件得到较广泛的应用；

③ 国产轿车平均每百公里油耗下降到 6 L 左右；掌握国产柴油轿车和国产混合动力汽车的设计和制造，拥有自主知识产权的国产柴油轿车和混合动力汽车实现商业化销售。

5）煤炭高效绿色开采技术

我国东部大部分矿井开采难度加大，不安全生产因素增多，中西部地区将成为未来 20 年中我国煤炭开发的战略重点。而中西部地区自然条件恶劣、生态环境脆弱，水资源匮乏，煤炭资源大规模、高强度开采受制因素较多，亟待研究煤炭高效绿色开采技术作为保障。

煤炭高效绿色开采技术的发展重点主要包括：东部深部矿井开采技术；中西部地区煤炭资源开采的地质保障系统及开采技术；高产高效现代化矿井关键技术；重大瓦斯煤尘爆炸事故的预防与控制、煤矿突发性灾害监测及防治；绿色矿区的模式与关键技术。

2020 年发展目标：

① 大中型煤炭企业的科技进步贡献率达到 65%；

② 机电一体化技术、信息技术、新材料、新工艺等高新技术在煤矿得到普遍应用；

③ 安全状况实现根本好转，百万吨死亡率降到 0.5% 以下。

6）先进电力系统技术

未来 20 年中，我国将实现"西电东送、南北互供、全国联网"的战略格局，电力系统必须为全国联网提供必要的技术保证，支持建成先进、可靠的国家电力输配系统，满足各种电源电力送出和用户对优质、低价电力供应的需要。

我国电力系统科学技术的发展任务主要有两个：一是提高电力系统的输电容量和输电效率；二是提高电力系统的安全性。先进电力系统技术的发展重点包括：大型互联复杂电力系统建模仿真、分析预测和控制的新理论、新方法；提高输电能力、输电灵活性和安全性的先进电力设备；广域、智能、自适应的电力系统信息、保护和控制系统；灾害和战争条件下电力系统的应对策略和措施等。

2020年先进电力系统科技的发展目标是：

① 建立比较完整的、系列化的用于大型互联复杂电力系统分析的新理论、新方法，并将理论应用于电力系统控制；

② 开发出系列化的提高电力系统安全性的信息系统、控制系统和先进设备，形成较强的反事故能力；

③ 出台一系列电力系统应急策略和措施，被电力企业采纳。

7）现代油气勘探开发技术

我国目前埋藏浅、类型简单、地面条件好、工艺技术要求低的油藏已基本被发现。今后石油勘探的主攻方向，以低渗透油藏、隐蔽性油藏、复杂地表与复杂构造区为主，勘探面临的难度加大。油气开发的重点将逐渐向西部和海上转移。

我国应积极推动稠油、低渗透油田、凝析气田、深海油气田开采技术以及三次采油技术的研发和推广。从全球石油资源的发展趋向看，我国今后可能会进口部分非常规石油资源，如油砂、油页岩等，必须为此做好技术准备。

2020年发展目标：

① 进一步完善陆相石油地质理论，建立我国海相古生代成烃、成藏地质理论及海相碳酸盐岩区资源评价系统；

② 强化油气田开采理论和先进开采技术研究，使原油采收率提高5%～10%；

③ 加强深海油气田开采技术的研发，原油成本下降15%～20%；

④ 2020年，采用国产技术的非常规石油开发和加工能力达到较大规模。

8）燃料电池技术

作为一种便于分散、移动使用的能源高效转换技术，燃料电池在汽车、分布式发电等领域有着广阔的发展前景。

我国在中近期应稳步提高燃料电池的技术水平，将重点应放在车辆用质子交换膜燃料电池（PEMFC）技术和用于固定式发电的固体氧化物燃料电池（SOFC）技术上，努力提高燃料电池的效率并降低燃料电池的制造成本；中远期，科技进步的侧重点应放在降低生产成本上，以大力推广使用为目标。

2020年，我国燃料电池技术应达到的目标有：

① 力争使国产燃料电池汽车的售价比同等级的国产车辆不高出10%；

② 基本攻克固体氧化物燃料电池的设计、制造，初步建立国产100 kW级SOFC发电示范装置。

9）氢能作为二次能源使用的技术

氢能作为二次能源使用时，虽然其制造过程未必清洁，但其终端使用还是相当清洁，尤其适合解决大城市的车辆尾气排放污染问题。氢能的清洁生产问题彻底解决后，氢能可能会成为继电力之后的第二大二次能源，比电力相对更易于存储的特性将使氢能在某些场合更具优势。

我国氢能经济发展应从生产、储运、使用三条主线上协同推进：

主线一：氢能的生产——中近期应以煤制氢技术为重点，中远期在可再生能源和核能的成本大规模下降后，可转向可再生能源制氢和核能制氢为主；

主线二：氢能的存储和运输——氢能的大规模、高效存储运输技术是目前制约氢能经济发展的"瓶颈"，从技术现状看，氢能经济真正到来的时间将由氢能高效储运技术是否取得突破决定。必须加强此领域的国际合作；

主线三：氢能汽车技术——氢能汽车（包括氢燃料电池汽车和氢内燃机汽车等）技术是目前氢能经济体系中发展最迅速的部分。就目前状况看，氢能汽车的动力性能仍有待改善，成本尚需进一步降低。

2020年我国氢能作为二次能源技术的发展目标是：

① 基本解决氢能大规模、高效存储的科学技术问题，开发出国产化的高效储氢设备，设备造价逐步降低；

② 初步实现氢能生产装置、储氢设备装置、汽车加氢设施和氢燃料电池汽车的国产化制造，为大规模发展氢能经济作好技

术准备。

10）污染控制和再资源化技术

污染物控制和再资源化技术一方面能降低能源开发和利用带来的环境污染,另一方面能减少资源的浪费,提高能源、资源的综合利用水平,有助于国家的长期可持续发展。

污染物控制和再资源化技术的发展途径是:近期以降低区域性污染物(如 SO_2、NO_x、可吸入颗粒物等)的污染控制技术为主,开展构建循环经济体系的相关研究和示范,加强与能源相关的废物再资源化技术的研究,适当跟踪国际二氧化碳封存的研究;中远期以推广污染控制设备、开发再资源化技术、全面建立循环经济体系为研发重点,如果需要的话,加大二氧化碳收集和封存技术的研发和示范力度。

我国 2020 年污染物控制和再资源化技术的发展目标是:

① 对 SO_2、NO_x、可吸入颗粒物等污染物的控制技术水平有显著提高;

② 在部分地区初步建立循环经济体系;

③ 对二氧化碳收集和封存的基础性研究取得一定进展,如有必要,可结合多联产示范电站进行二氧化碳收集和封存技术的研究和示范。

重要战略储备技术——液体替代燃料技术。

开发液体替代燃料有利于遏制某些国际势力恶意炒作石油价格,对缓解石油进口压力也能发挥一定作用。从战略上看,国家能源安全需要通过多元化的渠道实现,将国家的能源安全单纯寄托在液体替代燃料上是不合理的,也是不现实的。

我国"863"计划已支持了煤炭间接液化和煤炭直接液化研究,但研发成果最终能否产业化大规模推广,将受对远期国际石油价格的判断和我国煤炭最大可供量等因素影响,具体发展目标需要等形势更明朗时再定。但是,目前我国首先要使技术成熟到可以工业化大规模推广的程度,做到有备无患。因此课题组认为应将液体替代燃料技术作为我国的一项重要技术储备。

中近期我国应重点发展煤炭间接液化技术、煤炭直接液化技术、煤炭制二甲醚(DME)、天然气制油(GTL)、煤炭制甲醇、煤炭或生物质制乙醇等方案,研究相关的生产、运输、储存、使用技术,在少数地方因地制宜地开展示范,为规模化发展奠定技术基础。

中远期,在时机成熟时,对选定的替代燃料技术方案予以推动:上游实现替代燃料的大规模生产、中游兴建适合于替代燃料的基础设施建设、下游大力发展适合于替代燃料的车辆/燃烧器具。在时机不成熟时,将其作为技术储备,深入研发,进一步降低液体替代燃料生产的成本,提高其相对于石油产品的竞争力。

3.5 我国能源科技发展政策

3.5.1 我国能源科技决策体系面临的挑战

能源科技发展的规律包括:①研发投入大,周期长,但一旦取得突破并应用,将拥有广阔的市场空间;②具有强烈的路径依赖性,早期的技术选择往往决定最后的结果。政府推动下优先发展的某些技术可以使原创优势最终转变为对市场的占有;③需要高度的跨学科、跨专业的集成创新。

今后,我国能源科技政策主要面临五方面挑战:①资金和政策支持;②建立科学决策的程序;③整合现有的能源科技研发资源,提供复合型人才;④促进企业、政府和科研机构之间的合作,推动科技成果产业化;⑤完善经济政策、法律法规。

3.5.2 政策建议

（1）强化能源科技研发的资金和政策支持

逐步增加能源科技研发投入在 GDP 中的比重。争取政府对能源科技研发的投入到 2020 年增加至 GDP 的 0.3‰左右,达到目前中等发达国家水平。

建立独立的能源科技发展预算,分别支持能源安全、能源高效利用和环境友好领域的科技研发计划,由国家宏观调控能源科技发展预算在各领域内的强度,以适应不同时期侧重点的不同。

（2）建立能源科技研发的科学决策程序

建立固定的能源科技研发外部咨询机构和多方参与的能源科技决策程序。

加强对能源相关软科学研究的支持力度,为外部咨询机构和行政决策机构提供决策参考。

定期发布国家能源科技纲要,以问题为导向、依据国家能源政策,提出具体的需求,引导竞争性的项目方案征集。

（3）整合发挥不同科研力量的优势

整合现有能源科技研究机构,形成多个具有自己特色的国家能源科技研究基地,同时各能源科技基地实现电子化的虚拟联合。

通过能源科技研究基地这一平台,实现能源科技的研究开发、人才培养和知识转移的全面整合和集成创新。

(4)推动科技成果的产业化

将企业纳入能源科技的研发过程。建立国家、研发机构和产业界更为紧密的伙伴关系,通过国家支持下的产学研联盟等方式实现资源共享、责任分担、收益合理分配。

在条件允许的情况下,应鼓励企业以参股甚至控股的方式合资/购买既有的研发机构。

(5)健全激励机制和法律法规

加强经济、法律政策的制定,对企业投入能源科技的研发实行税收优惠政策。

可再生能源立法研究

吴贵辉　史立山　李俊峰　王仲颖　时璟丽　王祥进　宋彦勤　韩文科　任东明　梁志鹏　赵勇强　高　虎

1　获奖情况

本课题获得 2005 年度国家发展和改革委员会优秀研究成果二等奖。

2　本课题的意义和作用

"可再生能源立法研究"课题为受全国人大环境与资源保护委员会和国家发展和改革委员会委托，配合《中华人民共和国可再生能源法》(草案建议稿)起草所开展的关于可再生能源立法以及相关政策、技术发展方面系统性的课题研究。

课题的"立法研究"部分，对我国和世界可再生能源开发利用现状、发展趋势、国内外发展可再生能源的法律和政策体系进行了总结和分析，通过理论分析论述了我国未来能源需求形式下可再生能源的战略地位和发展可再生能源的意义。对我国可再生能源立法的理论基础、可行性和必要性进行了研究和论证，提出了我国可再生能源立法的基本思路、目标、原则和基本框架。在国内外可再生能源立法和政策研究的基础上，提出了我国可再生能源立法的 6 项重要的制度建设和 2 项政策建设，即总量目标制度、强制上网制度、分类电价制度、费用分摊制度、技术标准和认证制度、专项资金制度以及信贷优惠和税收优惠政策，分别从制度建设的意义、国内外经验、政策基础、实现形式、定量分析和测算等角度进行了具体的制度建设设计。

课题的"政策研究"部分，包括国际可再生能源立法和政策研究、国内促进可再生能源发展法规政策研究、可再生能源技术研发和产品标准检测研究、建立可再生能源专项资金研究等 4 个专题报告和 2 个国际考察报告，主要总结国外可再生能源立法经验、比较分析立法实施效果并分析我国现有发展可再生能源政策及实施效果，为我国可再生能源立法主要制度的设计提供了理论和实践分析基础。

课题的"技术发展研究"部分，涉及小水电、风电、光伏、太阳能热利用、生物质能、地热、离网可再生能源、农村能源等各类主要的可再生能源技术和应用领域，共 8 个专题报告，总结了各技术的国外发展状况，分析了未来技术发展趋势和应用潜力，从资源潜力、技术水平、产业基础、市场前景等角度全面分析我国各类可再生能源技术的发展问题，提出了各技术发展目前存在的主要障碍，尤其是法规、政策上的障碍，参照国际经验和分析我国的实际情况，分别提出了针对各类可再生能源技术的促进其发展的政策措施建议，为可再生能源立法提供了技术分析支撑。

上述主要研究成果用于起草《中华人民共和国可再生能源法》政府建议稿，并提交国家发展和改革委员会，该建议稿于 2004 年 8 月提交全国人大环境与资源保护委员会，并由环资委先后两次向全国征求意见，形成立法草案，课题组参与了草案的修订。2004 年 12 月，法律草案提交第十届全国人大常委会第十三次会议审议，同时根据课题的立法研究、政策研究和技术发展研究报告和主要成果，形成了会议文件——《关于〈中华人民共和国可再生能源法〉(草案)的说明》以及《我国能源和可再生能源开发利用基本情况》《我国可再生能源开发利用中存在的若干问题》《关于总量目标制度》《关于强制上网制度》《关于分类上网电价制度》《关于费用分摊制度》《〈中华人民共和国可再生能源法〉(草案)》名词解释》《可再生能源立法的国际经验》等 8 个会议参阅材料。2005 年 2 月 28 日，《中华人民共和国可再生能源法》由第十届全国人大常委会第十四次会议审议通过并颁布。其后，全国人大法制工作委员会在编制《〈中华人民共和国可再生能源法〉释义》的过程中，本课题的主要研究成果——《立法研究报告》《政策研究报告》《技术发展研究报告》为其提供了重要的基础资料。该释义于2005年9月公开发行。

总之，课题的成果对《中华人民共和国可再生能源法》的制定提供了理论和技术支持，提出的立法基本原则和思路、立法框架、主要制度建设和政策建议在《可再生能源法》中得到了采纳，对促进我国可再生能源技术、产业、市场的发展起到了积极的推动作用。

3 本课题简要报告

2003年6月，全国人大将可再生能源立法列入了2003年国家立法计划，并委托国家发展和改革委员会组织起草草案建议稿。2003年8月，受国家发展和改革委员会的委托，国家发展和改革委能源局和能源研究所，组织了可再生能源法立法研究小组，历经一年多的努力，完成了国内外可再生能源政策和立法情况的调研，对我国的能源形势、各类可再生能源的资源潜力、技术水平和发展方向、市场应用和前景、成本下降和竞争力、可再生能源在未来我国能源结构中的地位和作用，以及我国可再生能源发展所面临的主要问题和矛盾进行了深入的分析，对我国可再生能源立法的必要性、可行性进行了详细的论证。通过总结国内外可再生能源立法经验和教训，提出了我国可再生能源立法的基本思路和基本原则，设计了我国首部《可再生能源法》的主要制度建设的基本框架，并形成了《可再生能源法立法研究报告》《政策研究报告》《技术发展研究报告》。在广泛征求国内外政府机构、企业和有关专家意见的基础上，形成了《可再生能源法》的草案建议稿。

《可再生能源立法研究报告》是在能源局和能源研究所对可再生能源问题多年研究的基础上形成的。在研究过程中，采用国际通行的"BOTTOM-UP"和"TOP-DOWN"相结合的方法，把可再生能源发展置于整个能源发展的大环境下，对可再生能源发展进行了情景分析，得出了我国发展可再生能源的必要性和紧迫性的结论；采用"学习曲线理论"的方法，对国内外大多数可再生能源技术发展的现状、过程和方向进行了详尽的分析，得出了我国发

展可再生能源的技术可行性和阶段性发展目标；利用"全寿命周期分析"方法，分析和比较了可再生能源利用在整个技术寿命期内能源消耗和产出，说明其不消耗或很少消耗矿产资源，投入少，产出多，在此基础上首次提出了"可再生能源技术是'能源制造'技术"的观点和概念，从理论上证实了可再生能源可以永续利用，从而明确了发展可再生能源的战略意义。在立法理论方面，通过吸纳和摒弃，吸取了国际社会，特别是欧美可再生能源立法方面的经验和教训，提出了"'国家责任和全民义务相结合、政府引导和市场推动相结合'的原则是可再生能源法各项制度的法律基础""以可再生能源技术全球化为契机，缩短学习过程，以较小的代价，加速我国可再生能源发展""发展可再生能源要坚持'现实需要和长远发展相结合'的原则""可再生能源的开发和利用要为农村能源建设服务，为农业生态建设服务、为农民改善生活条件、增加收入和脱贫致富服务"等观点。《立法研究报告》的主要内容和结论如下。

3.1 我国能源发展面临的主要矛盾和问题

随着经济发展和社会进步，我国能源发展面临的问题日益突出，概括起来有三个方面。

（1）资源问题

能源资源总量少，优质资源尤其短缺。总体而言，我国人均拥有的能源资源很少，只有世界平均值的40%，特别是我国石油资源量严重不足，最终可采储量仅占世界石油可采储量的3%左右，剩余可采储量仅占世界剩余可采石油储量的1.8%。按人均占有量比较，我国仅为世界平均水平的13%和8%。因此，我国能源供应将面临长期后备资源不足，特别是优质能源资源短缺的矛盾。

（2）效率问题

能源利用技术落后，能源利用效率低。目前，我国总能源效率为33%，约低于世界平均水平10个百分点，单位GDP能源消耗是美国的3.5倍、欧盟的5.9倍、日本的9.7倍，世界平均水平的3.4倍。同时，我国正处在经济高速增长时期，工业化、城镇化、小康社会建设都需要能源作为支撑，能源消费总量将不断提高，大力提高效率是降低能源消费总量的重要措施之一。

（3）环境问题

我国是世界上少数几个以煤为主要能源供应的国家，目前能

源消费构成中煤炭占 67%。能源消费过分依赖煤炭造成了严重的煤烟型环境污染。目前,我国二氧化硫排放总量的 90% 是燃煤造成的,大气中 70% 的烟尘也是燃煤造成的。这种大气环境污染不仅造成土壤酸化、粮食减产和植被破坏,而且引发大量呼吸道疾病,直接威胁人民身体健康。此外,温室气体排放的问题进一步突出,我国有可能在排放总量上超过美国,成为世界第一大温室气体排放国。如果不采取有效措施,我国将面临越来越大的国际压力。

对我国中长期能源供需形势的分析,可以得出这样的基本结论。我国的能源发展将长期存在三大矛盾:大量使用煤炭与环境保护和减排温室气体的矛盾;优质能源的大量需求和国内油气资源短缺的矛盾;大量进口石油天然气和能源安全的矛盾。如果说到 2020 年我国能源需求的巨大压力和能源供需矛盾还能够克服的话,2020 年之后我国能源供需矛盾将是真正的严峻挑战。唯有采取强化节能、大幅度提高能源效率和各种资源的综合利用效率;积极利用国际资源,特别是油气资源和核燃料资源;大力发展可再生能源,增加能源的有效供给,才是缓解这三大矛盾,应对严峻挑战的根本出路。

3.2 我国可再生能源资源潜力

根据初步资源评价,我国资源潜力巨大的可再生能源主要有风能、水能、太阳能和生物质能。

(1)风力资源

我国幅员辽阔,海岸线长,风能资源比较丰富。据估算,全国陆地上可开发利用的风能约 2.53 亿 kW,海上可开发利用的风能约 7.5 亿 kW,共计约 10 亿 kW。未来 30~50 年内随着能源需求的增加,风力资源在我国能源供应,特别是电力供应中的战略地位将日益突出,2050 年形成 3 亿~5 亿 kW 的能力是可能的。换言之,风力发电的中期(10~30 年内)发展潜力可以超过核电成为第三大发电电源,长期(30~50 年)可能超过水电成为第二大主力发电电源。

(2)小水电资源

全国小水电资源技术可开发量为 1.25 亿 kW,而且分布广泛,遍及全国 30 个省(区、市)的 1 600 多个县(市),65% 集中在西部地区。西南地区的小水电资源占全国的 50% 以上。小水电已经在我国的电气化,特别是农村电气化方面发挥了重要作用,我国约有 1/3 的县依靠小水电作为主要供电电源。2003 年小水电开发量已经达到 25%,估计到 2020—2030 年,小水电资源将基本开发完毕,届时可以形成 1 亿 kW 的装机水平,在当时的电力装机中占据 10% 左右。

(3)太阳能资源

我国有十分丰富的太阳能资源。据估算,陆地表面每年接收的太阳辐射能约为 5×10^{22} J,约相当于 17 000 亿 tce。目前的利用方式主要是用于城乡居民热水供应,太阳能热水器已经有 6 000 万 m² 的保有量,2020 年和 2050 年分别可以达到 3 亿和 5 亿 m² 保有量,将替代电力 1 800 亿和 3 000 亿 kWh,替代高峰电力容量 1.2 亿和 2 亿 kW。2040 年太阳能发电可能占据届时全球发电总量的 20%,按照我国达到世界平均水平的 50%,届时我国也应该有 10% 的发电装机来自于太阳能发电。

(4)生物质能源资源

我国的生物质能源资源主要有农业废弃物、森林和林产品剩余物以及城市生活垃圾等。农业废弃物资源分布广泛,其中农作物秸秆年产量超过 6 亿 t,可作为能源用途的秸秆折合约 3 亿 t,相当于 1.5 亿 tce,农产品加工和畜牧业废弃物理论上可以生产沼气近 800 亿 m³。森林和林业剩余物的资源量相当于 2 亿 tce,同时随着我国退耕还林和天然林保护政策的实施,森林和林业剩余物的能源利用量还将大幅度增加,估计到 2020 年资源量可达每年 3 亿 tce。总之,不论是直接燃烧、发电,还是液体燃料替代,生物质能源资源在我国能源供应中有一席之地。

(5)农村能源建设

我国政府一直十分重视农村能源建设,特别是在农村沼气、省柴灶和边远地区农村电气化方面做了大量的工作,到 2003 年年底,农村地区使用沼气的农户达到 1 309 万户,总产气量 46.3 亿 m³,建设“四位一体”能源生态模式 43.42 万户,“猪沼果”能源生态模式 391.27 万户,推广省柴节煤炉灶 1.89 亿户。农村能源建设是可再生能源开发和利用的重要组成部分,在相当长的时期内,可再生能源的开发和利用要为农村能源建设服务,为农业生态建设服务、为改善农民生活条件、增加收入和脱贫致富服务。

综上所述,我国的可再生能源已经开始在我国的能源供应中发挥作用,在未来能源供应构成中可以形成举足轻重的地位,2020年可再生能源的发电比例可以达到10%,2040年之后可以达到30%或以上的水平,成为重要的替代能源。

3.3 我国可再生能源技术发展水平

我国可再生能源的开发和利用已取得了很大的成绩,特别是小水电、太阳能热利用和沼气等可再生能源技术在开发规模和技术发展水平上均处于国际领先地位。为我国可再生能源的大规模利用奠定了一定的基础。

（1）风力发电

到2003年年底,全国并网风力发电装机容量为56.7万kW。目前,我国风电装机容量位居世界第10位,亚洲第3位。此外,我国还约有20万台小型风力发电机(总容量约2.5万kW)用于边远地区居民用电。我国已经基本掌握单机容量750 kW及以下大型风力发电设备的制造能力,正在开发兆瓦级的大型风力发电设备,估计2006年可以面世。

（2）小水电

到2003年年底,我国小水电装机容量为3 083万kW,近年来年均增长量在150万kW以上。我国小水电设计、施工、管理及设备制造在国际上处于领先地位。

（3）太阳能热水器

我国太阳能热水器的生产量和使用量都居世界第一。到2003年年底,全国太阳能热水器使用量达到5 200万m²,占全球使用量的40%以上。目前我国太阳能热水器生产厂家超过3 000家,生产量超过1 000万m²,全真空玻璃管热水器在世界市场上占据主导地位。

（4）太阳能发电技术

到2003年年底,全国已安装太阳能光伏电池5万kW,主要为边远地区的居民供电。我国光伏电池的制造能力已超过10万kW,生产企业有10多家,2004年的实际产量超过5万kW。除了利用光伏发电为边远地区和特殊用途供电,我国也开始了屋顶并网光伏发电系统的试验和示范,正在为太阳能光伏发电的大规模利用奠定技术基础。

（5）沼气技术

我国的沼气技术开发始于20世纪50年代,70年代和80年代得到大规模发展,主要用于满足农村居民生活用能。目前全国有户用沼气池1 300多万口,年产沼气超过46亿m³。已建成大中型沼气工程2 355处,年产沼气约12亿m³。掌握了禽畜粪便、工业有机废水等工农业有机废弃物的厌氧消化技术,形成了可以服务于农村的小型沼气和服务于工业化开发的大型沼气工程建设队伍。

（6）其他生物质能源技术

除了传统的生物质能源利用,我国在生物质能发电、液体燃料生产方面也进行了尝试。2003年,生物质能发电装机容量约190万kW,其中蔗渣发电170万kW,其余为稻壳等农业废弃物、林业废弃物、沼气和垃圾发电等。乙醇燃料生产已接近100万t,生物油和能源作物技术的开发也在试点和示范之中,其中甜高粱制取酒精的技术已初步具备商业化发展的条件,试产规模达到年产5 000 t。

综上所述,我国的可再生能源产业已经初具规模,个别产业已经处于国际领先的地位,但是总体水平还只能满足低水平上的需求,不具备大规模商业化发展的能力,需要继续扶持发展。

3.4 我国可再生能源发展存在着诸多障碍

可再生能源技术种类多,所处的发展阶段不尽相同,面临的困难和问题也有差异。普遍存在的问题是:

（1）缺乏对发展可再生能源战略地位的认识,没有明确的发展目标。

（2）缺乏足够的经济鼓励政策和激励机制。政策的连续性和稳定性差,不能形成具有一定规模的、稳定的市场需求,影响投资者的积极性。

（3）没有行之有效的投融资机制,使可再生能源技术的推广应用受到了很大限制。可再生能源技术运行成本低,但初始投资高,需要稳定有效的投融资渠道予以支持,并通过优惠的投融资政策降低成本。

（4）资源勘察水平低,影响开发利用规划的制订,增加了投资风险。

（5）受技术进步水平的限制,可再生能源技术成本相对较高,缺乏市场竞争力,可再生能源的环保和其他社会环境效益在目前的市场条件下难以体现。

(6)可再生能源的开发利用缺乏强有力的法规保障,不能保持可再生能源政策的稳定和持续,使其在能源发展中的战略地位不能长期坚持。

(7)没有建立起完备的可再生能源工业体系,研究开发能力弱,制造技术水平较低,关键设备仍需进口,一些相对成熟的技术尚缺乏标准体系和服务体系的保障。

(8)缺乏对公众的宣传和教育活动。公众对开发利用可再生能源的意义关注不够,没有形成全社会积极参与和支持可再生能源发展的局面。

3.5 我国发展可再生能源有着重要意义

(1)落实科学发展观、实现可持续发展的要求

稳定、可靠和清洁能源的供应是人类文明、经济发展和社会进步的重要标志和基本保障。煤炭、石油、天然气等化石能源支持了19世纪和20世纪近200年人类文明的进步和发展。但同时又让人类面临资源枯竭、环境不断恶化的压力和威胁。开发利用可再生能源是解决能源和环境问题的根本出路。实现可持续发展是坚持科学发展观的根本目的。我国资源短缺,人口众多,除了大幅度提高能源效率,大量进口能源之外,大力开发可再生能源是支持国民经济健康、稳定和持续发展的重要选择,也是落实科学发展观的重要体现。

(2)全面建设小康社会的重要技术选择

目前,我国8亿多农村居民的生活用能中约50%仍然依靠秸秆、薪柴等生物质直接燃烧提供,落后的用能方式严重污染环境,危害人体健康,影响生活质量。过度依赖薪柴造成了森林等生态林草植被资源的破坏,严重威胁生态环境。目前全国还有约2万个村、800多万户、3 000万人口没有电力供应,远离现代文明,解决偏远地区居民基本电力供应问题是必须完成的社会发展任务之一,同时,逐步实现农村居民生活用能的现代化、优质化和清洁化,也是农村全面建设小康社会的重要内容。

(3)有效调整能源结构的迫切要求

我国目前能源消费构成中煤炭比例过高,降低煤炭消费比例是调整能源结构的重要任务。可再生能源资源丰富,分布广,可满足发电、供气、供热、制取液体燃料等多种用途,因此通过大力发展可再生能源,替代煤炭,弥补石油、天然气的资源短缺,是我国长期能源发展战略和近期能源结构调整的重要选择。

(4)环境保护和减少温室气体排放的需要

煤炭的生产和消费是我国大气环境污染物的主要来源,目前约90%的二氧化硫和氮氧化物是煤炭生产和消费活动造成的。减少煤炭消费量,提高可再生能源等清洁能源在能源消费中的比例是环境保护的必然选择。温室气体减排是全球环境保护的一个重大问题,我国作为一个经济快速发展的大国,努力降低化石能源在能源消费结构中的比重,打可再生能源这张牌,有利于政治外交、经济合作,有利于树立良好的国际形象。

(5)开拓新的经济增长领域的良好机遇

可再生能源的开发利用主要是使用当地资源和人力、物力,对促进地区经济发展具有重要意义,同时快速发展的可再生能源也是一个新的经济增长领域。可再生能源的发展也将拉动制造等行业的经济增长,带动农业生态建设,巩固封山育林和退耕还林成果,同时也可促进就业和边远地区脱贫致富,提高农民生活质量。因此,发展可再生能源是开拓新的经济增长领域,促进经济持续健康发展的重要措施。

(6)能源安全的重要保障

以可再生能源为主,采用相对独立的分布式能源系统,可以灵活、分散、清洁、安全地就地解决能源供应,在集中供应的大系统出现安全问题时,仍能满足基本的能源需求,也可为集中能源供应系统的修复提供必要的支持。分布式发电除了有就地利用资源,提高能源效率和经济效益的好处外,还可以不受国际常规能源价格和能源贸易局势急剧变动的影响,增强能源安全的作用尤为显著。

3.6 国际可再生能源发展趋势

纵观国际可再生能源发展,有以下三大趋势:

(1)技术水平不断提高、成本持续下降。以风力发电为例,自20世纪80年代初以来,风力发电的单机容量从10 kW,上升到几个兆瓦。2003年世界安装的风机平均单机容量已经达到1.3

MW，成本从 80 年代初的 20 美分 / kWh，下降到目前的 5 美分 / kWh 左右，其中自 90 年代以来，成本就下降了 50%。据预测，2000—2010 年还可以下降 30%。

（2）发展速度加快，市场份额增加。进入 20 世纪 90 年代，以欧盟为代表的地区集团，大力开发利用可再生能源，取得了积极的效果，连续 10 多年来，可再生能源的年增长速度在 15% 以上。近年来，以德国、西班牙等国为代表，一些国家通过立法等方式，进一步加快了可再生能源的发展速度，1999 年以来年均增长速度达到 30% 以上。发展较快的西班牙，2002 年风力发电占到全国电力供应量的 4.5%；德国在过去的 11 年间，风力发电增长了 21 倍，2003 年占全国发电量的 4%；瑞典和奥地利的生物质能源在其能源消费结构中高达 15% 以上；巴西生物液体燃料替代了 50% 的石油进口。

（3）重要性不断提高，从补充能源上升为替代能源。1997 年欧盟颁布了可再生能源发展白皮书，其中提出，2050 年可再生能源在整个欧盟国家的能源构成中要达到 50%，成为最重要的战略能源。2004 年 4 月，主要的欧盟国家达成共识，分别制定了 2010 年和 2020 年可再生能源的发展目标，英国和德国都承诺，2010 年和 2020 年可再生能源的比例将分别达到 10% 和 20%。西班牙表示，2010 年其可再生能源发电的比例就可以达到 29% 以上。北欧部分国家提出了利用风力发电和生物质发电逐步替代核电的战略目标。

3.7 发达国家可再生能源立法的成功经验

大多数发展可再生能源并取得成功的国家的经验表明，通过立法手段，将发展可再生能源作为全民的义务，是促进可再生能源发展的根本途径。而发展可再生能源作为全民的义务，必须有立法作为基础予以支撑。主要经验包括：

（1）强制手段是立法的基本内容：强制手段是国外大多数国家促进可再生能源发展的法律基础，体现形式多种多样。美国主要采取的是配额制，要求发电商必须生产或采购一定比例的可再生能源电力；德国、丹麦则要求电力公司必须购买可再生能源发电，并为可再生能源电力上网提供方便。不论是配额制还是强制购买，都有一定的发展目标为依据，因此发展目标是强制手段实施的基础，强制手段又是实现发展目标的保障手段。

（2）经济激励措施是保障法律实施的先决条件：在现阶段，可再生能源开发和利用的费用明显高于常规能源，特别是在常规能源的外部环境成本没有内部化的条件下，纯粹的市场竞争还不能保障可再生能源技术的生存和发展。为了促进可再生能源的产业化和规模化发展，世界大多数国家采取了一定的经济激励措施，这些措施主要包括：税收优惠、财政补贴、固定价格、优惠利率和政府采购等。换言之，可再生能源市场的建立，要依赖国家经济激励政策的扶持。

（3）增强环保意识是可再生能源持续发展的基础：自愿制度是一些发达国家正在研究和实施的促进可再生能源发展的措施之一，其实质是一部分居民或企业，自愿支付较高的价格购买能源（包括电力），利用其差价鼓励可再生能源的发展，例如荷兰的绿色电价制度等。自愿制度的基础是企业和人民的环境意识，自愿制度的实施又提高了全体国民的环境意识。因此，提高全民的环保意识，才有可能保证可再生能源技术的持续发展。

3.8 我国可再生能源立法的必要性和可行性

（1）立法的必要性

我国可再生能源发展所面临的首要问题是国家缺乏明确的发展目标和战略政策，缺乏可实施的法律制度以及配套的相关技术标准体系，由此难以给可再生能源这一新兴技术和产业创造一个比较稳定的市场环境，相应也就难以形成可以有效吸引国内外投资的独立产业。就国内外经验而言，发展可再生能源需要国家明确发展目标，建立实现发展目标的法律制度和相应的投资、税收、价格、财政等方面的激励政策体系。另外，还需要在法律上明确政府在促进可再生能源市场发展的过程中被赋予哪些权利和义务，可以采取哪些促进和限制措施，各种可再生能源开发利用的市场主体具有哪些权利和义务等，以强化政府职责，增强市场主体发展可再生能源的信心。

（2）立法的可行性

我国可再生能源立法可行性主要体现在四个方面：

1）我国发展可再生能源有一定的资源条件和技术发展的基础，当前我国制定可再生能源法具备诸多有利条件。我国在小水电、风能、太阳能、生物质能等领域已经具备一定的技术、产业基础以及初步的市场化发展条件,国际合作前景广阔。

2)我国具备了制定可再生能源法的必要政策和规划基础,国务院以及有关部门为推动可再生能源的发展制定了一系列政策性文件,一些地方还制定了有关的政府规章。上述文件一方面支持了可再生能源事业的发展,同时也为制定可再生能源法奠定了良好的制度基础。

3)科学发展观的思想和可持续发展的观念深入人心,在可再生能源法草案征求意见过程中,国务院及有关部门、地方人大和政府以及有关企业,尤其是农村和偏远地区的干部群众,对发展可再生能源和制定可再生能源法,给予了肯定和支持。

4)国际可再生能源立法的成功经验为我国可再生能源立法提供了很好的借鉴。因此,根据我国实际情况,运用法律手段推进可再生能源的开发利用,不仅是必要的,而且是可行的。

3.9 我国可再生能源立法的目标和方向

我国可再生能源立法的目标和方向可以归纳为以下几点:

（1）有利于消除可再生能源发展的市场障碍

通过制定发展总量目标,明确可再生能源发展的市场空间,明确所有市场主体可以平等地参与可再生能源项目投资和建设,要求垄断企业为可再生能源产品的市场准入提供方便,达到消除可再生能源发展的市场障碍的目的。

（2）有利于建立可再生能源建设的资金保障体系

要求国家继续加大农村能源建设的资金投入,用于农村能源基础设施的建设,特别是用于解决西部偏远地区无电人口的用电问题。在继续发挥国家投资主渠道作用的同时,发挥各种社会公益组织的作用,多渠道筹措资金,扩大可再生能源项目建设的资金来源。在国家投融资体系中建立可再生能源专项资金,用于可再生能源的研究开发、标准制定、资源勘察、投资补助和价格补贴等。探索通过多种渠道和措施建立可再生能源发展基金,为可再生能源的大规模发展进一步提供资金保障。

（3）有利于营造可再生能源的市场发展空间

采取政府政策鼓励和市场机制结合的方式,通过拉动可再生能源的市场需求,促进可再生能源技术进步和产业化发展。2010

年之前,主要采取政府项目招标、可再生能源强制市场份额、法定收购价格等政策,为可再生能源技术建立政府保护之下的市场需求,2010年之后形成竞争性的可再生能源市场。

（4）有利于建立完备的工业体系

为了实现可再生能源的商业化发展,国家鼓励发展和建立完备的可再生能源技术装备制造体系,在高科技和重大技术装备开发项目中安排可再生能源技术专项,吸引企业积极参与,提高可再生能源技术装备的科研和创新能力,并把建立可再生能源技术装备产业,作为提高就业和增强能源技术领域综合竞争力的重要手段。

（5）有利于提高可再生能源的战略地位

通过可再生能源立法,明确可再生能源在长期能源发展中的战略地位、政府的职责和全社会的义务。要求国家在电力体制改革、投融资体制改革、环境立法等方面充分考虑促进可再生能源技术商业化发展的需要,建立必要的经济激励政策,鼓励可再生能源技术的商业化发展。重点研究分散电源发展的经济性、可行性和政策方面的共性问题,在试点基础上,实现跳跃性发展,为分散电源的发展和利用提供政策体系的支持。

（6）有利于建立促进可再生能源发展的文化氛围

立法要加强全民能源短缺、珍惜资源和保护环境的教育,提高全社会利用可再生能源的自觉性。政府机构要率先使用可再生能源;鼓励大型企业利用可再生能源,并积极投入可再生能源的技术开发、装备制造和可再生能源生产;通过实施绿色能源自愿使用行动计划,逐步形成新型的能源消费观念。

3.10 我国可再生能源立法的基本思路和原则

开发利用可再生能源是一项长期的任务,由于其技术尚在发展之中,市场竞争力还不强,必须通过政府推动和市场引导相结合的方式才能促进其发展。

（1）国家责任和全民义务相结合的原则

世界各国把可再生能源的开发利用作为满足现实能源需求和解决未来能源问题的重要的战略技术选择。从大多数国家的经验来看,明确发展可再生能源是国家的责任,而开发利用可再生能源所形成的额外费用需要通过全民承担的方式来解决,才有可能大规模地开发和利用可再生能源。在立法中吸收了国外的成功经验,确立了国家责任和全民义务相结合的原则。在总则和主要章节明确了国家在促进可再生能源开发利用方面的责任,以及全民分摊的原则。这是可再生能源法的核心和各项制度的基础。

（2）政府推动和市场引导相结合的原则

在我国现阶段,政府是开发利用可再生能源的重要推动力量,但是,政府推动发展可再生能源的目的是加速其实现商业化和规模化,政府的职责应主要体现在营造市场、制定市场规则和规范市场等,通过市场机制引导和激励市场主体开发利用可再生能源。立法要对政府在推动可再生能源开发利用的责任方面做出具体的规定,同时对政府在规范市场、促进竞争等方面的职责做出相应的规定。这些规定要有利于促进可再生能源领域的市场竞争机制的形成,引导市场主体积极投入到可再生能源的开发利用中。

（3）现实需求和长远发展相结合的原则

开发利用可再生能源一方面可以满足我国现实的能源需求,更重要的是满足未来能源供需平衡的要求。在立法中要因地制宜,因势利导,在推进可再生能源成熟技术推广应用的同时,还要着眼未来,加强前沿技术的研究与开发,为未来可再生能源大规模开发利用提供技术支撑。

（4）国内实践和国际经验相结合的原则

在利用法律手段促进可再生能源开发利用方面,许多发达国家已经有了成功的经验,我国也在某些领域进行了有益的探索和积极的实践。在法律草案主要内容的设置和核心条款中,都体现了国际经验和国内实践相结合的原则。例如实行具有中国特点的可再生能源总量目标制度,规定能源生产或消费中可再生能源的比例,可再生能源发电费用分摊等规定,都吸收了我国在其他领域立法方面的探索和实践。在规定国家责任和公民义务时,既借鉴国际经验,也充分吸收我国在环境保护立法方面的成功实践。

3.11 我国可再生能源立法的制度建设

根据国际经验和国内实践的情况,经过反复的论证和推敲,可再生能源法主要考虑了5项制度的建设:

（1）总量目标制度

可再生能源产业是一个新兴产业,处于商业化发展的初期,其开发利用存在成本高、风险大、回报率低等问题,投资者往往缺乏投资的经济动因,因而可再生能源的开发利用不可能依靠市场自发形成。对这种具有战略性、长期性、高风险、低收益的新型基础产业,在尊重市场规律的基础上,必须依靠政府的积极推动,而政府推动的主要手段是提出一个阶段性的发展目标。一定的总量目标,相当于一定规模的市场保障,采用总量目标制度,可以给市场一个明确的信号,国家在什么时期支持什么、鼓励什么、限制什么,可以起到引导投资方向的作用。因此可以说,总量目标制度是可再生能源法的核心和关键,是政府推动和市场引导原则的具体体现。

（2）强制上网制度

实施强制上网制度,是由可再生能源的技术特性和经济特性决定的,可再生能源具有间歇性的特点,电网从安全和技术角度甚至自身的经济利益出发对可再生能源发电持一种忧虑和排斥的心态。在现有技术和经济核算机制条件下,大多数可再生能源的产品(例如风力发电和生物质能源发电)还不能与常规能源产品相竞争。因此实行可再生能源电力强制上网制度,是在能源销售网络实施垄断经营和特许经营的条件下,保障可再生能源产业发展的基本制度。实行强制上网制度,可以起到降低可再生能源项目交易成本、缩短项目准入时间、提高项目融资的信誉度等作用,有利于可再生能源产业的迅速发展。

（3）分类电价制度

可再生能源商业化开发利用的重点是发电技术,制约其发展的主要因素是上网电价。由于可再生能源发电成本明显高于常规发电成本,难以按照电力体制改革后的竞价上网机制确定电价,在一定的时期内对可再生能源发电必须实行政府定价。随着电力体制改革,实施发电竞价上网,是电力市场改革的正确方向。因此对于可再生能源发电,需要建立分类电价制度,即根据不同的可再生能源技术的社会平均成本,分门别类地制定相应的固定电价或招标电价,并向社会公布。投资商按照固定电价确定投资项目,减少了审批环节;电网公司按照发电电价全额收购可再生能源系统的发电量,减少了签署购电合同的谈判时间和不必要的纠纷,从而降低了可再生能源发电上网的交易成本。

（4）费用分摊制度

可再生能源由于受技术和成本的制约,目前除水电可以与煤炭等化石能源发电相竞争外，其他可再生能源的开发利用成本都比较高,还难以与煤炭等常规能源技术相竞争。可再生能源资源分布不均匀,要促进可再生能源的发展,需要采取措施解决可再生能源开发利用高成本对局部地区的不利影响，想办法在全国范围分摊可再生能源开发利用的高成本。费用分摊制度的核心是落实公民义务和国家责任相结合的原则,要求各个地区,相对均衡地承担发展可再生能源的额外费用，体现政策和法律的公平原则。建立和实施费用分摊制度,地区之间,企业之间公平负担的问题可以得到有效的解决，从而促进可再生能源的大规模发展。

（5）专项资金制度

缺乏有效和足够的资金支持一直是可再生能源开发利用中的一大障碍,而可再生能源开发利用能否持续发展,在一定程度上取决于有没有足够的持续的资金支持。建立费用分摊制度主要解决了可再生能源发电的额外成本问题，其他可再生能源开发利用的资金"瓶颈"仍需要通过专门的渠道解决。建议应该在中央和地方两级财政设立可再生能源专项资金，专门用于费用分摊制度无法涵盖的可再生能源开发利用项目的补贴、补助和提供其他形式的资金支持，将有利于促进可再生能源技术的迅速和均衡发展。

"十二五"时期能源发展问题研究

韩文科 李 际 朱松丽 刘静茹 高 虎 高世宪 张有生 杨玉峰 杨 光

1 获奖情况

本课题获得 2010 年度国家发展和改革委员会宏观经济研究院优秀研究成果二等奖。

2 本课题的意义和作用

本课题总结分析了"十一五"我国能源发展的主要成就、存在的问题、面临的形势,研究提出了"十二五"时期能源发展的总体思路、目标和政策建议,对能源发展的一些重大问题,如能源安全、煤炭资源整合、电力发展、天然气价格改革、节能与提高能效、能源环境与控制温室气体排放、能源科技、可再生能源等重大问题进行了深入的调查和研究,并提出了具体措施与建议,为我国政府部门编制能源规划和制定相关政策提供有价值的参考。

本课题明确提出"十二五"时期我国能源发展的具体目标:能源需求总量控制在约 40 亿 t;一次能源消费结构中煤炭的比重下降 2~3 个百分点,非化石能源的比重提高 2~3 个百分点;能源强度下降 15%~20%;二氧化硫排放量降低 10% 左右,氮氧化物排放量降低 10% 以上,二氧化碳排放强度下降 20% 以上(较 2005 年降低 35% 以上)。明确提出统筹国内外两个大局、以保障能源供应和安全为基本出发点,加快发展非化石能源和清洁能源技术,大力调整和优化能源结构,进一步推进节能和提高能效、提升能源科技创新能力和体制机制,加强安全稳定经济清洁的现代能源产业体系等能源发展基本思路。

本课题的创新点及与国内外处于领先地位的同类成果的对比特点主要表现在以下五个方面。

(1)创新性。首次提出我国要控制能源消费总量的思路;首次探索"十二五"阶段性二氧化碳排放强度目标;首次提出 2015 年非化石能源比重目标;首次提出 2015 年节能目标。

(2)综合性。全面系统地研究分析了我国能源发展面临的国内环境和国际挑战,在总体分析的基础上,梳理甄别出关系"十二五"我国能源发展的八大重点问题,进而提出总体思路、目标和政策建议。

(3)定性和定量相结合。应用我所自主开发的中国能源监测模型和预测预警模型数据平台,分析现状、跟踪趋势、预测未来,并在此基础上首次提出了我国要控制能源消费总量的思路。利用因素分解分析方法,定量分析能源效率提升和能源结构优化对二氧化碳排放强度的降低,确定了"十二五"二氧化碳排放控制目标。

(4)重点突出。突出科技进步在转变经济发展方式中的重要性,强调制定国家能源外交战略作为国家能源战略和国家外交战略的重要组成部分。

(5)注重政策的连贯性。对能源领域的一些政策效果进行跟踪分析,有利于今后政策措施的不断丰富和完善。

3 本课题简要报告

"十一五"以来,我国能源发展取得了巨大成就,成为世界第一大产能国,能源供应全面紧张的局面得到缓解,但能源发展中存在的一些深层次矛盾和问题进一步凸显。"十二五"时期是我国能源发展方式转变的关键时期,在全球掀起的以低碳发展为核心内容的第三次能源变革对我国能源发展提出新的机遇和挑战。为此,有必要分析研究"十二五"时期能源发展的一些重大问题,为制定"十二五"能源专项规划提供参考依据。

本报告在分析总结了我国"十一五"时期能源发展取得的主要成就和存在的主要问题的基础上,对"十二五"时期国内外环境和面临的主要挑战进行梳理,针对能源安全、煤炭资源整合、电力发展、天然气价格改革、节能减排目标、温室气体控制目标、关键性能源技术、可再生能源发展等八大问题展开深入调查和研究,明确了"十二五"时期能源发展总体思路、目标和发展重点,提出了具体的政策、措施建议。

3.1 "十一五"能源发展主要成就和问题

"十一五"以来,我国能源发展取得了令世界瞩目的成就。突出表现在:能源基础设施进一步完善,能源供给能力持续增强,清洁能源快速发展,节能减排有效推进,能源装备和科技水平大大提升,能源体制机制改革取得新进展,国际能源合作取得重大成就。

能源发展中依然存在许多深层次的矛盾和问题,集中表现在以下几个方面:

第一,资源环境约束与不断增长的能源需求之间的矛盾日益加大。尽管我国的能源资源相对丰富,但资源禀赋条件较差、优质资源缺乏,国内能源产量特别是优质能源产量远赶不上需求的增长,能源供需缺口不断加大,2009 年我国的三大类化石能源全部成净进口,能源安全问题越来越突出。长期大规模、高强度的能源资源开发给资源地带来严重的生态环境问题。国内能源生产和消费以煤为主,煤炭清洁利用水平较低,环境污染严重,我国已是世界上二氧化碳和二氧化硫排放量最大的国家。

第二,能源利用水平有待进一步提高。我国大型煤矿综合采掘装备、煤炭液化技术核心装备需要引进,瓦斯抽取和利用技术落后,矿井生产系统装备整体水平低。重大石油开采加工设备、特高压输电设备、先进的核电装备还不能自主设计制造。可再生能源、替代能源技术研发相对滞后,氢能及燃料电池、分布式能源等技术研发刚刚起步,高耗能、高污染、低效率能源利用技术还很广泛。技术的落后,制约了效率的提高,从总的能源效率看,按官方汇率计算的我国 2008 年单位 GDP 能源消耗是世界平均水平的 2.4 倍。

第三,能源管理体制、机制还不完善。煤电矛盾尚未从根本上有效解决,能源市场化改革相对滞后,资源型产品价格改革步履维艰;能源法律法规还不能适应发展与改革的需要,能源发展中的战略性、重大性和综合性问题超前研究不够,宏观调控和监管体系等方面还有大量问题需要解决。

第四,能源对外依存度越来越高。我国原油对外依存度从 1993 年以来一路攀升,2009 年突破 50%。积极引进天然气境外资源,进口天然气不断增大。2008 年,煤炭从净出口国成为净进口国,2009 年煤炭净进口量突破 1 亿 t。

第五,能源储备体系不健全,安全生产存在隐患。我国石油储备能力很低,天然气储备尚未进行。天然气调峰能力弱。煤炭安全生产形势依然严峻,矿难事故频发,煤矿瓦斯爆炸等重特大事故未能得到有效遏制。电力系统抗风险能力有待进一步提高。

3.2 面临的形势和挑战

3.2.1 面临的形势

(1)世界低碳化的第三次能源变革。世界正在酝酿低碳产业的技术创新,低碳经济将成为经济增长的主要推动力,推动世界经济结构的转型与变革,成为新型的生产和生活方式。我国正处在世界第三次能源变革当中,能源资源环境矛盾突出,需转变我国能源发展的传统理念和思路。

(2)国际环境复杂多变,利用境外能源资源难度加大。21 世纪以来,能源资源国加强了对能源资源的控制,能源资源国有化进一步增强;能源资源战略属性、金融属性、特征进一步显现;世界主要能源资源地的民族矛盾、宗教矛盾、政治矛盾日益突出,恐怖主义对能源运输通道的安全威胁日益严重,我国利用国外能源资源的安全风险进一步加大。

3.2.2 主要挑战

经济社会持续发展对保障能源供应和安全提出了更高要求。"十二五"时期是我国能源发展的一个极其重要的时期,经济社会持续增长将使一次能源消费总量再上一个大台阶,到"十二五"末期,我国的一次能源需求总量将达到 40 亿 tce,能源供需缺口将进一步加大,油气对外依存度进一步上升,保障供应和安全将面临巨大挑战。

经济社会转型和人民生活富裕对能源供应和服务质量提出更高要求。"十二五"时期，随着经济社会向着注重民生、增强社会保障能力的方向发展和人民整体富裕程度的提升，人们需要更灵活、更高效的能源供应和服务，对能源行业提出更高的要求。

能源行业可持续发展和能源多元化、清洁化、低碳化既面临机遇也面临挑战。经济社会发展的进一步转型会给能源行业的可持续发展增加动力和创造条件，推动能源行业转变发展模式、更加注重保护环境。但是，能源行业自身的可持续发展需要从体制机制、行业结构、产业布局、企业管理和治理结构等方面进行深层次的改革，推进这些改革往往阻力重重。

3.3 总体思路和发展目标

总体思路：以邓小平理论和"三个代表"重要思想为指导，深入贯彻落实科学发展观，统筹国内外能源发展两个大局，以保障能源安全为基本出发点，加快发展非化石能源和清洁能源，大力调整和优化能源结构，进一步推进节能和提高能效，强化生态环境保护，提升能源科技创新能力，进一步完善体制机制和政策措施，推进安全、稳定、经济、清洁的现代能源体系建设。

总体目标：能源保障能力显著提高，能源结构优化取得进展，资源节约型、环境友好型的能源生产与消费格局初步形成，现代能源产业体系、现代能源市场体系和现代能源科技创新体系基本建立。

具体目标：一次能源消费总量控制在 40 亿 t 左右；一次能源消费结构中煤炭的比重下降 2%～3%，非化石能源的比重上升 2%～3%，达到 12% 左右；能源效率进一步提高，万元 GDP 能耗再下降 15%～20%；二氧化硫排放量再降低 10% 左右，氮氧化物排放量降低 10% 以上，万元 GDP 的二氧化碳排放强度下降 20% 以上（较 2005 年降低 35% 以上）。

3.4 若干重要问题

3.4.1 能源安全问题

我国能源安全面临的风险主要表现在：国际石油市场变化、煤电运矛盾、国内能源环境和应对气候变化问题对我国经济社会发展和能源安全造成的影响。

我国进口来源多元化程度不够，主要来源于目前国际局势动荡的中东和非洲；运输通道相对单一，过分依赖马六甲海峡，给石油海上运输带来很大的潜在风险；国际原油价格受地缘政治、美元汇率、游资炒作等非供求关系因素影响，价格严重脱离价值，我国对国际市场价格话语权有限，被动接受高油价；进口石油外汇支付大幅增加，通过传导引起国内物价上涨，威胁经济健康持续发展；美国等一些发达国家加强对世界石油资源的控制，排挤我国，围绕着能源资源的竞争日趋激烈。

我国煤电运三者之间的关系多年一直处于失衡状态，供不应求和供过于求现象交替发生。由于煤炭行业和电力行业市场化改革不同步，煤、电矛盾进一步凸显。近年来，国家从理顺煤电价格机制出发，连续出台各种政策，试图解决煤电矛盾，然而，实际执行效果并不理想，没有从根本上解决煤电问题，并相继陷入了困境。

近年来气候变化问题持续升温，以欧盟为代表的西方发达国家日益将全球变暖问题政治化，并有意将矛头指向以中国、印度、巴西为代表的新兴发展中国家。从世界政治经济发展的大趋势来看，我国未来必将承担与自身国际地位相适应的责任和义务，在全球气候变化问题上面临越来越大的国际压力。

应对能源安全风险的主要对策有：节能减排，努力建设"两型"社会；立足国内，加强对外，确保油气供应和安全；调整政策，理顺体制机制，切实解决煤电运矛盾；强化自主创新和产业化发展，加速发展可再生能源和替代能源；尽快制定我国能源外交战略、尽快形成能源外交协调机制、尽快提高能源企业的能源外交意识，改善我国国际能源安全环境。

3.4.2 煤炭资源整合与有偿使用问题

长期以来，我国煤炭工业发展存在的主要问题有：安全生产形势严峻，矿区生态环境破坏严重，资源配置不合理，资源浪费与破坏严重等，这些问题产生最主要原因是煤炭产业集中度低、小煤矿数量多、管理混乱，必须大力推进煤炭资源整合和有偿使用。

煤矿资源整合的基本思路：按照科学发展观的要求，以国家煤炭产业发展政策为指导，以国家大型煤炭基地建设为依托，以建立现代化的安全高效矿井为目标，以"政府引导、市场推动、企业主体"的方式，按照"科学规划、合理布局、优化结构、能力替换、有偿出让"的方针，稳步推进煤矿资源整合，合理开发利用和有效保护煤炭资源,维护煤炭资源国家所有权权益,实现煤炭资源有偿化使用。同时,要切实维护投机者的合法利益,兼顾地方政府、当地居民的既得利益,促进煤炭产业持续、健康、安全、稳定发展,促进煤炭产业与地区经济社会协调发展。

开展煤炭资源整合与有偿使用的主要措施与建议包括:完善相关法律和法规,为煤矿资源整合保驾护航;建立采矿权益共享机制,妥善处理好各种利益关系,保持经济平稳发展和社会稳定;加大舆论宣传力度,为资源整合创造良好的施行环境;坚持以政府为主导,以大中企业为主体,发挥市场对资源配置的基础性作用;因地制宜,区别对待,稳步推进;打击矿权非法交易和多层转包,建立煤炭成本的完全核算体系;制定煤矿现代化建设标准,确定企业的社会责任,加快煤炭企业配套改革。

3.4.3 电力发展问题

"十一五"以来,我国电力工业快速发展的同时,存在着诸多问题和矛盾,如:电源结构、电网结构不合理,煤电运矛盾突出,电力发展与节能减排的矛盾,电价机制矛盾,体制性障碍等。"十二五"突出问题主要表现在:

为实现 2020 年非化石能源占一次能源消费比重达到 15% 的战略目标,需要大力调整和优化我国电力结构。按照这个目标倒推,2015 年需实现水电 2.5 亿 kW,风电 0.7 亿 kW,核电 0.3 亿 kW,其他可再生能源发电 0.25 亿 kW。水电和风电发展成为决定目标能否实现的关键。移民、生态环境、水电价格机制、市场接纳、资源合理优化配置、区域电源选择和布局等问题影响水电又好又快发展。风电进一步规模化发展并网问题突出,风电资源丰富的西北、东北和华北地区更为突出。电力行业"上大压小"节能减排难度增大,随着西部地区火电空冷机组装机容量的不断增大、长距离输电比例的提高,电力系统节能减排压力增大。

基本思路:按照电源与电网协调发展的总体要求,统一规划电源和电网建设,加强电网建设和调峰电源能力建设;加强管理创新,推进"上大压小"、发电权交易和节能发电调度;尽快出台新的电力设计标准,从源头上解决能源的浪费。进行电价机制、体制改革试点,稳步推进电力体制和电价改革,理顺煤电矛盾,促进电力行业协调健康发展。

政策建议:统一认识,将低碳目标纳入电力发展规划之中;改

进行行业管理,促进节能减排;深化体制改革,完善价格体制;建立政策支持机制和相关配套机制。

3.4.4 天然气价格改革问题

天然气定价机制不合理、价格偏低是我国天然气健康发展面临的最主要问题之一。现行天然气定价机制存在的主要问题:没有反映市场经济条件下商品定价的基本原则;与天然气产业链的发展不协调,管输费价格和配售价格缺乏统一规范;天然气价格体系弹性差。

天然气定价机制改革的基本思路:由政府定价为主转向市场定价与政府管制相结合,改革天然气价格结构,实行天然气生产、净化、输送、配送分开核算,单独计价收费,根据天然气产业链不同环节的特点逐步实行不同的定价方式,建立起与天然气产业特点和市场经济发展要求相适应的定价机制。

天然气定价机制改革设想:井口价格与可替代燃料的价格相关联,价格水平随市场供需等因素变化进行调整,逐步实行市场竞争定价;输、配送服务费按成本加成定价,并由政府进行有效监管。

简化出厂价格分类,规范价格管理。将现行按用途的分类定价方法逐步调整为按用气特点进行分类;理顺价格水平,建立国产天然气价格与可替代能源价格挂钩的动态调整机制;坚持以市场为导向,逐步放松对井口价格的政府管制。

管输定价要逐步采用"两部制"收费方式,按用户的高峰期需求收取的"管道容量费"和按实际提气量收取的"管道使用费"。在条件合适时可对大工业用户采用高峰低谷定价,有效缓解用气高峰和低谷差,提高供气系统的利用率。

以成本加成为基础制定天然气配送服务费,制定基本统一的成本构成和费率测算标准,制定不同的最终用户价,加强费率监管和成本监审,建立浮动价格机制。

政策建议:完善天然气价格结构,引导天然气利用方向;积极推进天然气能量计价,促进能源结构调整;弱化政府定价职能,建立天然气监管机构。

3.4.5 节能目标及对策问题

"十一五"期间,我国节能取得了前所未有的辉煌成就,但仍然存在一些不可忽视的问题,主要有:认识尚未完全到位,配套法

规不健全,政策机制不完善,管理体制不顺,能力建设滞后。

"十二五"时期节能目标:继续把单位GDP能耗下降作为定量的约束性指标。

基本思路:完善节能降耗长效机制,努力推动结构调整,进一步挖掘淘汰高耗能行业的落后产能,继续严格控制"高耗能、高污染"项目的上马,加大资金投入,更多依赖于技术进步节能,加强节能管理,继续实施更加严格的建筑节能设计标准,扩大实施的覆盖面,建立合理高效的交通服务体系。

措施与建议:继续实施严格的目标责任制和考核制度;实施更多的以市场为基础的激励政策;落实节能降耗长效机制;继续抓好重点用能单位节能降耗工作,推动产业技术进步;推动中小企业节能降耗;强化节能管理;完善节能新机制;尽快建立我国建筑用能统计制度;全面推广实施建筑能效标识;理顺节能管理体系。

3.4.6 控制温室气体排放的目标和对策

我国政府明确提出到2020年二氧化碳排放强度比2005年下降40%~45%。目标的确立和复杂的国际谈判形势为"十二五"控制温室气体排放提出了明确要求,同时也不可避免地产生了新挑战,主要表现在:如何确定阶段性目标,排放强度目标的统计、监测和考核体系缺失,如何应对国际社会的核查要求。

"十二五"时期温室气体排放控制目标:二氧化碳排放强度降幅不低于同期能耗强度的降幅,到2015年二氧化碳排放强度应比2005年降低35%以上,比"十一五"末降低20%以上。

基本思路:按照全面贯彻落实科学发展观的要求,控制温室气体排放工作应与实施可持续发展战略、加快建设资源节约型和环境友好型社会、建设创新型国家结合起来,将温室气体控制工作纳入国民经济和社会发展总体规划,依靠节能降耗和发展低碳及非化石能源,降低二氧化碳排放强度,推动低碳发展。

措施和建议:以节能降耗为主要依托,降低二氧化碳排放强度;发展低碳和非化石能源,严格控制煤炭消费增量;借助已有的能源统计、监测和考核体系,逐步开展省级排放强度的统计和考核;进一步加强国家信息通报能力建设工作;通过优化清洁发展机制(CDM)项目结构、优先推广使用过程中的清洁和替代技术、循序渐进应用和推广重大技术等措施,关注温室气体排放控制与区域环境问题缓解的协同效应;深化合作,树立负责任的国际形象,创造良好发展环境。

3.4.7 关键性重大能源技术问题

"十二五"时期我国急需取得进展的关键性能源技术问题主要有:煤炭工业技术和装备水平问题,以页岩气为代表的非常规油气资源勘探开发技术急需突破问题,高效清洁发电机组技术面临全面国产化问题,以智能电网为导向的电力系统整体效率和安全性问题,核能领域中压水堆国产化等问题。

目标和工作重点:发展深部矿井开采和中西部地区煤炭资源开采的地质保障系统及开采技术、高产高效现代化矿井关键技术、重大瓦斯煤尘爆炸事故的预防与控制、煤矿突发性灾害监测及防治技术。在以页岩气为代表的非常规油气资源勘探开发技术方面有所突破,全面提高采收率并降低成本,早日利用页岩气等非常规油气资源。大力推进超临界/超超临界燃煤发电机组技术国产化,实现煤炭的经济、高效、清洁利用。加强智能电网建设,推进在更大区域实现资源优化配置,满足各种电源电力送出和用户对优质、低价电力供应的需要,特别要加大对可再生能源发电的消纳能力。在先进核能技术的发展中投入科学技术的基础研究、应用技术研究;真正掌握第三代核反应堆的国产化设计和制造能力,突破国产压水堆的大发展难题。

3.4.8 可再生能源问题

我国已经确立的二氧化碳减排强度和非化石能源比重这两个约束性指标对可再生能源的发展提出了更高的期望和要求,使得"十二五"将成为我国可再生能源发展的关键时期。

"十一五"以来,虽然我国可再生能源产业发展呈现出良好的发展势头,但除水能、太阳能热利用、沼气等之外,大多数新兴技术的可再生能源产业仍处于发展的初期,可再生能源产品成本较高,市场竞争力较弱,未来规模化发展还面临着一定的挑战,主要表现在:市场成熟度低,保障能力不足;政策体系不完善,措施不配套;技术研发投入不足,自主创新能力较弱;产业体系薄弱,配套能力不强;资源评估不深入,限制了规模化发展。

总体目标:建立初步适应大规模可再生能源发展的电网等重大基础设施体系,推动可再生能源装备制造业的壮大和升级,促进可再生能源市场的不断扩大,争取在2015年将非化石能源在能源消费中的比重提高到 12% 左右。

重点任务和目标:重点发展发电技术,规模化发展风电,适度发展生物质发电,太阳能发电作为补充。积极且稳妥地发展液体燃料技术,利用相对较成熟的非粮作物和植物生产液体燃料的技术进行规模化生产,开展纤维素乙醇等第二代生物燃料技术的研发。因地制宜地发展可再生能源供热和燃气技术,发展和普及沼气技术、太阳能热水技术、地源热泵技术以及生物质颗粒技术和分布式供能技术。2015 年风电装机达到 7 000 万 kW,光伏发电装机达到 500 万 kW 左右,生物质发电装机合计约为 2 000 万 kW,生物液体燃料使用量达到 500 万 t,其中车用燃料乙醇和生物柴油使用量分别达到 400 万 t 和 100 万 t。

主要措施:重视支撑可再生能源规模化发展的电网等重大基础设施的建设和规划;抓紧可再生能源装备产业的壮大和升级;加快推动某些关键可再生能源技术的项目示范及推广;加强可再生能源技术基础性研究能力和创新能力的培养;进一步完善相关的配套政策体系。

3.5 政策建议和保障措施

3.5.1 继续坚持节能优先,设定新的节能目标,强化节能措施

继续坚持节能优先发展方针,设立定量化的国家节能目标,把节能工作分解到各个行为主体,凝聚力量,强化措施,切实推动节能工作。继续明确提出单位 GDP 能耗下降 20% 左右的约束性指标,实施严格的目标责任制和考核制度,制定并实施更多的激励政策,完善和落实节能降耗长效机制,抓好重点用能单位节能降耗工作,推动中小企业节能降耗,完善节能投融资新机制,尽快建立我国建筑用能统计制度,全面推广实施建筑能效标识制度。

3.5.2 制定严格的减排措施,减缓温室气体排放增势

必须明确温室气体减排目标,以节能降耗为主要依托,降低温室气体排放强度,借助已有的能源统计、监测和节能考核体系,逐步开展省级排放强度考核。进一步加强国家信息通报能力建设工作,统筹控制温室气体排放与缓解区域环境问题,深化合作,树立负责任的国际形象。

3.5.3 推进大型能源基地建设

按照"科学布局、优化结构、和谐发展"的要求,以建设特大型现代化煤矿为主,推进 13 个大型煤炭基地建设。启动新疆准东、伊犁和吐哈大型煤炭基地建设的工作。遵循"适度超前、合理布局、厂网协调"的原则,推进大型煤电基地建设。按照"挖潜东部、发展西部、加快海域、开拓南方"的开发思路,加快建设油气基地。加快核电基地建设步伐,加强中部内陆地区核电选址等前期工作。按照流域梯级滚动开发方式,在保护环境的前提条件下建设大型水电基地。重点开发西北、华北和东北的"三北"以及东部沿海地区,加快风电基地建设。

3.5.4 进一步完善能源基础设施

继续做好"三西"煤炭外运通道、北方沿海煤炭装船码头扩能改造。加大云贵煤炭基地、蒙东煤炭基地煤炭外运通道建设力度,启动"疆煤外运""疆煤入川渝"等运输通道可行性论证与建设工作。加强油气输送管网建设,逐步形成全国油气骨干管网和重点区域网络。配套建设国外石油天然气进口管道、码头和液化天然气进口接受站,配套建设天然气地下储气库。构建合理分层分区、电压等级功能定位明确、结构合理、发展协调安全的输配电系统,充分发挥电网优化配置资源的作用,构建高效、集成、灵活的现代供电体系。

3.5.5 进一步优化电源和电网结构

优化电源结构。努力提高清洁能源发电比重,大力发展水电,加快发展核电,积极发展风电、太阳能等可再生能源发电,根据资源供应情况发展天然气发电,尽量减少新增燃煤发电;优化电源布局。在西部能源资源富集地区积极建设大型煤电基地和大型水电基地,加强电网建设,发挥电网资源优化配置的能力;提高可再生能源并网能力,将低碳发展纳入电力发展规划,同步规划电网、水电、核电、风电、火电发展,科学制定水电、核电、风电等可再生能源发电、高效火电等技术的发展目标、规模和布局。

3.5.6 推进核电规模化建设

初步建立具有国际竞争力的现代核电工业体系。推进核反应堆主设备设计、主系统设计和主设备制造三方面的结合,使我国逐步成为大型核电站的设计、制造大国;切实搞好核电发展规划,合理确定核电发展规模,明确建设重点,优化项目布局,优先考虑

沿海能源资源短缺、经济承受能力强的地区,形成若干个国家核电基地;实行引进与自主开发相结合,注重消化吸收,提高核电的自主开发能力,形成自主化的核电工业体系。完善核电安全法规和制度,严格安全执法和监督,加强核事故应急体系建设,确保核电安全平稳运行。

3.5.7 加快水电建设步伐

加大重点流域的开发力度。积极推动金沙江、雅砻江、大渡河、澜沧江和怒江 5 个开发程度较低的流域大型水电建设步伐,形成西南水电能源基地;维护国家水资源主权,从国家战略出发,抓紧国际河流的水电开发规划,加快国际河流的开发利用。坚持因地制宜开发农村小水电和农村水电代燃料工程建设。完善水电开发移民补偿制度,建立有效的移民长效补偿机制。

3.5.8 大力发展可再生能源

进一步加强风能资源的评价,落实千万千瓦基地布局;支持并逐步建立具有自主知识产权的风电产业体系,形成零部件和整机制造完整的产业链;开发高效的中小型生物质直燃/气化发电技术装置,在资源丰富区建立集中式生物质发电模式,在广大农村地区逐步建立分散的生物质发电产业;加大能够突破太阳能光伏发电成本限制的高新技术的研究开发力度,适度发展太阳能光伏发电;积极且稳妥地发展液体燃料技术;因地制宜地发展可再生能源供热和燃气技术;着力解决太阳能热利用与建筑结合问题,推广建设大中型沼气工程。

3.5.9 加强能源科技自生创新,初步建立国内能源科技创新体系

加强节能技术、煤炭高效开采技术、油气资源勘探开发技术、洁净煤技术、先进核电技术、可再生能源规模化利用技术和电能及电力技术的研发,逐步建立国家主导的能源科技创新体系,初步形成关键技术自主创新能力和成套设备系统集成能力。在碳捕集与封存技术(CCS)、先进可再生能源技术等前沿领域,开展前期研究。着力突破一批重大成套装备,掌握一批具有自主产权的高技术装备的核心技术,提高重大技术装备的设计、制造和系统集

成能力,形成具有核心竞争力的重大产品和支柱产业。加强政府对能源科技创新的统一协调管理,加强能源科技创新不同阶段的衔接,强化企业在能源科技创新中的主体作用,完善科技条件平台与基础设施、社会资源平台建设;加强能源科技人才建设,积极开展能源科技国际合作。

3.5.10 加强能源国际合作

以发展中非新型战略合作伙伴关系为契机,继续强化与非洲国家的油气勘探开发合作。进一步扩大与中亚国家、中东国家、美洲国家和俄罗斯的油气资源合作,提高我国油气工程技术服务和装备的国际竞争力。增强对国际石油市场的影响力,培育我国参与国际油气贸易的"国家队",增强我国石油贸易的国际影响力和竞争力。积极维护海上油气运输通道安全。增进与马六甲海峡、霍尔木兹海峡等重要海上运输通道沿岸各国在海事、海运方面的信息、技术和安全保卫合作。

3.5.11 初步建立"绿色"能源价格税收体系,促进能源可持续发展

初步建立"绿色"能源财政价格税收体系,适时开征与能源环境保护相关的税,如能源税、燃油税、碳税等,增加能源税收的绿色调节功能,约束、引导能源生产和消费行为。适当提高排污费的收费标准,扩大征收范围,逐步将排污费改成污染税。理顺能源产品价格体系,建立新的价格形成机制,发挥市场在配置资源中的基础性作用。

3.5.12 加快政府职能转变,推进能源管理体制改革

转变政府职能、创新能源管理方式。逐步建立起与市场经济相适应的能源管理方式。按照"政监"适度分离的原则,加强能源市场监管机构建设。在能源综合管理部门的机构内,设立相对独立的能源监管机构。处理好能源部或国家能源局与其他相关部门的关系。清晰化部门间的管理边界、部门的管理权限,协调好能源综合管理部门与相关部门的关系。处理好中央与地方的关系,明确中央与地方各级政府的责任。

中国 2050 年低碳发展之路

——能源需求暨碳排放情景分析

戴彦德　胡秀莲　朱跃中　白泉　姜克隽　于胜民　徐华清

1 获奖情况

本课题获得 2010 年度国家发展和改革委员会优秀研究成果二等奖。

2 本课题的意义和作用

2.1 研究背景

2.1.1 气候变化已成为人类新世纪面临的现实威胁

全球气候变暖的事实和科学性正在被越来越多的人认识并接受，IPCC 综合评估报告认为，源于化石燃料使用导致的人为温室气体排放是导致全球气候变暖的主要原因。以气候变暖为特征的气候变化不仅改变自然系统的正常运行，而且还将撼动人类社会赖以生存的粮食、淡水等重要物质基础，进而威胁着人类的生存条件。气候变化还会给人类带来更多的直接经济损失，破坏上千年来经济社会发展所积累的人类文明成果。

2.1.2 气候变化对中国的影响和潜在的威胁巨大

根据 2007 年科技出版社出版的《气候变化国家评估报告》，气候变化对中国的影响和潜在的威胁是巨大的、不可逆转的、持久的。在气候变暖的大背景下，中国的干旱和洪涝灾害将增加，山地冰川普遍退缩，西部山区冰川面积在减少，水资源利用受到较大威胁，农业生产减产，海平面上升。全球变暖还将对中国的冻土、沼泽、荒漠产生影响。

2.1.3 气候变化将重塑国际经济政治关系

全球应对气候变化问题的共同努力，将促使国际贸易、国际政治规则发生变化，从而改变国际政治经济关系。各国在环境损害责任、发展的平等权利、减排义务分配、技术转移和资金补偿等方面的不同立场，将逐渐形成代表不同利益群体的政治集团，改变国际政治外交格局。气候变化将影响国际产业布局和国际贸易，国际产业转移承接国的负担将更大，排放权交易成为国际贸易的新领域。

2.1.4 气候变化将挑战经济社会发展和人类生活方式

气候变化问题虽然表现为环境问题，但归根结底是发展问题。化石燃料长期、大量消费导致的温室气体累积排放是当前气候变化的最主要原因。未来的经济增长面临着温室气体排放空间的约束，兼顾经济发展与低碳排放，必须要在经济增长方式上、产业结构上、要素投入上、能源结构上、科技创新上、体制机制上建立新的举措。

2.1.5 中国需要走出一条自己的低碳发展之路

可持续发展与应对气候变化是互相作用的关系，这种关系可以描述为：通向气候友好的途径是实现可持续发展目标，可持续发展是应对气候变化挑战的驱动力，尤其是对发展中国家更是如此。基于这样的认识，探索实现中国未来近半个世纪的可持续发展途径，特别是可持续能源发展途径，就是应对气候变化，减缓温室气体排放的途径。

2000 年以来中国经济发展和能源消费的实践表明，实现经济快速增长的基础是资源的高投入、能源的高消耗、能源利用的低效率和污染的高排放。这种落后的增长方式产生的直接后果是，能源浪费严重，环境恶化加剧，温室气体排放的增长速度加快，公众身体健康受到威胁,对国外能源供应依存度增大,对有利于节能的财税等相关政策的实施和体制革新的障碍增大等。这种不可持续的发展局面,不仅对实现2010年GDP能耗比2005年末降低20%的"十一五"节能规划目标面对挑战,也对实现"保障供应、节能优先、结构优化、环境友好、政府主导、市场推动"的国家可持续能源发展战略面对严重的挑战。

因此,探讨在未来近半个世纪的时间里,中国如何改变经济增长方式;如何确定、选择和实现新型工业化、城市化、全球贸易化和市场化的发展道路;如何提供经济、清洁、高效、可持续的能源保障供应系统;如何克服可能遇到资源、资金、机制等的各种障碍;在全球一体化的大背景下实现中国的可持续发展和温室气体的减缓排放,走出一条中国自己的低碳经济发展之路,实现邓小平同志在20世纪80年代初为中国描述的2020年和2050年的发展目标,是本项目研究的目的和意义所在。

2.2 中国30年经济社会发展与温室气体排放回顾与评价

2.2.1 中国改革开放30年成绩显著,但平均水平依然不高

改革开放30年来,中国经济社会发展取得长足进步,2008年中国GDP居世界三强之列。人民生活水平不断提高,城乡居民住房面积逐步改善,居民家用小汽车拥有量、冰箱、彩电、空调等耐用消费品比重稳步提高。但另一方面,中国发展的平均水平还较低,2008年人均GDP只有2.2万元人民币,不足3300美元。收入差距大,城乡差距大,地区发展不平衡等问题还非常明显。

2.2.2 中国仍未摆脱高消耗和高排放的传统发展模式

过去30年的发展历程表明,中国仍未完全摆脱高投入、高污染、高排放、低产出、低效益的传统工业化增长模式,并为此付出了很大的资源和环境代价。中国的能源消耗量从1978年的5.7亿tce迅速增加到2008年的28.5亿tce。特别是"十五"期间(2001—2005年),伴随着工业化、城市化进程的加速,中国能源需求出现了前所未有的高速增长,短短5年间,中国能源消费增量超过了改革开放头20年(1981—2000年)的总和。这种增长态势也使得中国的二氧化碳排放量迅速增长。1978年中国二氧化碳排放量为13.8亿t,2007年迅速上升到60亿t左右,1978—2007年,化石能源燃烧排放的二氧化碳年均增速达到5.2%。

2.2.3 中国若达到中等发达国家水平,服务需求将成倍增长

中国已经制定了"三步走"的经济发展战略,要求21世纪中叶达到中等发达国家水平。为了实现将中国建成现代化国家的目标,中国的人均GDP应保持长期的稳定增长,2050年达到人均2.5万美元左右,城市化率从目前的45%上升到接近80%。目前,中国特大城市的城市建设尚未彻底完成,大城市和中等城市的城市建设只完成了一半左右,为数众多的中小城市的城市建设尚未大规模启动,需求增长空间很大。此外,建设现代化国家还意味着高速铁路网、高速公路网等基础设施的成倍增长,道桥、港口、码头更多,工业品和消费品的生产规模更大、技术含量更高,各种服务更加便捷、完善。同时,人民的物质财富积累也要达到中等发达国家的相应水平,例如城市人均住宅使用面积要至少超过30 m²,千人汽车保有量从目前的33辆达到300辆以上,户均彩电、电脑、空调数量达到当前水平的2倍甚至更高。

2.2.4 中国实现低碳发展难度很大

西方发达国家的发展历程表明,当人均生活水平和质量达到现代化水平时,其人均能源消费量至少要在4 toe以上(美国甚至高达8 toe),人均二氧化碳排放量超过9 t(美国人均高达19 t二氧化碳)。从历史经验看,经济发展与人均二氧化碳排放增加呈现明显的正相关关系,英国、美国、日本、韩国在经济长期稳定发展阶段,其人均二氧化碳排放都曾急剧增加。2007年上海、北京、广东等经济发达地区的人均能源消费量已超过4 tce,人均二氧化碳排放量已接近发达国家水平。此外,中国以煤炭为主、缺油少气的资源禀赋决定了实现低碳发展难度很大。

3 本课题简要报告

3.1 研究方法

以2005年为基准年,2050年为目标年;应用展望与回望相结合、定性与定量相结合、由上而下和由下而上的模型方法相结合以及情景分析等方法,立足当前、着眼长远,探讨了气候变化的事实及其对人类的影响,全球应对气候变化的措施及其对未来经济社会的影响,及其对于中国的影响、挑战和机遇;诠释了影响中国未来实现"三步走"发展战略目标的各种驱动因素和限制因素,模

拟分析了这些因素对中国 2005—2050 年的经济社会发展、能源需求和二氧化碳排放的影响。

本研究的基本思路是：

（1）设定目标情景，描述情景特征。分析研究资源、人口、环境和全球变暖等各种限制因素，人均收入、全球化、城市化、工业化、市场化等驱动因素，以及影响能源供需的政策、技术、消费模式、金融财政体制、国际合作等因素的演变对中国 2005—2050 年社会经济发展的影响，设定不同时段的社会经济发展情景目标并描述其特征。

（2）设定能源服务量需求。针对不同情景，设计工业、农业、服务业、交通运输和居民等终端部门的能源服务量需求及相应的能源服务技术；基于各种能源的可获得性，设计可满足终端服务量需求的分品种的一次能源可供应量及相应的能源供应服务技术。

（3）选择能源服务技术，计算能源需求量和二氧化碳排放量。应用可计算的一般均衡模型（IPAC-CGE）校准并输出各情景的 GDP 及分部门增加值，模型通过建立部门增加值与产品产量的关

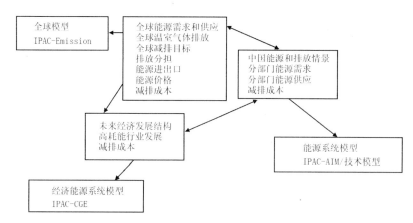

图 1　研究中应用的各模型的关联

联，向能源技术模型（IPAC-AIM）输出部门能源服务量。应用 IPAC-AIM 模型，通过对不同情景满足其能源服务量需求的能源服务技术进行优化选择，计算出各情景、不同时段的能源需求量和二氧化碳排放量。图 1 显示了 IPAC-CGE 模型与 IPAC-AIM 模型的关联。

表 1　四个情景的简要描述

情　景	描　述
基准情景	充分考虑国内发展的需求和愿望，假设 21 世纪中叶达到中等发达国家时人均能源消费量能够比目前能源效率最高的国家降低 10% 左右。经济发展遵循经济学普遍规律，在一定程度上仍延续发达国家工业化的历程，技术进步使得能源效率有一定提高，预计 21 世纪中叶人均能源消费水平量低于 2005 年能源效率最高国家的 10%，达到约 78 亿 t
节能情景	应充分考虑当前的节能减排措施，但不采取专门针对气候变化对策的情景。在该情景中，经济发展模式有一定转变；高耗能产品产量在近中期内保持较高水平；城市交通出行以方便、快捷为主，公共交通体系不很发达；节能装备制造业、核电和可再生能源产业有一定发展；技术减排重大技术突破不显著，碳捕获和储存(CCS)技术普及程度很低；节约型的生活方式和消费理念尚未深入人心，发展过程中没有完全杜绝先污染、后治理的现象，技术投入大
低碳情景	综合考虑中国的可持续发展、能源安全、经济竞争力和节能减排能力，主动努力改变经济发展模式，转变生产和消费方式、强化技术进步，属于尽力争取可能实现的低碳情景。该情景中，节能设备制造业、核电产业、可再生能源产业加快发展，并形成相当规模；同时对 CCS 技术有所运用，特别是在发电部门普及率较高；在中国经济充分发展情况下对低碳经济发展也有较大投入，基本上形成了节约型的生产、生活方式
强化低碳情景	进一步考虑国际合作，全球一致减排，实现较低温室气体浓度目标的情景。在该情景中，发达国家、发展中国家团结一致、共同努力，主要减排技术进一步得到开发，关键低碳技术获得重大突破，重大节能减排技术成本下降更快，并得到普遍利用。该情景中，中国的低碳能源获得较好的外部空间，在新技术的合作研发、资金投入方面朝着低碳方向发展，在利用国际优质能源品种，能源多元发展方面进展很顺利。同时，中国政府对低碳经济投入更大，在洁净煤技术和 CCS 等领域的技术方面也取得极大突破，特别是 CCS 技术利用大规模普及

3.2 情景设计

为便于进行情景研究,本课题组首先构想了参照情景(也称基准情景)。在基准情景的基础上,设计了节能情景、低碳情景和强化低碳情景。对四个情景的简要描述见表1,对节能情景、低碳情景和强化低碳情景的主要参数和特征描述列于表2。

表 2   情景主要参数与特征描述

	节能情景	低碳情景	强化低碳情景
GDP	实现国家经济"三步走"战略目标 GDP 年均增长速度: 2005—2020 年:8.8% 2020—2035 年:6% 2035—2050 年:4.4%	基本同节能情景	基本同节能情景
人口	2030—2040 年达到高峰,约 14.7 亿,2050 年为 14.6 亿人	同节能情景	同节能情景
人均 GDP	2050 年达到 20 万元,即约 2.5 万美元(以 2005 年不变价计算)	与节能情景类似	与节能情景类似
产业结构	经济结构有一定优化,2030 年后第三产业成为占据经济结构的主要成分,第二产以重工业为主	经济结构进一步优化,与目前发达国家的格局类似;新兴工业和第三产业发展快速,信息产业占据重要位置	与低碳情景类似
城市化率	2030 年 72%,2050 年 79%	与节能情景类似	与节能情景类似
进出口格局	2030 年开始初级产品出口的比重明显减少,高耗能产品以满足国内需求为主	2020 年开始初级产品出口的比重明显减少,高耗能产品以满足国内需求为主;高附加值行业和服务业出口明显增加	与低碳情景类似
国内环境问题	得到较好治理,但是仍然为先污染后治理,体现环境 KUZNETZ 曲线效果	得到较好治理,KUZNETZ 曲线的峰值和波谷有所缩小,从"∩"转向"⌒"	2020 年前得到治理,但前期仍没有完全摆脱"先污染后治理"的老路,KUZNETZ 曲线的峰值和波谷有所缩小,从"∩"转向"⌒"
能源使用技术进步	2040 年先进用能技术得到普遍应用,中国为世界技术领先者,技术效率比目前提高约 40%	2030 年先进用能技术得到普遍应用,中国工业和其他用能技术成为世界领先;同时中国也成为世界制造先进节能技术领先者,技术效率比目前提高约 40%	与低碳情景类似
非常规能源资源利用	2040 年之后需要开采非常规天然气,以及非常规石油	2040 年之后需要开采非常规天然气	基本不需要开采非常规石油、天然气

	节能情景	低碳情景	强化低碳情景
太阳能、风能等发电技术	2050年太阳能成本为0.39元/kWh,陆上风力田普及	2050年太阳能发电成本为0.27元/kWh,陆上风力田普及,近海风力田大规模建设	2050年太阳能发电成本为0.27元/kWh,陆上风力田普及,近海风力田大规模建设
核能发电技术	2050年装机容量约为3亿kW,生产成本从2005年的0.33元/kWh下降为2050年的0.24元/kWh	2050年装机约为3.5亿kW,生产成本从2005年的0.33元/kWh下降为2050年的0.22元/kWh,2030年之后第四代核电站开始进入大规模建设阶段	2050年装机达到4.2亿万kW,生产成本从2005年的0.33元/kWh下降为2050年的0.20元/kWh,2030年之后第四代核电站开始进入大规模建设阶段
煤电技术	以超临界和超超临界为主	2030年以超临界和超超临界为主,之后开始以IGCC为主	2020年开始以IGCC为主
CCS	不考虑	2020年开始示范项目,之后进行一些低成本CCS,2050年已经开始与所有新建IGCC电站相匹配	结合IGCC电站,全部使用CCS,同时钢铁、水泥、电解铝、合成氨、乙烯等行业采用CCS,2030年之后基本普及
水电利用	2050年装机4亿kW左右,发电量超过13 200亿kWh	2050年装机4.5亿kW,发电量超过14 850亿kWh	2050年装机4.7亿kW,发电量超过15 510亿kWh
居民生活方式	充分利用清洁能源,节能家用电器普及,农村生活用能转向商品能源	低碳、环境友好住宅广泛利用	低碳、环境友好住宅广泛利用
交通发展	快速发展,公交出行便利,大城市轨道交通完善	快速,公共交通网络完善,环保出行,轨道交通完善	100万以上人口城市以公共交通为主,小城市和农村以非机动车出行为主
交通技术	燃油经济性提高30%	燃油经济性提高60%	燃油经济性提高60%

3.3 模型模拟分析结果及主要发现

3.3.1 能源结构持续优化,能源需求量相对减少

模型模拟分析结果显示,到2050年节能情景、低碳情景和强化低碳情景的一次能源需求量将分别由2005年的22.46亿tce增加到66.9亿、55.62亿和50.22亿tce(见图2)。

伴随着2020年以后水电、核电、风电等一次电力的快速发展,强化低碳情景与低碳情景比节能情景的能源需求结构大为优化(见图3至图5)。以强化低碳情景为例,2050年由于石油、核能发电和天然气需求量、一次电力的增加致使一次能源需求结构与节能情景相比得到了进一步优化,其中煤炭比重比节能情景低了12.6个百分点。

强化低碳情景与低碳情景一次能源需求量所面临的挑战主

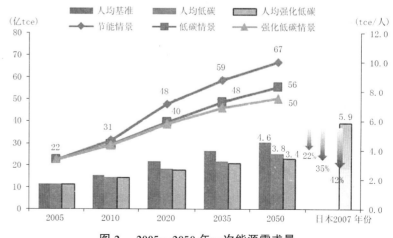

图2　2005—2050年一次能源需求量

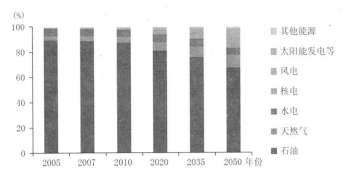

图3 节能情景一次能源需求量构成

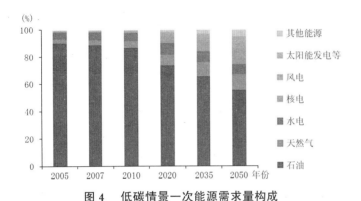

图4 低碳情景一次能源需求量构成

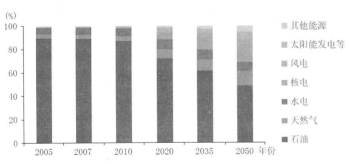

图5 强化低碳情景一次能源需求量构成

要是未来45年中,石油和天然气需求量的快速增长。在节能情景中,石油需求量从2005年的3.05亿t增加到2020年、2035年的7.8亿、10.2亿t,2050年的12.5亿t;在低碳情景中,石油需求量从2005年的3.1亿t增加到2020年、2035年、2050年的5.6亿、7.0亿和7.7亿t。

从能源需求弹性系数看:节能情景2005—2020年、2020—2035年、2035—2050年能源需求弹性系数分别为0.58、0.23和0.20;低碳情景2005—2020年、2020—2035年、2035—2050年能源需求弹性系数分别为0.44、0.22和0.21。强化低碳情景2005—2020年、2020—2035年、2035—2050年能源需求弹性系数分别为0.42、0.2和0.13。

3.3.2 电源结构优化,单位发电量能源消耗系数降低

由于优化了电源结构,2050年低碳情景每千瓦时电力的一次能源消耗系数比节能情景低了26.5%。

2050年节能情景和低碳情景的发电量由2005年的24 940亿kWh分别增加到106 649亿和98 572亿kWh,强化低碳情景的发电量为92 707亿kWh。节能情景2005—2020年、2020—2035年和2035—2050年发电量年均增长速度分别为6.3%、2.0%和1.6%;低碳情景2005—2020年、2020—2035年和2035—2050年发电量年均增长速度分别为5.6%、2.2%和1.6%。按照一次能源计算,2050年节能情景用于发电的能源总量为29.44亿tce,占一次能源需求总量的44.0%;低碳情景用于发电的能源总量为25.96亿tce,占一次能源需求总量的46.7%。强化低碳情景用于发电的能源总量为23.37亿tce,占一次能源需求总量的46.5%。

与节能情景相比,低碳情景2050年发电量构成中,煤电所占比重由44.1%下降到31.2%,在下降的12.9个百分点中,天然气发电、水力发电、核能发电、风能发电和太阳能发电分别贡献了0.7个、2.7个、5.2个、1.3个和3个百分点。2050年低碳情景终端能源消费量构成中电力占28.3%,与节能情景相比,高出3.1个百分点。

2000—2050年节能情景、低碳情景和强化低碳情景的发电量及发电量构成见图6至图8。

3.3.3 技术进步和能效提高导致终端能源消费量相对减少

由于技术进步和能源效率提高,2050年低碳情景终端能源需求量比节能情景降低17.6%;强化低碳情景终端能源需求量比低碳情景降低8.4%。从终端能源需求总量看,2020年、2035年和2050年低碳情景分别比节能情景减少6.5亿、8.3亿和8.6亿tce。2020年、2035年和2050年强化低碳情景分别比低碳情景减少了0.7亿、1.9亿和3.4亿tce。

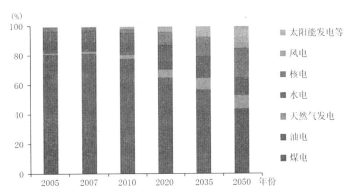

图6　2005—2050年节能情景发电量构成

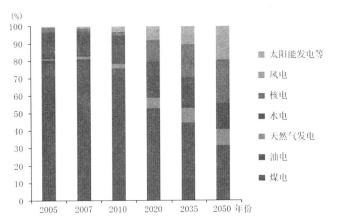

图7　2005—2050年低碳情景发电量构成

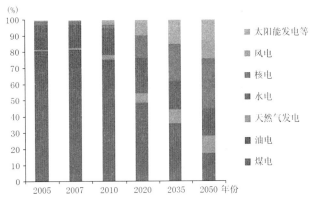

图8　2000—2050年强化低碳情景发电量构成

图9和图10给出了各种能源品种、各部门及工业部门内部

各行业对低碳情景终端能源需求量减少的贡献量。从能源品种的贡献看,石油的贡献最大,其次是煤炭、电力和热力,而在低碳情景中,液体替代燃料、天然气的快速发展使得其对终端能源需求为负贡献。从部门的贡献看,工业部门贡献最大,其次是交通部门、民用部门、服务部门和农业。从工业部门内部行业看,其他工业贡献最大,其次是非金属矿业制品、其他制造业、钢铁工业、化学工业等。模型模拟结果显示低碳情景2050年的主要高耗能产品的单耗均比2005年有较大幅度的下降,大部分产品单耗下降幅度在30%以上(见图11)。

3.3.4　GDP能源强度持续下降

伴随着技术进步、产业结构的升级换代以及能源结构的优化,以及管理效率的持续提高,总体而言中国未来的单位GDP能耗持续下降。根据模型计算的结果,2005—2050年,节能情景的能源强度(单位GDP能耗,下同)年均下降3.7%,而低碳情景、强化

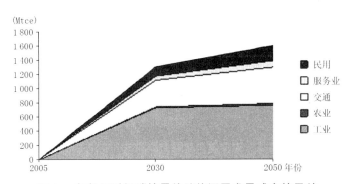

图9　各部门对低碳情景终端能源需求量减少的贡献

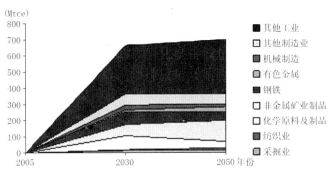

图10　工业内部各行业对低碳情景
终端能源需求量减少的贡献

低碳情景的能源强度年均下降率分别为4.1%和4.3%。图12显示了2005—2050年节能情景、低碳情景和强化低碳情景单位GDP能源强度变化趋势。

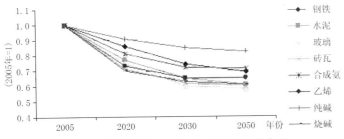

图11 低碳情景2050年的主要高耗能产品单耗变化指数

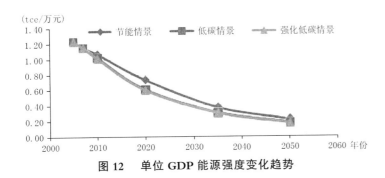

图12 单位GDP能源强度变化趋势

3.3.5 二氧化碳排放量2035年后呈下降趋势

情景分析结果显示,2050年节能情景、低碳情景和强化低碳情景的二氧化碳排放量分别为33.15亿t碳、22.9亿t碳和13.95亿t碳。

节能情景2005—2050年化石燃料二氧化碳排放量呈持续增长趋势,2005—2020年、2020—2035年的二氧化碳排放量年均增长率分别为4.7%和1.0%,2035年以后,碳排放量开始进入缓慢增长期,后15年中国的二氧化碳排放量基本维持32亿～33亿t-C的水平。

低碳情景2005—2050年化石燃料二氧化碳排放量虽然仍呈增长趋势,但进入2020年以后,二氧化碳的排放速度开始减缓。情景分析结果表明,2020—2035年,中国二氧化碳排放的年均增长率只有0.7%,而进入2035年以后,中国的二氧化碳排放量基

本上保持稳定并略有下降。

强化低碳情景2005—2050年化石燃料二氧化碳排放量大约在2030年达到峰值的22.3亿t碳,之后直到2050年呈快速下降趋势,2050年的排放量为13.95亿t碳。前25年年均增长速度为1.85%,后20年年均增长速度为-2.35%。三个情景的化石燃料二氧化碳排放量见图13。图14显示了三个情景单位GDP碳排放强度。从2005—2050年单位GDP碳排放强度年均下降的速度看,节能情景、低碳情景和强化低碳情景分别为4.2%、4.9%和6.0%。

情景分析结果表明,低碳情景的碳排放强度基本遵循了先高后低的态势,2005—2020年、2020—2035年、2035—2050年,中国碳排放强度下降幅度分别为5.5%、5.0%、4.3%;而2005—2020年、2020—2035年、2035—2050年的能源强度下降幅度分别为4.6%、4.4%和3.4%,之所以第3个15年(2035—2050年)碳强度下降幅度显著快于能源强度下降率,主要在于在此期间,低碳、无

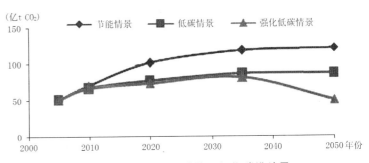

图13 中国能源活动的二氧化碳排放量

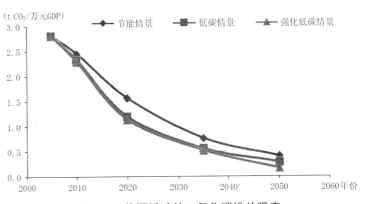

图14 能源活动的二氧化碳排放强度

碳能源的替代进程大大加速。与低碳情景相比,虽然强化低碳情景的能源需求变化不大,但碳排放快速下降,主要源于强化低碳情景设想 2030 年以后 CCS 技术开始大规模采用。

研究表明,当 2035 年左右中国全面完成工业化时,人均累积二氧化碳排放量可控制在 220 t 以内,甚至更低(见图 15)。作为一个国土面积广、人口基数大、发展基础差、为全世界提供大量产品的国家而言,以这么低的人均累积排放水平基本完成工业化和城市化必须要付出艰苦卓绝的努力。

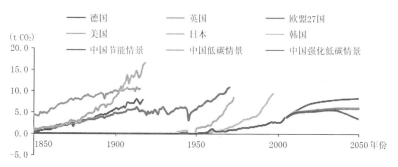

图 15　人均二氧化碳排放国际比较

3.3.6　实现低碳情景的优先技术领域和措施

模型模拟分析结果表明,实现低碳情景需要长时期,在广泛的领域实施技术创新、观念创新、消费行为创新和政策机制创新等。对于技术创新,主要包括在发电、工业节能、节能型消费品、交通运输和建筑节能领域实施和推广应用高科技、新材料、先进的工艺流程、节能和低碳消费品等。另外,也要注重推广应用诸如更先进的工业锅炉、窑炉以及保温等增量技术。对于政策机制创新主要如适应低碳发展的产业政策、制定更加严格的能源效率标准、低碳商品标准、实施碳税、制定鼓励建立低碳与能效市场的相关政策等。

3.3.7　实现低碳情景所需投入

为了实现低碳发展情景需要加大投入。与节能减排情景相比,低碳情景由于新能源、可再生能源发展较快,能源工业投资总需求略高于节能情景,2050 年约为 1.2 万亿元(见图 16)。全国的能源花费是另一个衡量一个国家投入的指标。一方面,由于节能低碳情景中终端能源需求量下降,导致花费减小,同时又由于增

加能源税和碳税后,能源价格上升会导致花费增加。图 17 给出了实现低碳情景终端部门能源利用技术进步导致的额外投资。这里包括了对公共交通系统和建设地铁等的投入。总之,要实现低碳发展情景,中国每年需要增加的额外投资将会超过能源工业年投资的总规模,其融资需求非常巨大。

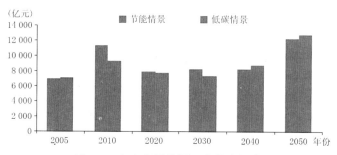

图 16　未来中国能源工业投资需求

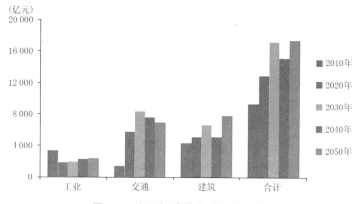

图 17　实现低碳情景的额外投资

4　主要研究结论

(1)中国要实现既定的经济社会发展目标,2050 年能源需求总量将成倍增长,其中工业部门能源需求和碳排放增速 2035 年后将逐渐减缓,建筑物和交通部门将逐渐成为能源需求和碳排放增长的主要贡献者;随着居民生活水平的不断提高,未来中国电力需求总量、人均用电量以及人均二氧化碳排放量也将明显上升。

(2)如果不采取特别强化的节能减排政策,2050 年中国能源

124

需求总量将达到 67 亿 tce,其中石油需求量将高达 12.5 亿 t,温室气体排放量将达到 122 亿 t CO$_2$,考虑到巨大的人口基数,虽然届时中国以比日本目前低 20% 的人均能源消费量实现了中国"经济三步走"的战略目标,但这么高的能源需求和碳排放量无疑将给中国的可持续发展以及全球能源市场、投资、环境保护乃至能源安全带来诸多严峻的挑战。

(3)采取针对性的措施,届时中国的能源需求总量和二氧化碳排放将发生重大变化。在低碳情景中,2050 年中国能源需求总量控制在 56 亿 tce,二氧化碳排放总量为 87 亿 t。如果国内采取更积极的措施,加大清洁能源的开发规模和速度,且碳捕获和储存(CCS)技术得到更大范围的应用,同时国际社会积极协助中国减排,中国 2050 年二氧化碳排放可大规模下降,从而为应对全球气候变化作出更大的贡献。

(4)选择合理的消费模式、转变经济发展方式和生产方式、大力推进技术进步、发展高效的能源供应体系是中国实现低碳能源发展的必由之路。中国要走上一条低碳能源发展道路,将取决于以下四方面的努力,一是引导合理需求;二是优化调整经济结构;三是加快技术研发和创新,推进终端用能部门能源效率水平的提高;四是建设高效、清洁、低碳的能源工业,构建清洁、高效的能源供应体系。

(5)要实现中国的低碳能源发展道路,各类节能减排途径需齐头并进,关键部门要重点突破,推进技术进步、发展低碳技术是节能减排的根本保障。研究表明,在不同的发展阶段,各类途径所起的作用、贡献和难度各不相同,其中选择合理的生活方式对减少能源需求的贡献度最大,预测期内的贡献度一直保持在 1/3 以上;2035 年以后,清洁高效的能源供应体系对减少碳排放的效果日趋显著,到 2050 年,其减碳贡献率接近 30%。

(6)如果大力发展低碳、无碳能源,显著提高能效水平,化石燃料需求可能会在 2040 年之前达到峰值,之后碳排放进入缓慢增长期。情景分析结果表明,中国未来经济社会发展及其碳排放变化将经历三个历史性的阶段,分别是能源需求和碳排放快速增长期阶段(目前至 2020 年)、能源多元发展初具规模阶段(2021—2035 年)以及二氧化碳减排关键阶段(2036—2050 年)。其中第二个阶段和第三个阶段最为关键。

(7)能源供应走多元化道路是推动能源低碳发展的根本要求,对减缓石油对外依存度、保障能源安全而言,大力发展燃料替代将是影响未来石油需求,特别是交通用油的重要因素。2020 年以后,逐步降低对化石能源的依赖,大规模开发、利用可再生能源和新能源,包括水能、风能、太阳能、核能、氢能及其他新型替代燃料,促进能源供应体系的升级和转型。

5 政策建议

第一,引导合理消费,抑制能源服务需求的急速扩张,形成合理的消费模式。不合理的消费不仅浪费大量资源,而且增加了生产的盲目性,增加二氧化碳排放。引导消费的具体做法包括鼓励小户型住宅,倡导减少私车出行等。

第二,优化供应结构,选择高效节能的生产和消费结构,转变经济发展方式和生产方式。满足同样的需求,既可以分散化地供应,也可以集约式地供应;生产同样的产品,既可以采取从原料到产品的一次性生产方式,也可以采用循环型的生产方式。与前者相比,后者往往能源资源利用效率更高,二氧化碳排放更少。优化结构的具体做法包括:加快发展地铁等公共交通,推广集中采暖,更多采用以回收废钢铁为原料的钢铁生产工艺等。

第三,加快技术研发和创新,提高终端用能部门能源利用效率。如果经济发展对资源需求的强依赖带有客观必然性,而且发达国家都曾经历过这一刚性阶段的话,那么能源利用的低效率则是不能容忍的。中国必须要加快能源利用效率的提高速度,尽早赶超世界最先进水平。具体做法包括:通过立法规定汽油车油耗水平下降目标,制定更严格的空调、电机系统能效标准等。

第四,建设低碳高效的能源工业。用核能和可再生能源替代化石能源,用低碳能源替代高碳能源,是中国能源发展的大势所趋,也是中国实现低碳发展的重要组成部分。能源工业低碳化的具体做法包括:加快发展核电,提高可再生能源的比重,加快发展二氧化碳捕获与封存技术等。

第五,制定和完善政策机制。从国家战略的角度重视气候变化问题,积极应对,抓住机遇,掌握主动,以外促内,推动中国经济社会的可持续发展;推动各地区把低碳经济纳入本地区的经济发展规划;拟定中国应对气候变化的中长期方案;加强政府对走低碳发展道路的支持和引导(发展规划、基础设施建设、投资和市场监管、科技研发等方面),加大投入力度、加强市场监管、提高服务水平。

第六,大力加强国际合作。利用国际合作机制实现碳减缓排放。能源领域高新技术的研究和技术转移是提高能源效率、改善能源结构的关键。在加大自主研发和产业化力度的同时,应加强在能源等领域的国际合作,引进先进技术和设备,积极参加双边和多边的国际合作计划,尽快缩小与国际先进水平的差距。积极参与并推进《联合国气候变化框架公约》框架下的技术转让和国际合作,引进资金和技术,积极开展与发达国家的CDM(清洁发展机制)项目合作。

藏东南水电能源基地开发对我国能源平衡和经济社会发展的作用分析

李俊峰　任东明　高虎　胡润青　王仲颖　时璟丽　张庆分　孟松　赵勇强　秦世平　陶冶　张正敏

1　获奖情况

本课题获得 2009 年度国家能源局软课题优秀研究成果二等奖。

2　本课题的意义和作用

2.1　课题评述

本课题从藏东南水电开发所具有的特殊性、复杂性、敏感性和争议性的实际出发,首次提出必须从维护祖国统一和西藏稳定的国家战略高度认识问题,建议积极为开发藏东南水电资源做好各项准备,充分体现了本研究的全局性、系统性和战略性特点。

在对全国及相关地区经济社会发展预测中,对各类预测方法和手段进行了比较分析,选择情景分析法确定经济增长率,采用 SPECTRUM 软件预测人口规模,最终确定了各相关地区产业结构变动情况和人均经济水平。

在对全国和相关地区未来电力需求预测中,采用了基于弹性系数法的改良预测方法,以经济社会发展情景分析预测为基础,对不同终端用电需求进行部门分析,对能源消费强度的时间序列变化趋势做出科学判断,最后推导出各目标年份电力需求总量。

利用情景分析法对未来藏东南水电资源潜力进行预测,得出藏东南水电基地具有资源丰富、储量集中、开发单一,蕴藏量巨大,是我国的战略能源储备区,适于大规模集中开发和跨区外送的结论。

通过对大量数据的统计分析,从全国经济发展形势对能源和电力的需求,全国能源供应形势对藏东南水电基地的需求和全国区域能源协调发展对藏东南水电基地的需求三个方面论证了藏东南水电基地在我国水电开发进程中将承担能源接续重任。

利用归纳方法集中讨论了藏东南水电基地开发将面临的水资源分配问题、生态环境问题、移民宗教问题和经济技术等重大问题。

本课题在国内关于藏东南水电开发研究方面首次进行了大规模综合研究,体现了理论和实际相结合、科研与决策管理相结合、技术分析与经济分析相结合、现实需求与长远发展相结合。评审专家和成果应用部门认为,本研究采用的方法正确,资料丰富、翔实、论据充分、观点明确,提出的建议合理、有说服力,是迄今为止国内本研究领域中首次开展的较全面和系统的科研成果。

2.2　应用情况

本课题研究涉及的藏东南水电开发问题一直是国内外争论的热点,客观认识和评价我国藏东南水电开发问题对开发利用我国藏东南地区丰富清洁的水电资源,提高我国能源安全,建设低碳经济,加速西藏地区经济发展,维护藏区稳定,正确处理开发与保护、区域间协调发展和国际水资源分配等问题具有重要的现实意义,课题成果对相关决策部门具有重要的参考价值。

本课题成果已分别提交全国人大环境和资源保护委员会、国家发改委、国家能源局、西藏自治区发改委等部门,引起了相关部门的重视,为国家出台和实施藏东南水电开发政策,促进西藏地区的发展和维护西藏地区稳定提供了重要的理论依据。同时也为西藏自治区政府制定区域发展规划和能源发展战略奠定了理论基础。

3 本课题简要报告

3.1 前言

西藏的水能资源丰富,是我国乃至世界少有的水电资源"富矿"。为了把西藏水能资源优势转化为现实的经济发展能力,同时以"藏电外送"形式为全国国民经济和社会发展作出贡献。在国家发展改革委的组织下,能源研究所组成了课题组,开展藏东南水电能源基地开发对我国能源平衡和经济社会发展的作用研究。

3.2 研究方法和技术路线

在现场考察的基础上,充分利用现有的资料,综合运用经济周期理论、经济增长 S 形曲线、经济成长轨迹分析和情景分析法对 2050 年中国经济增长进行了预测。并在此基础上运用改良的弹性系数方法对全国和相关地区的未来能源和终端电力需求进行了预测。从技术、经济和政策等综合角度进行藏东南水电资源开发潜力的分析和评价研究,基于可持续发展理论、循环经济理论、区域发展理论等分析了藏东南水电基地建设对我国国民经济社会发展的重大作用,探讨了藏东南水电基地开发建设所面临的重大问题,并提出了相关建议。研究的技术路线如图 1 所示。

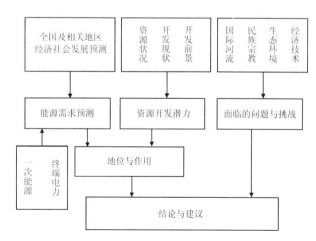

图 1 藏东南水电能源基地开发对我国能源平衡和
经济社会发展的作用分析技术路线图

3.3 全国及相关地区经济社会发展现状与预测研究

根据当前全球经济发展形势,本文对国内经济和社会发展面临的新形势进行了研判,分析了能源对未来经济社会发展中的作用,结合目前对国内经济发展预测的现有研究成果,基于产业结构变化的趋势,通过设定不同时期的经济增长率和三次产业增长率,采用情景分析法对全国及相关地区的未来经济社会发展的趋势、总量、人口、产业结构等进行了预测(见图 2)。预测研究结果表明:未来中国经济仍然将保持较快速度增长;人均 GDP 水平还将快速提高;产业结构也将不断升级;各相关地区的经济也将保持较快增长;人均 GDP 不断提高;产业结构持续升级;大多数省份的产业结构将经历从第二产业为主导向第三产业为主导的转变(见表 1)。

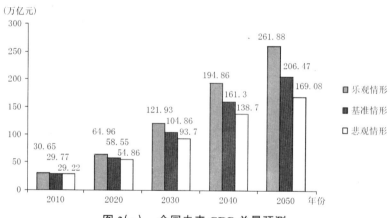

图 2(a) 全国未来 GDP 总量预测

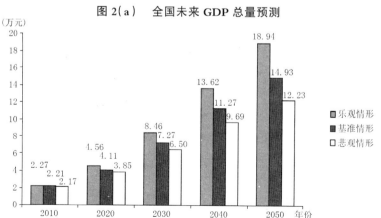

图 2(b) 全国人均 GDP 预测

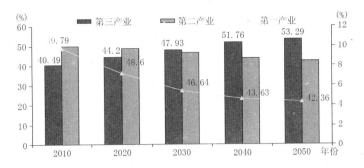

图2(c) 全国未来产业结构预测

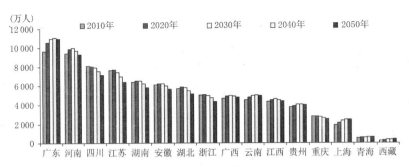

图2(g) 相关地区未来人口增长预测

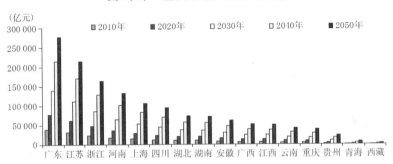

图2(d) 基准情形下相关地区GDP总量预测

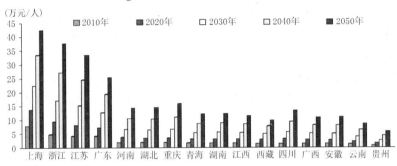

图2(h) 基准情形下相关地区人均GDP预测

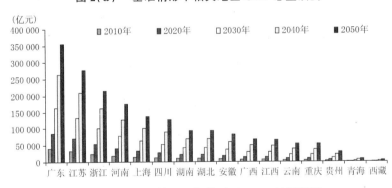

图2(e) 乐观情形下相关地区GDP总量预测

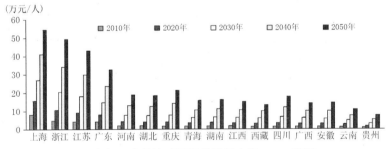

图2(i) 乐观情形下相关地区人均GDP预测

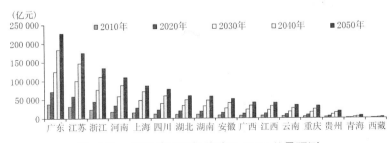

图2(f) 悲观情形下相关地区GDP总量预测

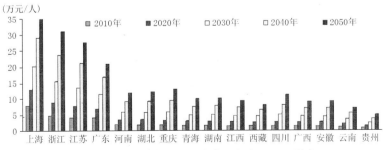

图2(j) 悲观情形下相关地区人均GDP预测

图2 全国及相关地区未来经济社会发展现状预测

129

3.4 全国及相关地区能源需求预测研究

以经济社会发展情景分析预测为基础,对不同终端用电需求进行部门分析,要考虑经济发展方式的转变和经济结构、产业结构、工业结构的调整变化,城市化的加快发展和人均生活用电水平向发达国家水平的不断接近的趋势,国家节能减排等政策的作用以及主体功能区规划框架下对未来能源消费格局的影响,对能源主要是电力消费强度的时间序列变化趋势进行判断,设定弹性系数,根据各部门预测结果加总得到各目标年份的电力需求情况。

基于上述考虑,本课题在对涉及的各省、自治区、直辖市的经济社会发展趋势、人口增长趋势、产业结构发展变化趋势等进行预测的基础上,以2005年为基年,分别预测2010年、2020年、2030年、2040年、2050年等目标年份的各地区分省终端电力需求。本课题在考虑了上述经济、社会、能源发展情景和国家政策作用的基础上,参考2000—2005年的电力需求弹性系数情况,考虑地区发展的不平衡和差异,设定了全国及相关地区2005—2010年、2010—2020年、2020—2030年、2030—2040年、2040—2050年的第一产业电力需求弹性系数、第二产业电力需求弹性系数、第三产业电力需求弹性系数、人均居民用电需求弹性系数。

在高、中、低三种经济发展情景分析预测结果的基础上,对全国及相关地区的一次能源需求总量按照能源需求弹性系数法进行计算。课题组考虑节能减排等政策因素以及产业结构变化等因素,对2005—2010年、2010—2020年、2020—2030年、2030—2040年、2040—2050年的全国及相关地区一次能源需求弹性系数进行了设定,并基于此对一次能源需求总量进行预测。预测研究结果如下。

(1)低方案

低方案如表2,表3,表4,表5所示。

表1　相关地区产业结构预测

| | 2010年 | | | 2020年 | | | 2030年 | | | 2040年 | | | 2050年 | | |
	一产	二产	三产	一产	二产	三产	一产	二产	三产	一产	二产	三产	一产	二产	三产
上海	0.67	48.17	51.16	0.4	46.91	52.69	0.25	44.18	55.57	0.18	41.4	58.42	0.16	39.76	60.08
江苏	5.49	56.62	37.88	3.57	56.04	40.39	2.46	53.98	43.57	1.82	49.45	48.74	1.6	45.73	52.67
浙江	4.45	54.2	41.35	3.06	52.53	44.4	2.24	49.31	48.45	1.77	46.02	52.21	1.54	44.21	54.24
湖北	12.27	45.2	42.53	8.55	45.62	45.83	6.29	44.33	49.38	5.13	43.07	51.8	4.69	42.12	53.19
湖南	14.58	42.39	43.03	10.76	42.41	46.82	8.15	42.79	49.05	6.92	41.6	51.48	6.39	41.16	52.45
河南	13.47	55.2	31.33	10.23	55.71	34.06	7.91	54.68	37.41	6.59	52.64	40.78	5.79	50.59	43.61
安徽	12.3	44.21	42.49	8.97	44.51	46.51	6.35	44.48	49.17	5.15	42.57	52.28	4.88	41.55	53.57
江西	13.72	51.33	34.96	10.21	52.2	37.59	7.77	51.92	40.31	6.32	50.3	43.37	5.97	48.9	45.14
广东	4.52	52.16	43.32	2.97	51.66	45.37	2.07	49.38	48.56	1.6	46.08	52.31	1.49	43.52	55
广西	17.75	40.48	41.77	13.48	41.98	44.54	10.42	41.58	48	9.22	39.77	51	8.84	38.85	52.31
重庆	9.46	43.59	46.95	5.87	44.44	49.69	3.88	43.59	52.53	2.93	41.96	55.1	2.41	40.34	57.25
四川	15.08	45.3	39.63	10.71	46.17	43.11	7.74	45.76	46.49	6.32	44.46	49.22	5.67	42.72	51.61
贵州	14.01	43.95	42.04	9.73	44.25	46.03	6.84	44.35	48.81	5.42	43.46	51.13	4.81	42.13	53.06
云南	16.28	43.18	40.54	12.47	43.52	44.01	9.66	43.22	47.12	8.2	42.4	49.4	7.82	40.8	51.39
西藏	13.19	30.06	56.75	8.8	32.73	58.47	6.14	33.09	60.78	4.95	32.68	62.37	4.67	31.74	63.58
青海	8.64	54.1	37.26	6.19	54.5	39.32	4.52	54.59	40.89	3.63	53.07	43.3	3.39	51.58	45.03

表 2　全国及相关地区一次能源需求总量
单位：万 tce

	2005 年	2010 年	2020 年	2030 年	2040 年	2050 年
全国	223 319	307 903.6	398 004.9	468 772.64	507 653.72	517 898.66
云南	6 023.969	8 062.839	10 422.25	12 384.512	13 518.535	13 846.507
贵州	6 428.604	8 927.567	11 450.36	13 566.12	14 779.008	15 122.465
四川	11 301.15	15 387.52	19 890.34	23 635.215	25 697.326	26 373.328
重庆	4 360.096	5 923.067	7 716.231	9 196.0851	10 018.267	10 292.071
广东	17 769.37	24 916.02	32 207.15	38 045.882	41 201.495	42 074.949
广西	4 980.644	7 125.123	9 246.105	10 986.925	11 921.834	12 186.727
湖南	9 110.112	12 375.67	15 872.85	18 695.139	20 205.622	20 613.391
湖北	9 850.474	13 417.83	17 344.27	20 428.189	22 078.696	22 524.265
上海	8 069.432	10 863.99	14 043.09	16 540.044	17 947.485	18 309.682
浙江	12 031.67	17 544.36	22 766.9	26 894.243	29 009.545	29 565.463
江苏	16 895.39	24 156.8	31 225.76	36 777.893	39 749.382	40 470.694
青海	1 670.218	2 384.493	3 094.3	3 698.6243	4 061.3762	4 176.5383
河南	14 624.6	21 464.49	27 745.61	32 775.524	35 564.489	36 354.699
安徽	6 517.139	8 782.242	11 307.99	13 397.447	14 566.339	14 875.139
江西	4 286.01	6 057.283	7 860.394	9 285.3801	10 095.505	10 309.526
西藏	19	27.943 32	32.331 11	35.608 756	37.277 176	37.783 143

表 3　全国及相关地区一次能源需求增速
单位：%

	2005—2010 年	2011—2020 年	2021—2030 年	2031—2040 年	2041—2050 年
全国	6.6	2.6	1.7	0.8	0.2
云南	6.0	2.6	1.7	0.9	0.2
贵州	6.8	2.5	1.7	0.9	0.2
四川	6.4	2.6	1.7	0.8	0.3
重庆	6.3	2.7	1.8	0.9	0.3
广东	7.0	2.6	1.7	0.8	0.2
广西	7.4	2.6	1.7	0.8	0.2
湖南	6.3	2.5	1.7	0.8	0.2
湖北	6.4	2.6	1.7	0.8	0.2
上海	6.1	2.6	1.7	0.8	0.2

续表

	2005—2010 年	2011—2020 年	2021—2030 年	2031—2040 年	2041—2050 年
浙江	7.8	2.6	1.7	0.8	0.2
江苏	7.4	2.6	1.7	0.9	0.2
青海	7.4	2.6	1.8	0.8	0.3
河南	8.0	2.6	1.7	0.8	0.2
安徽	6.1	2.6	1.7	0.8	0.2
江西	7.2	2.6	1.7	0.8	0.2
西藏	8.0	3.0	2.0	0.9	0.3

表 4　全国及相关地区电力终端消费总量
单位：kWh

	2005 年	2010 年	2020 年	2030 年	2040 年	2050 年
全国	24 940.39	48 667.14	61 976.75	80 104.22	89 053.84	90 697.43
西藏	13.50	28.71	40.40	55.24	62.91	64.43
云南	505.68	927.096 7	1 272.78	1 810.38	2 215.70	2 256.94
贵州	522.42	781.653 3	847.21	1 198.34	1 482.89	1 509.18
四川	847.37	1 392.351	1 671.00	2 364.12	2 914.07	2 929.96
重庆	322.67	398.404 4	586.27	879.02	1 141.49	1 147.61
广东	2 542.99	4 624.292	5 971.54	8 489.67	10 659.40	10 822.66
广西	471.96	8 018.077 3	954.15	1 352.98	1 645.34	1 666.82
湖南	615.59	943.660 3	1 272.14	1 819.78	2 260.76	2 248.30
湖北	804.41	1 221.433	1 437.25	2 026.47	2 465.04	2 443.33
上海	872.67	1 246.041	1 571.69	2 285.84	2 991.51	3 061.67
浙江	1 540.00	3 613.834	5 094.74	6 667.89	7 537.56	7 584.03
江苏	2 021.18	4 288.682	5 934.24	8 007.66	9 283.85	9 270.12
青海	206.55	350.264	364.71	509.79	613.32	630.07
河南	1 300.92	2 705.051	3 513.28	4 794.70	5 678.28	5 751.30
安徽	581.65	949.285	1 137.41	1 635.91	2 039.46	2 037.71
江西	378.14	605.614 4	1 022.37	1 448.21	1 798.74	1 816.76

表5　全国及相关地区电力终端消费增速

单位:%

	2005—2010年	2011—2020年	2021—2030年	2031—2040年	2041—2050年
全国	14.3	2.4	2.6	1.1	0.2
西藏	16.3	3.5	3.2	1.3	0.2
云南	12.9	3.2	3.6	2.0	0.2
贵州	8.4	0.8	3.5	2.2	0.2
四川	10.4	1.8	3.5	2.1	0.1
重庆	4.3	3.9	4.1	2.6	0.1
广东	12.7	2.6	3.6	2.3	0.2
广西	11.4	1.7	3.6	2.0	0.1
湖南	8.9	3.0	3.6	2.2	-0.1
湖北	8.7	1.6	3.5	2.0	-0.1
上海	7.4	2.3	3.8	2.7	0.2
浙江	18.6	3.5	2.7	1.2	0.1
江苏	16.2	3.3	3.0	1.5	0.0
青海	11.1	0.4	3.4	1.9	0.3
河南	15.8	2.6	3.2	1.7	0.1
安徽	10.3	1.8	3.7	2.2	0.0
江西	9.9	5.4	3.5	2.2	0.1

（2）中方案

中方案如表6,表7,表8,表9所示。

表6　全国及相关地区一次能源需求总量

单位:万tce

	2005年	2010年	2020年	2030年	2040年	2050年
全国	223 319	310 928.4	409 818.5	489 857.07	534 712.23	548 231.43
云南	6 023.969	8 141.995	10 731.54	12 941.272	14 238.723	14 657.076
贵州	6 428.604	9 015.383	11 790.56	14 176.564	15 566.967	16 008.375
四川	11 301.15	15 537.79	20 479.55	24 696.539	27 065.03	27 915.847
重庆	4 360.096	5 980.994	7 944.799	9 608.9755	10 551.4	10 893.949
广东	17 769.37	25 157.94	33 159.37	39 752.432	43 392.476	44 533.973
广西	4 980.644	7 194.93	9 520.226	11 480.555	12 556.672	12 899.851
湖南	9 110.112	12 496.93	16 343.82	19 535.804	21 282.426	21 820.502
湖北	9 850.474	13 549.37	17 858.71	21 346.561	23 255.065	23 843.026
上海	8 069.432	10 969.29	14 458.05	17 281.736	18 901.62	19 379.512

续表

	2005年	2010年	2020年	2030年	2040年	2050年
浙江	12 031.67	17 715.25	23 440.56	28 101.241	30 553.001	31 294.243
江苏	16 895.39	24 393.02	32 151.16	38 430.357	41 866.249	42 839.201
青海	1 670.218	2 407.825	3 185.998	3 864.718 1	4 227.5142	4 420.786 9
河南	14 624.6	21 675.15	28 568.88	34 249.218	37 459.53	38 483.315
安徽	6 517.139	8 868.087	11 643.16	13 999.342	15 341.932	15 745.522
江西	4 286.01	6 116.339	8 093.051	9 702.188 1	10 632.664	10 912.371
西藏	19	28.214 43	32.963 09	36.572 672	38.438 246	39.057 207

表7　全国及相关地区一次能源需求增速

单位:%

	2005—2010年	2011—2020年	2021—2030年	2031—2040年	2041—2050年
全国	6.8	2.8	1.8	0.9	0.3
云南	6.2	2.8	1.9	1.0	0.3
贵州	7.0	2.7	1.9	0.9	0.3
四川	6.6	2.8	1.9	0.9	0.3
重庆	6.5	2.9	1.9	0.9	0.3
广东	7.2	2.8	1.8	0.9	0.3
广西	7.6	2.8	1.9	0.9	0.3
湖南	6.5	2.7	1.8	0.9	0.2
湖北	6.6	2.8	1.8	0.9	0.2
上海	6.3	2.8	1.8	0.9	0.2
浙江	8.0	2.8	1.8	0.8	0.2
江苏	7.6	2.8	1.8	0.9	0.2
青海	7.6	2.8	2.0	1.0	0.3
河南	8.2	2.8	1.8	0.9	0.3
安徽	6.4	2.8	1.9	0.9	0.3
江西	7.4	2.8	1.8	0.9	0.3
西藏	8.2	3.2	2.1	1.0	0.3

表 8　全国及相关地区电力终端消费总量　单位:亿 kWh

	2005 年	2010 年	2020 年	2030 年	2040 年	2050 年
全国	24 940.39	49 854.43	67 690.97	89 645.71	100 847.48	103 221.58
西藏	13.50	27.32	43.81	61.40	70.75	72.82
云南	505.68	948.285 9	1 379.62	2 020.69	2 524.46	2 584.16
贵州	522.42	794.558 5	903.60	1 317.18	1 667.27	1 705.11
四川	847.37	1 418.299	1 786.05	2 608.02	3 290.77	3 323.52
重庆	322.67	403.664 8	622.21	966.48	1 290.58	1 303.33
广东	2 542.99	4 722.417	6 444.64	9 438.09	12 118.19	12 364.64
广西	471.96	822.320 7	1 017.66	1 488.80	1 851.88	1 885.00
湖南	615.59	960.478 3	1 360.61	2 010.74	2 561.87	2 558.89
湖北	804.41	1 242.867	1 533.74	2 232.85	2 780.36	2 767.34
上海	872.67	1 266.871	1 669.82	2511.15	3 376.32	3 473.37
浙江	1 540.00	3 705.501	5 592.33	7 513.55	8 623.80	8 718.88
江苏	2 021.18	4 391.946	6 476.01	8 980.34	10 593.36	10 627.91
青海	206.55	356.216 1	387.69	557.04	682.32	704.51
河南	1 300.92	2 763.07	3 802.91	5 335.69	64 31.60	6 545.99
安徽	581.65	966.872 8	1 215.28	1 804.49	2 307.13	2 315.42
江西	378.14	616.108 8	1 087.93	1 589.86	2 020.96	2 050.83

表 9　全国及相关地区电力终端消费增速　单位:%

	2005—2010 年	2011—2020 年	2021—2030 年	2031—2040 年	2041—2050 年
全国	14.9	3.1	2.8	1.2	0.2
西藏	16.8	4.1	3.4	1.4	0.3
云南	13.4	3.8	3.9	2.3	0.2
贵州	8.7	1.3	3.8	2.4	0.2
四川	10.9	2.3	3.9	2.4	0.1
重庆	4.6	4.4	4.5	2.9	0.1
广东	13.2	3.2	3.9	2.5	0.2
广西	11.7	2.2	3.9	2.2	0.2
湖南	9.3	3.5	4.0	2.5	0.0
湖北	9.1	2.1	3.8	2.2	0.0
上海	7.7	2.8	4.2	3.0	0.3
浙江	19.2	4.2	3.0	1.4	0.1

续表

	2005—2010 年	2011—2020 年	2021—2030 年	2031—2040 年	2041—2050 年
江苏	16.8	4.0	3.3	1.7	0.0
青海	11.5	0.9	3.7	2.0	0.3
河南	16.3	3.2	3.4	1.9	0.2
安徽	10.7	2.3	4.0	2.5	0.0
江西	10.3	5.9	3.9	2.4	0.1

（3）高方案

高方案如表 10,表 11,表 12,表 13 所示。

表 10　全国及相关地区一次能源需求总量　单位:万 tce

	2005 年	2010 年	2020 年	2030 年	2040 年	2050 年
全国	223 319	315 811.7	429 395.3	520 870.25	573 090.19	590 516.87
云南	6 023.969	8 253.734	11 222.24	13 733.588	15 230.613	15 756.449
贵州	6 428.604	9 174.985	12 378.38	15 103.977	16 717.255	17 277.189
四川	11 301.15	15 841.44	21 622.61	26 461.384	29 462.18	30 540.167
重庆	4 360.096	6 098.047	8 420.794	10 335.564	11 530.436	11 964.236
广东	17 769.37	25 646.76	34 870.77	42 423.996	46 769.771	48 240.027
广西	4 980.644	7 335.992	10 052.08	12 337.778	13 628.582	14 071.031
湖南	9 110.112	12 741.96	17 257.59	20 934.017	23 032.76	23 733.146
湖北	9 850.474	13 761.71	18 711.19	22 697.271	24 972.79	25 732.169
上海	8 069.432	11 182.05	15 322.1	18 586.2	20 449.563	21 071.399
浙江	12 031.67	18 060.57	24 843.42	30 224.661	33 189.022	34 164.161
江苏	16 895.39	27 870.37	34 078.35	41 338.139	45 302.622	46 587.198
青海	1 670.218	2 454.971	3 350.887	4 124.9359	4 610.922 4	4 789.1642
河南	14 624.6	22 100.84	30 283.47	36 843.064	40 697.664	42 018.903
安徽	6 517.139	9 041.552	12 341.17	15 058.573	16 667	17 190.945
江西	4 286.01	6 235.67	8 577.547	10 435.498	11 550.128	11 913.219
西藏	19	28.762 23	34.259 64	38.572 925	40.741 625	41.500 944

133

表 11 全国及相关地区一次能源需求增速

单位:%

	2005—2010 年	2011—2020 年	2021—2030 年	2031—2040 年	2041—2050 年
全国	7.2	3.1	1.9	1.0	0.3
云南	6.5	3.1	2.0	1.0	0.3
贵州	7.4	3.0	2.0	1.0	0.3
四川	7.0	3.2	2.0	1.1	0.4
重庆	6.9	3.3	2.1	1.1	0.4
广东	7.6	3.1	2.0	1.0	0.3
广西	8.1	3.2	2.1	1.0	0.3
湖南	6.9	3.1	2.0	1.0	0.3
湖北	6.9	3.1	2.0	1.0	0.3
上海	6.7	3.2	2.0	1.0	0.3
浙江	8.5	3.2	2.0	0.9	0.3
江苏	8.0	3.2	2.0	0.9	0.3
青海	8.0	3.2	2.1	1.1	0.4
河南	8.6	3.2	2.0	1.0	0.3
安徽	6.8	3.2	2.0	1.0	0.3
江西	7.8	3.2	2.0	1.0	0.3
西藏	8.6	3.6	2.4	1.1	0.4

表 12 全国及相关地区电力终端消费总量

单位:亿 kWh

	2005 年	2010 年	2020 年	2030 年	2040 年	2050 年
全国	24 940.39	51 799.95	77 864.33	105 657.85	120 274.35	123 720.10
西藏	13.50	30.56	51.48	75.75	88.61	91.65
云南	505.68	980.243 1	1 571.06	2 402.69	3 087.63	3 475.87
贵州	522.42	817.396 4	1 003.59	1 506.21	1 949.67	2 003.62
四川	847.37	1 470.276	2 012.18	3 030.02	3 938.92	3 997.09
重庆	322.67	414.478 2	701.22	1 128.43	1 589.89	1 612.67
广东	2 542.99	4 923.46	7 365.63	11 116.54	14 855.35	15 231.38
广西	471.96	851.389 6	1 143.85	1 731.85	2 214.16	2 264.61
湖南	615.59	994.845	1 541.93	2 361.18	3 106.47	3 115.87
湖北	804.41	1 279.313	1 708.81	2 571.95	3 301.93	3 298.84
上海	872.67	1 307.68	1 870.21	2 903.76	4 016.97	4 153.79
浙江	1 540.00	3 894.203	6 727.67	9 271.39	10 808.29	10 984.03

续表

	2005 年	2010 年	2020 年	2030 年	2040 年	2050 年
江苏	2 021.18	4 604.199	7 702.20	10 964.86	13 141.82	13 249.56
青海	206.55	368.384	430.97	637.07	796.07	826.12
河南	1 300.92	2 881.985	4 442.25	6 400.92	7 875.28	8 056.11
安徽	581.65	1 002.784	1 386.18	2 125.95	2 803.09	2 825.53
江西	378.14	637.544 7	1 232.53	1 859.04	2 433.45	2 481.04

表 13 全国及相关地区电力终端消费增速

单位:%

	2005—2010 年	2011—2020 年	2021—2030 年	2031—2040 年	2041—2050 年
全国	15.7	4.2	3.1	1.3	0.3
西藏	17.8	5.4	3.9	1.6	0.3
云南	14.2	4.8	4.3	2.5	0.3
贵州	9.4	2.1	4.1	2.6	0.3
四川	11.7	3.2	4.2	2.7	0.1
重庆	5.1	5.4	4.9	3.5	0.1
广东	14.1	4.1	4.2	2.9	0.3
广西	12.5	3.0	4.2	2.5	0.2
湖南	10.1	4.5	4.4	2.8	0.0
湖北	9.7	2.9	4.2	2.5	0.0
上海	8.4	3.6	4.5	3.3	0.3
浙江	20.4	5.6	3.3	1.5	0.2
江苏	17.9	5.3	3.6	1.8	0.1
青海	12.3	1.6	4.0	2.3	0.4
河南	17.2	4.4	3.7	2.1	0.2
安徽	11.5	3.3	4.4	2.8	0.1
江西	11.0	6.8	4.2	2.7	0.2

以中方案为例分析未来全国和相关地区能源和终端电力需求走势如图 3 所示。

(4)区域能源和电力需求

为了说明问题,本研究与"电力工业'十一五'发展规划及 2020 年远景目标研究""我国区域能源协调发展战略研究""2050

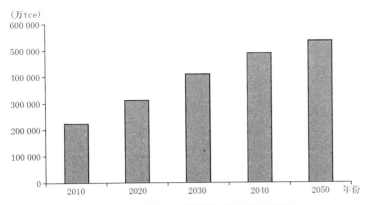

图 3（a） 全国一次能源需求总量趋势图

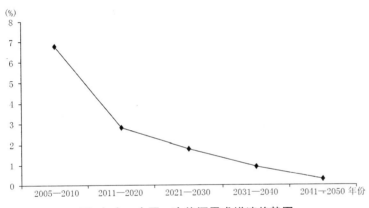

图 3（b） 全国一次能源需求增速趋势图

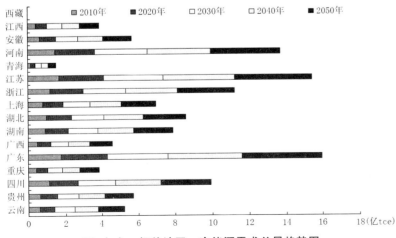

图 3（c） 相关地区一次能源需求总量趋势图

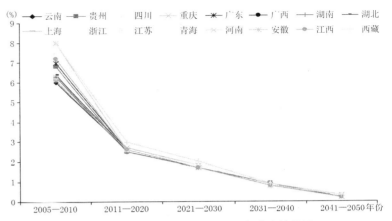

图 3（d） 相关地区一次能源需求增速趋势图

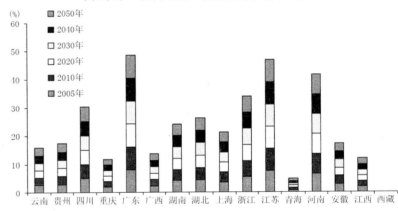

图 3（e） 相关地区一次能源占全国比重趋势图

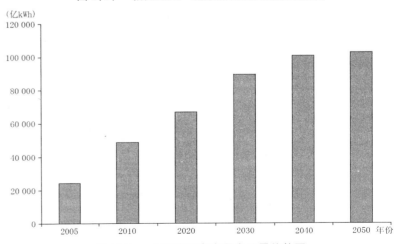

图 3（f） 全国终端电力需求总量趋势图

135

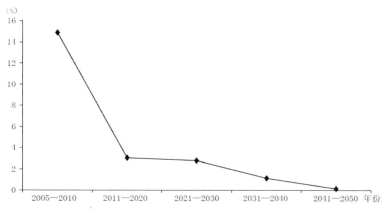

图3(g)　全国终端电力需求增速趋势图

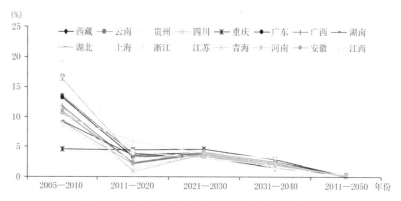

图3(j)　相关地区终端电力需求增速趋势图

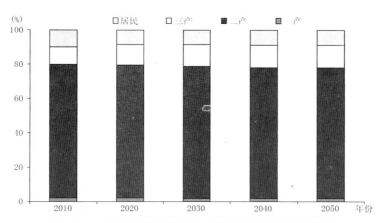

图3(h)　全国分部门终端电力需求总量及比重趋势图

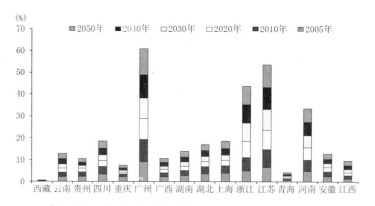

图3(k)　相关地区终端电力需求占全国比重趋势图

图3　全国和相关地区能源和终端电力需求走势图

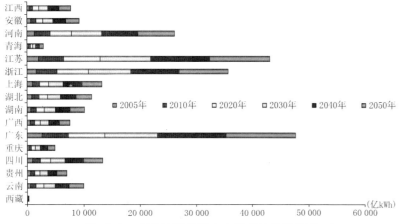

图3(i)　相关地区终端电力需求总量趋势图

年中国能源需求情景研究"等国内现有的研究预测结果进行比较分析。分析结果显示(表14,表15),现有研究成果的预测结果与本研究大体相近,但由于对趋势判断的基准和参数设定不同,以及考虑的因素存在差异等原因,此次预测结果与现有成果也略有不同。

3.5　藏东南水电基地开发潜力分析

西藏是我国水能资源十分丰富的地区,藏东南是西藏自治区水电资源的富集区,西藏自治区水能资源绝大部分集中在藏东南的雅鲁藏布江干流和怒江、澜沧江和金沙江"三江"干流。根据2003年全国水能资源的复查结果,雅鲁藏布江的理论蕴藏量为113 891.9 MW,占全区水能资源总蕴藏量的56.56%,雅鲁藏布江

表14 终端电力需求 单位:万亿 kWh								

	2020年			2030年			2050年		
	低方案	中方案	高方案	低方案	中方案	高方案	低方案	中方案	高方案
全国	6	6.7	7.8	8	8.9	10.6	9	10.3	12.4
华东	1.3	1.5	1.8	1.8	2.1	2.5	2.2	2.5	3.1
华中	0.9	1	1.1	1.3	1.5	1.7	1.6	1.8	2.3
南方	0.9	0.97	1.1	1.2	1.4	1.7	1.6	1.8	2.3

表15 一次能源需求 单位:亿 tce								

	2020年			2030年			2050年		
	低方案	中方案	高方案	低方案	中方案	高方案	低方案	中方案	高方案
全国	40	41	43	47	49	52	52	55	59
华东	9.6	8	8.7	11.4	10	10.5	12.6	11	11.9
华中	9.6	10	10.5	11.4	12	12.8	12.6	13.4	14.6
南方	6.3	6.5	6.8	7.5	7.8	8.3	8.3	8.8	9.5

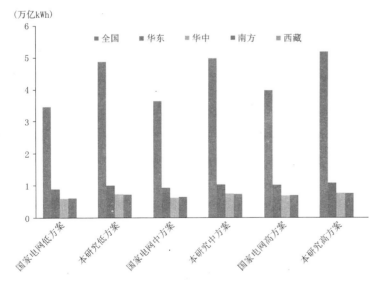

图4 与"电力工业'十一五'发展规划及 2020 年远景目标研究"比较（终端电力需求）

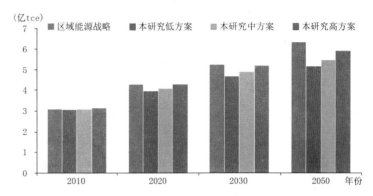

图5 与"我国区域能源协调发展战略研究"比较（一次能源需求）

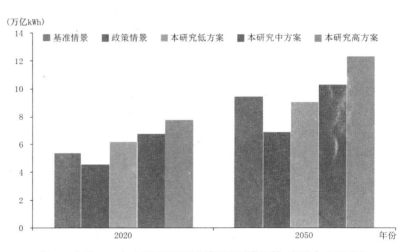

图6 与"2050 年中国能源需求情景研究"比较(终端电力需求）

水能蕴藏量仅次于长江,居全国第二位。怒江的理论蕴藏量为 26 587.3 MW,占全区水能资源总蕴藏量的 13.2%。澜沧江的理论蕴藏量为 9 038.9 MW,占全区水能资源总蕴藏量的 4.49%。藏东南的水能资源占西藏自治区水能资源的 89.8%,四大江西藏境内的水能资源蕴藏量占西藏自治区水能资源的 76.82%,其技术可开发装机容量占全区的 80% 以上。雅鲁藏布江、怒江、澜沧江、金沙江西藏境内的技术可开发量分别占全区的 61.7%、12.9%、5.8%、4.3%,资源量巨大且相当集中,干流梯级电站规模多在 1 000 MW 以上,个别为 10 000 MW 级的巨型电站,是全国乃至世界少有的水能资源"富矿",也是我国远景的战略资源。

通过分析藏东南水电资源的蕴藏量、技术和经济可开发量,结合目前的开发现状,以及设计未来开发方案,综合考虑到未来国际经济、政治、科技等发展形势为大背景,以及国内经济社会发展总体需求和未来我国能源供需形势和藏东南地区特殊的地理位置与自然环境,结合现有水电开发的科技条件,以及藏东南水电资源目前开发的进展和规划情况,本课题通过确定假设条件分别对藏东南水电开发远景进行了情景分析和预测。预测结果如下文所述。

3.6 藏东南水电基地建设的地位和作用分析

（1）藏东南水电基地建设的战略地位

无论是从经济社会的快速、可持续发展的需求角度,从能源安全供应、能源环境和谐发展等角度,还是从电力的清洁、可持续供应角度,藏东南水能资源的开发都存在着巨大的潜在市场需求。图 7 为第一种情景下藏东南水电基地远景建设,图 8 为第二种情景下藏东南水电基地远景建设,图 9 为第三种情景下藏东南水电基地远景建设。

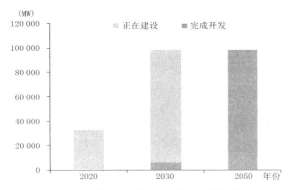

图 7（a） 第一种情景下的远景装机容量

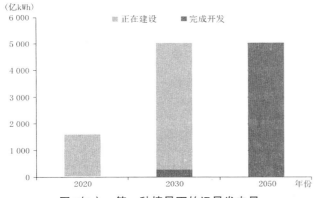

图 7（b） 第一种情景下的远景发电量

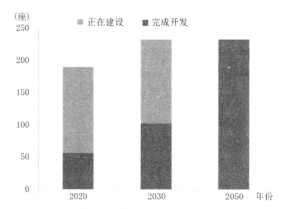

图 7（c） 第一种情景下的远景电站建设数量

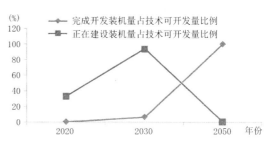

图 7（d） 第一种情景下的远景开发程度

图 7 第一种情景下藏东南水电基地远景建设

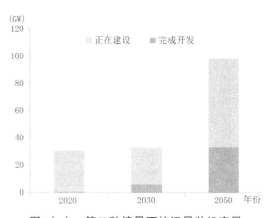

图 8（a） 第二种情景下的远景装机容量

同时,藏东南地区水电资源条件和战略优势也决定了它在我国未来总体水电能源供应中具有十分重要的战略地位,承担着未来为"西电东送"工程提供强大的电力供应保障的重要任务,担负

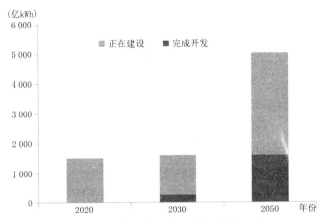

图 8(b)　第二种情景下的远景发电量

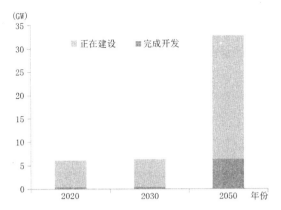

图 9(a)　第三种情景下的远景装机容量

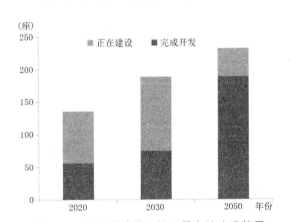

图 8(c)　第二种情景下的远景电站建设数量

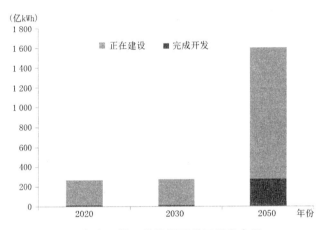

图 9(b)　第三种情景下的远景发电量

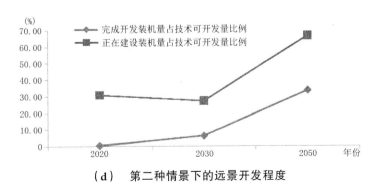

（d）　第二种情景下的远景开发程度

图 8　第二种情景下藏东南水电基地远景建设

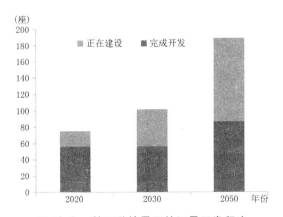

图 9(c)　第三种情景下的远景开发程度

着保障我国未来能源与电力可持续、接续供应的重要责任,充当

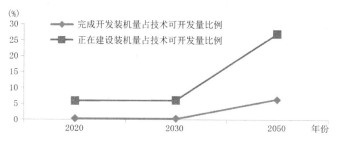

图9（d）　第三种情景下的远景电站开发程度

图9　第三种情景下藏东南水电基地远景建设

着未来我国水电开发战略接替的重要角色。

区域能源合作的进一步深入对藏东南水电资源提供了一个广阔的市场空间，"西电东送"工作的进一步开展也对藏东南水电基地的建设提出了迫切的要求。因此，藏东南水电能源的开发与外送不仅仅是被期望为一个电力资源跨区域调配工程，更是被看作一项立足于东、西部地区比较优势基础上，实现电力资源的空间优化配置，促进区域能源协调发展，促进区域经济协调发展，促进全国经济、社会、环境、资源可持续发展的重要战略工程。

（2）藏东南水电基地建设对全国社会经济发展的作用

1）保障电源地区能源供应，促进经济社会发展

一方面，西藏自治区具有优质能源少，能源资源地区间分布及不平衡，藏东南丰富而藏西北贫乏。目前，西藏电力主要靠水电，比重高达90%以上。城镇居民生活用电基本得到解决，但是广大农牧民还是主要依靠生物质能，消费差距巨大。藏东南水电基地的开发必然首先使西藏当地电力得到充足供应，同时也会使整个西藏地区长期以来主要依靠传统的生物质能的状况发生根本性的改变。

藏东南水电基地的开发对西藏的经济社会发展产生多层次的积极影响：可以加强西藏自治区基础设施建设，拉动地区经济发展；可以制造新的经济增长点，带动地方经济发展；改善移民生存环境，带动就业，促进经济社会和谐发展；有利于市场经济体系建设，促进资源优化配置；促进区域经济发展有利于保障西藏社会稳定；有利于当地生态环境的保护。

2）改善受电地区电力供应，促进能源环境和谐发展

我国能源结构主要是由火电、水电和核电组成。华东沿海地区的电源，主要是燃煤发电厂，特别是苏、鲁、沪三省市的电网属于纯火电网。从我国的能源资源情况和经济发展水平来看，这种格局不可能在短期内得到改变。这种格局带来了很多的问题：一是由于污染问题使环境保护的压力大增，二是运输的压力越来越大，三是由于环境问题的影响火电的造价成本增加。藏东南大容量的水电东送后，可以改变这些地区的能源结构，火电、核电、水电联合运行，使这些地区的电源结构更加合理。众多水电联网和水库合理调度，可代替抽水蓄能电站的功能，使电网运行更加灵活可靠。随着藏东南水电基地建设进程的深入，东部地区的能源结构将会出现一个多能互补、合理可靠、成本低廉的供电系统。

在促进经济社会发展方面，藏东南水电基地输送的电力不但可以直接促进受电地区的经济增长，还能够有效带动相关行业的发展，促进区域经济协调发展。

在环境效益方面，2030年，受电地区每年从藏东南水电基地接受的电力输入规模可以达到224.37亿kWh，相当于每年节约煤炭折合800万tce，减少二氧化碳排放约1 800万t，减少二氧化硫排放6万多t，减少氮氧化物排放5万多t。到2050年，藏东南水电基地的电力生产在满足西藏自治区自身的需求外，每年的外送电力规模最高可以达到4 988.99亿kWh。相当于节约煤炭折合标准煤约1.8亿t，减少粉尘排放634万t，减少二氧化碳排放约4亿t，减少二氧化硫排放130万t，减少氮氧化物排放110万t。

3.7　藏东南水电基地开发面临的重大问题分析

藏东南是我国地理位置极为特殊的一个地区，这里聚集了大量的水资源和能源资源，并有着许多其他富含能源地区所不具有的特点，如高海拔独特的生态环境、特殊民族聚居、敏感的地缘政治地带环境等，这些都是这一地区大规模能源和资源开发所必须考虑的因素。就水能资源开发而言，由于地处复杂的地理和地质条件，水能开发面临着更加巨大的技术难度。此外，河流的跨境流动也将带来其他内河所不曾有的国际影响等问题。

（1）水资源分配问题

长远来看，作为我国主要河流和南亚主要国际河流的发源地和上游地区，西藏尤其是藏东南地区是未来我国水资源开发利用

和进行区域配置的核心地区,也是未来南亚国际河流水资源在国际分配中可能引发争议的焦点地区。藏东南水资源的开发不仅会对这一地区社会可持续发展产生重大影响,而且对我国整体水资源的配置和南亚相关国家和地区的水资源配置也会有重要影响。因此我们在对藏东南水资源开发利用过程中要充分考虑所面临的国际和国内水资源分配问题,这不仅关系到藏东南水电基地自身的建设,也关系到国家西部大开发战略的实施,还关系到我国外交关系和国家安全。

（2）生态环境问题

能源资源开发,特别是水电资源开发,势必对藏东南的生态环境有所影响,因此,需要在开发利用这一地区水能资源的同时保护好当地特殊的生态自然环境,统筹好发展与保护的关系。

（3）移民和民族宗教问题

移民是水电建设普遍面临的问题,也是决定工程开发成功与否的一个关键问题。藏东南水电开发必须保证移民安置做到"移得出,稳得住,逐步能致富"。同时,在水电能源开发中要充分尊重当地的文化传统、风俗习惯、语言文字和宗教信仰,促进资源开发和文化保护的"双赢"。

（4）经济技术问题

除了以上论述的河流的国际性问题、跨区调水问题、生态环境保护问题、移民和民族等问题外,藏东南地区作为我国水能资源最丰富、开发程度最低、地理地质条件最为复杂、前期基础性资料最少的地区,在水能开发上也存在经济技术问题。

3.8 结论与建议

3.8.1 主要结论

（1）未来我国经济社会发展对能源需求保持持续快速增长

从经济社会发展和能源需求来看,2050年前,中国经济仍将保持较快的增长态势,经济总量将达到前所未有的规模,人均GDP水平也将快速提高。产业结构得到明显升级。与此同时,各相关地区在经济增长速度、经济规模、产业结构、人均生活水平等方面也呈现与全国情况相同的变化趋势。随着经济总量规模的不断扩大,我国的能源供求矛盾日益尖锐,环境压力将持续提高,对能源特别是清洁能源的需求量逐渐增加。在这种形势下,积极和有

序开发藏东南水电对于确保未来我国电力稳定供应,改善电源结构,改善区域电力供求关系等诸多方面将发挥不可替代的作用。

（2）藏东南水电开发符合我国经济社会和能源可持续发展客观需求

藏东南水电基地具有资源丰富、储量集中、开发单一,具有巨大的蕴藏量,适于大规模集中开发和跨区外送,在全国水电资源中具备战略开发优势,是我国的战略能源储备区。从我国经济快速发展的态势和推动我国区域经济协调发展的客观角度来看,要求加快藏东南水电基地的开发。

（3）藏东南水电开发对我国能源供应和经济社会发展具有重要支撑作用

在保障能源和电力供应看,藏东南水电基地的开发将对我国实施"西电东送"战略起到巨大的支撑作用和接续作用,并将大大提高华中和华南等部分省区能源保障程度。

从促进经济社会发展看,藏东南水电基地的建设,可以实现多种目标。从送出地区角度,藏东南水电基地建设不但可以促进西藏自治区的经济发展,改善当地的基础设施,更可以改善藏族同胞的生活条件,提升生活质量,发挥积极的政治影响,对于巩固边疆和遏制藏独势力都将起到重要作用;从受电区来看,藏东南水电基地的开发可以源源不断地将清洁能源送到相关地区,在显著提高相关地区能源保障程度的同时,大大缓解这些地区的资源和环境压力;从实施"西电东送"的战略角度来看,藏东南水电基地的开发,将对整个工程起到巨大的支撑作用和接续作用,对于促进全国区域经济与社会的协调发展产生巨大影响。

（4）藏东南水电开发面临一系列重大问题和挑战

藏东南水电基地的开发设计必须预先考虑的重大问题主要包括:生态环境问题、民族宗教问题、国际河流问题、跨区调水问题和技术经济问题等,这些问题关系藏东南水电基地开发的成败和综合效益发挥等问题,在规划研究中必须给予足够重视。

3.8.2 相关建议

（1）认真处理好藏东南水电开发与解决西藏自身用电关系

从近几年来西藏自治区经济和社会发展来看,电力供应不足已经成为制约西藏发展的因素之一,因此,在实施藏东南水电开

发总体战略的同时,应首先考虑解决西藏自治区自身电力供应问题。由于西藏自治区电力建设成本高,自身电价承受能力低,加之区内电力市场规模较小,靠自身电源建设无法满足未来经济与社会发展的需要,因此应抓住藏东南水电开发的机遇,彻底解决西藏区内经济发展对用电的需求。基本思路是采取"以大捆小"的解决办法,即依托大型水电项目的开发,借鉴电力普遍服务的经验,通过国家政策扶持的办法,在开发藏东南水电的过程中,要求开发商在开发大水电的同时,要建设旨在解决西藏自治区用电需求的中小水电项目。

(2)尽早筹划藏电外送通道建设,为大规模电力外送奠定基础

目前西南和华中的电力大规模输送到华东和华南。随着西南和华中经济的快速发展,西南和华中地区也逐渐面临缺电的压力,川滇等省甚至需要采掘地质条件很差的煤炭资源用于发电,华中地区也在积极筹划核电建设来弥补逐步扩大的电力缺口。在此形势下,积极开发藏东南水电既可以弥补西南和华中的电力不足,也为藏电外送提供了市场机遇。由于西藏本身电网比较薄弱,因此,在考虑藏电外送的过程中,对于外送通道的建设应早做筹划。

(3)认真研究藏东南水电的开发时序问题

在藏东南输电的开发时序问题上,一个代表性的观点是:藏电应在西南其他省区水电开发完成以后,遵循金沙江—澜沧江—怒江—雅鲁藏布江这样一个从东向西的顺序。通过实地调研来看,区域经济发展对电力需求,上述开发时序的设定过于主观和机械,不符合藏东南区域发展的实际情况。藏东南水电开发的时序,应本着条件成熟一个开发一个的原则,由中央政府各流域水电的开发进行统筹协调。

(4)应把未来我国跨区调水问题与藏东南水电基地的建设问题进行同步考虑

从长远来看,我国北部水资源不足问题将日益突出,开发利用藏东南丰富的水资源,缓解北方地区水资源短缺的形势,应该以我国国民经济发展的战略高度来认识,必须同时谋划,以提高国土资源开发的综合效益。

(5)对于移民、民族和宗教等方面的问题

应充分借鉴对三峡、龙滩、向家坝等大型工程移民方面的经验,强化流域移民规划并切实落实移民补偿,扩大政策宣传力度,争取获得普通民众的支持。尽量避免仓促决策,造成一些永远不可挽回的后患。

(6)对于藏东南生态环境保护问题

应本着实事求是的态度,正确处理好开发与保护的关系。应做到:开发与保护同等重要,不能因强调开发而破坏环境,也不能单纯强调保护而无原则地禁止任何方式的开发活动。开发与保护一定要相互协调;国家应科学、合理地设定环境保护区划标准或"底线"。过于广泛地划定自然保护区,不仅影响区域内正常的资源开发利用,而且可能会导致真正需要保护的地区却没有足够的投入的结果。目前由于各种原因,藏东南地区生态保护区的设置与保护的实际需要并不相符,有必要进一步开展工作,视情况对生态保护区范围进行适当调整;在藏东南许多电站建设方案中,不同的规划项目涉及的生态环境保护问题差别很大,因此在推动藏东南水电开发过程中,随着国家不断完善环境保护的标准、政策和区划,在开发时序中应优先推动建设环境保护影响小的项目。

(7)关于国际河流开发问题

由于纳入藏东南水电开发的四条江中,有三条属于国际河流,在进行国际河流的开发中引起下游国家的关注是自然的。藏东南水电开发涉及的下游国家国情不同,既有印度这样的地区大国,有孟加拉国这样的河口国家,也有老挝这样的内陆国家,各国与我国的关系也不同,因此要充分估计水电开发对国际关系的影响。建议国际河流开发应适当考虑可能给下游国家造成的影响,积极开展与相关国家就流域开发方面的对话,做到不回避问题,而是积极去解决问题,从而树立负责任大国的形象,具体体现建设"和谐世界"的理念;由于各国在国家河流开发的问题上往往会从本国利益角度出发,因此,在某些问题上不可能取得完全一致,存在争议是正常的,存在一些争议不应成为藏东南水电开发的制约因素。

(8)尽快达成共识,推动高层决策

西藏自治区面临的不是发展与不发展,而是如何发展的问题,相应地,在藏东南水电开发上,我们面对的不是开发与不开发,而是如何开发的问题。在这个问题上,一定要解放思想,多从

西藏自治区稳定与发展的大局出发做文章。在藏东南水电基地建设上，我们也注意不要夸大藏电外送对全国电力平衡中的作用，要对开发中个别电站建设面临的困难做出正确的估计。藏东南水电开发最终体现的问题不是技术问题，也不是经济问题，而是政治问题；需要通过中央高层决策解决。在这个过程中，应积极开展研究，明确存在的基本问题，最后让高层决策者作拍板。

（9）处理好主要关系，形成战略框架

藏东南水电开发的工作应着重处理以下几方面的关系，包括开发与保护的关系、我国与下游国家的关系、藏电送出地区与电力消费地区利益协调关系、藏东南水电开发与西南水电开发的关系、藏东南水电开发与周边电力市场的关系、藏电外送与西藏自身用电需求的关系、水电开发与宗教文化保护的关系、水电开发与水资源跨区分配关系等。在处理上述关系的过程中，应依据藏电开发的客观需要，提出具体的目标和任务，并研究如何通过具体措施来实现这些目标和任务。尽快开展各项基础工作，对各界关心的问题应深入研究与探讨，在此基础上形成藏东南水电开发的战略框架、宏观思路和方向。我们认为，藏东南水电开发目前工作的重点不在于讨论是否开发，而在于讨论如何开发，此外，藏电开发应首先考虑西藏自身发展对电力的需求。

（10）出台配套政策

从开发的可行性来看，藏东南水电开发离不开国家的政策支持，国家及时出台相应的配套政策（科研、环保、电价、税收等），对启动藏东南水电需求市场，从而切实推动藏东南水电开发工作的开展具有重要意义。

2020 年中国可持续发展能源暨碳排放情景分析研究

周大地　戴彦德　郁聪　郭元　朱跃中　刘志平　康艳兵　熊华文　刘虹

1　获奖情况

本课题获得 2003 年度国家发展和改革委员会优秀研究成果二等奖。

2　本课题的意义和作用

本课题的研究发现,中国未来的能源发展要走可持续发展道路,就要以比目前高得多的能源效率实现经济三步走的宏伟目标。提高能源系统效率,除了在能源转换和终端利用中利用高效能源技术和管理以外,还要优化调整能源结构,摆脱能源供求高度依赖煤炭的局面;加快清洁能源的开发利用,如天然气和可再生能源,其难点是天然气资源的供应安全问题和可再生能源的经济性问题;提高煤炭资源高效清洁利用的水平。一言以蔽之,即要以最经济、安全、高效、清洁的可持续能源供应,以清洁高效的能源转换和利用,保证中国 21 世纪中叶达到中等发达国家水平的社会经济目标,满足届时人民对高质量能源服务的需求。课题组通过对宏观经济情景的设置,对关系到国计民生的主要工业产品产量的设置,对主要部门、行业乃至工艺过程规模、技术和能源效率水平未来发展趋势的设置,利用自下而上的模型运算,获得了中国在未来 20 年,如果采取有效措施,有可能实现国民经济以年均 7% 的速度增长,而能源消费弹性系数低于 0.5 等重要结论。课题研究的重要结论和建议被应用于编制“十一五”时期的《中国中长期节能专项规划》,为政府制定可持续发展的政策提供科学的依据,成为指导产业结构调整、能源开发和利用、能源结构优化等

主要宏观经济手段的重要参考。

3　本课题简要报告

3.1　项目背景

1949 年以来,特别是改革开放 20 年来的发展,中国社会经济取得了长足进步。截至 2000 年年底,中国国内生产总值(GDP)已经达到 8.9 万亿元,经济总量已位居世界六强之列。中国的能源消费总量已达到 13 亿 tce,占世界能源消费总量的比重已超过 10%,居世界第二位。

然而由于人口众多,中国的人均能源消费水平仍然很低,人均商品能源消费量仅为世界平均水平的 42%,不到 OECD 国家平均水平的 1／5 和北美国家的 1／10。

同时,中国还是世界上迄今尚未完成能源结构优质化的国家之一。煤炭消费占一次能源消费的 2／3,能源消费产生的污染物造成了严重的城市大气污染,40% 的地区受到酸雨的威胁。农村居民的生活用能 60% 依靠传统的生物质能源,造成许多地方的生态破坏和水土流失。温室气体排放量占全世界总排放量的 10% 以上,也居世界第二。

对于中国这样一个人口众多的发展中国家来说,可持续发展既要解决人口高度密集,人均资源相对匮乏,自然生态环境比较脆弱的问题,又要实现经济的持续稳定发展,这是一个史无前例的社会实践问题。

2002 年 11 月召开的中国共产党第十六次代表大会提出了“全面建设小康社会,在优化结构和提高效益的基础上,国内生产

总值到 2020 年力争比 2000 年翻两番"的国民经济发展目标。要实现这一目标，未来 20 年经济需要保持年均 7.2%的高增长速度，如何保障能源供应和实现可持续能源发展成为迫切需要研究解决的问题。

随着全球经济、资源一体化进程的加快，技术进步在经济发展中地位的加强，特别是随着中国加入世界贸易组织（WTO），中国未来经济发展模式将会有多种选择，这将对中国未来的能源需求与环境排放产生不同的影响。中国有可能选择有显著差别的能源发展道路。

随着全球对可持续发展问题的关注，1998 年中国政府着手酝酿"十五"国民经济发展计划时，力图从可持续发展角度对中国经济发展描绘一张蓝图，并制定相应的政策。本项研究最初是为了协助政府部门制订"十五"能源发展计划而开展的。希望为"十五"计划及后十年远景展望经济／能源／环境发展目标构建定量的能效指标体系。

随着研究的继续，本项研究针对中国能源发展的实际问题，对可持续能源发展与减少温室气体排放的契合点——既能减少温室气体排放、又能促进中国能源可持续发展的双赢对策——进行了广泛深入的探讨。本项研究对中国以较低的能源消费支持较高的经济发展的可能性和途径、提高能源效率的潜力、满足可持续发展的能源供应等问题进行了分析，并在此基础上提出了一些促进能源结构调整、提高能源效率的技术措施和政策措施。

在整个研究过程中，得到了美国 Packard 基金会与美国能源基金会和壳牌基金会的资金资助。美国劳伦斯伯克利国家实验室（LBNL）、壳牌研究中心、美国波士顿 SEI 研究所、美国橡树岭国家实验室和美国可再生能源国家实验室的多位专家在研究方法、情景设计、模型工具、国外先进能效技术的选择和发展方向等方面为本项研究提供了支持和帮助，使研究工作得以富有成效地进行。

3.2 研究方法

本项研究采用的主要研究方法是情景分析。情景分析包括情景设定和情景计算部分（见图 1）。

情景设定采用了定性分析与定量分析相结合的方式，对影响能源供求的宏观社会经济因素和政策因素及未来可能的演变趋势着重进行了定性分析，在定性分析的基础上对产业结构、部门生产结构和规模、消费需求进行了量化。定性分析时，充分考虑了未来二三十年可能出现的产业结构调整、能源技术演变趋势，以及社会、经济、环境等种种不确定性因素可能对能源需求产生的影响。对各行业部门经济发展的量化是由宏观到微观自上而下进行的。各用能行业和领域的具体经济活动和能源技术变化则自下而上地进行设定。具体参数设置采用了专家估计的方法，聘请了各有关部门有经验的专家直接参与，并利用不同渠道收集的各种资料和数据对量化的参数进行了校核。

情景计算是借助于 LEAP 模型进行的。在 LEAP 模型提供的建模框架之上，建立了覆盖我国所有能源消费部门和包括商品能源和非商品能源等所有能源消费品种的能源需求模型（见图 2）。利用 LEAP 模型所具有的灵活性，对不同行业以不同方式对影响其耗能的主要因素在模型中给予了详细的刻画。在此基础上，充分考虑各情景中能源可持续发展的政策措施实施力度的不同，对各部门生产结构调整、能源消费结构调整、技术进步的可能的发展情况进行了模拟计算，尽可能对现有技术条件下中国能源可持续发展的途径和未来能够达到的程度进行客观和深入的分析。

3.3 情景设定

经过多次研讨，设定了三个所要研究计算的情景。为了着重比较不同的政策执行力度对能源消费的影响，对三个情景设定了相同的经济产出和市场消费需求。在三个情景中，经济总量相同，

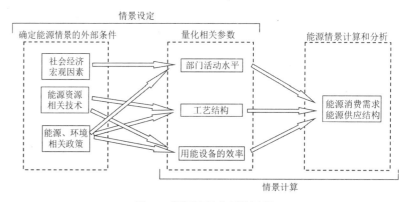

图 1　能源情景分析的过程

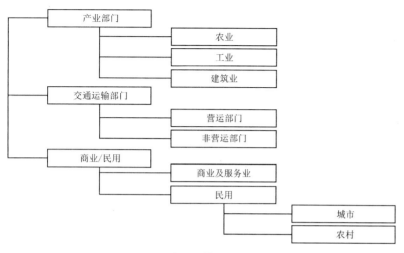

图2 情景计算的部门划分

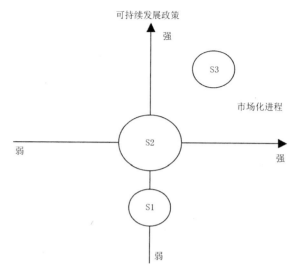

图3 三个情景的概念设计

第一、二、三产业的比例相同,能源部门以外的各部门或行业的产出量相同。如表1所示。

表1 三个情景的 GDP 总量、构成及增长率

	1998 年	2000 年	2005 年	2010 年	2020 年	1998—2020 年
全国 / 亿元	78 345.2	90 652.2	129 238	182 963	349 951	7.0
第一产业 / %	18.6	15.9	13.0	11.0	9.0	3.6
第二产业 / %	49.3	50.9	51.0	52.0	48.0	6.9
第三产业 / %	32.1	33.2	36.0	37.0	43.0	8.5

三个情景都考虑了可持续能源发展的目标。但不同情景可持续发展的政策执行力度和能源 / 技术选择不尽相同,能源需求和供应也有所差别。图3给出了三个情景的设计概念和相对关系。

情景 1(S1)

情景 1 设想经济发展促进能源效率的提高,但市场竞争压力又在某种程度上限制了企业在提高能源效率方面的投入。清洁燃料技术受成本、资源等因素的限制,推广和应用不够广泛。

情景 2(S2)

情景 2 以国家和各部门的"十五"计划和后十年展望为依据,假定政府所规定的主要社会经济目标能够顺利实现。可以认为情景 2 是各部门专家根据政府的"十五"计划和后十年规划目标对

可持续经济发展和可持续能源发展前景的诠释。

情景 3(S3)

情景 3 是一个比较理想的情景。该情景要求在提高能效、经济和能源结构调整、环境保护和推动技术进步方面有重大举措,假定宏观调控和推动可持续发展的政策效果十分显著。同时外部环境也比较理想,中国可以充分利用国际能源市场获得优质能源资源,使能源结构的调整取得实质性的进展。中国能够顺利地从国外引进先进的技术、设备与人才等,到 2020 年中国的能源效率水平在世界上处于比较领先的地位。

3.4 情景计算结果

表 2 和表 3 分别给出了三个情景的终端能源需求和结构、一次能源需求总量和结构的计算结果。与其他两个情景相比,情景 3 中由于设定了终端用能部门将实施更有效的节能措施,因而得到了比较低的终端能源消费。2020 年三个情景的终端能源总需求分别为 24.1 亿 tce、21.5 亿 tce 和 18.2 亿 tce;能源转换部门的能源总需求分别为 7.2 亿 tce、6.4 亿 tce 和 5.3 亿 tce;一次能源需求总量分别为 31 亿 tce、27.6 亿 tce 和 23.2 亿 tce。

情景 3 与情景 1 相比,终端能源消费减少了 5.95 亿 tce,一次能源消费总量减少了 7.82 亿 tce,其中煤炭消费减少了 7.47 亿tce。

表 2 终端能源需求和结构

情景	品种	消费量 / Mtce			年均增长率 / %	能源构成 / %		
		1998 年	2010 年	2020 年	1998—2020 年	1998 年	2010 年	2020 年
S1	煤	634.7	832.3	958	1.9	58.9	48.8	39.7
	油	245.8	447.5	722.9	5.0	22.8	26.2	29.9
	气	19	59.1	133.4	9.3	1.8	3.5	5.5
	热	52.5	113	194.7	6.1	4.9	6.6	8.1
	电	125.2	255.3	405.2	5.5	11.6	15.0	16.8
	合计	1 077.2	1 707.2	2 414.2	3.7	100	100	100
S2	煤	634.7	730.7	730.8	0.6	58.9	45.9	34.0
	油	245.8	427.1	664.1	4.6	22.8	26.8	30.9
	气	19	77.4	184.3	10.9	1.8	4.9	8.6
	热	52.5	102.3	169.9	5.5	4.9	6.4	7.9
	电	125.2	254.8	398.5	5.4	11.6	16.0	18.6
	合计	1 077.2	1 592.3	2 147.6	3.2	100	100	100
S3	煤	634.7	649.2	592.1	-0.3	58.9	44.4	32.6
	油	245.8	399.6	550.9	3.7	22.8	27.4	30.3
	气	19.0	78.5	187.7	11.0	1.8	5.4	10.3
	热	52.5	86.6	116.0	3.7	4.9	5.9	6.4
	电	125.2	246.7	372.3	5.1	11.6	16.9	20.5
	合计	1 077.2	1 460.6	1 819.0	2.4	100	100	100

与情景 1 相比,情景 3 在 2020 年终端部门的直接煤炭消费减少了 3.66 亿 tce,占煤炭消费总量减少的 49%。此外,同情景 1 相比,情景 3 的终端电力消费需求减少了 340 TWh,集中供热需求减少了 23.04 亿 GJ。到 2020 年,由电力需求减少而减少的发电煤炭消费为 1.07 亿 tce,由热力需求减少而减少的供热煤炭消费为 1.04 亿 tce,二者合计占煤炭消费总量减少量 7.47 亿 tce 的 28%。

与情景 1 相比,情景 3 在 2020 年增加了共 5 400 万 kW 的非化石燃料发电装机和天然气发电装机。非化石燃料和天然气发电的增加,减少了发电煤炭消费 1.27 亿 tce,占煤炭消费总量减少量 7.47 亿 tce 的 17%。

情景 1、情景 2 与情景 3 在 2020 年的碳排放量分别为 19.0 亿 t 碳、16.6 亿 t 碳和 12.6 亿 t 碳。与情景 1 相比,情景 3 减少了煤炭总消费 7.47 亿 tce,碳排放减少了 6.35 亿 t 碳(见表4)。

3.5 主要结论

根据三个情景计算结果,在 20 年年均 GDP 增长率 7%的经济

表 3 一次能源需求和结构

情景	品种	能源消费量 / Mtce			年均增长率 / %	能源构成 / %		
		1998 年	2010 年	2020 年	1998—2020 年	1998 年	2010 年	2020 年
S1	煤炭	1 030.9	1 509.4	2 007.9	3.1	75.4	69.6	64.8
	石油	281.4	471.5	752.4	4.6	20.6	21.7	24.3
	天然气	19	80.4	155.4	10.0	1.4	3.7	5.0
	非化石燃料发电	36.6	107.8	184.6	7.6	2.7	5.0	6.0
	合计	1 367.9	2 169.1	3 100.3	3.8	100	100	100
S2	煤炭	1 030.9	1 367.6	1 648.3	2.2	75.4	67.3	59.7
	石油	281.4	449.7	690.2	4.2	20.6	22.1	25.0
	天然气	19	106.7	225.1	11.9	1.4	5.2	8.2
	非化石燃料发电	36.6	109.5	198.2	8.0	2.7	5.4	7.2
	合计	1 367.9	2 033.5	2 761.8	3.2	100	100	100
S3	煤炭	1 030.9	1 193.3	1261	0.9	75.4	64.1	54.4
	石油	281.4	420	573.3	3.3	20.6	22.6	24.7
	天然气	19	129.6	248.5	12.4	1.4	7.0	10.7
	非化石燃料发电	36.6	117.4	235.8	8.8	2.7	6.3	10.2
	合计	1 367.9	1 860.3	2 318.6	2.4	100	100	100

注:非化石燃料发电按电热当量折算。

表 4 二氧化碳排放量

	全国总排放量 / (Mt 碳)				人均排放量 / (t 碳)			
	1998 年	2010 年	2020 年	平均增长率 / %	1998 年	2010 年	2020 年	平均增长率 / %
S1	871.7	1 360.5	1 899.9	3.60	0.70	0.98	1.28	2.79
S2	871.7	1 259	1 659	2.97	0.70	0.91	1.13	2.20
S3	871.7	1 117.9	1 265.3	1.71	0.70	0.82	0.88	1.03

增长条件下,2020 年中国能源总需求将为 23.2 亿~31.0 亿 tce;1998—2020 年中国的能源消费弹性系数为 0.35~0.54,能源需求年均增长 2.4%~3.8%,低于 1978—1998 年中国能源消费年均 4.28%的增长率。

三个情景 1998—2020 年的能源消费弹性系数为 0.35~0.54,都属于低增长的能源情景。其中的一个重要原因在于设定情景中,我国经济结构有重大调整。在三大产业中,第三产业增长速度最快。第二产业保持较快增长。在第二产业中,高附加值行业快速发展,而高耗能行业的比例明显下降。

三个情景反映了一个共同的趋势:未来在终端能源消费部门,对优质能源需求的增长将高于对能源总需求的增长。其原因是:①产业结构升级对能源品质的要求越来越高,②交通运输的迅速发展导致对油品需求不断增长,③生活水平提高要求提供更方便、清洁的能源。为了满足终端需求对能源品质的要求,必须尽快推进终端能源消费结构的优质化进程。

在达到相同或相近的社会经济发展目标前提下,能源的可持续发展仍然可能具有很多不同的选择。2020 年情景 3 的能源需求较情景 1 的能源需求降低近 8 亿 tce,说明加速改善能源技术、能源品种结构以及强化执行节能和环保政策对降低能源需求有很大的潜力可挖。

实现可持续社会经济和能源发展,必须对社会经济活动进行合理引导,并调整产业结构、行业结构和产品结构尽可能控制终端能源需求的增长。此外通过各种政策措施提高能源的利用效率和用能设备的能效水平也有着极其重要的作用。若节能政策得到落实,采用技术上可行、经济上合理的技术措施的节能潜力可达 1.5 亿~2 亿 tce。

中国总体上仍然处于工业化初、中期阶段,目前中国工业部门的能源消费占整个能源消费总量的 70%以上。今后,工业生产用能仍将占主要地位。通过工业部门的产品结构调整和充分挖掘节能潜力,今后工业部门的能源需求增长率有可能明显低于全社会能源需求增长率。在高耗能原材料工业,经济产出的增长主要来自高附加值产品的比例上升和基础产品质量的不断提高。钢铁、化工、建材等一些高耗能行业可能做到"增产少增能",在一定时段后还可能实现"增产不增能"。

未来交通运输、商业建筑物和居民生活的终端能源需求将以高于全国终端能源需求的速度增长。1998—2020 年,交通部门、建筑物用能的终端能源需求的年均增长率分别为 4.6%~6.3%和 4.4%~5.9%。各种节能政策和技术措施对交通运输、商业建筑物和居民生活的能源需求有重大影响,可以使它们有不同的发展前景。如果在提高交通运输、商业建筑物和居民生活的能效方面尽早采取有效的措施推动能源结构优化、技术进步和能源效率标准,2020 年将可能减少交通运输的终端能源需求 9 100 万 tce,减少商业建筑物和居民生活的终端能源需求 1.75 亿 tce。

情景 3 对油气供应、水电、核电和风电等可再生能源的发展作了远远超出目前人们所想象的建设能力的设想。在情景 3 中,2020 年中国的石油进口 2 亿 t 以上,比目前增加 2 倍。天然气供应 2 000 亿 m³,意味着目前的西气东输规模的天然气项目要搞 10 余个。除了国内的天然气产量要比 2002 年增加 4 倍以上,还需要年进口 200 亿 m³ 气的管线 1~2 条,进口 500 万 t 级的 LNG 项目 6~8 个。水电装机达到 2.43 亿 kW,意味着今后平均每年水电要投产 800 万 kW 左右,2020 年全国 80%以上的经济可开发容量都要被开发出来。风电、核电装机分别达到 3 000 万 kW 和 4 000 万 kW,分别是目前水平的 125 倍和 19 倍。如果要达到这种开发程度,风电需要在 2010 年以前平均每年投产 100 万 kW,2010 年后每年投产 200 万 kW;核电 2010 年前平均每年投产 GW 级机组 2 台,2010 年后 2 台以上。即便如此,仍需要每年增加煤炭消费 2 000 万 t。2020 年煤炭在一次能源消费结构中的比重仍达到 54.4%左右,需求总量在 18 亿 t 左右。由此可以看出中国的一次能源结构优质化所面临重大困难,需要尽对早天然气、石油的供应问题和水电、核电等能源的开发问题作出安排。

由于我国在石油和天然气供应方面所面临的资源不足问题和在开发非化石能源发电方面存在的种种限制,未来 20 年我国还不可能达到工业化国家目前的能源优质化水平。在终端能源消费中,煤炭将从目前的一些用途中逐步退出。终端能源优质化将首先在交通运输、商业建筑物和居民生活能源消费领域得到全面的进展。煤炭将不仅是我国发电的最主要的一次能源,在工业部门也将继续作为主要燃料,要减少煤炭消费将是相当困难的。在情景 1 和情景 2 中,天然气供应和水核电开发的压力减少了,但要求煤炭供应平均每年增加6 000万~1亿t,煤炭生产和消费增加将会引起生态、环境、运输等方面的巨大挑战。

实施可持续能源发展战略,可以有效地减缓中国温室气体排放的增速和增量。相对于经济增长近3倍,三个情景的碳排放仅增加了0.49~1.20倍,实现了在经济高速增长的同时,有效地控制了碳排放的增长。2020年人均碳排放将仅有0.88~1.28 t,仍将明显低于届时世界人均水平,大大低于许多国际机构和研究团体的估计。如果这样的情景能够实现,将是中国在应对气候变化方面对国际社会的巨大贡献,也会给其他发展中国家的持续发展展示一条新的道路。2020年情景3在情景1的基础上减少了6.35亿t碳的排放,改善能源结构起到了一定的作用,通过强化能源效率起到了更主要的作用。这一结果也从侧面反映出中国过去和正在推行的节能政策对减少碳排放所作出的贡献。

3.6 思考及建议

在"中国可持续发展能源暨碳排放情景分析"的整个分析过程中,可持续发展是构建社会经济和能源发展情景的主线。在这次情景分析告一段落时,课题组越发感到我们对可持续发展问题的探讨,包括对可持续发展能源问题的探讨,仍处于十分初级的阶段。我们建议对下述问题进行一些更为深入的研究:

(1)中国社会经济可持续发展道路在产业结构,增长方式,消费模式等方面如何具体体现?新型工业化道路和可持续发展之间的一致性如何体现?市场驱动的力量和人们通过主观认识的选择如何协调?

(2)中国清洁高效能源的出路究竟是什么?能源结构调整的最优模式如何确定?能源成本最小化和能源环境影响最小化的有机结合如何体现?

(3)国内外历史经验已经说明,能源效率的提高不能仅仅依靠市场力量的效果,加强节能必须加强政府和全社会的定向干预。中国在进一步完善市场经济体制的同时,如何加强节能组织管理,加强对全社会节能工作的领导?

西部可持续发展能源战略

韩文科　朱兴珊　高世宪　张有生　李 际　耿志成　孟 松　苏争鸣

1　获奖情况

本课题获得 2003 年度国家发展和改革委员会宏观经济研究院优秀研究成果三等奖。

2　本课题的意义和作用

西部地区是我国能源资源最丰富的地区,也是我国重要的能源战略基地。长期以来,西部地区能源资源为我国经济持续发展作出了巨大的贡献,但并没有给西部带来经济上的繁荣。实施西部大开发战略,是实现全面小康社会的重要举措,也为西部经济发展提供了难得的机遇。能源资源的开发是西部大开发的重要内容,如何把西部资源优势转化为经济优势,是关系西部大开发的成败和全面建设小康社会奋斗目标能否实现的重大问题。

本课题紧紧围绕这一重要问题,以可持续发展观为主导思想,从战略的高度系统地研究我国西部能源发展问题。本课题的主要研究内容有:

在详细评估我国西部地区各种能源资源状况基础上,进一步分析研究了西部地区各种能源在有效保护环境和实施经济开采的前提条件下的可供潜力,预测了全国和西部地区能源需求及供需平衡情况,对西部能源在未来我国能源战略地位作了准确的判断和阐述;客观分析了西部地区能源资源开发和利用存在的主要问题,将西部的能源资源开发与当地经济社会发展、环境保护、生态建设有机地结合起来,按照将西部地区能源资源开发与全国能源发展战略,西部城市能源发展和农村能源建设结合起来,国内能源发展和利用国外能源资源有机地结合起来的研究思路,提出西部地区能源发展总体战略,进而提出

了促进当地经济发展的煤炭、油气、电力、可再生能源和农村能源发展目标和模式;以及实施这一战略的政策和措施建议,为国家决策部门和地方政府制定西部大开发和西部能源发展规划提供参考。

理论方法技术的创新点及与国内外处于领先地位的同类项目的对比:

本课题率先以可持续发展观为指导思想,从全局和战略的高度对我国西部地区能源资源开发和利用进行了详尽的研究,提出了一些有独到之处的新观点,主要有:

对我国西部各种能源资源进行综合分析,深入分析了西部各种能源资源在环境容量范围内和经济性开采情景下可开发潜力和开发模式。

对我国西部地区各省市未来的经济发展、人民生活水平提高的能源需求情景进行了分析,较详细地预测了西部地区的能源需求。

把西部能源资源开发与当地经济社会发展、环境保护、生态建设有机地结合起来,统筹城乡发展、地区和全国发展、经济和社会发展、人与自然协调发展、国内发展和对外开放,提出西部地区能源发展战略的主要内容及实施西部可持续发展能源战略的措施和建议,为国家决策部门和地方政府在制定西部地区能源发展战略时提供有价值的参考。

以我国能源界知名专家组成的评审委员会一致认为以经济－环境－能源相互协调的可持续发展观研究我国西部能源问题在国内尚属首次,本研究成果处于国内领先水平,是一部优秀的研究报告。

3 本课题简要报告

改革开放 20 多年来,我国西部地区社会经济发展成绩显著。西部地区能源资源的开发利用对西部地区和全国其他地区的发展支持很大。但西部地区能源资源的开发利用仍未在观念和体制上摆脱旧的发展模式的束缚。资源不合理开采、忽视生态和环境保护的倾向还比较严重;边远地区和贫困地区的用能问题还很突出。因此,采取新的可持续发展的思路,充分发挥能源资源优势,促进和带动经济发展、提高人民生活水平,是贯彻、落实中央西部大开发战略的一项重要任务。

3.1 西部可持续发展的能源战略的基本思路

实施西部大开发,加快中西部地区的发展,是我国全面建设小康社会,迈向现代化建设第三步战略目标的重要部署。

西部大开发必须实施可持续发展战略。可持续发展是生态环境保护与社会经济协调发展的统一体,不但包括环境、资源、生态的可持续性,而且也包含社会经济发展的可持续性。可持续发展是以人为主体,以生态、环境、资源为基础,以经济发展为核心,以全体参与和科技进步为保证,以人的全面发展和社会全面进步为目标,实现代际之间和同代人之间相互公平、人与自然相互协调的一种发展道路。

我国西部地区能源资源丰富。西部地区要发展,离不开能源的开发利用。开发利用西部地区的能源资源,必须走可持续发展的道路,即实施可持续发展的能源战略。其核心是把西部地区的经济发展、生态环境保护、满足西部地区的能源需求,以及为中东部地区提供能源供应四者统一起来。

(1)要将西部地区的能源资源优势转化为经济优势。西部能源开发要促进西部的经济发展,而不是仅仅局限为中东部地区提供能源供应。因此,西部能源的开发要研究市场需求,进行总量调控,从而保证能源开发的经济效益。除要考虑生产建设和运行成本外,还要考虑环境保护和治理等外部成本。

(2)西部能源开发要考虑满足西部经济发展和人民生活水平提高的需要,解决西部地区本身的用能问题。目前,西部地区农牧

的生活用能问题并没有很好解决,还有部分农民主要依靠砍树拔草或农作物秸秆做能源,牧民用牲畜粪便作燃料。如果这种现象继续下去的话,不仅无法实施小康,而且封山育林、限制放牧、天然保护工程、退耕还林(草)、退牧还草等生态建设措施的效果是会大打折扣的。

(3)必须研究生态、环境和能源开发利用的相互协调问题。在一些生态环境特别脆弱的地区、民族地区、旅游资源价值较高的地区要把保护生态环境放在首位。

(4)西部能源开发必须扩大对外开放,大力吸引国外投资和国内中东部投资以及民间投资。

(5)对引进俄罗斯和中亚有关国家的油气资源给予高度重视。利用我国的能源市场优势,促进和增加能源贸易和边境贸易。

3.2 西部地区能源现状和供需预测

(1)西部地区的能源资源状况

与我国其他地区相比,西部地区的能源资源相对丰富,能源资源的最终可采资源量为 711 亿 tce,约占全国总量的 57%。西部地区煤炭、石油、天然气最终可采资源量和水能技术可开发资源量分别约为 429 亿 t、44 亿 t、8 万亿 m³ 和 15 678 亿 kWh,分别占全国总量的 57.9%、33.6%、58.7% 和 70.6%。在我国,新能源和可再生能源资源主要集中在西部。从人均资源量看,我国西部地区为全国平均水平的 2 倍。

(2)西部地区的能源消费状况

西部地区的能源消费水平低于全国平均水平,尤其大大低于经济发展较快的东部沿海地区。1999 年[①]西部地区一次能源消费量为 30 437 万 tce,占全国总量的 23.1%,人均商品能源消费量 0.86 tce,为全国平均水平的 83%。此外,西部地区除去一些大中城市外,广大农村和大部分城镇、乡镇仍然使用大量的非商品能源。西部地区油品的消费水平也远低于全国平均水平。除新疆、内蒙古、甘肃、青海、宁夏等省份人均电力消费水平达到或超过全国水平以外,其他省份均低于全国平均水平。

---

① 由于 1999 年后西部地区能源消费统计数据不全面,故在此采用 1999 年数据。

（3）全国和西部地区能源供需预测

按照党的十六大提出的全面建设小康社会的奋斗目标和未来20年我国经济建设的主要任务，结合我国工业化、信息化和现代化前景，对未来我国能源需求和供应进行预测。预测结果表明：

能源需求总量将继续增加，能源消费强度逐步下降。在未来20年内，即我国全面建设小康社会的20年，随着经济社会的发展，我国的能源需求仍将逐步增长。能源总需求将在2000年13.21亿tce的基础上增长到2010年的18.56亿tce和2020年的24.64亿tce，20年年均增长率3.2%。这期间，由于技术进步和结构变化，能源消费弹性系数仍然保持在一个较低的水平，为0.44；节能率较高，为3.7%。

能源结构优化会有较快进展。一次能源需求构成中，煤炭的比重将由2000年的66.9%下降到2010年的61.2%和2020年的51.8%；石油、天然气、水电、核电等优质能源的需求将呈现强劲增长的趋势，由2000年的33.1%上升到2010年的39.8%和2020年的48.2%，20年比重将上升15个百分点。

未来20年，全国能源产量年均增长率为3.8%，但主要受国际煤炭市场的驱动，出口煤炭增加，而石油、天然气等优质能源国内产量增长低于需求量的增长。煤炭产量由2000年的9.98亿t增长到2010年的18.3亿t和2020年的19.5亿t；石油产量增长缓慢，由2000年的1.63亿t增长到2010年的1.85亿t和2020年的2.07亿t；天然气产量虽然增长较快，由2000年的272亿m³增长到2010年的804.2亿m³和2020年的1 309.3亿m³，但远低于国内天然气需求的增长。

由于石油、天然气需求增长迅速，而国内生产增长缓慢，石油、天然气对外依存度迅速上升，2010年和2020年石油、天然气的对外依存度分别为37.4%、30.7%和47.0%、40.5%。

"西部大开发"战略实施和全面建设小康社会为未来西部经济的发展提供了新的机遇。根据西部大开发的总体战略、西部地区总体发展思路和发展目标，结合西部各省区的经济发展前景，对西部地区能源需求和供应进行了预测。预测结果表明：

西部地区的能源需求增长速度高于全国平均增长速度0.8个百分点。西部地区能源需求量由2000年的3.11亿tce上升到2010年的4.64亿tce和2020年的6.79亿tce。这一方面是由于西部地区的中小城镇居民和农村人口将越来越多地使用商品能源；另一方面也是由于西部地区的工业用能和能源加工转换也将会有较快增长。从品种上看，水电、新能源和可再生能源在西部地区能源消费总量中所占比重上升较快，煤炭比重会逐年下降。

从西部地区能源消费构成看，随着西部优质能源开发力度的加大，水电、新能源和可再生能源在西部地区能源消费总量中所占比重上升较快，由2000年的11.9%上升到2010年的12.7%和2020年的22.5%，新能源和可再生能源在西部能源消费中的地位不断加强，到2020年在能源消费总量中所占比重将达到9.3%；煤炭比重会不断下降，由2000年的72.0%下降到2010年的63.3%和2020年的56.9%。

西部地区作为我国能源供应基地的地位将不断加强。西部地区能源生产量、外输量不断增加，比重逐步上升。西部地区的一次能源除供应本地区外，将有很大一部分输送到中部和东部地区。到2020年，38%的一次能源产量将输送到区外。外输煤炭到2020年将达到4.56亿t，占西部地区煤炭总产量的45.6%。

西部能源战略对实施我国能源总体战略具有重要作用。一方面，到2020年西部外输能源量占我国能源消费总量的17%，可以降低我国能源供应的对外依赖程度；另一方面，对于我国能源品种多元化、地区布局的合理化也具有积极作用。

"西气东输""西电东送"等重大项目对于缓解交通运输压力和中东部地区的环境污染问题同样具有重大意义。

在分析全国和西部地区社会经济发展及其用电特点的基础上，预测了全国和西部地区电力总需求。预测结果表明，2000—2020年，我国的电力需求增长较快，由2000年的13 466亿kWh增长到2010年的22 462亿kWh和2020年的34 833亿kWh，全国电力需求以4.9%的较高速度增长；而西部地区的增长速度要略高于全国，达到5.6%，由2000年的2 835亿kWh增长到2010年的5 170亿kWh和2020年的8 466亿kWh。

根据西部地区水能资源及其水电、火电开发潜力，预测了西部地区电力装机容量和当地的容量需求，并计算出了电力外输能力。结果表明：西部地区的电力供应增长较快，"十五"末期可向东部送电1 495万kW，到2020年可送电7 798万kW，为西部地区装机总容量的30.5%，未来西部地区作为我国电力供应基地的地位将不断加强,对实施我国能源总体战略作用越来越显著。

3.3 西部可持续发展的能源战略基本构想

（1）西部煤炭工业调整和可持续发展

我国是一个煤炭生产与消费大国。煤炭资源的开发利用对我国社会经济发展具有重要意义。它不但提供我国经济发展所需要的基本能源,同时还在保障能源供应安全,促进地方经济发展,扩大就业和吸纳农村剩余劳动力以及出口创汇等方面起着重要作用。

东部地区经济比较发达,煤炭需求量大,但是东部地区后备资源短缺。而西部地区煤炭资源具有得天独厚的优势,煤炭资源量大,煤质较好,除满足自身的需求外,还可满足中东部地区的需求。因此,加快西部煤炭资源的开发利用,将西部的煤炭资源优势转化为经济优势,对促进西部地区及我国煤炭工业的可持续发展具有十分重要的意义。

西部煤炭资源的主要特点:①资源量大,探明程度和动用程度较低。西部地区埋深在 2 000 m 以内煤炭资源量为 4.48 亿万 t,占全国总量的 80%。其中,保有储量为 6 274 亿 t,占全国的 61.6%;精查、详查储量低,仅占总资源量的 4%。西部地区煤炭资源探明储量动用率为 30.18%,比东部低 9 个百分点左右。②西部地区除西南地区煤炭硫分较高外,其他地区煤质较好,以中灰、低硫煤为主。动力煤较多,炼焦煤较少。③西部地区煤层厚度大,地质构造简单、埋深较浅,水文地质条件简单,煤田规模大,开采条件好。④西部地区与煤层共、伴生矿产资源(包括煤层气)丰富,与煤炭资源联合开发,有利于延长煤矿寿命,具有明显的经济效益和社会效益。

自改革开放以来,西部地区煤炭工业发展较快,但还存在以下主要问题:①远离市场,运输困难。宁夏、甘肃、青海、新疆尽管有丰富的煤炭资源,至今也没能成为我国煤炭主力供应基地。②煤炭产量较高,但企业规模小,产业集中度低。西部地区共有矿井近 33 000 处,核定能力 3.4 亿 t 以上。已形成 500 万 t 以上年生产能力的矿区仅有 6 个。③原煤入选率低、产品结构单一,附加值低。2000 年,原煤入选量为 0.64 亿 t,入选率仅为 26.7%。④煤炭工业生产工艺落后、技术装备水平低、安全性差。西部地区非机械

化采煤占 60%以上,矿井生产设备老化,小型矿井生产技术装备水平极低,乡镇煤矿生产工艺落后,矿井防灾抗灾的能力差,管理不到位,安全技术和装备水平低,事故隐患多。⑤煤炭企业管理水平低,经济效益差。西部煤炭企业,包括国有煤炭企业长期在计划经济体制下运行,观念转变慢,市场意识不强,普遍存在管理粗放,劳动率低下等问题。⑥煤炭开采造成生态和环境破坏。煤炭开采不仅污染地下水资源,而且造成地下水位下降、地表水系干涸。西北含煤地区是贫水地区,如果对煤炭资源进行大规模开采,地下水疏干量将远远超过降水量,地表水干涸,植被遭破坏不可避免。煤炭开采还引起地表塌陷和大量矸石山占压土地;露天开采引起地面挖损和外排土场占压土地。矿井排风、矿井瓦斯抽放以及煤矸石自燃等对大气造成严重的污染。在普遍缺水和生态环境脆弱的西北地区,煤矿开采所带来的环境问题是制约社会经济可持续发展的重要因素。

为此,要深化企业改革,实施大集团战略,限制淘汰落后的生产能力。提高国家宏观调控能力,为西部煤炭规划未来消费市场,关闭东部地区严重不符合环保和生态保护要求的矿井和非法小煤矿,为西部优质煤炭发展让出空间;东部大型煤炭用户按照西部拟开发矿区的煤种进行设计,形成规模需求。把生产、运输与用户通过资产纽带结合在一起,形成联合企业的方式减少环节,提高自我协调能力。加快企业技术改造步伐,提高科技含量,促进产业升级。要有步骤地在西部煤炭开发、煤炭加工、安全健康和信息管理等领域提高技术和装备水平,促进产业升级。煤炭开发过程中应加强生态建设和环境保护,促进可持续发展。实施综合经营战略,搞好伴生矿产的综合利用,延伸产业链,培育新的增长点,提高经济效益。努力提高煤炭入选率,实施洁净煤战略,推动洁净煤技术产业化;采取切实可行的措施,减轻煤炭企业负担,制定资源型城市转产配套政策。实施市场导向型开发模式,将煤炭资源优势转化为经济优势,促进当地社会经济可持续发展。加快铁路、输电线路等运输通道建设,提高资源有效供给能力。

（2）西部油气发展与“西气东输”

从我国石油资源的分布和生产现状来看,东部地区的主力油田已进入高含水采油阶段,原油产量在逐年递减,而西部地区产量却在逐年增加。我国天然气资源也主要分布在西部地区,随着

"西气东输"工程的实施，西部地区会成为我国未来天然气供应的主要来源地。此外，油气工业还是我国的一个支柱产业，对国民经济发展和增加就业起着举足轻重的作用。对经济较落后的西部地区，这一作用更加明显。因此，积极开发和利用西部的油气资源，将促进我国能源结构优质化，增加能源供应的安全性，促进西部地区社会经济的发展。

1）西部石油资源及其开发前景

我国西部地区的石油资源的理论资源量较大，为316亿t，占全国石油资源总量的33.6%，主要分布在西北地区，占西部总量的90%。西部地区的石油资源自然地理分布条件以黄土高原、沙漠戈壁为主，埋深普遍大于东部。西部地区石油资源主要分布在准噶尔盆地、塔里木盆地、鄂尔多斯盆地。截至2001年年底，西部石油资源累计探明储量约为43.1亿t，探明率为13.66%，远低于东部地区。累计探明储量中可采储量为9.52亿t，平均可采率仅为22.08%，比东部和中部陆上平均可采率低8个多百分点。截至2001年年底，西部地区石油资源累计采出量为3.63亿t，占累计探明可采储量的38.16%，动用率较低。

西部石油资源探明率低、可采储量动用率低，显示出有较大的勘探开发前景和增产潜力。同时，资源赋存条件差，可采率低，又预示勘探开发难度大，成本高。

随着我国石油勘探开发重点战略西进，我国西部已经形成以准噶尔盆地、塔里木盆地、鄂尔多斯盆地为主的石油生产基地，1990—2001年，西部的原油产量1 048万t增加到3 209万t，占全国原油产量的比重也相应由7.36%增加到17.3%，保证我国原油总产量能缓慢地增长。由于西部地区主要油田还处于开发早、中期，石油产量还能继续增加。预计未来20年，西部地区的原油产量还将不断上升，2010年以前有以较快速度上升的潜力，2010—2020年，增加的速度趋缓。预计2005年、2010年、2015年和2020年，西部地区的原油产量将分别达到3 500万t、4 500万t、5 100万t和5 700万t。但另一方面，由于西部石油资源中低渗和特低渗砂岩油藏比例较大，原油探明储量采收率较低，单井控制的储量较低，油田开发基本上采用一次布井，井网控制程度和储量动用程度高，采油速度快，稳产期较短，提高原油产量最主要的途径是增加新区后备储量。

总的来看，未来10年，西部主力油田原油产量上升较快，其后将先后进入中、晚期，加之西部地区石油资源赋存条件和开采条件差，进一步增储上产难度加大。

2）西部天然气资源及其发展前景

西部天然气理论资源量为23.4万亿m³，占全国总量的62%。截至2001年年底，西部天然气资源累计探明储量约为2.6万亿m³，探明率仅为8.77%；剩余探明可采储量为1.6万亿m³，占全国陆上总量的78.7%。除四川盆地和鄂尔多斯盆地局部区域资源丰度较高外，其他大部分地区资源丰度较低。西部地区天然气资源主要分布于鄂尔多斯盆地、塔里木盆地和四川盆地，准噶尔盆地和柴达木盆地相对较少。

西部天然气产量近几年有较快的增长。从1990年的72亿m³增加到2001年的186亿m³，占全国天然气总产量的比重由47.4%增加到61.2%。随着陕北天然气进京，西北地区天然气产量由1990年的5.93亿m³增加到了2001年的68亿m³，增加62亿m³，所占全国比例也相应由3.9%增加到23.12%。

但总体看来，西部天然气勘探、开发仍处于起步阶段，发展潜力较大。依据各含油气盆地天然气资源现状及开采程度，预计到2005年、2010年、2015年和2020年，西部地区的天然气产量将分别达到440亿、680亿、730亿和770亿m³。以塔里木盆地、鄂尔多斯盆地、四川盆地为主要产气区。

3）西部天然气开发和"西气东输"

为了充分利用西部丰富的天然气资源，尽快将西部地区天然气资源优势转化为经济优势，必须对西部地区天然气进行大规模开发利用。但由于我国西部地区经济发展相对落后，天然气需求量较低。因此，必须将大量天然气输送到我国东部地区。这对加快我国能源优质化进程，改善东部沿海地区的大气环境，提高人民生活质量，缓解我国日益增加的石油供应短缺压力，带动西部地区经济发展，推动各民族大团结和共同繁荣具有十分重要的意义。但是，由于我国东部沿海经济发达地区远离西部天然气资源所在地，管输工程投资大，必须要有足够资源和一定规模的市场作保证，长距离管输才有经济意义。西部天然气资源是否充足、中东部市场前景如何、经过长距离运输后与其他能源是否有竞争力等重大问题成为人们关注的焦点。

西部天然气资源保证度：就人们最为关切的塔里木盆地来看，截至 2001 年年底，天然气剩余可采储量为 3 810 亿 m^3，按照年产 120 亿 m^3 计算，储采比超过 30。此外，塔里木盆地天然气资源探明率较低，还有很大的增储潜力，因此，以塔里木盆地天然气资源为基础的新疆—上海管线工程是有资源保证的。

西部天然气运输管道：天然气管输是联系上下游的纽带，要开发西部天然气资源，管道建设必须要先行。我国西部在建或拟建的天然气管道主干线有：新疆—上海天然气管线（狭义的西气东输）是将新疆塔里木的天然气送到上海及长江三角洲等东部地区；忠武线是将四川盆地的天然气输送到"两湖"地区。陕京线是陕西靖边至北京的长距离天然气管线。涩宁兰线始于青海柴达木盆地涩北 1 号气田，经西宁至兰州输气管道工程。

目前，我国天然气管网还很不发达，西部除四川地区初步建立比较完整的环形管网外，其他地区基本上是依靠从资源地到销售市场单一的管道输送，天然气外输管道不完善成为扩大天然气利用的"瓶颈"，国家在加强长输管网建设的同时，应加强下游市场配套管网的建设。

下游市场：我国天然气市场潜力非常大，但目前消费量很低，天然气市场受到诸多因素的制约，生产、运输和消费等各个环节存在诸多矛盾和问题。在天然气市场开拓方面应强调用气地区和途径的多样性。应注意西部天然气就近利用，在当地发展天然气加工业，形成若干天然气利用基地，促进西部地区的经济发展。

天然气价格：目前，我国天然气价格是综合性的天然气价格，终端用户价格中包含了井口价、净化费、管输费，由城市天然气公司供气的用户还包含配送服务费。综合性价格模糊了天然气生产、运输等不同环节的成本。现阶段，我国天然气价格由政府决定，没有与竞争性燃料价格挂钩，也未体现出天然气在环保和便利等方面的优势。

从我国天然气发展现状看，由于我国尚处于天然气开发利用的初级阶段。受市场发育和管理体制的制约，政府对天然气价格实行监管是必要的，但随着天然气工业和市场的发展，政府单一定价模式会逐渐不适应市场发展的要求。应按竞争性定价原则和可替代性能源比价原则，在上游形成充分竞争的市场格局，对管网实施有效监管的情况下，逐步放开天然气价格，由市场来决定。

4）西部可持续发展的油气战略

根据对西部地区油气资源的分析及其开发前景的展望，今后我国西部地区油气资源开发利用的战略重点应集中在以下几个方面：

①加强勘探开发，提高后备储量。加强高丰度、大气田的群体勘探。在下游市场逐步发展到一定规模以后，再向中小气田、低丰度、低渗透的气田推进。②实施科技创新战略，努力提高资源向可采储量的转换率，可采储量向井口产量的转换率，井口产量向商品量的转换率，商品量向终端用户消费量的转换率。③实行经济开采，对于低丰度、低渗透等开采成本较高的油气资源应不要急于开采，待开采技术更加先进成熟时再行开采。同时要注意处理好资源耗竭速度与保持稳产、增产的关系。④合理利用国际国内两种资源。应综合考虑经济和安全因素，对引进俄罗斯和中亚国家油气资源给予高度重视，按照比较成本，将进口国外资源统一考虑。东部在充分利用西部天然气资源的同时，也应积极利用周边国家天然气资源作为补充，沿海地区要充分利用沿海航运便利的优势条件，引进 LNG 和 LPG。

（3）西部电力发展与"西电东送"

1）西部电力消费与生产现状

2000 年西部地区电力消费量 2 835 亿 kWh，占全国的 21%。人均用电量和人均生活用电量均低于全国平均水平。

2000 年西部地区电力装机容量 7 627.9 万 kW，占全国的 24%；发电量 3 109.9 亿 kWh，占全国的 23%。西部地区装机容量中水电占 43.5%，高于全国水电比重，但现有水电站调节性能差。

西部电力发展不仅满足了自身经济发展需要，而且还推动了"西电东送"工程的实施，有效支持了东部经济的发展。目前，已初步形成了"西电东送"的北、中、南三个通道。北部已形成山西、蒙西送电北京 260 万 kW 的能力；中部已形成葛洲坝至上海的 120 万 kW 的能力；南部已形成在南盘江天生桥水电站地区汇集的送电广东 300 万 kW 的能力。

2）西部地区的电力需求预测

2000—2020 年西部地区电力需求年均增长 5.6%，高于 4.9% 的全国水平。西部地区电力消费量将由 2000 年的 2 800 亿 kWh 增长到 2020 年的 8 500 亿 kWh；在全国电力消费总量的比重将由

2000 年的 21% 上升到 2020 年的 24%。

西部电力装机需求将由 2000 年的 6 723 万 kW 增长到 2020 年的 17 733 万 kW，西部电力装机需求量占全国总量的比重将由 2000 年的 21% 上升到 2020 年的 25%。

3）西部地区的发电资源

西部地区煤炭和水能资源丰富，而且有较大的环境容量，为西部电力大开发，实现"西电东送"创造了良好的基础条件。

西部地区的技术可开发水能资源量为 2.909 亿 kW，年发电量为 15 678 亿 kWh，占全国的 81.5%。西部地区经济可开发水能资源的电站装机规模构成中，主要为大型水电站，占 82.8%，主要分布在川渝和云南。

4）西部地区水电开发现状与发展前景

西部已开发的水电装机只有 3 320 万 kW，占经济可开发资源量的 15%。到 2020 年，西部九大水电基地建成规模可达到 12 670 万 kW，开发程度达 70% 以上。西部地区 20 年间可增加水电装机 11 860 万 kW，20 年年均增长速度为 7.9%，略低于"九五"时期西部水电增长率。

到 2020 年，西部地区电力总装机可达 25 531 万 kW，电力输出容量可达到 7 800 万 kW 左右，输出容量占西部电力装机的比例将由 2005 年的 14% 上升到 2020 年的 30%。

5）西电东送的必要性及其在西部大开发中的重要意义

西电东送主要是由资源分布和经济发展的不均衡性所决定的。开发西部电力资源，有利于改善西部地区的能源结构，保护生态环境，较大幅度提高西部地区的电气化水平，满足西部人民实现小康社会的基本需求，带动西部经济、社会全面发展。有利于改善投资环境，将西部的资源优势转化为经济优势。

6）西部电力开发与西电东送近期的困难和问题·

西部地区未来虽然有一定的电力市场空间，但相对于西部比较落后的经济和目前就相对富裕的电力供应来说，大规模开发西部水电和火电，市场问题严重。

目前西部不少地区在电源开发和输电设施建设及运行管理中的成本费用偏高，西电在东部市场的竞争力不是很强。

西部地区在 2000—2020 年，电力建设需要投资约 10 000 亿元。西部自身经济实力差，采取何种融资手段吸收国内民间投资

和吸引更多外资是必须要解决的问题。

西部电力开发中大部分是水电项目，因此水电开发是西部电力开发的关键。但是目前水电前期工作跟不上开工建设的需要，已经成为制约水电发展的重要因素。

"九五"以来我国西部水电发展速度要比火电发展速度低，现行政策是制约水电发展的主要因素之一。

（4）西部可再生能源发展和农村能源建设

1）可再生能源发展与西部大开发战略的实施

西部大开发为可再生能源的发展提供了很好的机遇。西部地区生态环境脆弱，还有大量的贫困人口。部分地区陷入了"贫困—过度开发—生态环境退化"的恶性循环之中，这些成为制约西部地区社会经济发展的最大障碍。可再生能源的合理开发利用可以缓解西部生态环境的恶化，改善贫困人口的生产生活条件，也可以提供城市和边远地区的能源供应。因此充分利用丰富的可再生能源资源基础，是发展西部地区经济特别是广大农村地区的重要途径。

2）西部可再生能源发展模式的选择

区域经济落后导致西部广大农村的生活用能是以传统生物质能为主。目前在我国已经形成规模且较为成功的能源利用方式是农村户用沼气。

我国可再生能源事业的发展大多是通过有政府背景的项目及工程来推动，目前，推动我国可再生能源实施主要运用的几种模式有：区域发展模式；行业（或部门）发展模式；专项发展模式；还有正在逐渐形成的模式，如具有政府背景，通过政府部门的影响、指导而形成的政策发展模式和以市场需求为动力、以产品质量为保证、以产品价格为杠杆的市场推动模式。如何选择真正适合西部可再生能源迅速发展的模式是超常规发展可再生能源的关键。

3）主要障碍及相应的对策建议

影响可再生能源发展的障碍很多，主要有以下几方面：政策制定、管理、资金筹措、市场环境、技术等。

对策建议主要包括以下几个方面：采用政策发展和市场发展并重的模式，完善西部可再生能源发展规划；西部农村建设与可再生能源开发相结合，相互促进和发展；可再生能源的开发必须

满足生态环境的需要；建立完整的可再生能源体系。

（5）西部可持续的能源发展总体战略

1）西部能源发展战略是全国能源发展战略的重要组成部分。未来 10～15 年，西部地区是我国能源生产增长的主要地区之一，合理确定西部地区能源发展战略，对于保障我国的能源安全供应具有重要的战略意义。西部地区大力发展新能源和可再生能源，对优化能源结构具有积极意义，也能解决西部一些边远地区发展经济和居民生活用能问题。西部地区是我国长江、黄河两大流域的发源地，保护了西部地区的生态环境，也就保护了全国的生态环境。在大力开发西部煤炭、油气和水能资源过程中应充分考虑对当地生态环境的保护。

2）能源资源优势转化为经济优势战略。在西部大开发，特别是能源资源大开发过程中应该正确处理好开发西部资源和发展经济的关系，通过开发西部资源，达到发展西部经济，实现"全面小康社会"的目标，而不仅仅是满足东中部地区的能源需求。应在西部地区发展一些能源高附加值产业，这样有利于加速西部地区产业结构的调整，增加西部地区的财政收入。应提高能源资源税返还地方的比例、开征合理的生态环境补偿费用，用于西部地方生态环境的建设。为了西部地区的可持续发展，应实现滚动式资源开发，以保护生态环境。延长产业发展链，促进西部经济发展。能源工业是重要的基础产业，与机电制造业、建材工业、电子工业、化学工业等具有较强的关联性。西部能源开发中不仅要开采当地的能源资源，而且要带动其相关产业的发展，增加当地就业机会，增加地方税收，促进西部经济的发展。

3）各能源部门协调发展战略。西部地区拥有丰富的煤炭、电力、石油、天然气、新能源和可再生能源资源，因此在西部能源开发过程中注意各能源部门的统筹规划、协调发展，防止从单一能源品种进行品种规划、市场开拓。要实现基础设施建设的统一规划，规模经营，提高经济效益，避免重复建设和开发进度的不协调。如煤炭开发过程中，要充分考虑煤电联营的综合效益，输煤、输电的经济性比较，火电外输通道建设要提前考虑水能资源的开发和出路等。

4）能源生产和消费方式的跨越式发展战略。在西部大开发和区域经济递推过程中，东部地区一些产业将逐步西移，但西部经济的发展不必按照传统产业升级的模式——以高耗能、高污染工业为起点，可以实现跨越式发展。产业结构、工艺结构和产品结构可以建立在高技术含量、高附加值的基础上。能源利用方式以清洁、高效的能源为起点，加速能源结构的优化进程。

3.4 实施西部可持续发展的能源战略的政策框架

（1）完善资源政策法规，合理开发和利用能源资源

加紧研究和制定《石油法》和《天然气法》，改进和完善《矿产资源法》《水法》《煤炭法》和《电力法》，加强能源工业的合理布局和规划研究，特别要加强与能源资源开发有关的环境问题研究，将能源开发量和开发速度严格控制在环境允许的范围内。严格按照规划进行资源开发，坚持先规划，后开发。加强和规范资源管理和许可证审批制度。根据资源赋存条件制定合理的最低采收率。对采矿者进行资源采收率跟踪管理，杜绝无证探矿采矿、乱采滥挖、浪费资源和违规发证。对于煤矿开采业要提高准入门槛，在技术、安全、劳动保护和资源回收率及环保等方面提高要求，严格执法，限制低素质生产者进入。

（2）促进能源产业及其相关产业发展，拉动地方经济，增加就业

国家在制定西部能源发展规划时，应将促进地方经济发展、增加就业放在优先地位考虑。同时要考虑能源产业发展及相关产业发展。要优先满足当地的需要，提高资源在当地加工利用比例，延伸产业链，提高经济效益，扩大就业。

目前国家已经启动了"西气东输"和"西电东送"项目，"西电东"送项目对西部经济的拉动比较明显，但"西气东输"项目对西部经济的拉动作用仍值得研究。除天然气开发的资源税、征地费及挖槽埋管的工程费用外，地方上得到的利益很少。所以应考虑在西部地区上一些大型天然气化工项目，在西部地区由于气价较低，这些项目可能有较好效益。

尽可能多地将西部地区丰富的水能资源和煤炭资源转化为低廉电力，有利于改善投资环境，促进东部工业西移，同时带动西部地区与电力建设相关行业的发展。

政府应加大对西部能源工业的扶持和引导，如加大基础设施投入和建设力度（包括铁路、公路、油气管网、电网等），鼓励能源

企业上市,提供市场信息服务和人才支持等。

政府还应加强宏观调控力度,包括打破中、东部市场的地方保护,关闭其不符合环保要求、经济效益差、技术落后的能源生产能力,为西部能源的发展打开市场,留出一定的市场空间。

优惠政策包括政策性资金的投入、鼓励出口、加大资本金比例、落实"贷改拨"政策、延长还贷期、大型水电站投资分摊(防洪、灌溉投资国家承担,供水投资由受益部门承担)等。

为了加强地方可持续发展能力,应加大资源税征收力度,扩大级差,一方面使地方增加收入,另一方面使之能真正调节不同矿种、不同品质和不同开发条件能源之间的收益,以达到公平竞争的目的。其基本原则是收益越大,税率越高。还要给中央和外地企业规定适当的本地人员聘用率,保证当地人能充分受益。

(3)严格环保法规,加强环境保护和治理

鼓励采取有利于生态保护的方式开发能源资源。在能源产品销售收入中按一定比例征收生态恢复基金,鼓励能源生产企业或专业公司开展生态恢复活动。

西部地区也要优化能源消费结构,提高能源效率,减少污染物排放。可以考虑提高排污费收费标准,但要考虑当地的实际情况,不能过高,可稍低于东部发达地区。

(4)扩大对外开放,吸引国外投资和国内民间投资

要鼓励民间向西部投资,尤其要鼓励东部经济发达地区和国外大企业到西部投资能源领域。应制定比东部更加优惠的政策,鼓励和刺激投资。在制定吸引投资的政策时中外企业(包括民营企业)要一视同仁,实行国民待遇。也可考虑在"西气东输"和"西电东送"项目中引入西部地区的政府或民间投资,并给予合理的回报。

在资源勘探中,要界定清楚国家和企业职能,加大应由国家承担的基础普查工作的投入,改革目前的勘探体制,按企业方式运作。在此基础上,放开上游市场,重新审查并修改勘探许可证发放有关规定,在区块的获得中引入竞争机制,采取区块公开招标和许可证制度。在一定的约束条件下允许探矿权和采矿权的有偿转让和租赁。可以在确定总体规划的前提下,放宽审批权限,简化审批程序,缩短审批时间,提高服务质量。

(5)加强农村能源建设,巩固生态建设成果

要解决边远地区和广大农村地区的用能问题,充分重视可再生能源的开发和利用。在生物质气化方面,需要政府扶持,出台优惠政策加强攻关,提高技术、降低成本。在边远地区,国家要大力扶持风能和太阳能建设,争取国际援助,特别是利用清洁发展机制(CDM)。可考虑建立农村能源专项资金或基金,也可结合扶贫计划和生态保护来实施农村能源建设,甚至在一些特殊地区,向赈粮一样赈煤、解决"节柴改灶"工作的"死角"问题。对农村的能源供应以满足基本生活需求为宜,要防止冒进和不惜代价,杜绝浪费。

在巩固现有可再生能源发展模式的基础上,应积极推进政策发展模式和市场发展模式,促进我国可再生能源的发展。积极支持和倡导西部各省、市、区可再生能源发展的地方性政策和法规的制定出台。鼓励地方企业和资金的投入。

中国可再生能源发展战略研究

李俊峰　高虎　时璟丽　赵勇强　胡润青　王仲颖　任东明　秦世平

1　获奖情况

本课题获得 2008 年度国家发展和改革委员会宏观经济研究院优秀研究成果二等奖。

2　本课题的意义和作用

2.1　研究意义

我国可再生能源当前已经步入快速发展阶段，但技术种类多，经济性差别大，发展技术路线存在较大的争议，一些行业出现了急功近利、大干快上、无序发展的不好苗头。本项研究从可持续发展的战略高度研究和分析问题，考虑了资源、技术、产业以及土地、水资源等各种因素，提出了未来各种可再生能源的技术发展路线、发展目标和实现手段。课题成果既具有国家和地方各级政府宏观决策上的参考价值，也以技术经济分析的手段，给产业、技术部门的发展提供了强有力的指导，对促进当前产业进步、正确引导企业投资以及明确未来科学发展方向都具有重要的意义。

2.2　课题成果使用情况

本课题是由中国工程院委托的重大咨询专项，对我国可再生能源长远期发展所面临的一些重大问题进行了全面深入的研究。课题形成的研究成果及政策建议，对国家能源局制定可再生能源产业发展战略和政策具有十分重要的参考价值，部分观点和建议已被《可再生能源中长期发展规划》所吸收，并作为国家能源局布置可再生能源资源评价工作、千万千瓦风电基地建设规划等工作的重要参考。

2.3　本课题产生的影响

本课题是结合我国远期可再生能源发展目标和发展技术路线的战略研究，首次描绘了我国可再生能源从补充能源，向替代能源、主导能源和主流能源过渡的发展过程及实现途径。提出了可再生能源长期发展的五条基本原则，具有开创性。在技术经济理论分析方面，课题采用了全生命周期分析和技术矩阵对比的方法，通过全过程能源平衡及环境总体效益的比较，提出各种可再生能源利用的合理方向和具体的技术路线。研究中形成的理论、技术、方法属于国内领先水平。课题的研究成果直接为国家制定可再生能源发展战略和规划提供了参考和依据，成果得到了采纳。

3　本课题简要报告

3.1　世界可再生能源的发展现状与趋势

进入 21 世纪，能源安全和环境保护已成为全球化的问题。各国政府高度重视发展可再生能源，将其作为缓解能源供应矛盾、减少温室气体排放和应对气候变化的重要措施，纷纷制定发展战略，提出明确的发展目标和相应的激励政策，引导、鼓励可再生能源的发展。

在政府的大力支持下，目前可再生能源技术日臻成熟和完善，成本持续下降，市场竞争力不断加强，为未来大规模应用提供了重要的技术支撑。风力发电正朝着大型化、规模化的方向发展，在欧洲新增电力装机中占 30% 的份额，超过大水电和核电成为仅次于天然气发电和燃煤发电的第三大发电电源；太阳能光伏发电已经开始从边远地区走向城市，规模不断扩大，向并网方向发展；

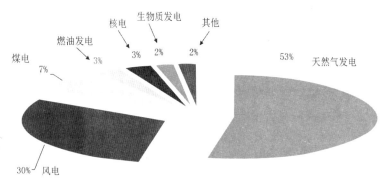

图1 欧盟2006年新增电力构成比例

随着石油价格的急剧变动,以玉米、甘蔗为原料的燃料乙醇和以油料作物为原料的生物柴油等液体燃料技术和产业发展迅速,呈现了规模化发展的趋势。

2006年年底,全球非水电可再生能源发电装机容量突破1亿kW,其中风电7 400万kW,生物质发电约5 000万kW,地热发电1 000万kW,太阳能发电700多万kW;此外,生物液体燃料年产量达到约3 500万t;太阳能热水器使用量超过1.5亿m³。可再生能源开始从补充能源向替代能源过渡。

当前,欧洲、美国和日本都将可再生能源作为未来能源替代和减排温室气体的重要战略措施考虑,并提出了宏大的发展目标。欧盟提出,到2020年和2050年,可再生能源占其能源消费量的比例将分别达到20%和50%;美国提出,到2030年,风力发电占其全部电力装机的20%,生物液体燃料替代30%的石油产品;日本提出,到2050年,可再生能源等替代能源将占其能源供应的50%以上;巴西和印度等发展中国家也提出了宏伟的可再生能源发展目标。

种种迹象表明,可再生能源在未来全球能源供应中的地位将更加突出,预计2050年可再生能源将满足全球50%以上的一次能源需求。

3.2 我国可再生能源发展现状

2006年,我国可再生能源在一次能源消费中的比例大约为8%,其中水电提供了约1.5亿tce,太阳能、风电、现代技术生物质能利用等提供了约5 000万tce的能源。

（1）风电——开始进入规模发展阶段

步入21世纪以来,我国风电有了突飞猛进的发展,并网风电总装机容量从2000年的35万kW增长到2006年的260万kW,年均增长率达到30%。当前,我国已经基本掌握单机容量1 500 kW及以下风力发电设备的制造技术,并建成了几百个风电场。但与国际先进水平相比,国产风电机组单机容量较小,关键技术依赖进口,系统集成水平和零部件的质量还有待提高。

（2）太阳能——光伏发电产业迅速扩张,热水器技术成熟,在城乡热水供应方面发挥着重要作用

在国际市场的拉动下,我国太阳能光伏产业出现了跳跃式发展,2000年,光伏组件的生产能力不到10 MW,但到2006年年底,光伏电池的生产环节包括高纯度硅材料、硅锭、硅片、电池和组件,生产能力分别达到25 MW、580 MW、500 MW、1 400 MW和1 087 MW,居世界第三位。但是,由于发电成本过高,我国太阳能光伏市场较小,产品主要是用于解决电网覆盖不到的偏远地区的居民用电问题。到2006年,累计光伏发电容量为8万kW,其中42%为独立光伏发电系统。目前,也开始开展屋顶和大型并网系统的示范。

在太阳能热利用方面,最广泛应用的技术是太阳能热水器。到2006年,我国太阳能热水器总集热面积运行保有量约9 000万m²,年生产能力超过2 000万m²,使用量和年产量均占世界总量的一半以上,均居世界第一。

（3）生物质能——多样化的现代利用技术发展迅速

我国的沼气利用技术成熟,尤其是户用沼气,在政府政策的大力推动下,已经形成了规模市场和产业,户用沼气池达到2 200万多口,畜禽场等的大中型沼气工程也开始发展,到2006年年底达到2 000多处,年产沼气总计超过90亿m³,为近8 000万农村人口提供了优质的生活燃料。

除沼气外,我国其他生物质能技术的应用仍处于产业化发展初期。在生物质发电方面,已经基本掌握了农林生物质发电、城市垃圾发电、生物质致密成型燃料等技术,到2005年年底,全国生物质发电装机容量约220万kW,主要是蔗渣发电和垃圾发电,2006年利用农林废弃物等生物质发电项目建设迅速,当前核准的39个项目合计装机容量为128.4万kW。

在生物液体燃料方面,我国已开始在交通燃料中使用燃料乙醇。以陈化粮为原料的燃料乙醇年生产能力约150多万t;以甜高粱等非粮作物为原料生产燃料乙醇的技术已初步具备商业化发展条件,目前试产规模达到年产5 000 t;以餐饮业废油、榨油厂油渣、油料作物为原料生产生物柴油的能力达到年产10万t以上。

（4）地热和海洋能——在热利用方面发挥一定的作用

我国适用于地热能发电的资源较少,目前的利用主要集中在西藏。我国地热能的热利用主要用于采暖、热水、养殖等,利用量以年均10%的速度增长。目前地热供暖面积达3 000万m²,并为约60万户居民提供生活热水。我国在潮汐发电等海洋能利用方面也开展了一些试点和示范工作。

总体来看,我国的可再生能源市场已经进入快速发展时期,可再生能源投资投入显著增加,可再生能源装备制造业发展迅速,正朝着规模化方向发展。

3.3 我国可再生能源的资源条件

从资源保障角度看,根据已有的资源评价结果,我国具有大规模发展可再生能源的资源潜力和保障。从可利用量上看,我国风能、太阳能、生物质能和海洋能等都具有发展到每年数亿吨标准煤的资源水平,其中:风能资源总的技术开发量可以达到7亿~12亿kW,风能年利用量可达到1.4万亿~2.4万亿kWh,折合5亿~8亿tce;如果用20%的屋顶面积,可安装约20亿m²太阳能热水系统,能够替代煤炭3亿tce;用20%的屋顶面积、2%的戈壁和荒漠地区面积安装太阳能发电设备,则太阳能利用的资源潜力为22亿kW,年发电量可以达到2.9万亿kWh,折合11亿tce;我国当前可利用生物质资源潜力约2.8亿t,随着社会经济发展,废弃生物质资源潜力将不断增加,加上开发利用各类边际土地来规模化种植能源作物和能源林木,到2030年我国生物质资源可望达到8.9亿tce;我国水能技术可开发量,至少5亿kW以上,年可提供电量2.5万亿kWh,折合8.6亿tce;我国高温地热的资源潜力为582万kW,发电潜力300亿~400亿kWh/a,近期中低温地热资源可利用量相当于1 440万kW的装机容量和864亿kWh/a的发电量,总计折合约5 000万tce的年产能量;我国海洋能资源丰富,可开发利用量可以达到10亿kW的量级。表1

表1 2050年可再生能源资源潜力汇总

类型	理论蕴藏量/亿kW	可开发利用量/亿kW	产能量/（亿tce/a）
风能	43	7~12	5~8
太阳能	4.5×10^7	22	11~14
生物质能	—		8.9
水能	6	5	8.6
地热能	4 626.5亿tce	0.2	0.5
海洋能	142	14.4	5.5
合计	—	55.7	40~46

注:1. 风能、水能按照年可发电量及2006年发电煤耗计算产能量;
2. 地热能的可开发利用量根据目前勘探的地热井资源估算。
3. ce为标准煤。

为2050年我国可再生能源潜力汇总。

总之,我国具有丰富的可再生能源资源,可以满足可再生能源未来成为主流甚至主导能源的资源需求。

3.4 发展可再生能源存在的主要问题

目前,我国可再生能源的发展还面临着一些制约"瓶颈"和障碍,主要体现在资源评估不足、技术研发滞后、产业体系薄弱、市场保障乏力、政策支持力度不够等诸多方面。

（1）可再生能源资源评估不够

从资源保障角度,我国已经开展的可再生能源资源评价工作还远远不够。太阳能和风能资源评价只是得出大致的总量和分布数据,与实际可利用的资源数据还有一定的距离;生物质能资源评价则明显不足,尤其是对于可利用土地的评价,目前没有系统全面的研究;对于地热能、海洋能资源,也大都是估算数据,没有安排全面的资源评价工作。

（2）技术研发落后、创新能力不足

总体来看,我国在可再生能源利用关键技术研发水平和创新能力方面有所提高,但和国外发达国家相比仍然明显落后,目前存在的问题主要表现在:①基础性研究薄弱。我国在创新性的基础性研究工作方面开展较少,起步较晚,水平较低,比如光伏发电技术、纤维素制乙醇技术等,缺乏大规模发展所需的技术基础;

②缺乏强有力的研究技术支撑平台,没有建立国家主导的可再生能源实验室和公共研究平台,用于支持科技基础研究和提供公共技术服务;③技术发展缺乏清晰的技术发展路线和长期的发展思路,没有制定自主研发和创新的方向;④资金支持明显不足,尤其是在人才上的投入极少,形成不了可持续发展的技术人才队伍;⑤没有建立起技术研发的长效机制,没有制定连续、滚动的研发投入计划。

（3）自主技术的产业体系薄弱

自《可再生能源法》颁布以来,我国可再生能源产业有了长足发展,但和实际的发展需求相比,可再生能源产业基础并不够稳固,主要表现为:①产业基础薄弱,我国近年来产业的快速发展建立在国内外资金快速投入的基础之上,没有长期、持续的基础性技术研发为后盾,不掌握核心自主产权技术;②缺乏完整的产业链条,除了太阳能热水器之外,我国大多数可再生能源技术产业,缺乏完整的产业体系,除了技术研发滞后之外,还在设计技术、关键设备的制造以及原材料供应方面存在着严重的制约"瓶颈";③缺乏强有力的企业自律的协会组织,很难有力地组织企业的共同发展。

（4）市场保障乏力

尽管我国在建立可再生能源市场方面做了许多工作,但从长远发展看,可再生能源的市场保障仍显乏力,主要表现在:①可再生能源发展规划尚未正式公布,各种可再生能源发展的专项规划或发展路线图未能及时出台,尚未形成明确的规划目标引导机制;②合理的可再生能源发电定价机制没有形成;③可再生能源发电企业并网及全额收购的管理办法有待进一步明确;④缺乏市场监管机制,对于垄断企业的责任、权力和义务,没有明确的规定,同时也缺乏产品质量检测认证体系。

（5）政策和制度建设不配套

虽然我国颁布了《可再生能源法》,其制度建设要求也比较全面,但是政策措施和制度建设不配套,尚未完全适应可再生能源发展的要求,主要是:①可再生能源的规划、项目审批、专项资金安排、价格机制等缺乏统一的协调机制;②规划、政策制定和项目决策缺乏公开透明度;③缺乏法律实施的报告、监督和自我完善体系。

3.5 我国发展可再生能源的主要意义

我国经济正处于快速发展时期,对能源的需求将持续增长,能源和环境对可持续发展的约束将越来越严重,因而,发展清洁能源技术、加速本地化清洁资源的开发是必然的选择。大力开发和利用可再生能源,在我国更是有着多重的意义:首先,这是增加我国能源供应、填补我国常规能源,尤其是石油能源缺口的重要途径,是建设资源节约型社会、调整能源结构、保障能源安全的需要;其次,发展可再生能源是支持社会主义新农村发展,建设和谐社会的时代要求;再次,发展可再生能源,可以显著减轻本地的环境污染,更是我国应对气候变化、减少温室气体排放的重要措施;最后,发展可再生能源是开拓经济增长领域的需要,对调整产业结构,促进经济增长方式转变,扩大就业,推进经济和社会的可持续发展意义重大。

总之,发展可再生能源是应对日益严重的能源和环境问题的必由之路,是实现未来可持续发展的必由之路。

3.6 可再生能源的战略定位和发展思路

根据我国社会经济发展需要、能源需求形势、化石能源供应前景、可再生能源的资源和技术条件,可再生能源的战略定位如下:

（1）近期（2010 年前后）:非水能可再生能源的战略定位是补充能源,可以提供 0.6 亿 tce 的能源需求,占总能源需求的比例在 2%左右；含水能则可以提供约 2.9 亿 tce,接近全国能源需求的 10%。

在这个阶段,国家的能源需求主要靠化石能源满足,可再生能源在整个能源系统中起补充作用,但在农村和偏远地区,可再生能源会起主要作用。

（2）中期（2020 年前后）:非水能可再生能源的战略定位是替代能源,可以提供 1.8 亿～3.3 亿 tce,占全国能源需求的约 5%～10%；含水能则可以提供约 5.4 亿～6.9 亿 tce,占全国能源需求约 15.5%～19.7%。

化石能源仍然是主导能源,但可再生能源的比例不断加大,可再生能源将成为能源总需求中增量部分的主力军。现有可再生能源技术大多趋于成熟,具备更大规模推广条件。

（3）长期（2030年前后）：非水电可再生能源的战略定位是主流能源之一，可以满足4亿~8亿tce的能源需求，占全国能源需求的约10%~19%；含水能则可以提供约8.6亿~12.6亿tce，占全国能源需求的约20%~30%。

可再生能源在成本等方面的优势已经比较明显，具有较强的竞争优势，可再生能源将得到大规模发展，在新增能源系统中占据主导地位，在整体能源系统中占据重要地位，成为主流能源之一。

（4）远期（2050年左右）：可再生能源的战略定位是主导能源之一，可再生能源可以满足8.8亿~17.1亿tce的能源需求，占全国能源的17%~34%以上；含水能则可以提供约13.2亿~21.5亿tce，占全国比例的26%~43%。

受资源的限制，化石能源的供应已经不能增加甚至逐步减少，可再生能源供应总量不断增加，在能源构成中的比例不断提高，成为整个能源系统中不可或缺的重要组成部分，逐步实现能源消费结构的根本性改变。

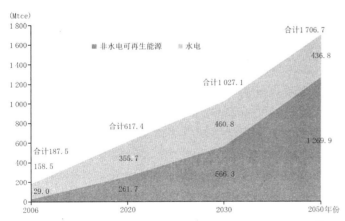

图2 我国非水能可再生能源发展趋势（按照中间方案计算）

3.7 我国可再生能源发展的基本原则和战略重点

3.7.1 发展的基本原则

可再生能源的资源种类很多，能够采取不同的技术方式和利用途径提供多样化的能源产品，不同的技术，商业化水平差异较大，开发条件也会受到各种因素的制约，开发利用必须遵循以下

表2 2050年可再生能源资源潜力汇总

	风能	PV	太阳热	生物质	地热能	海洋能
对各自资源的要求	2	1	1	3	3	2
占地要求	1	1	2	3	2	1
水资源的要求	0	0	3	3	1	1
对环境影响	1	0	0	0	3	2
技术和成本预期难度	1	1	3	2	3	3
全生命周期的能耗水平	1	3	2	1	2	2
发展优先顺序	①	②		③		

注：0—无；1—低；2—中；3—高。

几个原则：①符合我国能源发展的战略需求，大规模地替代化石能源、减少碳排放、降低石油进口依存度；②资源相对丰富，有可靠的资源保障能力，可以大规模开发利用；③技术成熟或有成熟发展的趋势，可以实现商业化或具有商业化发展前景；④经济合理和环境友好，符合可持续发展的总体要求。

3.7.2 发展重点

我国可再生能源发展战略重点是：

（1）重点发展发电技术。近、中期主要进行大规模发展水电、风力发电，适度发展生物质发电，中、远期积极发展太阳能光伏发电、因地制宜地发展太阳能热发电、地热发电和海洋能发电，达到大规模替代煤炭等化石能源，为改善能源结构和减排温室气体作出重要贡献。

（2）积极稳妥地发展交通燃料技术。可再生能源液体燃料主要是生物质液体燃料，近期主要是利用相对较成熟的非粮食类淀粉和甜高粱生产乙醇的技术进行规模化生产，中、远期考虑利用第二代生物乙醇技术，利用农林废弃物中的纤维素生产生物乙醇，大规模替代石油燃料，为保障能源供应安全作出一定的贡献。

（3）因地制宜地发展可再生能源供热和燃气技术。近期主要发展和普及太阳能热水技术、地源热泵技术，中、远期积极研究和发展太阳能采暖、制冷等建筑应用技术以及工业太阳能热利用技术等，为改善城乡人民生活特别是农村居民生活用能条件作出较大贡献。

163

3.8 发展目标和技术路线

（1）太阳能热利用

1）太阳能热水系统

2020年新安装太阳能热水器4 680万 m²，运行保有量达到5亿 m²；2030年和2050年分别新安装太阳能热水器8 000万 m²和1.26亿 m²，运行保有量达到12亿和15亿 m²，2050年实现人均拥有1 m²太阳能热水器的目标。发展路线是：

2010年前，加强新产品的研发及其规模化生产，完善产品质量控制体系，规范市场机制，应用范围由单一的热水供应拓展至热水供应和供暖。

2020年前，完成中高温技术的研发，实现太阳能空调系统和工业用太阳能热水系统的规模化生产。

2020年后，太阳能热水供应、供暖和制冷技术成熟，产品均已形成规模化和系列化生产，太阳能热水器在热水供应、供暖和制冷方面发挥重要作用。

2）太阳能中高温利用

太阳能中高温利用技术在我国还处于研究阶段，将以"低成本、大规模化、主要部件有自主知识产权"为技术方针，重点研究开发与建筑结合的具有制冷和采暖等主动供能的太阳能成套设备，强调太阳能集热单元与建筑集成技术的研究，为扩大太阳能热利用提供技术支撑。

（2）农村能源和民用燃料

在发电和液体燃料分别利用了15%和40%的生物资源之后，其他的生物质能源主要是为农村服务，即民用燃料的生产。沼气、生物质气化和生物质固体致密成型技术在促进农村废弃生物质资源综合利用、提供清洁生活燃料方面具有较好的实用价值和广阔的发展空间。沼气发展重点是：在畜禽场、养殖场等有机污水集中地区发展集中处理的大中型沼气工程；适度发展户用沼气系统，解决部分地区的农村能源问题。到2020年、2030年和2050年分别达到440亿、800亿和1 000亿 m³，分别占可开发资源量的7.3%、27.9%、39.5%和38.7%。生物质气化、生物质致密成型燃料可广泛用于工农业生产的不同领域，尤其是作为分布式气源、热源、电源，有较大的发展潜力，2020年后生物质致密成型燃料可以

达到3 000万～5 000万 t的发展规模。

（3）可再生能源发电

1）风力发电

2010年前，以国家支持为引导、市场拉动为主体，重点支持研发并解决制约我国风电发展的三大"瓶颈"问题，包括资源评价、电网和自主创新的风电技术（见图3）。

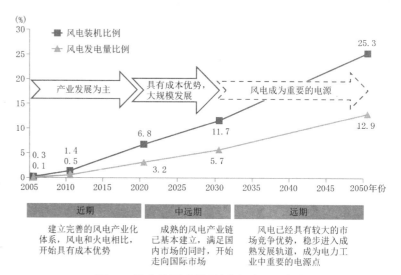

图3　风电发展路线图（中间发展目标）

2020年前，以建立具有自主知识产权的风电产业体系为主要目标，实现预定的3 000万 kW的总装机目标，争取达到5 000万～8 000万 kW，届时风电的成本比较接近其他常规能源发电技术，风电在电源结构中开始具有一定的显现度。

2020—2030年，风电的发展以建立具有国际竞争力的产业体系为核心目标，成熟的风电产业链基本建立。风电产业开始走向国际市场；到2030年，国内风电装机超过1.8亿 kW，风电的成本低于煤电，全国每年新增装机中，10%～20%来自风电，非并网风电以及海水淡化、制氢等风电在工业上的应用技术和产业化基础较为成熟，开始成为风电发展的新方向。

在2050年左右，风电可以为全国提供10%左右的电量，风电装机达到4亿～5亿 kW，在电源结构中约占1/5。

此外，在2020年后，将近海风电场的发展作为风电开发的一

个重点方向,并积极发展风电互补与蓄能等技术,加大风电的分布式开发利用等。

2)太阳能发电

太阳能光伏发电,近中期仍以晶体硅电池为主,技术发展趋势是以薄膜技术为方向,高效率、高稳定性、低成本是光伏电池发展的基本原则。

2020年前,晶体硅电池通过减薄电池技术的实现、廉价太阳硅材料的获得以及效率的进一步提高来降低价格,薄膜电池通过多结叠层技术、规模化生产实现价格下降,光伏发电成本将降至1.5元/kWh。光伏发电应用规模达到500万kW左右。

2020—2030年,晶体硅电池的发电成本约可达0.85元/kWh,随着新材料和新电池结构的出现以及规模化生产,光伏发电成本可能降至0.7元/kWh。光伏发电产业链趋于完备,太阳能光伏发电成为战略能源,应用规模达到1亿kW。

2030—2050年,光伏发电将成为可再生能源的重要技术,具有较大的市场竞争能力。到2050年,应用规模达到8亿kW,成为重要的能源供应来源。

在太阳能热发电方面,应关注和跟踪塔式技术、碟式系统以及菲涅耳式等太阳能热发电技术的进展,及时跟进。槽式太阳能热发电技术是目前唯一商业化的太阳能热发电技术,我国在开发中高温真空管技术方面有一定的优势和基础,在国家的支持下,近期内有可能取得突破(见图4)。

3)生物质发电

对生物质发电实行有限制和有条件地发展,在2010年形成发电装机550万kW的基础上,到2020年、2030年和2050年,生物质发电装机分别为2 000万、4 000万和5 000万kW,形成年发电量1 000亿、2 000亿和2 500亿kWh的水平。发展路线是:我国生物质发电技术只能以中小规模为主,提高发电效率和降低发电成本是生物质发电的研究主题。

在广大农村积极发展发中小规模的生物质气化发电技术,建立分布式生物质发电产业。

在粮食主产区、大型农场、林场,开发成熟稳定的中型生物质发电技术,建立集中生物质发电系统。

在有条件的地区,发展煤与生物质混合使用的燃烧发电技术,实现燃煤电站节能和减排的目标。

开发可离网独立使用的生物质发电技术,为未来农村灵活使用生物质电力提供有效途径。

4)水力发电

水电开发的技术较成熟,影响未来生产成本最大的因素在于生态环境补偿以及移民的成本。

目前全国水电在建和筹建的规模约7 000万~9 000万kW,预期2010年全国水电总装机容量将达到1.8亿~1.9亿kW,提供电量约6 800亿~7 200亿kWh,折合约2.3亿~2.5亿tce,水能资源技术可开发程度超过30%,中、东部水电基地规划资源基本开发完毕。

到2020年左右水电装机容量达到3.2亿kW左右,提供年电量约11 400亿kWh,届时折合约3.7亿tce,水电技术可开发程度50%左右,澜沧江、雅砻江、南盘江、红水河、黄河上游等几个西部水电基地规划项目基本开发完毕。

2020年以后水电的发展重点主要是包括雅鲁藏布江等诸多国际河流,争取到2030年将技术可开发容量基本开发完毕,接近4亿kW,水电技术可开发程度超过67%。

(4)生物交通燃料

1)燃料乙醇技术

我国生物燃料乙醇的发展目标是:到2020年、2030年和2050年分别实现1 700万t、5 000万t和8 000万t。

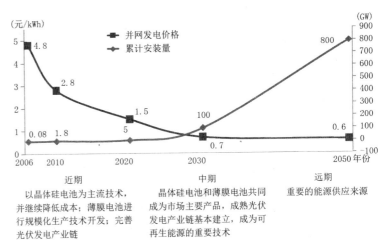

图4　太阳能光伏发电发展路线图(中间发展目标)

165

根据我国资源条件和现实需求,燃料乙醇发展路线如下:

近期(2010年)发展以淀粉类作物(如甘薯)为原料的燃料乙醇,改进常规发酵技术,进一步提高乙醇经济性;加大纤维素遗传技术研发力度,开展抗逆性能源植物的种植示范等研发力度。

中期(2020年)实现并加大以甜高粱等糖类作物为原料的燃料乙醇的产业化开发利用,不断提高乙醇与石油的经济竞争性;2015年后纤维素乙醇进入生产领域;耐贫瘠能源作物在盐碱地、沙荒地大面积种植,高产、耐风沙、干旱的灌木与草类种植取得突破;配套车辆技术进入市场,使燃料乙醇在运输燃料起到重要的作用。

远期(2020年以后)燃料乙醇实现稳定规模化替代汽油,并探索利用更高热值产品(如丁醇等);植物代谢技术取得突破,减少木质素含量,而提高纤维素含量,使产业有充足的原料资源保障。

2)生物柴油技术

我国生物柴油的发展目标是:到2020年、2030年和2050年分别实现500万t、2 000万t和4 000万t,主要技术路线为:

2010年前主要以常规技术利用垃圾油、棉籽油生产生物柴油;开展冬闲地高产油菜技术示范、高产木本油料种植技术及费—托(FT)生物柴油等基础研究。

到2020年,木本油料逐渐成为主要的生物柴油原料,高产、耐风沙、干旱的灌木与草类规模化种植技术取得突破;FT柴油进入示范阶段,生物质液化制柴油技术取得突破。

2020年以后,在开发利用以动植物油脂为原料的传统生物柴油基础上,实现FT柴油的产业化、规模化应用,并实现联产热电,开始提高替代化石柴油的比例;高产、耐风沙、干旱的灌木与草类大面积种植,保证生物柴油的原料供应。

3.9 发展保障措施

发展可再生能源是我国一个长期的战略任务,必须持之以恒,建立完整的政策和体制框架,对可再生能源发展予以长期、积极、稳健的支持。

(1)加强资源评估与评估能力建设

近期应对风能、太阳能进行资源普查和评价,对生物质能资源生产所需要的土地资源、水资源开展详查工作,尤其是生物质能资源,还需要部署物种选择、培育和种植的实验以及生物多样性和生态环境影响的评价工作;中远期需要加强生物质能资源的大面积种植的实验和试点工作,同时对地热、海洋能等新的可再生能源品种资源进行研究和调查。

(2)促进技术研发和产业体系建设

将可再生能源的科学研究、技术开发及产业化纳入国家各类科技发展规划,在高技术产业化和重大装备扶持项目中安排可再生能源专项,集中各项投入,提高国内研究机构和企业的自主创新和消化吸收能力;加强机构能力建设,组建可提供公共研发服务的平台,组建专项技术的研发、测试和认证中心等,为产业提供公共技术服务,帮助开展重大、关键技术的研发,提高技术创新能力;加快人才培养,将可再生能源技术列入各级院校的学科设置和人才培养计划,培养一批高水平的可再生能源专家和工程技术人员队伍。

(3)改善市场环境条件

明确发展目标,提出明确的发展计划,从发展总量上保障不同时期、各类可再生能源技术发展的市场空间;减少部门相互掣肘,由国家能源主管部门统一协调可再生能源发展中的政策问题;尽快制定和完善可操作的政策实施细则;要求电网、石油销售等垄断企业承担收购可再生能源电力和生物质液体燃料的义务,明确他们在消除市场准入障碍、加强基础设施投入、提供配套服务等方面的责任,并关注垄断企业参与可再生能源产品生产所造成的利益冲突问题;真正按照有利于可再生能源发展和经济合理的原则,形成可再生能源产品的定价机制;尽快制定各种国家标准,规范市场,并健全市场监管机制。

3.10 重点建议

本报告提出的主要建议和具体行动如下:

(1)成立能源部:在拟成立的能源部中成立全面负责可再生能源的管理机构,负责国家一级的可再生能源发展规划、政策和具体保障措施的落实。

(2)组建可再生能源研发中心:积极筹备和抓紧成立国家可再生能源中心,协调、组织和实施影响我国可再生能源发展关键技术的研究、开发和应用。

（3）扩大可再生能源发展专项基金规模：建议国家明确可再生能源发展资金的专项规模,同时在技术研发和产业发展基金等方面保证可再生能源资金的额度,至少占全部能源研发资金额度的15%。

（4）抓紧成立可再生能源行业协会或理事会,统一协调可再生能源产业发展中的有关实际问题。

（5）尽快落实《可再生能源法》的配套措施:尤其是抓好配套资金、税收政策和优惠贷款政策的支持等。

我国石油战略研究

周大地　韩文科　朱兴珊　杨　青　刘小丽　杨玉峰　张有生　姜鑫民　高世宪

1　获奖情况

本课题获得 2002 年度国家发展和改革委员会宏观经济研究院优秀研究成果一等奖。

2　本课题的意义和作用

石油战略是事关我国经济能否安全运行的重大问题。在我国经济快速发展,石油消费量急剧增加,国内产量增加有限,我国再次成为石油净进口国的严峻形势下;在我国已经加入 WTO,融入全球经济一体化进程中,而我国市场经济体系还不完善的情形中,石油问题在我国经济中的地位进一步凸显出来,研究我国石油战略意义十分重大。课题对我国石油消费合理性和需求发展趋势、石油资源的可获性和持续性、石油供应的安全性、石油产业发展方向四个方面问题的深入研究,构建了对我国石油战略基本框架:

①消费战略:不断扩大石油的供应能力,满足国民经济对石油需求的持续增长,支持我国实现能源优质化的目标。放宽对石油合理消费的限制,鼓励节约用油,形成基于市场的节油机制;②资源战略:从当今世界能源系统已经是一个开放的、具有全球市场的系统实际出发,树立石油资源全球化的观点,实施全球化的石油资源战略,主要通过国际资源,满足我国对新增石油供应能力的需求。加强国内资源勘探,实行经济性开发和国际资源形成互补性综合供应能力;③供应安全战略:提高我国石油企业在国际石油市场的竞争力和市场占有率是保障我国石油供应安全的基础。推动世界多极化进程,维护世界和平与安定,是保证我国石油供应安全的前提。应实行石油供应多元化战略,建立战略石

油储备,积极开展区域性的能源合作,建立互利的集体石油安全体系;④产业发展战略:推动国有石油企业改革,增强经济实力,提高国际竞争力,创造中国的跨国石油公司,在国际市场中占据应有份额。

为了达到上述战略目标,本课题提出一系列具体的战略措施,为我国政府决策部门在制定我国石油战略时提供有价值的参考。

理论方法技术的创新点及与国内外处于领先地位的同类项目的对比而言,"我国石油战略研究"率先从我国石油工业上、下游,产、供、销等方面进行了较全面的、深入的研究。在有关石油市场发展、石油资源全球化、石油供应安全和石油产业发展等方面进行了深入的研究,提出了一些有独到之处的新观点,主要有:

① 在如何正确认识我国石油消费增长趋势及其合理性方面,提出要不断扩大石油的供应能力,尽可能地满足国民经济对石油消费需求的持续增长,支持我国实现能源优质化的目标。合理引导消费,鼓励节约用油,形成基于市场调节的节油机制。②在对石油资源问题讨论中,提出要实施全球化的石油资源战略,主要通过国际资源,满足我国对新增石油供应能力的需求。加强国内资源勘探,实行经济性开发,与国际资源形成互补性综合供应能力。③在我国石油供应安全问题上,提出要抓紧实施石油供应多元化的战略部署,建立战略石油储备,积极开展区域性的能源合作,推动石油经济外交,建立互利的集体石油安全体系。④在论及我国石油产业发展方向问题上,提出要开放我国石油市场,引入竞争机制。推动国有石油企业改革,增强经济实力,提高国际竞争力,创造中国的跨国石油公司,在国际市场中占据应有份额。

基于上述对我国石油四个基本方面问题的深入研究,初步提

出了我国石油四大战略和一些重要的政策措施,对我国政府决策部门制定适合我国国情的中、长期石油战略具有参考价值。以我国能源界知名专家组成的评审委员会一致认为本研究成果处于国内领先水平,是一部优秀的研究报告。

3　本课题简要报告

石油战略问题事关我国经济安全的重大问题。石油战略是有关石油供应和消费发展的全局的、总体的长期部署和规划,包括战略目标、步骤、重点、重大战略措施等诸多方面。因此,石油战略的制定,是一个复杂的系统工程。本次研究仅对石油战略的一些基本方向性问题进行探讨,包括石油消费合理性和需求发展的大趋势,石油资源的可获性和持续性,石油供应的安全性和石油市场及产业发展的目标模式。本次研究把这些问题归结为四个战略方面进行讨论。即石油消费战略、石油资源战略、石油安全战略和石油市场与产业发展战略。

1) 对石油消费战略的讨论:重点是对我国石油消费的趋势及其合理性进行讨论,要回答在我国社会经济发展的目前和未来阶段,石油消费的增长的趋势如何,这种增长是否在合理范围。石油消费战略的讨论还要提出节能和提高能效如何在石油消费战略中得到体现,是否应对石油消费实行特别的消费管理,以及实行消费管理的措施取向等。对石油消费战略的讨论,将对石油在我国的能源优质化进程中的地位进行方向性定位,是制定石油战略的社会经济需求基础。

2) 对石油资源战略的讨论:石油消费增长的合理性在很大程度上取决于石油资源的经济可获性。有没有可持续的石油资源,如有,够不够,在什么地方。资源的全球性,发展性和资源勘探开发利用的经济性意味着什么?资源战略发展重点方向可能的选择等。对石油资源战略的讨论是石油战略的物质基础,决定着石油战略的时间有效性和战略性发展目标的确定。

3) 对石油安全战略的讨论:石油资源获取的安全性,涉及包括地缘政治,和平和战争趋势,石油在国际政治经济外交中的地位等重大政治经济安全问题。要对世界石油安全的态势,可能出现的政治外交甚至军事冲突对石油供应安全性的影响进行具体分析。也要对石油发展对地缘政治和经济外交关系的影响进行讨

论。另一方面,还应涉及加强石油安全的战略方向和基本措施选择。要回答石油安全问题究竟有多么严重,我国是否能够和如何保障石油供应安全的问题。

4) 对石油市场和产业发展战略的讨论:石油供应和安全如何通过市场的发展来实现。石油市场要不要引入竞争。我国的石油企业在今后的石油市场中应该扮演什么角色,能不能具有国际竞争力。中国石油市场是否要融入国际石油市场。中国如何利用国际石油市场等。这个问题的讨论,有关我国如何实施石油战略的问题。

3.1　我国石油消费战略

(1) 石油是世界当前和未来的基础能源

世界的能源系统从 20 世纪 50 年代起就全面进入了石油时代,直到目前为止,石油在世界能源结构中仍维持着支配地位。世界几乎所有发达国家的经济发展都建立在以石油为主要能源的基础上。除中国以外的发展中国家也采取了以石油为主的能源路线。

在今后相当长的时期,石油仍将在全球扮演主要和基础能源的角色。据美国能源情报署(EIA)的预测,发达国家到 2020 年的石油消费在其能源结构中仍将保持 40% ~ 48% 的比例。大多数发展中国家的石油消费比例也将维持在较高水平,或进一步上升。EIA 还认为,今后天然气的发展有较大余地,而煤炭在今后的世界能源结构中比例不会上升。国际能源机构(IEA)的预测也表明,世界能源结构中石油的份额在 2020 年仍将保持在 40%;天然气将从目前的 22% 增加到 26%,而煤炭的份额则从目前的 26% 下降到 24%。

能源结构和各国的经济发展水平有着内在规律性的联系。经济发展水平越高,优质能源即石油和天然气的比例往往越高。目前世界上还没有基于煤炭而达到经济发达的实际先例。那些曾经欠发达,而现在已实现经济起飞的国家和地区,都早已实现了能源的优质化。一些经济转轨国家,在转向市场经济的过程中,也迅速实现了向能源的优质化方向的转变。

我国的石油消费水平不但与发达国家相差甚远,和许多发展中国家相比也有相当距离。从人均石油消费水平来看,主要发达

国家的人均石油消费一般是我国人均石油消费量的几倍到十几倍。这一方面说明我国的人均能源消费水平仍然很低，另一方面，是由于我国的能源结构以煤为主，脱离了世界能源发展的主流。我国以煤为主的能源结构带来了环境污染严重、效率低下、终端服务落后、能源技术水平差等问题，因此，以煤（包括煤制品）为主的能源结构难以支撑中国实现社会经济的现代化。能源结构优质化是我国能源战略面临的最重要和最基本的长期任务。

（2）我国石油消费将持续增加

今后我国的石油消费增加将主要来自交通运输。现在我国的交通用能中，石油制品已经占到了90%。预测结果表明，在2020年，用于交通的石油制品将增加到2.6亿t，是2000年的3.3倍。

美国能源信息署（EIA）的预测认为未来中国交通用油的主要增长点是公路使用的汽油和柴油以及航空用的煤油。交通用油总计将由2000年的6 500万t左右增加到2020年的26 000万t左右，比例将从2000年的31.8%上升到2020年的51%。

我国多家机构进行过石油需求预测，一致认为我国的石油消费在今后将持续增加。比较保守的预测认为我国的石油消费需求在2020年将达到3.8亿t左右，也有预测认为中国的石油需求在2020年将超过4.5亿t。

（3）增加石油消费是经济发展的必然趋势

我国的经济发展地区差异较大，各地的市场条件、经济发达水平已经显现出对优质能源的不同需求。我国东部，特别是市场经济发展得比较快的东南沿海地区。如广东省，它是我国经济发展速度最快，市场发育最好，产业结构调整领先的省份之一。其能源优质化已经走在全国的前面，煤炭在能源结构中的比例仅为43%。除了直接用于交通工具以外，广东省用于发电和其他锅炉窑炉的石油制品也有相当数量，这是市场条件下的选择结果。而在能源消费结构中石油的比例低，煤炭比例高的省份大多数仍是经济相对落后的地区。

快速发展的经济和相对发达的发展水平，对石油等优质能源消费提出了不断增长的强劲需求。随着我国经济的进一步发展，石油消费的市场需求将持续扩大。

（4）正确对待"烧油"问题

压缩烧油是我国从20世纪80年代就开始执行的政策。经过多年的努力，实际的烧油量并没有降下来，近几年我国燃料油消费量呈现缓慢上升趋势。由于片面强调提高轻油收率，10年来中国的燃料油产量逐渐下降。原油炼制的经济性并非是轻油出率越高越好。有适当的燃料油生产量，比一味追求多出轻油，可能更有经济性。此外，片面压缩国内燃料油的产量，还使我国的燃料油市场逐渐被进口燃料油占领。根据中国加入WTO的有关协议，2006年中国的燃料油进口配额总量将达到3 700万t，将接近中国目前总的燃料油消费水平。届时，国内市场燃料油的可供量将比目前显著增加。我们应该适时顺应燃料油消费需求的客观发展，开放市场，满足我国的石油消费多元化发展的要求。

（5）提高石油使用效率，促进节约石油

在资源的开发使用中坚持节约优先是我国的基本能源政策。但是，节约使用不等于不用，而是努力提高石油使用效率。认为烧油就是浪费的观念没有经济学的基础。节约使用和积极发展石油市场，增加石油消费并不矛盾。在市场经济条件下，以行政手段，指定某些用户或技术不得烧油，很可能并不能反映资源合理配置的实际需求。

促进节能的最基本和最有效的手段，是通过能源价格对能源消费进行调节。燃油税是世界各国广泛采用以促进环境保护、鼓励清洁能源、推动节油的一个有效易行的手段。对于不合理的、低效的石油消费，应及早通过征收石油消费税进行干预。

（6）发展石油消费市场，满足日益增长的石油消费需求

我国的石油消费目前仍在很低水平，石油消费将随着我国的社会经济发展而持续增长。交通运输包括家庭汽车的发展方兴未艾。石油化工和其他用油也要显著增加。增加石油消费，是我国社会经济发展的客观需要。但现在我国的能源市场还很不完善，石油的消费受到现有市场条件的种种限制，用户的选择还很不充分。所以，我国的石油消费战略目前的基本方向应该是进一步发展石油消费市场，使广大消费者有更大的选择空间。让市场成为资源配置的基础力量。政府对能源市场的干预，很大程度上，应该是推动将能源使用外部性成本内部化。使在能源价格中没有得到合理反映的环境成本、社会成本能够及时地进入到能源选择中来。这有利于我国在能源领域尽快缩短和世界的差距，及时地实行能源优质化，以保障我国的现代化进程。

3.2 我国石油资源战略

（1）清醒地认识国内的石油资源及其供应能力

1）我国石油资源相对不足，增储、稳产难度大

我国具有技术和经济意义石油资源量相对不足。我国石油资源最终可采储量约为130亿～150亿t，仅约占世界石油可采储量3%。剩余可采储量为24.6亿t（2000年年底），仅占世界剩余可采储量的1.8%。

我国石油资源增储难度加大，勘探成本会进一步提高。就我国石油剩余探明可采储量而言，低渗或特低渗油、重油、稠油和埋深大于3 500 m的占50%以上。而待探明的可采资源量中大都是埋深更大、质量更差、边际性更强的难动用资源。

我国石油新建的生产能力难以弥补老油田的产量递减，石油稳产难度加大。当今我国陆上大多数主力油田已经进入中后期阶段，东部油田产量逐年递减，"稳定东部"变得越来越困难。"发展西部"已10年有余，但未能形成产区的战略接替。海域油田原油产量所占比重逐渐加大，但份额仍较低。

2）用发展的观点分析国内石油资源，仍有一定潜力

第一，科学技术的发展不但使过去不具备开发条件的石油资源，成为可以技术实现的后备资源。也使过去开采不具备经济性的石油资源，成为现实经济可采资源。此外，科学技术的发展还不断修改、完善石油地质理论，使石油地质储量随着人们认识的提高而不断增加。第二，根据我国近50年来探明的储量演化规律，预测2000—2020年这20年间，可能有50亿t的可采储量供作开采。第三，按最终可采储量为130亿～150亿t测算，到2020年以后，仍将有36亿～65亿t的可采储量有待确定。

3）经济性开采国内石油资源

应该对石油工业"稳定东部、发展西部"的发展战略进行反思，不能以降低经济效益为代价，片面地追求产量的稳定。我国东部油田勘探、开发程度相对较高，未动用探明可采储量多为各油区产能建设挑选剩余，大都属于"边际储量"的范畴，这必然会增加开发成本，使经济效益下降，影响我国石油企业竞争力。

对于国内目前技术条件尚未具备，或即使技术条件已经具备，但开采成本高、效率低的那部分资源，可不急于开采，为将来提高采收率技术进步留有余地。应以是否具有经济性作为国内油气资源开发的先决条件，这样，既可以提高石油资源的开采效益，又可将部分难采资源作为我国的一种战略储备。

（2）正确认识世界石油资源及其为我所用的可获性

1）世界石油资源丰富，可保证中长期稳定供应

世界石油资源非常丰富，常规石油最终可采储量为4 563亿t，非常规石油资源约为6 000亿～9 795亿t。世界石油剩余探明储量由1971年年底的739.4亿t增至2000年年底的1 402.8亿t，增幅达89.8%，与此同时，石油产量由24.1亿t增至33.4亿t，增幅为38.9%。剩余探明储量的增长幅度是产量增长幅度的2.3倍。30多年来，世界石油工业一直处于资源保证程度稳步提升的良性循环中。

世界石油资源可保证全球长期供需平衡的需要。国际能源机构（IEA）预测剩余可采储量可长期满足供需平衡的要求。国际能源论坛（2001）也认为，未来石油的供应数量主要取决于环境保护的压力，而不是石油资源问题。

2）世界石油资源为我所用主要地区分析

据统计，全球石油可采储量的38%分布于中东地区；17.3%和16.5%分布于前苏联和北美地区；欧洲地区最少，不足4%。此外，全球有待发现的经济可采石油资源，也主要分布于中东地区，所占比例约为30.5%；其次分布在前苏联、北美、中南美洲和非洲地区，均在10%以上；而亚太和欧洲地区分别占5.5%和3.9%。

中东地区：

中东地区拥有2/3的世界剩余石油探明储量，31%的世界石油产量和50%的世界石油出口量。该区的石油产量是保证未来20年世界石油需求增长的关键。据估计，到2010年，该区的石油产量占世界石油总产量的34%，2020年增至42%。

中东地区一直是世界军事和政治冲突的热点地区，西方国家，特别是美国一直对伊拉克、伊朗实行制裁。我国与中东大多数国家一直保持着良好关系，经贸合作不断扩大。因此，无论在石油资源上，还是在地缘政治关系、交通条件上，中东地区是我国近期利用国外石油资源的主要供应地，也是未来最主要的石油供应源之一。

俄罗斯—中亚地区：

俄罗斯—中亚地区油气资源相当丰富。2000 年年底的剩余探明储量达 75 亿 t，占世界的 5.3%。石油总产量达到 3.88 亿 t，占世界的 10.8%。

俄罗斯剩余探明储量 67 亿 t，占世界的近 5%。生产石油 3.2 亿 t，约占世界的 10%，在世界产油国中列第二位。出口原油 1.2 亿 t。

从地缘政治、供应安全和石油来源的多元化方面考虑，应将俄罗斯列为我国利用开发国外石油资源的重要目标地区，争取在最短的时间内使俄罗斯成为继中东以外的石油主要供应来源。

哈萨克斯坦是中亚地区第二大石油资源国。截至 2000 年年底，哈石油探明储量为 11 亿 t。对哈所属的里海大陆架的初步勘探结果表明，这是一个非常有潜力的区域，储量大约在 35 亿～82 亿 t。

中亚诸国是我国的近邻，与我国有着传统的友好关系，近年来双边贸易不断发展，我们有条件进一步发展与该地区的石油天然气合作关系。但是考虑到资源的潜力和运输距离等方面的限制，中亚地区对我国的石油供应的地位将排在中东和俄罗斯以后。

非洲和南美地区：

截至 2000 年年底，非洲地区共有剩余石油探明储量 100 亿 t，占世界总量的 7.1%。石油年产量达 3.73 亿 t，占世界总量的 10.4%。预计西非将很快成为 OPEC（石油输出国组织）以外的世界原油主要增产地。

南美地区的常规石油可采资源总量为 254.1 亿 t，占世界总量的 8.2%。截至 1999 年年底，南美地区共有剩余石油探明储量 121 亿 t，占世界总量的 8.7%；1999 年石油产量达 3 亿 t，占世界总量的 9.5%。其中以委内瑞拉石油资源最为丰富，其次为巴西。

非洲和南美地区的主要产油国与我国关系友好，经贸往来不断扩大。这些地区的产油国普遍较为落后，他们急于想摆脱贫困，有较强的出口换汇的意愿，石油合同条款普遍较为优惠。因此，我国有可能在这两个地区寻找到新的石油供应者。

在我国获得国际石油资源的战略区域选择上，应使我国石油进口来源实现多元化，以保证长期稳定供给。首选供应区应该是中东，其次是俄罗斯—中亚，非洲和中南美地区也要积极做工作。

（3）我国石油资源的战略构想

世界能源已经是一个开放的、具有全球市场的系统。我们应该树立石油资源全球化的观点，在经济全球化的进程中解决石油资源问题。从比较优势出发，经济合理地利用国际、国内两种资源。要进一步加强国内资源勘探，努力增加后备储量，贯彻经济性开采原则，合理利用国内石油资源。应及早制定和实施大量利用国外石油资源的战略部署，推进我国实现能源结构的优质化的进程。

3.3 我国石油供应安全战略

（1）重视和认真对待石油安全问题

石油一直被看作重要的战略物资，历史上，石油的战略性主要体现在它在战争中的作用。在现今和平条件下，石油的战略性转变到作为基础能源的重要性方面上来，目前石油占全球商品能源消费的 40%。

要正确认识和处理油价波动和石油安全问题的区别和关联。油价波动不等于石油供应保障问题，对于正常波动，市场机制就可以调节，不属于石油安全问题；非正常的油价大幅度上涨，则可以看成是石油安全问题。

在当今国际关系中，尽管意识形态分歧仍在起作用，但是经济利益越来越多地决定了最后的取舍。石油供需的长期联系往往使供需双方都致力于维护共同利益，有助于建立长期的合作关系，可以促进区域和平与稳定。

国际上 30 年来与石油供应直接相关的事件有以下几个特点：

1）石油禁运针对性强，仅限于少数国家。而且禁运范围和效果在不断缩小，禁运的时间短。

2）突发事件对石油供应的影响主要体现在油价的波动，影响时间较短，作用程度越来越弱。

3）石油安全突发事件和油价波动，没有影响石油在世界能源结构中的主导地位，安全问题并没有成为石油利用的基本性障碍。

4）除了战争时期的特殊情况，对石油的争夺实际上是对石油利润和石油市场的争夺，而不是限制其他国家消费石油。

因此，对我国面临的石油安全问题应该进行具体分析，不能笼统地认为石油进口不安全，进而匆忙采取措施。如果因为对石油安全问题的过分担心，使我国能源优质化的进程放慢，将对我国的社会经济发展产生巨大的不利影响。

（2）我国石油供应安全所面临的形势和环境

1）国际政治经济总体环境有利于石油供应安全

① 目前我国的国际关系是近代历史上最好的时期，并进一步向好的方面发展。

20 世纪 80 年代以来，我们改变了对国际形势的判断，坚持以经济建设为中心，坚持改革开放。在我国经济快速发展的同时，我们和周边国家的外交关系得到了根本性的改善，国际冲突也逐渐远离我国边境。

② 对现实和可能存在的不利因素要有充分和正确的估计。

以美国为代表的一些西方国家对我国的发展强大永远都不会高兴，在人权、民主政体、外交等方面的较量不会停止。但是，在经济全球化的大趋势下，在我国加入了 WTO 以后，经济方面的斗争是在市场规则的框架下进行的。随着我国的经济实力进一步加强，世界经济和我国经济的互相依赖性越强，我国军事技术和实力得到进一步的提升。美国等发达国家不得不接受和平竞争。这就为石油安全创造必要的国际环境。

2）国际石油供应的安全程度提高，石油供需态势总体安全

① 世界油气资源丰富，供应能力充足，满足需求有保障。

② 供大于求的石油总形势，使世界石油市场价格总体上趋向稳定。OPEC 的限产保价的能力和幅度，越来越多地受到世界经济形势的影响和制约。突发事件造成油价的剧烈波动的作用时间短，对平均油价影响不大。由于技术进步，石油勘探开发的成本提高有限。

③ 全球气候变化问题已经成为制约发达国家能源消费增长的重要因素。如果京都议定书得以生效，将限制发达国家的石油消费。即使京都议定书一时不能生效，全球气候变化问题仍将是发达国家能源政策中必须考虑的重要因素。

④ 世界石油安全体系已基本建立。发达国家采取了一系列石油安全保障措施，石油输出国家对稳定石油需求的依赖程度越来越强，也不愿意破坏石油需求的安全。

3）我国在石油安全方面具有相对有利条件

① 国内石油资源仍有一定潜力，能维持一定水平的本土供应能力。遇到进口石油供应中断时，国内产量仍能提供非常条件下必要的供应。

② 在中东，我国不仅和沙特等国友好交往，和伊拉克、伊朗等被美国视为邪恶轴心国家也开展和平外交，起到西方国家难以起到的作用，不会成为禁运对象。

③ 我国能源进口的经济负担相对较轻，石油进口未造成外汇支付方面的问题。据预测，2020 年我国石油净进口所需要的支付规模不足我国出口收入的 6%。

（3）国际石油安全保障体系及主要措施

1）成立国际机构，实行集体保障。OECD（经合组织）国家于 1974 年成立了国际能源机构（IEA），其主要任务是通过发达国家集体协调和合作应对石油供应中断，共同建立和运用战略石油储备。能源宪章条约是另一个重要的国际性能源安全框架协议，其核心是用条约的形式，确保国民待遇和投资安全，保证能源安全地跨国流动。

2）扩大非 OPEC 国家的石油生产。西方跨国石油公司加快了在中东以外地区的石油勘探和开发投入，使非 OPEC 国家的石油供应能力大幅度提高。

3）实行能源供应多样化和石油进口多元化。石油输入大国根据本国的实际情况在能源结构方面实行多样化。如法国核电占其电力的 90% 左右；日、韩等国也发展核电，减少一次能源进口。美国的石油进口实行多元化，没有一个地区占有率大于 25%。

4）提高石油利用效率，减少石油消费。西方各国在两次"石油危机"后纷纷加强对节能的政策支持。现在大多数发达国家能源消费弹性系数明显下降，不少国家石油消费出现零增长。

5）加强对中东地区的政治和军事介入，对中东石油生产国进行分化和控制，在一定程度上对阿以冲突进行调解。发达国家采取石油安全措施，在抑制利用石油出口作为政治武器方面起到了明显的作用。

（4）我国石油供应安全战略要点

1）石油进口多元化

我国对石油进口的来源要有明确的战略安排和部署。近期仍将主要依靠中东地区。在中东地区也要搞多元化，在积极发展和沙特、科威特等国的石油合作关系的同时，要不失时机地开展和伊朗、伊拉克等国的石油外交。中期以后，俄罗斯应作为重要的新增来源，使俄罗斯的石油和中东石油互为补充，稳定石油供应。

2）进口能源多样化

在原油和成品油进口方面，进行认真的经济比较分析，实行多样化。可以充分利用邻国的大量剩余炼油能力，进口相当数量的成品油。也可以通过并购、参股的方式直接利用周边国家的炼油能力，从而形成石油安全共享的利益格局，共担风险。

3）建立石油战略储备

建立以石油战略储备体系为主的应急系统及相应的法规。加强国内油气储运基础设施建设，对石油储备体系的构成、运营、管理和释放，对如何进行需求限制、燃料切换和增加国内产量等进行详细规定。建立全社会石油库存统计和信息体系。可考虑从建立和增加民间商业储备起步，逐步达到战略储备的目标。

4）推动我国石油企业的国际化，应对突发性石油价格波动

我国公司在国际石油市场拥有的份额和权益越多，对石油价格上升的承受力就越强。

5）开展区域性能源合作，建立互利的集体石油安全体系

我国可以利用也应参与改善和加强世界石油安全体系。以促进石油供需双方的双边和多边合作，建立供需双方长期经济利益共享的石油安全机制；把推动与周边国家的油气合作，作为促进地区经济合作的重要组成部分。当前应在东亚推动以开发俄罗斯西伯利亚石油天然气为核心的东（北）亚能源合作，并及早认真研究和考虑参加能源宪章条约的问题；要抓紧东海、南海有争议海区的外交谈判和协调，对"搁置争议，共同开发"的政策进行效果评估，制订具体实施步骤和时间计划。

3.4 我国石油产业发展战略

我国石油产业正在经历翻天覆地的巨大变化，石油企业经营模式和管理体制已发生深刻转变，并正在进一步完善。选择符合我国国情的石油产业管理体制模式，明确我国石油产业的发展目标和方向，是我国石油发展战略的重要内容。

（1）我国石油产业发展现状与存在的问题

1）管理体制

随着我国市场经济体制的不断完善，我国石油工业管理体制也发生了深刻的转变。1998年，我国石油工业实行重组，结束了过去的行业垄断格局。三大石油公司又先后在国内外上市，成为国际化石油公司。至此，我国石油工业管理体制完成了向市场化转变的历史性跨越，进入一个崭新的发展阶段。

但从目前状况看，我国石油产业的政府管理出现了暂时的"空挡"，在传统的计划管理模式退出历史舞台后，市场经济条件下的国家管理体系尚未形成。

2）市场现状

经过多次改革，我国的石油产业市场化、国际化步伐加快，但市场结构仍然存在缺陷。目前，两大石油公司"一南一北"分割垄断着我国石油市场，造成市场竞争机制得不到正常发挥。尽管出现了"5分钱"抢购加油站的"恶性竞争"，但真正意义上的有序、有益的竞争并未形成。相反，正是因为过度垄断和管理缺位，为无序竞争和市场混乱创造了条件，影响石油市场发育。因此，应首先解决地域垄断和政府宏观管理问题，才能促进市场主体在市场中达到均衡，形成国家宏观可调控的、相互平等的、有序的竞争格局。

目前我国石油公司下属油田和炼油厂作为"成本中心"，是完全的生产车间，严重缺乏市场主体。从企业内部来看，两大石油公司的销售系统基本沿用了计划经济体制下的石油分销体系。石油消费市场程度迅速提高和石油供应垄断是我国石油市场中的主要矛盾。加入世界贸易组织后，这一矛盾更为尖锐。在过渡期内，应抓紧建立市场运行机制和管理办法。

3）价格机制

目前，尽管我国石油价格已经与国际"接轨"，但这种接轨表现为价格水平的接轨，而不是价格形成机制的接轨。这就使得我国在面对频繁的国际油价巨幅波动时，缺乏主动性的应对措施。

4）加入WTO后的石油市场形势

加入WTO后，中国成品油市场将出现新的竞争态势。"三年

放开零售、五年放开批发"将打破两大石油公司专营成品油批发的局面。在利益的驱使下,非国营公司、国内一些大型贸易公司、超级跨国公司也会寻求进入中国成品油市场,国内石油价格的市场化是大势所趋,国内油品定价办法将面临考验,市场竞争强度会增加。

从长期来看,加入 WTO 对中国石油企业也是一个巨大的机遇。即将失去垄断地位的两大石油公司被迫参与国际竞争,同时促进其他力量发展壮大,从而整体提高中国石油行业的国际竞争力。

(2)我国石油产业的市场化发展战略

国际石油市场是各种产业中市场化、国际化进程最快、发育最成熟的市场之一。近年来,世界石油工业打破了国界进行重组、相互并购、相互渗透,进一步推动了石油市场全球化的迅速发展。

我国石油资源仍有潜力,但自 20 世纪 80 年代以来,勘探开发进入"僵持"局面,其中有技术问题、投入问题,但最重要的还是机制问题。应打破目前石油企业海、陆划界和区域垄断的局面,促进竞争,扩大对外合作,调动国内外各种力量,增加探明储量,确保国内石油供应能力,以满足我国现代化建设发展需要。

下游市场的开放也是我国石油产业市场化的重要方面。在国际石油资源丰富的大背景下,开放的市场是我国获得稳定、廉价石油的重要手段和途径,保障我国石油供应安全。

我国石油消费的品种需求和地区差别十分巨大,有必要建立国内石油现货和期货交易市场,达到规避风险、跟踪供求、调控市场、正确引导石油生产、经营和消费的目的。现阶段,可以在现有的期货交易市场中增设石油交易品种。

(3)完善国家石油管理体制

世界上多数国家设有专门的能源主管部门,负责对本国能源行业的生产及进口进行管理和宏观调控。目前,我国石油行业的市场准入、价格、税收以及企业运行管理分别隶属于不同部门,存在着职能交叉、重叠问题,也存在职能分散、缺位和职责不清问题,导致政府管理效率不高。相关的法律法规体系尚未形成,造成行业和市场管理无法可依;同时由于缺乏透明的政策法规,影响了投资者的投资积极性。

建议在国务院综合部门内建立相对独立运作的能源(石油)综合管理机构。集中分散在国家有关部委的石油管理职能,承担起由各石油公司行使的监管职能和实施执行的职能,尽快完善石油行业相关法律、法规体系。

(4)努力营造具有国际竞争能力的我国跨国石油公司

发展我国大型石油跨国公司具有一定的有利条件。我们具备开展石油跨国经营所需要的国际政治环境。而且,许多石油资源国出于对本国经济发展的考虑,都竞相实行对外开放,为我国石油企业跨国经营提供了良机。

我国目前已经形成三家在国内外资本市场上市的大型石油公司,但仍然面临如何提高竞争力的艰巨任务,特别是加入 WTO 后,我国石油企业如何面对"走出去"和"请进来",在过渡期内迅速提高竞争力已经是十分迫切的问题。

首先,应理顺石油公司的组织结构和管理结构,加快主副业分离,推进石油公司产权结构多元化,健全企业法人治理结构,建立规范完善的现代企业制度。

其次,应充分利用我国加入 WTO 后的过渡期,在对外开放之前对内开放,让我们的石油公司真正到市场中得到锻炼和提高。

最后,按照"抓大放小"的原则,进一步突出主营业务,把工程技术服务、生产服务等做专做强;放开搞活多种经营,加快分离企业办社会职能,促进石油股份公司真正成为具有竞争力的国际性公司。

进一步加强与世界石油生产国和消费国政府、国际能源组织和跨国石油公司间的交流与合作,建立稳定的协作关系和利益纽带,鼓励石油企业"走出去"。

(5)我国石油产业发展战略要点

加快石油企业改革步伐,打破地区垄断和行业垄断,引导我国石油公司在市场竞争中不断增强竞争能力。以全球开放式发展模式,全面实现"走出去""请进来"。鼓励和支持国内石油公司走向世界,成长为具有国际竞争力的跨国公司。积极有序地开放国内石油市场,并在全面对外开放的同时率先对内开放。不断改善管理体制和机制,培育真正具有竞争能力和经验的市场竞争主体。建立国家石油综合管理机构,协调石油产业、市场、对外合作、外交等领域的关系,确保石油长远发展和能源安全供应。

3.5 结论

我国石油战略的基本框架:不断扩大石油(天然气)的供应能力,尽可能地满足国民经济对石油消费需求的持续增长,支持我国实现能源优质化的目标。实施全球化的石油资源战略,主要通过国际资源,满足新增石油供应。加强国内资源勘探,实行经济性开发和国际资源形成互补性综合供应能力。合理引导消费,鼓励节约用油,形成基于市场的节油机制。抓紧实施多元化战略部署,推动石油经济外交,积极采取综合措施,确保石油安全。开放石油市场,引入竞争。推动国有石油企业改革,提高国际竞争力,创造中国的跨国石油公司,在国际市场中占据应有份额。

为了实施这样一个石油战略,需要研究和实施包括以下内容的战略措施:

(1)成立国家石油综合管理机构,协调石油工业、石油市场、石油对外合作、石油外交等领域的政策,确保石油长远发展和安全供应。

(2)因地制宜,放宽各地区对石油合理消费的限制性管理;进一步开放我国的油品消费市场,包括燃料油市场。

(3)打破地区垄断和行业垄断,积极有序地开放国内石油生产和供应市场;并在全面对外开放的同时率先对内开放。

(4)进一步改革石油价格管理机制,制定石油消费税政策,以便刺激石油的节约、推动相关技术进步和清洁利用。

(5)确认中东为我国长期的石油重点供应地,在积极发展和沙特、科威特等国的石油合作关系的同时,要不失时机地开展和伊朗、伊拉克等国的石油外交,建立长期石油供应关系,实现中东石油供应的多元化。

(6)确认俄罗斯石油天然气东输的战略意义,成立专门协调机构,组织攻关,使俄罗斯的石油、天然气在2005年后逐步成为除中东以外主要的多元化供应来源。

(7)抓紧东海、南海有争议海区的外交谈判和协调,对"搁置争议,共同开发"的政策进行效果评估,制订具体实施步骤和时间计划。

(8)开展建立东(北)亚能源安全体系的研究,推动东(北)亚能源安全体系的建立。

(9)加快国有石油企业改革,推动中石油、中石化集团公司和存续部分的分离,使集团公司逐步成为具有国际竞争力的市场竞争主体。

中国温室气体清单研究

徐华清　崔　成　杨宏伟　胡秀莲　朱松丽　胡晓强　郑　爽　于胜民　等

1　获奖情况

本课题获得 2008 年度环境保护部优秀研究成果三等奖。

2　本课题的意义和作用

本项目涉及我国能源、工业、交通、农业、林业和废弃物管理等多个领域，涵盖我国与人类活动相关的温室气体的各种排放源和吸收汇，是一项跨部门和多领域的系统性研究。

本项目旨在通过相应的能力建设使我国在编制国家温室气体清单方面有能力履行《联合国气候变化框架公约》规定的有关义务。具体包括掌握 1996 年修订的《IPCC 国家温室气体清单指南》和 2000 年制定的《IPCC 国家温室气体清单优良作法和不确定性管理指南》的方法，并将上述指南与我国的排放源构成和数据可获得性等具体国情相结合，确定适合我国国情的最佳的清单编制方法技术路线，在充分研究、调研和实验的基础上，获得我国能源活动、工业生产过程、农业、林业与土地利用、废弃物等相关活动水平和排放因子等相关数据，包括给目前认为不确定程度较高的排放源确定适当的排放因子。

项目首次编制完成了完全符合公约非附件一国家信息通报指南要求、以 IPCC 清单指南及 IPCC 优良做法和不确定性管理指南为方法参照的中国国家温室气体清单，我国温室气体排放和碳吸收汇的估算方法和估算结果具有很强的系统性和国际可比性。在应用上述 IPCC 指南的过程中，结合中国的具体情况，对 IPCC 方法进行了改进，包括：能源平衡表的改造方法研究，煤炭等水平数据拆分方法研究，交通部门数据整合方法研究，水稻田甲烷排放模型的开发和应用，碳汇计量方法改进等，同时还针对中国国情，在测试方法及案例选择方面进行了深入研究，并结合中国的实际开展了案例分析工作，包括：典型锅炉热平衡测试分析，生物质燃料排放因子测试分析，水稻田甲烷排放测试分析，动物甲烷排放测试分析等，这些改进和研究分析工作不仅提高了本次国家清单编制的科学性和准确性，为我国后续的清单编制奠定科学基础，同时也为其他国家（尤其是存在类似情况的发展中国家）应用 IPCC 指南提供了有价值的研究方法和技术参数，为进一步完善 IPCC 指南作出了贡献。

作为本项目产出的《中国国家温室气体清单》，是《中华人民共和国气候变化初始国家信息通报》的核心内容，因此，本项目的研究成果在编制《中华人民共和国气候变化初始国家信息通报》中得到了直接的应用。我国政府已于 2004 年 11 月向《联合国气候变化框架公约》秘书处正式提交了《中华人民共和国气候变化初始国家信息通报》，2004 年 12 月在布宜诺斯艾利斯召开的第 10 次缔约方大会上，中国的初始国家信息通报受到了缔约方的广泛关注。

本项目的研究成果不仅为支持我国政府的履约行动发挥了关键性的作用，同时也为我国制定应对气候变化的国家方案奠定了坚实的技术基础，为编制后续国家温室气体排放清单提供了良好条件，为我国在气候变化领域的对外谈判工作提供了有力的技术支撑。

3　本课题简要报告

3.1　中国温室气体清单报告范围

（1）能源活动

能源活动的温室气体清单编制和报告的范围主要包括矿物

燃料燃烧的二氧化碳和氧化亚氮排放、煤炭开采和矿后活动的甲烷排放、石油和天然气系统的甲烷逃逸排放和生物质燃料燃烧的甲烷排放。

（2）工业生产过程

根据中国工业生产活动状况，本次清单编制选择的关键排放源包括水泥、石灰、钢铁、电石生产过程中的二氧化碳排放，以及己二酸生产过程的氧化亚氮排放，它们是中国工业生产过程中温室气体排放的主要来源。

（3）农业活动

农业活动的温室气体清单编制和报告的范围主要包括稻田甲烷排放、农田氧化亚氮排放、动物消化道甲烷排放、动物粪便管理的甲烷和氧化亚氮排放。

（4）土地利用变化和林业

土地利用变化和林业活动温室气体清单编制和报告的范围主要包括：森林和其他木质生物量贮量的变化，包括活立木(林分、疏林、散生木、四旁树)、竹林、经济林生长碳吸收，以及森林资源消耗引起的二氧化碳排放；森林转化为非林地引起的二氧化碳排放。

（5）废弃物处置

废弃物处置温室气体清单编制和报告的范围主要包括城市固体废弃物处置的甲烷排放、城市生活污水和工业生产废水的甲烷排放。

3.2 温室气体清单编制方法

在编制中国 1994 年国家温室气体清单过程中，清单编制机构基本采用了《IPCC 国家温室气体清单编制指南（1996 年修订版）》(以下简称《IPCC 清单指南》)提供的方法，并参考了《IPCC 国家温室气体清单优良作法指南和不确定性管理》(以下简称《IPCC 优良作法指南》)。清单编制机构基于中国的实际情况，包括排放源的界定，关键排放源的确定，活动水平数据的可获得性、可靠性、可核查性和可持续性，排放因子的可获得性等情况，分析了 IPCC 方法对中国的适用性，确定了编制中国 1994 年国家温室气体清单的技术路线。

（1）能源活动

在能源活动清单中，矿物燃料燃烧是中国温室气体的主要排放源。清单编制机构在矿物燃料燃烧温室气体清单编制过程中同时采用了《IPCC 清单指南》推荐的参考方法和基于详细技术的部门方法。部门分类和燃料品种分类与《IPCC 清单指南》的分类基本相同，其中交通运输部门界定为全社会的交通运输，与中国能源统计口径有所不同；发电和供热部门排放源界定为中国公用火力发电厂的发电与供热，自备电厂及其他供热源的排放则在相应部门中报告。矿物燃料燃烧活动的设备类型包括发电锅炉、工业锅炉、工业窑炉、户用炉灶、农用机械、发电内燃机、各类型航空机具、公路运输机具、铁路运输机具和船舶运输机具等。

根据排放因子的可获得性，清单编制机构在生物质燃料燃烧领域温室气体清单编制过程中同时采用了《IPCC 清单指南》推荐的参考方法和部门方法。对于居民部门，由于可以得到中国的分设备(省柴灶和传统灶)、分燃料品种(秸秆和薪柴)的排放因子，而且这部分活动水平占整个生物质燃料燃烧活动水平的 90% 以上，因此居民部门生物质燃料燃烧甲烷排放量的估算采用基于详细技术的部门方法。对于商业部门，由于缺乏相应的分设备排放因子，而且该部门的活动水平很小，因此采用参考方法和《IPCC 清单指南》缺省排放因子估算排放量。

根据中国国情和现有数据基础，同时采用 IPCC 第二级煤田平均方法和第三级矿井实测方法估算了中国煤炭开采和矿后活动的甲烷排放量，其中国有重点煤矿采用了第三级方法。

为了能够更接近中国油气系统甲烷逃逸排放的实际情况，清单编制机构采用了《IPCC 清单指南》第三级方法，收集了中国的活动水平数据，并参考了 IPCC 等的缺省排放因子。

（2）工业生产过程

工业生产过程清单编制基本采用了《IPCC 清单指南》推荐的方法。其中水泥生产过程清单编制采用了以熟料产量为活动水平的估算方法，同时补充考虑了熟料中的氧化镁含量对排放因子的影响；石灰生产过程清单估算了 1994 年中国分地区、分行业的石灰产品活动水平数据，并通过对石灰企业的调查获得了相应的排放因子数据；钢铁生产过程排放包括石灰石、菱镁矿和白云石等碳酸盐作为溶剂利用产生的排放和炼钢降碳过程的排放。

（3）农业活动

中国稻田甲烷排放清单编制方法总体上遵循《IPCC 清单指

《南》的基本方法。根据中国具体情况,把稻田类型划分为四大类一级类型单元,即双季早稻田、双季晚稻田、单季稻田和冬水田。冬水田甲烷排放指冬季淹水的稻田在不种植水稻时的排放。对于双季早稻、双季晚稻、单季稻,采用 CH_4MOD 模式计算分稻田类型的甲烷排放因子;对于冬水田甲烷排放的估算,采用直接测定的排放因子。

清单编制机构在估算农田氧化亚氮直接排放时,基本遵循《IPCC 清单指南》和《IPCC 优良作法指南》,根据中国农田的特殊性和相关活动水平以及排放因子数据的可获得性,改进了 IPCC 方法。首先,制定了一个三级农田分类系统;其次,采用蒙特卡洛方法,根据实测数据确定了相应的农田氧化亚氮直接排放因子;最后,采用区域氮循环模型 IAP-N 计算农田氧化亚氮的直接排放量。

由径流和淋溶引起的农田氧化亚氮间接排放的估算,清单编制机构根据中国不同类型农田设定了不同的淋溶和径流氮损失率,采用 IPCC 方法及缺省排放因子估算排放量。

动物甲烷排放源与 IPCC 界定的排放源一致。主要来源于食草动物(反刍动物)肠道发酵,中国主要包括 9 种食草动物(奶牛、黄牛、水牛、山羊、绵羊、马、驴、骡、骆驼),同时还考虑了中国饲养量最大的家畜猪的甲烷排放。由于猪是非反刍动物,目前《IPCC 清单指南》中没有提供具体的计算方法,猪的甲烷排放采用 IPCC 方法 1。骆驼的甲烷排放也采用 IPCC 方法 1。其他关键源(黄牛、水牛、羊和奶牛)的甲烷排放采用 IPCC 方法 2。

动物粪便甲烷和氧化亚氮排放清单涉及 11 种主要家畜(猪、奶牛、黄牛、水牛、山羊、绵羊、马、驴、骡、骆驼、鸡),其中猪、黄牛、鸡、绵羊和山羊为关键排放源。

根据数据的可获得性和排放源的重要性,确定了动物粪便甲烷和氧化亚氮的估算方法,其中猪、牛、羊和鸡采用 IPCC 方法 2,其他排放源采用 IPCC 方法 1。

（4）土地利用变化与林业

根据中国土地利用变化与林业活动的特点,结合《IPCC 清单指南》,估算了中国森林和其他木质生物量储量的变化、森林转化引起的碳排放。

本清单根据中国森林资源清查提供的全国和各省区活立木蓄积量及其净生长、净消耗数据,结合平均木材密度、树干到全林生物量扩展系数和碳密度数据,分别估算了林分以及疏林、四旁树和散生木生长的碳吸收和森林消耗的碳排放。对于经济林和竹林生物量的碳贮量变化,主要根据各省经济林和竹林面积的年变化、平均生物量和碳密度来进行计算。

森林转化包括现有森林转化为其他土地利用方式,如农地、牧地、城市用地、道路等。本部分清单采用了《IPCC 清单指南》提供的方法,计算了地上生物量燃烧和地上生物量分解引起的碳排放。

（5）废弃物处置

清单编制机构结合中国的实际情况,在估算中国固体废弃物处置甲烷排放时,采用了《IPCC 清单指南》推荐的默认方法。在计算甲烷转换因子时,考虑了城市规模和地区经济发展水平的差异,将全国划分为 7 个区域,给出各个区域在废弃物处置场所管理方式上的差异;在确定废弃物中可降解有机碳的比例时,不仅考虑了中国地域辽阔、南北气候区域跨度大的特点,同时还考虑了由于南北地区居民生活习惯的差异导致的废弃物组分的差别。

清单编制机构基于全国实际统计的废水中化学耗氧量的资料,采用 IPCC 推荐的排放因子,估算了城市生活污水和工业废水处置的甲烷排放。同时应用 IPCC 推荐的方法,用城市人口和人均废水排放强度计算了相应的结果作为比较验证。

3.3 1994 年国家温室气体清单

（1）1994 年国家温室气体清单综述

按照非附件一国家信息通报指南的要求,1994 年中国温室气体清单报告了二氧化碳、甲烷和一氧化二氮三种温室气体的排放源和吸收汇,涉及能源、工业生产过程、农业、土地利用变化和林业、废弃物处置五个部门。如表 1 所示,1994 年中国二氧化碳排放总量约为 30.73 亿 t,土地利用变化和林业部门的碳吸收汇约为 4.07 亿 t;扣除这部分碳吸收汇之后,1994 年中国二氧化碳净排放量为 26.66 亿 t（折合约 7.27 亿 t 碳）,人均排放约为 0.6 t 碳 / a。1994 年,中国甲烷排放总量约为 3 429 万 t,一氧化二氮排放总量约为 85 万 t。

表 2 列出了以二氧化碳当量为单位的温室气体排放总量。采用《IPCC 第二次评估报告》中给出的 100 年全球增温潜势数值,

表 2 按 100 年全球增温潜势折算后的
1994 年温室气体排放量

表 1　1994 年中国温室气体清单

单位:kt / a

温室气体排放源和吸收汇的种类	二氧化碳	甲烷	一氧化二氮
总排放量(净排放)	2 665 990	34 287	850
1. 能源活动	2 795 489	9 371	50
燃料燃烧	2 795 489		
能源生产及加工转换	961 703		50
工业	1 223 022		
交通	165 567		
商业	76 559		
居民	271 709		
其他(建筑业和农业)	96 929		
生物质燃烧(以能源利用为目的)		2 147	
燃料逃逸排放		7 224	
油气系统		124	
煤炭开采		7 100	
2. 工业生产过程	277 980		15
3. 农业		17 196	786
动物肠道发酵		10 182	
水稻种植		6 147	
烧荒		不存在	
其他*		867	786
4. 土地利用变化和林业	−407 479		
森林和其他木本生物量储量变化	−431 192		
森林和草地的转化	23 713		
弃耕地	未估计		
5. 其他		7 720	
废弃物处置		7 720	

注:* 对于甲烷排放源,只包括动物粪便管理系统;对于一氧化二氮排放源,包括农田土壤、动物粪便管理系统、田间焚烧秸秆;** 由于四舍五入的原因,表中各分项之和与总计可能有微小的出入。

表 2　按 100 年全球增温潜势折算后的
1994 年温室气体排放量

温室气体	排放量 / kt	全球增温潜势	二氧化碳当量 / kt	比重 / %
二氧化碳	2 665 990	1	2 665 990	73.05
甲烷	34 287	21	720 027	19.73
一氧化二氮	850	310	263 500	7.22
合计			3 649 517	100.00

把甲烷和氧化亚氮折算为二氧化碳当量之后计算得到 1994 年中国温室气体的总排放量为 36.50 亿 t 二氧化碳当量,其中二氧化碳、甲烷、氧化亚氮分别占 73.05%、19.73% 和 7.22%。

另据估计,中国 1994 年国际燃料舱(国际航空和国际航海)排放二氧化碳 1 085 万 t。

(2)二氧化碳

能源活动和工业生产过程是中国 1994 年二氧化碳排放的主要来源。1994 年中国二氧化碳排放量为 30.73 亿 t,其中能源活动排放 27.95 亿 t,工业生产过程排放 2.78 亿 t;土地利用变化与林业活动吸收二氧化碳 4.07 亿 t,是二氧化碳的净吸收汇。1994 年中国二氧化碳净排放量为 26.66 亿 t。

1)能源活动

能源活动是中国最主要的二氧化碳排放源。1994 年中国能源活动的二氧化碳排放量为 27.95 亿 t,折合约 7.63 亿 t 碳,在全国二氧化碳排放总量中占 90.95%(不计入土地利用变化和林业活动的碳汇吸收)。能源活动的二氧化碳排放全部来源于化石燃料燃烧,其中工业部门排放 12.23 亿 t,占 43.75%,能源生产和加工转换部门排放 9.62 亿 t,占 34.40%,交通部门排放 1.66 亿 t,占 5.92%,居民部门排放 2.72 亿 t,占 9.72%,商业部门排放 0.76 亿 t,占 2.74%,其他部门(建筑业和农业)排放 0.97 亿 t,占 3.47%。

2)工业生产过程

1994 年中国工业生产过程二氧化碳排放估算了水泥、石灰、钢铁和电石 4 种工业产品生产过程的排放量。

1994 年中国生产水泥约 4.2 亿 t,水泥熟料约 3.0 亿 t;生产石灰约 1.3 亿 t,主要用于建筑材料、冶金、化工等部门;生产钢

9 261 万 t，生铁 9 741 万 t，电石约 281 万 t（按每公斤电石产生 300 L 乙炔气折纯的产量）。

1994 年，中国工业生产过程排放的二氧化碳约为 2.78 亿 t，在全国二氧化碳排放总量中占 9.05%（不含土地利用变化和林业的碳汇吸收量）。1994 年工业生产过程的二氧化碳排放主要来源于水泥和石灰的生产过程，这两种产品生产过程的排放量在工业生产过程二氧化碳排放中的构成比例约为 90.42%（见表 3）。

表 3   1994 年中国工业生产过程二氧化碳排放

排放源	二氧化碳 / kt	构成 / %
水泥	157 775	56.76
石灰	93 560	33.66
钢铁	22 678	8.16
电石	3 968	1.43
合 计	277 980	100.00

3）土地利用变化和林业

根据中国土地利用变化与林业特点，1994 年中国土地利用变化和林业温室气体清单主要考虑两种人类活动引起的二氧化碳吸收或排放，即森林和其他木质生物碳贮量的变化、森林和草地转化。

森林和其他木质生物碳贮量的变化，包括森林、竹林、经济林、疏林、散生木、四旁树生长碳吸收，以及商业采伐、农民自用材、森林灾害、薪炭材和其他各类森林资源的总消耗引起的碳排放。

中国活立木生长、竹林、经济林变化以及森林消耗引起的森林和其他木质生物碳贮量变化，1994 年为 4.31 亿 t 二氧化碳（约折合 1.18 亿 t 碳），表现为净碳吸收。其中林分生长吸收 7.49 亿 t，疏林、散生木和四旁树生长吸收 1.31 亿 t，经济林变化增加碳贮量 0.60 亿 t，竹林面积变化增加碳贮量 0.24 亿 t，活立木消耗排放 5.33 亿 t。

森林和草地转化，包括森林转化为非林地引起的碳排放。1994 年森林转化引起的二氧化碳排放为 0.24 亿 t。

综合以上两个方面，得到 1994 年中国土地利用变化和林业二氧化碳排放清单，如表 4 所示。

表 4   1994 年中国土地利用变化和林业温室气体清单计算结果

排放源 / 吸收汇类型	子类型	二氧化碳排放(+) / 吸收(−) / kt
森林和其他木质生物量碳贮量的变化	有林地	−300 365
	其中：林分生长	−748 742
	森林消耗	+532 569
	经济林	−60 286
	竹林	−23 907
	疏林、散生木、四旁树	−130 827
	小计	−431 192
森林转化		+23 713
合 计		−407 479

（3）甲烷

中国甲烷排放主要来源于农业活动、能源活动和废弃物处置。1994 年排放甲烷约 3 429 万 t，其中农业活动排放 1 720 万 t，能源活动排放约 937 万 t，废弃物处置排放约 772 万 t（见表 5）。农业活动是甲烷的最大排放源，占 50.15%，包括反刍动物肠道发酵排放 1 018 万 t、水稻种植排放 615 万 t 和动物粪便管理系统排

表 5   1994 年中国甲烷排放情况

排放源类型	甲烷 / kt	构成 / %
总计（Ⅰ + Ⅱ + Ⅲ）	34 287	100.00
Ⅰ.能源	9 371	27.33
生物质燃烧	2 147	6.26
油气系统	124	0.36
煤炭开采	7 100	20.71
Ⅱ.农业	17 196	50.15
肠道发酵排放	10 182	29.70
水稻种植	6 147	17.93
动物粪便管理系统	867	2.53
Ⅲ.废弃物处置	7 720	22.52

放 87 万 t（见表 6）；能源活动是甲烷的第二大排放源，占 27.33%，包括煤炭开采和矿后活动排放 710 万 t、生物质燃烧排放 215 万 t 和石油天然气系统逃逸排放 12 万 t；废弃物处置排放甲烷约 772 万 t，占 22.52%。

表 6　1994 年农业活动甲烷排放清单

排放源	甲烷 / kt	构成 / %
动物肠道发酵	10 182	59.21
水稻种植	6 147	35.75
动物粪便管理系统	867	5.04
合计	17 196	100.00

1）农业活动

中国水稻种植面积约占世界水稻种植面积的 21%。中国水稻田约占全国耕地面积的 25%，分布在 28 个省（市、自治区），其中以长江中下游平原、成都平原、珠江三角洲、云贵川丘陵与平原和浙闽海滨最为集中。不同水稻种植区的气候、土壤条件各不相同，水稻品种、耕作制度、灌溉管理、肥料类型和施用方式等因素在地区间存在较大差异，这些都会影响对稻田甲烷排放的估算。

中国各类动物的数量很大。1994 年，中国有黄牛 9 240 万头，奶牛 384 万头，水牛 2 291 万头，山羊 12 308 万只，绵羊 11 745 万只，猪 41 462 万头。

1994 年中国稻田甲烷排放总量估算为 615 万 t，其中双季早稻田排放 198.8 万 t，占稻田甲烷排放总量的 32.34%，双季晚稻田排放 117.1 万 t，占 19.05%；单季稻田排放 204.1 万 t，占 33.21%；冬水田排放 94.7 万 t，占 15.4%。

1994 年中国动物肠道发酵甲烷排放总量为 1 018 万 t，其中以黄牛的排放量为主，占 59.2%；水牛次之，占 14.5%。此外，尽管猪不是反刍动物，但由于中国生猪存栏量大，猪的甲烷排放量占动物肠道发酵甲烷排放总量的 4%。

1994 年动物粪便甲烷排放量约为 87 万 t，其中以猪粪便管理系统甲烷排放为主，占 61%；黄牛次之，占 18%；鸡占 6%；水牛和奶牛各占 4%。

2）能源活动

能源活动甲烷排放主要来自煤炭开采过程中的矿井瓦斯排放、石油天然气系统的逃逸排放和生物质燃料燃烧产生的排放。

1994 年中国能源活动排放甲烷 937 万 t。其中煤炭开采和矿后活动逃逸排放 710 万 t，占 75.76%；生物质燃烧排放 215 万 t，占 22.91%；石油天然气系统逃逸排放 12 万 t，占 1.32%。

3）废弃物处置

1994 年中国城市非农业人口约为 1.767 亿人，产生城市生活垃圾 7 564 万 t，人均垃圾日产生量约为 1.17 kg。1994 年全国废水排放量 415.3 亿 t。工业废水排放量 281.6 亿 t，其中化学需氧量排放 1 662.9 万 t；生活污水排放 133.7 亿 t，其中化学需氧量 610 万 t。

1994 年中国废弃物处置甲烷排放量为 772 万 t。其中，城市生活垃圾填埋处理排放 203 万 t，废水处理排放 569 万 t，包括工业废水处理排放 416 万 t 和生活污水处理排放 153 万 t。在总排放量中，工业废水处理排放占 53.89%，城市生活垃圾填埋处理排放占 26.30%（见表 7）。

表 7　1994 年中国废弃物处置甲烷排放量

排放源	甲烷 / kt	构成 / %
城市生活垃圾处理	2 030	26.30
工业废水处理	4 160	53.89
生活污水处理	1 530	19.82
合计	7 720	100.00

（4）一氧化二氮

1994 年中国一氧化二氮排放主要来源于农业活动，此外，工业生产过程和能源活动也有少量排放。1994 年中国一氧化二氮排放约 85 万 t，其中农业活动排放约 78.6 万 t，工业生产过程排放约 1.5 万 t，能源部门排放约 5.0 万 t。农业活动约占 92.43%，工业生产过程和能源活动分别占 1.75% 和 5.82%（见表 8）。

1）农业活动

1994 年中国农业活动一氧化二氮的排放量估算为 78.6 万 t，其中农田直接排放约占 60.30%，间接排放约占 19.53%，放牧排放约占 14.03%，动物粪便管理系统(不含放牧和粪便燃烧)占 5.56%，田间直接焚烧秸秆和粪便燃烧各占约 0.46% 和 0.10%(见表 9)。

表 8　1994 年中国一氧化二氮排放情况

排放源	一氧化二氮 / kt	构成 / %
总计	850	100.00
能源	50	5.82
工业生产过程	15	1.75
农业	786	92.43

表 9　1994 年中国农业活动一氧化二氮排放量

排放源	一氧化二氮排放量 / kt	构成 / %
农田直接排放	474	60.30
农田间接排放 *	154	19.53
放牧	110	14.03
粪便燃烧	1	0.10
动物粪便管理系统 **	44	5.56
田间焚烧秸秆	4	0.46
合计	786	100.00

注：* 将大气氮沉降引起的一氧化二氮排放并入农田直接排放的估算中；** 不包括放牧和粪便燃烧的一氧化二氮排放。

化学氮肥施用是农田一氧化二氮的最主要直接排放源。1994 年中国农田一氧化二氮直接排放量的 57.8% 来自化学氮肥施用，22.9% 来自粪肥施用，7.9% 来自农业生物固氮，5.1% 和 5.8% 分别来自农作物秸秆还田和施肥引起的大气氮沉降。

2）工业生产过程

1994 年中国国家温室气体清单估算了己二酸生产过程一氧化二氮排放。1994 年中国共有 5 家己二酸生产企业，总产量约为 5.7 万 t，计算得到中国 1994 年己二酸生产过程一氧化二氮的排放量约为 1.48 万 t。

3）能源活动

能源部门的一氧化二氮排放主要来源于火力发电，1994 年排放量约为 5.0 万 t。

3.4　清单的不确定性

（1）本次清单编制过程中为减少不确定性所开展的工作

为了降低温室气体清单估算结果的不确定性，在本次清单编制过程中，重点在数据和方法等方面开展了工作。

在数据方面，重点保证所采用数据的准确性。主要措施包括：尽可能采用官方的统计数据。在清单编制的过程中，清单编制机构与国家统计局、行业协会以及相关专业机构建立了密切的联系和合作，确保获得权威、可靠的官方数据。在没有官方数据的情况下，为保证清单估算的质量，进行了大量的抽样调查和实际测试工作，例如工业锅炉调查、煤质分析调查、矿井瓦斯排放调查、水泥企业调查、石灰企业调查、己二酸生产企业调查、水泥熟料测试、石灰使用过程的钙化试验、水稻田甲烷排放测试等。

在方法方面，清单编制机构坚持遵循《IPCC 清单指南》提供的方法，并根据中国国情改进其中不适合的方面，保证了清单估算结果具有可比性、透明性和一致性。清单编制机构在制定编制清单的技术路线时，多次召开了方法学研讨会，集思广益，充分论证，保证了清单编制方法科学、可行而有效。在条件允许的情况下，尽可能选用高等级方法。

（2）本次清单中存在的不确定性

尽管清单编制机构在准备中国 1994 年温室气体清单过程中，在报告范围、清单方法、清单质量等方面较以往的清单研究有一定的改进，但是，中国的温室气体清单还存在比较大的不确定性，其主要原因是：

首先，中国作为发展中国家，数据统计基础比较薄弱，尤其是在与估算温室气体排放相关的活动水平数据的可获得性方面还存在很多困难，相当一部分活动水平指标尚未纳入统计体系。

其次，在能源、工业生产过程、农业、土地利用变化与林业、废弃物处置温室气体清单编制过程中，不同程度地采用了抽样调查、实地观察测量等方式来获取编制清单必需的信息。由于资金和时间等客观因素的制约，观测的时间尺度、观测点和抽样点的代表性还不够。在一些领域由于缺少本国特定的排放因子，使用了《IPCC 清单指南》提供的默认值，这在一定程度上也给清单估算结果带来了不确定性。

清单编制机构采用《IPCC 优良作法指南》中的质量评估与不确定性分析方法，对清单编制过程涉及的相关数据质量进行了初步分析，清单中各部门存在的不确定性主要集中在以下几个方面：

1）能源活动

由于现有统计资料和数据不能满足编制清单的需要，只能通过调研、专家估算等方法获得部分活动水平数据。例如，建材、冶金等一些重要部门的分设备活动水平数据就是由专家估算获得的；由于缺乏 1994 年分部门、分设备的燃煤排放因子实测数据，只能通过典型案例分析、问卷调查以及部分补测数据确定燃煤的潜在排放因子和设备的氧化率参数；由于缺乏详细测试数据，只能采用同一个排放因子估算不同类型的生物质炉灶在不同环境下的甲烷排放量。所有这些都会对能源活动清单的准确性产生影响。

2）工业生产过程

水泥生产过程清单的不确定性主要来源于熟料产量的统计误差、水泥窑灰损失量估算的误差、熟料中氧化钙和氧化镁含量的测量误差等；石灰生产过程清单的不确定性主要来源于活动水平数据的估算误差，包括建筑石灰产量统计覆盖的范围可能不完整、冶金石灰和化工石灰产量的统计误差等；钢铁生产过程清单的不确定性主要来源于石灰石使用量的统计误差、石灰石中碳酸钙含量的化学检测误差、石灰石中水分含量的影响、生铁含碳量和钢材含碳量的测量误差等；电石生产过程清单的不确定性主要来源于电石纯度的测量误差、石灰石纯度的测量误差等。己二酸生产过程清单的不确定性主要来源于己二酸生产量的企业统计误差、工艺尾气中一氧化二氮气体浓度的测量误差、一氧化二氮排放治理设施的运行检测误差等。

3）农业活动

对于稻田甲烷排放量的估算，存在不确定性的原因主要是所采用的模式不具备计算冬水田排放因子的功能，也未考虑旱地阶段降雨、有机肥施用、土壤性质、氮肥施用等对甲烷排放因子的影响。对于农田一氧化二氮排放的估计，存在不确定性的原因主要是现有的直接排放因子观测数据对不同生物气候区域、不同农田类型和农田管理方式的代表性较差，观测年代不够长。另外由于缺乏农田一氧化二氮间接排放实际观测资料，本清单计算采用了 IPCC 的缺省排放因子数据。对于动物肠道发酵甲烷排放和动物粪便甲烷以及一氧化二氮排放的估计，其不确定性主要归因于两个方面：一是用于排放量估算的调查数据尚不能全面反映实际情况；二是缺乏排放因子观测数据，如只连续测定了黄牛的甲烷排放，其他关键排放源尚没有基于连续观测的排放因子数据，因此不确定性较大。

4）土地利用变化和林业

清单的不确定性主要表现在以下几方面：不同树种和森林类型以及疏林、散生木、四旁树的生长率有较大差别，但由于森林资源清查没有提供不同类别林木的生长率数据，只提供了各省、区活立木生长率数据，因此无法对这些类型进行分别计算；缺乏竹林和经济林单位面积年生物量增长数据，用面积的变化量和单位面积的生物量贮量计算，会产生一定的不确定性；采用的生物量扩展系数还存在较大的不确定性；由于缺乏国内相关参数，许多排放因子仍采用 IPCC 默认值，从而引起一定的不确定性；由于缺乏数据，森林转化碳排放的计算无法分省、分树种或分森林类型计算，无论活动水平还是相关的排放因子均采用全国平均值，这也造成一定的不确定性。

5）废弃物处置

城市固体废弃物清单的不确定性主要是由于《IPCC 清单指南》中推荐可降解有机碳比例和甲烷在填埋场释放气体中的比例这两个参数带来的。废水处理排放清单的不确定性主要是由于缺少生活污水和工业废水有机废物中可降解有机碳的测定值。

加强西部能源及能源化工基地布局规划研究

刘小丽　姜鑫民　肖新建　费志荣　郭旭杰　郭 元　韩文科　高世宪　牛 晨　渠时远　隗志安

1 获奖情况

本课题获得 2008 年度国家发展和改革委员会宏观经济研究院优秀研究成果三等奖。

2 本课题的意义和作用

本课题在对西部各省区进行深入调研和总结国外能源基地建设经验的基础上,分析了西部地区能源及能源化工基地建设存在的问题,提出了未来基地建设布局的总体思路、原则及布局方案,以及面向 2020 年、2030 年的发展重点和战略目标。

西部地区能源及能源化工基地布局的总体思路和原则,有六大要点:符合国家能源发展战略,保障能源供应安全,促进西部地区经济发展,多能互补、协调发展,加强生态环境保护、坚持可持续发展,扩大对外能源合作。五项原则:统筹规划、协调发展;合理布局、稳步推进;市场机制、加强竞争;节约资源、环境友好;加强自主创新、提高能源开发效益。

西部地区能源及能源化工基地布局规划建设:考虑我国区域经济和能源发展关系,围绕煤炭、电力、油气、能源化工,提出重点规划建设宁陕蒙综合能源基地、云贵川综合能源基地、新疆能源基地,并根据各基地自身资源开发条件,明确了各具特色的发展重点和目标。

西部地区能源及能源化工基地发展重点和目标:2020 年西部能源基地一次能源产量将比 2005 年增加 168%,达到 13.3 亿 tce,可外供 4 亿 tce;2030 将比 2020 年增加 50%,达到 19.9 亿 tce,可外供 6.9 亿 tce。

为了实现上述发展规划目标,提出一系列保障规划目标实现的具体政策措施和建议,为我国政府决策部门制定西部能源发展战略乃至国家能源发展战略和规划提供有价值参考。

根据国家落实科学发展观、推进西部大开发的需要,课题组开展了西部能源及能源化工基地布局规划研究。本课题的创新点主要有:

(1)首次对国外多个能源基地的类型和特点进行了分析,归纳出生产加工延伸型、转运加工贸易型、进口利用型三大类型能源基地,并概括出相应建设经验,为西部能源基地建设提供了实践依据。

(2)首次系统研究西部能源及能源化工基地布局规划问题,提出了西部能源基地建设需要处理好资源优势如何转化为经济优势、资源开发和环境保护,资源就地利用、深加工和向外输送等矛盾,为制定我国西部能源发展战略提供坚实的理论依据。

(3)突破了传统能源基地只侧重于本地资源的开发与外送单一发展的模式。以六大要点、五项原则概括了西部能源及能源化工基地建设的新思路,既体现了全国一盘棋的能源发展战略,又突出了西部地区特点。

(4)提出了宁陕蒙综合能源基地、云贵川综合能源基地、新疆能源基地的建设规划,突出分析了各自的优势与建设特点。

(5)系统地对三大能源基地布局进行了研究,首次提出了西部三大能源基地的发展重点和面向 2020 年、2030 年的发展目标。

(6)首次定量分析了西部三大能源基地的供应潜力和外供能力,对确定其在全国的地位和作用提供了科学依据。

上述研究成果对我国制定合理的西部地区能源发展战略和规划具有重要的参考价值。由我国能源界知名专家组成的评审小组一致认为本研究成果处于国内领先水平,是一份优秀的研究报告。

3 本课题简要报告

3.1 能源基地建设的必要性

(1)国外能源基地建设的经验

从国外能源基地看,大致可分为以美国休斯敦为代表的生产加工延伸型、以新加坡为代表的转运加工贸易型、以日本和韩国为代表的进口利用型。国外能源基地建设的经验主要有以下几方面。

1)依靠资源优势,发展能源产业,并带动相关产业发展。休斯敦在开采区域内油气资源的基础上,通过建设大型炼油厂,完善油气管网,不断向下游延伸,成为美国最大的石油、化工基地和重要的天然气供应地。除利用国内的油气资源外,还通过港口大量进口国外石油资源。处理和加工后油气产品除满足国内需求外,也出口国外。与此相关的建筑业、交通运输业和仓储业等也得到了相应的发展,石油和石化产品在港口的货物运输中占主导地位。

2)利用地理优势,加强港口建设,加大石油的转口运输,扩大石油炼制规模和能力,扩大石油加工出口,拉动经济增长。东亚石油资源相对贫乏,新加坡利用其在马六甲海峡的重要地理位置,建设优质高效港口,将中东的石油资源转运到东亚。新加坡积极利用其规模近 5 500 万 t / a 的炼油基地加大油品出口,从中赚取加工附加值,极大地推动了经济发展。另外,新加坡还通过建立石油期货交易市场,促进亚太地区的石油贸易。

3)积极利用国外能源资源,建设本国的能源基地,保障能源供应安全。日本所需能源90%依靠进口,石油的对外依赖程度接近100%。为满足国内油品需求,日本在沿海各大深水港建设了29个石油接收终端,并在其附近建设了一大批炼油厂,主要供应国内需求。石油储备和 LNG 接收站在日本的能源基地建设中占有重要位置。日本全部的火电厂与核电站都建在沿海地区港口附近。火电厂的这种布局与其区域经济发展水平、港口的石油接卸能力以及 LNG 接收站的配套建设是密切相关的。日本的能源基地包括煤炭进口、煤炭发电、原油进口和加工、石油储备、LNG 和 LPG 进口、储备和发电以及油品出口等,且依港沿海而建。

(2)国家能源供应形势

为满足日益增长的能源需求,我国能源供应能力的建设任务较重,面临诸多挑战。

1)一次能源资源地与能源消费地分离,且距离遥远。煤炭的大部分储量主要集中在"三西"和贵州;石油资源主要集中在东北、西北和海域;天然气资源主要分布在中部、西北和海域;水力资源主要集中在西南。而能源主要消费地区集中在经济发展迅速的东部沿海地区,尤其是长江三角洲地区和珠江三角洲地区。这种情况给交通运输带来了极大的压力。以煤炭为例,运量约占全部铁路货运量的 42% ,在"三西"能源基地运量中煤炭占 80% 以上;在沿海港口货物吞吐量中煤炭占 30% 左右。

2)东部地区,如长江三角洲地区,几乎没有什么能源资源,90%以上的能源依赖从区外调入,但能源调入和输配基础设施远远不能满足需要。

3)以煤炭为主的能源结构给环境保护和运输带来了极大的压力,急需对能源结构进行调整和优化,加大石油、天然气和电力在能源消费结构中的比例。

4)我国油气资源状况不容乐观,新增探明储量增长缓慢,东部老油气田稳产难度越来越大,西部油气田因地质条件恶劣,开发难度大、成本高,未来我国油气供应大量依赖国外已不可避免。

为了解决这些问题,必须根据我国的能源资源条件和能源工业的现状,制定并实施我国可持续发展的中长期能源战略。我国的中长期能源战略要保障我国能源、经济和环境的协调发展,确保实现我国在 21 世纪中叶达到中等发达国家水平的社会经济目标。根据国外的和历史的经验,有选择地规划建设大型能源生产、进口转运和加工基地,是保障区域经济乃至整个国民经济持续稳定发展的重要举措之一。

(3)能源基地对保障我国能源供应的重要性

能源基地是指以发展能源相关行业为基础和特色的地区,包括能源的生产、加工转换、输配、贸易和相应的服务。能源基地可向本地和周边地区甚至国外提供能源及其相关产品,并带动相关产业和服务业的发展。传统意义上的能源基地一般指能源生产和供应基地,这种传统意义上的能源基地是以大量的能源资源储量和一次能源产量为基础的。随着经济、科学技术和远洋运输业的发展,一些本身不具备资源条件或资源不够丰富的地区也发展成了现代意义上的能源基地,如新加坡、日本的东京湾和韩国的蔚山等。

一个国家或地区的能源对本国或本地区国民经济的发展具有重要的基础保障作用,世界各国为保障国民经济的稳定和可持续发展,十分注重发展能源工业,并通过建立能源基地来保障能源的经济、高效、稳定和安全供应。我国的能源基地建设始于20世纪60—70年代,主要以石油生产及煤炭的生产和运输为重点,建设了大庆和胜利等石油生产基地、"三西"和贵州等煤炭生产基地及与之配套的铁路和港口,同时在坑口、路口和港口及消费地建设了一大批以煤炭为燃料的电力生产和供应基地及三峡、小浪底、葛洲坝、二滩等大型水电站和秦山、大亚湾核电站。随着全国石油消费量的增加,一些石油中转港口也相继建成。能源基地建设为我国国民经济的发展作出了巨大贡献。

3.2 西部能源基地在全国中的地位和作用

(1)西部能源基地已成为我国能源供应的重要力量

西部能源基地不仅对西部地区的经济发展具有重要的促进和保障作用,同时对全国的能源供需平衡和保障全国能源供应安全也具有非常重要的作用。随着西部大开发、"西气东输"和"西电东送"的实施,"十五"期间西部地区向区外输送的能源也有较大幅度的增长。西部地区向区外输送煤炭、石油、天然气和电力,2005年分别占西部地区煤炭、石油、天然气和电力产量的20%、2.6%、42%和14%,2006年西部地区向区外输送的煤炭、石油、天然气和电力比例进一步上升到23.6%、5%、45%和17.1%。

(2)未来西部能源基地对满足我国东中部地区经济将发挥支撑作用

未来随着经济发展,我国的能源消费需求还会在相当长的时期内继续增长。我国东中部地区的能源资源在经过长期开采后,未来东部地区的煤炭产量将逐步衰减,中部地区的煤炭产量增长潜力也非常有限。未来我国煤炭需求的增长将主要依赖西部地区的煤炭产量增长。未来我国的石油和天然气生产也将进一步西移,水电开发将主要集中在西南地区。未来,西部地区的能源开发

对全国能源供需平衡的作用将进一步增加,国内能源供应对西部能源资源的依赖程度也会越来越深。

(3)西部地区是保障我国能源安全,获取国外能源资源的重要通道

目前我国能源进口源及运输通道相对单一,石油主要通过海上运输从中东和非洲进口,另外还有部分石油由铁路从俄罗斯进口和通过输油管道从哈萨克斯坦进口;天然气主要通过LNG船运从澳大利亚进口。供应来源的多元化是保障国家能源安全的重要措施。无论是从产能,还是从资源基础来看,中东都是我国重要的油气资源供应地,但该地区的局势一直动荡不安。非洲是中东以外我国能源的重要进口地,但由于非洲战乱频繁,国际间争夺能源十分激烈。因此,中亚和俄罗斯的油气供应在我国能源进口来源多元化战略中占有重要地位。西部地区不仅是我国重要的能源供应地,而且是进口中亚、俄罗斯油气的重要通道,对我国实施能源进口多元化战略,保障能源安全具有重要的战略地位。

3.3 西部能源基地建设面临的问题和挑战

未来一个时期,西部能源基地建设面临的主要问题和挑战是:

(1)能源资源的保障问题。西部能源资源丰富,但资源勘探滞后,资源储量不足。当前规划的西部大型煤炭基地,其储量仅为探明储量,精查储量较少,这尤其在宁东煤炭基地中比较突出。新疆地区的预测煤炭资源总量很大,约占全国的40%,但保有资源量不到全国的10%;西部地区是我国原油生产重要的接替区,但该地区的原油产量在2020年前后将进入稳产阶段,因此,面临如何提高后备储量,延长稳产时间的挑战。

(2)能源资源管理问题日益突出,特别是煤炭资源的管理。目前资源审批管理不规范,一些地方部门和企业,利用目前矿业权制度的漏洞,在煤炭经济恢复性增长过程中,违反程序、技术政策、规范,随意划分与占有煤炭资源。有的甚至在国家批准的大型煤田(矿区)总体规划范围内,划分井田范围的资源,影响了煤炭资源开发建设的总体部署和大型煤炭企业的资源接续,影响了矿区的稳定和持续健康发展。

(3)基础设施建设任务重。要把西部地区的能源资源优势发

挥出来,必须有发达完善的基础设施。能源基础设施不仅需要大量的投资,而且涉及城市规划和产业布局等多方面。近年来,西部地区在能源基础设施建设方面取得了令人瞩目的成就,但目前西部能源设施建设与西部在国家能源战略中的地位要求还有很大差距,今后如何进一步加大投入,搞好基础设施建设成为一项重要而艰巨的任务。

(4)能源基地建设的生态环境挑战。煤炭基地中主要产煤地区煤炭超强度开采,引发的环境和社会问题越来越突出,山西、陕西、内蒙古地区以占全国16%的国土面积和不足4%的水资源,生产全国40%以上的煤炭。由此造成的地表塌陷、地下水位下降、土地污染以及煤矸石燃烧等,对环境造成了较大影响。依托煤炭基地建设的火电基地,将使火电基地对生态环境的影响与煤炭开发的生态环境问题相加重,也将进一步加剧西北地区水资源不足的压力。西南水电基地的建设不能只考虑发电,必须统筹兼顾以下各个方面:地区的生态服务功能,如生物多样性保护、国家自然保护区、地区的生态稳定性等;水电基地建设移民后引发的新的生态问题;跨境国际河流开发对下游的影响及潜在的政治风险。

(5)长距离输电的安全性挑战。西部能源基地距东部能源消费中心较远,大规模的基地建设需要配套建设大容量输电能力和油气管道,对能源供应安全将提出新的挑战。建设从西部到东部的输电线路和油气管道,要经过复杂的地形和气候区域,将对输电、输油、输气线路施工和输送技术都提出新的挑战。

3.4 西部能源基地布局的总体发展方案

(1)西部能源基地发展的总体思路

以发展为主题,以科学发展观为指导,充分依托西部地区能源资源优势和现有能源基地条件,以调整、优化西部地区能源资源开发利用产业结构为主线,坚持优势资源转换战略,加快改革开放步伐,转变资源开发利用和经济增长方式,提高发展质量和经济效益。统筹西部地区能源基地建设与国家能源发展战略的协调发展,能源基地的布局和建设规模要起到保障国家能源供应安全的作用;通过常规能源与可再生能源的有效结合,形成多能互补的能源供给体系;统筹西部地区能源工业与相关产业协调发展;统筹能源开发与生态环境协调发展;统筹能源经济与区域经

济协调发展。通过国家支持、自身努力和区域合作,提高西部地区自我发展能力。加快能源和能源化工基地建设步伐,使能源资源开发利用产业成为西部地区的支柱产业,实现西部地区又好又快发展。

具体包括以下要点:

1)符合国家能源发展战略。西部能源及能源化工基地的布局规划和发展战略要放在全国的能源战略中考虑,为我国全面建设高水平小康社会服务。将发展西部地区经济,满足西部地区能源需求,为中、东部地区提供能源及保护生态环境四者统一起来。在符合国家能源发展战略的前提下,发挥西部地区资源潜力,合理布局,建设与国家能源发展战略和规划要求相一致的能源和能源化工基地。

2)保障国家能源供应安全。今后20~30年内我国仍处于工业化的快速发展阶段,能源需求将继续保持较快的增长速度。由于东中部地区未来增加能源供应能力非常有限,西部地区能源基地的建设和发展应起到保障国家能源供应安全的作用。西部地区能源基地的建设规模也要充分考虑到未来国家经济发展和能源需求增长趋势等重要因素。

3)有利于促进西部地区经济发展。西部能源开发要坚持能源资源优势转化为经济优势的战略。西部能源基地建设不仅要开采当地的能源资源,而且要带动其相关产业的发展,增加当地的就业机会,增加地方税收,促进西北地区经济的发展。另一方面,要考虑到未来资源枯竭有可能造成的经济衰退和就业困难问题。因此,西部能源基地建设应及早规划和调整产业结构,培育和加快发展优势产业,提高可持续发展能力,使西部能源基地的建设与地区经济相协调发展。

4)多能互补,协调发展。西部地区多地处偏远,为解决当地能源需求问题,在加大开发煤炭、石油、天然气资源的同时,应依托该地区丰富的可再生能源资源,加快开发和利用水电、风能、太阳能等可再生能源和新能源,通过常规能源与可再生能源的有效结合,形成多能互补的能源供给体系,提高该地区能源消费水平和生活质量,促进西部地区经济与社会的协调发展。

5)加强生态环境保护,坚持可持续发展。西部地区是生态环境极其脆弱的地区,且是我国大多数江河的源头,西部能源资源

开发所造成的环境污染已成为制约区域可持续发展的重要因素。因此，西部能源基地的建设和发展应坚持经济、能源、环境和生态可持续发展方针。

6）扩大对外能源合作。西部地区比邻中亚、俄罗斯等资源丰富国家，应在提高西部自身发展能力的同时，充分发挥区域优势，在产业发展和投资、技术转让、环境保护和治理及能源资源引进等方面，加强对外能源合作，促进西部地区又好又快发展。

（2）西部地区能源和能源化工基地布局规划原则

1）统筹规划、协调发展。坚持各能源部门的统筹规划、合理布局、协调发展的原则，防止从单一能源品种进行品种规划和市场开发。煤炭开发过程中，要充分考虑煤电联营的综合效益，输煤、输电的经济性比较；火电外输通道建设要提前考虑水能资源的开发和出路；实现能源基础设施建设的统一规划、规模经营，提高经济效益，避免重复建设和开发进度的不协调。

2）合理布局、稳步推进。能源基地布局和建设要综合考虑能源资源、市场、生态环境、水资源等因素。煤电基地布局要根据电力外送市场情况、交通运输条件等确定坑口发电和煤炭外送规模比例。在水电资源丰富的大江大河通过梯级开发建设大型水电基地。视电力市场需求规模、其他电源建设规划情况以及电力外送通道条件等因素，统筹确定水电基地各电站的开发时序合理布局。煤炭调出地区能源化工项目的建设，适度发展煤制化肥，在示范工程取得成功的基础上，适时启动煤制石油替代产品的建设，分期建设煤制石油替代产品和甲醇转化烯烃产品，相应配套建设煤化工产品的东输和南送基础设施工程。

3）市场机制、加强竞争。在政府协调和推动下，加强区域内煤炭、电力和油气基地建设，充分发挥市场合理配置资源的作用，根据区内外市场需求，加强对能源资源开发利用的宏观调控，协调各方利益关系，实现区域内资源优化配置。引入竞争机制，促进市场经济发展，坚持以经济性为取向的区际能源调配原则。

4）节约资源、环境友好。加强能源开发、运输、贮存、加工、转换和终端各环节的能源资源节约；搞好资源综合利用，发展深度加工，不断挖掘资源潜力，提高资源的使用价值。按照循环经济的理念，规划好能源基地的产品链，使上下游产品链整体资源优化。同时，在能源基地的建设中，坚持"谁开发谁保护，谁污染谁治

理，谁破坏谁恢复"的原则，减少能源开发利用中的污染物排放，促进能源与环境协调发展。

5）加强自主创新，提高能源开发效益。坚持自主创新，实施科技兴能战略，走科技含量高、安全和效益好，资源消耗低，环境污染少、能源转化程度高的发展道路。增加科技投入，鼓励采取引进、消化、吸收相结合的创新方式，加强自主创新能力建设，提高科技水平。坚持规模化、大型化、一体化、基地化发展模式，提高能源开发利用效益。

（3）西部地区能源和能源化工基地布局

考虑到我国西部地区的区域性特点、区域能源发展特点以及与区域经济社会发展的关系，本报告将西部能源基地划分为三大类：宁陕蒙综合能源基地，云贵川综合能源基地，以及新疆能源基地。根据西部地区能源和能源化工基地布局规划的发展总体思路和原则，以及三大能源基地在国家、地区经济社会和能源发展中的作用，三大能源基地的布局方案如下。

1）宁陕蒙综合能源基地

煤炭基地：重点建设神东煤炭基地。神东煤炭基地无论从资源储量、开采成本还是对全国的作用来看，均是中近期发展的重点，是全国最有可能大规模提高产量并进行现代化生产的重点煤炭基地。加大加快对该基地的建设投入，到2020年，形成核定产能3.6亿～4.0亿 t／a 的规模；加快建设陕北煤炭基地，力争突破6 000万 t／a，达到1亿 t／a。2030年后，在保持一定服务年限（100年）的基础上，争取建设规模达到3.3亿 t／a；尽量扩大宁东煤炭基地的产能，力争2020年形成产能6 000万～8 000万 t／a，2030年前后扩大到1亿 t／a。

火电基地：从煤炭资源的角度看，陕北榆林、内蒙古西部的鄂尔多斯、宁夏东部地区都具备发展大型煤电基地的资源保障。但是，考虑到水资源和生态环境压力，这些地区煤电基地的建设规模应在优先保证生态用水的前提下确定其建设规模。

油气基地：加大鄂尔多斯盆地油气资源的勘探开发，在保障向京津冀环渤海湾地区供应油气资源的基础上，增加宁陕蒙和山西等省区的油气供应，改善和优化这些省区的能源结构，同时通过油气管网连接华东地区，形成区域能源相互保障体系。

能源化工基地：根据内蒙古自治区煤炭和水资源的赋存情

况,重点建设鄂尔多斯、呼伦贝尔和赤峰—大板—白音华中心区三个煤化工基地,重点发展煤制油、烯烃和二甲醚等产品。依托锡林郭勒、霍林河、呼伦贝尔煤资源,综合考虑水资源、交通等条件,建设大型甲醇生产基地。建设陕西省榆神、榆横、彬长和渭北四个煤化工园区,重点发展煤制油、烯烃、二甲醚、氮肥、电石和氯碱产品。建设宁夏自治区宁东煤化工基地,重点发展煤制油、甲醇、二甲醚和烯烃等产品。

2)云贵川综合能源基地

煤炭基地:加强矿井及资源整合。由于云贵煤炭基地的地质特点所限,适合类似宁陕蒙煤炭基地大规模现代化开采的矿井不多,云贵煤炭基地很多是中小矿井,因此,加强矿井及煤炭资源的整合,是建设云贵大型煤炭基地的前提,应提前布局规划,加强基础设施建设;以贵州煤炭基地为主,加强矿井建设。对于目前产能较大的盘县、水城、织纳、黔北等矿区均位于贵州境内,未来2020年云贵基地的产能将很大程度仍依赖于这些矿区,应加强这些矿区的建设投入。同时,对于云南境内的镇雄、昭通等极具发展潜力的矿井进行大量投入,改善基础设施建设;扩大发展煤电一体化。云贵基地煤炭资源丰富,且水资源十分丰富,发展坑口电站等煤电一体化有极大的优势。同时,云贵川等地是未来我国水电基地,由于受枯、丰期的影响,必须配套相应的调峰电厂,以便能稳定实施"西电东送"战略。因此,云贵煤炭基地在规划布局时,必须考虑煤电一体化项目建设。

电力基地:西南地区的未开发水电资源主要集中在四川、云南、西藏三省区,其中四川和云南的水电资源的开发条件相对较好,西藏的水电资源,主要是藏东南地区的水电资源,分布在雅鲁藏布江、怒江、澜沧江和金沙江上游地区,开发难度相对较大,面临的问题也比较多。根据开发的难易程度,把川滇水电资源和藏东南水电资源分开考虑,近期应优先开发川滇水电资源,重点建设川滇水电基地,待条件成熟时,适当开发藏东南水电资源。藏东南水电基地的开发不能简单地从电力平衡和经济效益出发,应服从于国家的政治决策。如果国家决定开发,则应进行严格的综合论证,科学地确定开发规模和开发方案,对藏东南的重要河流和诸多梯级电站,应该慎重规划、有序开发。

天然气基地:将四川地区丰富的天然气资源通过长输管线输送到长江三角洲地区和珠江三角洲地区两大目标市场,同时为沿线省区供应一定数量的天然气资源,为区域能源的结构优化作出贡献。

能源化工基地:云贵煤化工产业区应立足于本地区市场,针对云贵地区缺油少气的特点,重点发展二甲醚、煤制烯烃和煤制油。川渝天然气化工产业区以丰富的天然气资源为依托,重点建设长寿化学工业园、涪陵化肥工业园和万州盐气化工园三大园区。利用四川和云南丰富的生物质资源建设非粮燃料乙醇和非食用油脂生物柴油生产基地。

3)新疆能源基地

油气基地:在加大新疆油气资源勘探开发的基础上,通过西气东输管线、西气东输二线、中哈石油管线、西部石油管道等基础设施,向长江三角洲地区和珠江三角洲地区以及中部地区供应油气资源,同时兼顾新疆的经济发展和能源结构优化。

化工基地:根据新疆煤炭、水资源分布情况,重点建设伊犁、乌昌两个大型煤化工基地,重点发展煤制油、甲醇、电石、氯碱等大宗煤化工产品。建设独—克石化基地、乌鲁木齐石化基地、吐哈石化基地和南疆石化基地四大石化产业区。

煤炭后备生产基地:依据对全国、全区以及地方市县能源利用所起的作用建设生产基地。一是煤电、煤化工、煤制油和煤焦化综合性基地。选择煤种齐全,储量丰富,开采技术条件好,具备建设大型和特大型现代化矿井的准东为煤电和煤化工基地(总规模为66 000万t/a),哈密为煤电和煤化工基地(总规模为16 000万t/a),库—拜为煤炭、煤电、煤焦化基地(规模为1 180万t/a),为国家和自治区大型煤电、煤化工及煤制油项目的建设提供能源或原料,为新疆实施"西电东送"等"西能东输"工程的主要支撑。二是新疆煤炭产业重点矿区。其主要对自治区使用能源起支撑作用,新疆选择资源集中,储量丰富、开采条件较好、具备现代化矿井改造基础,并已经形成相当生产规模的矿区,划定为重点矿区。重点矿区共有13个,现已形成生产规模共2 280万t/a,矿区规划规模共7 660万t/a。

煤电基地:结合新疆能源基地的开发,以哈密地区为重点配套建设一定的火电,除了满足新疆的电力需求以外,还向内地输送一部分电力。建议2010年新疆电力总装机容量达到1 480万kW,其中煤电所占比例为74.7%,向陕、甘、青、宁等地外送电力 360 万 kW;2020 年发电总装机容量将达到 3 100 万 kW 左右,其中煤电所占比例为 75.8%,向陕、甘、青、宁四省区送电规模达到 1 000 万 kW。

(4)未来西部能源基地生产能力

综合考虑西部能源基地的能源资源条件、水资源和环境承载能力、国家的能源需求和生产技术的发展,结合西部能源基地发展的总体思路与原则和西部地区相关省区的发展规划,我们认为,2020 年,西部能源基地一次能源产量将在 2005 年的基础上增加168%,达到 13.3 亿 tce,2030 年将在 2020 年的基础上再增加 50% 左右,达到 19.9 亿 tce。其中,2020 年,煤炭产量达到 12 亿 t,原油产量 7 120 万 t,天然气产量 660 亿 m³,水电装机 22 700 万 kW;2030 年,煤炭产量达到 19.5 亿 t,原油产量 7 725 万 t,天然气产量 850 亿 m³,水电装机 30 000 万 kW(表 1)。

表 1 未来西部能源基地一次能源生产能力预测

	2005 年	2010 年	2020 年	2030 年
煤炭 / 万 t	40 333	66 454	120 210	195 220
宁陕蒙综合能源基地	30 740	40 090	57 400	70 000
云贵川综合能源基地	7 747	15 090	21 000	26 000
新疆能源基地	1 846	11 274	41 810	99 220
原油 / 万 t	4 200	6 017	7 120	7 725
宁陕蒙综合能源基地	1 778	2 500	3 100	3 200
云贵川综合能源基地	14	17	20	25
新疆能源基地	2 408	3 500	4 000	4 500
天然气 / 亿 m³	320	500	660	850
宁陕蒙综合能源基地	75	120	170	200
云贵川综合能源基地	138	200	245	300
新疆能源基地	107	180	245	350
水电 / 万 kW	6 681	11 000	22 700	30 000
云贵川综合能源基地	3 870	6 180	15 710	21 000
其他	2 811	4 820	6 990	9 000
一次能源总计 / 万 tce	49 602	76 226	132 703	198 631

资料来源:课题组预测。

在煤炭供应中,2020 年前,西部煤炭基地 47.7% 的产量将来自于宁陕蒙煤炭基地,但 2020 年后,新疆煤炭基地将成为西部能源基地的煤炭主要供应地,2030 年新疆煤炭基地的煤炭产量占西部能源基地煤炭总产量的比例将达到 50.8%。在原油供应中,新疆能源基地的原油生产将占西部能源基地原油总产量的 60%,其次是宁陕蒙原油生产基地,占 40% 强。在天然气供应中,新疆天然气生产基地的产量增加迅速,到 2030 年,该地区天然气产量将达到 350 亿 m³,占西部能源基地天然气总产量的 41.2%。在水电供应中,西部能源基地的水电供应主要来自于云贵川水电基地,2020 年后,其在西部能源基地水电总装机的比例达到 70%。

(5)西部能源外供能力分析

在我国能源需求预测研究的基础上,本文对未来西部地区能源需求进行了粗略的预测。预计 2010 年、2020 年和 2030 年,西部地区能源需求量分别为 6.12 亿 tce、9.25 亿 tce 和 12.97 亿 tce,同期全国能源需求总量分别为 27.56 亿 tce、39.43 亿 tce 和 52 亿 tce,同期西部地区能源需求占全国能源需求总量分别为 22.20%、23.45% 和 24.91%。

未来西部能源基地的能源供应能力除满足西部地区能源需求外,还可向东、中部地区输送一次能源。据初步估算,2020 年西部能源基地可向区外输出一次能源 4 亿 tce,2030 年为 6.9 亿 tce。因此,随着西部地区能源基地的建设和发展,其对我国东中部地区的能源支撑作用将不断增强,进而对全国能源供需平衡和保障全国能源供应安全具有非常重要的作用。

表 2 未来西部能源基地外供能力预测

单位:万 tce

	2005 年	2010 年	2020 年	2030 年
西部地区能源需求量	48 552	61 172	92 466	129 740
西部能源基地能源生产	49 602	76 226	132 703	198 631
西部能源基地外供能力	1 050	15 054	40 237	68 891

资料来源:课题组预测。

3.5 政策建议

(1)加强协调工作和监督管理,保障能源基地布局规划的实施。建议国家有关部门与西部各省区有关部门建立《西部地区能源和能源化工基地布局规划》(以下简称《规划》)实施部门协调机制,解决西部地区能源基地建设中的重大问题,为规划实施搭建一个良好的工作环境。理顺与国家和地方相关规划的相互衔接工作,协调能源资源开发利用与水资源、土地资源等自然资源与生态环境保护的关系。国家与西部各省能源相关部门要加强跟踪检查和监督《规划》实施的情况。能源基地中的能源项目必须符合基地规划。避免一些地方以扶持支柱产业为由,盲目上马一些能源项目,从而造成高耗能源产业无序发展,导致西部地区的环境破坏和生态恶化,使西部地区承受能源发展的负面代价。

(2)加强能源资源的勘探开发和资源整合,为西部地区能源基地建设提供资源保障。建议结合大型能源基地建设,加强对西部地区现有煤炭矿区深部和外围地质勘察以及对新疆地区的煤炭勘探程度,以确保大型煤炭基地建设的顺利进行;加大西部地区油气资源的勘探力度,提高后备储量,努力延长西部油气资源高产、稳产时间。加强藏东南地区的水电资源的研究,科学地确定其技术可开发量和经济可开发量及其状况,为西部地区能源基地建设提供资源保障。

除进一步加强对一些小煤矿的有效整合外,重要的是需加强西部地区跨行政区的煤炭资源的整合。如宁陕蒙交界区域煤炭资源本来从地质分布来说属一个煤矿区的,但却分割为省与省之间、县与县之间不同的矿区,每个行政区的利益不完全一致,势必会造成煤炭开发利用过程的短视行为,最终会损害到资源地各方的实际利益。因此,建议在西部能源基地的建设中,在行政区分割的资源丰富区,成立跨行政区的协调小组,以利于资源的充分有效开发和利用。

(3)转变发展模式,建设资源节约型和环境友好型能源基地。在未来能源基地建设中应该改变已有的发展模式,大力发展循环经济,走资源开发与生态环境保护并重的发展道路。

(4)建立完善的经济激励机制,促进西部能源基地可持续发展。建议国家调整部分资源税计征标准,改"从量计征"为"从价计征",以充分体现市场公平,增强西部地区自我发展能力。建议提高西部地区矿产资源补偿费征收费率。实行煤炭资源出让制度,煤炭资源实行有偿使用。运用税收政策、企业财务政策,促进煤炭安全生产。建议国家建立战略性资源输出地区生态补偿制度,从

矿产资源开发型企业经营收益中切出一部分作为生态补偿基金,可考虑按企业销售收入的1%提取,对资源输出地的生态环境给予合理补偿,专项用于生态修复。建议国家建立一个长远有效的机制,用于协调西部地区的地方政府与在西部地区进行能源资源开发的中央企业之间的利益关系,这有利于大型能源基地的能源资源整装整合建设,促进西部能源基地的科学规划和可持续发展,也可促进将西部地区资源优势转化为经济优势。

(5)促进能源产业及其相关产业发展,拉动地方经济,增加就业。国家在制定西部能源和能源化工基地规划时,应将促进地方经济可持续发展,增加就业放在优先地位考虑。同时考虑能源产业发展及相关产业发展。优先满足当地的需要,留一部分资源在当地加工利用,延伸产业链,增加经济效益,扩大就业。利用我国的能源市场优势,采取有效措施促进西部地区的边境贸易。

(6)加强东西合作和东西互动,缩小地区经济发展差异。加快健全东中西区域协调互动机制,突出合作优先领域,创新区域合作模式,不断提高东中西协调互动的层次和水平。政府要加强统筹规划,促进合理分工,引导各类要素资源向条件较好的地方集聚。制定优惠的投资政策,鼓励民间(主要是东部)和国外投资,加大西部地区投资力度。同时西部地区也要研究制定税收返还、土地利用、简化各种手续等优惠政策和办法,提供良好的投资软、硬环境,积极吸引国内外知名企业和公司、区外上市公司和有实力的民营企业参与西部地区的能源资源开发,充分利用西部地区的资源优势,推动西部能源发展,缩小地区经济发展差异。

(7)发挥区位优势,建设国际能源大通道。建议国家紧紧抓住当前中亚等周边国家资金、技术短缺以及国家关系良好的有利时机,鼓励大企业、大集团进军中亚,重点开发利用周边国家油气资源和国内急需紧缺的富铁矿、铜矿、镍矿、铝土矿、磷矿以及森林等资源,建立多元、稳定、可靠的能源和重要矿产资源境外供应和加工基地。建议国家设立中亚开发专项资金,对国内企业开发境外国家紧缺资源给予资金支持,对一些重要矿产品进口制定更加优惠的政策。加快建设我国西北地区和中亚地区的能源通道,充分利用周边国家的油气资源,减轻我国西北地区油气开发压力,为"西气东输"和"西油东送"等国内能源大动脉提供强有力的资源支撑,确保西北地区油气工业可持续发展,保障国家能源安全。

贵阳市能源需求预测及能源规划与优化

张建民　汤大钢　孙启宏　吴德刚

1　获奖情况

本课题获得贵州省科技进步二等奖。

2　本课题的意义

能源是国民经济发展的重要物质基础,对经济的发展起着支撑与保障作用。能源作为资源,存在于自然界,其开发与利用必然会对环境产生影响。我国是一个以煤炭为主要能源的国家,煤炭在我国一次能源消费中占到70%左右。煤炭的开发和利用与其他能源相比更容易引起环境问题。监测与统计表明,我国目前排入大气中约70%的烟尘、90%的二氧化硫均来自煤的燃烧。据预测,随着经济的发展,能耗的增加,我国今后面临的环境问题会越来越严重。

如何防止随着经济发展环境相应恶化的局面发生,这对决策者提出了新的课题,能源需求预测与能源规划优化就是在这种背景下产生的。该规划首先选择一个规划对象,如城市、区域或国家等,以他们经济发展(现状与未来)为背景,针对影响其经济发展的重大问题,如经济发展速度、产业结构、产品结构、节能率、人口增长、生活用能、能源消费结构、环境控制约束等进行研究,通过模型运算,模拟各种变量变化后产生的结果,不断调整,优化选择出城市、区域或国家未来实现经济、能源、环境协调发展的战略方案。

本研究是将未来能源发展对环境及社会影响限制在一定程度之内的一项很有意义的工作,规划所建立的模型可为我们进行国民经济规划服务,为决策部门提供可靠的科学依据。

3　本课题简要报告

3.1　贵阳市经济发展与能源环境现状

贵阳市是贵州省省会,是全省政治、经济、文化、科学技术中心和西南地区重要交通、通信枢纽。贵阳市地处云贵高原东侧,四周群山环抱。贵阳市拥有丰富的生物、矿产、能源和旅游资源,是一座综合型的新型工业城市,也是全国铝、钎钢、磨料、仪器仪表、精密光学仪器的主要生产基地之一。全市现有工业企业1 277家,以冶金、机械电子、电力、煤炭、卷烟、食品、化工、建材为主。1990年,贵阳市国内生产总值达到44.52亿元,其中农业2.73亿元,工业26.23亿元,交通运输业1.52亿元,商业0.19亿元,建筑业2.4亿元,非物质生产部门11.44亿元。

1990年,贵阳市能源消费总量达到230万tce,其中煤炭309万t、石油11.57万t、水电1 174万kWh。煤炭在其一次能源消费结构中占据主导地位,为92.82%、石油占7.13%,水电仅占0.05%。煤炭的大量消费引起了严重的环境污染,监测表明,1990年贵阳市二氧化硫排放量为23.24万t,烟尘排放量为8.09万t。1989—1992年,二氧化硫年日均值平均为0.394 mg/m³,超过国家规定的二氧化硫三级标准的294个百分点。雨量pH值平均为4.4,形成了较强的酸雨污染。TSP年日均值平均为0.402 mg/m³,超过国家规定的TSP二级标准的101个百分点,污染也相当严重。二氧化硫污染、烟尘污染,尤其是形成的较强酸雨的威胁,给贵阳市人民生活及健康带来了极大损害。

3.2　能源需求预测

本研究能源需求预测运用了长期能源多方案规划系统模型。

预测以贵阳市未来经济发展目标、产业结构变化、节能率、人口增长及用能水平等为基本依据。预测以 1990 年为基期,2000 年、2010 年为预测期。根据数据的可获取性,选择了国内生产总值(GDP)作为经济预测指标。按照市政府规划,1990—2000 年,GDP 年均增长率达到 11.74%,2000—2010 年年均增长率达到 9.5%。这样,贵阳市 GDP 产值在 1990 年 44.52 亿元的基础上,到 2000 年增加到 135.2 亿元、到 2010 元增加到 338.9 亿元。按此规划目标预测的能源需求,我们规定为基础方案。

为便于分析研究,我们在市政府上述规划的基础上,又作了高速度与低速度的能源需求预测。高速度经济发展 1990—2000 年年均增长率比市政府规划的 11.74% 高 1.26 个百分点,将达到 13%;低速度经济发展比市政府规划的低 1.74 个百分点,为 10%。2000—2010 年高速度年均增长率比市政府规划的高 1.1 个百分点,将达到 10.6%,低速度比市政府规划的低 1 个百分点,为 8.5%。

节能对能源需求、能源供应影响很大,节能也是减轻环境污染的重要措施。根据贵阳市政府的规划,1990—2000 年能源节约率将达到 3.60%、2000—2010 年达到 3.25%。届时,GDP 万元产值能耗由 1990 年的 122.5 GJ 下降到 2000 年的 86.13 GJ、2010 年的 62.6 GJ。为了进一步分析节能的重要战略地位,我们作了强化节能方案的预测。强化节能方案以基础方案数据设置为基础,即相对于基础方案同一 GDP 经济发展目标、同样的产业结构及人口增长速度,将规划期内节能率在基础方案节能率的基础上进一步提高,实现总需求与总供给的减少。强化节能方案 1990—2000 年节能率为 4.54%、2000—2010 年为 4.2%,分别比基础方案提高了 0.94 个百分点与 0.90 个百分点。即 GDP 万元产值能耗由 1990 年的 122.5 GJ 下降到 2000 年的 78.6 GJ、2010 年的 52.2 GJ。

能源消费构成与供应构成对经济发展与环境保护都将产生重大影响。为此,我们又作了替代方案下的能源需求预测。替代方案也相对于基础方案,满足同一的经济发展目标,将单位 GDP 万元产值能耗构成中煤炭比重相对降低、清洁能源比例相对增加而设置的方案。与基础方案相比,替代方案单位 GDP 万元产值能耗构成中到 2000 年煤炭比重将降低 12 个百分点,石油比重上升 12 个百分点;到 2010 年煤炭比重降低 37 个百分点,石油比重上升

37 个百分点。届时,贵阳市能源结构将得到较好的优化。

对于上述三种基础方案,强化节能方案、替代方案的每一种方案,经济发展分别按高、中、低三种速度进行终端能源需求预测。这样,将产生 9 个不同情景的终端能源需求预测结果。

从基础方案中速度终端能源需求预测结果表明,到 2000 年,贵阳市终端能源需求量将达到 392 万 tce,到 2010 年达到 713 万 tce。在其终端能源消费结构中,煤炭仍将是其主要能源。到 2000 年煤炭占终端能源消费总量的比重达到 53.3%,到 2010 年达到 52.2%。

3.3 贵阳市 9 个可供选择的能源供应方案

长期能源多方案规划系统模型能源转换子模块以终端能源需求预测结果为基础,考虑能源加工转换损失与能源输送分配损失,根据当地能源资源的拥有量,模拟生成能源供应方案。前面有 9 个不同情景的终端能源需求预测结果,这样,将相应产生 9 个不同的可供选择的能源供应方案。

能源供应基础方案高速度、中速度、低速度能源供应总量到 2000 年分别达到 1.50 亿 GJ、1.39 亿 GJ、1.25 亿 GJ,到 2010 年分别达到 2.94 亿 GJ、2.39 亿 GJ、1.99 亿 GJ。从这三个供应方案来看,煤炭将是贵阳市未来能源供应的主要能源,到 2000 年煤炭在能源供应总量中分别占到 87%、89%、89%,到 2010 年分别占到 82%、86%、87%。石油在能源供应总量中略有增加,到 2000 年分别占到 13%、11%、11%,到 2010 年分别占到 18%、14%、13%。水电在未来也将得到应有的发展,到 2000 年达到 4 800 万 kWh,到 2010 年达到 8 800 万 kWh。

能源供应强化节能方案高速度、中速度、低速度能源供应总量到 2000 年分别为 1.39 亿 GJ、1.29 亿 GJ、1.16 亿 GJ,到 2010 年分别为 2.48 亿 GJ、2.03 亿 GJ、1.71 亿 GJ。与基础方案相比,到2000 年分别减少能源供应总量 1 117 万 GJ、1 046 万 GJ、917 万 GJ,到 2010 年分别减少 4 694 万 GJ、3 623 万 GJ、2 943 万 GJ。石油供应量到 2000 年分别为 46 万 t、36 万 t、30 万 t,到 2010 年分别为 123 万 t、75 万 t、61 万 t。水电供应量与基础方案相同。在强化节能方案中能源供应总量的减少主要由于煤炭供应的减少,因而,能源结构得到了相应的优化,到 2000 年三个方案石油、水电在能源供应总量的比重分别增加 1.06 个、1.00 个、0.85 个百分点,到 2010

年分别增加 3.37 个、2.43 个、2.31 个百分点。

能源供应替代方案高速度、中速度、低速度能源供应总量与基础方案相同，但其清洁能源所占的比重有了相应的增加。到 2000 年这 3 个方案与基础方案相比，煤炭比重分别减少 8.12 个、8.61 个、9.19 个百分点；到 2010 年分别减少 17.54 个、17.29 个、17.53 个百分点。石油供应量有了明显的增加，到 2000 年分别增加 6.37 个、6.37 个、7.10 个百分点，到 2010 年分别增加 15.24 个、14.46 个、14.14 个百分点。水电供应量也将有较大的增加，到 2000 年 3 个方案水电供应量平均增加 7.27 亿 kWh，到 2010 年平均增加 18.81 亿 kWh。

3.4 能源规划与优化

通过模型运算，我们已经得出贵阳市 9 个可供选择的能源供应方案。能源规划与优化将在对这些方案经济环境费用分析以及污染物排放预测的基础上，优化选择既保证贵阳市未来经济快速增长，又使能源引起的环境影响减少到最少的最优方案。

研究分析表明强化节能方案低速度是贵阳市未来经济发展的最优方案。该方案有如下优点：

（1）设备增加与更新费用最小

设备增加与更新费用表示单位 GDP 变化引起的能源设备增加与设备更新的费用。计算表明，按 1990 年不变价计算，强化节能方案低速度设备增加与更新费用最小。

（2）能源转化及输送分配费用最小

能源转化及输送分配费用本研究考虑了两方面的内容，即能源加工转化的费用、能源输送分配费用。根据贵阳市的实际，能源加工转化费用考虑了煤制气工程，用其建设成本与运行成本表示。能源输送分配费用表示能源运输的费用。计算表明，强化节能方案低速度其费用最小。

（3）能源资源费用及调入费用最小

能源资源费用及调入费用包含两种含义。一是本地能源资源费用，二是从外地调入的能源资源费用。计算表明，强化节能方案低速度其费用最小。

（4）二氧化硫污染控制费用最小

对于二氧化硫污染控制费用本研究一是考虑了不同能源供应技术有关的环境控制及保护成本，二是估算了二氧化硫对空气质量污染的控制成本。对于前一种费用我们分别将其纳入了相应能源工程的建设费用及运行费用之中，后一种模型作了单独的计算。结果表明，强化节能方案低速度其费用最小。

（5）二氧化硫排放量最小

通过模型对 9 个可供选择的能源供应方案二氧化硫排放量的预测，强化节能方案低速度二氧化硫排放量最小。

贵阳市能源发展最优方案——强化节能方案低速度请见表 1。从表 1 看出，贵阳市 GDP 产值 1990—2000 年年均增长率将达到 10%，2000—2010 年达到 8.5%，到 2000 年 GDP 产值达到 115 亿元，到 2010 年达到 261 亿元。贵阳市一次能源供应总量 1990 年为 230 万 tce，到 2000 年将增加到 390 万 tce，到 2010 年增加到 572 万 tce。1990 年煤炭、石油、水电在一次能源供应构成中分别

表 1　贵阳市能源发展最优方案

	1990 年	2000 年	2010 年
GDP / 亿元	44.51	115.50	261.10
GDP 年均增长率 / %	—	10	8.5
人口 / 万人	153	176	200
人口年均增长率 / %	—	1.4	1.3
人均能耗 /（GJ / 人）	7.21	8.14	9.00
人均能耗年均增长率 / %	—	1.2	1.0
单位 GDP 能耗 /（GJ / 万元）	122.51	78.63	52.17
节能率 / %	—	4.54	4.2
终端能源需求量 / 万 GJ	5 453	9 400	14 500
一次性能源供应总量 / GJ	0.69	1.16	1.70
其中：			
煤炭 / 万 t	309.85	490.11	685.06
/ %	92.82	88.53	84.32
石油 / 万 t	11.57	30.42	61.08
/ %	7.13	11.32	15.49
水电 / 万 kWh	1 174	4 800	8 800
/ %	0.05	0.15	0.19

为 91.23%、8.74%、0.03%，到 2000 年分别为 88.53%、11.32%、0.15%，到 2010 年分别为 84.32%、15.49%、0.19%。

3.5 贵阳市经济、能源、环境协调发展战略

经济持续稳定发展必须建立在协调发展的基础上，协调发展应是一条既保证经济和社会健康发展，又能维护生态环境良性循环的正确途径。因而，它是经济振兴和社会进步的重要战略选择。从本课题对贵阳市未来能源发展中环境影响的预测，表明贵阳市未来的环境污染仍然是十分严重的。那么，到 2000 年以及到 2010 年，贵阳市经济如何实现持续稳定的增长，而引起的环境问题尽可能得少呢？本课题研究认为，必须加强经济、能源、环境协调发展战略措施与政策措施的落实。

3.5.1 贵阳市经济、能源、环境协调发展战略措施

（1）大力节约能源

从本课题对贵阳市 9 个可供选择的能源供应方案经济环境费用分析结果表明，节约能源在经济发展中占有非常重要的战略地位，是减轻环境污染的最重要措施。节能以最小的能源供给保证了同样的经济发展目标，污染物排放自然会减少。贵阳市目前万元产值能耗高，尤其是工业部门与商业部门能耗更高，存在着较大的节能潜力。因此，应当充分重视节能降耗工作，应把节能降耗作为一项重大的技术政策措施予以落实。

为使节能战略落到实处，今后必须从以下几方面抓起：

1）加快当地能源价格的改革，建立适应市场经济体制的能源价格。合理的能源价格不仅可以鼓励投资者对能源效率高、成本效益好的节能技术项目投入更多的资金，而且也有利于节能工作由管理措施向采用先进的节能新技术的更高层次发展。合理的能源价格还会使能源使用者将节能变为自觉行动，节能由小范围重视扩展到全社会。

2）应把节能措施纳入政府经济发展规划中，其投资要实行倾斜政策，优先保证。在政府的政策性贷款中，要逐步提高节能项目在能源开发建设投资中的比重，贷款利率要适当优惠；市投资公司也要增加对节能项目的投资。在政府财政拨款中，要增加对社会公益性节能项目的投资，逐步提高城市气化率和扩大城市集中供热面积。

3）把节能工作推向市场，建立和完善节能项目管理、投资效益评估、环境影响评价、监督实施、独立核算及检查验收等制度，使节能项目的节能效益及时得到反映，确保效益好的节能项目能获得广泛的推广和应用市场。

4）要重视节能技术的研制与推广使用。

5）政府应设立节能办公室，负责节能立法，管理、措施落实等，应通过税收等手段，设立节能专项资金，向效益好、见效快的节能项目投资。

（2）加强能源替代，开发利用新能源与可再生能源

贵阳市目前一次能源生产和消费中煤炭比例过大是引起环境污染的一个主要原因。如果用石油、水电以及新能源、可再生能源替代煤炭的使用，无疑是有利于环境保护的。发展替代能源尽管起初投资高，但替代能源需要的环境控制费用及环境保护费用小，其结果从长远的观点看开发替代能源在经济上也是划算的。因而，加强能源替代、发展新能源与可再生能源同样是贵阳市今后实现经济、能源、环境协调发展的又一重大技术政策措施。

加强能源替代要坚持以水电为先导的方针。水电与火电相比，在供给相同终端有效电量和电力时，千瓦水电每年可节煤 2.5 t，水电的综合投资也比火电低。对水电的发展要实行低贷款利率、延长还贷年限、提高上网电价等政策，使水电有自我发展的生机。同时，还应增大石油从外地调入比重，利用国内外石油市场，实现资源最佳配置。在有条件的情况下，还要重视新能源与可再生能源的开发与利用，力争以最大的努力降低煤炭在一次能源消费结构中的比重。

（3）加强与能源有关环境治理措施的落实，积极推广清洁煤技术

贵阳市资源品种单一、经济实力有限，在未来 20 年大幅度地用清洁能源替代煤炭的使用是不太现实的，只能逐步发展这些能源，煤炭仍将是贵阳市未来的主要能源。因此，必须在煤炭加工转换，提高煤炭有效利用率、推广清洁煤技术上下工夫，经济政策上要给予扶持。

1）煤炭洗选加工：煤炭经过洗选后利用，可除去或减少原煤中所含的灰分、矸石、硫分等杂质，并能按不同的煤种、灰分、热值和粒度分成若干品种等级，以满足不同用户的需要。洗选后的煤

炭可提高烧煤设备的热效率、减少污染物排放。据测定,煤炭洗选可降低硫分约 20%、灰分 10%。贵阳市 1990 年煤炭入洗量为 14.6 万 t,占这年煤炭消费总量的 6%。据规划,到 2000 年煤炭洗选量可达到 70.7 万 t,到 2010 年达到 167.7 万 t。这样,到 2000 年可减排二氧化硫 10 605 t、烟尘 1 527 t;到 2010 年减排二氧化硫 25 155 t、烟尘 3 622 t。

2)民用和工业型煤:型煤是由粉煤制成的具有一定强度和几何形状的煤制品,可分为民用型煤和工业型煤。民用型煤有蜂窝煤和煤球等;工业型煤包括可用于工业锅炉、窑炉、蒸汽机车的型煤以及用于气化、炼铁和铸造的型焦。

民用型煤可比燃用原煤节煤 20% ~ 30%。在型煤中加入固硫剂,减少二氧化硫排放 50%。工业锅炉与窑炉燃用型煤与原煤相比,节煤 15% 以上,排尘量减少 30%,二氧化硫排放量降低 20%。如果贵阳市到 2000 年型煤产量达到 30 万 t, 到 2010 年达到 72 万 t,这样,到 2000 年减排二氧化硫 4 500 t、烟尘 1 944 t,到 2010 年减排二氧化硫 10 800 t、烟尘 4 666 t。

3)城市气化:贵阳市 1990 年民用能源消耗达到 37.55 万 tce,占到终端能源消耗总量的 21.5%。在其燃烧方式上,还主要以燃烧散煤为主。由于烟囱低、污染物排放扩散系数小,居民用能给贵阳市大气带来了巨大的危害。因而,必须充分重视民用能源燃料结构与燃烧方式的改变。

利用焦炉煤气、液化石油气等多种气源,发展城市燃气、替代居民炊事用煤,无疑是一种优化选择。据测定,燃用城市煤气可比直接烧原煤减少烟尘 95%、减少二氧化硫 90%。

1990 年,贵阳市城市气化还尚未发展,近几年有了长足的进步。据规划,到 2000 年贵阳市城市气化将达到 51 万 m³,到 2010 年达到 68 万 m³。这样,到 2000 年可减排二氧化硫 2.69 万 t、烟尘 8 167 t;到 2010 年可减排二氧化硫 3.58 万 t、烟尘 1.09 万 t。

4)循环流化床锅炉:我国已开发出 4 ~ 75 t / h 循环流化床锅炉,热效率由常规锅炉的 60% 提高到 85%,节煤约 26%,脱硫效率超过 80%,排尘量减少 50%,是今后煤炭清洁利用重要战略措施。

循环流化床锅炉作为国家"八五"科技重点攻关燃煤污染控制"脱硫"示范工程,现已在贵阳市组织试点实施。如果到 2000 年贵阳市循环流化床锅炉煤炭使用量达到 28 万 t,到 2010 年达到 63 万 t,到 2000 年可减排二氧化硫 1.68 万 t、烟尘 3 024 t,到 2010 年可减排二氧化硫排放 3.78 万 t、烟尘 6 804 t。

5)炉内喷钙:炉内喷钙示范工程业已在贵阳实施,适用于 20 t / h 以上锅炉,脱硫效率可达到 80% 以上。到 2000 年,贵阳市 24 万 t 的煤炭使用量实行了炉内喷钙,到 2010 年提高到 38 万 t,这样,到 2000 年可减排二氧化硫 1.44 万 t,到 2010 年可减排 2.28 万 t。

6)湿法除尘脱硫:湿法除尘脱硫用于 4 t / h 以上中小型锅炉,其脱硫率可达 83%,除尘效率达 98%。贵阳市湿法除尘脱硫在未来应有一个大的发展,到 2000 年 25 万 t 的煤炭使用量可实现湿法除尘脱硫,到 2010 年达到 39.5 万 t,这样,到 2000 年可减排二氧化硫 1.56 万 t、烟尘 5 292 t,到 2010 年减排二氧化硫 2.46 万 t、烟尘 8 361 t。

3.5.2 贵阳市经济、能源、环境协调发展政策措施

以上分析了贵阳市经济、能源、环境协调发展战略措施。如果贵阳市未来经济发展实施了这些战略措施,可使本研究推荐的最优方案——强化节能方案低速度污染物排放量进一步降低。到 2000 年二氧化硫排放量将由原来的 36.76 万 t 降低到 27.87 万 t、烟尘由原来的 12.79 万 t 降低到 10.79 万 t;到 2010 年二氧化硫排放量由原来的 51.38 万 t 降低到 35.68 万 t,烟尘由原来的 17.88 万 t 降低到 14.44 万 t。

但是,我们也应当看到,即使按本研究推荐的最优方案——强化节能方案低速度实施,贵阳市未来仍面临着较严重的大气环境污染的威胁。到 2000 年, 二氧化硫排放量将比 1990 年增加 49%,烟尘增加 66%;到 2010 年,二氧化硫增加 91%,烟尘增加 122%。1990 年贵阳市二氧化硫年日均值超过国家规定的二氧化硫排放浓度三级标准的 294 个百分点,雨量 pH 值为 4.4,形成了较强的酸雨污染。TSP 年日均值超过国家规定的二级标准 101 个百分点,污染也相当严重。由此看出,到 2000 年以及 2010 年,贵阳市大气环境质量仍将会更加恶化。因而,我们必须加强政府的政策调控措施。

(1)强化政府在环境保护中的作用

目前,我国正在建立社会主义市场经济的新机制,在这种机

制下,进行环境保护必须加强政府的宏观调控作用。从经济发展的结果看,发达国家与发展中国家都拥有市场与计划两种机制。为实现资源最佳配置,应该正确运用这两种机制。在经济领域充分发挥市场基础性配置资源的效能,市场管不了或管不好的,由政府运用计划手段进行调控,使之趋向优化配置。在环境保护领域则主要依靠政府的计划行为,包括运用有效的经济手段及政策手段。

加强政府调控,要有总体政策导向。在制定发展经济的政策时应该有利于环境保护,对可能产生的环境影响制定削减和控制污染以及预防生态破坏的对策。对一些污染严重的工厂企业应实行关停并转的政策,要力争在几年内迁出市区几个重点污染源;产业结构政策的制定要降低高耗能产品的比重,逐步向耗能低的轻工产品过渡;要不断强化领导及群众的环保意识,将环境保护变为全社会的行动。

（2）实行环境资源成本化

环境资源成本是对照制定的环境质量标准、环境质量超标部分所造成的经济损失。环境资源成本化就是将环境资源成本纳入生产成本体系中进行核算,实现经济效益和环境效益的统一。

现代经济学家认为,人类无代价获得新鲜空气、清洁水等资源的历史已经过去。时至今日,世界上已无完全没有人工干预的纯自然的环境了。为保持和拥有一个适于人类生存的环境,人类不得不花费大量物化劳动和活劳动,因而,良好的环境已成为劳动的产物。我国是社会主义国家,环境资源属国家所有,为全体人民共同所有。保持环境资源,实行环境资源成本化是有偿使用环境资源的具体体现,是历史发展的必然要求。

环境资源成本化在理论界已成共识,并在一些省市自治区自行探索着其实践的可能性。因而,环境资源成本化的实施有其理论与实践的基础。

贵阳市1990年就开始对7个主要行业,按国家"谁污染、谁治理""谁污染、谁负担"的原则,对燃煤二氧化硫污染实行总量收费政策,每公斤二氧化硫收费为0.2元。1991年,贵阳市政府拟订了《贵阳市二氧化硫排污费征收标准》,明确了收费范围、收费办法、收费的管理和使用办法等有关事宜。1993年7月开始对经营性燃煤排放征收二氧化硫排污费。1994年对工业燃煤二氧化硫排放征收排污费,每排1 kg收费0.2元。

贵阳市实行环境资源成本化的经济政策,今后还应拓宽其收费范围。应对煤炭、石油等自然资源的开采征收环境费,以及由此引起的生态环境破坏征收补偿费,等等。

（3）立足国内、面向世界、开展广泛的国际合作

环境问题是个全球性问题,保护环境是全人类共同的责任。因此,我们应该在环境问题上积极参与国际事务,立足国内、面向世界,开展广泛的国际合作,吸取国外先进的经验,引进国外先进的技术和资金,发展环保事业,使自己能在较短的时期内,实现大气污染控制的最佳目标。

（4）实行有利于清洁煤推广的经济政策

如前分析,清洁煤使用对减轻环境污染有重大影响,因而,在经济政策上要采取扶持清洁煤的推广使用。

1）推行煤炭洗选加工。所有新建煤矿都要上洗选装置,经过洗选后才能出厂;现有煤矿要限期逐步建设洗选设施,提高洗选率;对于建设洗选装置,银行给予优惠贷款,或财政给予贴息支持;对洗煤出厂可以减征增值税。

2）在城市民用工业窑炉中推行型煤,在税收、信贷上给予支持。

3）对耗能高、污染严重的设施要限期淘汰或更新,如不及时淘汰或更新,要加收排污费。同时,要禁止这类设备的生产和销售。

基础课题篇

欧盟主要国家促进节能的财税政策及对我国的启示

田智宇

1 获奖情况

本课题获得 2007 年度国家发展和改革委员会宏观经济研究院基本科研业务费专项课题一等奖。

2 本课题的意义

本课题以英国和法国为重点,介绍了欧盟主要国家促进节能的财税政策,分析了其运行机制和实施方式,以及在节能政策体系中的作用。同时,结合我国国情,分析了我国节能工作所面临的挑战和机遇,介绍了目前节能财税政策实践和存在的问题。在总结欧盟主要国家经验的基础上,提出应借鉴英、法两国在建立节能综合政策体系、强化财税政策力度、完善财税使用机制等方面的成功经验,并就如何完善适合我国国情的财税政策机制提出若干建议。

3 本课题简要报告

我国政府在"十一五"规划纲要中明确提出了到 2010 年单位 GDP 能耗降低 20% 左右的约束性指标,将节能降耗作为落实科学发展观、检验经济发展质量、实现发展方式转变的重要标志。十七大进一步提出建设"生态文明"的发展目标。在这种背景下,我国政府将 20% 目标逐级分解到地方和重点耗能企业,建立了节能目标责任制,出台了一系列促进节能的政策法规。地方政府也普遍加大了节能工作力度,把节能摆在政府工作的重要位置,通过严把能耗准入关、加快淘汰落后产能,各地单位 GDP 能耗

2007 年都出现不同程度下降,节能工作从认识到实践都取得了很大进展。

但是,从近两年实践来看,受国内外市场拉动,高耗能行业仍保持快速增长势头,经济重型化趋势在许多地区都很明显,实现 20% 节能目标面临前所未有的严峻形势。加之受到多变宏观经济形势影响,能源价格市场化改革滞后,能源领域市场配置资源的基础性作用远未充分发挥,这给我国提升经济增长质量、促进产业结构调整带来极大挑战。目前,随着淘汰落后产能难度越来越大,过多依靠行政手段已经暴露后劲不足的问题,亟须建立和完善以市场经济手段为核心的节能长效工作机制,这不仅对于确保"十一五"节能目标实现有重要意义,同时,也有利于从根本上把我国经济发展转向低能耗、高附加值的增长轨道上来。

财税政策是市场经济手段推动节能的核心,也是建立节能长效机制的主要内容。从发达国家经验来看,在能源领域市场化改革进程中,财税政策能够弥补市场机制在节能领域普遍存在的"失灵"现象,促进能效水平不断提高。同时,作为强有力的经济杠杆,财税政策能够充分体现政府意图,在引导投资方向和结构调整、推动能源技术创新、促进能源供应多元化、改善社会公平等方面发挥积极作用。在应对气候变化背景下,为确保减排目标实现,主要发达国家更强化了财税政策实施力度。因此,借鉴欧盟主要国家,特别是英国和法国在促进节能财税政策方面的经验和教训,对进一步建立和完善适合我国国情的节能财税机制大有裨益。

3.1 国内外研究综述

根据微观经济学理论,市场机制可以实现各种资源的最优配置,即达到帕累托最优状态。但是,在现实经济生活中,完全竞争的市场假设并不存在,这就意味着必须依靠一系列政策手段,对不合理的市场信号进行调整,这尤其体现在能源领域中。能源具有公共商品属性,是造成环境污染问题的根源,能源安全又是国家安全的重要组成部分,利用财税手段促进节能,减少对能源资源的依赖,这在国内外都有共识。但是,由于节能涉及经济社会发展的各个领域和千家万户,其问题相当复杂,同时财税政策又与国民收入、经济发展、居民福利等问题密切相关,政策设计或实施不当可能会带来严重的负面影响,对这一点很多学者也作了专门论述。

3.1.1 对财税政策支持节能必要性的研究

现实中完善的市场、充分的信息和生产要素流动、灵敏的价格并不存在。因此对于财税政策支持节能的必要性,国内外都有共识。如陈清泰(2006)、刘世锦(2006)等强调由于能源价格存在人为扭曲,造成"价格失效"现象,一些能耗高的产业和企业仍有利可图,节能降耗很难进行,为此,应该加大财税政策实施力度,为节能环保行为提供经济驱动力。傅志华(2005)、苏明(2005)等从"市场失灵"和"信息不对称"的角度,认为在能源节约问题上,依靠价格信号、市场作用效果有限,必须综合采用财税政策加以引导。王庆一(2006)从工业企业节能动力和节能产品推广的角度,将财税政策支持节能的必要性归纳为九条,包括节能是分散的二次投资、企业动力不足、节能产品推广难、市场交易成本高、信息不足等。戴彦德(2006)从经济发展阶段的角度,认为在我国"家园建设""出口导向"阶段,高耗能行业和企业过快增长的势头仅靠行政手段很难抑制,必须强化财税手段的作用。韩晓平(2006)从公平竞争的角度,认为在我国目前资源、环境价格机制远不到位的情况下,如果只强调市场价格信号,对节能及可再生能源技术是不公平的,必须以财税政策加以弥补。林伯强(2007)认为,行政手段为主的节能措施可能会因为与目前的政治经济体制和政策有冲突而收效甚微,应该更多依靠市场手段和价格改革。

Nils Axel Braathen(2005)认为,利用财税手段不仅能够实现"静态经济效率",而且由于经济手段能够不断激励用能单位发展更有效的节能技术,促进整个社会经济效率的不断提高,实现所谓的"动态经济效率"。美国国家石油委员会(2007)认为能源工业未来技术进步涉及的范围非常广阔,政府必须发挥财税政策作用引导全社会投资于节能技术研发。Simon Dresner 等(2006)从税收体制设计的角度,指出征收环境税不仅有利于直接激励节能,还能够发挥税收的收入效应,保证在社会保障、医疗、教育方面有充足的投入。同时,其"替代效应"的发挥,能够减少一部分企业和个人的所得税,有利于促进经济更快发展。欧洲委员会(2004)调查研究表明,征收能源税不仅能够显著增加政府财政收入,而且能够刺激经济长期增长。调查结果显示,当对每桶石油征收 10 美元碳/能源税时,能源税收入约占 GDP 的 1.1%,或者占政府财政收入的 2%~3%。这些收入显著降低了企业所缴纳的雇员社会保障金,增强了企业竞争力,保证了经济增长的长期动力。

区别在于,我国资源价格改革滞后,与国外学者相比,国内学者更强调财税政策对于完善价格基础作用的意义,认为财税政策手段能够弥补价格信号的不足,改善信息不对称的状况,体现"污染者付费"原则,同时,解决节能问题固有的分散二次投资、信息不对称、交易成本高等问题。而发达国家一般有较成熟的市场体制,因此很少涉及能源价格问题,更注重财税政策手段的运用,包括对技术研发的刺激作用、对社会福利的改善作用以及对长期经济增长的贡献等。

3.1.2 财税政策支持节能需要注意的问题

财税激励政策要取得积极效果,还与其他许多相关因素密不可分,包括一国国情、法律、财政和税收制度、政策环境、市场完善程度、管理技术水平、监管和执行机制等。特别是作为一种干预市场的政策手段,在不同的国情和政策背景下,良好的政策初衷并不能保证期望的政策效果。

王金南(2005)、龚辉文(2005)等强调了政策机制设计的重要性,认为如果政策实际不合理,过分强调节能因素或对相关问题考虑不周,效果可能适得其反。葛察忠等(2006)认为,即使是在理论和实践中被证明是非常有效的燃油税,受政府部门利益调整、课税范围、税负设计、减免方式等其他因素影响,在实践操作环节也面临极大障碍。韩晓平(2006)指出,受我国国情因素制约,一些发达国家证明有效的政策手段,如燃油税在我国不见得能取得节能减排效果。

Nils Axel Braathen(2005)认为,经济政策只能对企业和个人的现在和未来的行为造成一定的影响,并不能解决以前积累的环境和排放问题,而且经济手段的实施存在监控难和执行难的问题,并不是在任何情况下都适用,甚至有可能适得其反。Horace Herring(2006)认为,由于在节能领域存在"反弹效应",经济激励政策并不能从根本上控制能源消费的过快增长。David Pearce(2006)认为,欧盟许多国家根据经济学理论所制定的能源税收政策,虽然本意是控制能源消费增长,但受现实政治等因素影响,在实际实施过程中大打折扣,很多并没有取得预期效果,反而给政府和企业都产生了相当大的管理费用。OECD(2005a)指出,实施经济激励,意味着对一些高耗能行业要额外征税,这有可能造成行业竞争力减弱。OECD(2005c)指出,尽管实施环境税对大部分居民可支配净收入只能产生非常有限的影响,但往往面临低收入阶层的抵制,被认为是"不公平"的税,或者伤害了"用能少"的家庭。Jean Philippe Barde(2004)从"公平性"角度出发,指出过多采用税收减免等激励政策会造成国家收入减少,这就需要对其他行业或部门增税,这是不公平的。特别是,由于工业部门、行业团体或一些利益集团往往具备较强的游说力量,其税收减免最终造成了居民税收负担的加重。

可以看出,从完善市场机制的角度看,对于财税政策促进节能的作用并没有争议。但在实际操作中,必须考虑不同国情、经济发展阶段、政策环境,以及配套措施是否跟上。同时,由于能源、资源、环境领域的产权、定价问题非常复杂,始终存在争议,如果寄希望于财税手段完全弥补价格信号不足,必然面临极大困难。因此,对财税手段促进节能的作用应该有清醒的认识。在实际操作中,要更多依赖"组合拳"的方式,将直接管制与经济手段结合起来,尽量避免激励不足和激励过度出现。从国内学者观点来看,由于长期以来在节能管理方面一直存在行政指令过多、经济手段相对不足的状况,因此,普遍强调实施经济手段的重要性,对可能涉及的问题关注较少。国外学者主要从实施机制和整个税收体系协调的角度来研究财税政策要注意的问题,也接受行政管理和经济手段结合的管理方式。同时,强调更应关注实施财税政策可能造成的管理成本上升、税负不均、竞争力削弱和生活水平下降等负面影响。

3.1.3 本文的研究内容和框架

本文在借鉴国内外学者研究成果的基础上,主要对欧盟、英国和法国近年来在应对气候变化背景下出台的促进节能的财税政策进行介绍,重点分析财税政策在其节能以及能源政策体系中发挥的作用,探讨其财税政策的运行机制和使用模式,并总结其中可以为我国节能工作借鉴的经验和教训。同时,结合我国具体国情,分析了我国节能工作所面临的挑战和机遇,介绍了目前节能财税政策实践和存在的问题。通过分析国内外两方面情况,本文提出应借鉴英、法两国在建立节能综合政策体系、强化财税政策力度、完善财税使用机制等方面的成功经验,并就如何完善适合我国国情的财税政策机制提出若干建议。

在文章框架上,首先,介绍欧盟促进节能的背景和主要政策框架,并从财政、税收、政府采购等政策方面介绍欧盟、英国、法国所采取的具体政策措施,总结了其主要经验,并根据对政策效果的讨论,分析其对中国的借鉴意义。其次,分析我国节能工作面临的挑战和机遇、现阶段节能财税政策实践和其中存在的问题。最后,通过借鉴欧盟经验,得到对我国利用利用财税手段促进节能的一些启示,并具体提出政策建议。

3.2 欧盟主要国家促进节能的财税政策

3.2.1 欧盟促进节能的政策背景

（1）对节能的重视日益增强

进入21世纪以来,节能和提高能源效率在欧盟能源战略中的地位日益凸显。一方面,受能源市场、地缘政治、国际环境乃至极端天气等一系列因素的影响,欧盟深刻认识到其能源供应结构的脆弱性。从保障能源安全角度出发,欧盟将提高能效作为减少化石能源需求增长的最有效手段,在八国集团（G8）各次首脑会议上,均特别强调加强能源效率与节能的重要性。与以往仅强调提高能效有所不同,欧盟特别要求各国真正实现"节能",使能源消费总量逐年下降。另一方面,在全球应对气候变化的背景下,欧盟为了实现《京都议定书》规定的温室气体排放降低目标,提出了包括节能、发展可再生能源、能源结构多元化在内的一揽子政策计划,其中,节能和提高能效居于核心政策地位。

此外,欧盟还将全球节能和环保意识高涨视为"第三次工业革命"的开端,提出要在其中引领潮流,发挥领导作用,以此谋求新的经济竞争优势和国际影响力。通过要求成员国企业在节能减排、应对气候变化上率先行动,欧盟希望扩大自身国际影响力,并在未来技术竞争中抢占制高点,提升欧盟整体经济竞争力。部分成员国,如英国已经率先提出要发展"低碳经济",将提高能效上升到国家经济战略的高度。

（2）制定提高能效的宏伟目标和行动计划

体现在节能政策领域,欧盟强调发展统一、规范的竞争性能源市场,注重采取共同政策和一致行动,提出了一系列宏伟的节能目标。2005年以来,欧盟发布了一系列相关的政策文件和行动规划,推动各成员国进行能源战略和政策调整。2006年3月,欧盟委员会发布了《欧盟能源政策绿皮书》,提出了包括能源效率和低碳技术在内的6大优先发展领域和20项具体政策建议,并具体制订了行动计划。2006年12月,欧洲议会通过了《欧盟能源战略》报告,要求到2020年将能源效率至少提高20%,将二氧化碳排放削减30%。2007年1月,欧盟委员会进一步提出了一整套旨在确保上述目标实现的政策建议,包括创建共同能源市场、加强有效监管等。2007年3月,欧盟首脑会议采纳了欧盟委员会一揽子建议的要点, 即 ①单方面承诺到2020年欧盟国家温室气体排放减少20%[1];②到2020年可再生能源占欧盟能源总消费量比重达到20%;③与基准情形相比,到2020年,一次能源消费减少20%。同时,欧盟还制定了《能源效率行动计划》,落实各项具体措施以确保上述目标的实现。

（3）完善节能的政策框架体系

由于欧盟是一个超越国家性质的政府间国际组织,因此在欧盟层面上,其政策措施主要采取指令[2]的形式,由各成员国转化为国内立法[3]后具体实施。目前,与节能相关的指令主要包括家电标准标识指令（2002年）、建筑物能效指令（2002年）、热电联产指令

（2004年）、用能产品生态设计框架指令（2005年）、提高能源效率和促进能源服务指令（2006年）等。这些指令归纳起来有三方面内容,一是为成员国或企业设定强制性政策目标[4]。如要求各成员国从2008年起每年要节约1%的终端能源消费量（相比基准预测情景）,汽车企业到2012年单车每百公里二氧化碳排放控制在130 g以内,来自热电联产的发电量到2010年要占总发电量的18%等。二是制定统一、规范的能效标准、标识制度。如对家用电器等各种耗能设备制定了最低能效标准,并规定了标准动态调整细则。对新建和翻修建筑制定了最低能效标准,并要求在房屋建设、出售和租赁过程中实施建筑节能证书制度等。三是提出具体的政策实施要求。如各成员国要制定出台《国家能效行动计划》,要对能源供应企业和输配企业制定节能目标,要对中小型企业和能源服务公司在能效方面的投资给予适当的财政支持,要通过结构性资助等措施加大对能效方面的投入力度等。

目前,欧盟还在讨论出台一批力度更大的节能政策措施。如欧盟正在着手制定新的节能法案,对欧盟市场上所有的汽车、家用电器、电子产品等制定更苛刻的能耗标准,对新建建筑提出更高的节能要求,并消除不利于节能融资的法律和政策障碍等。同时,加大能效标识制度的实施范围和力度,要求市场上所有家用电器的生产企业和销售部门都有义务以标签形式明确标明电器的耗能参数和耗能级别。而且,欧盟还积极组织对现行的道路运输废气减排政策、跨境运输道路收费政策、燃料质量标准等进行修订,确保节能减排目标的如期实现。此外,欧盟还积极将其环保和能效标准向全球进行推广,在国际贸易谈判、进口准入、关税政策等方面,将节能环保作为重要议题和考虑因素。在WTO多哈回合谈判中,欧盟就以承诺取消对农产品的补贴为交换,使发展中国家成员同意将贸易和环境问题列入新一轮多边谈判中。可以预见,未来无论是在欧盟内部法律法规方面,还是在欧盟外贸标准、政策以及国际谈判中,节能减排将始终居于核心政策地位。

---

[1] 如果其他工业化国家也采取类似行动,欧盟承诺将减排目标提高到30%。

[2] Directives,国内有的也翻译为法律。

[3] 成员国国内立法必须达到欧盟的最低标准要求,但可以提出更高的政策目标。

[4] 温室气体排放减少20%的目标不是强制性目标,而终端能源消费量每年降低1%的目标是强制性目标,欧盟将定期进行监测、检查和公布。

3.2.2 欧盟促进节能的财税政策

根据欧盟的政治体制，虽然欧盟还不算是一个国家，但在环境领域，欧盟和成员国共同享有主权[1]，在能源和税收政策领域，成员国拥有主权。由于节能相关政策涉及能源、环境、财税等各个领域，因此，欧盟一方面以出台法律、指令的形式，对成员国提出政策目标或措施要求；另一方面，在权利范围内，也出台了一系列有利于节能的财税激励政策。

（1）支持节能技术研发

支持节能技术研发是欧盟层面财政支持的主要手段，通过采取项目招投标制和项目合同管理制等方式，对重点领域、关键技术的研发和示范项目进行支持。2007—2013年实施的第7个研究与开发框架中，欧盟对能源领域技术投资的预算达23亿欧元，其中，能源效率与节能是主要支持方向。此外，欧盟研发领域网络项目、联合技术开发项目、欧盟煤钢研究基金、欧盟智能能源项目（IEE）等也都有类似的支持内容。在即将颁布的欧盟能源技术战略规划中，欧盟还将对范围更广的一揽子技术方案加强研发力量整合，并加大资金支持力度。

按照基础研究、产业研究和实验开发三种项目分类，欧盟提供的资金支持上限分别达到项目总成本的100%、50%和25%。对属于中小企业、合作研发和易于扩散传播的产业研究项目，财政支持的比例上限更高。此外，对企业开展节能技术培训也提供财政补贴，大企业为符合条件的培训费用的50%，中小企业为70%，对属于落后地区的企业补贴标准还可再提高10个百分点。

（2）对节能减排措施提供财政资助

在欧盟地区政策框架下，为了支持相对落后的新成员国开展节能，欧盟运用结构基金（structural funds）、凝聚基金（cohesion funds）、欧洲投资银行、欧洲复兴开发银行等，为各类节能项目提供资助，包括支持能源服务产业的起步、对建筑节能项目的资金补贴、支持建立节能信息传播网络等。

在支持企业开展节能方面，出于维护公平竞争秩序的需要，欧盟认为直接向企业提供财政补贴（也称国家援助，state aid）与共同市场不相容，应被严格禁止。但规定了许多例外条件，如支持环境保护、中小企业发展、落后地区企业发展等。在实践中，国家援助资金被广泛用于支持企业节能技术研发、节能产品推广等，欧盟委员会还在考虑允许成员国利用国家援助资金支持低能耗的铁路运输的发展。目前，欧盟各国每年向企业提供的直接财政资助从数十亿欧元到上百亿欧元不等，虽然总体规模呈下降态势，但节能减排作为支持重点日益突出。

（3）研究有利于节能的税收优惠政策

税收优惠政策的出台由成员国自行决定，但需要在欧盟内部达成一致。近年来，欧盟不断加大了在节能税收方面的协商力度。2007年，欧委会就间接税改革发布了提交公众咨询的绿皮书，对利用税收抵扣鼓励节能进行成本收益分析，并呼吁所有成员国同意降低节能产品和服务的增值税率。2008年，欧委会将对能源税收指令（2003年）进行重新审查，提高能源税收的针对性和协调性，将节能目标和环保目标更好地结合起来。在交通税收方面，欧委会敦促理事会尽快采用其对二氧化碳排放征税的立法建议，并希望成员国在税制改革中增加有关内容。同时，为了缩小成员国之间的税收差距，通过减少"拖车旅行"提高拖运中的能效，欧委会还对商用柴油税收安排提出具体建议。

此外，在政府采购方面，欧盟积极推广绿色公共采购，要求在公共采购合同中纳入环保条款，加大对节能产品、技术和服务的采购力度。由于政府采购占欧盟GDP的16%，因此，欧盟希望以此培育节能产品和服务市场，加速其推广，并提高市场对节能类产品的信心。在节能宣传方面，欧盟也加大了财政支持力度，投资360万欧元开展"欧盟可持续能源2005—2008年"活动，利用各类公共媒体平台，对节约能源进行宣传，促进公众节能意识的普遍提高。

3.2.3 英国促进节能的财税政策

英国对节能一直非常重视，不仅将其作为能源战略的首要目标，更作为创新经济发展模式的重要内容。在发达国家中，英国率先提出到2050年二氧化碳排放量削减60%的目标，并首次将构建低碳经济作为未来重要发展方向。英国推动节能的主要财税政策包括碳税（气候变化税）、政府预算拨款、直接财政补贴和税收

---

[1] 对于属于欧盟管辖范围的环境问题，欧盟委员会有立法动议权，部长理事会由最后决定权，在绝大多数环境问题上单个国家无法否决。

优惠等。

（1）碳税

碳税是英国能源环境相关政策的核心，其宗旨既在于给市场主体明确的价格信号，同时也是政府支持节能财政投入的主要来源。碳税主要针对消耗能源产品用于燃料用途的工业、商业和公共部门，不包括民用和交通部门。应税产品包括电力、天然气、液化石油气、煤炭等，不包括石油，征税标准根据能源产品供应量确定，并参考通货膨胀情况逐年提高。企业应缴碳税大约占企业燃料费用的 10% ~ 15%，因此有力促进了企业节能的积极性。需要说明的是，征收碳税并不是为了增加企业负担或增加政府收入，而是为了确保"税收中性"，在征收碳税的同时，将企业为雇员交纳的国民保险金调低 0.3 个百分点，同时还以税收减免、投资补贴等形式予以返还。2007 年，英国碳税收入约 7 亿英镑，但同期减少国民保险金约 14 亿英镑。

（2）政府预算拨款

英国政府预算中与节能相关的支出包括节能技术研发、能效项目试点示范、支持专业机构实施节能项目等。在技术研发方面，英国计划在未来 10 年内，向能源技术研究机构提供 55 亿英镑的政府资金，支持对先进技术的研究开发。在能效项目试点示范方面，2008 年用于先进能效项目示范的资金达 4 500 万英镑，用于低能耗汽车推广示范的资金达 4 000 万英镑。此外，2008 年度对碳基金、节能基金等专业节能机构的预算支持也将达 1.3 亿英镑。主要支持各类节能技术研发、示范、推广以及对采用节能技术或设备进行补贴等，并对中小企业和学校、医院等公共机构节能改造提供无息贷款。

（3）直接财政补贴

英国支持节能的直接财政补贴包括国家援助和居民节能补贴。2006 年，英国对企业的国家援助共 50 亿欧元，其中节能是重要支持方向。居民节能补贴主要针对居民实施建筑节能改造或采购节能产品，采取用户申请、节能专业机构核准的方式，一般按照节能额外投资或高出普通产品价格进行补贴。如英国对家庭购买价值 175 英镑的高效绝热门窗提供 100 英镑的补贴，对每台太阳能热水器补贴 500 英镑，对小型热电联产、太阳能利用等给予 200 ~ 1 000 英镑的投资补贴等。

（4）税收优惠

税收优惠是英国促进企业节能和推广节能产品技术的主要措施。在企业节能方面，对与政府签署自愿气候变化协议的企业，如果企业达到协议规定的能效或减排目标就可以减免 80% 的碳税。对农业部门各类生产企业在 5 年过渡期内暂时减免 50% 的碳税。在建筑节能方面，对高于国家标准的节能建筑，提供 40% 的印花税优惠，对零碳排放建筑免征印花税。在节能产品方面，对列入节能设备技术目录的产品实施加速折旧，节能产品的额外费用可以在一年内计提折旧。英国和法国还在向欧盟提议，将节能型产品和服务的增值税率从目前 20% 左右降至 7%。

3.2.4　法国推动节能的主要财税政策

法国对能源环境问题非常重视，2006 年还把《环境法》纳入本国宪法，提出开创"一条真正革命的道路，即人道的生态发展道路"，在法律和政治上赋予节能重要意义。为了实现其减排目标，法国提出要通过政策努力，使年均 GDP 能耗下降率从目前 1.6% 降低到 3%，其中财税激励是核心政策内容。法国推动节能的主要财税政策包括政府预算拨款、生态税收制度和贷款优惠等。

（1）政府预算拨款

法国 2007 年用于节能的政府预算拨款达 1.52 亿欧元，主要用于节能服务机构能力建设、建筑和交通领域节能技术研发与示范、政府节能采购等。2002—2004 年，法国实施了"全国改善能源效率"行动，对招标的 24 项建筑节能技术全额补贴研发资金，并资助其技术应用和市场化。在交通领域，为"清洁高效汽车研发行动"拨款 4 亿欧元，扶持研发每百公里油耗低于 3.4 L 及每公里二氧化碳排放量低于 100 g 的家庭用车，并通过政府大批量采购来支持发展混合动力车和电动车市场。此外，政府还资助建设"能源信息站"进行节能宣传，由专业人员向公众和企业提供免费节能咨询服务。此外，在财政补贴方面，法国对各地方公共建筑实施节能改造的投资都给予 5% ~ 15% 的财政补贴。

（2）生态税收制度

法国从 2008 年 1 月 1 日起设立由奖励—惩罚措施组成的"生态税收制度"，旨在增加能源使用成本，同时奖励节能型的生产和消费行为。在工业领域，企业购买节能设备技术或节能技改的投资可以在一年内计提折旧，并少缴商业税，企业节能投资或租赁节能设备获得的盈利可以免税。在交通领域，对普通私人汽车征收 200～2 600 欧元不等的附加税费，而对购买每公里二氧化碳排放量低于 120 g 汽车的消费者一次性给予 200～1 000 欧元奖励。在建筑领域，对高于国家建筑节能标准的建筑免征 50% 的地皮税，并对进行节能类修缮工程的房主提供各类税收资助，如对家庭保温和供暖设备以及高效锅炉的安装减免所得税等。

（3）贷款优惠

从 2001 年起，为鼓励企业对环境保护和节能进行投资，法国财政部成立了环境保护与节约能源基金，对企业节能项目投资提供补贴或担保，补贴上限为投资额的 25%，担保上限为贷款资金的 40%。法国环境与能源管理署与法国发展银行合作，建立能源管理征信系统（FOGIME），对私人部门和企业投资于节能或可再生能源提供担保。特别是，为了支持中小企业开展节能，法国环境与能源管理署与法国中小企业发展银行合作，专门建立中小企业节能贷款担保基金，为中小企业节能贷款提供高达 70% 的担保，迄今共支持中小企业节能投资总额达 2.44 亿欧元。此外，企业贷款中用于购买节能设备的资金还可申请 100% 抵扣和投资税减免等。

3.2.5 英法两国利用财税政策支持节能的主要经验

（1）加大财税政策支持力度是英法两国推进节能的共同特点

利用公共财政加大对节能的支持力度是英法两国的共同特点。在节能领域，英法两国在历史上都经历过完全依靠市场、"政府不干预"的阶段，但随着能源环境问题日益突出，特别是面临严峻的气候变化挑战，英法开始把提高能效作为能源战略的首要目标，并将财税手段支持节能作为"生态税制"改革的重要内容，以实现经济增长和环境保护之间的"双重红利"。财税支持形式既包括直接的财政补贴、税收优惠，也包括间接地增加能源使用成本、惩罚性税收等，从实践来看，通过征收碳税或能源税来保证支持节能的财税投入是英法两国实现其减排目标的重要保证。

（2）财税支持的目的是促进市场机制更好地发挥作用

财税支持只有在市场机制下才能发挥最大效益，同时，发挥财税政策的信息引导和市场扶持作用，有利于消除节能领域普遍存在的市场失灵现象，两者相辅相成。在企业节能方面，英法两国的政策思路都是为碳排放定价，利用财税政策给出明确的价格信号，同时提供排放权贸易（见表 1）、节能产业等市场平台，降低企业决策的不确定性，使企业在市场信号的引导下自主节能。在节能产品研发和推广方面，财税政策主要发挥扶持作用，消除早期各种市场风险，在培育出一定的市场空间后，财税政策就及时退出。在建筑和居民节能领域，财税支持虽然发挥主导作用，体现了政府能源服务福利的改善，但同时也作为能源价格信号的补充，使消费者和实施节能项目的企业都有利可图。

（3）综合使用行政、财税等多种政策手段

从英法两国实践可以看出，政府以行政指令确定节能目标是

表 1　典型碳排放交易市场的主要特征

市场	气体种类	排放来源	是否强制参与	参与者	指标性或固定目标	期限/年	惩罚
欧盟 EUETS 第一阶段	CO_2	植物燃烧、石油精炼、炼制焦炭、钢铁制造以及水泥、玻璃、石灰与制砖	强制	排放者	固定	2005—2007	40 欧元/t 二氧化碳当量以及第二年补足差额
欧盟 EUETS 第二阶段	CO_2 和其他气体（N_2O）	第一阶段的排放来源和其他来源（如荷兰的 N_2O 工业）	强制	排放者	固定	2008—2012	40 欧元/t 二氧化碳当量以及补足差额
英国 UKETS	6 种温室气体	各工业部门与能源利用	自愿	排放者与用户	固定	2002—2006	30 英镑/t 二氧化碳当量，差额计入下一年，没有补贴

注：碳补偿贸易（carbon offset）指的是企业或个人由于生产生活方式的原因，不可避免地长期排放二氧化碳，同时又无法通过自身的能力及时弥补的，可以通过贸易购买的形式，以货币补偿自身的碳排放。

资料来源：Ellis，Tirpak（2007）。

财税政策发挥效力的前提，也是节能市场机制顺利运行的保障。为了实现减排目标，英法两国都以行政指令或签署协议等方式向企业、行业下达了减排目标，并且强制实施高标准的建筑节能条例、行业准入标准等。英国即将实施的五年"碳预算"，要求各行业、部门在发展过程中，必须把减少排放摆在首要位置。在具体政策手段上，优先采取企业或行业协会自愿承诺的方式，政府以税收优惠政策进行引导。特别是，英国对于电力及燃气服务企业也提出了减排目标，迫使企业在保障能源供应的前提下，以帮助居民实施建筑节能改造、采购节能电器等方式实现其减排目标。

（4）充分考虑财税政策对社会公平和国民经济的影响

由于财税政策涉及面广，特别是可能对社会公平和行业竞争力产生负面影响，因此也是英法两国政策出台重点考虑的内容。为了减轻能源使用成本提高对低收入家庭的影响，英国在2008年政府预算中专门列支取暖费用补贴项目，对有60岁以上居民的家庭给予250~400英镑的补贴。法国在制定建筑物保温隔热修缮计划时，第一批改造对象就是800万套廉租住房。此外，为了避免影响行业和企业竞争力，英国在出台碳税优惠政策的同时，还专门建立适应基金，对企业节能技改进行补贴。英国和法国都在欧盟法规和WTO规则允许下，利用国家援助资金，对参与欧盟碳排放交易体系的企业给予资金支持。

（5）发挥独立的专业节能机构的作用

专业节能机构在英法两国节能工作中发挥着重要作用，其中最典型的是碳基金。碳基金负责工业和交通领域节能工作，主要为实现三个目的，一是促进节能技术研究与开发，二是加速技术商业化，三是投资孵化器。其业务类型包括：一是能马上产生减排效果的活动，通过实地调查、专业咨询、金融产品等形式多样的服务，碳基金帮助和促进企业和公共部门利用现有技术提高能效，如针对用能大户的"碳管理项目"等；二是低碳技术开发，通过赠款、贷款、建立创新基地或"孵化器"等不同方式和渠道，鼓励新的节能技术和低碳技术（或产品和服务）的研发和创新，开拓和培育低碳技术市场，促进长期减排；三是通过信息传播和咨询活动，帮助企业和公共部门提高应对气候变化的能力，向社会公众、企业、投资者和政府提供与促进低碳经济发展相关的大量有价值的资讯。从实际效果来看，碳基金的节能工作非常有成效。一方面，碳

基金的存在，有利于调动和协调政府、企业、行业协会、咨询公司、投资公司、科研机构和媒体等各方面的力量，为企业节能提供包括政策、技术、融资等多方面服务，受到企业用户普遍欢迎；另一方面，碳基金作为独立法人，其第三方的运作模式保证了政府资金的有效管理和运作，其很多服务已经从免费型发展到收费型，树立起良好的品牌和示范效应，带动了对低碳技术的投资，并刺激了节能服务产业、咨询业的蓬勃发展。

3.2.6 英法两国节能财税政策的实施效果和对我国的借鉴意义

对英法两国财税政策实施效果的研究比较困难，由于实际节能效果的取得既与财税政策相关，也与其他很多政策措施相关，很难准确衡量财税政策在其中的贡献有多大。而且，财税政策带来的效果往往既包括正面效应，也包括一些负面效应，因此，从不同角度对政策效果的评价都不尽相同。

以英国为例，从整体表现来看，英国在节能方面的表现在发达国家中居于前列。2005年其温室气体排放量（包括欧盟温室气体排放贸易机制的作用）是629.2 Mt二氧化碳当量，比1990年水平减少18.8%。预计到2010年，英国温室气体排放量为592.2 Mt二氧化碳当量，比1990年水平减少23.6%，是英国承诺《京都议定书》目标的2倍（见表2）。但这一般被视为碳税和排放贸易政策共同作用的结果。英国国家审计署（NAO）对碳税和气候变化协议的调查（2007年）表明，总体来看，上述政策在减排二氧化碳方

表 2　英国温室气体排放统计数据

	排放量 / Mt		2005 年相比 1990 年的变化率 / %	预计 2010 年排放量 / Mt	2010 年相比 1990 年的变化率 / %
	1990 年	2005 年			
二氧化碳①	592.1	554.2	− 6.4	525.8	− 11.2
二氧化碳②	592.1	527.2	− 11.0	496.5	− 16.2
所有温室气体（CO₂ 当量）①	775.2	656.2	− 15.3	621.5	− 19.8
所有温室气体（CO₂ 当量）②	775.2	629.2	− 18.8	592.2	− 23.6

注：① 不包括排放贸易机制；② 包括排放贸易机制。
资料来源：DEFRA（2007）。

面成效显著，但由于实际征收的税率比政策设计阶段的税率低，其对企业节能的促进作用并不显著，而且很多气候变化协议制定的节能目标过低，反而造成了国家税收的流失。David Pearce（2006）认为，在确定合理碳税税率的过程中，受工业企业游说团体、选民因素影响，最终不仅征税税率远低于预计水平，而且征税范围也并没有覆盖所有的能源使用部门。

但事实上，英国征收碳税不仅仅是出于节能的目标，也包括税收结构、收入分配调整等考虑，应该从整体上考虑其碳税政策的影响。首先，在节能方面，碳税对节能的促进作用非常明显，英国的温室气体排放量也出现了显著下降。其次，从整个税收结构的角度看，碳税的引入，减少了企业整体税负水平，2005—2006年，英国碳税总收入约7.44亿英镑，但当年共减少企业国民保险金达12.75亿英镑。而且，越是能效水平高的企业，其税负减少得越多，这有利于从根本上引导企业向低碳方向发展，增强企业竞争力。

当然，要全面照搬英法两国的经验对我国并不适合，例如，英法两国能耗降低很大一部分原因来自能源结构改善和产业转移，对其政策效果要有清醒的认识。同时，英国经验表明，能源领域市场化改革并不有利于节能。此外，英法两国注重提高物理能效水平，在引导消费模式转变方面，财税政策的效果并不显著。同时，财税政策机制的建立并不是没有成本，它在促进全社会节能的同时，也给公共利益本身带来一定的削弱作用。主要在于，作为一个整体，不同地区、不同行业、不同成员的利益，要做到"赏罚分明"需要支付高额的成本，包括制度设计成本、实施成本、信息通报成本、利益核算成本等。

但从整体上看，英法两国促进节能的财税政策对我国节能工作很有借鉴意义。一方面，英法两国包括财税政策在内的节能综合政策体系对我国综合发挥行政手段和市场手段有借鉴意义，其在实践中所采取的一些行之有效的办法，也值得我国在今后节能工作中试点尝试。另一方面，英法两国在节能财税政策设计、实践中所体现的若干原则对我国节能工作有指导意义。例如，财税政策要体现针对性，对不同行业、地区采取不同政策手段；要体现激励原则，财税政策的实施应引导更多节能行动；要体现适度性原则，政策力度要与节能问题相适应；要体现适时性原则，把握时机

出台政策措施，并定期进行评估和不断调整等。

3.3 我国节能工作面临的挑战和机遇

与英、法两国相比，由于我国目前所处的发展阶段很不相同，基本国情有较大差异，因此，各项节能政策的实施背景和目的并不完全一样。具体体现在，我国节能工作面临的挑战更艰巨，同时蕴涵的发展机遇更大。

3.3.1 我国节能工作面临的挑战

（1）经济社会快速发展带来的挑战

作为世界上最大的发展中国家，我国正处在经济社会全面加速发展阶段。具体体现在，工业化进入中期阶段，以高耗能行业为代表的"重化工业化"特征明显；城市化快速推进，每年从农村转移到城市的人口达2 000多万；全球化趋势显著，2000年以来出口年均增速均超过20%，已经成为世界第三大贸易国；居民消费结构升级步伐加快，以汽车和住房为代表的耐用消费品普及程度不断提高。在这种背景下，高耗能产品呈现快速增长态势，带动了能源消费总量不断攀升。2000—2007年，我国钢材产量从1.3亿t增长到5.9亿t，水泥产量从6.0亿t增长到13.6亿t，能源消费总量从13.9亿tce增长到26.5亿tce。

经济和能源消费总量的超高速增长，给节能降耗带来严峻挑战。在工业领域，在大环境供不应求的背景下，企业节能技改、规模升级进展缓慢，而且一批规模小、技术落后的小火电厂、小钢铁、小炼焦等纷纷上马，粗放式增长较为普遍。虽然具体来看，我国主要耗能产品单耗水平一直呈下降趋势，但仍显著低于发达国家水平，而且技术进步带来的节能效果远远小于产品产量的增长，造成工业能源消费居高不下。在建筑领域，"大拆大建"现象比较普遍，相比发达国家80年以上的建筑平均使用寿命，我国被拆除建筑的平均寿命只有30年。而且居民对建筑舒适度的要求不断提高，而相关建筑、家电能效标准的实施不尽如人意，因此，建筑用能占终端用能的比重不断上升。在交通领域，私人轿车拥有量呈现"井喷式"增长，而能耗相对较低的铁路、地铁等公共交通发展严重滞后，而且汽车消费中，小排量、节能型汽车增长缓慢。从国际经验来看，由于工业、汽车和建筑设备设施使用寿命一般长达十几甚至几十年，一旦形成固定资产会带来大量的搁置成本

和不断增长的既得利益阶层(利益相关方)①,寄希望于市场发展自动改变能源消费模式的过程非常缓慢,发达国家第一次石油危机以后用了30年时间,才控制了GDP单耗的上升趋势②。

此外,作为一个后发展的国家,经济发展始终是第一要务,但各地区在发展的内容和方式上仍以模仿发达国家经验为主,缺乏自主创新的发展道路。体现在能源领域,就是各个地区都将发展高耗能、重化工业作为经济发展的必经阶段,地区竞争的后果,就是能源消费的快速增长和能效水平的普遍不高。当然,客观来看,中国正处在迅速的经济变革和社会转型中,存在众多的投资机会和巨大的不确定性,也使得企业难以对必要的节能项目进行投资。

(2)我国基本国情决定了节能更具迫切意义

人口众多、资源相对不足、环境承载能力较弱是我国的基本国情,与发达国家相比,在相当长时期内,我国经济发展所面临的资源和环境压力要严峻得多,这就不允许我国继续沿着发达国家的发展轨迹,依靠高投入、高消耗、高污染、低效率的增长方式,"先污染、后治理"从而实现现代化,而且我国也不可能走发达国家攫取全球资源、依靠较低能源价格所走的工业化发展道路,因此,节能对我国而言,既是对现实压力的自然反应,更是探索一条全新发展模式的必然抉择。

同时,我国还面临缩小城乡和地区差距、促进经济协调发展的巨大压力。体现在能源服务上,在发达地区,汽车、别墅等奢侈性消费的快速增长给满足能源供应带来巨大压力,而在落后地区,我国还存在相当数量的"能源贫困"人口,基本的生活用能需求仍未满足。而且,作为现代社会的"粮食",提供高效、便捷、用得起的能源服务是工业化时代现代生活的标准,也是全面建设小康社会的客观要求。因此,长远来看,节约能源不仅仅是解决资源和环境约束问题,更是为了保障广大人民群众享受到高品质的能源服务,解决城乡和区域协调发展问题。

(3)有效的市场运行机制和政府节能管理体制尚未建立

目前,我国正处于体制转轨时期,资源、能源和要素价格形成机制改革还没有完成,满足社会主义市场经济体制和节能形势发展要求的节能管理体制尚未建立。在这种情况下,进一步推动节能在制度支撑和市场机制保证方面临障碍。

在市场机制方面,我国现阶段正处在市场化改革攻坚阶段,市场配置资源的基础性作用并没有得到充分发挥,行政垄断、管制、特权等非市场因素还普遍存在,改革涉及的相关利益主体和利益关系有待进一步协调。特别是能源资源市场化价格改革严重滞后,价格长期不能反映能源资源的稀缺性,能源生产利用的环境成本未计入能源价格,严重影响了节能工作的开展。以电价为例,我国目前对终端电价进行政府控制,刺激了电炉炼钢、电解铝行业的不合理增长,也没有为消费者节能提供充分的价格信号。同时,由于缺乏合理的电价形成机制,电网公司仍以追求卖出更多的电为主,缺少从事需求侧管理降低电力消费的积极性。

在政府管理方面,我国目前以"分税制"为主的税收体制使得中央与地方在财权与事权上并不对称,博弈与冲突日益突出,以经济建设为中心和发展是硬道理被地方政府片面解释为追求GDP增长,缺乏对经济增长内容和质量的重视,也无从发挥政府的引导作用,调动企业节能工作的积极性。同时,在具体节能管理方面,由政府主导的投资驱动型的经济增长方式造成宏观管理与市场调控的矛盾日益突出,一方面存在"错位",以行政指令为主的节能管理方式影响了市场经济体制下企业自主发展的要求。另一方面又存在"缺位",在转变政府职能过程中,节能管理的组织体系、机构建设、法律法规、政策实施并未得到重视,甚至有所弱化,更不用提及新形势下对节能管理的更高要求。

(4)国际产业转移和全球应对气候变化给我国节能带来巨大压力

在全球化背景下,国际产业分工和转移、全球应对气候变化给我国节能降耗带来严峻挑战。从贸易规模看,在现有国际贸易体系下,我国在一段时期内仍将处于国际产业链低端,初级产品、资源密集型产品、材料工业品等载能体出口占较大比重。不同

① 指产业一旦形成带来的上下游产业链,汽车行业最为明显。当然,淘汰落后产能过程中涉及的土地处置、银行贷款、人员安置也是利益相关方。
② 世界银行.机不可失,中国能源可持续发展[M].北京:中国发展出版社,2007:(5).

研究估计,我国出口载能体造成的间接能源出口占能源消费总量的 20%～40%。尽管我国已经采取了降低出口退税率,甚至加征出口关税等多项措施,但受国内产能过剩和国际市场需求因素影响,出口规模,特别是高耗能产品出口量仍然呈增长态势。从贸易结构来看,在高耗能产业普遍由发达国家向发展中国家转移的趋势下,中国有可能从以服装、鞋类等轻工产品为代表的"世界加工厂"发展成以机械、工业产品为代表的"世界制造厂",这意味着高耗能工业的增长势头仍将延续。研究表明,与 10 年前相比,中国出口的发电设备在世界市场的份额翻了一番,工业机械份额增长了 2 倍,电力机械份额增长了 3 倍①。

另一方面,全球应对气候变化的努力给我国实施经济结构调整带来巨大压力。我国很快将成为世界上第一温室气体排放大国,作为一个负责任的发展中大国,在强调自己发展权利的同时,也必须对全球减缓和适应气候变化作出积极贡献,这就意味着从根本上调整目前高耗能的粗放型增长方式。但在目前的技术水平下,既要达到较高的人均 GDP 水平又要保持很低的人均能源消费量还不存在先例。西欧的成功经验是实施了"非产业化",即高能耗行业的转移和服务业的发展,我国能否借鉴其经验并实现更好的发展方式还存在挑战。从现实来看,随着减排压力逐渐由发达国家转移到发展中国家,已经给我国外贸发展带来不利因素。日本在国际谈判中已经提出了基于行业的能耗准入标准,这意味着继"倾销壁垒"、"绿色壁垒"之后,未来我国出口产品还可能面临"能耗和排放壁垒"。

3.3.2 我国节能工作面临的机遇

从另一个角度看,截至 2007 年,我国能源生产和消费总量已成为仅次于美国的世界第二大国,同时,经济发展和能源消费增长速度远远高于世界平均水平,巨大的经济规模和发展潜力为我国节能工作提供了战略机遇。

(1)我国具备节约能源的巨大潜力

与发达国家相比,我国现阶段技术水平仍然比较落后,在能源开采、转换、输配、工业生产和终端使用技术各方面都有较大差距,而且先进与落后产能大量并存、高能耗与节能产品同时存在的现象突出,未来提高能效的潜力巨大。

以工业行业为例,一方面在国内,我国大型钢铁联合企业吨钢综合能耗与小型企业相差约 200 kgce,大中型合成氨吨产品综合能耗与小型企业相差约 300 kgce;另一方面与国际水平相比,我国的普通钢、水泥、合成氨等高耗能产品的单位能耗要比最先进的国家分别高出 50%、60% 和 33%。发达国家专家②已经提出其工业能效水平在未来 20 年还将提高 40%,这意味着我国的节能潜力还将更大。同时,与存量部分的节能潜力相比,未来我国经济增量中蕴涵的节能潜力更大。预测显示③,到 2030 年,我国钢铁产量将增长 2 亿 t,汽车保有量将增加 2 亿辆,建筑面积增加 300 亿 m²,电力装机将增加 8 亿 kW。如果采用节能技术,走节约型发展道路,则与趋势照常发展情景相比,可节约能源消费达 8 亿 tce。

(2)经济实力增强为节能降耗奠定了坚实的基础

支持经济发展向节能型方向转变,一方面是要全面提升我国技术发展水平,另一方面是要求经济增长范围转向低能耗、高附加值领域,两者都以一定的经济发展水平作为前提。经过改革开放 30 年来的持续快速发展,我国综合国力明显增强,为节能工作的全面开展奠定了坚实的基础。

从财政收入来看,2000 年以来,全国财政收入持续快速增长,截至 2007 年,已经从 1.34 万亿元增长到 5.13 万亿元,占国内生产总值的比重由 13.5% 增长到 20.8%;从企业利润来看,规模以上工业企业利润总额保持了较高的增长态势,由 2000 年的 4 303 亿元增长到 2006 年的 18 784 亿元。政府财政收入和企业利润大幅增加,为节能技术研发和装备投入提供了相对充裕的资金,也为政府出台实施有利于节能的财税政策创造了空间。

以工业行业为例,1995—2005 年工业投资总量增长了约 4.9 倍,而工业净利润增长了约 10 倍。2007 年 1—11 月,钢铁等 6 大高耗能行业利润占规模以上工业利润总额的 30%,利润增量占 43.8%。这一方面为工业企业实施节能改造,提升技术水平奠定了坚实的经济基础,同时,也从侧面说明,我国对工业行业,特别是

① 世界银行.东亚复兴:关于经济增长的观点[M].北京:中信出版社,2008:(92).
② 引自联合国基金会特别专题专家组为 G8 峰会提出的未来 30 年分阶段节能目标。
③ 节能优先战略课题内部成果。

高耗能行业征收"惩罚性"税收已经具备实施空间。

此外，经过近30年的改革开放，我国经济实力显著提升，广阔的市场魅力逐步显现，对外开放良好格局已经形成，工业基础和配套体系相对完善，劳动力成本较低，社会政治环境稳定，具备了产业结构调整和升级的基础。从产业转移趋势来看，跨国公司除了转移传统的制造业以外，其他生产经营环节如研发、设计、地区运营总部、培训等，向我国转移的动力日益增强。我国已经基本具备全面实施节能降耗，促进产业结构升级的有利条件。

（3）有利于节能的价格、法律、政策体系逐步形成

近年来，在经济体制改革不断深化的过程中，我国政府加快了资源价格改革进程，进一步强化了市场在配置资源方面的基础性作用，尤其是加快能源领域价格改革，有利于从根本上推动节能工作的开展。目前，除电煤外，煤炭价格基本上向市场放开，成品油、天然气价格也在逐渐与国际接轨，电价改革尽管相对滞后，但已经开始试行节能调度，并在差别电价政策方面加大了实施力度，取消了对高耗能企业的优惠电价政策，降低小火电价格，以及对生物质能、风能、太阳能以及垃圾发电等实行鼓励性电价政策等。

在完善体系方面，全面推动节能工作的市场基础、法律保障初步具备，有利于节能的政策体系基本形成。2008年4月1日起，新修订的《节约能源法》开始实施，新的节能法进一步强化了各级政府、各个部门加强节能工作的责任，强调要实施节能目标责任制，并明确要求中央和省级地方财政必须安排节能专项资金，支持节能技术研发、节能技术和产品示范与推广、重点节能工程的实施、节能宣传培训、信息服务和表彰奖励等，节能工作已经成为检验各级政府经济发展成果的重要标准。同时，为确保"十一五"节能目标实现，中央和地方政府也出台了一系列政策措施，在实践中不断创新节能工作新机制，特别是通过加强重点用能企业管理，使企业对节能的认识水平和能源管理水平显著提升，节能已经成为许多企业的一种自觉行为。

（4）全球化发展为我国节能工作提供巨大机遇

随着全球化快速发展，我国经济在世界经济中的规模和比重不断增加，正在逐渐从一个低端产品出口大国发展成一个利用全球资金、资源和技术，以全球市场为目标的贸易强国，这为我国出口战略调整，改变目前在国际产业分工中的落后地位创造了机遇。而且，伴随国际资金和先进技术扩散加快，许多国际领先的工业企业在我国都建有先进工厂，我国具有提升技术水平的有利条件。特别是，在全球应对气候变化过程中，先进能源利用技术和高效用能技术进展很快，也出现了清洁发展机制（CDM）等创新机制，这都为我国全面提升能源利用水平带来发展契机。同时，发达国家在应对气候变化、转变发展模式过程中的经验教训，也为我国探索可持续发展道路提供了有益借鉴。

实证研究表明，在经济发展进入工业化中期阶段时，单位GDP能源消耗量呈现出"倒U形"曲线形状，即先呈现出上升势头，达到一定的峰值之后便逐渐下降；经济起飞越晚的国家，其单位GDP能耗峰值水平越低。即使经济发展阶段相同或水平相近的国家，人均能源消费也呈现出相当大的差异。这也说明我国未来单位GDP能耗下降的空间还很大，有可能以比日本更低的人均能耗水平实现社会主义现代化，经济全球化的发展正是给借鉴国际先进发展经验、利用国际先进技术提供了机遇。根据我国的实际情况，积极引进、消化和吸收发达国家的先进节能技术可以缩小我国能源利用方面与发达国家的差距，发挥后发优势，真正实现跨越式发展。

3.4 我国节能财税政策实践及存在的主要问题

3.4.1 促进节能的财政政策

近年来，为确保实现"十一五"节能目标，我国各级财政普遍加大了对节能的支持力度。我国目前支持节能的财税政策主要体现在"十大重点节能工程"的实施，以及加快淘汰落后产能，促进产业结构调整。具体包括：

（1）对工业节能技术改造项目按照节能量给予财政奖励。在原有中央预算内投资（国债资金）的基础上，从2007年起，我国开始实施"以奖代补"新机制，按照东部地区每吨标准煤200元，中西部地区每吨标准煤250元奖励标准，支持企业节能技术改造。2007年共安排中央预算内投资和中央财政资金55.8亿元，支持了681个工业技改项目，重点包括余热余压利用、能量系统优化、工业锅炉（窑炉）改造、节约和替代石油、电机系统节能等，项目完成后共可形成2 250万tce的节能能力。据不完全统计，仅中央财

政节能奖励资金，就引导企业节能技术改造投入达1 500多亿元，预计可形成6 000多万t的节能能力。在省市一级，除海南、江西等部分省市外，大部分省市也建立了节能专项资金，作为国家财政奖励资金的配套和补充，对一些节能量小于1万tce的项目给予财政补贴，或者支持省内节能技术服务能力建设。

（2）加大节能科技投入。按照《节约能源法》要求，中央财政不断加大对能源和节能技术研究的支持力度，通过"863"计划、"973"计划、科技攻关计划和国家自然科学基金等国家科技计划和基金，支持节能科技研发。支持的领域包括高效节能与分布式供电技术、洁净煤技术、氢能源与燃料电池、大规模高效煤气化与高温煤气净化技术、高温费托（F-T）合成技术、兆瓦级并网光伏发电系统、薄膜太阳电池、电网安全与调度控制技术、氢能系统应用、核燃料循环技术、核安全与辐射防护技术等。2003—2005年，在科技部归口管理的科技计划中，用于上述领域的科研经费累计约24亿元。

（3）支持量大面广的节能产品推广。2007年，我国开始运用财政补贴手段支持涉及大宗用户和广大消费者的终端节能产品推广，"十一五"期间将推广包括高效照明产品、空调等多种量大面广的节能产品。以高效照明产品推广为例，中央财政安排专项资金以招标的形式向中标企业提供一定的财政补贴，企业按照中标协议供货价格减去财政补贴后的价格销售给用户。大宗用户采购每只高效照明产品，中央财政按照中标协议供货价格的30%给予补贴，城镇居民按照50%给予补贴。据估计，"十一五"期间，我国将通过财政补贴方式推广高效照明产品1.5亿只，可累计节电290亿kWh，减少二氧化碳排放2 900万t、二氧化硫29万t，节能效果显著。此外，部分地方政府也以财政补贴的方式支持高效节能设备或产品的推广，如上海、重庆对清洁高效锅炉改造给予补助，北京则实施"绿色照明工程"，对高效照明产品给予补助。

（4）对北方采暖地区既有居住建筑节能改造给予政府补贴：为了在"十一五"期间实现建筑节能1.1亿tce的目标，我国开始以财政补贴的形式加快北方既有建筑节能改造。2007年共安排奖励资金9亿元、专项补助资金16.5亿元，对安装热计量装置给予补助，并对建筑节能改造项目按照平均每平方米50元的标准给予财政奖励。许多地方也安排了配套资金，以中央、地方、居民共

同出资的方式，加快建筑节能改造项目的实施。例如，西安市在中央财政奖励的基础上，在市级财政中再按照每平方米300元给予补贴；乌鲁木齐市对市财政不拨款的单位按照节能投资10%给予补贴。

（5）支持经济欠发达地区淘汰落后生产能力。2007年，中央财政通过转移支付安排31.85亿元资金，支持经济欠发达地区淘汰落后产能，主要解决淘汰落后产能带来的人员安置、资产补偿和土地处置问题。部分发达地区，如浙江从2005年起也安排一定的财政资金，对落后水泥产能按照淘汰时间给予每条生产线10万、8万、6万元不等的补偿，鼓励落后水泥产能尽早退出市场。

（6）支持节能技术服务能力建设。2007年，中央财政共安排10亿元资金，对西部、中部和东北地区省市建立省级节能监测中心给予财政补贴。补贴标准为西部地区中央和地方各出资50%，中部地区中央补贴30%，地方配套70%，东北地区中央补贴20%，地方配套80%，同时要求每个节能监测能力建设项目总投资控制在约800万~900万元。

此外，2007年我国还成立了清洁发展机制（CDM）基金，用于支持与气候变化相关的活动，其中也包括有利于节能的宣传、培训和能力建设内容等。

3.4.2　促进节能的税收政策

与节能相关的税种涉及很广，包括与能源生产、消费直接相关的税种如消费税、增值税、资源税等，以及一些间接相关的税种，如出口退税、企业所得税、城市维护建设税等。近年来，我国在税制调整和税率设置方面也出台了一些有利于节能的政策。

（1）消费税方面。2006年4月1日起，我国开始实施新的消费税政策，规定将石脑油、航空煤油等成品油纳入消费税征收范围，其中对石脑油、溶剂油、润滑油按0.2元/L的单位税额征收，对航空煤油和燃料油按0.1元/L的单位税额征收。此外，还调整了小汽车消费税的税目和税率，按照排量大小使用六挡税率，对小排量汽车适用2%的税率，对2.0 L以上排量汽车适用20%的税率，体现了油耗大的车型适用高税率、油耗小的车型适用低税率的原则。

（2）增值税方面。自2001年1月1日起，对油母页岩炼油、垃圾发电实行即征即退；对煤矸石、煤泥、煤系伴生油母页岩等综合

利用发电、风力发电和部分新型墙体材料产品实行减半征收;对企业生产的原料中掺有不少于30%的煤矸石等的建材产品,包括以其他废渣为原料生产的建材产品免征增值税。

（3）资源税方面。根据相关油田、矿山的现状和财政承受能力,规定对低丰度油田和衰竭期矿山可在不超过30%的幅度内降低适用标准,鼓励资源的开采利用。同时,提高了煤炭、石油、天然气的资源税税额:一是提高了山西、陕西、青海等18个省（区、市）煤炭税额标准;二是提高了原油、天然气税额标准,部分油田企业原油税额达到条例规定的最高标准（30元/t）;三是调高了锰、钼矿石税额标准。

（4）企业所得税方面。出台了节能环保项目减免企业所得税和节能环保设备投资抵免企业所得税政策。对外国企业提供节约能源和防治环境污染方面的专有技术所取得的转让费收入,可按10%的税率预提所得税,其中技术先进、条件优惠的,可给予免税。对符合条件的技术改造项目购买国产设备投资的40%可抵免新增所得税,技术开发费可在企业所得税税前加计扣除。

（5）出口退税方面。为限制高污染、高能耗及资源性产品出口,2007年,中央财政陆续采取了一系列措施,取消并降低了近3 000种"两高一资"产品的出口退税,约占海关税则中全部商品总数的37%。同时,对煤炭、钢材、焦炭等高载能产品实施3%～15%不等的出口暂行税率。

此外,在财产税方面,2007年,我国开始实施新的车船税,改变了过去载客汽车年税额360元"一刀切"的征收方式,开始按照排量大小车船税,一定程度上也有利于低能耗汽车的推广。同时,在城市维护建设税方面,随着地方税务部门征收力度的加大,其税收收入近年来增长也比较快,作为地方政府专项征收用于城市住宅、供水、环境设施建设和维护的税种,其税收收入也成为目前各地方推广集中供热主要的财政资金来源。

3.4.3 促进节能的政府采购政策

政府集中采购是加快各类节能产品和服务推广的有效机制。近年来,我国围绕建立、完善公共财政体制的政策目标,积极运用财政分配手段,在政府采购政策中加大对节能的支持力度。2007年,我国政府开始实施政府强制采购节能产品制度,并发布了节能产品政府采购清单,要求对主要办公设备、照明产品和用水器具必须强制采购节能、节水、环境标志产品。

3.4.4 我国节能财税政策存在的主要问题

（1）财政资金投入机制不健全

近年来,虽然各地普遍加大对节能的财政投入,但与节能潜力和节能任务相比,投入还很不足。而且由于地方财政收入差距很大,越是经济落后的地区,节能财政资金不足的现象越突出。从2007年各地区节能专项资金数额来看,上海用于节能的财政投入约9亿元,而甘肃用于节能的财政投入仅有500万元,而且江西、海南、黑龙江等地区至今还没有设置节能专项资金。虽然中央财政在节能奖励资金安排对西部落后地区也有所倾斜,但与节能投资需求相比,还远远不够。而且由于许多欠发达地区地方政府近一半的财政支出依靠中央的税收返还和转移支付,不仅相关的配套资金跟不上,而且还会出现截留、挪作他用等问题。同时,财政资金缺少稳定的投入渠道,一些地区把节能作为本届政府或者"十一五"期间的任务,采取从部门经费划拨、其他领域临时筹集等方式,并没有在地方财政中专项列支。

同时,有效的财政资金使用机制尚待完善。在组织体系方面,缺少专业的节能机构参与,使得政府更多采用"一刀切"手段,政策细致性、针对性都不强。而且与财政投入规模相比,普遍存在管理能力薄弱、基础能力不强、监督监察能力欠缺的现象,财政资金的使用效率有待提升。以财政奖励资金为例,相比以前政府补贴节能投资总额的6%～8%的办法,按照节能量奖励的方法更加科学、规范,但也存在一些不足。例如,奖励标准按照地区设定,但对东西部采取同样的奖励门槛,对落后地区的支持力度不够;节能量奖励没有区分行业、项目类型,仅取决于节能量大小。一些二次能源回收利用项目,吨标准煤节能量的投资额可能只有500～1 000元,而一些技术改造、设备更新项目吨标准煤节能量的投资额可能有2 000～3 000元。节能量奖励相当于补贴落后。这样虽然在一段时期内有利于迅速提升现有落后产能的技术水平,但从长期来看,不利于企业技术创新。在奖励发放步骤上,事前、事后分60%、40%发放奖励资金的办法,能够一定程度上避免出现资金挪用、节能实际效果弄虚作假的现象,但这主要是目前资金的使用、监管、节能量监测没有跟上,而且不能体现财政奖励资金的扶助作用,因为"市场"是事后最好的奖励办法,财政奖励应更多地在事前发挥作用。

（2）有利于节能的税收体系尚未建立

在税收政策方面，我国现有税收体系对节能的支持还很零散、"一事一议"，在税种和税率设置方面对节能考虑不够，还没有从整体上形成有利于节能的税收政策体系。现有的一些与能源相关的资源税、排污费、差别电价政策等，由于缺乏强制性，征收难度大、征收成本高、征收标准低，税收收入还较少，再加上还要为环境保护提供资金，对节能的促进作用也并不明显。特别是，由于能源税、环境税缺位，不仅刺激了高耗能行业、不合理用能的过快发展，也造成财政中可用于节能的投入不足，不能形成稳定的节能投入机制，使得一些行之有效的财政补贴手段在我国不能发挥作用。以补贴低能耗汽车为例，汽车在中国属于奢侈品，如果没有征收燃油税、能源税的情况下，以财政资金补贴混合动力汽车、新能源汽车，这对于买不起车的人群很不公平。同时，由于对高能耗汽车缺乏"惩罚性"税收手段，而这部分购买者大多对价格不敏感，补贴能否管用也值得怀疑。

同时，现有的税收政策多以经济目标为中心，以区域、产业优惠为主，对有可能造成的一些负面效果考虑不够。例如，为支持西部地区发展，我国针对西部地区投资出台了许多税收优惠政策，一定程度上造成了高耗能行业从沿海向内地的转移。为支持汽车行业发展，我国也对许多汽车厂家出台了税收优惠政策，某种程度上刺激了目前企业保有量的快速增加，而结构并没有得到合理优化。

此外，一些与节能直接相关的优惠税收设置不合理。例如，对节能设备投资抵免增值税优惠的范围过窄，对鼓励先进节能设备进口缺少税收优惠，允许企业所得税抵免的范围偏窄，程度偏小等。而且，税收优惠偏重于项目、设备、产品，对消费领域的节能产品、家电等优惠力度不够。同时，一些"惩罚"性质的税收由于税率差距设置过小，并没有体现促进节能的目的。以车船税为例，虽然我国 2007 年在对车船税调整过程中考虑了一些节能因素，对不同排量汽车设置了不同税率，但由于采取从量计征的方式，而且纳税额度普遍较低，差距不大，在实际操作中，被很多地方政府简化为对私家车都按照统一标准征税的"一刀切"政策，并没有体现限制机动车数量，以及鼓励购买小排量的政策目标。

在政府采购方面，虽然我国已经实施了强制采购节能产品制度，但也存在不足。一是政府采购规模的快速增长没有体现政府机构节能的发展要求。2007 年，我国政府采购规模达 4 000 亿元，而 2002 年只有 1 009 亿元，年均增速达 40%，而且目前仍呈现快速增长态势。二是政府采购行为有待调整，引导节能产品推广的作用不明显。以汽车为例，虽然很多小排量、低能耗汽车也列入了政府采购目录，但同时也有很多大排量、豪华型汽车，在实际采购中还是大排量、豪华型汽车占有相当大比重，对节能型汽车发展的带动很不显著，政府部门的示范作用远未发挥。

3.5 对我国利用财税手段促进节能的启示

从欧盟经验可以看出，促进节能的财税政策是其能源和经济发展更为广泛的政策体系的一部分，其取得的节能成效，除了财税政策产生作用之外，也与其发展水平、法律、政策体系等密切相关。因此，借鉴欧盟经验，既包括其在实践中所采用的一些被证明是行之有效的做法，也包括财税政策在节能政策体系中的作用、财税政策的实施机制、财税使用模式等，通过结合我国国情进行具体分析，总结一些有益的政策启示。

3.5.1 全面认识节能财税政策的作用

财税政策是对"市场失灵"的一种人为矫正，其目的是解决一定发展阶段面临的特定问题，因此，不同国家出台财税政策的出发点各不相同。英法两国出台节能财税政策，不仅是为了解决在能源领域市场化改革后，能源消费带来的外部性问题，包括环境问题、能源安全问题等。同时，向消费能源的行为多收税，向有利环境的行为少征税，也符合欧盟"生态税制"的改革方向。以英国为例，其对环境税收的看法，经历了政府完全不干预，发展到传统的为解决环境污染问题而征收环境税，再发展到目前通过多征收环境税而减少其他税收来体现"税收中性"，环境税收占 GDP 比重不断增长。法国萨科奇政府上台后，出台了一系列减税措施刺激经济发展，但同时，也通过对能源消费多征税来保证财政收支平衡。而且从历史来看，20 世纪 70 年代两次石油危机以后，伴随能源领域市场化改革，英国能源价格呈现下降趋势，但同期政府能源相关税收不断增加，基本保持了终端价格的稳定，这一方面增加了政府收入，同时也有利于能效水平的提高。

与英法两国相比,我国的基本国情、发展阶段和转型期特点决定了"市场失灵"的范围和内容有很大不同,客观上要求加大财税政策的实施力度。一是由于没有实施能源税,我国终端能源价格只有法国的1/3(见表3),既无从体现高额能源税费对能源消费的抑制作用,也无法发挥能源税费减免对节能的促进作用;二是政府人为压低能源价格,使一些节能型生产或消费行为不具备经济吸引力,同时,政府也缺少能源税收入来对其进行补贴;三是能源领域市场化改革不到位,一些有利于节能的税收政策往往以终端产品"涨价"的形式传递到最终消费者,既没有激励能源转换和用能企业节能,也没有增加国家税收收入。

另一方面,加快节能财税政策的实施对我国有重要意义。我国目前正处在经济结构调整和社会结构转型的关键时期,在整个工业化过程中都不具备发达国家曾经面临的较低能源价格的有利条件,因此,必须加快实施促进节能的财税政策,为市场主体提供明确的政策信号,降低未来能源消费量。虽然短期来看,由于国际油价高涨、国内CPI居高不下、能源领域市场化改革进展缓慢,价格或税收政策的实施空间不大,但在中长期,必须逐步将能源价格、税收政策改革到位。这样一方面可以发挥价格信号抑制不合理能源消费的作用,更重要的是,可以对企业产生长期激励,促使企业把更多的资金投入到资源节约型生产技术的创新中,减少传统高耗能行业的低水平盲目扩张,降低未来工业、建筑、交通各

领域由于低效投资带来的沉淀成本,真正把经济增长和社会发展转变到"低能耗"的发展轨道上来。研究表明,到2030年,如果对能源消费按照160元/tce征收能源税,一次能源需求将降低21.3%[1]。

3.5.2 财税政策的实施应该与我国中长期节能目标结合起来

从欧盟的经验可以看出,确保实现欧盟要求的中长期节能(或减排)目标是各成员国政府出台财税激励政策的前提条件和直接原因。因为按照趋势照常的发展情景,节能目标是无法实现的,必须在市场作用之外付出额外的政策努力,做出重大的政策调整。通过提出中长期节能目标,能够为市场主体提供明确的政策信号,减少节能投资的不确定性。在这种背景下,配合实施财税激励政策,能够最大化地发挥引导和促进作用。

欧盟这种上下级"目标导向"的政策机制对我国很有借鉴意义。我国政府提出的到2010年GDP能耗下降20%的发展目标,是贯彻和落实科学发展观的一项重大政治决策,它一方面综合分析了我国现有的节能潜力,另一方面也要求各地方政府朝这个目标付出长期努力。但在实践中,许多部门和地方政府只把这一目标视为这五年或者这一届政府的任务,没有从建立长效政策机制的角度统筹规划。具体体现在,在计划安排上,重视项目节能,而忽视长效政策机制的建立,中央部门对价格、财税政策的调整力度不够;在资金投入上,从"省长基金"、部门经费等临时划拨,缺少稳定的投入渠道;在资金使用上,侧重效果立竿见影的工业淘汰落后或节能技改项目,对结构调整、节能基础工作以及建筑、交通节能重视不够。因此,借鉴欧盟经验,由中央政府提出各个地区[2]的中长期[3]最低节能目标[4],为地方政府和企业经济决策提供长效的、明确的政策信号,可以促使其在产业准入、布局、发展等各项决策中提前考虑节能问题。同时,也促进各中央部门统筹考虑价格、财税政策手段,建立稳定的资金投入渠道,全面考虑工业、建筑和交通节能问题。

通过合理的目标引导,我国现行的政府体制可以在节能领域发挥巨大优势。一是把地方政府追求GDP的竞争引向追求节能降耗的竞争。有学者曾将我国改革开放以来的经济成就部分归于

表3　中法两国燃料税情况比较

	90号汽油零售价格 (2004年11月,美分/L)	燃料税对政府总体收入的贡献
法国	142	12
中国	48	0

资料来源:G.梅其司.2005年国家燃料价格,第4版。

---

[1] 此外,对GDP的负面影响仅为0.65%(节能优先战略课题内部成果)。

[2] 考虑到中国实际,有可能需要对中央部委也提出节能目标或考核指标。

[3] 可以考虑提出到"十二五"、2020年甚至到2030年的节能目标。

[4] 中央提出最低节能目标,允许有条件的地区提出更高的节能目标。

地区间的竞争。而通过由地方政府自行确定节能目标①,有利于形成良性竞争的格局。从近两年实践来看,各地在确定节能监察机构人员编制和节能专项资金等方面,就非常注重与邻近省市或类似省市看齐;二是充分体现各地实际情况。各地区可以从自身资源和经济条件出发,制定切实可行的节能行动计划。如东部发达地区可以更多依靠市场力量,发挥财力充裕优势,率先统筹考虑工业、建筑和交通节能问题,甚至试点建立节能量市场交易平台等。西部落后地区则应发挥政府主导作用,利用有限的财力,集中解决工业等领域存在的突出障碍。三是充分发挥地方的主动性和创造性。各地区可以各尽所能,探索多种符合地方实际的政策组合。以交通为例,上海多年来采取轿车牌照拍卖的方法,有效控制了交通用能的过快增长,它使得上海在旧城区交通基础设施投资远远低于北京投资的情况下,城市交通运行速度方面的总体表现反而更好。

3.5.3 财税政策的实施需要有一系列前提政策条件

可以看出,财税政策在英法两国能够发挥积极作用存在多个前提,包括政府制定强制性节能目标、能源领域普遍市场化程度较高、标准标识、税收体系等基础工作比较完善等。在这些前提下,首先,各个部门和行业都有节能的需求和动力;其次,价格和税收信号在激励终端消费者节能的同时,也能激励能源生产行业降低能耗;再次,完善的标准标识体系减少了消费者决策面临的信息不对称问题,也为政府确定财税政策的作用范围和程度提供了依据和衡量标准;最后,发达的税收体系使各项财税政策都具有可操作性。相比之下,我国在这几个方面都存在不小差距。

在节能目标方面,虽然我国"十一五"节能目标已经被分解到各个省、市、县,但还没有具体分解到各个部门和行业,而且地方政府对完成节能目标缺少全局性的、有效的政策手段,在实际操作中往往简化为"一刀切",节能目标分解的科学性有待完善。在能源市场领域,除了发电、终端消费等少数环节基本实现市场化之外,能源生产、输配环节都还具有鲜明的政府垄断色彩。虽然这些行业、企业也都有"十一五"节能目标,但只是一个相对指标②,仅强调降低生产环节能源消耗,没有提及能源供应量的降低目标。特别是对于电力公司而言,由于没有绝对量的节能目标,而且现有政策安排下,节电带来的效益不能反映到电力公司的盈利中去,因此电力行业发展目标仍是尽可能多地供应电力,而不是如何促进节约用电。在税收政策体系方面,我国对企业的税收优惠政策以区域和行业优惠为主,缺少对具体产品和技术的细致规定,而且缺少对普通消费者购买节能型产品的税收激励。在标准标识方面,我国主要用能产品能耗标准的覆盖面还比较小,社会认知度低;《节能技术设备目录》和22项主要工业产业能耗限额标准2008年才开始颁布实施,配套的税收优惠政策还在制定当中。在这种情况下,无论是对消费者购买节能型产品的补贴,还是对企业投资节能的税收优惠,都缺乏可操作的、科学的标准和依据,实际效果难以保证。

3.5.4 财税政策的实施应该确定重点支持方向

从英法两国的特点来看,其经济发展已经趋于成熟,技术水平普遍较高,能源消费增速很小,而且工业、交通、建筑用能基本各占1/3。因此,其财税政策一方面是支持节能技术进步与创新,以财政补贴、税收优惠等多种手段鼓励节能技术研发与示范;另一方面是促进工业、交通、建筑领域节能工作,结合不同行业特点,政策手段各有侧重。针对工业行业(包括能源生产和输配企业),在设置强制性节能目标的前提下,以税收优惠为主,财政补贴为辅,税收优惠包括对完成既定节能目标的税收优惠,以及使用节能型设备、技术的税收优惠,财政补贴主要针对技术研发和中小企业节能领域;针对交通行业,主要对汽车企业设定能效改善目标,对消费者购买节能型汽车给予税收优惠;针对建筑领域,在普遍实施强制性建筑节能标准的同时,对建筑节能改造给予税收优惠和财政补贴。

我国的国情和发展阶段与英法两国有很大不同。在快速的城市化、更高的人均收入以及中国日益成为全球主要制造基地的共同驱动下,我国的能源消费总量仍将保持快速增长趋势。这意味着,在继续关注存量部分节能改造的同时,更应该关注增量部分的能效水平。因此,必须首先提高规划的科学性和前瞻性,全面提升各个行业的发展门槛。事实上,产业门槛或环境标准的提升并

---

① 从英国案例可以看出,为了追求竞争优势和领导地位,英国提出的减排目标比欧盟要求的最低目标高得多。
② 此处相对指标是单位 GDP 能源消费量,而不是能源消费量。

不影响行业发展,还能避免再出现淘汰大批落后产能带来的巨额成本沉没问题。以汽车行业为例,有学者研究发现,从历史来看,发达国家产业转移的根本驱动力是中国的市场,而不是因为中国的环境标准不够严格。20世纪80年代和90年代,美国公司向中国转让了过时的汽车污染控制技术,因为中国当时没有制定要求更清洁或更省油技术的政策。甚至截止到2005年,没有一家美国公司向中国转让与他们在美国生产使用相当的污染控制技术。在汽车行业中,对于清洁技术发展的最重要激励政策是市场竞争和中国政府的法规,而不是财税激励政策[1]。

为此,我国应考虑全面提升各个行业能效行业准入门槛,在财税手段的使用上,也应以鼓励先进产能、高效技术和超前标准为主。以火力发电为例,中国拥有世界上最大的火电装机规模,但效率水平距离发达国家有很大差距。为了到2020年达到英国或法国2000年的水平,中国在今后15年内所有新增电厂的能耗不应超过290 gce/kWh[2],这意味着所有新增发电装机都必须至少是超临界、超超临界或整体煤气化联合循环发电厂(IGCC)[3]。但从现实来看,由于我国没有征收二氧化碳排放相关税收[4],也缺乏对先进发电技术的财税激励,造成目前新增发电装机容量的能耗水平远未达到这一水平。

3.5.5 财税政策的实施应该与建立长效市场机制结合起来

以排放交易为特点的市场机制是欧盟利用市场手段应对气候变化的重要政策工具,其覆盖的国家、行业范围、企业数量正逐年增加,未来还有可能发展成全球性的排放交易体系。排放交易机制的优点在于,它能够在整个欧盟范围内,发挥市场配置资源的基础性作用,以最小成本,即最具经济效益的方式实现既定的减排目标,而且并不需要政府投入大量的财政或税收资金。因此,英国在财税政策中一直鼓励企业参与排放交易。但同时,它的缺点在于,国家、行业和企业在初始分配排放量时,缺乏一种行之有效的科学方法,主要通过谈判中的斗争和妥协来确定,实施成本

较高。从欧盟实践来看,2005—2007年,由于总分配量超过了实际排放量,而且各国之间的分配并不平等,造成市场上碳交易价格暴跌,严重影响了企业参与排放贸易的积极性。同时,由于法国的分配量大于其排放量,与英国相比,其国内企业受到的激励作用并不明显。

长期来看,在我国建立类似的节能量(或减排量)市场交易体系是大势所趋,但由于我国的国情与欧盟相比复杂得多,这在短期内还并不现实。以目前20%节能目标分解为例,广东等沿海发达地区强调其GDP能耗水平已经很低,继续下降的难度很大;新疆等西部欠发达地区强调其经济发展任务重,高耗能行业比重增长的趋势还将继续。在这种背景下,将节能量目标进行地区分配,寄希望于通过市场交易实现最小成本节能目标,必然面临平衡地区经济发展与节能目标的严峻挑战,以及如何对落后地区、资源省份进行生态补偿等问题,这在现阶段是难以实现的。

但从另一个角度看,在我国强化财税政策支持节能的力度,不能简单地等同于增加政府投入或者加大税收优惠,必须探索如何更多地借助市场性手段,引导建立长效的市场节能机制。以工业行业为例,受多种因素影响,我国工业行业"诸侯经济"的特征明显,许多省市工业结构明显"小而全",主要耗能行业普遍产业集中度不高,有相当一批的中小企业产能。在这种情况下,财税政策在支持企业节能技改的同时,更多地应促进地区间的产业整合,通过提高产业集中度来提高行业能效水平。我国目前开始出现的地区间产业转移和开展的淘汰落后产能工作都为此提供了巨大机遇,也出现了一些非常好的实践。例如,广东省通过协调地区间的税收收入分配,鼓励企业扩大生产规模,并从省内发达地区向落后地区转移;山西省一些地市要求企业新建焦炭项目前,必须购买一定数量的小焦炉产能,全部淘汰后才能新建焦炭项目;许多省市在淘汰落后小水泥厂、小火电厂过程中,也积极采取"产能置换""以大换小""发电权交易"等方式,都取得了较好的实

---

① 凯丽·西蒙斯·盖勒格.变速! 中国(汽车、能源、环境与创新)[M].北京:清华大学出版社,2007.

② 世界银行(2007)。

③ 一般而言,装机容量为30万 kW 的超临界机组发电煤耗约355 gce/kWh,60万 kW 的超超临界机组约为300 gce/kWh,IGCC 发电机组约272 gce/kWh。

④ 世界银行(1999),从成本经济分析来看,与带烟气脱硫系统的亚临界60万 kW 煤电机组相比,在不考虑环境外部因素的情形下,IGCC 的投资成本高出约30%,在考虑环境外部因素的情形下,IGCC 投资成本高出约15%,但如果在环境因素中考虑二氧化碳税收,则 IGCC 具有经济竞争力。

际效果。今后，随着淘汰落后产能的难度越来越大，随着地区间产业转移和扩散加快，应该研究利用财税政策，包括协调地区间税收分配来支持大企业对落后产能的跨区域兼并重组，以市场手段提高行业集中度，减少落后产能由发达地区向落后地区不断扩散的现象。

3.5.6 建立有效的财政资金使用模式

从英法两国实践来看，其财政手段支持节能主要通过第三方非营利机构(英国碳基金)或政府直属事业机构(法国环能署)进行实施，运作资金部分(英国)或全部(法国)来源于政府预算。在资金的使用方式上，根据不同政策项目采取不同的分配方式。一是对于有明确支持内容和对象的项目，采取用户申请、机构审批的方式，向符合规定的用户给予财政补贴。如英国对于低收入家庭建筑节能改造给予财政补贴的"温暖前线"(warm front)项目。二是对于需要其他机构和企业组织实施的项目，采取招标的方式。如法国环能署在委托其他单位实施具体项目时，主要采取项目招标的方式。三是对于节能技术研发、示范类项目，由政府机构与研究机构、相关利益方协商后确定。如英国政府支持由碳基金和能源研究中心共同开展的先进光伏系统的研究开发项目。在资金的具体执行方面，英法两国都采用独立运作的方式，并分别接受政府出资部门和审计部门的监督。

两种资金使用机制与英法两国国情密切联系，既有不同，又有共性。英国采取独立的非政府机构管理模式，这既与其自由主义经济传统有关，也与其具备发达的市场环境、高质量专业人才有关。法国采取政府事业机构管理模式，这也是其长期形成的中央计划经济特点的体现。但两者的共同特点都是围绕政策目标，确保资金得到最有效的利用。例如，英国碳基金通过比较不同行业节能潜力和成本来确定节能优先领域，法国环能署通过招标的方式，在实现既定政策目标的同时，确保政府投入的最小化。其中，独立机构模式的优点在于具备专业技术人才、资金使用效率较高，缺点是可能出现过度重视经济效益的倾向。例如，重视大企业节能效果明显的项目，忽视中小企业节能改造等。政府机构管理模式能够保证资金分配的相对公平性，缺点是专业技术人才相对不足，而且容易产生官僚主义，在资金使用中缺乏灵活性等。

对我国而言，关键是如何借鉴两者的优点，避免不足，建立适合我国国情的财政资金使用模式。考虑到我国实际，在各主要节能工作领域，财政资金的使用目前仍将以政府部门主导为主。例如，工业、建筑、交通、第三产业、农村节能分别由发展改革委、建设部、交通部、商务部和农业部负责。这种机制在现阶段能够充分发挥各部门的积极性和工作合力，但随着全社会节能工作不断深入推进，今后应探索建立以政府部门为主导，综合发挥不同机构特长的管理模式。例如，在工业领域，可以发挥专业节能技术服务公司的作用，以政府采购节能量的方式支持节能产业的发展；在节能产品推广方面，可以采取政府招标，以财政资金补贴中标企业，通过让企业降低价格来推广节能产品。特别是，应当充分发挥各地节能中心作为独立机构的作用，利用其专业技术优势，在政府部门资助下，以类似"能源信息站"的形式向公众和企业提供免费的节能咨询服务。

更重要的是，对财政资金的使用要进行有效监管，确保其使用过程的公平、客观和透明。发达国家对财政资金的监督来自多个方面，包括政府部门、审计部门、专业机构、社会舆论等。例如，英国环境、食品和农村事务部与财政部、贸工部等部门联合组成管理顾问委员会，定期对各类节能项目的进展和效果进行评估。英国国家审计署代表议会定期对政府公共开支、国家贷款基金、气候变化税等政策进行效益审计，并针对发现的负面效应问题，积极提出大量改进意见。一些学术机构如剑桥大学等，也对气候变化税的实施效果发表独立的评估报告等。

3.6 对我国利用财税手段促进节能工作的政策建议

从欧盟主要国家经验来看，建立节能综合政策体系、强化财税政策力度、完善财税使用机制是有效推动节能工作的典型经验。同时，不同国家在实践中针对具体问题，也发展出多种各具特色的政策组合，灵活采取各种财税政策形式。从这两个角度出发，结合我国节能工作面临的挑战与机遇，对我国利用财政手段促进节能工作提出以下几方面建议：

3.6.1 建立节能综合政策体系

建立节能综合政策体系，包括激励和约束手段并重，协调节能与其他政策措施，完善统计、标准等节能基础工作体系。

在激励、约束手段并重方面，从趋势来看，虽然各级政府对节能工作财政投入的力度不断加大,但相比经济总量而言,毕竟只能发挥有限的引导作用。因此,还必须强化行政手段作用,发挥节能目标引导作用。包括:建立科学的部委、地区、行业、企业节能目标分解方法,以节能目标责任作为政府绩效考核的重要内容;在有条件的地区应提出绝对量的节能目标,控制能源消费总量过快增长;对电力公司实行指定绝对量的节能目标,明确电力公司引导终端居民用户节能的责任等。同时,进一步完善财政奖惩机制,集中有限的财政资金,主要对节能重点领域、关键方向进行奖励。包括:对完成节能目标的地区和企业给予财政奖励或税收优惠;对新增先进产能、高效技术和超前标准进行奖励;对兼并、重组落后产能进行奖励等。

在节能政策与其他政策措施协调方面,首先,财税政策的实施应与价格政策、产业政策、区域政策、进出口政策相协调,发挥互相促进的作用,在各项政策制定和调整过程中应把节能放在重要位置。其次,针对政策实施过程中出现的问题,应及时出台具体配套措施。例如,实施节能目标考核的同时,应该在价格、税收政策方面给地方政府更大灵活性,增强地方政府运用全局性政策的能力;在提高终端能源价格的同时,要考虑对低收入家庭设置"最低能源保障量"或给予用能补贴;在淘汰落后产能过程中,一方面要加大对淘汰落后产能人员安置、资产处理的补贴力度,另一方面还要把淘汰落后产能与落后地区和资源省份的经济转型统筹考虑,在淘汰落后产能的同时,支持落后地区发展新的经济增长内容。

在完善节能基础工作体系方面,应尽快出台覆盖生产、消费全过程的节能设备、产品和技术目录,对各类节能设备、产品和技术设定量化的技术指标,全面提高生产和消费环节的能效门槛,并根据技术进步和扩散情况,对主要产品能耗定额标准进行动态调整,作为财税支持的标准等。在建筑领域,加快建筑分户、分幢计量改造,推广智能电表、显性电表等,在确保50%强制性建筑节能标准全面实施的基础上,不断扩大65%甚至更高强制性建筑节能标准的实施范围。此外,在信息传播和能力建设方面,应加大对资源和环境问题的宣传力度,宣传节能对生活水平、个人财富、环

境改善、国际竞争力的好处,提升公众节能意识,引导树立合理、健康、适度的消费文化。同时,减少节能服务平台或服务站,为居民提供免费咨询服务等。

3.6.2 强化财税政策实施力度

强化财税政策实施力度,包括加大财政政策对节能的支持力度,尽快建立完善有利于节能的税收政策体系,着力发挥政府部门的带动和示范效应等。

（1）加大财政对节能的支持力度

现阶段加大财政对节能的支持力度对我国有重要意义。一是我国价格改革相对滞后,主要能源税种尚未出台,发挥税收政策作用的空间较小,在这种背景下,为避免出现守法成本高、违法成本低的现象,财政政策应发挥更大作用。二是从节能投资的规模来看,截至2003年,我国节能投资占能源投资的比重从历史上最高的13%降到大约4%[①]。从"把节约放在优先位置"的角度看,应加大财政政策引导企业节能项目投资的力度。三是从能源补贴角度来看,有学者估计我国每年对油价的补贴约2 700亿元,而且一定程度上是在补贴较高收入的有车族。从能源补贴合理化的角度看,国家应通过逐步提高油价,而把节约的财政资金用于支持节能。四是从市场机制的不足来看,由于价格和税收改革到位是一个逐步过程,在这种环境下,一些具有前瞻性、跨越性特点的技术,如IGCC等并不具备市场竞争力,必须依靠财政补贴才能实现尽早应用,实现我国能源和用能领域技术的跨越式发展。五是从英法两国实践看,虽然在WTO规则制约下,政府对企业直接的财政补贴不多,但实际上很多以支持研发、节能、小企业和落后产业名义进行,每年的规模分别达50亿欧元和100亿欧元,财政政策对产业发展的引导力度也相当大。

考虑到节能某种程度具有未来收益的特点,因此,财政资金在前期必须发挥引导和支持作用。具体而言,各级政府应当在本级财政列支节能专项资金,建立节能资金专项投入渠道。而且,节能专项资金占政府财政收入的比重,应逐年增长。节能专项资金的支持内容应包括节能技术开发与示范、重大节能技改项目奖励、节能技术服务体系能力建设、居民用户采购节能产品、实施建

---

① Lin Jiang,Trends in Energy Efficiency Investment in China and the US,LBNL.

筑节能改造、低收入家庭用能补贴等。财税政策的重点应支持具有超前性的创新技术,包括先进工业产能、高效建筑和低能耗汽车等。特别是,对引进发达国家先进技术、节能关键技术产业化和节能通用设备国产化项目给予财政补贴支持。

（2）建立完善有利于节能的税收政策体系

就一般领域而言,税收政策相比财政补贴更具有公平性、规范性,而且透明度高,可操作性强。因此,长期来看,我国应不断建立完善有利于节能的税收政策体系,确定税收改革的长期目标和实施进度,为市场主体提供明确的政策信号。

具体而言:

在正向激励政策方面,应对高效节能产品的生产、销售和使用,以及对节能技术服务的提供和采购实行优惠税率。例如,参照高新技术企业和资源综合利用企业的税收政策,对节能产品生产企业给予一定的所得税优惠,在城镇土地使用税、房产税方面给予一定的减免税优惠,对企业投资给予投资抵免、加速折旧等优惠;对共性、关键节能技术、重大节能设备和产品,实行投资抵免增值税优惠政策,或者考虑在一定期限内实行增值税减免政策;扩大《企业所得税法》中与节能有关的企业所得税优惠政策;实行鼓励先进节能环保技术设备进口的税收优惠政策;对高效节能建筑的建设、销售实行优惠税率政策,甚至零税率政策;对小批量汽车、混合动力汽车、电动汽车等给予降低或取消消费税、购置税的优惠政策。

在逆向约束性的节能税收支持政策方面,应借鉴英法两国经验,尽快开征能源税、环境税、燃油税等,明确最终税率目标。在短期内,减少能源领域不合理补贴,在长期内,促使税收结构"绿化"。考虑到我国能源领域部门垄断的现状,在改革能源价格形成机制过程中,应强调"税收改革到位"而不仅仅是"价格改革到位",加大终端价格中税收的比重,避免出现能源价格上涨而国家、消费者利益同时受损的现象。同时,进一步调整"两高一资"产品进出口税收政策,取消对资源性、高耗能产品的出口退税,对焦炭、钢铁等部分产品征收高额出口税或实行严格配额制。此外,在建筑和交通领域,应尽快研究对别墅、大户型建筑、大排量豪华汽车征收惩罚性税收,增加"惩罚性"税收的实施范围和力度。

（3）发挥政府部门的带动和示范作用

发挥政府部门的带动和示范作用有两方面内容。一方面,以政府采购为手段,加大对具有典型意义的节能产品的采购力度,鼓励节能产品在各级政府部门、事业单位及国有企业的推广应用,鼓励政府部门通过采购节能技术服务降低能源花费,发挥政府部门在节能方面的表率以及辐射、带动作用,同时带动节能产品、技术和服务行业的发展。

另一方面,对现有政府采购政策进行调整。对政府机构能源花费、办公经费等项目试行总量控制政策,包括对政府部门能源消耗量制定年度节能目标等。同时,改革目前政府预算管理制度,对能源花费逐年减少的政府部门给予奖励,鼓励政府部门采用合同能源管理的方式控制能源消费,改变目前政府预算"一揽子"安排而且只增不减的现象。同时,加快政府公车改革,研究出台从根本上改变公车数量增长、排量增长和能源消费增长趋势的政策措施。

3.6.3 完善财税使用机制

从世界范围看,与能源相关的财税补贴具有一定普遍性,但由于各国国情差别很大,实施机制不同,实际效果相差很大。许多发展中国家的能源补贴人为压低了能源价格,刺激了不合理需求的增长,也给政府财政带来巨大压力。而欧盟国家由于普遍征收较高能源税,其财政补贴措施主要针对各种节能行为,有利于降低能源消费增长。因此,在增加节能财税政策力度的同时,更重要的是完善建立适合我国国情的财税使用机制,调动中央、地方和专业机构多方面积极性,合理处理财税政策与政府职能转变、发挥价格信号之间的关系,确保财税政策效果最大化。

在税收政策方面,首先,完善征管制度,强化依法征收。特别是对于逆向约束性的税种,确保应收尽收,为财政收入增长和保障节能投入提供坚实基础。其次,建立动态的节能产品和技术推广的补贴、税收优惠政策体系,及时调整税收优惠的内容、标准和时限。在节能产品或技术研发、示范、推广和加速扩散等不同阶段适时调整优惠税率,针对工业、建筑、交通、居民、政府机构等不同领域节能问题,综合采取投资抵免、增值税、所得税减免、加速折旧等多种优惠方式。同时,综合考虑税收优惠带来的正面和负面影响。例如,对工业领域,在支持落后产能重组、技术改造,以及支持新增产能技术创新、跨越增长之间,要合理发挥税收优惠政策的扶持作用。此外,一些促进节能的税收政策,随着能源效率的不断提高,其税收收入可能会减少,因此应定期对税收政策的效果进行评估,并及时进行调整,更好地发挥税收政策对于节能的引导和促进作用。

在财政政策方面,应注重提高公共资金的使用效率,加强对财政资金的审查和监督。首先,建立科学、有效的决策程序,在综合考虑成本有效性和缩小地区差距等因素的基础上,选择财政投入最少、节能和社会效益最大的领域或对象进行支持。在项目选择中,无论是针对企业节能的财政补贴,还是以缩小能源服务水平差距为目的,都应更多地采用竞争性招标的办法。例如,在财政奖励资金安排中,一方面要对西部落后地区予以倾斜,另一方面,以单位节能量投资额作为标准进行奖励,在扶助企业节能投资的同时,体现"奖优惩劣"的目的。其次,加大财政转移力度,发挥中央、地方、专业机构等多方面的积极性。中央财政在加大对落后地区、重点工程、重大项目、关键技术扶持的同时,应加大财政转移力度,允许地方结合各地实际,灵活选择重点领域给予支持。同时,对于一些量大面广或专业技术性强的领域,应积极发挥地方节能中心、节能服务公司等专业机构的作用。最后,在财政资金使用的各个环节,要加强审计和监督。无论是中央、地方使用为主的政府机构管理模式,还是包括专业机构、企业在内的独立机构管理模式,都要确保资金使用的透明,并接受主管部门、审计部门、独立机构、社会舆论的监督和定期审查,由独立机构定期对资金的实际使用效果进行审查,提高财政资金的使用效率。

另外,财税政策牵一发而动全身,既直接影响企业和消费者的各种行为,关系到现阶段经济社会平稳运行,从长远看,还关系到居民收入分配、产业技术进步以及国际竞争力等多方面内容。为此,一方面要统筹考虑财税与产业、贸易、投融资、转移支付等多方面政策的关系,确保政策之间协调、配套,发挥合力。另一方面,在财税政策的实施力度、出台时机、具体内容、动态调整等方面深入研究,确保财税政策在有力推动节能工作的同时,促进经济、社会协调和持续发展。

参考文献

[1] European Commission.Green paper on market-based instruments for environment and energy related policies purposes. 2007.

[2] European Commission.Taxation trends in the European Union. 2007.

[3] Jean Philippe Barde.Environmentally harmful subsidies.2004.

[4] Jiang Lin.Energy conservation investments:A comparison between China and the US.Energy Policy 35(2007):916-924.

[5] National petroleum council of the USA.Facing the hard truth about energy.2007.

[6] Geoff Kelly.Renewable energy strategies in England,Australia and New Zealand.Geoforum 38(2007):326-338.

[7] Horace Herring.Energy efficiency a critical view.Energy 31 (2006):10-20.

[8] Simon Dresner,Tim Jackson,Nigel Gilbert. History and social response to environmental tax reform in the United Kingdom. Energy Policy 34(2006):930-939.

[9] David Pearce, The political economy of an energy tax:The United Kingdom's Climate Change Levy.Energy Economics 28(2006):149-158.

[10] David Toke,Volkmar Lauber.Anglo-Saxon and German approaches to neoliberalism and environmental policy:The case of financing renewable energy.Geoforum 38(2007):677-687.

[11] Jose-Frederic Deroubaix,Francois Leveque.The rise and fall of French Ecological Tax Reform: social acceptability versus political feasibility in the energy tax implementation process.

[12] Robert U. Ayres,Hal Turton,Tom Casten.Energy efficiency, sustainability and economic growth.Energy 32(2007):634-648.

[13] 中国能源财经税收政策研究课题组.中国可持续能源财经与税收政策研究[M].北京:中国民航出版社,2006.

[14] 葛察忠,王金南,高树婷.环境税收与公共财政[M].北京:中国环境科学出版社,2006.

[15] 财政部财政科学研究所.中国财经前沿问题演讲稿[M]. 北京:经济科学出版社,2006.

［16］张海滨.环境与国际关系，全球环境问题的理性思考［M］.上海：上海人民出版社，2007.

［17］世界银行.机不可失,中国能源可持续发展［M］.北京：中国发展出版社，2007.

［18］世界银行.东亚福星,关于经济增长的观点［M］.北京：中信出版社，2008.

［19］凯丽·西蒙斯·盖勒格.变速！中国(汽车、能源、环境与创新)［M］.北京：清华大学出版社，2007.

［20］庄贵阳.低碳经济：气候变化背景下中国的发展之路.北京：气象出版社，2007.

［21］张军,李小春.国际能源战略与新能源技术进展［M］.北京：科学出版社，2008.

［22］国际货币基金组织.世界经济展望［M］.北京：中国金融出版社，2008.

［23］郝春虹.税收经济学［M］.北京：南开大学出版社，2007.

［24］赵怀勇,何炳光.公共财政体制下政府如何支持节能［J］.节能与环保，2003(12).

［25］廖晓军.促进节能的财税政策——在2006年全国节能工作会议上的发言.

［26］李蒙,胡兆光.国外节能新模式及对我国能效市场的启示［J］.电力需求侧管理，2006.

［27］国务院发展研究中心.促进节能环保汽车发展的国际经验(内部资料).2006.

［28］陈清泰.我们该如何应对能源危机［J］.资本市场，2006(7).

［29］刘世锦.对我国经济增长模式转型的回答.人民网，2006-11-02.

［30］苏明,傅志华.鼓励和促进我国节能事业的财税政策研究.经济研究参考［J］，2006(14).

［31］王庆一.国外促进节能的财税政策［J］.中国能源，2006(1).

［32］戴彦德.节能降耗与发展可再生能源,人民网，2006-01-11.

［33］林伯强.降低能源消耗需要做什么.中国能源网，2007-04-13.

［34］窦义粟,于丽英.国外节能政策比较及对中国的借鉴.节能与环保［J］，2007(1).

［35］国家发展改革委外事司.欧盟节能战略及启示.中国经贸导刊［J］，2005(23).

我国二氧化碳排放控制目标分解的关键因素研究

高翔 牛晨

1 获奖情况

本课题获得 2010 年度国家发展和改革委员会宏观经济研究院基本科研业务费专项课题优秀成果一等奖。

2 本课题的意义

实现国家二氧化碳排放控制目标必须通过合理的分解才能落实。通过对我国各省能源活动二氧化碳排放特征及其影响因素的分析,借鉴国际经验,本研究认为我国分解单位 GDP 二氧化碳排放下降目标的关键因素有四:一是必须基于排放总量控制的思想分解排放强度目标;二是对排放情况不同的地区应分类对待;三是保障各省维持基本生产生活的排放要求;四是对超出基本排放要求的部分,综合考虑人口、产业结构、能源效率、能源结构等因素分解排放控制目标。

3 本课题简要报告

2009 年 11 年 25 日召开的国务院常务会议研究决定"到 2020 年我国单位国内生产总值二氧化碳排放比 2005 年下降 40% ~ 45%,作为约束性指标纳入国民经济和社会发展中长期规划,并制定相应的国内统计、监测、考核办法"。这是我国第一次定量地提出有关控制温室气体排放的约束性目标,并且在"十二五"规划中阶段性地提出单位国内生产总值二氧化碳排放降低 17% 的约束性指标。

对于我国这样体量巨大的经济体和排放现状,实现这一排放控制目标必须通过合理的目标分解,才能将控制排放的任务和措施落实到责任主体,确保国家目标的实现。"十一五"时期,我国对国家节能目标进行了分解实施,这为"十二五"和以后时期分解落实二氧化碳排放控制目标提供了借鉴。然而从实施效果看,"十一五"节能目标的分解存在诸多问题,一是各省在分解方案之初对其并不了解,以至于在实施过程中发现难以完成分得的目标,不得不申请调低节能目标,例如山西、内蒙古、吉林分别申请将原本单位 GDP 能耗下降 25%、25% 和 30% 的目标,下调为下降 22%;二是节能目标对调整产业结构、实现经济转型的约束性不强,在全球金融危机的冲击下,各地为保经济增长仍将资金投向技术要求低、投资见效快的高耗能、资源型行业,节能目标因地区生产总值的增长而实现,没有起到合理的节能效果;三是全国整体节能目标完成情况与各省目标完成情况不等,"十一五"前四年全国整体单位 GDP 能耗下降 15.6%,完成节能目标的 78%,但全国除新疆、青海、贵州三省外,其余 28 个省完成目标的比重均高于全国,全国整体目标完成情况落后于各省平均水平。因此,完善目标分解方案是我国"十二五"和以后一段时期实现国家二氧化碳排放控制目标的必要条件。

为尽快开展落实上述排放控制目标的相关工作,力争我国单位 GDP 二氧化碳排放控制目标的实现既高效、经济,同时又能充分体现地区公平,当前亟须研究分解排放控制目标的关键考量因素,确立目标分解参考指标,为制订目标分解方案提供依据。

3.1 部分国家和地区分解排放控制目标的经验

欧盟早在 2005 年就通过实施温室气体排放交易体系（EU-ETS），将温室气体减排责任落实到成员国和各主要排放行业的企业。

EU-ETS 的核心是：纳入体系的相关行业企业，必须持有排放许可才能从事导致温室气体排放的生产活动；未持有许可而排放或超过许可限额排放的企业，将被处以高额罚款；允许企业购买一定的"碳减排量"抵消自身排放量；排放许可由欧盟分配到各成员国，按《京都议定书》目标实行年度总量控制；成员国将排放许可分配给纳入体系的企业，企业可以在欧盟范围内通过碳市场等交易排放许可。从执行效果看，EU-ETS 体系内的企业 2005—2007 年共获得排放许可 64.6 亿 t 二氧化碳当量；经核证，同期共排放温室气体 61.0 亿 t 二氧化碳当量，有效地控制了排放总量。

2009 年欧盟进一步提出了 2020 年减排 20% 的自主行动目标，并且提出了在成员国中分配减排目标的方案。减排目标分解为 EU-ETS 覆盖部门和非 EU-ETS 覆盖部门，并依据不同的原则分解到各成员国。对于 EU-ETS 覆盖部门，排放许可总量的 88% 根据各国 2005 年排放份额分配，10% 用于补贴欧盟中的欠发达国家，2% 用作奖励；对于非 EU-ETS 覆盖部门，排放总量比 2005 年降低 10%，各国获得的排放许可与人均 GDP 挂钩，人均 GDP 高的国家减排额度也高。

美国也以温室气体排放限额交易体系为核心，将温室气体排放控制责任分解落实到行业和企业。2009 年 6 月，美国国会众议院通过的《2009 年清洁能源与安全法案》，提出自 2012 年起，在国内逐步建立温室气体排放限额交易体系。通过对主要温室气体排放行业和企业实行排放许可和交易制度，使 2020 年温室气体排放总量比 2005 年减少 17%，2050 年比 2005 年减少 83%。核心内容与 EU-ETS 基本一致，即纳入体系的排放企业只有获得排放许可才能从事相关生产活动，企业间可交易排放许可。作为与众议院《法案》相匹配的参议院版本，2010 年 5 月参议员克里与李伯曼提出了《2010 年美国能源法案》，进一步强调了保障居民权益和防止投机炒作。

墨西哥政府为减缓本国温室气体排放，制定了《2009—2012 年气候变化特别项目》，要求使 2012 年排放比 BAU 情景预期排放量减少 5 065 万 t 二氧化碳当量，并将这一目标分解落实到 26 个领域的若干具体项目，明确了相应政府部门负责。与欧美不同的是，墨西哥分解落实的不是排放许可总量，而是减排目标总量，分解规定了每年每个项目的减排目标。

欧盟、美国和墨西哥分解温室气体排放控制目标的做法，其共同点是国家将定量化、指令性的年度计划分解落实到企业或项目。国家（联盟）将年度排放总量控制计划或定量化的减排计划分解到具体排放企业或减排项目，纳入体系的排放企业不能超计划限额排放，减排项目必须完成计划分配的减排任务。同时，三种方法均要求建立完备的统计、监测与考核体系，以核实相关排放企业的排放量、减排项目的减排量是否符合国家计划。

3.2 我国各省二氧化碳排放的主要特征

二氧化碳排放控制目标必须落实到排放主体才能实现。我国幅员辽阔，各地自然条件和发展水平的差异很大，这一国情决定了在国家目标和排放主体之间必须要有适当的层级承担中间目标。二氧化碳排放控制目标又不同于一般经济目标，只能在较大的区域范围内才能得到有效控制。因此，将国家的控制目标分解到省级政府，由省级政府管理一个省区域内的排放控制目标和行动是必需的。将国家整体目标分解到各省（"各省"泛指全国各省、自治区、直辖市）的基本原则是促进国家目标高效、公平地完成。同时，必须兼顾我国各地自然环境、资源禀赋、人口分布、经济社会发展水平的不同，因此我国从国家向各省分解二氧化碳排放控制目标需要区别对待，这首先要求分析各省二氧化碳排放的主要特征。

（1）能源活动二氧化碳排放的计算方法

经济活动的二氧化碳排放主要来自能源活动和一些特定的工业生产过程（例如煅烧石灰石、炼钢降碳等）。其中来自能源活动的二氧化碳排放约占全国二氧化碳排放量的 90%。由于计算工业生产过程二氧化碳排放所需的统计数据不完善，因此本文只研究了全国各省能源活动的二氧化碳排放。

各省能源活动二氧化碳排放数据的计算采用分燃料计算法，即根据能源平衡表，对不同能源消费分别乘以其二氧化碳排放系数。用于计算能源活动二氧化碳排放的能源消费数据包括加工转换投入产出量和终端能源消费量,其中非燃烧的能源活动,例如洗选煤、工业原料材料等不纳入二氧化碳排放计算。加工转换投入产出能源消费中用于计算二氧化碳排放的能源品种包括:原煤、洗精煤、其他洗煤、焦炉煤气、其他煤气、原油、汽油、柴油、燃料油、液化石油气、炼厂干气、天然气、其他石油制品;终端能源消费中用于计算二氧化碳排放的能源品种包括:原煤、洗精煤、其他洗煤、型煤、焦炭、焦炉煤气、其他煤气、原油、汽油、煤油、柴油、燃料油、液化石油气、炼厂干气、天然气、其他石油制品。各省能源平衡表引自历年《中国能源统计年鉴》。各省标准量能源平衡表通过能耗实物量与全国平均能源折标系数折算,其中,能源加工转换投入产出量的电力折标按各省历年发电煤耗折算,终端消耗按电热当量折算;由于宁夏自治区没有 2000—2002 年、海南省没有 2002 年能源平衡表,因此其当年各产业和生活能耗与排放数据,按当年能耗总量与 2005 年各产业与生活能耗比重折算。由于能源统计数据的原因,以下分析均不包括西藏自治区。

排放系数引自国家气候变化对策协调小组办公室和国家发展和改革委员会能源研究所编著的《中国温室气体清单研究》。由于我国至今只在本书中公布了这一次能源消费的碳排放系数,因此本研究假设不同能源品种的碳排放系数不变,但实际上这一参数是变化的,但与能源结构的变化等因素相比属于微小变化,在宏观研究层面可以忽略不计。

需要说明的是,国家在 2010 年修正了 1996 年以来的全国能源统计数据,更新了 1996 年以来的全国能源平衡表,但并未更新各省能源平衡表,因此本研究在计算全国二氧化碳排放时所采用的数据来自更新后的能源平衡表,而计算各省二氧化碳排放时仍采用历年各省能源平衡表。

为研究各省的排放特征,还需要对各省人均排放量、单位 GDP 排放量、单位能耗排放量等特征因素进行分析,需要用到各省人口、经济结构、人均收入等数据。本研究对于一、二、三次产业的划分,为匹配能源消费和碳排放计算值,采取了《中国能源统计年鉴》的划分方法,将其中的农、林、牧、渔业作为第一产业,工业和建筑业作为第二产业,交通运输、仓储及邮电通讯业、批发和零售贸易业、餐饮业以及其他作为第三产业。各省总人口和三次产业增加值数据引自历年《中国统计年鉴》,增加值折为 2000 年不

变价格。各省人均收入的计算方式为将城镇居民年人均可支配收入与农村居民年人均纯收入按城乡人口数量加权平均,其中部分年份《中国统计年鉴》不提供分省城乡人口数或比重的,根据《中国农村统计年鉴》提供的乡村人口数计算。

(2)碳排放总量的区域比较

2000—2009 年,我国能源消费的二氧化碳排放总量在空间分布上变化不大,仍是东部沿海地区排放量高、中西部地区排放量低。如图 1 所示。

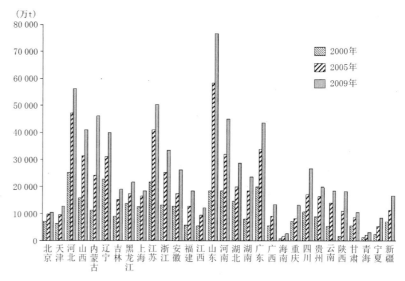

图 1   2000 年、2005 年、2009 年我国各省市能源活动
二氧化碳排放总量

东部沿海 12 个省、直辖市(北京、天津、河北、辽宁、上海、江苏、浙江、福建、山东、广东、广西、海南)占全国排放总量达到约 50%,其中河北、江苏、山东、广东 4 省排放总量占全国的比重就达到 25% ~ 30%。这表明,控制全国的二氧化碳排放,经济发达地区应该作出较大的贡献。

从排放总量的增长情况看,2000—2009 年全国 30 个省平均的二氧化碳排放量年均增长 10.7%,中西部地区达到 11.3%,略高于全国平均水平,而东部地区相对较低,为 9.8%,但是其中河北、江苏、山东、广东 4 省的年均增长率达到 11.4%,高于全国和中西部地区平均水平。就各省看,年均增速最高的 3 个省分别是陕西

30.48%、山东17.12%和内蒙古16.76%。这表明,除了经济发达地区外,新兴经济省和资源型省份在减缓全国二氧化碳排放上也应当承担较大的责任。

（3）人均碳排放量的区域比较

2000—2009年,我国人均能源消费的二氧化碳排放量在空间分布上变化不大,仍是东部沿海地区和资源型地区人均排放量高,其余地区人均排放量相对较低。如图2所示。

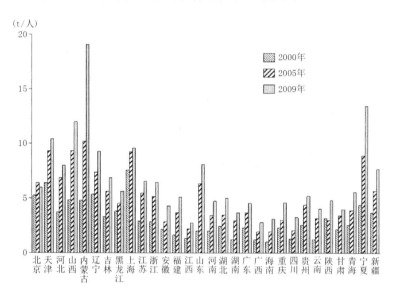

**图2 2000年、2005年、2009年我国各省市能源活动
人均二氧化碳排放量**

东部沿海省市人均二氧化碳排放量平均水平从2000年的3.52 t/人增长到2009年的6.65 t/人,高于全国30省平均水平;中西部地区的平均水平从2.73 t/人增长到6.47 t/人;其中典型资源型省份山西、内蒙古、宁夏的人均排放量平均水平从2000年的4.68 t/人增长到14.84 t/人,与全国30省平均水平相比,从比全国平均水平高54%增长到比全国平均水平高127%。

从人均二氧化碳排放量的年均增长率看,2000—2009年中西部地区年均增长的平均值为9.5%,东部沿海地区平均值为8.7%,中西部地区快于东部地区。其中山西、内蒙古、宁夏的人均排放量年均增长平均水平高达13.5%,而北京和上海两个直辖市的平均水平仅为2.1%,差异明显。这表明,从人均排放量看,不仅

东部沿海地区应该承担较大的减排责任,资源型地区也应当承担较高的减排责任,特别是中西部地区人均排放量的增长速度快,需要加以控制。

（4）单位地区生产总值碳排放量的区域比较

2000—2009年,我国单位GDP排放量在空间分布上有一定变化。这一时期各省单位GDP排放量年均下降率平均为1.9%,东部沿海地区下降相对较快,平均达到2.3%,中西部地区相对较慢,仅为1.7%。其中,北京和上海下降最快,年均达到6.6%,而福建、山东、湖南、海南、云南和宁夏这几个省单位GDP排放量不降反升。如图3所示。这表明在控制全国二氧化碳排放时,经济发展水平和产业结构具有重要影响。经济发展水平高,三产比重大的地区,例如北京、上海,其单位GDP排放相对较低且下降速度快,今后进一步减排的潜力相对减少,应对这些地区给予较小的减排压力,对单位GDP排放形势恶化的地区,在提高能源效率、调整产业结构方面的空间较大,减排的潜力大,应要求其承担较大的排放控制责任。

（5）单位能耗碳排放量的区域比较

2000—2009年,我国单位能耗排放量总体变化不大。这一时期

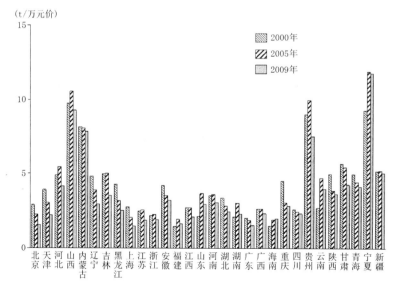

**图3 2000年、2005年、2009年我国各省市单位GDP
能源活动二氧化碳排放量**

全国单位能耗排放量平均从 2.23 t CO_2 / tce 下降到 2.20 t CO_2 / tce，年均降幅仅 0.16%。各省单位能耗排放量变化差异较大，年均降幅从最大的 4.95%（重庆），到年均增幅最大的 4.49%（云南）不等。如图 4 所示。作为我国水能资源丰富的省份之一，云南省能源结构的恶化值得重视。从全国来看，各省能源结构和调整效果具有较强的相似性。尽管这些年我国水电、风电、太阳能等低碳能源的发展迅速，但相比能源消费总量的巨大基数和快速增长，仍难以对能源结构低碳化作出大的贡献。对于二氧化碳排放控制而言，应当鼓励清洁能源资源丰富的地区加快能源结构的调整，进而普惠全国。

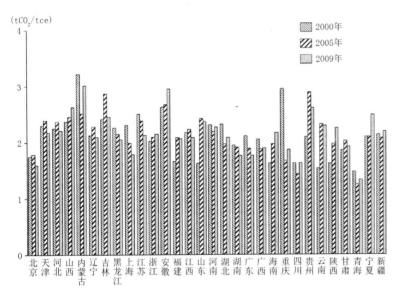

图 4　2000 年、2005 年、2009 年我国各省市单位能耗的能源活动二氧化碳排放量

3.3 各省能源活动二氧化碳排放的聚类分析

聚类分析是一种常用的研究样本分类特征的多元统计分析方法，它能够将一批样本（或变量）数据根据其诸多特征，按照在性质上的亲疏程度，在没有先验知识的情况下进行自动分类。但是聚类分析只提供了将个体根据其若干维度变量特征进行归类的方法，本身并不会得出某种分类是否合理的结论。因此，如何将全国各省分为适当的类别，能够较好地描述其排放形势，从而为

分解国家排放控制指标提供依据，是需要研究的问题。本研究认为，排放形势可以用两种指标来描述，一是排放的结果，即从不同角度对排放结果的表征，二是排放的来源，即影响排放的因素。本研究分别基于这两种指标对全国各省进行了聚类分析。

3.3.1 基于排放特征的聚类分析

排放特征主要可以用排放总量、人均排放量、单位 GDP 排放量、单位能耗排放量、排放部门结构标准差来表征，分别代表了排放规模、人际公平、排放效率、资源禀赋、排放来源五个要素。其中，排放部门结构标准差是指一产、二产、三产、生活四大排放部门对排放总量贡献程度的标准差，反映各省四大部门排放贡献的离散程度，在一定程度上可以反映该省排放的来源特征。

五个指标中，排放规模是最直接的表征指标，其他四个要素是这一要素的衍生指标，因此这五个指标属于不同层次。本研究基于人均排放量、单位 GDP 排放量、单位能耗排放量、排放部门结构标准差四个指标对全国 30 个省进行了聚类分析。采用的算法是样本聚类，以平方欧氏距离计算个体间距离，以离差平方和法（Ward's 法）计算类间距离，并对变量进行归一化处理。

聚类分析结果表明，2000 年全国各省基于排放结果描述指标，可分为三类或四类，而 2005 年和 2009 年均以分为三类为宜，但 2000 年的三类分法与后两年具有较大的差别。此处将 2000 年的第三和第四类省作为第三类的两个亚类三（1）和三（2）进行比较说明。如表 1 所示。

基于排放结果描述指标的各省分类结果表明，分类的年际变化非常大，不仅类数有变化，每一类包含的省份也出现较大变化。这主要是由于 2000—2009 年这十年来，各省用于聚类分析的这四个指标都发生了绝对量上的变化，并且本省四个指标之间的相对关系也发生了变化，这种情况具有普遍性，因此导致用于聚类分析的指标缺乏稳定性。这是需要另外研究的问题。

3.3.2 基于宏观影响因素的聚类分析

IPAT 模型和 KAYA 恒等式是分析影响二氧化碳排放的宏观因素的常用工具。Ehrlich 和 Holdren 于 1971 年最早提出环境发生的某种变化（I），可以构造为人口（P）、经济活动（A）和技术水平（T）的恒等式，即：$I = P \times A \times T$。IPAT 模型的主要目的在于找出一些决定性因素，并通过改变一个因素而保持其他因素固定不变来

分析问题。在气候变化领域,Kaya Yoichi(1990)根据 IPAT 理论提出了有关二氧化碳排放的 KAYA 恒等式,将二氧化碳排放量构造为人口(P)、人均 GDP(即经济活动 A)、单位 GDP 能耗(S,即技术水平 T_1)和单位能源消费的二氧化碳排放(Q,即技术水平 T_2)的乘积,即

$$CO_2 = Pop \cdot \frac{GDP}{Pop} \cdot \frac{E}{GDP} \cdot \frac{CO_2}{E} \quad \text{或} \quad I = P \cdot A \cdot T_1 \cdot T_2 \qquad (1)$$

式中　Pop —— 人口;

　　　E —— 能耗。

在实际研究中,有时也需要根据研究目标将 KAYA 恒等式进行扩展或改造。例如 Dietz 和 Rosa(1994)建立了 IPAT 恒等式的随机模型 STIRPAT,引入指数使得该模型可用于分析人文因素对环境的非比例影响。Lin 等(2009)和朱勤等(2010)为深入研究中国人口结构变化对碳排放的影响,又对 STIRPAT 模型进行了扩展,将人口城市化率引入模型。王锋等(2010)将 KAYA 恒等式扩展为

生产、交通、居民三大部门排放量的和,各部门内部又将能源利用总量扩展为各种能源利用量的和,利用这一模型,分析了燃料结构、生产部门能源强度、经济结构、人均 GDP、人口总量、运输线路单位长度能耗、交通工具平均运输线路、交通工具数量、居民生活能源强度、家庭平均年收入、家庭数量 11 个因素对二氧化碳排放的影响。Guan 等(2008)将 KAYA 恒等式改造为人口(P)、人均支出(y_v)、单位支出排放量(F)、经济结构(L)和消费结构(Y_s)的乘积,即 $CO_2 = P \cdot F \cdot L \cdot y_s \cdot y_v$,以适用投入产出数据来分析上述因素对二氧化碳排放的影响。

本研究考虑人口、经济规模、经济结构、能源结构、居民生活等因素对二氧化碳排放的影响,因此将 KAYA 恒等式扩展为

$$CO_2 = P \cdot \left(\sum_i A_i \cdot E_i \cdot I_i + F \cdot E_r \cdot I_r \right) \qquad (2)$$

式中,CO_2 为各省二氧化碳排放量;P 为人口;A_i 为人均第 i 次产业增加值,表征了经济规模与产业结构;E_i 为第 i 次产业单位增

表 1　各省市 2000 年、2005 年、2009 年能源活动二氧化碳排放特征聚类

年份	类别	省份	单位 GDP 的 CO_2 排放 / (t/万元)	单位能耗的 CO_2 排放 / (t/tce)	人均 CO_2 排放 / (t/人)	排放结构标准差
2000	第一类	江苏、浙江、安徽、福建、江西、山东、河南、湖北、湖南、广东、广西、海南、重庆、四川、云南、陕西	2.75 ± 0.88	2.08 ± 0.40	1.84 ± 0.61	0.32 ± 0.04
	第二类	河北、吉林、黑龙江、甘肃、青海、新疆	5.01 ± 0.45	2.06 ± 0.35	3.21 ± 0.68	0.30 ± 0.04
	第三(1)类	北京、天津、辽宁、上海	3.62 ± 0.96	2.12 ± 0.26	6.14 ± 1.09	0.31 ± 0.04
	第三(2)类	山西、内蒙古、贵州、宁夏	9.05 ± 0.66	2.45 ± 0.53	4.15 ± 1.09	0.32 ± 0.07
2005	第一类	黑龙江、安徽、福建、江西、河南、湖北、湖南、广东、广西、海南、重庆、四川、云南、陕西、甘肃、青海	3.23 ± 1.02	1.98 ± 0.34	3.06 ± 0.74	0.32 ± 0.03
	第二类	北京、天津、河北、辽宁、吉林、上海、江苏、浙江、山东、新疆	3.56 ± 1.30	2.27 ± 0.30	6.75 ± 1.50	0.33 ± 0.04
	第三类	山西、内蒙古、贵州、宁夏	10.13 ± 1.59	2.49 ± 0.33	8.20 ± 2.60	0.34 ± 0.04
2009	第一类	北京、上海、湖北、湖南、广东、广西、海南、重庆、四川、云南、陕西、甘肃、青海	2.69 ± 1.01	1.87 ± 0.28	4.69 ± 1.76	0.30 ± 0.04
	第二类	天津、河北、辽宁、吉林、黑龙江、江苏、浙江、安徽、福建、江西、山东、河南、贵州、新疆	3.22 ± 1.56	2.27 ± 0.25	6.49 ± 2.07	0.35 ± 0.02
	第三类	山西、内蒙古、宁夏	9.64 ± 2.01	2.71 ± 0.27	14.84 ± 3.72	0.36 ± 0.03

注:表中数据为"均值±标准差"。

228

加值能耗,表征了产业能耗水平;I_i 为第 i 次产业单位能耗排放,I_r 为居民生活单位能耗排放,表征了能源消费结构;F 为人均收入,E_r 为单位国民收入的生活能耗,表征了居民生活水平和能耗水平。以影响能源活动二氧化碳排放的 13 个宏观因素为指标进行聚类分析。结果表明其聚类的稳定性能较好。2000 年、2005 年、2009 年全国都可以分为三大类,其中第三大类内也可以明确区分出两个亚类,如表 2 所示。

表 2 各省市 2000 年、2005 年、2009 年影响能源活动二氧化碳排放的宏观因素聚类

		2000 年	2005 年	2009 年
第一类		北京、天津、上海	北京、天津、上海	北京、天津、上海
第二类		山西、贵州、甘肃、青海、宁夏、新疆	山西、贵州、陕西、甘肃、青海、宁夏、新疆	山西、内蒙古、贵州、甘肃、青海、宁夏、新疆
第三类	三(1)	辽宁、江苏、浙江、福建、山东、广东	辽宁、江苏、浙江、福建、山东、广东	江苏、浙江、山东、广东
	三(2)	河北、内蒙古、吉林、黑龙江、安徽、江西、河南、湖北、湖南、广西、海南、重庆、四川、云南、陕西	河北、内蒙古、吉林、黑龙江、安徽、江西、河南、湖北、湖南、广西、海南、重庆、四川、云南	河北、辽宁、吉林、黑龙江、安徽、福建、江西、河南、湖北、湖南、广西、海南、重庆、四川、云南、陕西

根据这一分类方法,全国第一类地区始终是京津沪三个直辖市;第二类地区是资源型省份的山西、内蒙古、贵州、陕西、甘肃、青海、宁夏、新疆,其中的变化只有陕西 2005 年加入这一集团,内蒙古在 2009 年加入;其余省在第三类,其中又可以区分为沿海经济发达地区(辽宁、江苏、浙江、福建、山东、广东)和中西部地区两个亚类,亚类间的变化仅 2009 年辽宁和福建退出了经济发达地区。这说明,按照这一聚类分析方法可以得出稳定的省际分类。

因此,本研究后续工作将采取基于影响能源活动二氧化碳排放量的宏观因素进行分类,在每类省中选出一个代表,研究各宏观因素对其二氧化碳排放增长的贡献率,发现影响排放的主要因素,进而得出分解全国目标时,针对不同类型省份应该重点考虑的因素。

3.4 典型省区能源消费二氧化碳排放的宏观因素影响分析

对于能源活动二氧化碳排放控制目标的分解,需要对影响各地区能源活动二氧化碳排放的关键影响因素进行甄别,以探讨全国不同类型地区二氧化碳排放控制目标的确定原则和适用方法及各地区控制能源活动二氧化碳排放的重点领域等。国内外学者在影响能源活动二氧化碳排放的因素研究方面开展了大量的工作,总结出了一些较为成熟的方法,其中用于定量分析的方法主要包括统计分析法和分解分析法两大类。

统计分析法的基本思想是选择若干可能与二氧化碳排放相关的变量,获取二氧化碳排放量与各潜在影响因素的时间序列或空间序列,采用统计分析的方法,研究这些因素与二氧化碳排放之间的相关性。分解分析法的基本思想是将二氧化碳排放量作为因变量,通过构造恒等式,将因变量表示为若干自变量的数学组合,采用各种数学变换手段或数学原理,将自变量的组合进行分解,得出各个自变量对因变量影响的权重。分析二氧化碳排放影响的宏观因素时的恒等式通常来自 KAYA 恒等式的扩展。分解恒等式主要有四种方法,一是数学变换法,二是指数分解法,三是结构分解法,四是 Shapley 值法。

Shapley 值法是一种新引入用于研究影响能源活动二氧化碳排放的因素的方法。Shapley 值由 Shapley 于 1953 在博弈论经典著作"n 人博弈的值"中提出,它解决了 n 人合作博弈中如何分配合作得到的收益的问题。Shapley 值法的基本思想是假设 n 人合作,每人(i)都对合作获得的收益有贡献,当 n 人合作得到收益 $v(n)$ 时,记其中每人(i)对于 $v(n)$ 的贡献为 $\varphi_i[v]$,则全部收益等于每人贡献之和,即:$\sum_n \varphi_i[v] = v(n)$。同时,这一合作收益中,存在各种由 s 人组成的合作联盟 $S(S \subseteq n)$,每一种联盟的收益为 $v(S)$,则每人(i)对于 $v(n)$ 的贡献值应该等于该人对于其所在的各种合作联盟收益的贡献的和,则有

$$\varphi_i[v] = \sum_{S \subseteq n} \frac{(s-1)!\,(n-s)!}{n!} [v(S) - v(S - (i))] \quad (i \in S)$$

$$(3)$$

式(3)即为 Shapley 值的表达式。Shapley 值法的计算完全基于

函数本身,不引入新的假设和新的变量,也不涉及数学变换导致的复杂形式和不彻底,因而是一个普适性的分解方法,适用于各种函数形式的因变量。

本研究采用 Shapley 分解分析模型对影响我国典型省二氧化碳排放的宏观因素进行了分析。第一步是构建二氧化碳排放恒等式,如式 2 所示;于是可以依据 Shapley 值的思想,将二氧化碳排放量看做各影响因素合作的全部收益,然后编写 Matlab 算法程序,计算各因素对全部收益的贡献。对于输入数据的来源和整理说明,详见前文。

本研究以北京、山西、广东、重庆四省(市)为各类省的代表,分析了宏观因素对这些省二氧化碳排放的影响。四省(市)在 2000 年、2005 年、2009 年三年的聚类分析中都没有出现类别变动,具有较好的代表性。分解分析结果如表 3 所示。

3.4.1 人口对二氧化碳排放变化的贡献

2000—2009 年,全国人口增长对二氧化碳排放变化的贡献率

为 7.6%,而 1995—2007 年的贡献率为 10.3%(王锋 等,2010),1980—2007 年的贡献率为 29.7%(朱勤 等,2010),这显示人口增长对全国二氧化碳排放变化的影响力在降低。就分省市来看,重庆人口 2009 年比 2000 年出现负增长,相应导致人口因素成为该省市减缓二氧化碳排放的因素,这主要是由于重庆是我国的劳务输出地区,并且人口迁出数增长幅度高于户籍人口数增长幅度,导致其人口出现负增长[①]。而以北京为代表的发达地区,尽管人口自然增长率不高,但十年来人口变化对二氧化碳排放增长的贡献率高达 25% 左右,显示外来人口增长对我国经济发达地区的二氧化碳排放起到了重要影响,甚至在"十一五"时期超过人均二产增加值的影响,成为首要影响因素。

3.4.2 经济增长对二氧化碳排放变化的贡献

2000—2009 年,全国人均三次产业增加值增长对二氧化碳排放变化的累计贡献率占到各导致二氧化碳排放增长因素合计贡献率的 85.4%。就分省市看,山西、广东和重庆这一比例在 65%~

表 3 宏观因素对我国典型省二氧化碳排放增长的贡献率

单位:%

时间段	省份	人口	人均一产增加值	一产单位增加值能耗	一产单位能耗排放	人均二产增加值	二产单位增加值能耗	二产单位能耗排放	人均三产增加值	三产单位增加值能耗	三产单位能耗排放	人均收入	单位国民收入的生活能耗	单位生活能耗排放
2000—2005 年	北京	35.2	0.1	−1.6	0.8	97.0	−94.0	19.3	29.6	6.0	2.9	18.7	−8.0	−6.1
	山西	2.6	0.5	−0.8	−0.9	85.9	−24.5	32.8	3.0	0.5	−0.7	5.9	−4.3	0.1
	广东	11.8	0.4	0.2	−0.6	100.0	−20.7	−11.0	10.6	4.5	0.2	3.5	0.6	0.5
	重庆	−74.6	12.5	−10.7	11.9	465.2	−458.0	101.4	25.8	17.6	0.9	12.1	−1.2	−2.8
2005—2009 年	北京	202.6	−0.9	0.1	−1.0	191.8	−489.4	94.4	134.1	−54.8	−20.0	87.2	−53.1	9.1
	山西	8.3	0.5	−0.1	0.7	119.5	−68.4	15.8	7.1	6.4	3.4	13.8	−5.7	−1.3
	广东	19.4	0.5	−1.4	−0.5	147.0	−57.3	−24.1	21.1	−7.8	−1.4	17.0	−10.8	−1.7
	重庆	4.9	1.5	−1.2	0.9	114.4	−37.7	4.6	9.4	−0.1	0.4	12.9	−9.6	−0.5
2000—2009 年	北京	88.6	0.0	−0.5	0.2	44.2	−66.5	13.1	17.8	−1.1	−0.1	13.4	−7.3	−1.7
	山西	4.5	0.5	−0.6	−0.3	94.8	−39.8	28.8	5.3	2.7	0.4	10.0	−5.8	−0.5
	广东	15.3	0.5	−0.5	−0.5	119.4	−35.9	−16.7	13.5	0.8	−0.3	8.1	−3.3	−0.2
	重庆	−15.9	3.7	−3.1	3.1	227.4	−168.4	32.6	11.6	4.6	0.5	13.4	−8.2	−1.1

数据来源:本研究计算。

---

① 根据《中国统计年鉴》《中国人口统计年鉴》《中国人口和就业统计年鉴》数据计算。

80%，显示经济增长因素是导致全国二氧化碳排放增长的主要原因。但是北京仅为25%，表现出与其余省份明显的不同。这主要是因为北京近年来减缓了二产的发展，2009年与2000年相比，二产增加值仅是2000年的2.4倍，显著低于其余三省；同时一产的增速也低于其余三省；三产增加值增长虽然快于其余三省，但是累计增幅也只是2000年的2.8倍，并不比其余三省高出太多。

3.4.3 能源效率对二氧化碳排放变化的贡献

"十一五"期间，我国采取了空前强有力的措施，包括法律法规、经济激励、行政命令等来全面推动节能，能源效率的提高是导致全国能源活动二氧化碳排放降低的首要因素，但是各地节能的途径和效果各有不同，能源效率提高对减缓碳排放的影响差异也明显，其中第二产业的差异尤其明显。

作为相对发达的地区，北京市和广东省产业结构相对优化，2000年单位二产增加值能耗分别为2.53 tce／万元（2000年不变价）和1.26 tce／万元，远低于山西的4.68 tce／万元和重庆的4.44 tce／万元。10年来，北京市的二产结构发生了巨大变化，首钢等高耗能企业的外迁等因素导致北京市2009年单位二产增加值能耗降低到0.98 tce／万元，比2000年下降了61%；而山西省由于资源禀赋的缘故，重化工业在本省经济结构中所占比重始终较大，尽管采取了节能减排措施，2009年单位二产增加值能耗比2000年下降了32%，但绝对值仍高达3.17 tce／万元；广东省虽然基数小于北京市，但是没有像北京这样的全省市产业结构大幅优化的机遇，10年来单位二产增加值能耗仅降低了27%；重庆市虽然是西部欠发达地区，但是10年来的经济发展取得了显著成果，经济结构调整结果也初步显现，高耗能的电力、化学纤维制造业、黑色金属冶炼及压延业、化学原料及化学制品业占工业增加值比重均有所降低，工业产业结构的调整是重庆单位二产增加值能耗下降61%、排放形势好转的重要原因。

一产方面，10年来各地单位一产增加值能耗均有所下降，降幅在20%～30%，差别不大。

三产方面，北方地区单位三产增加值能耗高于南方地区，这可能是因为三产活动基本在建筑物内和交通领域，北方地区由于冬季采暖的缘故，导致同样的产业活动比南方耗能高。2000年北京和山西单位三产增加值能耗几乎是重庆和广东的2倍。尽管服务业是三次产业中单位增加值能耗最低的部门，但是这也意味着进一步降低三产单位增加值能耗的难度，尤其是在我国目前仍处于以物质生产为主要经济拉动力的时期。"十五"和"十一五"时期，仅北京市三产单位增加值能耗下降了4%，广东上升了5%，而山西和重庆都上升了50%左右。

3.4.4 能源结构对二氧化碳排放变化的贡献

我国是世界上少数几个以煤炭为主的国家，单位能源的含碳量大大高于发达国家和世界平均水平，能源结构问题是我国控制温室气体排放必须面对的巨大挑战。"十一五"期间，由于经济增速超出预期，导致对能源消费的需求超出规划，并且能源供应缺口主要依靠煤炭来弥补，2009年全国煤炭占一次能源消费的比例仅比2005年降低了0.4个百分点，比规划目标高约4个百分点，能源结构调整收效甚微，"十一五"时期单位能源消费的排放量并未如预期一样成为大幅降低各地排放的因素。在北京，一产和三产部门单位能源消费排放变化对减缓排放的贡献合计只有21%，而相比之下二产单位增加值能耗降低一个因素的贡献就达到490%，此外二产单位能耗排放量还成为了导致排放增长的因素，说明北京二产能源结构还在恶化。山西和重庆的情况更糟糕，三次产业部门单位能耗排放均是导致排放增长的因素，能源结构全面恶化。广东的情况相对最好，三次产业部门单位能耗排放均是减缓排放的因素，能源结构全面优化，但是幅度并不大，2009年三次产业单位能耗排放仅比2005年下降了2.6%～8.6%。

3.4.5 居民生活对二氧化碳排放变化的贡献

人均收入的提高普遍拉动了各省市为二氧化碳排放的增长。2000—2009年，其拉动效果8.1%～13.4%。尽管全国居民生活部门能耗普遍增长，但单位国民收入的生活能耗是减缓排放的因素（广东省"十五"期间除外），这说明我国国民收入的增速高于生活能耗增速，处于对减缓有利的状态。单位生活能耗的排放表征了生活部门能源结构，总的来说北方地区比南方地区数值高。这是由于北方仍有许多居民采用燃料燃烧的方式采暖，导致二氧化碳的排放。10年来各地单位生活能耗的排放整体在优化，说明生活用能的能源结构在优化。

3.5 国家二氧化碳排放控制目标的分解方法和关键因素

能源活动的二氧化碳排放是生产活动和居民生活的必然产

物。由于各地自然环境、发展阶段、经济结构、资源禀赋等的不同，因此国家在分解二氧化碳排放控制目标时必须建立起一套合理的方法，综合考虑强度与总量、生存与发展、存量与增量三大关键因素，为各地设立合理的排放控制目标，最终保证国家整体目标公平、高效地实现。

3.5.1 国家排放强度控制目标下的国内排放总量

由于国家最终要实现的是单位 GDP 二氧化碳排放下降的碳排放强度控制目标，这一目标值是排放总量除以经济总量的商值，因此以排放强度作为对象进行分解，如果不结合经济增速，分解方案就难以做到科学合理。将两者结合，就相当于计算出排放总量，但由于经济增速无法预判，就影响到排放总量的设定。当前的情况是，国家预期"十二五"时期全国 GDP 年均增速为 7%，但是就各省"两会"通过的省"十二五"规划来看，全国经济速度可能达到 10% 以上，能源消费、二氧化碳排放控制的实际需求也必将出现与规划之间的巨大差距。

因此，在经济增速的国家规划和地方规划之和不协调的情况下，以经济增速相对较慢的情景为参考，核定出一个较小的排放总量控制限额是合理的，因为在这种情况下即便经济增长超出预期，只要控制住了这个既定的排放总量，单位 GDP 二氧化碳排放量将比初始设定目标更低，就可以保证排放强度目标的实现。

二氧化碳排放来自生产和生活两大部分，其中，既包含人民生存所需基本能源消费导致的生活与生产排放，也包含追求更高发展状态所导致的排放。对于生存排放，无论多么严格的排放控制目标和政策措施，都应当给予基本的、公平的保障；而对于生存排放以外用于谋求经济社会发展的相应排放，则是国家在制定政策时应当重点控制和引导的。

3.5.2 公平保障人民基本生产和生活所需的排放

本研究的基本考虑是，以上一个五年规划时间段末期，各省人均生活排放最高值作为下一个规划期保障人民基本生活排放的基准值；同时参考主要发达国家人均生活排放水平适当调整，不宜超过多数发达国家排放水平，如图5所示[1]。考虑到我国北方

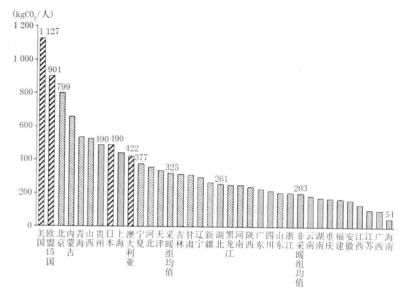

图5　我国各省市和主要发达国家 2007 年人均生活二氧化碳排放量对比

数据来源：根据《中国能源统计年鉴》、IEA（2009）、U.S.EPA（2009）、Greenhouse Gas Inventory Office of Japan 等（2010）、European Environment Agency（2010）、Department of Climate Change and Energy Efficiency of Australia（2010）数据计算。

地区有冬季采暖的需求[2]，因此对生活基本排放应该根据南北方分别处理。根据《中国建筑节能年度发展报告 2009》，全国采取集中供热方式的地区包括东北、华北、西北各省、自治区、直辖市，以及山东省和河南省，因此可以将上述地区作为采暖组，其余省作为非采暖组，分别确定人均生活排放量基准值（β），再乘以相应的预期人口（$P_{i,n}$），即可得出各省可以分得的基本生活保障排放量（Eb_l）。即各省基本生活保障排放量：

$$Eb_l = P_{i,n} \times \beta \qquad (4)$$

人民的基本生存需求除了生活，还包括基本的生产和就业需求，相应的排放空间也需要得到公平的保障。

对于基本生产排放，可以用全国各省中最低的单位 GDP 排放作为基准值（I_{best}），这一指标表征着现阶段我国维持经济生产所需

的最低排放强度水平。以这个基准值（I_best）乘以各省规划期末的基本经济总量（G_t），即可得到各省基本生产保障排放量（Eb_p）。其中，各省规划期末的基本经济总量（G_t），按照规划期初的经济总量（G_i）和国家规划的全国经济增速（α_E）[①]计算，即如果全国各省都按照国家规划经济增速发展，恰好能实现国家经济增长预期目标，这是基本需要做到的，超速发展的部分就不能再看做基本生产，因而不能纳入基本生产保障排放量的计算。即各省基本生产保障排放量：

$$Eb_p = I_\text{best} \times G_i \times (1 + a_E)^n \tag{5}$$

超出基本生活和生产排放保障的部分，是国家需要重点控制的排放，应当以国家政策导向为准绳，基于影响各地排放的因素进行分解。

3.5.3 综合考虑多因素分配各地发展排放空间

如前所述，为维持基本生存所需的生活和生产排放并予以充分保障，其余部分可作为发展排放量进行分配。参考欧盟分解成员国排放许可指标的模式，国家可以在目标年排放总量（E）中预留一定比例，用于奖励（Ea）。余下发展排放许可总量的分配原则是根据国家政策导向，依据各地影响排放的因素，确定规划期允许的发展排放增量。方法如式（6）所示。

各省发展排放 $Ed_i = Ed \times \dfrac{E'_i}{\displaystyle\sum_{i=1}^{31} E'_i}$

其中，$Ed = E - Eb - Ea$，$E'_i = Ed_{0,i} \times \displaystyle\sum_m \gamma^{m,i}$ （6）

即依据本规划期（例如"十一五"时期）基年的人口、经济、排放等各项数据，确定本期各省生产和生活部分的生存排放量（Eb_i）；再以本期末年各省市实际排放量（E_i）减去本期生存排放量，得到本期各省生产和生活实际发展排放量，也即是下一规划期（"十二五"时期）发展排放量的基准值（$Ed_{0,i}$）；以此为基数，根据本期不同影响因素对排放的拉动和政策导向（导向因子），设定下一规划期各因素（m）拉动排放的增长百分数（增量系数 $\gamma^{i,m}$），进而得出下一规划期各地虚拟的发展排放增量（E'_i）；以此虚拟发展排放量

为基准，各省按比例分摊国家整体允许的发展排放量（Ed）。其中，拉动增长是指排放增速与某一因素贡献率的乘积，表征该因素导致的排放增长相对基年排放量的数量。对于实际生活排放量低于允许的生活部分生存排放量的省，则不再计算生活部分的发展排放量，只需计算下一期生存排放量即可。

控制二氧化碳排放归根结底是要促进发展方式的转变。通过低碳的发展模式，降低单位经济增长所需要的碳支撑和对能源的需求，突破能源资源对发展的制约，使我国能在有限的能源资源供给情况下，加速经济和社会的发展。因此，识别了影响二氧化碳排放的因素，就可以制定导向政策，在保证国家发展和人民生活水平质量提高的基础上，针对各地的情况控制相应产业部门的碳排放。

通过对以北京、山西、广东、重庆为代表的四类省市的排放影响因素的分析，我们可知导致各省市排放增长的因素主要包括人口、三次产业增加值的增长、人均收入的增长，而单位产业增加值能耗降低、单位国民收入的生活能耗、产业和生活能源结构变化基本上是减缓排放的因素。

对于根据影响排放因素划分的四类省市，表4示例了分配发展排放增量时对各因素的考虑。其中实际拉动是指"十一五"时期各因素的实际拉动排放增长百分比，导向因子是指根据政策导向确定的鼓励和限制各因素发挥拉动作用的程度，增量系数 $\gamma^{i,m}$ 是"十二五"时期允许的各因素带来的拉动增长幅度，是实际拉动与导向因子的乘积。以下将就表4中对各因素的考虑进行分析和说明。

人口的增长和人均收入的增加均导致了排放的增长，但是这两个因素对排放增长的贡献是合理的。这是考虑到人口增长在我国相当长一段时期内是必然趋势，人均收入的提高可以改善人民的生活质量，这是国家发展的目标之一，因此尽管人民生活质量提高导致排放的增长，但对其设限更需科学合理。由这两个因素导致的排放，可以在概念上区分为合理排放和奢侈排放，其中合理排放的部分已经在生存排放中得到了满足，过高的人均生活排放部分是不应提倡的，因此对于超过生存排放的生活排放部分应

---

① 对于"十二五"时期而言，即为7%。

当予以限制。由图5可见，第一、二类省市（分别以北京和山西为代表）基本属于人均生活排放接近或超过主要发达国家水平的地区，因此，对第一、二类省市生活部门的发展排放要予以严格限制，此处赋予了0.2的导向因子严格减缓其排放，对其余省市赋予0.5的导向因子减缓排放。

三次产业增加值的增长，尤其是二产的增长是影响我国整体和多数省市排放增长的最重要原因。转变发展方式必须优化产业结构，以经济增长的质量取代经济增速作为导向，因此对产业发展设置一定的限制进行引导是合理的。具体而言：

一产部门的排放增量予以一定程度的保障，其中对于北京等一产比重很低且不是国家粮食基地的省市，不再允许一产部门排放增长；对第二类和第三(1)类省市（山西和广东）维持现状即可；对农业就业人口仍占有相当大比重的第三(2)类省市，允许其人均一产增加值变化在一定程度上增加对排放的拉动，予以1.5的导向因子。对于相对欠发达的第三(2)类地区（重庆），鼓励其农业机械化与现代化的发展，因此为其预留一产单位增加值能耗导致的排放增长额度。

二产部门的排放增量予以相对严格的控制。全国普遍应该限制第二产业的增速，减缓二产增加值增长对排放增长的贡献，但对于不同类型的省市应该有所区别：对以北京和广东为代表的两类发达地区省市，应当给予较为严格的限制；对于以山西为代表的资源型省市，应当在确保其全国能源供应保障所需排放的基础上，严格限制其重化工业的发展；对于以重庆为代表的欠发达省市，予以适当限制。

三产部门的排放增量予以相对宽松的保证。从全国看，人均三产增加值增长对排放增长的贡献还不高，三产排放对排放的总贡献也普遍不高，处于3.9%~29.7%的区间，多数省市在15%以下；而发展三产是国家产业结构调整的目标方向，因此在现阶段对因三产增加值增长导致的排放，只要不是导致排放增速过猛，都应当予以相对宽容。各因素对排放的拉动基本允许维持现状，已经成为减缓排放因素的也不强求加大减缓力度。

3.5.4 "十二五"时期各省区排放控制目标的分解方案

根据上述研究，我国排放强度目标的分解方案归纳如图6所示。出发点和核心任务是完成国家单位GDP二氧化碳排放强度

表4　依据影响排放各因素分配发展排放增量

省市	参数	人口	人均一产增加值	一产单位增加值能耗	一产单位能耗排放	人均二产增加值	二产单位增加值能耗	二产单位能耗排放	人均三产增加值	三产单位增加值能耗	三产单位能耗排放	人均收入	单位国民收入的生活能耗	单位生活能耗排放
北京（第一类）	实际拉动	14.10%	-0.10%	0.00%	-0.10%	13.30%	-34.00%	6.60%	9.30%	-3.80%	-1.40%	6.10%	-3.70%	0.60%
	导向因子	0	0	0	0	0.4	0.9	0	1	1	1	0.2		-1
	增量系数	0.00%	0.00%	0.00%	0.00%	5.32%	-30.60%	0.00%	9.30%	-3.80%	-1.40%	1.22%	0.00%	-0.60%
山西（第二类）	实际拉动	2.60%	0.10%	0.00%	0.20%	37.30%	-21.40%	4.90%	2.20%	2.00%	1.10%	4.30%	-1.80%	-0.40%
	导向因子	0	1	0	1	0.45	0.8	0	1	0	0	0.2	0	1
	增量系数	0.00%	0.10%	0.00%	0.20%	16.79%	-17.12%	0.00%	2.20%	0.00%	0.00%	0.86%	0.00%	-0.40%
广东（第三(1)类）	实际拉动	5.60%	0.20%	-0.40%	-0.10%	42.30%	-16.50%	-6.90%	6.10%	-2.20%	-0.40%	4.90%	-3.10%	-0.50%
	导向因子	0	1	0	0	0.3	1.5	1	1	1	1	0.5	0	1
	增量系数	0.00%	0.20%	0.00%	0.00%	12.69%	-24.75%	-6.90%	6.10%	-2.20%	-0.40%	2.45%	0.00%	-0.50%
重庆（第三(2)类）	实际拉动	2.90%	0.90%	-0.70%	0.50%	67.10%	-22.10%	2.70%	5.50%	-0.10%	0.20%	7.50%	-5.60%	-0.30%
	导向因子	0	1.5	-1	1	0.3	1	0	1	1	-1	0.5	0	1
	增量系数	0.00%	1.35%	0.70%	0.50%	20.13%	-22.10%	0.00%	5.50%	-0.10%	-0.20%	3.75%	0.00%	-0.30%

数据来源：本研究计算。

下降目标。

首先根据规划基年全国 GDP 和排放强度、国家规划经济增速和目标要实现的排放强度降幅，得到全国目标年排放控制总量。将这一排放总量分解为三部分，一是生存排放，二是发展排放，三是预留奖励排放额度，其中生存排放和发展排放的部分在各省区中进行分解。

生存排放部分又分为基本生活部分和基本生产部分。基本生活部分的排放额度由各省区目标年人口和人均生活排放标准决定；基本生产部分的排放额度由基年各省区中最低排放强度、各省区基年 GDP、国家规划的全国经济增速决定。

发展排放部分的全国排放总额为全国目标年排放控制总量减去生存排放和预留奖励额度两部分得到。这一部分的排放将在全国各省区中按照各省区虚拟发展排放量分摊。各省区初始发展排放量由本省区规划基年的发展排放量和影响排放变化的因素决定。

各省区分得的允许排放总量为各自分得生存排放量与发展排放量的和。

将各省区分得的排放总量除以规划预期的目标年经济总量，

即可得出国家要求各省区达到的目标年单位 GDP 二氧化碳排放强度，进而得出排放强度下降指标。

3.5.5 分解方案的不确定性

分解国家排放控制目标的一个不确定性来自能源统计。根据《中国能源统计年鉴 2010》数据，全国能源消费总量与各省区能耗量之间存在 5.1 亿 tce 的缺口，折成二氧化碳排放约相当于 11 亿 t 的二氧化碳排放，因此以全国整体的允许排放总量分解到各省区，就相当于给各省区合计少分了 11 亿 t 的排放量。

生存排放的生活部分难以确定合适的标准。本研究中以上一个五年规划时间段末期南北各省区人均生活排放最高值（低于发达国家的）作为下一个规划期保障人民基本生活排放的基准值，并且对各省区一视同仁。这固然是考虑了各省区人民公平的基本生存权利，也是考虑到我国当前的发展水平较低，改善人民的生活质量需要为之保障一定的排放空间。但是实际上多数省区距离设定的人均生存排放生活部分标准还有较大距离，按照这一标准给各省区分配人民生活的基本生存排放，必然使多数省区获得的这一部分排放许可额高出实际需要，这也将导致剩余留给各省区的发展排放部分偏低。另一方面，对于山西、内蒙古等当前人均生活排放高于基准值的，按照基准值分配则相当于削减了这些省区的排放额度。这两个因素将导致山西等省区需要大幅减缓排放。

导向因子的确定需要更加综合与细致的考虑。在发展排放方面，对分解结果的影响来自各省区的发展排放增量系数，而这一系数来自前一规划期各宏观因素对排放的影响，以及政策导向因子的设定。前者是客观存在的事实，因此实际上影响分解结果的是导向因子的设定。实际上，这既需要遵循国家的政策导向，又需要平衡各方的利益，远非本研究可以简单确定。

3.5.6 需要深入研究的问题

分解排放强度目标的基本考虑是公平、高效地完成国家提出的目标。而公平、高效的分解必须基于对全国能源生产和消费、各地经济社会发展水平、发展模式和产业结构等进行更加细致的研究。

转移排放的问题有待研究。在本次研究中发现，对于北京等资源匮乏型经济发达地区，外来电力在其终端电力消费中占的比例高，例如北京 2009 年高达 73%，而这一部分电力发电的排放却

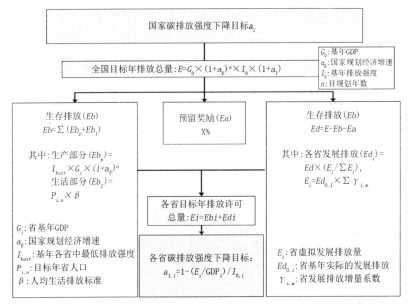

图 6　国家排放控制目标分解方案

计在了山西、内蒙古等能源调出省,形成国内省际的转移排放。在分解排放强度控制指标时,如何考虑这一部分排放量,如何考虑这一部分排放量相对应的经济量,是需要进一步研究的问题。

各省区能源结构调整也是需要进一步研究的问题。尽管优化能源结构是各省区必须努力的方向,但是受制于资源禀赋、地理区位和经济实力,不同的省区在发展可再生能源、引进国外低碳能源方面有很大的差异,因此给各省区设定合理的能源结构调整因素的权重,必须建立在对能源结构调整可行性的深入研究基础上。

产业结构调整也需要研究。通常来说由于二产能耗强度高,因此应控制二产、鼓励三产,但是三产内部的不同产业的能耗强度差异也很大,也需要更加细致的研究。此外,不少高耗能产业开始从发达地区向欠发达地区转移,这种现象对未来一段时间省际排放形势会有什么样的影响,也有待深入研究。

排放强度下降和发展阶段的关系需要研究。尽管国家提出了排放控制目标,要降低单位 GDP 二氧化碳排放,但是由于我国各地发展水平的差异巨大,在东部地区人均排放量已经达到甚至超过发达国家水平的同时,中西部一些地区的发展还有很长的路要走。"十一五"时期,全国各地在节能减排的大背景下,单位 GDP 能耗都得到了不同程度的降低,与之类似,"十二五"时期在低碳发展的大背景下,全国各地的单位 GDP 二氧化碳排放也将有望得到降低。但是对于发展阶段相对落后的中西部地区,尤其是资源密集型地区,其经济转型的难度远高于发达地区,因此尽管本研究在分解国家排放目标时对这些地区进行了区别对待,但是能否满足其需求还需要进一步研究。而且从实际需要来说,有的地区可能需要维持单位 GDP 二氧化碳排放不变甚至增长,才能更好地实现发展,"一刀切"地要求降低碳排放强度可能并不科学,正如欧盟在分配各成员国减排指标时,也允许一些国家排放增长一样。因此如何在能够确保国家整体目标完成的前提下,在分配排放控制目标时给予更大的差异化也是需要深入研究的问题。

城镇化对降低排放强度的影响也需要研究。我国"十一五"时期城镇化率从43%提高到了47.5%,"十二五"规划提出了到2015年城镇化率进一步提高到51.5%的预期性目标。城市人口人均生活水平显著高于农村人口。未来一段时间中国持续的高速城镇化趋势对全国整体产业布局、消费水平和消费模式将带来必然的影响,而这种改变也会体现在碳排放特征上。并且各地的城镇化速度和模式可能各有不同,以农民工迁入为主要来源的城镇化、以毕业大学生为主要来源的城镇化和以城市建设向外扩张形成的城镇化,在排放特征上会有差异。如何在分解排放控制目标时考虑各地不同的城镇化特征,也是需要深入研究的问题。

3.5.7　分解落实排放控制目标的政策建议

从理论分析结果和欧盟 EU-ETS 的经验表明,确定排放绝对量控制目标,是保证减缓二氧化碳排放工作切实有抓手、能取得实效的必要条件。考虑到我国是发展中国家,不承担温室气体绝对量减排义务,在未来相当长的一个时期内温室气体排放总量还将继续保持增长,因此可借鉴墨西哥的"相对减排量"模式或第二种减排模式(即设定排放绝对量相对于基准年的增长限额),在各方面条件具备的适当时候,启动实施"二氧化碳排放年度控制计划"。具体的操作方式可以是:根据2020年单位 GDP 二氧化碳排放下降目标,确定之前各年度单位 GDP 二氧化碳排放下降目标;根据对下一年 GDP 增长预期和设定的下一年单位 GDP 二氧化碳排放下降目标,确定下一年二氧化碳排放总量控制目标;下一年二氧化碳排放总量控制目标和当年排放总量之差,是下一年的二氧化碳允许排放增量;将排放总量或增量作为指令性指标纳入年度计划。首先可选择一些地区进行总量控制试点,或选择一些重点领域进行增量控制试点,再逐步拓展到其他地区和领域。需要说明的是,由于 GDP 年度增长预期与实际情况可能存在一定差异,导致增量计划可能出现超额或不足的部分,可以在来年的计划安排中统筹考虑。

产生二氧化碳排放的活动主体是企业特别是工业企业,减缓二氧化碳排放的责任主体也应当是企业。欧盟第一期 EU-ETS 的执行效果以及我国"千家企业"节能行动、地方重点用能单位节能行动的经验都表明,将责任明确、量化地落实到企业,既是确保有关部门有效地跟踪减排工作执行情况、根据情况变化及时推进企业改进工作的要求,也是企业明确预期、预先做好控制排放具体方案的先决条件,更为搞好年度考核、奖励先进和惩罚落后创造了条件。这样可避免将单位 GDP 二氧化碳排放指标层层分解至基层政府,可能导致的可操作性不强、责任难落实等问题。具体操作中,考虑到我国各地区经济社会发展、资源禀赋等条件差异,可参考欧盟的"两级体系",由中央确定下一年度二氧化碳绝对量控制目标,与地方沟通后确定各地区年度绝对量控制目标;也可由各地区先提出绝对量控制目标,由中央统筹考虑、综合平衡后,核定分地区目标。分地区绝对量控制目标确定后,由省级政府将目标直接分解落实到相关排放企业,企业需按目标控制当年排放量;政府制定相应的考核办法和奖惩措施。

此外,欧盟 EU-ETS 的实际经验和美国提出的方案都表明,企业间进行排放许可交易,可以使低成本减排行动产生额外的减排量,并用于抵消高成本减排行动难以实现的减排目标,进而在完成减排任务的同时,有效降低减排成本。美国提出的方案设想也表明,探索创新排放许可的分配方式,既能将排放企业的外部成本内部化,还可实现向节能、新能源和居民消费等领域提供补贴的目标。我国可以在相关体制机制逐步健全的基础上,尝试建立"二氧化碳排放控制—交易机制",这也是"十二五"规划提出的要求。

参考文献

[1] 国家气候变化对策协调小组办公室,国家发展和改革委员会能源研究所. 中国温室气体清单研究 [M]. 北京:中国环境科学出版社,2007.

[2] 哈罗德·W. 库恩. 博弈论经典 [M]. 韩松,等译. 北京:中国人民大学出版社,2009.

[3] 清华大学建筑节能研究中心. 中国建筑节能年度发展研究报告 2009[M]. 北京:中国建筑工业出版社,2009.

[4] 王锋,吴丽华,杨超. 中国经济发展中碳排放增长的驱动因素研究[J]. 经济研究,2010(2).

[5] 魏一鸣,刘兰翠,范英,等. 中国能源报告(2008)[M]. 北京:科学出版社,2006.

[6] 《中国可持续能源——实施"十一五"20%节能目标的途径与措施研究》课题组. 中国可持续能源——实施"十一五"20%节能目标的途径与措施研究[M]. 北京:科学出版社,2007.

[7] 朱勤,彭希哲,陆志明,等. 人口与消费对碳排放影响的分析模型与实证[J]. 中国人口·资源与环境,2010(2).

[8] Ang B, Zhang F. A Survey of Index Decomposition Analysis in Energy and Environmental Studies [J]. Energy, 2000, 25: 1149–1176.

[9] Birdsall N. Another Look at Population and Global Warming: Population, Health and Nutrition Policy Research [R]. Working Paper, Washington, DC: World Bank, WPS 1020, 1992.

[10] Department of Climate Change and Energy Efficiency. National Inventory Report 2008 [R]. Canberra: Department of Climate Change and Energy Efficiency, 2010.

[11] Dietz T, Rosa EA. Rethinking the Environmental Impacts of Population, Affluence, and Technology [J]. Human Ecology Review, 1994, 1: 277–300.

[12] European Environment Agency. Annual European Union greenhouse gas inventory 1990–2008 and inventory report 2010 [R]. Brussels: European Commission, 2010.

[13] European Parliament and European Council. Establishing a scheme for greenhouse gas emission allowance trading within the Community and amending Council Directive 96/61/EC. Directive 2003/87/EC. European Parliament and European Council, 2003, Brussels.

[14] Feng K, Hubacek K, Guan D. Lifestyles, Technology and CO_2 Emissions in China: A Regional Comparative Analysis [J]. Ecological Economics, 2009, 69: 145–154.

[15] Gobierno Federal, Semarnat. Special Climate Change Program 2009–2012 Mexico. Mexico City, September 2009.

[16] Greenhouse Gas Inventory Office of Japan (GIO), Center for Global Environmental Research (CGER), National Institute for Environmental Studies (NIES). National Greenhouse Gas Inventory Report of JAPAN 2010 [R]. Ibaraki: National Institute for Environmental Studies, 2010.

[17] Grossman G., Krueger A. Economic Growth and the Environment [J]. The Quarterly Journal of Economics, 1995, 110 (2): 353–377.

[18] Guan D, Hubacek K, Weber C, et al. The Drivers of Chinese CO_2 Emissions from 1980 to 2030 [J]. Global Environmental Change, 2008, 18: 626–634.

[19] Hamlen SS, Hamlen WA, Tschirhart JT. The Use of Core Theory in Evaluating Joint Cost Allocation Schemes [J]. The Accounting Review, 1977, 52(3): 616–627.

[20] Hoekstra R, van der Bergh J. Comparing Structural and Index Decomposition Analysis [J]. Energy Economics, 2003, 25: 39–64.

[21] International Energy Agency. Key World Energy Statistics 2010. IEA, 2010, Printed by IEA in Paris, November 2010.

[22] Kaya Yoichi. Impact of Carbon Dioxide Emission Control on GNP Growth, Interpretation of Proposed Scenarios [C]. Paper presented at the IPCC Energy and Industry Subgroup, Response Strategies Working Group, 1990. Paris, France.

[23] Lin S, Zhao D, Marinova D. Analysis of the Environmental Impact of China Based on STIRPAT Model [J]. Environmental Impact Assessment Review, 2009, 29: 341–347.

[24] Rose A, Casler S. Input–output Structural Decomposition Analysis: A Critical Appraisal [J]. Economic Systems Research, 1996, 8: 33–62.

[25] Shorrocks A. Decomposition Procedures for Distributional Analysis: A Unified Framework Based on the Shapley Value [M]. Colchester, UK: University of Essex, 1999.

[26] U.S. Congress. American Clean Energy and Security Act of 2009. H.R. 2454 E.H. Washington D.C., 26 June 2009.

[27] U.S. Congress. American Power Act of 2010. The 111th Congress Discussion draft. 12 May, 2010.

[28] U.S.EPA. Inventory of U.S. Greehouse Gas Emissions and Sinks: 1990–2007 [R]. Washington D. C.: U.S. Environmental Protection Agency, 2009.

可再生能源电力价格形成机制研究

时璟丽

1 获奖情况

本课题获得 2007 年度国家发展和改革委员会宏观经济研究院基本科研业务费专项课题优秀成果二等奖。

2 本课题的意义和作用

2.1 意义

2005 年 2 月通过的《中华人民共和国可再生能源法》提出了国家扶持可再生能源产业发展的法律框架,并把支持可再生能源电力作为核心内容之一,提出了可再生能源电力强制上网、执行分类电价以及电价高出部分费用全民分摊等原则性制度,规定可再生能源电价需要"根据促进可再生能源的开发利用和经济合理的原则"确定。2006 年 1 月国家出台了《可再生能源发电价格和费用分摊管理试行办法》,对风电、生物质发电等项目的上网电价作出了暂行规定。但是在实际操作过程中,由于没有开展过系统的可再生能源电力成本的核算,也没有明确提出制定"经济合理"的电价的基础和理论,因而"促进可再生能源开发利用"和"经济合理"的尺度很难掌握。对于风电、太阳能发电、生物质发电等主要可再生能源发电,采用不同的电价政策,电价水平在不同技术之间、不同地区之间、各技术的实际成本和电价需求之间有较大的差异,尤其是价格形成机制不明确。定价机制基础研究的缺失和政策的不完善,成为可再生能源电力发展的限制因素之一。

在这样的形势下,作为国家发展和改革委员会宏观经济研究院 2007 年度基础科研课题之一,能源研究所安排了"可再生能源电力价格形成机制研究"课题。本研究紧密结合我国可再生能源电力迅速发展的需求,对可再生能源电价形成的机理、方法进行了深入的理论研究和探讨;对国际上 5 种可再生能源电价形成方法进行了充分的论述和比较,重点分析了这些机制和政策对我国的适用性;在总结国外政策制定和实施经验,详尽剖析国内现有电价政策出台的背景、内涵、优缺点和实施效果的基础上,考虑我国风电、太阳能发电、生物质发电等健康、可持续发展的需要,提出了我国可再生能源电价机制形成的原则和方法,对今后不同发展阶段电价政策进行框架设计;课题还针对风电、太阳能发电和生物质发电等项目开展了大量的调研,在科学论证不同可再生能源的资源特性、实际发电项目运行和设备投资、运行成本等情况的基础上,综合考虑多种因素,采用经济分析模型,对电价水平进行了详细的测算;在此基础上,提出建立我国可再生能源电力定价机制、具体政策和电价水平的建议。

2.2 本课题成果使用情况

本课题研究成果为国家出台和实施可再生能源电价有关政策提供了理论和技术支持,在 2009 年后有关政府部门完善可再生能源电价政策中得到了体现。尤其是课题中提出的可再生能源电价机制原则、方法和测算,直接服务于以下电价文件的制定。

在课题研究成果基础上,能源研究所继续深入研究并提交了完善风电电价政策的建议报告,国家发展和改革委员会价格司在进一步征求各方面意见和多方讨论后,2009 年 7 月,国家发展改革委颁布了《关于完善风力发电上网电价政策的通知》(发改价格〔2009〕1906 号),分四类资源区制定风电标杆上网电价。该项政策得到了社会各界的普遍肯定,符合我国国情,有力地促进了我国风电产业发展。

本课题研究中对不同种类的生物质发电的成本分析,为政府部门 2010 年完善生物质发电电价政策提供了重要的参考数据和基础资料。2010 年 6 月国家发展改革委颁布了《关于完善农林生物质发电价格政策的通知》(发改价格[2010]1579 号)。

本课题对我国太阳能资源、投资及运营成本的调查和研究,为研究制定光伏发电价格政策提供了翔实的数据材料,成为国家发展改革委测算并制定光伏发电标杆价格的主要依据,为进一步完善价格政策奠定了坚实基础。2008—2010 年,国家发展改革委核准了 6 个并网光伏发电项目的电价,2011 年 7 月,国家发展改革委颁布了《关于完善太阳能光伏发电上网电价政策的通知》(发改价格[2011]1594 号)。

2.3 本课题对我国现在和未来的影响

大力发展可再生能源,是实现我国节能减排目标和可持续发展的重要途径。价格政策是促进可再生能源电力发展最重要的手段之一。课题结合当前我国能源和电力发展形势,建立了一套从理论方法、基本原则,到政策框架和具体电价的价格管理体系,成果主要服务于国家可再生能源电价政策的制定,有力地促进可再生能源电力的发展,为实现 2020 年非化石能源满足 15%的能源需求作出贡献。

所提出的电价政策建议的实施成果已经显现。在风电方面,明确的固定电价政策使 2009 年后风电年新增装机均超过 1 000万 kW,保持世界第一。农林废弃物直燃发电的装机规模在 2009年后的年新增装机均超过 50 万 kW。太阳能光伏发电市场在2010 年开始启动,2011 年可以达到 100 万 kW 以上的新增装机,开始规模化发展。

可再生能源电力的发展将为我国带来巨大的经济效益和社会效益。首先,预计到 2020 年仅风电、生物质发电、太阳能发电可实现年替代能源 2 亿 tce,满足 11%左右的电力需求,有助于优化电力和能源结构,为实现 2020 年 15%的非化石能源占比目标提供保障;其次,可实现全社会近 3 万亿元的投资,同时可再生能源发电技术、设备制造和相关配套产业可增加大量就业岗位,预计可再生能源发电领域的从业人数将达到 100 万人;最后,将带来显著的环境效益,到 2020 年可实现当年二氧化碳减排量约 4.8 亿t,为环境保护尤其是温室气体减排作出巨大的贡献。

3 本课题简要报告

可再生能源是资源潜力大、具有良好发展前景的清洁能源。大力开发和利用可再生能源,是保障能源安全、优化能源结构、保护生态环境、减少温室气体排放的重要措施,是我国实现未来可持续发展的必由之路。在能源和环境问题日趋严重的形势下,可再生能源越来越受到重视,其技术发展和规模提高均呈加速趋势。

可再生能源开发利用的重点是发电技术,在没有考虑化石能源环境成本的核算机制下,风电、生物质发电、太阳能发电以及地热、海洋能发电的成本仍高于煤电,因此,电价政策是影响可再生能源电力发展规模和速度的最主要因素,合理的电价政策成为实现国家可再生能源电力发展目标的重要保障。

"可再生能源电力价格形成机制研究"是国家发展和改革委员会宏观经济研究院 2007 年度基础科研课题之一,从分析可再生能源电力的技术、成本形成特性入手,总结国际可再生能源电力定价机制形成的方法和价格政策类型,进行适用性的比较分析;结合我国现有的经济和电力体制,在促进可再生能源电力发展和经济合理的前提下,提出我国可再生能源电价机制建设的理论、原则和方法;设计了今后不同发展阶段可再生能源电价框架,测算了各类可再生能源发电技术电价水平,并在此基础上,提出我国可再生能源电价机制和政策改革的具体建议。

3.1 可再生能源电力价格形成机理

3.1.1 可再生能源电力特点和成本形成特点

与常规的煤电、气电、油电等相比,可再生能源电力成本的形成有以下特殊之处:①可再生能源电力技术进步快,发展呈加速趋势,因此成本变化快,成本核算和计量难度大,但在目前的技术水平下,在经济上可再生能源电力与常规能源发电相比仍不具备竞争力,如风电的成本仍是煤电成本的 1.5 ~ 2 倍,生物质发电的成本则是煤电的 2 ~ 5 倍,太阳能发电成本则在 10 倍以上;②长期成本有程度不同的下降空间;③初始投资成本高,资金成本比重大,原料/燃料成本小;④负荷因子低,地域差异明显;⑤存在电网为接纳可再生能源电力而进行的网架建设、设备升级、调峰调度服务等隐性成本。因此,在目前的技术水平条件下,除了水电外,可再生能源电力成本变化快,但经济性有待提高;由于资源分布的原因,可再生能源电力成本的地域差异大;从电力品质角度,可再生能源电力产品不属于优质电力,因此,无论从技术角度还是从经济角度,可再生能源电力都不能按照纯商业化的市场竞争来定价或直接参与电力市场竞争。

3.1.2 可再生能源电力的外部效益

从理论角度,目前世界多个国家发展可再生能源的根本源头和动力是其具有非常强的正外部效益,从时间角度,外部效益体现在两个方面,一是现实的,二是潜在的。可再生能源电力的长远的外部效益是现实和潜在外部效益的总和。

可再生能源电力现实的正外部效益主要包括两个方面,一是对资源的影响,可再生能源是具有地域性的可以永续利用的能源资源,不存在资源枯竭问题,也基本不存在地域资源争夺的问题,可以直接作为化石能源的补充和替代;二是对环境的影响,在我国,可再生能源电量直接替代煤电电量,环境效益显著,其规模化应用可以减轻酸雨、二氧化硫等污染,减排温室气体等。在电力成本计算中所提到的外部环境成本,即考虑常规化石能源电力所带来的资源消耗、环境污染、碳排放的成本。如果没有将该成本计入化石能源电力的成本中,则从替代化石能源电力的角度考虑,可再生能源电力成本中应当减去相应的部分。

可再生能源电力潜在的正外部效益,是指它巨大的技术进步潜力和未来大规模应用的前景。从资源保障条件考虑,太阳能、风能、海洋能资源等极为丰富,生物质能、地热能依地域不同,资源量有差别,但总体潜力规模也较大,此外,各种能源资源相互之间具有互补性和替代性,将降低对电网的要求,增加可再生能源电力更大规模应用的可行性,其他相关技术如储能、电网智能调度的进步,也可以促进可再生能源电力的规模应用。

因此,可再生能源电力发展应得到政策的有力支持,尤其是包括价格政策在内的经济政策的扶持。

3.1.3 可再生能源电力价格形成的经济学理论

在市场经济中,价格的基本功能是调节供求,促进消费者合理消费,生产者适度产出,进而实现资源的优化配置。合理的价格,既不能单纯由成本来决定,也不能完全由需求来决定,而应是需求和供给成本相互作用趋向均衡的结果。可再生能源电力在成本上不具备经济竞争力,如果没有经济政策的支持,供应方的动力不足;如果没有强制政策的支持,需求方就没有需求,因此无法按照供需情况自动形成价格。但是,通过制定可再生能源电价政策,调整可再生能源电价水平,就可以调节可再生能源电力的供求,起到推动可再生能源电力发展并根据国家或地方政府意愿保持合适的发展规模和速度的作用。

3.1.4 可再生能源电力价格形成的经济学方法

确定电价水平的基本经济学方法可以归纳为两类,这两类方法各有优点和局限性。一是标准成本法,是指在一定的地域内,对可再生能源电力的上网电价按照一个标准的成本水平或者标准的算法来确定,价格水平与可再生能源技术水平、应用规模、期望的利润水平等相关,但与常规能源电力价格的变动以及化石能源电力的外部环境成本没有直接的关系。即:可再生能源电力价格=[可再生能源电力成本(投资成本+运行成本)+税费]×(1+利润率)。与标准成本法价格政策配套实行的往往还有可再生能源电力强制上网政策。

二是机会成本法,其概念是可再生能源电力作为常规能源电力的替代价值是制定可再生能源上网电价的基础。因此,可再生能源电力可以直接参与电力市场的竞争,在电力市场竞价的基础上,国家对可再生能源电力提供一定的价格补贴,而该价格补贴的水平可以依据化石能源电力的外部环境成本来确定,也可以高出化石能源电力的外部环境成本水平,以更大的强度支持可再生能源电力的发展。即:可再生能源电力价格=常规能源电力价格+其他外部性价值×系数。

3.2 可再生能源电力价格形成机制的国际经验

全球共有50多个国家建立了不同类型的可再生能源电价机制和政策来推动其发展,主要有5类:固定电价、溢价电价(含净电表制)、招标电价、市场电价和绿电电价,这些价格机制和政策各有特点,在实施过程中也取得了不同程度的效果。其共同特点是:①强调鼓励可再生能源电力参与竞争,但前提是有完善的、开放的竞争性电力市场;②在市场竞争环境中,建立政府管制下的价格机制;③各类价格机制和政策实施效果不同,经济代价也不一样,在可再生能源电力发展前期和中期阶段(发展规模不大,在电源结构中的比例比较小)时,固定电价和溢价电价机制实施的经济代价相对较小,而当可再生能源电力呈现规模发展且在电源结构中占据一定的份额时,在成熟的电力市场环境下,市场电价机制实施的优点则显现出来。

比较各类可再生能源电力价格机制(见图1),可以看出,固定电价和溢价电价机制因其容易操作和实施效果好,是较适合于我国在可再生能源电力发展初期阶段采用的制度。但是,由于不同可再生能源技术,在不同发展阶段的价格机制和政策的适用性也不一样,应结合我国可再生能源技术水平、产业发展、电力市场发展的实际情况进行分门别类的选择。

3.3 我国可再生能源电力价格形成机制方法

3.3.1 可再生能源电力价格政策现状

2006 年之前,由于可再生能源发电项目少、规模小,我国都是按照项目逐一审批可再生能源电价,采用的是项目定价的方式。但是,由于可再生能源电力技术不够成熟,成本确定难度大,项目定价的成本依据严重不足,各项目之间的定价方式也不统一。因此,2006 年之前我国可再生能源电力定价机制处于空白状态。

2006 年 1 月 1 日《可再生能源法》开始实施,其中明确提出分类电价制度,之后,国家有关部门出台了一系列与可再生能源电价有关的政策文件,初步建立了可再生能源电价政策框架,具体电价政策见表 1。

电价政策实施以来,极大地促进了我国可再生能源电力尤其是风电、农林废弃物发电的发展,如风电,2006 年后风电装机年增长率均超过了 100%(见图 2)。

3.3.2 现有电价机制和政策的特点和存在的问题

可再生能源价格政策实施在取得极大成绩的同时,也暴露了许多问题。从实际应用层面看,风电定价采用招标方式,但在实际操作过程中,出现了招标电价、核准电价、固定电价并存的局面,也出现了同一地区风资源相近的情况下,电价却有较大悬殊的现象,其差别甚至超过 0.1 元 / kWh,对企业投资风电造成了一定的

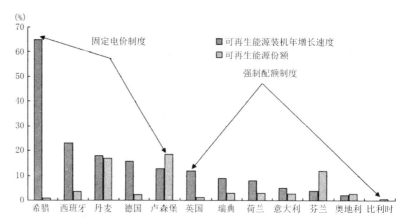

图 1　不同价格制度的实施效果比较

表 1　2006 年确定的可再生能源电价政策

类别	政策内容
风电	5 万 kW 及以上项目由国家能源主管部门组织招标确定电价;5 万 kW 以下项目由地方政府部门招标确定电价,并报国家价格主管部门核准
生物质发电	2005 年各省(市、区)脱硫燃煤标杆电价 + 0.25 元 / kWh,作为各省(市、区)生物质发电的固定电价
太阳能发电	政府定价
地热能发电	政府定价
海洋能发电	政府定价

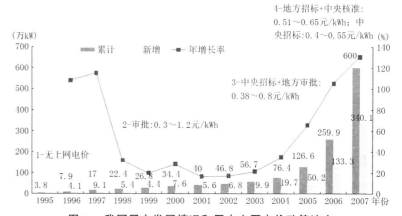

图 2　我国风电发展情况和风电上网电价政策演变

影响。生物质发电的电价采取以各省(市、区)脱硫燃煤标杆电价为基数、固定补贴的定价方式,但由于生物质发电原料复杂,利用技术多样,因而不同技术类别项目的收益差别很大。此外,由于没有确定太阳能、地热能等的发电成本,定价方式按照"一事一议"的方式进行,电价机制和政策实际仍处于缺失状态。

总体上看,现有可再生能源电价机制和政策有如下特点:①政府管制下的价格政策体系。无论是政府定价还是政府指导价,在现有价格政策体系中,政府管制是确定价格的主导;②基本没有考虑在电力市场中竞争,这一点与国外溢价电价、市场电价机制完全不同,即使是风电特许权招标制度,也只是风电开发企业或投资企业之间就开发权的竞争,也就是风电内部的竞争。政府管制的作用是直接作用于行业的,没有通过市场之手发挥作用。现有价格机制和政策存在的根本性问题是:

(1)可再生能源电力价格政策不够完善。目前,只有风电、生物质发电有了相对比较明确的电价政策,但在实施过程中也引起了许多争议,需要加以完善。太阳能电价政策虽存犹无,地热能发电、海洋能发电电价政策也没有发挥作用的空间。

(2)定价原则、机制不够明确。价格政策不完善的重要因素之一是没有明确的定价机制,尤其是对可再生能源电力的特殊性、价格形成机理分析研究不足。对处理如何发展可再生能源以及可再生能源电力如果参与市场竞争的原则、机制、途径等需要更详细的研究和探讨。

(3)长期的价格机制缺失。目前的价格政策只是立足当前,没有做到着眼未来,例如,生物质发电价格政策在2006年出台伊始得到了业界的普遍赞誉,但随着政策的实施、生物质发电的发展,又暴露了一些问题,实际上,价格政策的细节问题可以根据可再生能源电力发展情况进行调整,但价格机制形成的原则、思路和长效机制建设问题必须清晰,才能够指导价格机制和政策的正确方向。因此,建立长期的价格机制非常必要。

3.3.3 可再生能源电力价格形成的基本原则

世界各国的实践和我国可再生能源电价政策的初步实践已经证明,通过建立价格机制和制定价格政策并应用得当,就可以起到促进可再生能源电力技术进步、市场发展和降低成本的作用。以下几点应作为我国可再生能源电价机制确立的基本原则:

①要保证我国可再生能源发展战略目标的实现;②要促进可再生能源发电产业技术进步,规模发展,降低成本,提高效率;③要考虑我国当前和未来不同发展阶段的国情和经济发展水平;④要有利于可再生能源电力的合理布局;⑤价格政策要便于操作。简而言之,即"促进发展、提高效率、降低成本、鼓励竞争"。

3.3.4 可再生能源电力价格机制建立思路

(1)建立价格长效机制,并配合我国电力体制改革的进程,随着电力市场的完善以及可再生能源技术和产业条件的成熟,逐步使可再生能源电力参与市场竞争。

(2)在不同经济发展阶段,根据可再生能源电力技术发展水平、市场规模,采取不同的可再生能源电力价格形成模式,近期可以考虑以固定电价方式为主,其他方式为辅,建立政府管制下的价格政策,确定明确的价格水平,为可再生能源电力发展提供明确保障,并在可能情况下,通过市场操作方式实现政府管制价格政策的实施;中期结合政府引导和市场机制,既为可再生能源电力发展提供一定的保障,又鼓励其参与常规能源市场的竞争,如可以利用配额制等建立市场价格机制以及在经济发达地区实施一定规模的绿色电价制度等,对条件仍然不成熟的可再生能源发电技术如地热能发电、海洋能发电等,仍采取固定电价等政府管制价格形式;长期,可再生能源电力成本下降,在经济性方面,实现可再生能源电力进入市场竞争。

(3)电价水平的确定结合标准成本法和机会成本法。标准成本法能够对可再生能源发电的收益提供保障,机会成本法能够体现不同地区能源需求、资源条件的地区差异,通过两种方法的结合,既体现了对可再生能源电力的支持,又体现了可再生能源电力带来的经济效益和作为电力产品本身的真实价值。

3.4 我国可再生能源电力价格机制选择和具体政策建议

3.4.1 风电

(1)电价机制选择

近期(2015年前):根据标准成本法,依据风能资源情况,以采用固定价格政策为主,其他(如招标价格)为辅的方式,并配合强制上网政策,保障投资企业的合理收益。也可以考虑电力产品的外部价值,参考各地煤电的成本和价格,制定有差别的风电电价,以体现当地发电电量的经济价值和风电经济特性的地区差异。

中期（2015—2020年）：结合我国电力改革,在适当的地区开展风电竞价试点,国家根据风电外部效益,确定合适的价格补贴标准。

长期（2020年以后）：风电在经济性上具有和煤电竞争的能力,价格等经济政策将不成为国家支持的重点,国家对风电的支持主要体现在电网建设、提高电网调度水平、储能技术等方面,消除风电上网技术障碍,使风电直接参与电力市场竞争。

（2）电价政策设计

近期应尽快根据各地区已有招标项目的上网电价情况来确定电价标准,实施固定电价制度,规范市场,给投资企业明确的价格信号。建议由以地域定价的方式转变为以资源定价的方式,以风电场工程所在区域的风能资源等级作为定价依据,适当考虑风电场所在区域地形和地质条件对工程造价的影响,给予风电合理的固定电价水平。

风电技术发展很快,随着装备制造业发展和单位投资成本下降,风电发电成本下降是必然,因此可以随着我国风电装备制造业的发展适时降低风电上网电价,但是,为了扶持风电产业的发展,应对其实行最低保护价,保证有一定吸引力的风电电价水平。

（3）电价水平测算

根据实际情况,经测算,将全国分为四个风能资源区,相应的电价水平建议为0.49元/kWh、0.53元/kWh、0.57元/kWh、0.61元/kWh。

3.4.2 生物质能发电

（1）电价机制选择

近期（2015年前）：依据标准成本法,对生物质发电技术采取固定价格政策,但不同技术价格水平可能不一样,并配合强制上网政策为生物质发电投资提供保障。也可以考虑电力产品的外部价值和生物质发电原料价格与煤炭价格相关的情况,参考各地煤电的成本和价格,制定有差别的生物质发电电价,以体现当地发电电量的经济价值。

中期（2015—2020年）：结合我国电力改革,在适当地区开展生物质发电竞价试点,国家根据其外部效益,依据机会成本法,确定合适的价格补贴标准。

长期（2020年后）：依据届时生物质发电的实际成本和煤电成本比较、生物质发电和生物液体燃料利用的经济性比较等,调整生物质能利用方向,决定是给予价格补贴还是直接参与市场竞争。

（2）电价政策设计

当前价格水平和实际价格需求存在一定的差距,应根据新建项目实际情况重新进行价格测算,在生物质发电市场形成一定的规模后,对不同的生物质发电技术采用不同的电价或者电价补贴水平。此外,生物质混燃发电项目的价格政策不够明确,对混燃发电提供价格补贴必须首先建立严格的监管体系和有效的技术监测手段。

（3）电价水平测算

经测算,建议调整电价补贴水平如下:对以秸秆等农林废弃物为原料的直燃发电、气化发电和畜禽场沼气发电,将电价补贴标准从0.25元/kWh提高到0.35元/kWh,电价基数随着当地燃煤电价的变化做调整;对垃圾焚烧发电实施按照垃圾处理量折合成发电量的电价补贴政策,以公平促进炉排炉和循环流化床炉两种技术的应用和发展;对垃圾填埋气发电和其他工业沼气发电项目仍维持现有的"2005年脱硫燃煤标杆电价＋0.25元/kWh"的固定电价水平。

3.4.3 太阳能发电

（1）电价机制选择

近中期（2020年前）：依据标准成本法,国家确定合理的电价标准或电价补贴标准,但需要结合其他手段控制适当的发展规模,既保证太阳能发电项目一定的投资回报率,给太阳能发电产业提供一定的成长空间和机会,又要避免经济代价过大,并根据成本降低情况随时调整价格标准。

长期（2020—2030年）：预计太阳能发电的成本在2020年前后可以下降到目前的风电、生物质发电左右的水平（或者说,是届时化石能源电力成本的1～2倍）,结合我国电力改革,在适当地区开展太阳能发电竞价试点,国家根据其外部效益,确定合适的价格补贴标准。

远期（2030年后）：太阳能发电实现规模发展,在经济性方面具有竞争力,直接参与市场竞争。

（2）电价政策设计

首先需要尽快明确电价政策。我国的并网太阳能发电还处于试点示范阶段,各种技术类型、应用类型、电站在各地的分布还非常少,因此,近期的太阳能发电电价政策,有以下几种方式可供选择:①仍然采用依据项目定价的方式,根据项目不同的条件(太阳能资源情况、设备和工程投资情况、是否从其他渠道拿到财政投资补贴和其他财税政策等)对电价进行逐一核定;②制定一个标准的电价水平;③采用类似风电特许权项目的形式,对太阳能发电项目(尤其是荒漠电站项目)进行技术、设备和电价招标。其次,考虑到太阳能发电成本高,建议综合运用电价、补贴、税收、贷款等组合财税政策支持太阳能发电的发展。

（3）电价水平测算

电价水平制定可以参考西班牙的经验,对太阳能发电出台比较高的电价政策,作为核准电价的最高上限,但电价水平是阶梯递减的,即太阳能发电装机总量达到一个特定的数值后,电价最高限额将下降到下一个层次,这样可以控制所需的补贴费用总额。对太阳能光伏发电的电价进行了测算,在年等效满发利用小时数为 1 400 ~ 1 800 h,相应的电价水平为 4.4 ~ 5.6 元 / kWh。

3.4.4 地热发电和海洋能发电

应技术研发和试点示范先行,待技术基本成熟,价格机制可以参照太阳能发电的模式和经验。

基于人均历史累积排放权的四种分配方法研究和比较

于胜民　高　翔　马翠梅

1　获奖情况

本课题获得 2009 年度国家发展和改革委员会宏观经济研究院基本科研业务费专项课题优秀成果二等奖。

2　本课题的意义和作用

当前的国际气候变化谈判进程已经基本同意到 21 世纪末将全球平均气温增幅控制在不超出工业化前水平的 2℃甚至 1.5℃,大气温室气体排放空间很可能面临刚性的总量控制。在全球排放约束下,国家间排放空间的分配实质就是发展权和全球福利的分配。当前的态势似乎被诱导向减排量(或成本)的分担模式,发展中国家被要求兜底实现公约目标所要求的减排量与发达国家承诺的减排量之间的余额。这种分配模式维护了发达国家的既得利益,打压了发展中国家的发展空间。因此,发展中国家普遍要求量化温室气体排放的历史责任并从排放权公平分配的角度来划分全球排放空间,中国学者进一步提出了往上追溯历史责任进行人均历史累积排放权等量分配的概念。然而,在人口动态变化的情况下如何计算一个时间系列上的人均累积温室气体排放量? 又如何使之趋同或相等并能实现既定的全球排放控制路径? 本报告借助数学表达式归纳出了四种可能的方法,分析了各自的潜在含义,并通过简要的模拟计算进行了比较分析,结果表明把“人均历史累积排放”简单地理解为一国历年人均排放之和是错误的,另一个常见的采用“冻结人口”来计算“人均历史累积排放”的方法则在很大程度上无理由地剥夺了未来新增人口的正当排放权,同时也提出了两种可供选择的新方法。我们的研究结果有助于人们更好地理解人均历史累计排放权,理解 2℃温升控制目

标对各国发展空间的潜在约束,以及发展中国家将“减缓”谈判同“技术转让”“资金支持”和“能力建设”议题挂钩的正面意义。

3　本课题简要报告

有关人类排放温室气体的活动是否引发增强的温室效应及其对人类和生态系统是否造成潜在威胁,仍存在科学上的不确定性。但出于谨慎预防原则,以及决心为当代和后代保护全球气候系统,世界各国为解决和防范气候变化问题一直在开展必要的和及时的行动,并通过谈判达成了合作框架以及一系列的规则体系,其中 1992 年通过的《联合国气候变化框架公约》(以下简称《公约》)、1997 年通过的《京都议定书》以及 2007 年为指引缔约方谈判以达成全面应对气候变化的长期合作机制而通过的“巴厘路线图”,是人类合作应对气候变化的三个重要里程碑。“巴厘路线图”的一个重要授权是通过谈判确定《公约》下长期合作行动的共同愿景,其中包括一个长期的全球减排目标,以实现《公约》阐述的“把大气中的温室气体浓度稳定在使气候系统免受危险的人为干扰的水平上……”的最终目标。围绕该议题,当前的国际气候变化谈判进程已经基本同意到 21 世纪末将全球平均气温增幅控制在不超出工业化前水平 2℃甚至 1.5℃。现有的科学研究表明,实现既定的温升控制目标必须控制全球温室气体排放路径或累积排放量,从而所有国家都将被迫纳入绝对量化减限排的行列,由此产生另一项极具挑战性的问题就是未来有限的大气温室气体排放容量资源在世界近 200 个国家间的公平分配,以及与此紧密相关的气候变化责任、能力和贫富差距问题。这是国际气候变化制度研究和谈判的核心问题之一,尤其在全球经济发展仍主要依

赖化石能源提供动力的环境下,全球排放总量控制和排放权分配将对各国的发展空间和国家利益产生直接而深远的影响。

面对各国对今后稀缺的大气温室气体排放容量资源的争夺,以及如何进行公平分配的博弈,现有的谈判和研究已经提出了多种不同的方案。从分配的标的物来划分,大致可区分为减排量(或成本)分担方案和排放权分配方案两大类。前者通常要求各国根据现实的国家排放量或未来可能的排放情景进行一定百分比的削减,减排量(或成本)分担方案往往潜藏着种种"陷阱"和"不公",最大的诟病是将低人均排放的发展中国家永远锁定在低排放水平,并以制度化的形式肯定了高排放水平的发达国家永远有大于他国人均排放水平的权利。而排放权分配方案则引出人均排放权的概念,主张重点考虑人口大小来重新确定各国排放空间。针对发展中国家普遍要求量化温室气体排放的历史责任并从排放权公平分配的角度来划分全球排放空间的诉求[①],中国学者进一步提出了人均历史累积排放权的概念,要求全球排放空间的公平分配应当使各国从过去到远期某时点的整个时段内人均可支配的累积温室气体排放量大体趋同或相等,从而保障每个国家为保护全球气候系统作出可比的贡献,同时也能够拥有同等的发展机会。

本文首先归纳了我国学者提出人均历史累积排放权概念所基于的理论依据(第3.1节),并指出"人均历史累积排放权"从抽象概念变成分配方案的关键是既定时间系列上各国的人均累积温室气体排放量如何核算的问题,解析了在人口动态变化的情况下"均等的人均历史累积排放权"概念的4种操作性定义,运用数学表达式推算出4种潜在的排放权分配方案(第3.2节)。最后通过模拟计算和数学分析,讨论了4种方案的优缺点,以及对我国排放权的影响(第3.3节)。结论指出,把"人均历史累积排放"简单地理解为一国历年人均排放之和是错误的,同时常见的采用"冻结人口"方法来计算"人均历史累积排放"也存在很大的不妥之处。

3.1 倡导人均历史累积排放权的理论依据

综合各方面的研究,倡议均等的人均历史累积排放权主要有以下4个方面的支撑依据。

3.1.1 过去的排放积聚在大气中的人为气候变化

根据当前人类对气候变化问题的认识程度,气候变化正在发生的事实已经得到确认,尽管气候变化发生的原因和未来发展趋势尚无法达成百分之百的科学共识,然而主流的科学观点认为,除了自然的气候波动和近30年来太阳辐射的增强之外,全球气候变化更主要是由人类不断增加的二氧化碳和其他温室气体排放引起大气温室气体浓度上升以及增强的温室效应而造成的。国际政治框架所致力要解决的气候变化问题,主要是指温室气体浓度增加所引起的人为气候变化。而大气温室气体浓度则取决于工业革命以来人类活动排放到大气中的温室气体总量以及地球气候系统对温室气体的净化能力,超出大气净化能力的二氧化碳排放在大气层中的存留时间(atmospheric lifetime)长达上百年,年复一年的积聚使大气温室气体浓度不断上升。IPCC所评估的各种温室气体排放情景表明,未来的气候变化主要取决于全球中长期的排放路径而非某一时点的排放量;Myles R. Allen 和 Malte Meinshausen 有关累积排放量和增温幅度的相关关系更加表明,未来的气候变化主要取决于过去和今后的累积温室气体排放量。因此,未来全球排放空间的公平分配必须基于累积排放量。

3.1.2 各国人均财富与人均累积排放具有较强的正相关关系

针对世界各国经济发展与温室气体排放的大量实证研究已经充分表明,温室气体排放与经济发展水平紧密相关,并大体符合环境库兹涅茨曲线的规律(见图1)。其中主要的原因是因为全球大部分人为温室气体排放来源于能源活动以及毁林所产生的二氧化碳,而能源消费和土地是经济增长的极为重要的物质保障,从而一个国家的二氧化碳排放变化趋势通常与其经济发展水平有着较明显的正相关关系,只有当经济发展进入一个相对成熟的阶段,人们基本能源消费需求得到充分满足以后,产业结构和技术进步的变化对能源消费的影响超过自然因素的制约作用,才能使经济增长与能源消费和二氧化碳排放逐步脱钩。因此,对尚没有完成工业化的广大发展中国家而言,二氧化碳排放权的要求

---

① 2009年6月4日,"长期合作行动谈判特别工作组"第六次会议举行了"关于以历史责任指导今后应对气候变化的技术简要汇报会",中国、印度、巴西、玻利维亚等国代表分别作了公开演讲。

在很大程度上就是对生存权和发展权的要求。

我们的研究表明，世界各国的人均历史累积排放与其人均财富存量和增量也存在明显的正相关关系。从图2、图3中可以看出，尽管各个国家由于地理位置、自然条件、政治制度、经济模式等方面的差异，但从全球来看，人均财富积累以及财富增量与人均历史累积排放之间存在相当明显的正相关关系。这一方面说明国际社会仍有完全正当的理由要求那些较发达的国家为过去发生的高额人均累积排放承担"历史责任（historical responsibility）"，另一方面也说明当前的发展中国家为了今后消除贫困过上较体面的生活，必须确保人均上获得充足的累积排放权才有机会实现这一愿望。

3.1.3 平等主义要求人人具有使用大气资源的平等权利

地球空间是人类的一个公共系统，稀缺的大气温室气体容量资源是人类的"共有资源"。按照洛克（John Locke, 1632—1704年）的天赋人权理论，人是完全自由和平等的自然主体，具有平等的获得大自然恩泽的权利。在气候变化问题上，也就意味着地球上每个公民对地球气候相关的公共物品和环境服务都拥有同等地机会和权利，大气温室气体排放容量资源一旦形成刚性约束，任何国家都没有在人均累积排放上高于其他国家的固有权利。因此，全球排放空间的分配必须保证"任何人都处于同一起跑线上"的起点的公平和机会的公平，这种机会的公平不仅体现在同一代

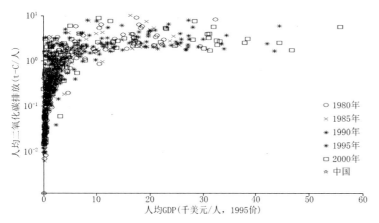

图1　各国人均二氧化碳排放与人均 GDP 的关系

资料来源：郭元.经济发展与二氧化碳排放规律研究.2003.

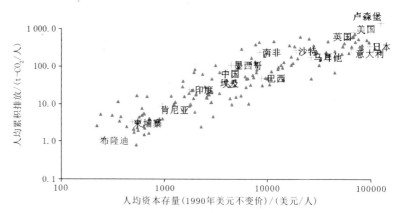

图2　各国人均财富积累（人均资本存量）与人均累积排放的关系

注：资本存量按过去40年资本形成总额以及2.5%的折旧率计算，人均累积排放为1950—2006年能源活动的人均 CO_2 排放。

计算数据来源：Climate Analysis Indicators Tool（CAIT）Version 7.0.（Washington, DC: World Resources Institute, 2010）；United Nations Statistics Division,http://unstats.un.org.

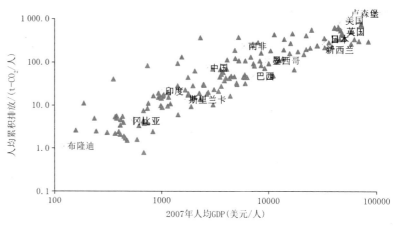

图3　各国人均 GDP 与人均累积排放的关系

计算数据来源：同图2。

人在同一时刻的横向对比上，也应该体现在同代人在整个生命期的纵向对比上。后者意味着在考虑当代人整个生命期的排放权公平问题时，一部分人在过去的岁月已经向大气排放了比其他人更多的温室气体，因此他们在后续年月所应分得的排放权需要进行

相应扣减,以同其他人保持均衡。也就是说,全球大气资源的公平分配不仅要坚持"人人均等的排放权"原则,为了保证当代人的公平还必须坚持"历史责任"原则,这至少需要往上追溯70年(当前世界人均寿命)的历史或者更长的时间(这相当于要求人们在继承祖辈的财富的同时继承他们的排放责任)。

3.1.4 坚持"共同但有区别的责任"原则必须追溯历史累积排放

为了有效地应对全球气候变化这一人类共同的威胁,《联合国气候变化框架公约》早在1992年就确定了"共同但有区别的责任"原则作为国际气候合作的公平基础。这一原则首先确定了全球气候和生态系统是一个完整的不可分割的整体,是人类共同的生存和发展环境。因而在当前地球气候和生态系统面临着"可造成严重或不可逆转的损害的威胁"时,任何人和国家,不论能力大小、贫富强弱或种族地域,均有着保护全球气候系统的"共同目的和责任"。而"有区别的责任"则是指鉴于大气中温室气体浓度的不断增加及人为的气候变化是100多年来温室气体排放逐步积累的结果,其间世界各国,尤其是发展中国家与发达国家之间,对此的历史和现实排放责任存在明显的不同,尽管发达国家(《公约》附件一中所列国家)人口不足发展中国家人口的1/4,但其历史累积排放总量和人均历史累积排放均远远高于后者,1994年《公约》生效之后其年度排放和人均排放也只有轻微的下降,其中许多发达国家甚至呈现上升趋势。

鉴于世界各国在历史累积排放和现实排放方面存在巨大的差异,《公约》确定世界各国及其人民对保护全球气候系统负有"共同但有区别的责任"。这一原则明确承认:①"历史上和目前全球温室气体排放的最大部分源自发达国家";②"发展中国家的人均排放仍相对较低";③"发展中国家在全球排放中所占的份额将会增加,以满足其社会和发展需要"。因此,一旦根据《公约》的最终目标确定好全球长期排放控制目标,届时几乎所有国家都将被纳入绝对量化减限排目标的行列,为保证"共同但有区别的责任"原则,全球排放空间的公平分配绝非仅限于剩余排放空间的人均分配,而必须追溯历史累积排放:发达国家必须参考其过去提前耗用的排放空间相应扣减其未来的排放额度,而那些人均历史累积排放量较低的发展中国家则有权获取相应较多的份额,从

而实现各国在人均累积排放量意义上的趋同或均等。

3.2 人均历史累积排放权的操作性定义及其分配方案解析

"均等的人均历史累积排放权"从抽象概念变成分配方案必须要可操作化,其中的关键是既定时间系列上各国的人均累积温室气体排放量如何核算的问题。由于人口的动态变化,"均等的人均历史累积排放权"概念至少存在下述4种可能的操作性定义,由此可以派生出4种可能的排放权分配方案。

(1)备选方案1:将人均历史累积排放定义为从考察起点到终点历年人均排放的和

根据该定义以及均等的人均历史累积排放权分配原则,对任一国家i,

$$\sum_{t=T_b}^{T_e} \frac{E_i(t)}{P_i(t)} \equiv \sum_{t=T_b}^{T_e} \frac{E(t)}{P(t)} = C \qquad (1)$$

式中　　t —— 基年T_b到末年T_e期间的各个年份;

$E_i(t)$ —— 国家i在t年的温室气体排放量;

$E(t)$ —— 全球在t年的温室气体排放量;

$P_i(t)$ —— 国家i在t年的人口;

$P(t)$ —— 全球在t年的人口;

C —— 常数。

方案1在既定的全球排放控制路径和人口发展轨迹下以整个考察期的全球人均累积排放量为比较基准,原则上任何国家的人均累积排放均不应当超出该基准值。可以采用每年检验的方式,在方案生效后的每个年底检验各国从基年T_b到当年T期间实际发生的排放情况,以及该国从$T+1$年人均排放线性过渡到T_e年全球人均排放标准的假想情景下,整个时段的人均累积排放量是否将超出比较基准。若满足触发条件,则要求该国从T年开始人均排放量强制性线性降低到T_e年全球人均标准,并据此分配排放额度;未达到触发条件的国家本年度排放不受国际额度强制控制,来年年底继续接受检验。

(2)备选方案2:将人均历史累积排放定义为整个考察期内各国累积排放量与累积人口的商

从而对任一个国家i,在整个考察期内不同历史时段存在的人年数均享有同等的排放权。即

$$\frac{\sum\limits_{t=T_b}^{T_c} E_i(t)}{\sum\limits_{t=T_b}^{T_c} P_i(t)} \equiv \frac{\sum\limits_{t=T_b}^{T_c} E(t)}{\sum\limits_{t=T_b}^{T_c} P(t)} = C \qquad (2)$$

该国在方案于 T_0 年生效后可支配的剩余排放权 $Q(i,T_0)$ 应按公式（3）计算：

$$Q(i,T_0) = \frac{\sum\limits_{t=T_b}^{T_c} E(t)}{\sum\limits_{t=T_b}^{T_c} P(t)} \sum\limits_{t=T_b}^{T_c} P_i(t) - \sum\limits_{t=T_b}^{T_0} E_i(t) \qquad (3)$$

（3）备选方案3：将人均历史累积排放权均等的准则定义为逐年人均排放与同年世界人均排放的差基于动态人口的加权和等于零

即对任一个国家 i,

$$\sum\limits_{t=T_b}^{T_c} \left[\left(\frac{E_i(t)}{P_i(t)} - \frac{E(t)}{P(t)} \right) P_i(t) \right] \equiv 0 \qquad (4)$$

方案3相当于在整个考察期内，横向上同年的每个存活人口均拥有等于当年全球人均排放水平的排放权，纵向上一国累积的排放权等于整个考察期间每年人口与当年世界人均排放量的乘积之和。最终，该国在方案于 T_0 年生效后可支配的剩余排放权 $Q(i,T_0)$ 应按公式（5）计算：

$$Q(i,T_0) = \sum\limits_{t=T_b}^{T_c} \left(\frac{E(t)}{P(t)} P_i(t) \right) - \sum\limits_{t=T_b}^{T_0} E_i(t) \qquad (5)$$

（4）备选方案4：将人均历史累积排放定义为国家累积排放量与某时点固定人口的商

根据该定义，均等的人均历史累积排放权原则应使整个考察期内各国累积排放量与其既定年人口的商相等，即对任何一个国家 i,

$$\frac{\sum\limits_{t=T_b}^{T_c} E_i(t)}{P_i(\bar{T})} \equiv \frac{\sum\limits_{t=T_b}^{T_c} E(t)}{P(\bar{T})} = C \qquad (6)$$

其中 $\bar{T}$ 为某个预设的人口增长"截止年"，"截止年"之后的增

加人口不能分配任何排放权益。对人口数据进行"冻结"的建议最早见于英国全球公共资源研究所提出的"紧缩与趋同"方案,据称是为了杜绝政府为争夺排放配额而鼓励人口增长这种可能存在的不必要的激励。最终,该国在方案于 T_0 年生效后可支配的剩余排放权 $Q(i,T_0)$ 应按公式（7）计算：

$$Q(i,T_0) = \frac{\sum\limits_{t=T_b}^{T_c} E(t)}{P(\bar{T})} P_i(\bar{T}) - \sum\limits_{t=T_b}^{T_0} E_i(t) \qquad (7)$$

潘家华等提出的以人均历史累积排放为基础的全球碳预算方案以及德国全球变化顾问委员会提出的基于历史责任的全球排放预算方法,两者都采用了方案4的"冻结人口"方法。丁仲礼等提出的基于"人均累积排放指标"分配国家排放配额的国际责任体系采用了类似方案3的方法划分历史排放责任（即 T_b 到 T_0 年间的"排放盈余"或"排放赤字"），而对未来排放的分配（T_0 到 T_c 年间的未来排放空间）采用了类似方案4的方法，相当于方案3和方案4的混合。

3.3 不同方案的模拟和比较分析

上述4种人均历史累积排放权分配方案的数学表达式和相关公式体现了每个方案的基本思想和本质特征。引用相关国际机构关于人口和能源排放的数据，我们通过模拟计算和数学分析进一步比较了各方案的优缺点及其对我国排放权的影响。

3.3.1 数据来源和假设说明

方案的基年 T_b、生效年 T_0 和考察期末年 T_c 的设置取决于谈判结果。作为示意这里假定以1900年为基年、以2013年为方案生效年、以2050年为末年。

人口数据 $P_i(t)$ 和 $P(t)$：1900—1950年数据参考 Populstat 网站的历史人口统计[①]估算得到；1950—2005年的人口数据来自联合国统计处；2006—2050年人口根据联合国《世界人口预测2008年版》[②]选取中间估值并结合内插法估算得到。

全球和各国自基年到方案生效年的逐年排放数据 $E_i(t)$：《京都

---

① Population Statistics Historical Demography. http://www.populstat.info.

② United Nations Statistics Division. http://unstats.un.org/unsd/default.htm.

议定书》规定的 6 种人为温室气体中,二氧化碳尤其是人类能源活动所产生的二氧化碳最为重要,与经济发展的相互联系最为紧密,数据不确定性也最小。本文仅采用能源活动的二氧化碳来计算各方案的结果,数据引自世界资源研究所的气候分析指标工具[①]有关全球及 185 个主要国家 1900—2005 年的能源活动二氧化碳排放,2006—2012 年的排放数据参考 1990—2005 年的排放趋势外推估算得到。

全球自方案生效年到考察期末年设定的排放总量控制路径 $E(t)$:全球 2013—2050 年的能源排放控制路径根据 2℃ 的增温控制目标[②]和相关科学研究建议事先假设,主要参考了 IPCC 第四次评估报告对实现 450μmol/mol 二氧化碳当量稳定浓度情景的排放变化要求预设全球各年的能源排放限额。预设的全球能源排放控制路径及各年世界人均排放见图 4。

3.3.2 模拟结果和讨论

（1）方案 1 无法实现预定的全球排放控制路径

试算结果发现方案 1 无法实现预定的全球排放控制路径（见图 5）,尤其接近考察期后期各国可支配的排放权总和将逐步赶上并远远超出同年的全球排放许可额度,这有违于划分全球排放空间的初衷,故方案 1 应被抛弃。而方案 2、3、4 可以确保各个国家 2013—2050 年可支配的排放权合计等于既定的全球排放路径下许可的同期碳预算总量,如果以各国的剩余排放权 $Q(i,t)$ 为权重将全球逐年的排放许可额度 $E(t)$ 分割到各个国家从而确定各国逐年的排放控制目标,则可以还原既定的全球排放控制路径。

（2）方案 4"冻结人口"的理由不充分

政府为争夺排放配额而鼓励人口增长的必要条件是,新增 1 个人年数所获得的边际排放权大于本国当年的人均排放需求,并且能为此增加可支配的排放权盈余,此外,由于新增人口将存活很长时间,其存活期间累积获得的排放权还必须大于其在此期间累积的"照常发展"排放需求,否则该国必须为新增人口作出额外的减排努力。从公式（3）可知一个国家在方案 2 任何时候新增 1 个人年数可增加的边际排放权为 $\sum_{t=T_b}^{T_c} E(t) / \sum_{t=T_b}^{T_c} P(t)$,该值一直约

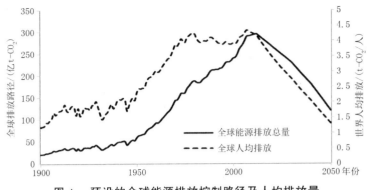

图 4　预设的全球能源排放控制路径及人均排放量

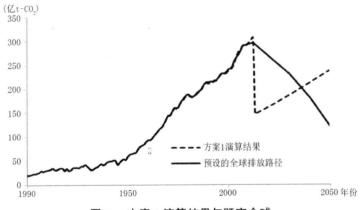

图 5　方案 1 演算结果与既定全球
能源排放控制路径

等于 2.99 tCO_2;在方案 3 中新增 1 个人年数可增加的边际排放权为 $E(t)/P(t)$,该值随着年度值 t 的增加越来越小,从 2013 年的 4.09 tCO_2 降到 2050 年的 1.31 tCO_2。分析表明,在较严格的全球减排目标下,只有少数国家在方案生效的早期时段满足为获取额外排放权而人为激励人口增长的必要条件[③]。同时,鉴于新增人口对资源环境和消除贫困方面带来的压力,为争夺排放权而人为激励人口增加的可能性将在很大程度上受到抑制,方案 4 "冻结人

---

① Climate Analysis Indicators Tool（CAIT）Version 7.0. http://cait.wri.org.

② 在国际气候谈判层面,控制全球平均气温相比工业化前水平的增幅不超出 2℃ 已经形成很大的舆论和压力。《哥本哈根协议》已经写入要将全球气温增幅控制在 2 ℃ 以内,但没有明确基年。

③ 世界人均能源二氧化碳排放过去一直呈上升趋势,2007 年为 4.38 t,其中附件一缔约方人均为 11.21 t,非附件一国家人均为 2.56 t。

"口"的理由和担忧被过度夸大。鉴于世界人口在非气候变化因素下还将显著增长[①]，排放权分配方案应当赋予未来新增人口正当的排放权才更为合理。

（3）方案 2 和方案 3 对各国应得排放权的影响分析

方案 2 认为在整个考察期内不同历史时段存在的人年数均享有同等的排放权，而方案 3 则认为应该将平等的排放权细化到每一年，两者各有其理。若单就一个国家的排放权利益来取舍，则主要取决于该国在整个考察期的人口发展轨迹与既定的全球人均排放轨迹能否较好地同拍，如果两者增长或下降的步伐基本一致，则方案 3 能够给予更多的排放权。全球主要国家在方案 2、方案 3 和方案 4 下 2013—2050 年可支配的剩余排放权见表 1。结果表明，我国在方案 3 下可以获得较多的排放权，方案 2 次之，"冻结人口"的方案 4 对中国最不利，中国在贯彻实施计划生育政策的情况下仍被剥夺了部分新增人口应得的排放权，这再次表明"冻结人口"方案值得商洽。

（4）负排放权、"热空气"问题和方案折中及其他

表 1　方案 2、3、4 下主要国家 2013—2050 年可支配的剩余排放权

单位：Mt CO₂

国别	方案 2	方案 3	方案 4
美国	− 261 927	− 262 149	− 269 072
日本	− 11 543	− 10 929	− 16 849
英国	− 35 312	− 36 279	− 41 392
德国	− 46 615	− 47 914	− 55 332
法国	− 8 307	− 9 036	− 12 894
加拿大	− 17 913	− 17 748	− 18 100
澳大利亚	− 8 324	− 8 259	− 8 361
俄罗斯	− 54 667	− 55 215	− 66 441
墨西哥	15 040	16 153	18 651
南非	− 3 527	− 3 000	− 1 733
印度	319 971	320 920	341 985
中国	276 647	281 362	265 877

排放权的初始分配相当于一种权利配置，与各国未来的实际排放需求必然存在出入。从各方案的试算结果看，尽管全球层面上实现排放控制路径相比 BAU 要作出非常大的减排努力，但在各方案下一些国家可支配的排放权与其实际排放需求相比可能有盈余，这就是所谓的"热空气"；同时，一些发达国家因过去和现在的人均排放量非常之大，在方案生效之前其人均排放累积量就已经超出整个考察期的全球平均水平，严格地核算这些国家只能获得负排放权，处于这种境地的国家很难接受这样的安排。这说明纯粹的"均等的人均累积排放权"分配方案将和同行研究提出的其他基于原则（principle-based）的方案一样不可能被所有国家一致认同，实际可能达成的全球排放空间分配协议只能是国际谈判糅合各种方案后的一个折中，或如碳预算方案那般采取折中方法给予拥有"负排放权"的国家一定的"未来基本需求所需的碳预算"。同时设定的全球排放控制路径不应该太苛刻，并且方案基年 T_b 的选择也是一个充满争议的关键点。基年表示历史责任的上溯时限，它可能涵盖大部分历史责任（如果 $T_b < 1850$）或部分历史责任（如果 $T_b = 1900$ 甚至 1950）甚至完全不包括历史责任而仅涉及未来排放权的分配（如果 $T_b = T_0$），后者当然不会出现负排放权情况，但矫枉过正。

鉴于实际的全球排放空间分配协议无法在兼顾"历史责任"和"未来基本需求"的同时做到完全公平，因此，未来的国际气候制度要解决公平问题，需要综合权衡"减缓""适应""技术""资金""能力建设"等全面的国际合作，通过"技术""资金"和"能力建设"支持来弥补可能的不公平争议，这将在很大程度上扩大各国的选择余地，增强未来国际气候减缓制度的公平性和政治可行性。

3.4　结论

有关全球气候变化问题的科学认识虽然还存在一定的争议，但在现实的国际政治中，在发达国家的推动下，全球增温控制目标及其长期排放控制目标已经正式进入当前的国际气候变化谈判议程，所有国家都将被迫纳入绝对量化减限排目标的行列。为保障每个国家都有公平的发展机会以及"共同但有区别的责任"原则，发展中国家应该倡导全球排放空间必须基于均等或趋同的

[①] 根据联合国"世界人口展望：2008 修订"，未来 40 年内世界人口很可能从目前的 69 亿人增加到 2050 年的 80 亿~110 亿人，中间估值水平为 92 亿人。

人均累积排放权进行公平分配。

发展中国家倡议均等的人均累积排放权有坚实的理论依据。第一,现有的气候变化主要是发达国家自工业革命以来持续排放的温室气体不断积聚在大气中造成的,未来的气候变化仍将取决于过去和今后的累积温室气体排放量;第二,大量实证研究已经充分表明,各国的人均历史累积排放与其人均财富存量和增量存在明显的正相关关系,国际社会仍有完全正当的理由要求那些较发达的国家为过去发生的高额人均累积排放承担"历史责任",另一方面也说明当前的发展中国家为了今后消除贫困,过上较体面的生活,必须确保人均上获得充足的累积排放权,才有机会实现这一愿望;第三,稀缺的大气温室气体容量资源是人类的"共有资源",平等主义原则要求地球上每个公民对地球气候相关的公共物品和环境服务都拥有同等的机会和权利,任何国家或个人都没有在人均排放方面高于其他国家的固有权利;第四,也是最现实的,在全球长期排放目标将所有国家都纳入绝对量化减限排目标行列的时候,坚持公约"共同但有区别的责任"原则需要通过量化各国的"历史责任",并确保各国整个考察期的人均累积排放量大致趋同或均等来得以体现。

"均等的人均历史累积排放权"从抽象概念变成分配方案必须要可操作化,由于世界和各国人口数量在不同时点的动态变化,概括起来有4种可能的操作性定义:①整个考察期内各国逐年人均排放的累加值相等;②各国逐年人均排放按逐年人口数加权求和后相等;③逐年人均排放与同年世界人均排放的差基于人口的加权和等于零;④使整个考察期内各国累积排放量与某个预定的"冻结年"人口量的商相等。本报告称之为4种人均累积排放权的分配方案并结合各自的定义给出了具体的数学表达式和计算公式,其中方案2和方案3为本课题首次提出。

结合人口和能源排放的历史和预测数据,本报告对每种方案进行了模拟试算。4种方案均根据预先假定的全球排放控制路径来分配各国的排放权,结果表明,方案1不能还原既定的全球排放控制路径,而方案2、3、4可以确保各个国家在整个考察期可支配的排放权合计等于既定的全球排放路径下许可的同期碳预算总量,如果以各国的剩余排放权为权重将全球逐年的排放许可额度分配到各个国家,从而确定各国逐年的排放控制目标,则可以还原既定的全球排放控制路径。

根据方案2、3、4的模拟试算结果,我们发现,方案4所谓的"为了杜绝政府为争夺排放配额而鼓励人口增长"的担忧被过度夸大,其可能性实际很小,"冻结人口"方案剥夺了未来20多亿新增人口应得的排放权,因而在很大程度上扭曲了排放权的公平分配,建议弃用;方案2认为在整个考察期内不同历史时段存在的人年数均享有同等的排放权,而方案3则认为同年存活的每个人口均拥有等于当年全球人均排放水平的排放权,两者各有其理。但是,方案2或方案3对任何一个具体的国家而言,排放权分配结果孰优孰劣需要具体情况具体分析,主要取决于该国人口的发展轨迹,或者说该国在整个考察期的人口发展轨迹与既定的全球人均排放发展轨迹的同拍程度。

参考文献

[1] Allen M., R. et al. Warming caused by cumulative carbon emissions towards the trillionth tonne, Nature, 2009, 458: 1163–1166.

[2] IPCC. Climate Change 2007: Mitigation of Climate Change. Contribution of Working Group III to the Third Assessment Report of the Intergovernmental Panel on Climate Change [R/OL]. 2007:198–203.http://www.ipcc.ch/ipccreports/ar4-wg3.html.

[3] Meinshausen M., et al Greenhouse gas emission targets for limiting global warming to 2℃, Nature, 2009, 458:1158–1162.

[4] 丁仲礼,段晓男,葛全胜,等.国际温室气体减排方案评估及中国长期排放权讨论[J].中国科学 D 辑:地球科学, 2009,39(12):1659–1671.

[5] 丁仲礼,段晓男,葛全胜,等.2050 年大气 CO_2 浓度控制:各国排放权计算[J].中国科学 D 辑:地球科学 2009,39 (8):1009–1027.

[6] 国务院发展研究中心课题组.全球温室气体减排:理论框架和解决方案[J].经济研究,2009(3):4–13.

[7] 何建坤,刘滨,陈文颖.有关全球气候变化问题上的公平性分析[J].中国人口·资源与环境,2004,14(6):12–15.

[8] 何建坤,陈文颖,滕飞,等.全球长期减排目标与碳排放权

分配原则[J].气候变化研究进展,2009,5(6):362-368.

[9] 潘家华.满足基本需求的碳预算及其国际公平与可持续含义[J].世界经济与政治,2008,(1):35-42.

[10] 潘家华,陈迎.碳预算方案:一个公平、可持续的国际气候制度构架[J].中国社会科学,2009,(5):83-98.

[11] IPCC Working Group I. Climate Change 2007: The Physical Science Basis. http://www.ipcc.ch/ipccreports/ar4-wg1.html.

[12] Global Commons Institute. Contraction and Convergence: A Global Solution to a Global Problem. http://www.gci.org.uk/contconv/cc.html.

[13] German Advisory Council on Global Change. Solving the Climate Dilemma: The budget approach – Special Report. Berlin 2009.

中国能源预警系统框架设计

刘 强

1 获奖情况

本课题获得 2006 年度国家发展和改革委员会宏观经济研究院基础性课题优秀研究成果二等奖。

2 本课题的意义

能源是保障中国经济的原动力,能源系统出现微小的波动都有可能对经济系统产生重要的影响,维持能源系统运行的安全、稳定可靠是保证经济持续增长的基本条件。近几年,随着我国能源消费量的飞速增长,能源安全问题受到越来越多的关注,中国的能源安全问题某种程度上讲,已经不仅仅是一个国内问题,而是上升为一个国际问题。这客观上要求我国必须加快建立能源预警系统的步伐,为我国未来的能源决策和经济建设提供服务。预警理论发展至今已经有 70 多年的历史,其理论和方法已经在多个领域得到应用,尤其是经济预警,已经形成了一个比较成熟和完善的体系,但相比较而言,我国在预警理论和方法的研究和实际应用方面都还处在初始阶段,与发达国家还有较大差距。为此,本文从经济预警的基本理论和方法出发,构建了中国能源预警系统的框架体系。

3 本课题简要报告

3.1 预警研究的发展历史

预警就是预先警告,是对影响系统的各种因素进行分析,对系统可能出现的各种不稳定状态事先发出警告,并采取相应的应对措施的一种理论方法。国外的预警最初是用在军事领域居多,如各种预警飞机、预警雷达等,后来随着经济的发展,人们开始对宏观经济的预警发生兴趣,研究出针对宏观经济运行状态的经济预警理论和方法,预警理论也随之也变得完善,并开始形成统一的方法论和方法体系。现在,预警理论和方法已经在多种领域得到应用,如宏观经济预警、金融预警、粮食预警、资源生态预警等,但其中运用最为成熟的还是经济预警理论。

从 20 世纪 30 年代至今,预警理论已经获得了长足的发展,预警的理论体系、预警机制、预警方法都变得越来越完善。发达国家在预警理论的研究水平上始终居于前列,而发展中国家尽管在预警的实际应用上参与程度越来越高,但在研究上始终还处于落后水平。从预警理论本身看,最为成熟和应用最为广泛的还是宏观经济的预警,且在预警方法的科学性和实用性还在不断改进和提高。

我国于 20 世纪 80 年代开始进行宏观经济的预警研究,最初的研究以引入西方的经济发展理论和经济波动的周期理论为主,之后开始进入寻找我国经济波动的现行指标的阶段,并建立了国家层面的经济景气监测中心。与此同时,国内预警研究的领域也在不断扩展,许多其他领域如金融系统、粮食系统、房地产系统、能源系统等都出现了与预警相关的研究和应用案例,对预警理论的发展和丰富起到了十分重要的作用。

对能源预警来说,目前无论从国内还是国外,相关研究还比较少,发达国家一些与预警相关的工作由于涉及经济安全、国家安全和对外战略等方面,也基本不公开。国外与能源预警相关的研究或应用主要是与能源安全有关。能源安全概念的提出缘起于 20 世纪 70 年代发生的第一次世界石油危机,当时主要是指可能发生的石油供应中断。1974 年国际能源署（IEA）成立后，正式提出了以稳定原油供应和价格为核心的国家能源安全的概念。之后随着国际社会对各种环境和全球气候变化的关注，各国又开始考虑赋予能源安全以环境保护的内涵，也就是能源的消费和使用不应对人类自身生存与发展的生态环境构成大的威胁。因此，能源安全从概念上讲包括了供应安全、消费安全、经济安全、生态环境安全等多个方面。

　　能源安全预警系统的设计首先要基于经济预警的基本理论，因为从能源系统本身分析，它与经济系统具有很强的相关性和联系，这主要表现在：① 能源系统与经济系统有着很密切的关系。一方面，能源系统是经济系统发展的动力提供源，只有获得稳定的能源供应，经济才能保持稳定增长的活力；另一方面，宏观经济的形势又对能源供应体系和需求体系的稳定有着重要的影响，宏观经济信号如价格等的一个微小变化可能导致能源体系的强烈波动，能源和经济的这种交叉性正随着世界经济一体化和全球化趋势的增强而变得越来越明显。② 能源系统的变化与经济系统的变化具有很多相似性。能源系统不仅也具有周期性波动的特征，而且能源系统和经济系统波动的趋势和幅度也具有较强的协整性。

　　但与此同时，能源预警系统的设计在指标的选择和方法的应用上又可以与经济预警有所区别，因为能源系统有其自身的特点，这主要表现在：① 能源系统的警素非常复杂。能源安全不仅取决于不同品种能源子系统（如煤炭、石油、天然气、电力等）的安全，还取决于不同能源品种之间是否具有良好和稳定的替代和接续关系，以及能源系统在总体上的经济运行、使用效率以及环境质量等状况。② 能源系统警源也非常复杂，警兆指标的选择和判定更为困难，影响能源安全的因素可能来自气候、供需、运输、突变、经济等多个方面，对不同的能源品种警兆指标的选择也可能不同。③ 能源资源分布的不同客观上决定了不同国家能源安全定义的不同，能源供应国会更多地关注供的安全性，而能源需求国则会更多地关注需求的保障度。④ 能源行业对一些自然突变因素、政治或军事因素的变化非常敏感，更容易因此产生波动，这些突变因素之间相互关联，它们的影响范围也变得越来越大。⑤ 目前的能源统计体系不够完善，很多能源相关信息的获取更

为困难，制约了能源预警警兆指标的设定。

　　基于以上分析，可以认为，我国的能源预警系统可以考虑采用模型预警和专家评估相结合的方式，通过建立多目标、多层次、多构成要素的预警框架体系来实现。本文正是根据经济预警的基本理论和方法，构建完成了中国能源预警系统的框架体系。

3.2 中国能源安全影响因素分析

（1）能源供应安全的影响因素

煤炭：在各个能源品种中，煤炭是我国主要依赖的能源资源，约占我国总能源消费的 2/3，煤炭系统的波动也更容易对国民经济产生重大影响。我国煤炭的储量相对富余，按现有消耗水平和储量计算，我国的煤炭资源还可以保证使用上百年，但煤炭资源的生产和消费过程中存在很多问题和不稳定因素，包括煤炭运输能力的不足、煤炭低效使用所带来的生态破坏及环境污染、煤矿安全保障差、煤炭价格波动等。

石油：石油是增长速度最快的能源品种，其消费量从 1990 年的 1.15 t 增加到 2005 年的 3.25 t，增加了将近 3 倍，但与此同时，石油生产一直保持着小幅增长的状态，这导致我国石油的进口量不断增大，对进口石油的依赖程度也不断增加，未来随着我国石油需求量的进一步增长，石油供需之间的差额还会进一步拉大。我国石油需求量大，并且很大程度上依赖进口，也更容易受到外来因素的干扰。另外，油价的波动还会导致其他能源价格的飞涨，并对社会经济各个部门都产生了重大影响。

电力：电力部门的增长非常迅速，但同样呈现出波动性。从 20 世纪 90 年代初期开始，我国电力装机容量增长迅速，还一度出现电力过剩的局面。但之后特别是进入 21 世纪，随着电力需求的不断上升，电力供应开始紧张。在过去的 3 年中，全国几乎所有省份都出现过不同程度的拉闸限电情况。未来几年，随着大量改建和新建电力产能的建成，全国性缺电的局面会得到明显改善，但在高峰期局部的缺电局面仍将存在，并将持续考验着电力供应的安全。同时，未来可能出现的发电能力富余问题也会引发另一个安全问题。另外，电网的不断扩容及安全运行、电力部门快速增长所带来的环境污染等问题，也对电力系统乃至社会经济各部门有着重要的影响。

天然气:天然气在我国现有能源结构中所占的比例还很低,2005 年消费量约为 480 亿 m³,只占到消费总量的不到 3%。我国是一个相对少气的国家,人均天然气资源拥有量很低,未来随着城市燃气化率的提升以及天然气作为一种清洁能源在工业生产、交通运输中需求的上升,天然气的安全供应也必将成为影响社会经济持续增长的关键因素之一。

其他能源:除了常规的化石能源外,我国能源供应体系中还包括核能、可再生能源等其他能源形式,但它们现在所占的比例还比较低。按国家规划和相关预测,未来短时期内这些新能源仍将处于从属地位,主要发挥的还是替代和补充作用。尽管如此,新能源和可再生能源对改善我国能源体系的利用效率,减少我国的环境污染以及温室气体排放起着非常关键的作用,而且从长期来看,也是我国主要可以依赖的战略替代能源。

(2)能源消费安全的影响因素

从我国的能源消费端看,也有三个主要因素会影响我国能源系统的稳定和安全的运行,一是能源消费结构的不合理,二是能源利用总体水平低下,三是能源生产及消费过程所造成的资源生态破坏和环境污染问题,分别描述如下。

1)我国能源消费结构的不合理表现在两方面,一是我国的能源消费结构中以煤炭为主,一些相对清洁的能源如石油、天然气、可再生能源等所占比例较低,这与世界多数国家以石油、天然气为主的能源消费结构不同。二是我国高耗能产业在国民经济中所占比例过高,宏观经济的重化工特征明显。我国一些主要的高耗能行业一直是拉动经济的主要力量,而且近期还有进一步扩大的势头,相反,一些高附加值、低能耗的产业在国民经济中所占比例比较低,对国民经济的贡献也比较少,这一点是造成我国 GDP 能源强度远高于发达国家的根本原因。

2)我国能源利用效率水平在过去 20 年提高显著,但比起一些发达国家甚至是一些同等发展水平的发展中国家来说水平仍然较低。1980—2004 年,我国年均节能率达到了 4.71%,一些主要的耗能产品如燃煤发电、钢铁、水泥、有色金属、化肥、乙烯等的单位能耗都有显著降低,平均节能率为 10% ~ 40%。但即便如此,主要工业产品如水泥、乙烯、钢铁等的综合能耗仍比发达国家要高 10% ~ 20%,节能仍旧是我国未来各项工作的重中之重。

3)我国能源生产和消费引起的资源生态破坏和环境污染是另一个不容忽视的问题,不仅影响到能源系统的安全和稳定,还给国民经济的可持续发展以及民众的身体健康带来严重的负面影响。由能源生产和消费引起的生态和环境问题主要包括:①我国煤炭开采对某些矿区的土地资源、水资源和植被的破坏非常巨大,有些甚至是无法恢复性的破坏。②煤炭消费是导致我国二氧化硫排放的主要原因,全国 80% 的以上的二氧化硫排放来自于燃煤排放。③能源消费是造成我国温室气体排放的主要原因。我国现在已经是全球温室气体第二排放大国,仅次于美国,我国正面临着越来越大的要求减排温室气体的国际压力。

除了上述因素以外,还有一些其他因素如能源产业的景气水平、能源技术效率、突发和灾变事件等会对能源系统的安全和稳定运行产生扰动,而且,随着我国的开放程度的提高,我国能源系统与国际社会的接触和交流越来越多,也更容易受到各种国际政治、经济和军事因素的冲击和影响。

3.3 中国能源预警系统框架设计

基于以上分析可以看出,我国能源系统安全和稳定的影响因素较多,能源安全的定义也应该包含多个方面的内容,其目标应该是为我国的经济发展提供一个安全、可靠、稳定、经济、清洁的能源供需体系。

(1)预警方法的选择

在前面的综述分析中我们也提到,能源系统和经济系统相比,既有很强的相关性,又有其本身的特征,因此,对于能源系统的预警,一方面要基于经济预警的一般理论,另一方面又要与经济预警有所区别。基于对中国能源行业的分析,我们认为,中国能源预警系统应采用模型预警方法和专家评估方法相结合的框架,全面和深入地反映影响我国能源安全的各种影响因素,包括以下 5 步:

1)建立一个多目标、多层次、多构成要素的能源预警评价指标(警兆指标)框架体系,这是本预警系统的核心;

2)采用专家评估的方法对警兆指标的警度区间范围进行估算;

3)采用层次分析方法对预警指标之间的权重进行分析和确定;

4）利用能源系统仿真模型和专家评估的方法对预警指标所处的警度区间进行估算,得到它们的警度值;

5）加权计算得到能源系统预警综合指数,发布预警报告。

（2）预警评价指标框架体系

本预警系统的核心是建立一个多目标、多层次、多构成要素的能源预警评价指标框架体系,根据我国能源系统的特点,对该指标体系的框架构建如下:

1）目标层次。我国能源安全预警评价指标监控的是分能源品种的能源产业的安全性和稳定性,预警指标体系的建立首先要分能源品种进行。从我国能源系统的特征考虑,我国现在的一次能源供需结构仍以化石燃料为主,二次能源电力在能源消费中也占据着重要的地位,因此,首先要将煤炭、石油天然气和电力三种能源子系统作为监控的目标。另外,对能源系统存在的一些共性问题和影响安全的关键因素,如能源消费增长过快、能源效率利用低、能源生产和利用对环境影响等,也必须进行评价,也就是说,要在关注主要能源品种子系统安全的同时,对能源系统总的安全性进行综合评价。这样就形成了我国能源安全预警评价指标体系的第一个层级即目标层次,分4个子系统,分别是煤炭子系统、石油及天然气子系统、电力子系统以及能源综合评价子系统。4个子系统互为补充,缺一不可。

2）构成要素层次。从前面的分析可以看出,我国的能源安全应该是一个包括供应安全、消费安全、经济安全和生态环境安全多个方面的综合概念,因此,对每个子系统来说,必须要从这些方面对其安全性进行评价。另外,考虑到能源系统容易受到灾变影响以及运输在能源系统中的重要地位,这两方面的内容也作为评价系统安全的主要构成要素之一。综合起来,对前面所说的每个子系统,都分了5种构成要素,分别从5个方面来描述系统的安全状态,包括供需平衡、运输能力、灾变影响、经济安全、生态环境。每种构成要素反映的是子系统某一方面目前所处的状态,其具体结果要通过构成要素包括的各种评价指标来反映。

3）评价指标也即警兆指标层次。评价指标反映了每个子系统的每个构成要素中起关键作用的影响因素,指标的选取对不同的预警子系统会有所不同,要结合子系统的特点、安全态势和关键影响因素等进行选取。

（3）预警评价指标的选择原则

能源预警评价指标的选择对我国能源预警系统非常重要,是关系到预警系统是否完善和可靠的关键环节,因此,它们的选择需要遵从以下原则:

1）"量"与"质"相结合:评价指标要从"量"和"质"两个角度来反映整个能源系统的总体状态。不仅要能为建立一个稳定、可靠、安全、经济、清洁的能源供应系统提供必要的信息,还要能反映能源生产和消费对社会发展、经济增长、生态环境所带来的影响和变化。

2）全面性:能源预警评价指标体系是一个集成的指标体系,指标的选择要全面,要既有外延指标,又有内生指标;既有长期指标,又有短期指标;既有定量指标,又有定性指标;既有分能源品种的指标,又有综合评价指标。

3）关键性:评价指标的设置要尽可能简化,要突出重点,选取能反映能源系统的关键指标。

4）代表性:评价指标的选择要具有代表性,要能够反映系统的特征、当前运行状态以及未来发展方向,同时还要能暴露出系统存在的问题,担当系统的"晴雨表"。

5）反馈性:评价指标的选择要具有反馈性,即要能及时反映系统对影响的应对能力以及调控效果。

6）科学性:能源预警评价指标体系的确立、指标的选择以及指标权重的确定都需要遵循科学的方法论并建立在一定的研究基础之上,在确定指标的警度值时也要尽可能考虑各个方面的因素,以保证它们的准确性及代表性。

7）动态性:能源预警评价指标体系是一个动态的和开放的体系,指标的分类、选择、取值以及指标的权重、警度区间和警度值的确定等均要随着情况的变化而进行调整。

（4）预警评价指标矩阵的建立

根据上述预警评价指标的选择原则和对中国能源系统的分析,在结合相关研究资料和咨询行业专家的基础上,我们设计了预警评价指标矩阵(见表1),对每个预警评价指标的解释见表2。

3.4 能源预警指数

（1）预警评价指标的警度区间

按照预警的一般概念,警度由低到高分为无警、轻警、中

表1　中国能源预警评价指标矩阵

构成要素 ＼ 子系统	煤炭子系统	石油天然气子系统	电力子系统	综合评价子系统
供需状态因素	煤炭储采比 煤炭供需比 煤炭库存率 煤炭区域供需平衡度 煤炭资源等级	石油储采比 石油供需比 天然气供需比 石油储备天数 进口油气依赖度 国际油气资源供应安全度 油气区域供需平衡度 油气资源等级	电力供需比 电力消费增长率 电力区域供需平衡度 人均生活用电增长率	能源供需比 能源消费增长率
运输通道要素	煤炭运输能力满足率	油气进口运输通道安全度	电网输送能力因子	重大输能工程安全度
灾变影响因素	煤炭灾变影响因子	油气灾变影响因子	负荷变化因子 电力灾变影响因子	能源灾变影响因子
经济安全要素	煤炭价格波动率 煤炭行业平均利润率 煤炭行业投入产出比	国际油价影响因子 油气行业平均利润率 油气行业投入产出比	电力行业平均利润率 电力企业投入产出比	能源消费弹性系数 技术综合节能率 可再生能源增长率
生态环境要素	煤矿安全生产因子 煤矿生态状况因子 煤矿环境质量因子	油气田生态环境因子	电力行业 SO_2 减排率	SO_2 减排率 CO_2 排放增长率

表2　中国能源预警评价指标解释

子系统	预警评价指标	指标解释
煤炭子系统	煤炭储采比	煤炭剩余储量和开采量的比值
	煤炭供需比	煤炭供应量(包括进口量)和需求量的比值
	煤炭库存率	煤炭生产及消费企业库存量和煤炭消费量的比值
	煤炭区域供需平衡度	主要用煤地区煤炭供需比的加权值
	煤炭资源等级	按煤炭的平均发热量、灰分和含硫量来判定
	煤炭运输能力满足率	主要运输线路运力和煤炭需求量的比值
	煤炭灾变影响因子	由灾变引起的损失量与煤炭供应量的比值
	煤炭价格波动率	一定时间段内煤炭最高价和最低价差值与煤炭平均价格的比值
	煤炭行业平均利润率	反映煤炭行业企业的经济效益和盈利能力
	煤炭行业投入产出比	反映煤炭行业的经济和技术效率
	煤矿安全生产因子	用百万吨产煤死亡率表征
	煤矿生态状况因子	评价采矿对土地和植被的影响
	煤矿环境质量因子	评价矿区的空气质量和水资源质量

子系统	预警评价指标	指标解释
石油天然气子系统	石油储采比	石油剩余储量和开采量的比值
	石油供需比	石油供应量(包括进口量)和需求量的比值
	天然气供需比	天然气供应量(包括进口量)和需求量的比值
	石油储备天数	包括国家战略储备、商业储备及企业库存量
	进口油气依赖度	进口量与需求量的比值,对石油和天然气进行加权处理
	国际油气资源供应安全度	多种因素判定,包括海外份额油气量、进口集中度、国际政治军事影响力、国际油气市场参与度等
	油气区域供需平衡度	主要油气消费地区油气供需比的加权值
	油气资源等级	按油气的平均发热量、含碳量、含硫量来判定
	油气进口运输通道安全度	多种因素判定,包括运输集中度、运输通道军事影响力、国内船队承运率等
	油气灾变影响因子	由灾变引起的损失量与油气供应量的比值
	国际油价影响因子	多种因素判定,包括国际油价波动率、石油期货及股票市场异常、企业国际竞争力、石油需求调节能力等
	油气行业平均利润率	反映油气行业企业的经济效益和盈利能力
	油气行业投入产出比	反映油气行业的经济和技术效率
	油气田生态环境因子	评价油气田土地、空气和水资源质量
电力子系统	电力供需比	电力供应量(包括进口量)和需求量的比值
	电力消费增长率	未来电力需求量相比本期电力消费的增长率
	电力区域供需平衡度	电力消耗高的地区电力供需比的加权值
	人均生活用电增长率	应控制在合理水平
	电网输送能力	多种因素判定,包括电网实际输电量、电网线损率、电网建设投资增长率、电网运行安全度等
	负荷变化因子	电网平均负荷与电网最大负荷的比值
	电力灾变影响因子	由灾变引起的供应中断量与电力供应量的比值
	电力行业平均利润率	反映电力行业企业的经济效益和盈利能力
	电力企业投入产出比	反映电力行业的经济和技术效率
	电力行业 SO_2 减排率	反映电力行业 SO_2 的减排速度,结合发电煤耗和脱硫率确定
能源综合评价子系统	能源供需比	能源供应量(包括进口量)和需求量的比值
	能源消费增长率	应控制在合理水平
	重大输能工程安全度	重大输能工程实际输送能力与规划输送能力的比值
	能源灾变影响因子	由灾变引起的能源供应中断量与能源供应量的比值
	能源消费弹性系数	应控制在合理水平
	技术综合节能率	主要耗能产品单耗节能率的加权值
	可再生能源增长率	应控制在合理水平
	SO_2 减排率	——
	CO_2 排放增长率	——

警、重警、巨警 5 个层次,但考虑到中国能源安全预警体系重要的是反映各个子系统的安全与稳定状况,并借鉴相关研究的警度分类,我们将 5 种警度按由低到高的顺序修改为高度安全、安全、值得关注、危险、高度危险,每种警度对应一种信号灯,分别是:绿灯、蓝灯、黄灯、橙灯、红灯,通过总体上观察子系统各个评价指标的信号灯显示,就可以大致判断子系统所处的状态。

对不同警度,按由低到高的顺序,分别用 1~5 的数字表示其警度评价值。在确定了评价指标的警度区间之后,就可以据此判断评价指标的警度值。将子系统所有评价指标的警度值加权,就得到子系统的警度评价值,由此可以定量判断子系统的警情状况和需要采取多大程度的应对措施。将子系统的警度值加权,就得到我国的能源预警指数。

根据相关的统计信息和研究资料,结合我国能源系统的特征和所处的发展阶段,我们采用专家评估的方法对各预警评价指标的警度区间进行了设定,结果如表 3、表 4、表 5、表 6 所示。

表 3   煤炭子系统预警评价指标的警度区间

警度级别	高度危险	危险	值得关注	安全	高度安全
警度评价值	1	2	3	4	5
煤炭储采比	< 30	30~60	60~100	100~200	> 200
煤炭供需比	< 0.93	0.97~0.93	0.97~1	1~1.1	> 1.1
煤炭库存率	< 3% 或 > 17%	3%~5% 或 15%~17%	5%~7% 或 13%~15%	7%~9% 或 11%~13%	9%~11%
煤炭区域供需平衡度	< 0.93	0.97~0.93	0.97~1	1~1.1	> 1.1
煤炭资源等级	劣	差	中	良	优
煤炭运输能力满足率	< 75%	75%~95%	95%~98%	98%~100%	≥100%
煤炭灾变影响因子	> 7%	7%~3%	0.2%~3%	0~0.2%	0
煤炭价格波动率	> 10%	5%~10%	2%~5%	1%~2%	< 1%
煤炭行业平均利润率	< 0	0~1%	1%~6%	6%~10%	> 10%
煤炭行业投入产出比	< 0.7	0.7~1	1~1.1	1.1~1.3	> 1.3
煤矿安全生产因子	> 5	1~5	0.1~1	0.01~0.1	< 0.01
煤矿生态状况因子	劣	差	中	良	优
煤矿环境质量因子	劣	差	中	良	优

表 4   石油天然气子系统预警评价指标的警度区间

警度级别	高度危险	危险	值得关注	安全	高度安全
警度评价值	1	2	3	4	5
石油储采比	< 5	5~12	12~30	30~43	> 43
石油供需比	< 0.93	0.97~0.93	0.97~1	1~1.1	> 1.1
天然气供需比	< 0.93	0.97~0.93	0.97~1	1~1.1	> 1.1
石油储备天数	0	0~30	30~90	90~180	> 180

警度级别	高度危险	危险	值得关注	安全	高度安全
进口油气依赖度	>0.8	0.6～0.8	0.3～0.6	0～0.3	0
国际油气资源供应安全度	高度危险	危险	值得关注	安全	高度安全
油气区域供需平衡度	<0.93	0.97～0.93	0.97～1	1～1.1	>1.1
油气资源等级	劣	差	中	良	优
油气进口运输通道安全度	高度危险	危险	值得关注	安全	高度安全
油气灾变影响因子	>7%	7%～3%	0.2%～3%	0～0.2%	0
国际油价影响因子	极大	较大	较小	小	无
油气行业平均利润率	<0	0～1%	1%～6%	6%～10%	>10%
油气行业投入产出比	<0.7	0.7～1	1～1.1	1.1～1.3	>1.3
油气田生态环境因子	劣	差	中	良	优

表 5 电力子系统预警评价指标的警度区间

警度级别	高度危险	危险	值得关注	安全	高度安全
警度评价值	1	2	3	4	5
电力供需比	<0.93	0.97～0.93	0.97～1	1～1.1	>1.1
电力消费增长率	<0 或 >18%	0～2%或15%～18%	2%～5%或11%～15%	5%～7%或9%～11%	7%～9%
电力区域供需平衡度	<0.93	0.97～0.93	0.97～1	1～1.1	>1.1
人均生活用电增长率	<0 或 >15%	0～2%或12%～15%	2%～4%或10%～15%	4%～6%或8%～10%	6%～8%
电网输送能力	劣	差	中	良	优
负荷变化因子	<80%	80%～90%	90%～95%	95%～98%	>98%
电力灾变影响因子	>7%	7%～3%	0.2%～3%	0～0.2%	0
电力行业平均利润率	<0	0～1%	1%～6%	6%～10%	>10%
电力企业投入产出比	<0.7	0.7～1	1～1.1	1.1～1.3	>1.3
电力行业 SO_2 减排率	<1%	1%～2%	2%～3%	3%～4%	>4%

表 6 能源综合评价子系统预警评价指标的警度区间

警度级别	高度危险	危险	值得关注	安全	高度安全
警度评价值	1	2	3	4	5
能源供需比	<0.93	0.97～0.93	0.97～1	1～1.1	>1.1
能源消费增长率	<0 或 >9%	0～1%或8%～9%	1%～3%或7%～8%	3%～4%或6%～7%	4%～6%
重大输能工程安全度	<0.5	0.5～0.8	0.8～0.9	0.9～1	≥1

警度级别	高度危险	危险	值得关注	安全	高度安全
能源灾变影响因子	>7%	7%~3%	0.2%~3%	0~0.2%	0
能源消费弹性系数	<0 或 >1.1	0~0.1 或 1~1.1	0.1~0.3 或 0.7~1	0.3~0.4 或 0.6~0.7	0.4~0.6
技术综合节能率	<0.3%	0.3%~0.6%	0.6%~1%	1%~1.5%	>1.5%
可再生能源增长率	<2%或17%	2%~4%或15%~17%	4%~6%或12%~15%	6%~8%或10%~12%	8%~10%
SO_2 减排率	<1%	1%~1.5%	1.5%~1.8%	1.8%~2%	>2
CO_2 排放增长率	>8%	6%~8%	4%~6%	0~4%	<4

（2）预警评价指标的权重

对于预警指标权重的确定，有多种方法，在本研究中采用层次分析法进行。首先要确定构成要素在子系统中的权重，再确定指标在构成要素中的权重，由此可以计算指标在子系统中的权重。对各预警评价指标权重的计算结果如表7、表8、表9、表10所示：

（3）预警子系统的状态值

确定了预警子系统中各评价指标的权重以后，将每个评价指标的警度值加权，就可以得到子系统的状态值，它可以反映出子系统的安全状况。

由于子系统反映的是各个指标偏离安全状态的程度，因此，需要将每个预警指标的警度值与最安全的警度值（即5）进行对比来表达警情大小，把这些警情汇总起来就得到子系统预警状态值。这样做的目的，主要考虑能源子系统各预警指标之间的逻辑性不易表达，忽视每个方面的不安全因素都会影响对总体状况的判断，采取叠加的方式可以避免个别预警指标相互抵消。

表7 煤炭子系统权重值

构成要素	评价指标	评价指标权重
供需状态因素 0.456	煤炭储采比 0.295	0.135
	煤炭供需比 0.437	0.199
	煤炭库存率 0.096	0.044
	煤炭区域供需平衡度 0.127	0.058
	煤炭资源等级 0.045	0.021
运输通道因素 0.107	煤炭运输满足率 1	0.107
灾变影响因素 0.180	煤炭灾变影响因子 1	0.180
经济安全因素 0.046	煤炭价格波动率 0.539	0.025
	煤炭行业平均利润率 0.164	0.008
	煤炭行业投入产出比 0.297	0.014
生态环境因素 0.211	煤矿安全生产因子 0.539	0.114
	煤矿生态状况因子 0.297	0.063
	煤矿环境影响因子 0.164	0.035

表8 石油天然气子系统权重值

构成要素	评价指标	评价指标权重
供需状态因素0.448	石油储采比 0.266	0.119
	石油供需比 0.286	0.128
	天然气供需比 0.039	0.018
	石油储备天数 0.143	0.064
	进口油气依赖度 0.057	0.026
	国际油气资源供应安全度 0.121	0.054
	油气区域供需平衡度 0.061	0.027
	油气资源等级 0.027	0.012
运输通道因素 0.1	油气进口运输通道安全度 1	0.1
灾变影响因素 0.224	油气灾变影响因子 1	0.224
经济安全因素 0.188	国际油价影响因子 0.623	0.117
	油气行业平均利润率 0.137	0.026
	油气行业投入产出比 0.24	0.045
生态环境因素 0.04	油气田生态环境因子 1	0.04

表 9　电力子系统权重值

表 9　电力子系统权重值

构成要素	评价指标	评价指标权重
供需状态因素 0.476	电力供需比 0.457	0.217
	电力消费增长率 0.221	0.105
	电力区域供需平衡度 0.12	0.057
	人均生活用电增长率 0.202	0.096
运输通道因素 0.102	电网输送能力因子 1	0.102
灾变影响因素 0.303	负荷变化因子 0.5	0.151 5
	电力灾变影响因子 0.5	0.151 5
经济安全因素 0.059	电力行业平均利润率 0.333	0.020
	电力企业投入产出比 0.667	0.040
生态环境因素 0.059	电力行业 SO_2 减排率 1	0.059

表 10　能源综合评价子系统权重值

构成要素	评价指标	评价指标权重
供需状态因素 0.3	能源供需比 0.5	0.15
	能源消费增长率 0.5	0.15
运输通道因素 0.056	重大输能工程安全度 1	0.056
灾变影响因素 0.144	能源灾变影响因子 1	0.144
经济安全因素 0.355	能源消费弹性系数 0.539	0.191
	技术综合节能率 0.297	0.106
	可再生能源增长率 0.164	0.058
生态环境因素 0.145	SO_2 减排率 0.667	0.097
	CO_2 排放增长率 0.333	0.048

子系统预警状态值的计算公式是

$$子系统状态值 = 5 - \sqrt{\sum_{i=1}^{n} (5 - X_i)^2 k_i}$$

式中　$X_i \in (1,2,3,4,5)$——子系统第 i 个预警指标的警度值；

k_i——第 i 个指标所占的权重。

（4）能源预警指数的计算

各子系统在整个能源预警系统中的权重也采用层次分析法

确定。我们分析后得到，煤炭子系统、石油天然气子系统、电力子系统、能源综合评价子系统的权重分别为 0.154、0.316、0.124、0.406。

计算得到了 4 个子系统的预警状态值，并确定了子系统在预警总系统中的权重值，就可以加权得到整个能源预警系统的状态值，也就是能源预警指数，其计算公式如下：

能源预警指数 = 0.154 a_1 + 0.316 a_2 + 0.124 a_3 + 0.406 a_4　其中：a_1, a_2, a_3, a_4 分别表示煤炭子系统、油气子系统、电力子系统、能源系统的预警状态值。

3.5　结论

本研究在分析我国能源安全的总体态势以及预警的基本原则基础上，对我国能源安全预警指标及其框架体系进行了研究，建立了 4 个子系统、5 个构成要素共 46 个评价指标的中国能源安全预警评价指标体系。同时，对每个评价指标的定义、警度值计算方法、警度区间、权重都进行了分析确定，初步构建完成了中国能源预警系统框架体系。

能源预警系统的建立和应用是一个复杂和庞大的工程，建立能源预警系统框架体系只是第一步，今后需要继续以下工作：①进一步深化对预警评价指标、指标警度区间和指标权重的研究，使指标的设置更为合理，权重和警度区间的设定更为科学；②确定预警评价指标警度值的计算方法，并建立相应的评价模型和专家库；③将预警系统应用到实际中，考察预警系统的可靠性，对其进行进一步的完善。

所有这些工作都需要较为庞大的人员和资金支持，因此，也建议政府考虑像经济景气中心一样，设立专门的预警研究和运行机构，这样不仅可以加强对国家能源体系的监测和预警，还能为国民经济各部门和企业提供良好的信息支持，保证我国经济能够持续的发展。

参考文献

[1] 2006 年中国统计年鉴[M]. 北京：中国统计出版社，2006.

[2] 2006 年中国环境统计年鉴[M]. 北京：中国环境年鉴出版社，2006.

［3］中国能源发展报告：2007［M］.北京：中国水利水电出版社，2007.

［4］濮洪九，等.中国电力与煤炭［M］.北京：煤炭工业出版社，2004.

［5］周大地，等.2020中国可持续能源情景［M］.北京：中国环境科学出版社，2003.

［6］迟春洁，黎永亮.能源安全影响因素及测度指标体系的初步研究［N］.哈尔滨工业大学学报，2004(4).

［7］郭小哲，段兆芳.我国能源安全多目标多因素监测预警体系［J］.中国国土资源经济，2005(2).

国际油价波动因素分析

苗　韧

1 获奖情况

本课题获得 2010 年度国家发展和改革委员会宏观经济研究院基本科研业务费专项课题优秀研究成果二等奖。

2 本课题的意义

石油是全球重要的能源和投资品,近年来国际油价波动愈发频繁剧烈,对全球经济产生了一系列重要而深远的影响。分析把握油价波动特点与相关影响因素的相互作用机制,是认识石油市场运作模式,进而分析预测国际油价走势的重要基础。本文针对石油的商品属性和金融属性,广泛选取相关影响因素;建立了包含不同时间维度的油价波动因素分析体系,从中长期走势(半年以上至 3 ~ 5 年)、中短期波动(1 个月至半年)、超短期波动(1 个月之内)三个视角研究了金融危机爆发后,国际油价与供需基本面、全球宏观经济、证券期货市场、货币汇率等因素的相互作用机制。

3 本课题简要报告

3.1 绪论

3.1.1 研究背景——油价预测与波动因素分析的关系

石油是稀缺的不可再生资源,渗透到当今社会的经济、生产、生活各个方面。分析和把握国际油价的波动规律和影响因素,对一国的经济发展和稳定至关重要。中国自 1993 年成为石油净进口国以来,石油进口量逐年上升,目前已经成为世界第二大石油进口国,2009 年中国的石油对外依存度已经高达 51.29%。随着我国现代化程度的不断提高,石油消费需求将在未来数年内持续快速增长,而国内有限的石油资源决定了我国对石油进口的依赖程度将进一步提高。分析把握石油价格及其变动趋势,对把握石油进口时机,支持我国经济社会平稳发展具有重要意义。

价格无疑是石油市场最重要的属性,长期以来关于国际油价的研究可以分成两大类,一是预测,二是油价波动的因素分析。前者较容易理解,即为预测未来不同时间尺度的油价情况。毋庸置疑的是,准确预测是油价定量研究的最终目的和最高境界。20 世纪 70 年代后,针对油价预测的研究愈发为人们所关注,包括"古典经济理论"、"计量统计方法"、"人工智能方法"、"市场机制研究"等多种理论方法均被应用于油价预测。但到目前为止,仍未有一种油价预测方法能够准确地预测某一时间尺度的油价,甚至学术界也存在着"油价不可预测"的声音。

预测油价困难的主要原因是:①油价波动具有显著的时代性特点,不断改变的全球政治经济格局对油价影响显著。油价波动的大背景经常变化,导致油价研究的样本不足,难以形成经验式结论。②石油同时具有商品属性和投资品属性,影响油价的因素非常广泛,甚至很多作用因素非常"隐蔽",因此无法将所有的油价影响因素纳入考虑范围,另外还存在政治因素和突发事件的影响难以量化的问题。③石油市场的交易机制和信息不明确。油价是外部市场因素和内部市场因素交叠作用的结果,然而目前学术界对石油市场交易机制并不十分了解(少数国际机构可能做过相关研究,但严格保密)。市场主体资金的行为均为商业机密,无法掌握。

笔者认为:分析油价波动的原因和各相关因素的影响机制,是合理准确地预测油价的重要基础,也是解决上述油价预测难题的根本方法。油价不是大自然或上帝决定的,而是市场中多重因素综合作用的均衡结果,研究不同时段下油价的影响因素和作用机制,正是"由因逐果"自然思路的体现。对于较抽象的油价波动时代性特点问题,可以通过研究不同时期石油市场影响因素的方法具体化,找出影响因素的特点和趋势,对于影响因素众多的问题,正可迎刃而解;此外,通过研究各影响因素和油价的波动特点,可以帮助人们认识石油市场的各种作用机制,特别是资本市场等非基本面因素对油价的影响机制。

3.1.2 研究现状和特点

当前针对国际油价和相关影响因素的研究较多,研究的重点和侧重解决的问题不同,方法理论也有所差别。

（1）石油市场分析报告

针对国际油价和相关影响因素的研究可以分成两大类:一类是由专门机构发布的石油市场分析报告,采用定期发布的形式。如国际能源署发布的月度"Oil Market Report"和石油输出国组织发布的"Monthly Oil Market Report"等,都属此类。这类报告大多对过去一段时间的国际石油市场情况进行充分回顾,在此基础上进行定性分析,并给出趋势性展望。这类报告侧重石油市场的宏观分析和基本面因素分析,信息和数据翔实并具有权威性。然而针对"油价预测和影响因素分析",尚有一些不足或不吻合之处:

1）报告不是专门的价格分析预测报告,不包括甚至回避价格预测。无论是 IEA 还是 OPEC 都尽力回避油价预测这一敏感主题,虽然在某些年度报告通过对中长期石油供需情况,以及替代燃料情况进行的预测,已经可以得出未来的油价情景,但报告中仍不体现油价预测内容。

2）未能体现石油市场各主要因素之间的关联。报告对供给、需求等因素的分析和预测,采取自下而上分析加总的方法,对各个国家的情况进行逐一分析并加总,未能考虑各因素间的相互作用机制,如价格对石油生产的影响等。

3）不包含汇率、大宗商品交易等诸多非基本面因素。上述报告侧重研究供需基本面因素的现状和趋势,及其在中长期对油价的影响,但是对影响油价的非基本面因素,如投资市场、货币市场、证券市场的影响未做过多讨论。

4）关键:上述报告在油价波动原因分析中缺乏定量依据,也

未涉及油价的波动机制。月度报告是分析油价的主要研究成果,但报告中只对过去 4 周油价波动的原因给出定性解释,由于缺乏定量分析,结果稍显牵强。如:某一因素可能在"时段一"对油价产生了影响,但是在"时段二"却并未产生影响;不同时期同时存在着多个促使油价上涨或下跌的因素,彼此影响强弱难以量化等。图 1 给出了 2009 年 2 月 18 日—2010 年 7 月 7 日国际油价（WTI）波动情况和 IEA&OPEC 两机构给出的原因分析。可以看出,他们只定性给出了油价波动原因,缺乏对油价波动机制的系统认识。

（2）其他研究文献成果

另一类主要是针对国际油价的预测研究,众多的国内外研究学者均在此领域倾注了大量的心血,如国内的中科院汪寿阳教授带领的研究团队就取得了诸多有益进展。目前,针对油价的分析预测有大量的计量经济和人工智能分析方法,但由于国际石油市场瞬息万变,影响因素错综复杂,目前尚没有一种方法能够广泛适用于不同时间维度,各种方法的预测准确性和可信度也不高。特别是部分只考虑油价历史波动轨迹和概率分布,忽略其他影响因素的研究方法,只适用于超短期,并不适用于更长时间段的油价预测。

3.1.3 本文研究内容

本文中,我们将针对石油的商品属性和金融属性,广泛分析选取国际石油市场的影响因素,针对不同时间范畴的油价波动特点,建立系统性的油价影响因素分析体系,并针对本轮金融危机前后,特别是当前全球经济复苏背景下,分析国际油价和供需基本面,乃至全球宏观经济、证券期货市场、货币汇率等因素的相互作用机制。具体包括:

（1）建立针对不同时间跨度油价波动的因素分析的方法学框架

在不同时间跨度内,分析预测油价的出发点和关键问题不同,需要考虑的影响因素也不同。因此本研究将油价划分为中长期走势（半年以上至 3~5 年）、中短期波动（1 个月至半年）、超短期波动（1 个月之内）。针对不同时间跨度的油价波动特点,建立相关影响因素的数据库,并选择适合分析处理相关数据的基础性方法。

（2）结合全球宏观经济的周期性特点分析油价的中长期波动机制

油价的中长期走势与宏观经济波动高度一致，本文将从供需基本面角度入手，分析不同经济发展阶段影响油价的主要供需指标，并找出符合现阶段市场特点的基本面预测组合。为了进一步理清各因素与油价的实际作用效果，本文拓展了传统的石油市场供需平衡模型，并对基本面因素与油价的作用机制进行了分析。

（3）建立了国际油价中短期波动因素的分析框架，据此分析了当前国际油价的中短期波动形势和特点

以基本的计量统计方法为基础，构建了分析中短期油价波动因素的全流程框架，包括数据前期处理、时段划分依据、因果关系验证、影响因素辨识等多个环节。利用该方法，本文分析了当前全球经济复苏阶段，国际油价中短期波动的影响因素和作用权重。

（4）基于小波变换方法分析油价的超短期波动特点和影响因素

为了分析油价的超短期波动，本文引入小波变换方法将油价

和各影响因素展开成低频、中频、高频和超高频波动分量，在不同频域维度研究油价和各影响因素的相互作用机制。研究明确了石油市场中不同因素的主要影响频段，并对其影响油价的路径和机制进行了探讨。

3.2 国际油价中长期走势的基本面因素分析

人们普遍认为：国际油价的中长期走势主要由石油市场的供给、需求、库存等基本面因素决定，来自投资市场的非基本面因素影响较弱。因此从基本面因素入手分析和预测油价中长期走势的研究较多，但仍存在一定不足：一是时域范围选择相对随意，很多研究以时段尽量长的大样本为基础，没有与全球经济发展阶段紧密联系。二是数据选择缺乏根据，通常选择全球石油的总产量、总消费量代表供给、需求，而这些因素的统计困难，事实上无法对油价波动产生影响，更无法指导油价预测。三是缺乏对石油市场基本面作用机制的研究，将不符合经典经济学理论的原因片面归咎于非基本面因素的影响。

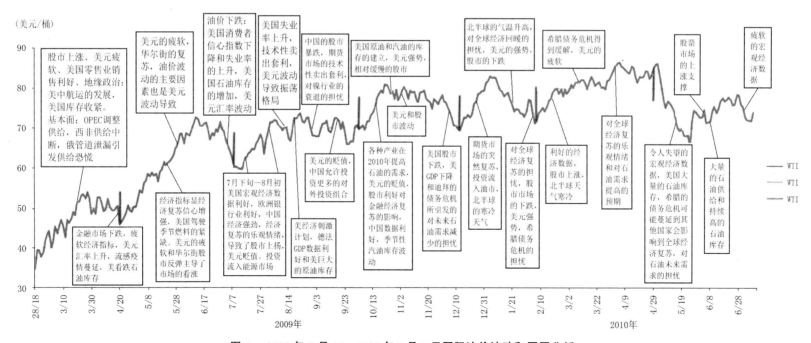

图1　2009年2月18—2010年7月7日国际油价波动和原因分析

注：综合OPEC和IEA月度石油报告。

本节中,我们将结合全球经济周期背景,研究不同阶段油价波动的基本面特征。建立包括供给、需求、库存的计量经济学模型;明确不同经济发展阶段的显著指标;并就不同基本面因素对油价的作用机制进行探讨。研究结果对认识国际石油市场的基本面特点,指导油价的中长期预测具有一定意义。

3.2.1 经济周期背景下国际油价的中长期波动规律

历史数据表明,国际油价波动与宏观经济的波动具有较高的一致性。图2给出了1995年1月—2011年1月的国际油价波动情况,每当世界上出现大规模的经济危机时,国际油价均会发生显著的波动。如发生在1997年的东南亚金融危机,2000年爆发的美国互联网危机,2008年爆发的全球金融危机,均对国际油价的波动产生了显著影响。

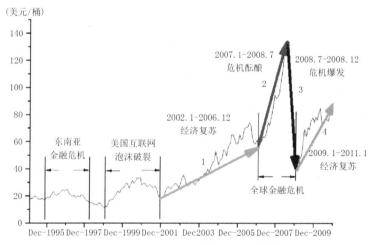

图2 1995年1月—2011年1月国际油价的周期性波动趋势

国际油价波动与全球经济周期的高度一致,本质在于两者存在紧密联系。石油市场的主要影响因素——供给、需求,都在不同的国际经济周期中体现出不同特点,进而影响石油价格,如图3所示。当前正处于2008年全球金融危机的复苏阶段,因此我们将深入对该次危机前后的油价波动进行分段研究。划分阶段为:第一阶段——2002年1月—2006年12月的经济复苏阶段,此期间国际油价呈稳定温和的上涨趋势,4年间从20美元/桶上涨到60美元/桶;第二阶段——2007年1月—2008年7月的危机潜伏阶段,伴随着全球经济的狂热,国际油价在18个月内连续上涨达到

147美元/桶的历史高位;第三阶段——2008年7月—2008年12月的危机爆发阶段,国际油价泡沫破裂,在半年之内狂跌至40美元/桶以下;第四阶段——2009年1月—2010年5月,随着全球经济逐渐复苏,国际油价也逐渐回归到80~90美元/桶。

3.2.2 国际油价波动的基本面分析方法

(1)基本面分析模型的选取

国际石油市场的基本面因素包括:供给、需求、库存等,我们将从经典的供需平衡模型出发,推导出包含上述因素的石油市场基本面分析模型。如图4所示,石油市场的基本面因素主要包括:需求曲线 D 和供应曲线 S,以及库存变化 $\Delta Stock$,其中可以将 $S+\Delta Stock=S^*$ 作为等效供应曲线;均衡价格 P_0 为需求曲线 D 和等效供应曲线 S^* 的交点。当市场需求和供应均发生变化时,需求曲线和等效供应曲线分别发生水平移动,得到 $D+\Delta D$ 和 $S^*+\Delta S$,两

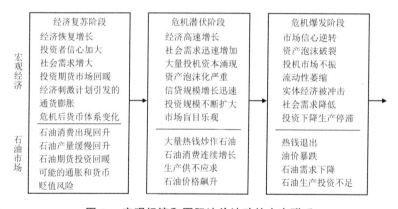

图3 宏观经济和国际油价波动的内在联系

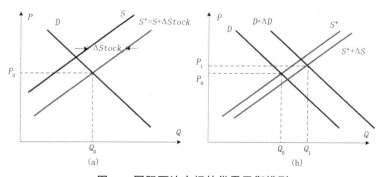

图4 国际石油市场的供需平衡模型

269

者的交点为新的均衡价格 P_1。可以通过数学推导获得：

$$\Delta P = P_1 - P_0 = a\Delta D + b\Delta S + c\Delta Stock \rightarrow P \varpropto aD + bS + cStock + C$$

其中 C 为常数，因此我们可以利用计量经济学方法建立模型：

$$\ln(\text{WTI}) = a\ln(D) + b\ln(S) + c\ln(Stock) + C$$

（2）供给、需求、库存参数的选择

人们经常选择全球石油的总消费量和总产量作为基本面分析模型中 D 和 S 的数据。然而除 OECD 国家和几个主要的石油生产、进口国外，世界其他国家和地区的石油消费数据统计困难，全球总产量和消费量数据发布远远落后于价格，因此对分析预测油价的指导意义十分有限。石油市场投资者更多地关注主要国家和地区的石油生产和消费情况，如 20 世纪 70 年代 OPEC 的石油产量是决定石油价格的最显著指标。此外，研究公认库存是影响石油价格的重要参数，但究竟是何种库存对市场影响最大没有公论。

为了分析不同阶段影响国际油价中长期走势的最显著指标，我们将多个国家或地区的石油生产、消费和库存的月度数据列出，作为备选指标。具体包括：

① 价格：WTI 价格（纽约商品交易所轻质原油价格）；

② 供给：OPEC 产量（OPS）、沙特产量（SAS）、伊朗产量（IRS）、美国产量（USS）、俄罗斯产量（RUS）；

③ 需求：美国需求（USD）、欧洲需求（EUD）、OECD 需求（OED）、中国需求（CND）；

④ 库存：美原油库存（USRC）、美成品油库存（USRP）、美总库存（USRT）、OECD 原油库存（OERC）、OECD 总库存（OERT）。

由于供给和需求数据的统计发布滞后，我们只收集到 2002 年 1 月—2010 年 10 月的数据。因此第四阶段的时间范围是 2009 年 1 月—2010 年 10 月。

（3）回归结果的判定方法

在划分的 4 个时段内，分别从国际石油市场中的供给、需求和库存备选指标中选择一个，代入回归方程与 WTI 油价进行回归，则每个时段可以得到 $5 \times 4 \times 5 = 100$ 个回归结果。为了判定不同时段油价的显著影响因素，并确定哪种基本面因素组合可以更好地描述油价波动特点，需要针对 100 个回归结果设定具体的判定方法。

1）判断该时段影响石油价格的最显著指标。根据组合原则，

每个基本面因素都可以和不同类别的各因素回归一次，即每个需求指标均参与了 $5 \times 5 = 25$ 次回归，每个供给指标参与了 $4 \times 5 = 20$ 次回归，每个库存指标参与了 $4 \times 5 = 20$ 次回归。如果将同一指标参与不同回归的 P 值加和，再除以该类别总的参与回归次数，则可以得到在其他非同类基本面指标作用的平均效果下，该指标对油价的解释能力。数值越小，说明该指标越是时段内影响石油价格的最显著指标。

2）判断该时段体现石油市场规律的最佳组合。石油市场中，某一组需求、供给和库存组合，其内部可能存在潜移默化的联系，并对油价产生影响。通过市场机制的组织，这样的因素组合具有协调、稳定的特点；不仅可以较好地解释油价的历史波动，更可以对油价起很好的预测作用。判定这种组合的方法在于：要求每个回归中，各参与因素对油价均存在影响。因此我们将同一回归中所有参数的 P 值加和，$\sum P$ 越小，说明多因素的协调性越好。

3.2.3 不同时段的基本面回归结果

在经济复苏、危机潜伏、危机爆发以及新一轮经济复苏 4 个时段内，分别选取供给、需求和库存指标针对 WTI 油价进行回归。对所得的 450 个回归结果进行显著指标分析和最佳组合辨识（第一阶段中国需求缺乏月度数据）。

（1）不同阶段影响油价的显著基本面因素

按照前文提到的原则，将同一因素参与不同回归的 P 值加和，再除以该类因素参与的回归总数，结果如表 1 所示。

分析 4 个阶段的显著因素，可以对国际石油市场得出以下结论：

1）OPEC 产量和美国成品油库存是国际石油市场的显著基本面指标，在不同的经济发展阶段均对油价有显著影响。这体现了 OPEC 对石油价格强大的干涉实力，也体现美国利用石油库存干预油价的高超手段。

2）中国需求已经成为当前经济复苏阶段国际石油价格波动的重要指标。这主要是由于中国经济受金融危机冲击较小，石油消费仍处于快速增长中；而传统的石油消费大户——OECD 国家消费仍然疲软。

（2）体现石油市场规律的最佳基本面组合

按照前文提到的原则，将各回归参与因素的 P 值加和，每个

表 1 不同阶段影响国际石油市场的显著因素识别

WTI		美国消费量	欧洲消费量	OECD国家总消费量	中国消费量	OPEC国家总产量	沙特产量	伊朗产量	美国产量	俄罗斯产量	美国原油库存	泰国成品油库存	美国石油总库存	OECD原油库存	OECD石油总库存
1	$\sum P$	6.01	5.51	6.82		0.23	2.54	0.02	0.00	2.60	0.00	0.01	0.02	0.01	0.05
	$\sum P/M$	0.24	0.22	0.27		0.02	0.17	0.00	0.00	0.17	0.00	0.00	0.00	0.00	0.00
2	$\sum P$	3.82	13.45	4.22	6.93	3.38	2.82	13.44	5.24	2.34	4.83	0.00	5.27	6.94	5.94
	$\sum P/M$	0.15	0.54	0.17	0.28	0.17	0.14	0.67	0.26	0.12	0.24	0.00	0.26	0.35	0.30
3	$\sum P$	17.94	8.09	9.65	14.13	4.54	5.95	12.35	10.25	8.28	9.00	3.00	6.58	9.20	7.69
	$\sum P/M$	0.72	0.32	0.39	0.57	0.23	0.30	0.62	0.51	0.41	0.45	0.15	0.33	0.46	0.38
4	$\sum P$	7.85	6.17	7.06	4.26	0.99	4.04	9.36	0.82	0.10	4.04	0.00	8.00	4.83	8.55
	$\sum P/M$	0.31	0.25	0.28	0.17	0.05	0.20	0.47	0.04	0.00	0.20	0.00	0.40	0.24	0.43

时段选取 10 个最优回归结果进行分析,可以得出以下结论:

1)金融危机爆发之前,美国石油总库存 USRT 与美国石油消费 USD 高度相关,体现了美国石油库存的确有效地起到了调节自身需求的作用。而在现阶段,美国石油库存与中国需求也体现出了较高的相关度,这点值得进一步研究思考。

2)美国石油产量 USS 虽然通常不是影响石油市场的最显著因素,但相比 OPEC 产量和沙特产量等因素,更容易与其他石油消费数据体现出协调一致性。特别是在经济复苏阶段(第一、第四阶段),美国需求、美国石油产量以及美国石油的总库存协调性较好,适合作为预测组合。

3)俄罗斯石油产量与 OECD 需求和欧洲需求高度相关,这可能是由于国际石油贸易格局所致。但在现阶段,俄罗斯石油产量与 OECD 国家的石油库存的关系逐渐趋弱。在一定程度上体现了石油市场的地缘政治格局特点。

4)当前石油市场基本面分析的最佳组合为:美国需求 USD、美国产量 USS、美国石油总库存 USRT。此外另一组组合:中国需求 CND、OPEC 产量 OPS、美国原油库存 USRC 也符合较好。

3.2.4 基本面因素对油价的作用机制讨论

在由供给、需求和库存共同构成的国际石油市场基本面分析模型中,各基本面因素前的回归系数代表该因素对油价的作用效果。按照经典理论,需求因素前的系数应该为正($a>0$),代表需求增加对油价的正向影响;供给因素前的系数应该为负($b<0$),代表供给增加对油价的负向影响;库存因素前的系数应该为正($c>0$),代表库存释放对油价的正向影响。

然而在实际回归中,各种因素组合的回归中,很少或几乎没有符合上述规律的。笔者认为这不能简单地归咎于此时期油价已经脱离供需基本面因素控制,而应该更深入地挖掘内在的市场机制。在 4 个时段中,选取具有较好回归效果的组合,可将其中大部分的回归系数摘录如表 2 所示:

表 2 不同阶段石油市场基本面因素对油价的作用机制分析

		价格			
		经济复苏阶段	危机潜伏阶段	危机爆发阶段	经济复苏阶段
比例关系	供给	+	+	+	+
	需求	+	−	+	+
	库存	+	−	+	−

需要考虑的是,石油作为特殊商品,其市场供应和需求机制均存在各自特点。从市场供应角度,虽然 OPEC 产量与国际油价高度相关,但 OPEC 国家间在文化、政治上存在极大的脆弱性,各国的产量控制行动并不完全一致。同时 OPEC 核心国家沙特阿拉伯的石油产量占全世界比重也很小,这些使得 OPEC 不可能成为

一个成功的卡特尔去影响和操纵世界油价。如果产油国要进一步增加石油供应,反而会降低收入,这使得产油国不愿意进一步增加投资扩大产能,由于政治原因使得诸如伊朗、伊拉克之类的国家不愿意将其石油美元进行大规模对外投资,因此较高的油价能够导致较低的产出。因此我们可以将石油的供应曲线进行修正,在价格变化较小时,石油产量可能随价格增高而降少;而当价格变化较大时,石油供应曲线还应该符合经典的经济学规律。

从市场需求角度,鉴于石油产品可以长期储存的特点,各国政府、石油企业和投资者可以通过建立石油库存,来降低油价波动风险或谋利。同时由于石油产品的价格需求弹性很小,因此消费者更倾向在石油价格发生上涨时,储存或购买更多的石油来抵御风险,更有大规模的投机炒作资金哄抬或打压油价。这种"买涨不买跌"的心态也使石油的需求曲线发生了变化:当价格小幅波动时,石油需求反而会随价格正向变化;而当价格变化较大时,需求曲线还应该符合经典的经济学规律。

根据上述考虑,可以画出修正后的石油供给、需求曲线,如图5所示。可以看出,当供给或需求发生变化时,均衡油价的波动并不是单调变化的,而是取决于因变量变化强度的大小。这种因变量小幅变化导致油价异常变化的区间称为"反常区间"。在之后的研究中我们发现,供给曲线的反常区间较大,需求曲线的反常区间较小。由需求导致的油价变化比较敏感,而由供给导致的价格变化稳定性较强。

对照图5和表2,可以对不同时段国际石油市场各基本面因

素对油价的影响机制进行深入分析:

1)第一阶段(经济复苏阶段:2002年1月—2006年12月),国际油价与供给指标正相关,与需求指标增长也呈正相关。这期间油价的上涨受需求因素驱动明显,4年内全球石油需求上涨10%,已经超越反常区间范围,促成油价上涨。同期石油供给也出现增长,但OPEC始终控制增长节奏使供给增长速度落后于需求增长速度,且处于供给的反常区间之内,因此供给增加导致的价格变化不明显。

2)第二阶段(危机潜伏阶段:2007年1月—2008年6月),国际油价与供给指标成正相关,与需求指标增长呈负相关。此期间更多地体现出石油价格对供给和需求的影响。石油需求在高油价作用下涨幅趋缓,最终出现小幅度下降,但仍处在需求的反常区间内,因此石油价格的上涨动力仍在。此时期石油供给持续增加,也处于供给反常区间之内,对油价没有显著影响。

3)第三阶段(危机爆发阶段:2008年7月—2008年12月),国际油价与供给指标正相关,与需求指标增长也呈正相关。高油价导致石油需求持续下降超过2%,超过了需求反常区间,因此油价狂跌;虽然OPEC出台了减产政策,但由于规模有限,再加上其他产油国家增加了产量,使总产量变化不大,处于反常区间之内,对油价起到的止跌作用十分有限。

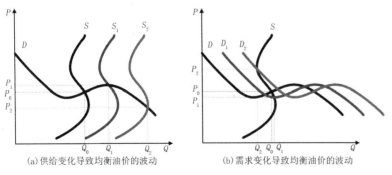

图5 修正后的国际石油市场供给、需求曲线以及供给需求变化导致的价格波动机制

(a) 供给变化导致均衡油价的波动   (b) 需求变化导致均衡油价的波动

表3　不同阶段石油市场基本面因素对油价的作用机制分析

		价格			
		经济复苏阶段	危机潜伏阶段	危机爆发阶段	经济复苏阶段
供给	比例关系	+	+	+	+
	变化量	小	小	小	小
	原因	OPEC控制石油产量增长节奏	石油产量增长缓慢,OPEC与非OPEC控制	OPEC出台了减产政策,其他国家甚至增加产量对冲	OPEC产量变化不大,其他国家适量增加
需求	比例关系	+	−	+	+
	变化量	大	小	大	小
	原因	经济增长带动需求快速增长	需求涨势趋缓甚至减小	危机下发达国家需求迅速下跌	发展中国家需求持续增长

4）第四阶段（新一轮经济复苏阶段：2009年1月—2010年10月）。国际油价与供给指标正相关，与需求指标增长也呈正相关。需求因素重新影响油价，其中消费需求的持续增长造成了油价的快速上涨，而供给的增加则仍受价格主导，仍处于反常区间之内。

从表3可以看出，石油市场基本面因素中的正常区间和反常区间，以及由此对应的供给、需求和价格的波动关系，归根到底即是哪种因素驱动哪种因素的问题。当供给、需求因素驱动价格变化时，更多地体现经典经济理论中的规律；而当价格反作用于供给、需求因素，更多地体现石油市场特有的反常特点。在经济正常运行阶段，需求对石油价格起决定作用；在经济发生危机期间，价格更多地对需求产生影响。而由于国际石油市场的寡头垄断现状，石油产量长期受到人为操纵，使油价对产量的影响滞后于市场变化，市场调节机制难以发挥作用。

3.3 国际油价中短期波动因素分析

对于油价的中短期波动因素分析，简单的基本面因素分析已经不能解释油价的复杂波动特点。特别是石油供给和需求的统计数据发布滞后，理论上也难以对油价的中短期波动起到有效的影响。因此需要更广泛地考虑石油价格的影响因素和作用特点，建立适用于油价中短期波动的因素分析方法。由于石油同时具有商品属性和金融属性，其影响因素错综复杂，更多地受到宏观经济形势、证券期货市场、货币汇率因素、库存情况以及突发事件等因素的影响。当其中一个或多个因素偏离市场预期时，产生的信息将通过供需基本面、投资者信心、市场运行等多种机制影响油价。人们通常选择回归分析法研究油价的影响因素，但该方法只能将不同的因素对油价的影响"均摊"到整个时段内，容易遗漏起短期作用的关键因素，也难以明确不同因素的影响时段和权重。此外，在不同时段内，油价与其他备选因素的相互作用可能变化甚至逆转，而之前的大多数研究在备选因素选择上比较随意，只选择相同的备选因素组合参与回归，忽略了因果关系和作用时序，导致所得结果解释能力不强，难以支撑油价预测。

本节将介绍一种基于计量经济学的油价波动因素分析方法，具有筛选影响因素，确定时序和因果关系，区分全时段和分阶段影响因素，明确不同因素作用权重等特点。核心思想是：将不同因素对油价的影响划分成"全时段趋势"和"分阶段波动"两大类，根据油价的波动特点划分不同的时间阶段；广泛选取可能影响油价的因素作为备选指标，在不同的时间跨度内综合考虑各备选因素与油价的相关逻辑、因果关系和作用时序，作为回归分析的基础和判断标准；采取"先确定全时段影响因素，后确定分阶段影响因素"的方法，获得不同时段油价的影响因素和作用权重。

3.3.1 后危机时代国际油价的波动和阶段划分

本节以纽约商品交易所的现货轻质原油价格（WTI）作为研究对象，时间跨度从2009年2月18日国际油价的历史低点开始，到2010年7月7日（截止时间受限于研究开展时各项数据的可获取性），期间国际油价从阶段最低点35美元/桶反弹到74美元/桶，甚至一度超过85美元/桶。

根据油价逐渐反弹的趋势性特点，可以将此时期的油价波动划分成几个小阶段：第一阶段是油价的第1轮反弹，在2009年2月18日—4月20日，WTI单桶价格从最低的35美元/桶跃升到53美元/桶，并最终站稳45美元；第2阶段是油价的第2轮反弹，在2009年4月21日—7月9日，WTI油价再度跃升至73美元/桶，并站稳于60美元/桶；第3阶段是油价的震动上涨行情，2009年7月10日—10月5日，WTI油价经过一系列波动后，最终站稳70美元/桶；第4阶段是油价的上涨后调整行情，2009年10月6日—12月14日，WTI单桶价格经过一系列波动一度达到80美元/桶，但最终调整回70美元/桶；第5阶段是油价的又一轮上涨调整行情，2009年12月14日—2010年2月5日，WTI单桶价格又一次冲击80美元/桶，之后迅速回落至71美元/桶；第6阶段是油价的震动上涨行情，2010年2月6日—4月30日，油价终于突破85美元/桶，并最终站稳80美元/桶；第7阶段是油价的下跌调整阶段，2010年5月3日—7月7日，油价从86美元/桶下跌到68美元/桶，之后在72美元/桶附近波动调整。

3.3.2 参数选取和界定

为了分析引发国际油价波动的因素，为短期预测打好基础，本节侧重选取可以影响油价的领先指标。在石油市场的供需基本面方面，由于全球及各地区石油生产和消费数据披露相对滞后（通常滞后15天左右），选取宏观经济的领先指数，包括经济领先指数(LEI)、消费者信心指数(CCI)、采购经理人指数(PMI)描述石油需求;同时由于本阶段全球石油的产量基本稳定,特别是对市场影响较大的 OPEC 产量基本不变,因此供给方面的影响主要来自石油库存,选取美国的石油库存(USRP)作为典型指标。同时考虑全球证券市场、期货市场、货币市场等非基本面因素的影响。证券市场方面,由于美国股市在全球金融行业中的重要地位,选取道琼斯指数(DOW)和纳斯达克指数(NAS)作为备选参数;考虑到在全球经济复苏阶段,不同地区的经济情况也会对油价产生影响,如前不久欧洲经济的不景气就在一定程度上影响了油价,因此也将中国上证指数(A)、伦敦金融时报指数(L)、日本股票指数(J)三个指标纳入备选参数。期货市场方面,选择石油期货市场的持仓量(TOI)、商业净多头(CNL),同时考虑其他工业用大宗商品的交易价格,即铜期货价格(PCu)和铝期货价格(PAl),以及反映全球货币情况和市场风险的黄金期货价格(PAu)。货币市场方面,选取代表汇率因素的美元指数(DI)和代表通胀因素的美国的货币供给量(M_2)作为备选参数,以体现美国救市的货币政策对油价的影响。

3.3.3 主要参数的逻辑和时序分析

选定研究的参数之后,首先要剖析这些因素的作用逻辑和时序,明确哪些因素之间存在相关?是正相关还是负相关?需要利用相关性检验筛选出具有高度相关性的因素并淘汰,并明确各因素的作用逻辑。此外,还需回答哪个因素影响哪个因素?影响的滞后时间是多少? 为此我们分别在"全时段"和"分阶段"利用 Granger 因果关系检验研究两两因素的因果关系和滞后阶数。

获得全周期的 16 个因素间的相关系数矩阵后,需要删去部分冗余因素。如股市因素中,DOW 与 NAS 的相关系数为 0.928,双尾检验 P 值为零,这说明在 0.01 的置信水平下,DOW 与 NAS 高度相关;由于 DOW 在全球具有广泛的影响,因此去掉 NAS 指数。期货因素中,PCu 与 PAl 高度相关;由于铜比铝更具代表性,因此去掉因素 PAl;在经济因素方面,LEI、CCI、PMI 都代表宏观经济发展指数,因此只保留 CCI。此外,由于货币发行量影响价格的效应相对滞后,一般传导周期为 3 个月或半年,受限于样本数目,本节只在全时段考虑 M_2 的影响,分阶段则不考虑。所以最终全时段研究因素选择为 WTI、L、A、DOW、DI、PAu、PCu、TOI、CNL、USRP、

CCI、M_2;分阶段则不包括 M_2。

确定主要因素后,可以利用 Granger 检验研究"全时段"和"分阶段"各因素之间相互作用的因果关系。可以发现:在不同阶段,10%置信度下,虽然只有个别因素是影响油价波动的直接原因,但这些因素又同时受到更多因素的影响。诸多因素彼此影响形成一个网络,因此不能仅凭 Granger 检验结果判断哪些因素是影响油价波动的根本原因。但 Granger 检验可以确定各因素与油价相互作用的最优时序和作用逻辑。按照检验得到的最优滞后阶数,见表4,调整各因素的时域数据,以期在回归研究中更好地辨别对油价的影响程度。此外,通过 Granger 检验获得的不同因素影响油价的作用逻辑,也符合经济学的基本概念和通常的研究结论。

表4 "全时段"和"分阶段"不同变量相对国际油价的作用逻辑和最优滞后阶数

WTI	L	A	DOW	DI	PAu	PCu	TOI	CNL	USRP	M_2	CCI
作用逻辑	+	+	+	−	'+'/'−'	+	+	−	−	+	+
全时段	2				1		2	1	2	80	7
2009.02.18—2009.04.20				1	2		2	2	2	−	6
2009.04.20—2009.07.09					1		2	2	2		2
2009.07.10—2009.10.05					1		2	2	2		2
2009.10.05—2009.12.14	1						2	2	2		6
2009.12.14—2010.02.05	2				1	1	2	2	2		6
2010.02.05—2010.04.30	1								2	4	6
2010.04.30—2010.07.07		6			6		2	2	2		2

3.3.4 油价波动的"全时段"和"分阶段"解析

我们将各因素影响油价波动的机制分成两种:一是全时段影响,即在"全时段"范围都对油价波动产生趋势性作用,如经济基本面因素、货币汇率因素以及通货膨胀因素等;二是分阶段影响,即在各"分阶段"范围对油价波动产生短期作用,如金融、期货市场异动,以及相关政策的颁布实施等突发因素。

(1)油价影响因素分析方法

国际油价的波动是不同因素实时动态作用的结果,对单个因

素,可以仅影响油价的长期趋势,或仅影响油价的短期波动,也可能同时对油价施加全时段和分阶段影响。因此在分析较长时间段的油价波动因素时,需要将"全时段"和"分阶段"作用区分开来。

研究较长时间跨度内,多因素对油价的全时段作用和分阶段作用,应该针对"全时段"和"分阶段"两个时间范畴分别开展研究。考虑全时段因素对油价的影响,在分阶段分析中会和分阶段影响同时出现,带来区分的困难。因此首先通过油价的"全时段"波动因素分析,确定油价的全时段影响因素;然后将全时段因素的影响去除后(去除全时段影响因素后的油价波动即为"全时段"回归方程的残差项),再通过分段研究确定分阶段影响因素。具体的油价波动因素分析方法如图6所示。

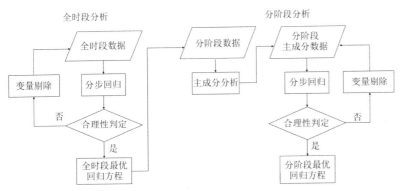

图6 油价"全时段"和"分阶段"波动因素分析流程

(2) 油价波动的"全时段"分析

解析油价全时段波动因素的"全时段"回归结果如表5所示:回归方程为

$$\Delta WTI = [4.38\Delta PCu + 4.39\Delta DOW - 65\Delta DI + 1.64\Delta L(-2)$$
$$+ 7.45\Delta PAu(-1) + 17.7CCI(-7)]/1\ 000$$

根据回归方程可以看出,影响"全时段"油价的显著变量为:铜期货价格PCu、道琼斯指数DOW、美元指数DI、伦敦金融时报指数L、金价格PAu、消费者信心指数CCI。金融危机复苏阶段,国际油价变化的主要原因在于:全球经济复苏导致的消费者信心上扬,金融市场回暖,美元贬值和全球通货膨胀压力。其中反映通胀因素的M_2虽然未体现在方程中,但可以认为通胀因素已经被逐渐上涨的工业原材料价格体现(PCu)。此外,DI、DOW和PCu三个

表5 "全时段"影响油价波动因素的分步回归结果

因变量: WTI				
方法: 逐步回归分析				
变量	系数	标准差	T值	P值
PCu	0.004 382	0.000 579	7.561 71	0
DOW	0.004 39	0.000 618	7.099 776	0
DI	− 0.649 937	0.146 841	− 4.426 132	0
L(− 2)	0.001 637	0.001 043	1.570 245	0.117 3
PAu(− 1)	0.007 453	0.005 422	1.374 473	0.170 2
CCI(− 7)	0.017 713	0.010 544	1.679 97	0.093 9
R^2	0.466 084	DW 值		2.025 691

注:因变量为WTI,方法为逐步回归分析。

因素对"全时段"油价波动贡献较大,可以把他们当成"全时段"分析预测油价的主要指标。

(3) 油价波动的"分阶段"分析

体现多因素对油价全时段趋势性影响的"全时段"回归方程,R^2只有0.47偏低。有近半的油价波动信息尚未被解释,其中包含了大量的"分阶段"波动因素作用。为了揭示这些因素对油价的短期作用机制,需要按照图6中的"分阶段"分析方法,求解"分阶段"的最优回归方程。

首先需要采用主成分分析法,初步筛选出各阶段影响油价的主要变量。然后将主成分方法在不同阶段下选择出的变量,与$R\Delta WTI$作分步回归(步骤与"全时段"分析相同),则可以获得"分阶段"的油价影响因素和作用权重。为方便对比,将"分阶段"与"全时段"的回归结果合并在表6中,单元格中上面的数据代表回归系数,下面括号内数据代表该数据P值。可以发现如下特点:

1) 美国石油商业库存USRP和石油期货持仓情况TOI、CNL只对油价波动产生"分阶段"的影响,而其对油价的全时段作用体现不显著。

2) 铜期货价格PCu只在全时段对油价波动起作用,是影响油价波动的全时段指标。

3) 道琼斯指数DOW、伦敦金融时报指数L、美元指数DI和消费者信心指数CCI对油价既有分阶段作用,也存在全时段作用。

4）中国上证指数 A 不是影响油价波动的因素，中国股市对油价的影响作用甚微。

3.3.5 本节分析结果与 OPEC 研究的对比分析

我们将分析结果与 OPEC 月度报告中当月油价波动原因进行对比，见表 7，其中加粗字体代表两种原因分析一致的部分。

通过对比可以看出，利用时域"全时段"和"分阶段"方法获得的油价影响因素与 OPEC 月度石油报告的结论比较一致。值得一提的是，本节分析获得的影响因素均为油价的线性指标，其影响效果和作用权重可以量化，这使研究具有更强的解释能力。

3.4 基于小波变换的油价超短期波动的频率分析

以往分析油价波动的研究，更多地侧重油价波动的时域特性分析，即不同时段的油价波动由不同的因素和突发事件主导，因此油价的时域分段研究方法应运而生。然而分段研究方法也存在较多局限：一是由于多重因素的复杂作用难以区分，周期划分困难；二是样本数目局限使周期划分不能太小，否则无法利用计量统计方法分析，不利于分析导致油价高频波动的因素；三是在小周期的划分中，不可避免地会损失一定的"信息"，这也导致分段回归的 R^2 偏低，解释能力较弱；此外对于在多个不同小周期的分析中均显著的因素，往往难以判断其对油价的影响到底属于长期影响或短期影响，抑或两者兼而有之。最关键的问题是，时域分段方法无法分析油价的超短期波动。

本文将采用一种基于小波变换的油价波动因素分析方法，不仅可以分析油价的高频波动机制，还可以更加准确地判断影响油价的长期因素和短期因素。其基本思想是：将油价和不同影响因素的时间序列展开成不同的频率分量，其中低频分量代表长期趋势性变化，高频分量代表短期波动性变化。在不同频率下，分别利用多元回归方法获得油价的长、短期影响因素和权重；并可以结合不同因素的时效特点，进一步推断出影响油价的机制链条。

3.4.1 方法理论的提出

剖析国际油价的波动原因可以有两种方法：一种认为油价波动是不同因素组合在不同时段交替影响的结果。如图 7（a）所示，在某一阶段（$t_0 - t_1$ 时刻），国际油价的走势受 A、B 两大因素主导。在 t_1 时刻，C 因素受宏观经济、投资市场或突发事件等原因发生突变，如果由此溢出的信息修正甚至颠覆了之前市场主体的心理预期，则油价在未来将由 C 因素主导（或由 C 与 B、C 与 A、C 与 A、B 共同主导）。如果能在 t_1 时刻附近将油价分段（不要求十分准确），则可以利用 3.2 介绍的回归方法较准确地获得不同时段的影响因素。这种方法符合人们对油价波动诱因的常规认识，能很好地描述突发事件和不同因素交替影响油价的机制，对研究不同影响因素阈值也很有帮助。然而这种将不同因素对油价的影响"显像化"的方法也有缺点：一是难以清晰地界定因素的"分阶段"影响和"全时段"影响；二是某些可能对油价有隐性影响的因素（影响不强或间接影响），不能被识别出。

表 6 "全时段"与"分阶段"影响 WTI 油价波动因素汇总

阶段	L	DOW	DI	PAu	PCu	TOI	CNL	USRP	CCI	R^2
全时段 2009.02.18—2010.07.07	0.001 6(0.12)	0.004 4(0.00)	−0.649 9(0.00)	0.007 5(0.17)	0.004 4(0.00)				0.017 7(0.34)	0.466 08
2009.02.18—2009.04.20			−0.651 0(0.10)	0.051 3(0.02)						0.280 05
2009.04.20—2009.07.09									0.015 3(0.15)	0.034 15
2009.07.10—2009.10.05			−0.569 5(0.13)			8.3E−06(0.13)				0.079 30
2009.10.05—2009.12.14							−6E−05(0.02)		0.194 5(0.13)	0.096 46
2009.12.14—2010.02.05	0.006 6(0.03)	0.001 5(0.34)						−1.6E−4(0.00)		0.265 85
2010.02.05—2010.04.30			−0.244 4(0.40)							0.001 54
2010.04.30—2010.07.07	0.003 1(0.21)									0.031 30

表 7　本节研究结果与 OPEC 月度石油报告油价波动分析原因的对比

	OPEC 当月油价波动原因分析(部分原文翻译)	本文分析方法
第一轮反弹 (2009.02.18—2009.04.20)	前期上涨:股市上涨、美元疲软、美国零售业销售数据利好、美中航运的发展地缘政治因素、美国库存收紧。OPEC 调整供给、西非供应中断、俄管道泄漏引发供给恐慌。 后期下跌:金融市场下跌,疲软经济指标,美元汇率上升,流感疫情蔓延	美元指数 DI、黄金期货价格 PAu(代表经济信心和避险情绪)
第二轮反弹 (2009.04.20—2009.07.09)	前期上涨:美元的疲软,华尔街股市反弹,经济指标显示经济复苏信心增强,美国驾驶季节燃料的紧缺。其中美元疲软和美股牛市主导了市场的看涨。 后期下跌:美国消费者信心指数下降、失业率上升、美国石油库存增加、美元汇率波动	消费者信心指数 CCI
振动上涨阶段 (2009.07.10—2009.10.05)	前期上涨:美国宏观经济数据利好,欧洲银行业利好,中国经济强劲,经济复苏的乐观情绪,导致了股市上扬;美元贬值,投资流入能源市场。 中期波动和下跌:美国失业率上升、美元波动导致振荡格局、中国的股市暴跌、提高供给的报告、期货市场的技术性卖出套利、对银行业衰退的担忧。 后期上涨:IEA 发布的将增加需求计划,美元贬值,中国允许投资更多的对外投资组合	美元指数 DI、原油期货持仓量 TOI
上涨调整阶段 (2009.10.05—2009.12.14)	前期上涨:IMF 报告对世界经济前景看好(产业需求增大),美元贬值,股市利好,全球经济复苏希望增大,中国数据利好,非季节性汽油库存拉动,期货市场上技术性买方套利。 中期振荡:美元和股市波动导致振荡。 后期下跌:美国股市下跌,美 GDP 下降和迪拜的债务危机所引发的对未来石油需求减少的担忧,OPEC 较高供应,美国高的石油库存	原油期货商业净多头 CNL、消费者信息指数 CCI
上涨调整阶段 (2009.12.14—2010.02.05)	前期上涨:期货市场的突然复苏,投资流入油市,北半球的寒冷天气。 后期下跌:北半球的气温升高,对全球经济回暖的担忧,美元的强势,股市下跌。对全球经济复苏的担忧,美元强势,希腊债务危机的担忧	道琼斯指数 DOW、伦敦金融时报指数 L(体现希腊危机)、美国石油商业库存 USRP(代表美国石油短期需求)
振动上涨行情 (2010.02.05—2010.04.30)	上涨:股市上涨,北半球天气寒冷,利好的宏观经济数据,对经济增长的积极预期,希腊债务危机得到缓解,美元的疲软。对全球经济复苏的乐观情绪和对石油需求提高的预期	美元指数 DI
下跌调整阶段 (2010.04.30—2010.07.07)	前期下跌:令人失望的宏观经济数据,美国石油库存维持高位,希腊的债务危机可能蔓延到其他国家会影响到全球的经济复苏,对石油未来需求的担忧,大量的石油供给。 后期反弹:股票市场的上涨支撑	伦敦金融时报指数 L(体现希腊危机)

本节采用第二种方法,首先思考各种因素对油价的影响机制是什么?通常影响油价的诸多因素间会存在相互作用,例如:OPEC 国家宣布减产的信息,既可能在远期通过实际供应减少影响油价,也可能通过影响投资者情绪的链条直接影响期货市场价格。关键在于影响油价最直接的因素和链条是什么,不同影响链条对应着不同影响效果和时间。笔者认为可能存在以下几类链条:一是宏观经济形势、气候情况直接影响石油供需,这会对油价产生长期趋势性的影响;二是相关市场和产业动向,包括其他大宗商品市场的景气程度、替代能源市场情况以及石油炼化产业链情况,通常会对油价产生中期影响;三是金融市场影响,市场景气程度以及股市、债市、汇市等其他投资市场情况,将通过投资者心理预期影响油价的波动;四是市场交易机制的影响:用于投机炒作的"热钱"将

在市场交易规则下,在包括石油市场在内的各种市场间流动,其中主力基金的流向和节奏将对油价产生冲击影响。

可以看出,上述四种油价影响机制,从油价的"商品属性"过渡到了"金融属性";对油价施加影响的速度从"潜移默化"的缓慢影响到"立竿见影"的快速影响;对油价影响的持续时间从长期到短期;对油价的实际作用效果从趋势性影响到冲击响应。因此,如果我们将国际油价的波动按照低频(长期趋势)、中频(中期变化)、高频(短期波动)、超高频(即时响应)进行划分,将不同频率的油价波动与上文提到的四类影响机制分别对应起来,则可以研究在不同传导机制下各类影响因素对油价的影响。

3.4.2 方法原理

本节的基本思想是:在石油市场中,各种因素与油价间存在着多重影响链条,实际油价走势取决于多重影响效应的叠加。这些影响具有不同的频率特性,有的具备高频响应特点,侧重影响油价的短期波动;有的具备低频响应特点,侧重影响油价的长期趋势。可以采用小波变换的方法,将油价波动和其他影响因素按照由低到高的频率分量分解,在特定频率下研究影响油价的主要因素和权重,明确主要市场因素对油价的作用频段和传导机制。此外,这种频率分析方法与分阶段回归方法可以互为补充,在不同频率下对油价和各影响因素做分阶段回归分析,进一步提高油价波动因素分析的准确程度。

（1）方法学框架和流程

由于频率分析方法与分阶段回归方法可以互为补充,为了便于比较,本章选择与3.3"国际油价中短期波动因素分析方法研究"(以下简称"3.3")相同的备选因素,全时段为2009年2月18日—2010年7月7日。油价波动的分阶段划分与3.3相同。此外,在3.3中,已经通过相关性检验确定各因素的波动情况(一阶差分)与油价不存在高度的线性相关;并利用Granger因果关系检验确定了"全时段"和"分阶段"各因素相对油价的领先阶数,此处不再赘述。

研究遵循如下的框架方法:

1）备选因素的选取和前期处理。数据包括:消费者信心指数(CCI)、美国石油库存(USRP)、石油期货持仓量(TOI)和商业净多头(CNL)、道琼斯指数(DOW)、中国上证指数(A)和伦敦金融时报指数(L)以及美元指数(DI)、铜期货价格(PCu)、黄金期货价格(PAu)、美国货币供应量(M_2)。

2）频率分解。利用小波算法将油价和选出的线性因素展开成四个频率分量:超高频、高频、中频、低频。将各频率分量插值成为长度相同的阶跃函数。

3）分频率逐步回归,确定"全时段"油价不同频率波动的主要影响因素。将各备选因素的四个频率分量按之前确定的最优滞后阶数进行延时。分别选取不同频率的油价波动分量,与延时

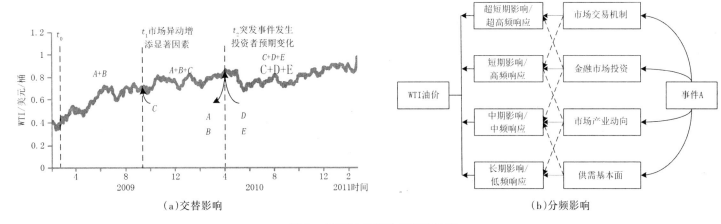

（a）交替影响　　　　　　　　　　　（b）分频影响

图7　国际油价波动机制的认识

278

后的备选因素进行逐步回归，明确各频率油价波动的显著影响因素。

（2）小波变换简介和主要因素的频率展开

小波变换的数学本质为：选择一组离散低通滤波和高通滤波特性的正交基函数$[\phi_{j,k}(x)$和$\psi_{j,k}(x)$，其中$j \in Z, k = 0, 1, \cdots, 2^j - 1]$，通过伸缩和平移等运算功能将待分析样本$f(t)$变换为具有不同频率特性的一系列级数相加，从而发现基本信号的频域特征。值得一提的是，每经过一次小波变换，时间序列的长度缩短一半。例如，选用2009年2月18日—2010年7月7日国际油价的波动$\Delta \mathrm{WTI}$进行小波变换的过程如图8（a）所示：原始数据$\Delta \mathrm{WTI}$经过一系列小波变换后，可以获得超高频分量$\Delta \mathrm{WTI}^{\Omega 1}$、高频分量$\Delta \mathrm{WTI}^{\Omega 2}$、中频分量$\Delta \mathrm{WTI}^{\Omega 3}$和低频分量$\Delta \mathrm{WTI}^{C 3}$。四个频率分量虽然长度不同，但均描述了整个时段的频率特性，仅是"分辨率"降低了；为便于比较并体现不同因素对油价的延时特点，我

们采用插值方法使各分量变成仍为长度$N = 357$的阶跃函数，使$\Delta \mathrm{WTI}^{\Omega 1} + \Delta \mathrm{WTI}^{\Omega 2} + \Delta \mathrm{WTI}^{\Omega 3} + \Delta \mathrm{WTI}^{C 3}$严格等于$\Delta \mathrm{WTI}$，如图8（c）至（f）所示。

3.4.3 不同频段的油价波动因素分析

针对油价的不同频率波动，利用逐步回归法明确影响因素和作用权重，并画出作用权重图，以更加直观地体现各个因素对油价波动的影响。其中国际油价不同频率的波动均用灰色粗线体现，其他各因素贡献均由特定颜色面积表示。

（1）以中频波动因素为例

选用中频波动因素介绍的原因在于，中频油价波动相对平缓，相关影响因素的贡献图易呈现。具体的逐步回归结果为

$$\Delta \mathrm{WTI}^{\Omega 3} = 0.005\,7 \Delta \mathrm{DOW}^{\Omega 3} + 0.004\,4 \Delta \mathrm{PAu}^{\Omega 2}(-1) + 0.006\,8 \Delta \mathrm{PCu}^{\Omega 2}$$

可以看出：在中频段，铜期货价格和道琼斯指数对油价波动的影响比较显著，与之相比黄金期货价格对油价波动的影响很弱。

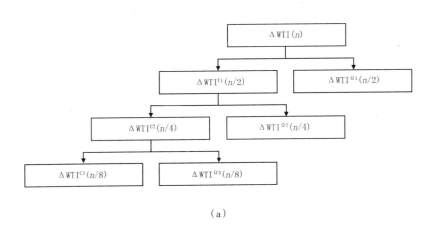

（a）

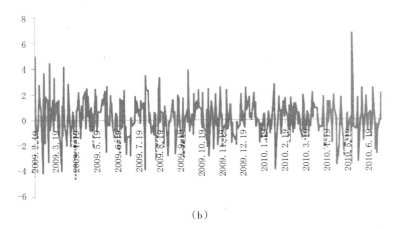

（b）

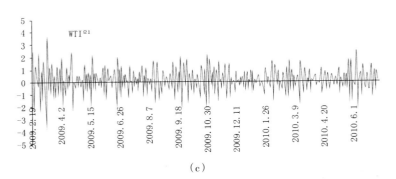

（c）

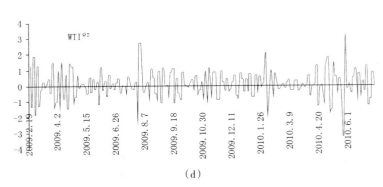

（d）

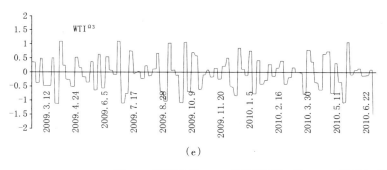
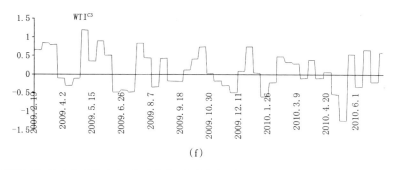

(e)　　　　　　　　　　　　　　　　　　　　　　(f)

图8　国际油价WTI分解步骤(a)和WTI油价(b)频率分解结果,其中(c)超高频、(d)高频、(e)中频、(f)低频

表8　"全时段"影响油价中频波动的因素分析结果

因变量: WTI				
方法: 逐步回归分析				
变量	系数	标准差	T值	P值
PCu	0.006 788	0.000 607	11.181 60	0.000 0
DOW	0.005 732	0.000 605	9.467 014	0.000 0
PAu(− 1)	0.004 395	0.005 022	0.875 091	0.382 1
R^2	0.488 048	DW 值		0.782 297

注:因变量为WTI,方法为逐步回归分析。

（2）各频率回归分析结果汇总

汇总不同频段的油价波动因素分析结果,将各因素参与回归的系数整理如表9所示。对同一因素,其对油价不同波动频率的贡献,可以通过系数对比体现。如黄金期货价格PAu同时对油价的超高频、中频和低频因素存在影响,且对油价的影响效果不同:在超高频段PAu对油价起负向作用,可以认为是炒作资金在黄金和石油市场之间流通所致;在中频段PAu对油价起正向作用,可以认为黄金和石油同时作为大宗商品共同体现了全球通胀效应和美元贬值的效果;在低频段PAu对油价起负向作用,可以认为黄金代表经济遇冷时消费者避险心态的体现。对比三种作用机制的系数,可以看出黄金对油价低频作用更为显著,黄金期货价格更多地在经济基本面层面影响国际油价。

此外,结合表9和不同频段的分析结果可以看出,主要的频率影响因素相对集中于:L、DOW、A、DI、PAu、PCu。其中股市因

素(包括L、DOW、A)侧重对油价中高频段波动产生影响,并且其作用效果为正,因此尚未体现出炒作资金在股市和石油期货市场间流动的现象。中国股市A同时也对油价的低频有正向作用,可以推断:中国股市上涨意味着实体经济向好,在中国石油消费占全球消费比重逐年上升的基础上,A股上涨将为油价带来基本面利好。

石油的期货交易两大指标没有入选,我们认为是PAu和PCu涵盖了期货市场信息,同时TOI和CNL数据取自美国商品交易委员会发布(CFTC)的周度数据,数据质量不如PAu和PCu好。USRP和CCI则仅为"分阶段"的影响因素。

3.5　课题总结和主要结论

本文研究了不同时间尺度下,国际油价和主要影响因素的相互作用机制,分析了影响油价的主要因素和作用权重,对可能的影响链条进行了分析和讨论。

研究根据不同的时间尺度将油价波动划分成三类:中长期波动(半年以上至3~5年,在一个宏观经济周期范围内)、中短期波动(1个月至半年)、超短期波动(1个月之内),针对不同尺度下国际石油市场特点,探索建立了一套分析国际油价影响因素的框架和方法。上述方法被应用于本轮全球经济周期前后（2002年1月—2010年10月）,特别是当前所处的全球经济复苏阶段(2009年1月—2010年10月)的油价波动因素分析中,解析了供需基本面、宏观经济、证券期货市场、货币汇率等因素的影响权重,并以定量分析结果为基础,对国际石油市场中多因素的相互作用机制和规律进行了探讨。研究结果与OPEC和IEA等机构的市场分析

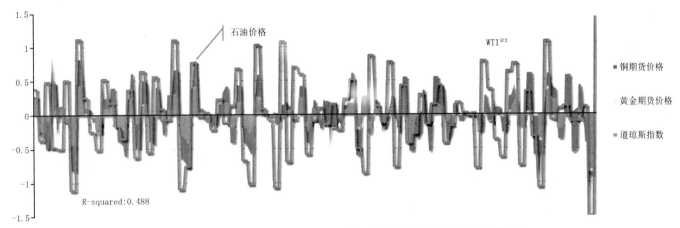

图 9　2009 年 2 月—2010 年 6 月导致油价中频波动的各因素作用权重

表 9　"全时段"油价波动的频率分析结果汇总

频率分量	ΔL	ΔA	ΔDOW	ΔDI	ΔPAu	ΔPCu	ΔTOI	ΔCNL	$\Delta USRP$	ΔCCI	ΔR^2
$\Delta WTI^{\Omega1}$	0.002 654		0.003 839	− 0.511 413	− 0.004 450	0.004 327					0.429
$\Delta WTI^{\Omega2}$		0.003 164	0.006 229	− 1.438 691		0.002 310					0.575
$\Delta WTI^{\Omega3}$			0.005 732		0.004 395	0.006 788					0.488
ΔWTI^{C3}		0.000 868		− 1.460 265	− 0.013 491	0.003 793					0.508

报告结论基本一致,不同时间尺度的油价分析结论比较契合。研究主要结论如下:

1)本文提出的油价中长期基本面因素分析、中短期时域分段研究方法、基于小波变换的超短期频率分析方法,适用于不同时间尺度的油价波动因素分析,可以定量解析主要影响因素和作用权重,较传统方法更加精细准确,具有一定的功能拓展作用。

2)对于油价的中长期波动,研究表明:在全球经济平稳运行阶段,国际油价的长期走势主要由供给和需求因素决定,库存管理可以对油价实现有效干预;当全球经济进入危机潜伏和爆发阶段时,石油市场的基本面更多地体现为油价对市场供需的反馈作用,同时产量控制和库存管理手段的效果十分有限。此外,国际石油市场的供给和需求曲线均存在一定的"反常区间",经典的供需 – 价格关系并不成立,在全球经济的不同发展阶段也会呈现不同规律。

研究确定:美国需求 USD、美国产量 USS、美国石油总库存 USRT,以及中国需求 CND、OPEC 产量 OPS、美国原油库存 USRC 分别是两组体现当前国际石油市场特点的显著指标和预测组合,适用于油价中长期预测和基本面分析。

3)对于油价的中短期波动,研究证实:来自全球宏观经济、投资市场、汇率货币的各类指标对油价的中短期波动存在直接影响,其中既包括传统概念的基本面影响,也包括非基本面影响。同一影响因素可能通过不同作用链条在不同的时间跨度内影响油价,尤其是投资市场指标。

研究发现:2009 年 2 月—2010 年 7 月国际油价变化的主要原因为宏观经济复苏与美元贬值双重因素驱动;铜期货价格 PCu、美元指数 DI 相对油价的线性特点非常明显,可以作为油价中短期分析预测的显著指标;而传统分析油价的主要因素,包括库存因素和石油市场期货指标对油价的影响仅偏重于短期影响。

（4）对于油价的超短期波动，研究表明：除重大突发事件外，油价的超短期波动主要受到国际投资市场相关指标的溢出性影响，特别是道琼斯指数DOW、伦敦金融时报指数L等因素影响强烈，中国上证指数A也对油价波动存在较弱影响。从日数据角度，尚未发现炒作资金在不同投机市场流动，导致"此消彼长"的现象。

研究发现：美元指数DI、铜期货价格PCu、黄金期货价格PAu、道琼斯指数DOW通过多个作用链条，对油价的多个频率波动产生影响。其中美元指数DI和黄金期货价格PAu侧重施加低频趋势性影响；道琼斯指数DOW侧重高频波动性影响；而铜期货价格PCu影响较全面。

参考文献

［1］林伯强，牟敦国. 高级能源经济学［M］. 北京：中国财政经济出版社，2009.

［2］林钰. 能源价格变动与经济安全［M］. 上海：上海财经大学出版社，2009.

［3］张永军. 经济景气计量分析方法与应用研究［M］. 北京：中国经济出版社，2007.

［4］汪寿阳，余乐安，房勇，等. 国际油价波动分析与预测［M］. 长沙：湖南大学出版社，2008.

［5］潘省初，费明硕，周凌瑶. 国际油价变动趋势及其对我国经济的影响［M］. 北京：经济科学出版社，2009.

［6］温渤，李大伟，汪寿阳. 国际石油期货价格预测及风险度量研究［M］. 北京：科学出版社，2009.

［7］Hotelling H..The Economics of Exhaustible Resources［J］. Journal of Political Economy,39(2).

［8］Salant S..Exhaustible Resources and Industrial Structure: A Nash-Cournot Approach to the World Oil Market［J］. Journal of Political Economy, 84(5).

［9］Mabro R.. OPEC and the Price of Oil ［J］. The Energy Journal,(13).

［10］Gilbert R.. Dominant Firm Pricing in a Market for an Ex-haustible Resource［J］. The Bell Journal of Economics, (9).

［11］Hammoudeh S..Expectations, target zones and oil price dy-namics［J］. Policy Modeling, (17).

［12］迈克尔·波特. 竞争优势［M］. 北京：中国财政经济出版社，1988.

［13］刘海兴，吴新民. 国际石油价格对中国经济影响的实证分析［J］. 湖北社会科学，2009（6）.

［14］王凤云. 国际石油价格波动对我国通货膨胀影响的实证分析［J］. 价格月刊，2007（7）.

［15］郑恺，谷耀. 国内油价高涨的主因［J］. 南方经济，2006（5）.

［16］杜金岷，曾林阳. 国际石油价格波动对我国通货膨胀的影响［J］. 国际经贸探索，2008（7）.

［17］侯璐. 基于ARIMA模型的石油价格短期分析预测［D］. 暨南大学硕士学位论文，2009.

［18］肖龙阶，仲伟俊. 基于ARIMA模型的我国石油价格预测分析［J］. 南京航空航天大学学报. 2009.

［19］邹艳芬，陆宇海. 基于GARCH模型的石油价格变动模拟［J］. 数理统计与管理，2006,25（6）.

［20］潘慧峰，张金水. 用VAR度量石油市场的极端风险［J］. 运筹与管理，2006,15（5）.

［21］Jay W.Forrester. Industrial Dynamics.MIT Press, Mass, 1961.

［22］Jay W.Forrester. Principles of Systems. Wright-Allen Press, Inc., Cambridge, 1968.

［23］Jay W.Forrester. World Dynamics, 2nd ed. Wright-Allen Press, Inc., Cambridge, 1973.

［24］Jay W.Forrester. Urban Dynamics. MIT Press, Cambridge, 1968.

［25］D.H.Meadows, et al. The Limits to Growth. Universe Books, New York, 1972.

［26］A.L.Pugh. Dynamo User's Manual.MIT Press, Cambridge, 1976.

我国煤基液体燃料发展评价方法初步研究

肖新建

1 获奖情况

本课题获得 2009 年度国家发展和改革委员会宏观经济研究院基本科研业务费专项课题优秀研究成果三等奖。

2 本课题的意义

本文首先阐述了近年来我国煤基液体燃料产业发展状况，基于产业发展不明确和混乱的现状，提出要建立多因素评价我国煤基液体燃料发展的指标体系和评价方法。通过研究，本文较系统地阐述了评价我国煤基液体燃料发展的影响因素、指标及其相关的计算方法，并初步建立了一套评价我国煤基液体燃料发展的多因素评价体系框架和方法。在此基础上，基于水资源和煤炭资源单一因素评价了我国六大地区及全国的煤基液体燃料产业发展规模及潜力，最后尝试用多因素评价方法，对我国六大地区及全国的煤基液体燃料发展进行了综合评价。

3 本课题简要报告

3.1 概述

我国煤基液体燃料产业的发展面临着较大的争论，发展方向不明。有必要从我国的基本情况出发，审视煤基液体燃料产业的发展，确定我国煤基液体燃料产业发展方向，研判煤基液体燃料行业合理发展规模。

迄今为止，对于评价我国煤基液体燃料产业发展能力和规模的方法较为简单，通常以较为单一因素来评价，或即使多因素评价，也仅是多个因素的简单罗列式的评价。本课题研究中，笔者初步建立一种多因素评价煤基液体燃料发展能力和规模的方法。多个因素之间有的会互相关联、互成促进和制约，因此，建立这样一套评价方法，对科学评价我国煤基液体燃料发展具有重要意义。最后对我国的煤基液体燃料发展规模进行了实证性的评价。

3.2 多因素评价方法指标体系建立

3.2.1 评价指标体系的概念

（1）煤基液体燃料发展评价指标

一般来说，评价指标可分为综合指标、基本指标和要素指标。本文的煤基液体燃料发展评价指标就是对煤基液体燃料发展程度、发展规模作出评估的指征。

煤基液体燃料发展程度和规模是由影响煤基液体燃料发展的各种因素决定的。因此，评价煤基液体燃料发展程度和规模，首要分析影响煤基液体燃料发展的因素，然后根据全面性、独立性、层次性等原则对这些影响因素进行分析归类，归类后的各个层次的影响因素即为评价指标。

（2）煤基液体燃料发展评价指标体系

指标体系是通过一系列指标的逻辑分类和组合汇总建立的一套用于反映一种现象和状态的数据和方法体系。指标体系一般应具有解释功能、评价功能和预警功能；用同一套指标体系评价相同属性的对象，评价结果一般应具有可比性。

由于煤基液体燃料发展问题是一个涉及资源、经济、技术、生态、环境、交通和地域等多方面的复杂系统，因此需要建立一个反映煤基液体燃料发展程度和发展规模的综合指标体系来对其进行分析和评价。煤基液体燃料发展评价指标体系,就是根据煤基液体燃料发展的各种因素的内在联系建立的一套由不同层次指标构成的能有效反映煤基液体燃料发展规模的评价系统。

3.2.2 影响煤基液体燃料产业发展的因素及分类

分析影响煤基液体燃料产业发展的主要因素,是建立煤基液体燃料发展评价指标体系的基础。影响煤基液体燃料发展的因素涉及很多方面。

3.2.2.1 影响因素

综合各方面的研究来看,影响煤基液体燃料发展的主要因素有:石油安全因素、水资源因素、煤炭资源因素、环境因素、经济因素、技术因素、政策因素、其他因素(地理区位因素、人为因素等)等。

(1)石油安全因素:一般情况下,如果国内石油供应安全有充分保障,替代石油的煤基液体燃料的发展就失去了前提;反之,则有充分的发展煤基液体燃料的理由。但是,由于全球石油供应和需求是一个共荣的体系,因此,系统性的全球石油供应崩溃也不现实,最多考虑到特定时间段的石油价格高涨,而带来的石油进口成本的上升,从而影响到一个国家的石油安全。完全的自给自足的石油能源(包括煤基替代的石油能源)既不现实,也不一定最优,因为进口的风险成本可能低于完全自给自足所增加的成本。因此,石油安全因素,是煤基液体燃料发展的一个因素,但不应是主导因素。

(2)水资源因素:发展煤基液体燃料,离不开水资源的利用,煤基液体燃料生产是高耗水的过程。而我国富煤的地区贫水,富水的地区贫煤的特点是我国的国情,因此,水资源的因素在某些地区成为发展煤基液体燃料的一个重要制约因素。

(3)煤炭资源因素:煤炭资源因素是影响到煤基液体燃料发展的最基本和最重要的因素之一。一般情况下,煤炭资源丰富的地区,发展煤基液体燃料的理由越多,发展的可能性也越大,反之,则小。由于煤基液体燃料生产利用的煤炭资源可以是高硫煤、劣质煤等,对这些质量较差的煤炭资源的利用有助于我国煤炭资源的充

分合理利用,因此,煤炭资源种类的分布,也会影响到煤基液体燃料的发展及发展程度。另外,煤炭资源是分布不均的,考虑到运输煤炭成本因素,贫煤的地区发展煤基液体燃料也有可能。

(4)环境因素:煤基液体燃料,是用一种能源——煤转化为另一种能源——石油、甲醇或二甲醚等,有转化意味着有消耗和浪费,意味着能源转化过程中的排放和污染[①]。同时,发展煤基液体燃料,开发和利用煤的过程,会影响到环境,会对生态进行破坏。因此,生态环境因素是发展煤基液体燃料的重要影响因素。

(5)经济因素:经济因素对煤基液体燃料发展的影响是最直接的因素。考虑到外部成本的经济因素,又与生态环境因素结合起来。经济因素决定着煤基液体燃料的发展规模和前景。

(6)技术因素:技术进步可以降低煤炭开发成本,进而降低煤基液体燃料的原料成本;技术进步也可以直接降低煤基液体燃料生产过程成本;同样,技术进步可以降低煤基液体燃料的排放成本;此外技术进步还可以降低煤基液体燃料的利用成本。因此技术因素决定着煤基液体燃料发展的前景和方向。

(7)政策因素:政策因素决定了煤基液体燃料发展的空间。同时,政策因素也是一种模糊的因素,政策因素受石油安全因素、水资源因素、煤炭资源因素、生态环境因素、经济因素、技术因素等影响。

(8)其他因素:其他因素,包括地理区位因素、人为因素等。地理区位因素是考虑到一个地方的煤炭资源、水资源、社会经济发展状况的综合因素;人为因素,包括领导人的喜好或冲动等。这些因素对煤基液体燃料发展具有不确定性,但最终会服从于经济因素等。

3.2.2.2 影响因素分类

从不同角度来看,影响煤基液体燃料发展的因素可以有不同的分类方式。

(1)从影响煤基液体燃料发展的行为主体来分,可分为自然因素和人为因素:自然因素包括煤炭资源因素、水资源因素、地区布局因素等;人为因素包括政策倾斜因素、人为决策因素等。

(2)根据影响煤基液体燃料发展的限定程度分,可分为制约

---

① 据《替代能源战略研究》:煤基液体燃料(包括煤制甲醇、二甲醚、煤制油等),生产综合能效为40%~58%,生产与消费全过程的能耗、污染物和温室气体排放比传统汽柴油高;生产1 t煤基液体燃料耗水10 t左右;甲醇燃料对人体和环境有不良影响的疑虑和争议始终存在。

因素和非制约因素：某种制约因素在某一地区为制约因素，但在另一地区却可能为非制约因素。

（3）根据煤基液体燃料发展的生产要素及影响要素来分，可分为煤炭资源因素、水资源因素、生态环境因素、经济因素、技术因素等。

（4）根据影响不同区域煤基液体燃料发展的重要性来分，可分为一般因素、特征因素等。

（5）根据煤基液体燃料产品生产和利用角度，可分为技术因素、市场因素等。技术因素包括技术成熟度、技术推广度、技术的经济竞争力等，市场因素包括产品价格因素、替代产品的价格因素等。

3.2.3 建立煤基液体燃料发展多因素评价方法指标体系框架

在界定指标特点和指标体系建立原则的基础上，从影响煤基液体燃料发展的各类因素中，通过合理的分类归并、建立层次分明、逻辑清晰的评价指标框架体系。

3.2.3.1 指标体系框架建立的意义、理论方法

（1）建立指标体系框架的意义：建立煤基液体燃料指标体系根本目的是应用指标体系对我国部分地区及全国发展煤基液体燃料进行量化和评估，其意义在于：①充分分析我国或不同地区的煤基液体燃料的发展基础和前景。②指导我国或部分地区的煤基液体燃料发展规模和程度评价，进而有利于全国或地区对发展煤基液体燃料的规划工作。

（2）建立指标体系框架的理论方法：根据建立指标体系的一般要求，煤基液体燃料发展评价指标体系应具有以下几个方面的条件：①能够描述和表征出全国或某一地区的煤基液体燃料发展的各个方面的现状和条件；②能够描述和反映全国或某一地区的煤基液体燃料发展的变化趋势；③能够描述和表征全国或某一地区发展煤基液体燃料的各方面因素的综合匹配程度。

所选指标应具有科学合理性、透明性、相对独立性、可量化等特点。

① 科学合理性。所选指标具有科学合理性，是指该指标要能客观和真实地反映其所代表的影响因素，对全国或部分地区煤基液体燃料发展规模和程度的贡献。

② 透明性。透明性是指所选指标要具有一定的公开和可查询特点。

③ 相对独立性。相对独立性是指影响煤基液体燃料发展的各类因素之间往往具有一定相关性和较多的重复信息，若直接对含有太多重复信息的指标赋权求和，指标间未排除的重复信息将会使得综合评价结果发生偏离，因此要求所选指标具有一定的独立性，尤其是对一些要素指标，必然具有一定的独立性。

④ 可量化。可量化是指所选取的指标目的清楚、定义明确，具有稳定可靠的数据来源，指标能够量化处理，且处理方法具有科学依据。

3.2.3.2 指标体系的层次框架

（1）层次框架

① 分层结构指标。根据以上理论要求，初步设想煤基液体燃料发展指标评价体系的层次框架由综合性指标、基本指标和要素指标三个层次构成。

a. 综合指标：用以反映全国或某一地区煤基液体燃料发展程度和规模的概括性指标，是对发展煤基液体燃料的各基本指标进行综合匹配、权衡、协调而相互综合的结果。拟用"煤基液体燃料发展规模度"表示。

b. 基本指标：用以反映全国或地区煤基液体燃料发展构成要素基本情况的指标，是对影响煤基液体燃料发展的各要素指标进行初步归类的指标。各类基本指标往往会互相影响互相关联，只是互相影响程度不一。拟选取的基本指标有：石油安全度、煤炭资源供给能力、水资源供给能力、经济可行性、环境承受度、技术因素、政策因素及其他。

石油安全度：指国家石油供应安全的程度。其下级指标包括：国内资源禀赋、国内生产保障能力、国际市场可得性、国家应急保障能力等。根据层次分类模型，石油安全度又可作为上述四个基本指标的综合指标。基于煤基液体燃料发展的最初动力来自于国家对石油安全的担心，因此将石油安全度作为煤基液体燃料发展评价的综合指标下的基本指标之一。

煤炭资源供给能力：指国家或某个地区用于煤基液体燃料发展的煤炭供应保障能力。其下级指标包括：煤炭资源情况、煤炭的经济成本、煤炭的运输能力、煤炭开采供应的技术能力、煤炭供应中的环境承载力等。煤炭资源供给能力又是上述几个基本指标的

285

综合指标。

水资源供给能力:指国家或一个地区用于煤基液体燃料发展的水资源的保障强度。可以分解为国家或地区的水资源开采潜力、水资源满足能力等。

经济可行性:指国家或一个地区投入煤基液体燃料发展的经济可行度。由于煤基液体燃料发展受煤炭价格、石油价格及煤炭与石油之间的比价关系影响,因此,油煤比价可作为其下面的基本指标。同时,煤基液体燃料发展的规模,决定了建设投入的成本,以及其他投融资成本、人工成本等,因此,发展的规模也是其下属的一个基本指标。

同样,环境承受力、技术支持度、政策扶持度以及其他因素,均可作为综合指标下级的基本指标,此处不一一分解。

c. 要素指标:是指反映和表征基本指标的各种因素,是发展煤基液体燃料所能涉及的各个方面的或大或小的一些要素。其通过基本指标反映出来,不同的要素指标往往具有相互独立性。如煤炭资源供给能力下级的基本指标煤炭资源因素,能反映煤炭资源因素的各种因素包括煤炭储量、煤炭可采率等。

② 层次结构模型。总体上,影响煤制油发展规模的主要因素有石油安全度、煤炭资源供给能力、水资源供给能力、经济可行性、环境因素、技术因素、政策因素以及其他不可预见的因素等(见图1)。

结合上文提到的递阶层次模型的结构,我们将煤制油发展规模作为层次模型的目标层;石油安全度、煤炭资源供给能力、水资源供给能力、经济可行性、环境因素、技术因素政策因素以及其他因素作为层次模型的准则层;准则层各因素下的子因素作为层次模型的子准则层,这是整个评价体系的总的层次结构模型。

但是,由于准则层的有些因素较为复杂,其下的子因素有可能还包含有子因素,例如:国内资源禀赋又包含储采比和储量替代率两个子因素;国内生产保障能力具体可用石油消费对外依存度来表示;国际市场可得性又包含国际油价和进口集中度两个子因素;国家应急保障能力可用石油储备水平来表示;资源因素包含储量、可采率、煤炭资源满足能力三个子因素;经济性包含生产成本和煤炭售价;运输能力包含铁路运输、公路运输和水路运输;技术因素用开采技术条件来表示;环境因素用综合环境容量来表

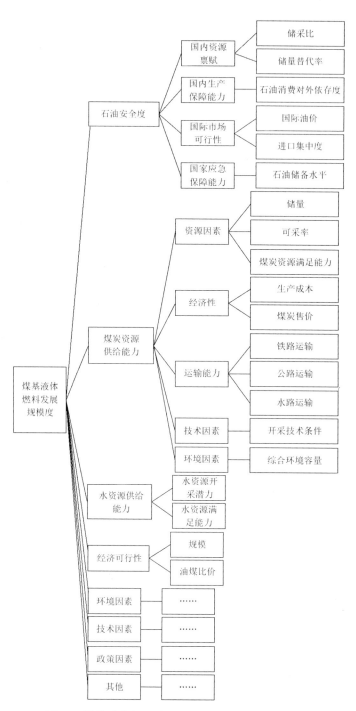

图1 煤基液体燃料产业发展评价的递阶层次模型

示。将这些因素也作为子准则层的下层因素列出。根据上述,将影响煤基液体燃料产业发展的因素建立的递阶层次模型,如图1所示。

(2)层次分析法简介

层次分析法,又称 AHP(analytical hierarchy process)方法,是对复杂问题作出决策的一种简单易行的方法,它适用于那些错综复杂且难以定量分析的问题(仅有定性关系),故而决策者难以作出最佳决策。层次分析法将定性与定量分析相结合,为多目标决策提供了强有力且有效的工具,它的基本方法大致可以归纳为几步:

① 建立递阶层次结构模型。建立递阶层次结构模型是层次分析法最重要的一步,为此,首先要分析问题中所包含的要素,并按要素间的关联影响以及隶属关系,将各要素按不同层次聚集组合,形成一个多层次的结构模型,也即递阶层次结构模型。在递阶层次结构模型中,通常第一层是目标层(最高层),它表示问题的目的、总目标或理想结果;第二、第三、……层是准则层和子准则层;最下一层是方案层,表示待选择的方案、措施、政策等。递阶层次结构如图2所示:

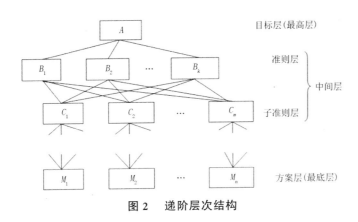

图2 递阶层次结构

② 构造比较判断矩阵。建立递阶层次结构后,接着在各层要素中进行两两比较,并引入判断尺度将其量化,构造出判断矩阵。比如以某一层次要素 A 为准则,对其下的要素 $C_1, C_2, \cdots, C_n$ 进行两两比较来确定,形式如表1所示。

其中,判断矩阵中的元素 a_{ij} 表示对上一层要素而言,本层要

表1 判断矩阵

A	C_1	C_2	$\cdots$	C_j	$\cdots$	C_n
C_1	a_{11}	a_{12}	$\cdots$	a_{1j}	$\cdots$	a_{1n}
C_2	a_{21}	a_{22}	$\cdots$	a_{2j}	$\cdots$	a_{2n}
$\cdots$	$\cdots$	$\cdots$				
C_i	a_{i1}	a_{i2}	$\cdots$	a_{ij}	$\cdots$	a_{in}
$\cdots$						
C_n	a_{n1}	a_{n2}	$\cdots$	a_{nj}	$\cdots$	a_{nn}

素 C_j 的相对重要程度,即:$a_{ij} = w_i / w_j (i, j = 1, 2, \cdots, n)$,式中,$w_i$、$w_j$ 分别为准则层要素 C_i、C_j 的相对重要权值,根据判断尺度,即可得到比较判断矩阵。

③ 层次单排序。比较判断矩阵的特征向量 W 即为各要素的相对重要向量。在层次单排序中,即是计算判断矩阵的特征向量和特征值。具体的计算方法有和积法、平方根法和幂法,以和积法为例,步骤如下:

计算比较判断矩阵 A 中每一列要素的列和 S_j:

$$S_j = \sum_{i=1}^{n} a_{ij}, (j = 1, 2, \cdots, n) \tag{1}$$

将比较判断矩阵 A 的各个要素除以该要素所在列的和 S_j,得到一个归一化的矩阵 A_{norm},设 $A_{norm} = \{a_{nij}\}$,则有

$$a_{ij}^{n} = \frac{a_{ij}}{S_j} (i, j = 1, 2, \cdots, n) \tag{2}$$

计算新矩阵 A_{norm} 中每一行的均值 W_i,得到特征向量 W,它就是 A 矩阵中各要素的层次单排序权值:

$$W_i = \frac{\sum_{j=1}^{n} a_{ij}}{n} (i = 1, 2, \cdots, n) \tag{3}$$

计算比较判断矩阵的最大特征值 λ_{max},其中

$$\lambda_{max} = \sum_{i=1}^{n} \frac{(AW)_i}{nW_i} \tag{4}$$

④ 层次总排序。层次总排序的目的是计算同一层次所有要素对最高层(总目标)的相对重要性权值,其计算过程如下:

假设在递阶层次结构模型中,最高层为 A 层;第二层为 B 层,其层次单排序权值等于层次总排序权值,B 层有 m 个要素 B_1,B_2,$\cdots$,B_i,$\cdots$,B_m,B 层的下一层为 C 层,设 C 层有 n 个要素,它们关于 B 层中任一个要素 B_i 的层次单排序权值分别为:c_1^i,c_2^i,$\cdots$,c_j^i,$\cdots$,c_n^i,则 C 层中各要素对最高层的层次总排序权值为

$$c_j = \sum_{i=1}^{m} \frac{(AW)_i}{nW_i} b_i c_j^i, (j = 1,2,\cdots,n) \qquad (5)$$

如果 C 层下还有 D 层,D 层有 p 个要素 D_1,D_2,$\cdots$,D_i,$\cdots$,D_p,则由式(5)得 D 层的层次总排序权值为

$$d_j = \sum_{i=1}^{m} c_i d_j^i, (j = 1,2,\cdots,p) \qquad (6)$$

若 D 层下还有 E 层、F 层、$\cdots\cdots$,则用同法依次往下计算,最终可计算出最低层对于总目标的总排序权值,其中总排序权值最大的即为最优方案。

⑤ 一致性检验。为避免判断矩阵出现违背序数一致性、基数一致性的偏离错误,同时确定这两类错误是否可以接受,需对矩阵的一致性指标 CI、CR 进行检验:

$$CI = \frac{\lambda_{max} - n}{n - 1} \quad CR = \frac{CI}{RI} \qquad (7)$$

RI 为平均一致性指标,仅与比较判断矩阵的阶数有关。

当 $CR = 0$ 时,判断矩阵具有完全的一致性;反之,CR 越大,则判断矩阵的一致性越差。一般认为当 $CR < 0.1$ 时,认为判断矩阵的一致性可以接受;当 $CR > 0.1$ 时,需对判断矩阵进行修改。

⑥ 归一化。计算出各因素权重后,将各因素归一化后的实测值与权重运算得出煤基液体燃料不同发展规模的得分值,如公式(8)所示:

$$V = \sum_{i=1}^{n} \omega_i \times v_i \qquad (8)$$

式中,V 为综合得分;ω_i 为评价指标的权重;v_i 为指标归一化后的值;n 为指标个数。

3.2.3.3 多因素评价过程及控制

(1)技术路线

煤基液体燃料的多因素评价过程,主要分为以下 4 步。

① 建立层次模型。根据评价的特点选取评价方法,本研究中确定使用层次分析法进行多因素评价。通过查阅已有资料和实地调查研究确定评价因子,即影响煤基液体燃料发展规模的因素和子因素,结合层次分析法原理建立递阶层次模型,并采集各社会经济因素以及资源因素的数据,加以整理归纳。

② 确定各评价因子的权重。在建立层次模型的基础上,集合多位专家意见,将同体系中同层次的各因素进行两两比较,确定各因素的相对重要性,引入判断尺度将其量化,构造出判断矩阵,通过上文介绍的层次单排序、层次总排序、一致性检验等步骤,最后得出各因素在各自评价体系中的权重,此过程使用层次分析法软件 yaahp 来实现。

③ 数据处理及录入。将各因素的实测数据进行归一化处理后,与计算出的权重值一起录入 Excel 表格,进行公式链接(具体方法见本章 3.2.4 节)。

④ 评价的实现。本过程通过基于 ArcGIS 建立的人机交互系统实现。通过在查询窗口输入查询边界值,可以查询出满足条件的各地区和相应的资源数据,同时,查询出的地区在全国地理图上高亮显示;在规模窗口选择要进行计算分值的地区,并输入若干假设规模数据,通过层次分析模型运算,在分值窗口查看不同规模下整个评价体系的分值,并通过分值对比确定合适的规模边界值。煤基燃料的多因素评价过程如图 3 所示。

(2)功能介绍

煤基液体燃料多因素评价的工具包括数学工具、计算机辅助决策工具等。近年来趋向于建立包括数据库、模型库、知识库、方法库、文字库,以及对用户友好的人机界面的决策支持系统,以及能及时吸收各方面专家意见的专家系统。

煤基液体燃料多因素评价系统主要包括数据输入、存储、查询、处理、分析和信息显示几个部分。

① 查询功能。提供影响煤基液体燃料发展的可量化因素的数值查询(基础储量、剩余可采储量、煤基液体燃料可供煤资源量、水资源总量、供水总量、用水总量、煤基液体燃料可供水资源量)。用 VBA 语言连接 Excel 数据表,当输入查询条件后,调用数据表中的数据并在窗体上显示。

② 权重计算(层次分析法)。建立层次分析模型,利用层次分

析法原理,结合专家意见,并经过运算,得出各指标权重值更新到Excel中。

③ 分值计算并显示。地区及规模输入:在组合框中选择要评价的地区,并在规模文本框输入若干假设的发展规模(见图7)。

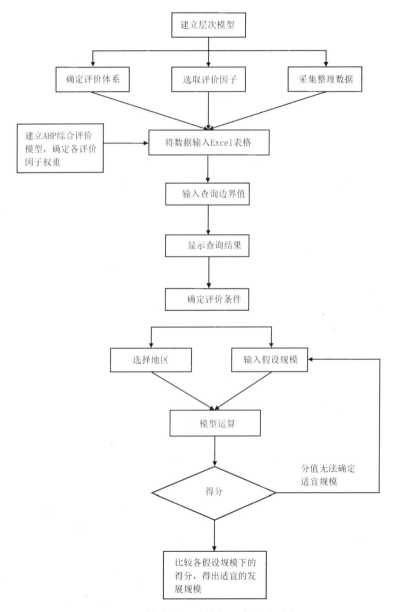

图 3　煤基液体燃料的多因素评价过程

输入的假设规模数据通过系统及时更新到数据表中,经过模型运算得出不同假设规模下,评价体系的综合得分,并显示出来

④ 分值比较,评价规模。将不同规模下的分值进行比较,当分值为正值时,表明多因素综合作用下发展该种规模的煤基液体燃料具有正面效应,正值越大,发展该种规模的煤基液体燃料越可行;当分值为负值时,表明该规模具有负面效应,即不适合发展,因此我们初步将 0 作为分值的边界值,认为综合得分为 0 的假设规模为一个地区发展煤基液体燃料的最大规模,即评价规模。

3.2.4　主要指标的意义及计算方法

由于影响煤基液体燃料发展规模的各因素,其下又包含多层因素且关系较为复杂,为了研究的准确性,我们将整个递阶层次模型看做由若干独立的递阶层次模型(石油安全度层次模型、煤炭资源供给能力层次模型、水资源供给能力层次模型、经济可行性层次模型等)组成,分别计算各子模型的综合得分值,此分值即为整个模型第二层指标(石油安全度、煤炭资源供给能力、水资源供给能力、经济可行性、环境因素、技术因素、政策因素、其他因素)的实测值,并与相应的权重运算求得整个体系的得分。指标意义及计算方法如下。

3.2.4.1　石油安全度的相关指标

(1)储采比(B):国内石油剩余可采储量与当年采出量(产量)之比。表达式为

$$B = R_s / R_c \tag{9}$$

式中,R_s 是指国内石油资源的剩余可采储量;R_c 是指国内当年采出量(产量)。基准值为石油取 30,数值越大越安全。

(2)储量替代率(T):指国内年新增探明可采储量与当年消耗可采储量的比值。表达式为

$$T = R_n / R_c \tag{10}$$

式中,R_n 为年新增探明可采储量;R_c 为当年消耗可采储量。基准值为 1,数值越大越安全。

(3)石油消费对外依存度(Y):指一国石油净进口量与国内消费量之比。表达式为

$$Y = (Q_i - Q_e) / Q_c \tag{11}$$

式中:Q_i 为石油进口量;Q_e 为石油出口量;Q_c 为国内石油消费量。以美国标准 30% 作为基准值,数值越小越安全。

（4）国际油价（P）：指国际原油价格的绝对数，以国际通行的参考报价地点某一时段的平均价格作为该时段的国际原油价格。按基准值37美元／桶计算，OPEC新标准，按2004年度美元计，油价在33～37美元／桶都是正常的。

（5）进口集中度（C）：用占石油进口来源前3位或前5位国家的进口量的和与总进口量之比来表示，分别称为3国集中度和5国集中度。表达式为

$$C = Q_s / Q_t \quad (12)$$

式中，Q_s为进口来源前3位或前5位国家的进口量的和；Q_t为国内石油进口量。1993年以来我国石油进口国前5位所占的份额最低为50.2%，故以50%为基准，数值越小越安全。

（6）石油储备水平：指一国国内石油储备量相当于上年日平均消费量的天数。以欧盟标准90天为基准，数值越大越安全。

3.2.4.2　煤炭资源供给能力的相关指标

（1）储量：为煤炭剩余可采储量，详见国土部《2007年全国矿产资源储量通报》。将储量大小分为若干等级，不同的大小赋予不同的隶属度。

（2）可采率（L）：

$$L = K / E \quad (13)$$

式中，K为已利用资源量中的可采储量；E为已利用资源储量。将可采率分为若干等级，按高低不同赋予不同的隶属度。

（3）生产成本（A）：

$$A = D / F \quad (14)$$

式中，D为历年累计煤炭行业固定资产投资和；F为历年煤炭产量和。归一化方法为（1－实测值／100）

（4）煤炭售价：为当地坑口煤炭的价格。囿于多种因素（包括地质构造因素、地理区位因素、人工成本因素等），不同地区的坑口煤炭价格不一，本文为了简化，暂以250元／t为标准。

（5）铁路运输、公路运输、水路运输：

$$G = H / I \quad (15)$$

式中，G为运输能力；H为当年货运量；I为当年运输线路长度。本文根据实际情况考虑，归一化方法为（实测值／10）。

（6）开采技术条件：参照13个大型煤炭基地开采技术条件，

评价各地区开采技术条件，将开采技术条件分为若干等级，不同难易程度赋予不同的隶属度。

（7）综合环境容量：参照13个大型煤炭基地综合环境容量，评价各地区综合环境容量，将综合环境容量分为若干不同等级，不同的容量大小赋予不同的隶属度。

（8）煤炭资源满足能力（J）：生产煤基液体燃料的可供煤与一定煤基液体燃料生产规模下的煤炭需求的能力匹配，表达式为

$$J = (M - N) / M \quad (16)$$

式中，M为可供煤，是剔除发电、建材、钢铁及其他工业外，化工工业最大可供煤量；N为煤基液体燃料生产的用煤需求，是在假设煤液化发展规模下的需煤量。当需煤量大于可供量时，该数值J为负值，表示负向反应，即不能发展此规模下的煤基液体燃料。

3.2.4.3　水资源供给能力的相关指标

（1）水资源满足能力（W）：生产煤基液体燃料的可供煤与一定煤基液体燃料生产规模下的煤炭需求的能力匹配，表达式为

$$W = (M - N) / M \quad (17)$$

式中，M为可供水资源，是剔除农业用水、生态用水、生活用水及其他工业外，化工工业最大可供水量；N为煤基液体燃料生产的用水需求，是在假设煤基液体燃料发展规模下的需水量。当需水量大于可供量时，该数值W为负值，表示负向反应，即不能发展此规模下的煤基液体燃料。

（2）水资源开采程度：为水资源总量与当年供水总量之差，反映水资源开采利用的程度和未来可供水潜力。按照现有水资源开采程度的不同，将水资源供给能力分为若干等级，不同等级赋予不同的隶属度。

3.2.4.4　经济可行性的相关指标

（1）规模：为假设的煤基液体燃料的发展规模。由于规模是负向指标，其归一化采用（规模／-10 000）的方法。

（2）油煤比价（U）：

$$U = P / Z \quad (18)$$

式中，P为国际油价；Z为参考国内柴油市场价格经成本换算对应的煤炭价格。通过计算此指标基准值为1.98，由于油煤热值

比为 1.98,当 U 大于 1.98 时煤液化(煤制油)就具备了与原油的竞争力,值越大竞争力越强。

3.2.4.5 其他相关指标

环境因素、技术因素、政策因素以及其他因素:由于其下层指标复杂并且难以量化,目前还没有具体的计算方法,有待进一步的研究。本研究采用分等定级的方法,根据多位专家意见对此类指标进行等级评定,不同等级赋予不同隶属度。

3.3 我国煤基液体燃料产业发展评价

3.3.1 单一因素评价我国煤基液体燃料发展前景

我国煤炭资源分布不均、水资源分布也不均,且煤炭资源与水资源分布不匹配。发展煤基液体燃料产业离不开水资源、煤炭资源、生态环境的制约。在某一地区,可能受煤炭资源的制约情况较为严重,如华东地区是煤炭资源匮乏的地区,发展煤基液体燃料本身就缺乏煤炭资源基础;而西北地区,其水资源相对不足,发展煤基液体燃料自然会受到制约,而西南地区相对富含水资源,因此水资源不会对西南地区发展煤基液体燃料形成制约。

考虑单一因素对发展煤基液体燃料的影响,主要是从不同的区域角度来看的。本文中单一因素,主要指煤炭资源、水资源的单一因素。

在分地区单一因素评价煤基液体燃料发展之前,我们按不同省份的水资源情况、煤炭资源、区域分布、交通运输情况等,作了简单的划分,划分为六大地区:新疆地区(包括新疆自治区)、三西地区(山西、陕西、蒙西)、东北地区(黑、吉、辽、蒙东)、冀鲁豫皖地区(河北、山东、河南、安徽)、西南地区(四川、重庆、贵州、云南)、西北地区(甘肃、宁夏)。这是综合考虑后人为的归类,在作预测和判断时,也可以不同归类。

限于篇幅,本文将评价过程、数据处理、解释等删节,仅作一些结论性的论述,具体的评价过程,请联系作者索取正式完全版报告。

(1)水资源单一因素评价结论

分析评价表明,各地区煤基液体燃料的可供水量在 2020 年前各地区均或多或少有水资源可供发展煤基液体燃料(若新疆仅

用地表水情况除外),到 2030 年,三西地区、冀鲁地区、西北(甘宁)地区均出现水资源缺额。各地区发展煤基液体燃料可供水量预测如表 2 所示。

煤基液体燃料不同的燃料吨产品耗水为 8~15 m^3,按照预测的未来各地区可用于发展煤基液体燃料的水资源量计算未来产量边界值,产量最小值 = 可用水量 / 吨产品耗水最大值,产量最大值 = 可用水量 / 吨产品耗水最小值,结果见表 3。

由于考虑到一个煤基液体燃料企业的运行年限,通常为 20~30 年或更长,因此可用水量不仅仅用 2010 年或 2020 年数据,我

表 2　各地区发展煤基液体燃料可供用水量预测
单位:亿 m^3

地区	2010 年	2020 年	2030 年	平均值
三西地区	7.4	2.6	−5.4	1.5
冀鲁地区	12.2	6.0	−3.1	5.0
豫皖地区	174.7	168.1	157.9	166.9
西南地区	1 118.5	1 109.9	1 098.0	1 108.8
东北地区	154.3	147.8	138.1	146.7
新疆地区	66.1	56.3	35.1	52.5
新疆地区(地表水)	8.1	−1.7	−22.9	−5.5
西北(甘宁)地区	3.4	1.5	−1.9	1.0

表 3　地区产量边界值(按未来平均可用水量数据)

地区	吨产品耗水 /(m^3/t)		可用水量 /万 m^3	产量 /万 t	
	最小值	最大值		最小值	最大值
三西地区	8	15	15 409	1 027	1 926
冀鲁地区	8	15	50 164	3 344	6 271
豫皖地区	8	15	1 669 133	111 276	208 642
西南地区	8	15	11 087 812	739 187	1 385 977
东北地区	8	15	1 467 481	97 832	183 435
新疆地区	8	15	524 975	34 998	65 622
新疆(地表水)			0	0	0
西北地区	8	15	9 825	655	1 228
全国	8	15	14 824 798	988 320	1 853 100

们可以简单地用 2010—2030 年的平均数据[①]。按照未来 2010 年、2020 年、2030 年预计用水量的平均值测算得,三西地区按照水资源量预计的产量边界值为 1 027 万~1 926 万 t/a;冀鲁地区为 3 344 万~6 271 万 t/a;豫皖地区为 111 276 万~208 642 万 t/a;西南地区为 739 187 万~1 385 977 万 t/a;东北地区为 97 832 万~183 435 万 t/a;新疆地区按水资源总量预计为 34 998 万~65 622 万 t/a,按开采地表水预计基本不可发展;西北地区(甘肃、宁夏)为 655 万~1 228 万 t/a。

可供水资源是整个化工行业用水的可供水资源,若考虑到煤基液体燃料用水又是化工行业用水的一部分,那么,可供三西地区发展煤基液体燃料的规模将更小。三西地区发展煤基液体燃料从水资源上来看,必然低于 1 000 万~2 000 万 t/a 规模。

而对于如豫皖地区,从水资源上来说煤基液体燃料发展最大规模为 11.1 亿~20.9 亿 t/a,这仅表明水资源不是这个地区发展煤基液体燃料的限制性因素。同理,西南地区、东北地区、新疆地区也是如此,但新疆地区如果不考虑使用地下水资源,则新疆地区从水资源上来看,基本上无发展煤基液体燃料的空间。

同样,预测 2030 年可供水量为正值的其他地区,其发展煤基液体燃料的规模依赖于 2030 年可供水量的多少。由表 4 可知,三西地区、冀鲁地区、西北(甘宁)地区和新疆地区(不利用地下水)由于未来(2030 年)水资源无可供能力,不能发展煤基液体燃料,而豫皖地区、西南地区、东北地区在水资源方面却没有发展的制约。

评价分析表明,部分地区水资源对煤基液体燃料的发展起着很大的限制作用,尤其是在三西地区、冀鲁地区和西北地区。按目前预测,到 2030 年可用于发展煤基液体燃料的水资源量已为负值(见表 2),即水资源严重不足,而煤基液体燃料项目的运行周期至少为 30 年,故不建议在此类地区发展煤基液体燃料,若要发展其规模也应有所限制,或提前建设储蓄水设施,或未来依靠外地调运水,这又涉及投资成本,需要用多因素来评价。

表 4　地区产量边界值(按 2030 年可用数据)

地区	吨产品耗水/m³		可用水量/亿 m³	产量/亿 t	
	最小值	最大值		最小值	最大值
三西地区	8	15	0	0	0
冀鲁地区	8	15	0	0	0
豫皖地区	8	15	157.9	10.5	19.7
西南地区	8	15	1 098	73.2	137.3
东北地区	8	15	138.1	9.2	17.3
新疆地区	8	15	35.1	2.3	4.4
新疆地区(地表水)	8	15	0	0	0
西北(甘宁)地区	8	15	0	0	0

对于水资源量充足的豫皖地区、西南地区、东北地区,水资源对于煤基液体燃料的发展没有限制。若按水资源总量预测,新疆地区水资源量较为充足,对发展煤基液体燃料基本不构成威胁,但是由于新疆地区独特的地质地理条件,过度开采地下水容易造成不可逆转的生态环境问题,因此若单从利用地表水资源量预测,未来用于发展煤基液体燃料的水资源严重不足,没有发展空间。

(2)煤炭资源单一因素评价结论

按煤炭资源单一因素预测,测算三西地区发展煤基液体燃料规模为 1 351 万~4 054 万 t/a;冀鲁豫皖地区为 170 万~511 万 t/a;西南地区为 189 万~568 万 t/a;东北地区为 51 万~153 万 t/a;新疆地区不考虑未探明储量为 57 万~171 万 t/a;新疆地区若考虑未探明储量为 910 万~2 731 万 t/a;西北地区为 68 万~204 万 t/a;全国加总(不考虑新疆未探明储量)为 1 886 万~5 660 万 t/a。

结果表明,不同地区煤炭资源对煤基液体燃料的发展起着决定性的限制作用(见表 5)。对于煤炭资源最丰富的三西地区未来

---

① 以三西地区为例,2010 年可供煤基液体燃料用水 7.4 亿 m³,2020 年为 2.6 亿 m³,而 2030 年为负值,即没有可供煤基液体燃料发展的水资源。若按煤基液体燃料企业运行 20~30 年时间,考虑到 2030 年没有水资源可发展煤基液体燃料,则倒推三西地区在当前或 2010 年由于水资源因素,不应该发展煤基液体燃料。也就是说,一旦各地区煤基液体燃料预测 2030 年可供水为负值时,本地区在当前即不可发展煤基液体燃料,除非在未来靠外地供水,但这又增加了生产的成本,影响到煤基液体燃料产品的经济性。因此,本处以 2010 年、2020 年和 2030 年的平均值来平衡考虑,这也意味着,以平均可供水量计算出的煤基液体发展,需要在 2010 年就应该建设储蓄水设施,以备 2030 年时缺水,这也同样增加成本,影响到经济性。

表 5　各地区煤基液体燃料发展规模

地区	吨产品耗煤 / t		可用煤量 / 万 t	产量 / 万 t	
	最小值	最大值		最小值	最大值
三西地区	3.0	9.0	12 162	1 351	4 054
冀鲁豫皖地区	3.0	9.0	1 534	170	511
西南地区	3.0	9.0	1 703	189	568
东北地区	3.0	9.0	458	51	153
新疆地区	3.0	9.0	512	57	171
新疆地区(考虑未探明储量)	3.0	9.0	8 192	910	2 731
西北地区	3.0	9.0	612	68	204
全国(考虑新疆未探明储量)	3.0	9.0	24 661	2 739	8 220
全国(不含新疆未探明储量)	3.0	9.0	16 981	1 886	5 660

注:产量最小值 = 可用煤量 / 吨产品耗煤最大值,产量最大值 = 可用煤量 / 吨产品耗煤最小值。

发展煤基液体燃料规模可达 4 000 万 t / a,新疆地区考虑未探明可采储量发展规模不宜超过 2 800 万 t / a。同样,冀鲁豫皖地区未来发展煤基液体燃料规模不宜超过 510 万 t / a,西南地区未来发展煤基液体燃料规模不宜超过 570 万 t / a,东北地区未来发展煤基液体燃料规模不宜超过 150 万 t / a。

按照煤炭资源单因素限制下,我国未来发展煤基液体燃料最大规模以 2 700 ~ 8 200 万 t / a 为宜,若不考虑新疆未探明的煤炭资源,从煤炭资源单一因素来看,我国发展煤基液体燃料产业的最大规模不宜超过 1 900 万 ~ 5 700 万 t。

3.3.2 多因素评价我国煤基液体燃料发展预期及结论

本研究选用层次分析模型对我国煤基液体燃料的发展进行综合评价,将影响煤基液体燃料的各因素建立递阶层次模型(见图 1),并将模型第二层指标作为独立的小的层次模型的目标层进行分别运算求得各小层次模型的得分,将此得分作为整个模型的实测值再次运算得出整个层次模型的综合得分。对于不同的假设规模重复以上步骤,可将不同假设规模下的得分进行比较,从而得出多因素下煤基液体燃料合适的发展规模,本研究选定的区域为三西地区、冀鲁豫皖地区、西南地区、东北地区、新疆地区以及西北地区。

通过对"石油安全度评价子体系""煤炭资源供给能力评价子体系""水资源供给能力评价子体系""经济可行性评价子体系""其他因素评价子体系"等各子评价体系的分值与相应权重运算得出整个评价体系的分值,并按地区分别计算,由于各地区的限制性因素不同(煤炭资源条件或水资源条件或环境因素),故各地区的个别因素权重有所不同(限制性因素权重值略高)。各地区多因素综合评价结果见表 6。

可以看出,规模 2 800 万 t / a 为三西地区发展煤基液体燃料的临界值,当规模 > 2 800 万 t / a 时,分值为负,各因素综合作用的结果对煤基液体燃料的发展有严重的限制作用。

规模 2 000 万 t / a 为冀鲁豫皖地区发展煤基液体燃料的临界值,当规模 > 2 000 万 t / a 时,对煤基液体燃料发展具有严重的限制作用。

规模 2 150 万 t / a 为西南地区发展煤基液体燃料的临界值,当规模 > 2 150 万 t / a 时,对煤基液体燃料发展具有严重的限制作用。

规模 790 万 t / a 为东北地区发展煤基液体燃料的临界值,当规模 > 827 万 t / a 时,对煤基液体燃料发展具有严重的限制作用。

一般情况下(同其他地区,不考虑未探明可采储量,考虑交通,按水资源总量),规模 725 万 t / a 为新疆地区发展煤基液体燃料的临界值,当规模 > 725 万 t / a 时,对煤基液体燃料发展具有严重的限制作用。

在不考虑运输条件,并将未探明可采储量计入可采储量,只利用地表水的情况下(特殊情况 1),规模 1 500 万 t / a 为新疆地区发展煤基液体燃料的临界值,当规模 > 1 500 万 t / a 时,对煤基液体燃料发展具有严重的限制作用。

可在考虑运输条件,不考虑未探明可采储量,并且只利用地表水的情况下(特殊情况 2),规模 330 万 t / a 为新疆地区发展煤基液体燃料的临界值,当规模 > 330 万 t / a 时,对煤基液体燃料发展具有严重的限制作用。

规模 550 万 t / a 为西北地区发展煤基液体燃料的临界值,当规模 > 550 万 t / a 时,对煤基液体燃料发展具有严重的限制作用。

3.4 结论

本文主要从以下几方面得出一些认识:

(1)本文初步建立了评价我国煤基液体燃料发展的指标体

表6 各地区多因素综合评价体系得分

地区	规模/(万t/a)	石油安全度		煤炭资源供给能力		水资源供给能力		经济可行性		环境因素		技术因素		环境因素		总分
		得分	权重	得分	权重	得分	权重	得分	权重	得分	权重	得分	权重	得分	权重	
三西	200	0.62	0.05	0.69	0.3	0.38	0.4	0.53	0.05	0.2	0.1	0.5	0.05	0.5	0.05	0.49
	2 800	0.62	0.05	0.47	0.3	−0.66	0.4	0.5	0.05	0.2	0.1	0.5	0.05	0.5	0.05	0
	3 000	0.62	0.05	0.45	0.3	−0.74	0.4	0.5	0.05	0.2	0.1	0.5	0.05	0.5	0.05	−0.03
	6 000	0.62	0.05	0.2	0.3	−1.94	0.4	0.47	0.05	0.2	0.1	0.5	0.05	0.5	0.05	−0.59
冀鲁	200	0.62	0.05	0.45	0.45	0.639 6	0.3	0.53	0.05	0.6	0.05	0.5	0.05	0.5	0.05	0.53
	2 000	0.62	0.05	−0.74	0.45	0.635 6	0.3	0.51	0.05	0.6	0.05	0.5	0.05	0.5	0.05	0
	3 000	0.62	0.05	−1.4	0.45	0.633 4	0.3	0.5	0.05	0.6	0.05	0.5	0.05	0.5	0.05	−0.3
	6 000	0.62	0.05	−3.38	0.45	0.626 8	0.3	0.47	0.05	0.6	0.05	0.5	0.05	0.5	0.05	−1.2
西南	200	0.62	0.05	0.54	0.55	0.999 9	0.2	0.53	0.05	0.8	0.05	0.5	0.05	0.5	0.05	0.64
	2 150	0.62	0.05	−0.62	0.55	0.998 8	0.2	0.51	0.05	0.8	0.05	0.5	0.05	0.5	0.05	0
	3 000	0.62	0.05	−1.13	0.55	0.998 4	0.2	0.5	0.05	0.8	0.05	0.5	0.05	0.5	0.05	−0.28
	6 000	0.62	0.05	−2.91	0.55	0.996 8	0.2	0.47	0.05	0.8	0.05	0.5	0.05	0.5	0.05	−1.26
东北	200	0.62	0.05	0.05	0.3	0.759 2	0.3	0.53	0.05	0.2	0.2	0.5	0.05	0.5	0.05	0.39
	790	0.62	0.05	−1.26	0.3	0.756 8	0.3	0.52	0.05	0.2	0.2	0.5	0.05	0.5	0.05	0
	1 000	0.62	0.05	−1.72	0.3	0.755 9	0.3	0.52	0.05	0.2	0.2	0.5	0.05	0.5	0.05	−0.14
	6 000	0.62	0.05	−12.77	0.3	0.735 5	0.3	0.47	0.05	0.2	0.2	0.5	0.05	0.5	0.05	−3.47
新疆	200	0.62	0.05	0.18	0.4	0.64	0.3	0.53	0.05	0.4	0.1	0.5	0.05	0.5	0.05	0.41
	725	0.62	0.05	−0.85	0.4	0.63	0.3	0.52	0.05	0.4	0.1	0.5	0.05	0.5	0.05	0
	1 000	0.62	0.05	−1.4	0.4	0.63	0.3	0.52	0.05	0.4	0.1	0.5	0.05	0.5	0.05	−0.22
	6 000	0.62	0.05	−11.29	0.4	0.57	0.3	0.47	0.05	0.4	0.1	0.5	0.05	0.5	0.05	−4.2
新1	200	0.62	0.05	0.69	0.2	−0.39	0.5	0.53	0.05	0.4	0.1	0.5	0.05	0.5	0.05	0.09
	1 500	0.62	0.05	0.48	0.2	−0.48	0.5	0.51	0.05	0.4	0.1	0.5	0.05	0.5	0.05	0
	2 000	0.62	0.05	0.4	0.2	−0.59	0.5	0.51	0.05	0.4	0.1	0.5	0.05	0.5	0.05	−0.07
	6 000	0.62	0.05	−0.26	0.2	−1.02	0.5	0.47	0.05	0.4	0.1	0.5	0.05	0.5	0.05	−0.42
新2	330	0.62	0.05	−0.07	0.4	−0.392	0.3	0.53	0.05	0.4	0.1	0.5	0.05	0.5	0.05	0
	725	0.62	0.05	−0.85	0.4	−0.449	0.3	0.52	0.05	0.4	0.1	0.5	0.05	0.5	0.05	−0.33
	6 000	0.62	0.05	−11.28	0.4	−1.025	0.3	0.47	0.05	0.4	0.1	0.5	0.05	0.5	0.05	−4.68
西北	200	0.62	0.05	0.28	0.4	0.04	0.3	0.53	0.05	0.6	0.1	0.5	0.05	0.5	0.05	0.29
	550	0.62	0.05	−0.3	0.4	−0.17	0.3	0.52	0.05	0.6	0.1	0.5	0.05	0.5	0.05	0
	1 000	0.62	0.05	−1.05	0.4	−0.44	0.3	0.52	0.05	0.6	0.1	0.5	0.05	0.5	0.05	−0.38
	6 000	0.62	0.05	−9.32	0.4	−3.44	0.3	0.47	0.05	0.6	0.1	0.5	0.05	0.5	0.05	−4.60

注:新1为新疆地区特殊情况1;新2为特殊情况2(上文中已说明)。

系,较系统地阐述了影响煤基液体燃料发展的各种因素(包括石油安全因素、水资源因素、煤炭资源因素、环境因素、经济因素、技术因素、政策因素及其他因素等),并对这些因素进行归类和评判。

(2)初步构建了一套我国煤基液体燃料发展评价的多因素评价方法。初步建立了评价方法指标体系的层次框架,建立了多因素评价过程和实现途径,并对一些指标进行计算方法的诠释和理解。

(3)通过单一的水资源因素,评价了我国六大地区未来的煤基液体燃料发展规模和程度。

结果表明:①对水资源量较充足的豫皖地区、西南地区和东北地区,水资源不构成煤基液体燃料发展障碍;②受水资源制约,西北地区(甘宁)、三西地区(山西、陕西和蒙西)、冀鲁地区未来(2030年)没有可供煤基液体燃料发展的水资源,因此这些地区发展空间为0,新疆地区若不考虑使用地下水,发展煤基液体燃料的空间也为0;③如果考虑到提前建设足够储蓄水设施,或未来(2030年)依靠外地调运水,西北地区煤基液体燃料发展规模不宜超过650万t/a(2030年需向外地调运水1亿t),三西地区发展规模不宜超过1 000万t/a(2030年需向外地调运水1.5亿t),冀鲁地区的发展规模也不宜超过3 300万t/a(2030年需向外地调运水5亿t)。对于新疆如果利用地下水,则水资源不是该地区发展煤基液体燃料的制约因素。

就全国范围来讲,如果单从水资源考虑,不考虑水资源调配的成本及其他因素,则水资源总体上不构成发展煤基液体燃料的制约因素。

(4)通过单一的煤炭资源因素,评价了我国六大地区及全国未来的煤基液体燃料发展规模和程度。

结果表明:对煤炭资源最丰富的三西地区未来发展煤基液体燃料规模不宜超过4 000万t/a;新疆地区考虑未探明可采储量发展规模不宜超过2 800万t/a,如果不考虑未探明的可采储量,则新疆地区发展规模不宜超过170万t/a;冀鲁豫皖地区未来发展煤基液体燃料规模不宜超过510万t/a;西南地区未来发展煤基液体燃料规模不宜超过570万t/a;东北地区未来发展煤基液体燃料规模不宜超过150万t/a。

从全国范围来看,在煤炭资源单因素限制下,若考虑新疆未探明的煤炭资源,我国未来发展煤基液体燃料最大规模以2 700万~8 200万t/a为宜,若不考虑新疆未探明的煤炭资源,从煤炭资源单一因素来看,我国发展煤基液体燃料产业的最大规模不宜超过1 900万~5 700万t。

(5)综合多因素方法,初步评价了我国六大地区煤基液体燃料的发展规模。

结果表明:三西地区的发展最大规模为2 800万t/a;冀鲁豫皖地区的发展最大规模为2 000万t/a;西南地区的发展最大规模为2 150万t/a;东北地区的发展最大规模为790万t/a;新疆地区的发展最大规模为725万t/a;西北地区的发展最大规模为550万t/a。由于分地区的综合评价系统中,已经考虑到全国范围内在不同地区的水资源、煤炭资源的调配,交通运输贯通等因素,因此,全国范围内的综合评价不能以各地区的综合评价结果直接相加。我们可以用各地区综合评价结果之和表示全国范围内的综合评价结果,但这会有一些细微差别。

如果考虑到不同地区的水资源为单一票否决因素,计算时其权重为1,其他因素权重为0,则综合多因素结果为三西地区、冀鲁地区和西北地区(甘宁)的煤基液体燃料发展空间为0,东北地区发展的最大规模仍为790万t/a,新疆地区的发展最大规模为725万t/a,西南地区的发展最大规模为2 150万t/a,全国范围发展最大规模不足3 700万t/a。

参考文献

[1] 陈汝栋,于延荣.数学模型与数学建模[M].北京:国防工业出版社,2005:137-140.

[2] 唐焕文,贺明峰.数学模型引论[M].北京:高等教育出版社,2005:147-155.

[3] 何贤杰,盛昌明,刘增洁,等.石油安全评价指标体系的初步研究[M].北京:地质出版社,2006:24-30.

[4] 解玉梅.煤制油产业技术现状及发展要素条件分析[J].化学工业,2009,27(1-2):23-30.

节能潜力分析方法研究及"十二五"节能潜力初探

熊华文

1 获奖情况

本课题获得 2010 年度国家发展和改革委员会宏观经济研究院基本科研业务费专项课题优秀研究成果三等奖。

2 本课题的意义

本研究在整理、总结和评价前人关于节能潜力分析方法的基础上,根据当前形势的要求,提出了基于单位 GDP 能耗为分析对象的节能潜力分析方法体系。按照本研究提出的方法体系,对"十一五"实现节能量的构成和来源进行了实证性分析。针对"十二五"节能目标和潜力相关问题,采用从部门技术分析开始自下而上地按照趋势照常情景(BAU)条件测算各领域的节能潜力,得到"十二五"期间在延续当前发展态势的基本假定下,单位 GDP 能耗可以降低 13%左右的重要结论,并给出了实现更高节能目标的关键政策选择。此外,还编制了节能潜力分析计算通用模型软件。

3 本课题简要报告

3.1 研究背景和要回答的主要问题

3.1.1 问题的提出

有关节能量和节能潜力的计算方法在节能理论研究领域不是一个新课题,自 20 世纪 80 年代以来,已有很多关于这方面的论述和文章。时至今日,为什么还要选择这一"老生常谈"的议题进行研究呢?主要是基于以下两个方面的考虑:

(1)原有的计算方法未形成完整体系,假设条件和比较基准

各不相同

过去开展的有关节能量和节能潜力的研究,大多是从局部领域和技术层面出发,分析一个特定对象的节能潜力。如工业领域某一项技术的节能潜力,某项产品在未来一段时间内的节能潜力;建筑领域实施节能技术改造后的节能潜力或实施某项强制性节能标准后的节能潜力等。根据分析对象的不同,计算节能潜力的基础指标也不相同。如工业部门的技术节能潜力多以产品产量、单位产品(工序)能耗等作为基础指标;而建筑部门多以建筑面积、能源服务水平、单位建筑面积能耗或用能产品单位工作量能耗等作为基础指标;而交通部门则以客货运周转量、行驶里程、单位服务量能耗、单位行驶里程能耗等作为基础指标。简言之,不同领域针对特定对象的节能潜力计算指标充分考虑了本领域的特点,多采用技术性指标和物理量指标,侧重研究本领域范围内的节能潜力问题。

同时,因为研究对象和研究目的的不同,这些分析方法的主要假设条件和基准线也不尽相同。如工业部门计算某种产品的节能潜力,基准线一般设定为当前的能效水平,如要计算理论上存在的最大节能潜力,则比较对象就是该产品理论上能够达到的最高能效水平;如要计算有可能实现的最大节能潜力,则比较对象就是该产品目前的世界先进能效水平;如要计算具有现实可行性、通过技术管理等手段可以挖掘的节能潜力,则比较对象就是该产品在一定假设条件下能够达到的能效水平。在建筑部门计算节能潜力时,比较对象一般是按强制性标准新建建筑物或改造后

建筑物可能达到的能效水平，而基准线则根据不同目的有所不同：如要评估强制性标准的作用，则基准线为旧标准规定的能效水平；若评估节能措施实际产生的节能效果，则基准线为当前同类建筑的平均能效水平。

概括起来，原有的节能潜力计算方法主要呈现以下几个方面的特点：一是针对特定领域特定对象，大多是"就事论事"式地对方法予以规定，彼此间缺乏相互联系，没有进行系统考虑，难以形成完整体系；二是各种方法的假设条件、基准线设定、考虑问题的出发点等不统一，计算出的节能潜力内涵各异，难以进行在同一层次和基点上的比较和分析。

（2）新形势对各种节能潜力分析方法提出了新的整合要求

原有的节能潜力计算方法运用于特定领域说明特定的问题，只要界定清楚、内涵明确，是可以被理解和接受的，多年来也一直沿用这些方法。但"十一五"期间国家提出了"单位 GDP 能耗下降率"这一宏观节能目标，并分地区和企业进行了分解，实行严格的目标责任考核；"十二五"乃至更长一段时间，这一措施仍将延续和贯彻下去。如何实现单位 GDP 能耗下降目标，实现目标的节能潜力在哪里，各领域对宏观目标是如何产生影响和作用的，回答这些问题对原有的节能潜力计算方法提出了新的要求，主要体现在：

1）节能潜力计算方法必须以"单位 GDP 能耗"为统一分析目标：相比以前各种计算方法只针对本领域的特定对象和特定目标，在"单位 GDP 能耗下降率"这一宏观目标下，各领域的计算方法必须为分解和实现单位 GDP 能耗下降目标服务，必须着眼于单位 GDP 能耗的构成、单位 GDP 能耗下降的影响因素等进行分析，必须体现单位 GDP 能耗逐层分解的要求；各种节能潜力计算方法必须边界清楚、覆盖全面、假设一致、互相关联并形成一个完整体系，对单位 GDP 能耗所涉及的各方面进行分析和说明，以满足研究单位 GDP 能耗下降目标实现途径和重点的需要。

2）节能潜力计算方法必须有明确、统一的内涵和基准线：在"单位 GDP 能耗"这一框架下，所有计算方法的基准线不能按原有的分析目的进行随意设定，而必须按照单位 GDP 能耗自上而下进行数学分解的要求，统一规定计算方法的内涵，统一设定在物理意义上可解释、在数学意义上可计算的基准线。只有通过有一致基准线和比较基点的方法计算出来的节能潜力才是基于相

同内涵和物理意义，可以在同一框架下进行比较和加总的节能潜力，才能通过这种潜力分析来研究实现单位 GDP 能耗的途径和重点之所在。

3）节能潜力计算方法必须实现由"物理量"向"价值量"的转变：以往的节能潜力计算方法多着眼于技术层面和微观层面，基础指标是基于物理量的，如吨、米²等。而单位 GDP 能耗下降目标是基于价值量的，其自上而下进行分解和分析也是基于价值量。利用传统的节能潜力计算方法分析单位 GDP 能耗，必须实现"物理量"与"价值量"间的关联，必须建立物理量计算的节能潜力与价值量计算的节能潜力的转换关系，使单位 GDP 能耗的分析能够从微观节能潜力和技术节能潜力入手，实现自下而上、基础充实的全面分析。

综上所述，本研究即是要对已有的节能潜力分析方法进行修正和整合，提出一套基于单位 GDP 能耗下降目标、完整的节能潜力计算方法体系。

3.1.2 本研究要回答的主要问题

基于上述研究背景，本研究将以单位 GDP 能耗下降目标下的潜力分布为出发点，在综合评价现有各种节能潜力计算方法特点的基础上，根据单位 GDP 能耗多因素、多层次分解的要求，提出一套科学完整、具有一致内涵和假设条件的节能潜力计算方法体系。本研究的主要内容和需要回答的主要问题包括：

1）提出单位 GDP 能耗自上而下进行数学分解的方法：从单位 GDP 能耗的计算公式和基本内涵出发，给出不同层次对单位 GDP 能耗进行分解的方法，明确单位 GDP 能耗的主要影响因素，以及这些因素是如何对单位 GDP 能耗这一宏观目标产生影响的，如何计算和度量这些影响。

2）给出单位 GDP 能耗下降目标框架下节能潜力计算方法体系：以单位 GDP 能耗数学分解方法为基础，结合当前节能管理体制要求，给出实现单位 GDP 能耗下降目标的各种途径（如结构节能、技术节能、工业部门节能、交通部门节能、建筑节能等）及其节能潜力的计算方法，统一和明确各类型节能潜力的基本内涵、覆盖范围、基准线设定等。

3）给出计算各类型节能潜力所需关键参数的确定方法：根据给出的节能潜力计算公式，就其中关键参数的获取来源、修正方

法、预测依据、校核标准等一系列确定方法进行说明,为读者使用这些方法进行实际分析和测算提供参考基础。

4)利用上述方法对"十一五"节能实际成效进行实证分析:分析的主要内容包括:完成"十一五"节能目标的节能量主要来源是哪里? 结构节能和技术节能分别对目标的完成作出了多大贡献? 工业、建筑、交通等部门对目标完成的贡献度分别是多少? "十一五"节能目标完成的关键因素和主导因素是什么? 等等。

5)利用上述方法对"十二五"节能目标、潜力和途径进行初步研究:需要回答的问题包括:"十二五"节能潜力主要分布在哪些重点领域,各领域的作用和贡献如何? 节能潜力分析的结果能够支撑国家制定什么样的合理的节能目标? 实现节能目标需要满足哪些前提条件,需要哪些政策和制度保障?

6)编制节能潜力分析计算通用模型工具:针对各行业、各地区在"十二五"期间将全面开展本行业/地区节能潜力测算工作的实际需求,为进一步推广本研究提出的节能潜力分析方法体系,使该研究发挥最大社会效益,课题组还编制了节能潜力分析计算通用模型工具,供有需要者免费使用。

3.1.3　研究方法和技术路线

（1）研究方法

针对本研究的主要内容和需要回答的问题,课题组采用了如下几种研究方法:

1)综述和评价原有的计算方法:本研究并没有摒弃原有的节能潜力计算方法而另建立一套全新的方法体系,而是在对原有节能潜力分析方法进行收集整理、总结和综述的基础上,评价原有的方法中哪些可以直接纳入"单位 GDP 能耗"框架下,哪些则需要对边界条件、内涵界定、基准线等进行修正,然后运用到本研究的方法体系中去。

2)整合和修正原有方法形成新的方法体系:在对原有的计算方法进行综述和评价的基础上,根据单位 GDP 能耗下降目标框架下节能潜力测算的要求,对不同类型、不同领域的节能潜力计算方法的边界、内涵、基准线等从物理意义和数学意义上进行统一规定。遵照这些要求和规定,对原有的适用方法进行修正或补充,最后整合形成新的满足单位 GDP 能耗下降目标框架下测算节能潜力的方法体系。

3)计算方法的公式化表达:对各种节能潜力计算方法的表达,不仅要进行定性描述,指出适用范围、运用领域、基本假设等一系列适用条件,还要给出明确的公式化表达,规定所需的参数及其意义,便于使用者在实践中运用这些方法进行实际测算。

4)计算方法的模型化和工具化:单位 GDP 能耗下降目标框架下的节能潜力测算方法体系比较复杂,涉及很多参数以及技术细节上的规定。使用者如果从头对这套方法进行掌握然后进行应用的话,将耗费大量时间。本研究为了方便使用者,对所有计算方法编制了数学计算模型,内嵌了参数输入、定量计算、结果校核和表达等一系列功能模块,使用者只需按要求输入相关数据,省去了复杂的中间环节,即可得到相应的节能潜力测算结果。

5)实证分析和案例分析:为验证和实际运用本研究提出的方法体系,本研究选取已经过去的"十一五"时期,利用这套方法体系对该阶段节能量来源、各部门贡献程度等诸多值得关心的问题进行了实证分析。同时,选取了"十二五"节能目标的设定及节能潜力分布等问题作为本方法体系案例研究的对象,实际运行这套方法对"十二五"期间值得关注的问题进行了定量测算和回答。实证分析和案例分析方法的运用对本研究提出的方法体系的可用性和解决实践问题的工具价值予以了很好的说明。

（2）研究的技术路线

根据本研究的主要内容及推进这项研究所采用的主要方法,特制定本研究的技术路线如图 1 所示。

3.2　节能潜力分析方法体系

所谓节能潜力分析方法体系,是指以分析单位 GDP 能耗变化的影响因素以及实现单位 GDP 能耗下降目标的潜力分布、途径等为目的,由框架构成、一些需要阐明的重要概念,以及各领域、各层次不同节能潜力的计算方法等要素构成的一个有机整体。通过这套方法体系,人们就可以比较清楚地了解如下几个问题:什么是单位 GDP 能耗,是如何构成的?单位 GDP 能耗受哪些因素影响,又是如何影响的? 实现单位 GDP 能耗下降目标的潜力在哪里,途径是什么,各部分的贡献是什么? 等等。

3.2.1　体系框架

单位 GDP 能耗的基本内涵包括两个方面,一是能源消耗,二

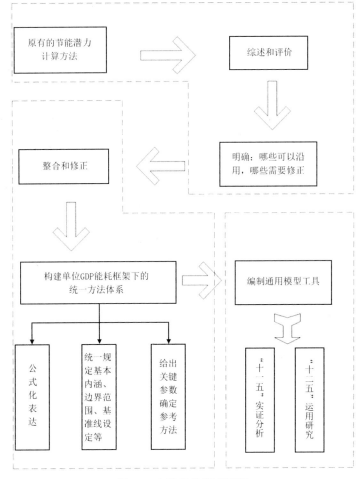

图1　本研究的技术路线

是经济产出。同时，它又是一个宏观的、综合的概念，是诸多因素综合作用后的一个结果性指标。对单位 GDP 能耗进行分析，需要对多影响因素进行分解；同时也要以分析目标为导向，进行自上而下的逐层次分解，分解到可以实施政策影响、能够具体量化的领域。

　　节能潜力分析框架的构建应该遵循上述原则。所有的影响因素可以归结为两大类，一是结构因素，即是由于各组成部分在经济产出比重上发生变化而产生的影响；二是广义的技术因素，即因各组成部分自身能源强度发生变化而产生的影响。在按照经济系统层级构建方式对 GDP 能耗进行逐层分解过程中，每个层次均会存在结构因素影响和技术因素影响；但在不同层次，结构因

素和技术因素的内涵却是大不相同。

　　基于此，对单位 GDP 能耗影响因素进行逐层分解的框架构成如图 2 所示。需要指出的是，节能潜力分析也是按照单位 GDP 能耗影响因素的主线进行的，该框架也是节能潜力分析方法体系的框架。

　　上述框架是按照经济系统的构成方式进行分解的。在实践中，

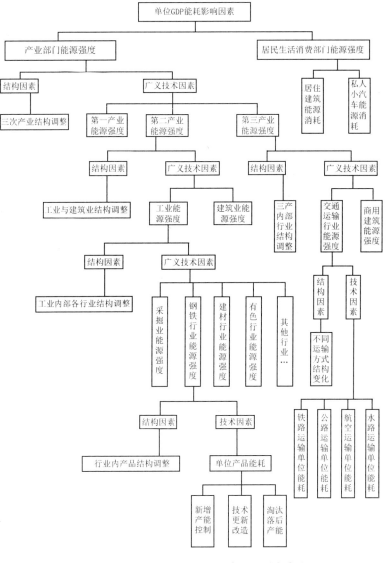

图2　单位 GDP 能耗影响因素逐层分解框架

从节能管理体系和专业化分工的角度，一般在上述分解方式的基础上进行适当调整，将第三产业和居民生活消费部门整合成交通运输领域和建筑用能领域，对应于相应的政府管理部门，形成比较明确的工业、建筑和交通三大重点领域。具体如图3所示。

3.2.2　几个基本概念

（1）结构节能与技术节能

一个经济系统或者分析对象（可以是国民经济整体，也可以是第一产业或第二、第三产业，也可以是第二产业内的某一行业等）是由若干子行业、子系统构成的，影响这一对象单位增加值能耗的因素可归纳为两方面：一是各子行业、子系统增加值在分析对象增加值中的构成状况，即所谓的结构因素；二是各子行业、子系统的部门能源强度（部门单位增加值能耗），即所谓的广义技术或效率因素。

结构节能量是指在某一划分层次上由于各子系统（行业或产品等）比重变化而形成的节能量；广义的效率（技术）节能量是指在相同的行业／部门划分层次上由于各子系统能源强度（单位增加值能耗或单位产品能耗等）变化所形成的节能量。

应该看到，结构节能和广义效率（技术）节能的界定是相对的，同系统划分的层次密切相关；在不同的经济系统划分层次下，结构因素和广义效率（技术）因素所包含的内容是不同的。从图2和图3所示的影响因素框架图上可以清楚地看到这一点。

根据不同的分析目的，对国民经济系统的层次划分按从细到粗可分为三种方式：产品层次、行业层次、产业层次。在产品层次上，可将国民经济系统细分至若干产品子系统，在此层次上结构因素包含了产业结构、行业结构、产品结构等多层次结构的影响，效率因素则仅指由于产品单耗变化的影响。在行业层次上，则可将国民经济系统分为若干个行业，在该情形下结构因素包含了产业结构、行业结构的影响，而效率因素则不仅仅指由于产品单耗变化的影响，行业内部产品结构调整的影响也归入其中。在产业层次上，根据统计工作的实际，可将国民经济系统粗略地分为一、二、三次产业，此时结构因素仅包含了三次产业结构变动的影响，而其他因素都归结为广义的效率因素。

因此，对各类关于结构和效率（技术）因素对单位GDP能耗、系统节能的影响和作用的分析结果进行比较，应基于一定的国民经济系统划分层次；分析结果对节能决策的支持作用也只有考虑相应的划分层次才有意义。

（2）基准线的确定

分析单位GDP能耗下降目标是基于基年的单位GDP能耗水平而言的，在这里，基年的单位GDP能耗水平就是基准线。而在单位GDP能耗框架下计算各种节能潜力及其对完成节能目标的贡献，其基准线是某一分析对象在保持基年能效水平的条件下完

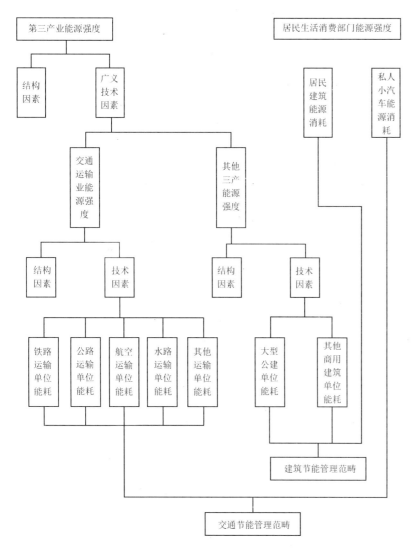

图3　按节能管理体系整合的交通节能内涵和建筑节能内涵

成相应活动水平的能源消耗(即我们通常所说的冻结情景)。虽然由于节能潜力计算的对象不同，基准线的具体意义有所不同，但基本内涵在整个系统内应该是一致的、统一的，否则计算出的节能潜力就不是满足系统要求的节能潜力，不能用于分析单位 GDP 能耗的相关问题。

在单位 GDP 能耗下降目标分析框架下，各种节能潜力计算的基本内涵是：

节能潜力 = 按照基年能效水平完成目标年活动水平所需能源消耗 - 按照目标年预测的实际能够达到的能效水平完成相应活动水平所需能源消耗；

进一步，节能潜力 = 目标年活动水平 × 基年能效水平 - 目标年活动水平 × 目标年预测能效水平 = 目标年活动水平 ×(基年能效水平 - 目标年预测能效水平)。

在上述公式中，针对不同的分析对象、活动水平和能效水平有不同的具体意义。如对某一产业或行业而言，活动水平就是该产业或行业的增加值，是一个经济量，扩展到国民经济全系统就是 GDP；而能效水平就是该产业或行业的单位增加值能耗，扩展到国民经济全系统就是单位 GDP 能耗。对工业某一具体产品而言，活动水平就是该产品的产量，是一个物理量；而能效水平就是该产品的单位产品综合能耗。对建筑物而言，活动水平就是该建筑物的面积；而能效水平就是该建筑物的单位面积能耗。对某一交通运输方式而言，活动水平就是该运输方式的服务量(如客运周转量或货运周转量等)；而能效水平就是该运输方式的单位服务量能耗。

在实践中，交通节能领域和建筑节能领域原有的某些节能潜力计算方法的基准线设定可能与本框架下的基准线设定要求不一致。如在建筑节能领域为计算强制性节能标准实施后的节能潜力，通用的方法是将基准线定为旧标准规定的建筑物能效水平，而不是本框架下所要求的建筑物基年的实际能效水平。

另外，在计算建筑物或某一交通运输方式的节能潜力时，往往通过将所有可能运用的节能措施在实施后能够实现的节能潜力累加得到，而在计算单项措施的节能潜力时，基准线一般仅考

虑与该措施相关的基年能源消耗，得到的节能潜力也仅是由于该项措施带来的能源消耗节约量。这样做的结果就是计算的节能潜力只是节能措施带来能源节约量的累加，只考虑了耗能减少的因素；由于没有运用单位建筑面积能耗或单位运输服务量能耗等指标设定基准线，诸如服务水平要求提高、舒适性和安全要求提高等因素带来的增能因素没有被考虑进来，影响了节能潜力计算的准确性和客观性(如图 4 所示)。上述问题在单位 GDP 能耗框架下计算节能潜力应得到重视和改善，应切实按照系统整体要求来设定基准线。

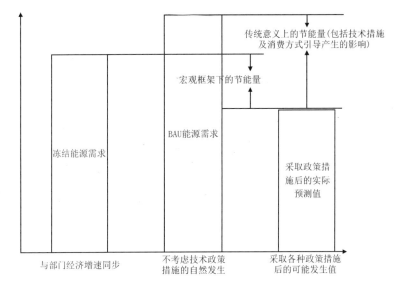

图 4　不同基准线设定对节能潜力计算的影响

(3)按实物量计算的节能潜力和按价值量计算的节能潜力的关联问题

将某一行业细分为若干产品子系统①时，按行业单位增加值能耗变化计算的行业总节能量与按单位产品综合能耗变化计算的各产品技术节能量的差值可视为行业内部产品层次上的结构节能量；但由于行业总节能量是以价值量单耗为基础计算的，而技术节能量是以实物量单耗为基础计算的②，其结构节能蕴涵的意义与上述层次上的结构节能将有所不同。

---

① 服务业亦可分解为若干提供不同服务的子系统，与产品单耗对应的是服务量单耗。

② 产业或行业层次上系统总节能量和广义的部门效率(技术)节能量均以价值量单耗为基础进行计算。

假定第 m 个行业被细分为 n 个产品子系统，则 m 行业的总节能量可用公式表示为

$$\Delta E_m = (G_m)_t \times \left[(ie_m)_0 - (ie_m)_t \right]$$

$$= \sum_{i=1}^{n} \left\{ (P_{mi})_t \times \left[(pe_{mi})_0 - (pe_{mi})_t \right] \right\} +$$

$$\sum_{i=1}^{n} \left\{ \left[(v_{mi})_0 \times (ie_m)_0 - (pe_{mi})_0 \right] \times \left[(p_{mi})_t - (p_{mi})_0 \right] \right\} +$$

$$\sum_{i=1}^{n} \left\{ (ie_m)_0 \times \left[(v_{mi})_t - (v_{mi})_0 \right] \times (p_{mi})_t \right\} \qquad (1)$$

式中　G_m ——m 行业的增加值；

　　　ie_m ——m 行业的单位增加值能耗；

　　　P_{mi} ——m 行业内第 i 种产品的产量；

　　　pe_{mi} ——第 i 种产品的单位产品综合能耗；

　　　v_{mi} ——第 i 种产品单位实物量所蕴涵的增加值；

脚标 t 和 0 分别代表计算年和基年（下同）。

从公式（1）可以看出，行业总节能量由三部分构成，如图 5 所示，其中第一项为各产品综合单耗变化所形成的技术节能量；后两项是结构节能量，其中第二项是由于构成 m 行业的各产品产量及其比重变化所形成的结构节能量，第三项是由于各产品单位产量所蕴涵的增加值发生变化所形成的结构节能量。对于由于各产品产量及其比重变化所形成的结构节能量，如果某种产品实际综合单耗小于该产品的"临界单耗（v_{mi}）$_0$ ×（ie_m）$_0$"，则其产量增加将有利于形成正的结构节能量，反之亦然。对于由于各产品单位产量所蕴涵的增加值发生变化所形成的结构节能量，如果某种产品

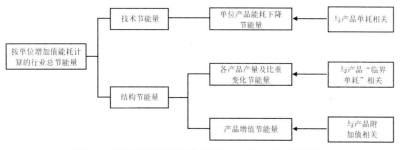

图5　按实物量计算的节能潜力和按价值量计算的节能潜力的关联

单位实物量所蕴涵的增加值提高了，则必然有利于形成正的结构节能量，由此看来，延长产业链、提高产品附加值对节能将产生积极作用。

上述对产品层次上结构节能量的计算方法虽然意义明确，但在实际研究工作中由于各行业内部产品种类繁多，且各种细节处于不断变化中，获得上述算法所需各类数据的难度较大，因此，一般通过变通方法对结构节能量进行大致测算，具体做法是：以行业单位增加值能耗变化为基础计算出行业总节能量，选取主要产品计算由于产品单耗变化而形成的技术节能量，两者差值即可视为行业内部的产品结构调整节能量（但其具体内涵无法界定）。

3.2.3　各种节能潜力的分析方法

（1）结构变化节能潜力分析方法

国民经济划分的第一层次是第一、第二、第三次产业，在这一层面上，结构因素是指三次产业结构的变化，广义的效率（技术）因素是指每一产业单位增加值能耗的变化。

三次产业结构变化形成的节能量用公式表示为

$$\Delta E_{str1} = G_t \times \sum_{i=1}^{3} \left\{ \left[(p_i)_t - (p_i)_0 \right] \times \left[ie_0 - (ie_i)_0 \right] \right\} \qquad (2)$$

式中　ΔE_{str1} ——第一层次上三次产业结构变化形成的节能量；

　　　p_i ——第一、第二、第三产业的增加值比重；

　　　ie_i ——三次产业单位增加值能耗；

　　　G ——全国 GDP；

　　　ie ——产业部门平均单位增加值能耗。

相应地，在这一层次上广义部门效率（技术）因素所形成的节能量用公式表示为

$$\Delta E_{eff1} = \sum_{i=1}^{3} (G_i)_t \left[(ie_i)_0 - (ie_i)_t \right] \qquad (3)$$

式中　ΔE_{eff1} ——第一层次上广义部门效率（技术）因素所形成的节能量；

　　　G_i ——分别代表第一、第二、第三产业的增加值。

在这一层次上将结构因素和广义部门效率（技术）因素分别形成的节能量相加就构成了产业部门的总节能量。

一般地,对指导实际工作而言,仅分析三次产业层面上结构因素和部门效率因素对节能的影响还是不够的;从可操作性的角度出发,还应将国民经济系统进一步细分至三次产业下的行业层次。第二产业作为最重要的能源消费部门和增加值创造部门,对整体节能产生着至关重要的影响,进一步分析其内部结构因素和效率因素的影响就显得尤为重要且必要。

在第二产业内部,可按研究工作的需要和数据可获得性原则

将工业部门分为若干行业或部门(如轻、重工业部门或按国家统计条目分为 39 个行业等),在这一层次上,分析目标就是第二产业的总节能量(或者是工业部门平均单位增加值能耗的变化),主要任务就是定量化第二产业总节能量中行业结构因素和部门效率因素分别形成的节能量(或者是结构因素和效率因素对第二产业平均单位增加值能耗变化的贡献度)。在这一层次上,结构因素是指第二产业内部各行业增加值比重的变动,而效率因素则指各

插叙 1　结构节能和广义效率节能的定量分解方法

在一定的行业划分层次基础上,定量计算该层次结构因素和效率(技术)因素对节能的影响和贡献,主要有两大类方法。一类是拉氏指数分解法,如下式所示

$$\Delta e = \Big[\sum (p_i)_t \times (e_i)_0 - \sum (p_i)_0 \times (e_i)_0 \Big] + \Big[\sum (p_i)_0 \times (e_i)_t - \sum (p_i)_0 \times (e_i)_0 \Big] + r$$

式中　e_i——分析目标行业下第 i 细分行业的部门能源强度;

　　　p_i——分析目标行业下第 i 细分行业增加值占分析目标行业增加值的比重;

下标 0 表示第 0 年度(基准年),下标 t 表示第 t 年度(计算年)。

式中第一项为结构因素对所分析的目标行业(根据划分层次,可以是整个国民经济系统,也可以是三次产业,或者是更进一步的细分行业等)能源强度变化量的影响,是 t 年度各细分行业部门能源强度仍保持基年的水平,仅考虑各细分行业增加值比重变化而计算得到的;第二项为效率(技术)因素对分析目标行业能源强度变化量的影响,是 t 年度各细分行业增加值结构仍保持基年水平,仅考虑各细分行业部门能源强度变化而计算得到的;r 为余项,反映分解方法的估计误差。

另一类方法被诸多国内学者所采用,用数学公式表达为

$$\Delta e_{str} = \sum \big[(p_i)_t - (p_i)_0 \big] \big[(e)_0 - (e_i)_0 \big]$$

$$\Delta e_{eff} = \sum \big[(p_i)_t \times (e_i)_t \big] - \sum (p_i)_t \times (e_i)_0$$

其中,结构因素对分析目标行业能源强度变化量的影响计算方法如第一个公式所示,其基本含义是以各细分行业部门能源强度与分析目标行业平均能源强度的差值乘以各细分行业增加值比重的变化量(计算年同基年相比),加和得到结构因素的总体影响,该值同拉氏指数法计算的结构因素影响相等,但各细分行业对总体结构因素影响的贡献则有所不同。课题组认为,该算法考虑了各细分行业部门能源强度同平均能源强度的差异,计算的各细分行业对总体结构因素影响的贡献更为合理。

效率(技术)因素对分析目标行业能源强度变化量的影响计算方法如第二个公式所示,由各细分行业单位增加值能耗的变化量乘以该行业计算年增加值比重加和得到,体现了各细分行业部门能源强度变化(效率因素)对分析目标行业能源强度的影响。

行业单位增加值能耗的变化。

第二产业内部行业结构调整所形成的节能量用公式表示为

$$\Delta E_{str-ind} = (G_2)_t \times \sum_{j=1}^{n} [(p_{2j})_t - (p_{2j})_0] \times [(ie_2)_0 - (ie_{2j})_0] \quad (4)$$

式中　G_2——第二产业增加值；

　　　p_{2j}——第二产业内部各行业增加值占第二产业总增加值的比重；

　　　ie_2——第二产业平均单位增加值能耗；

　　　ie_{2j}——第二产业各行业单位增加值能耗。

相应地，第二产业内部广义的部门效率（技术）因素形成的节能量为

$$\Delta E_{eff-ind} = \sum_{j=1}^{n} (G_{2j})_t \times [(ie_{2j})_0 - (ie_{2j})_t] \quad (5)$$

式中　G_{2j}——第二产业内部各行业增加值；

　　　ie_{2j}——第二产业各行业单位增加值能耗。

在其他产业内部，也可根据实际需要进一步对其细分，并利用上述方法计算得到各产业内部结构节能量和部门效率节能量。将三次产业结构调整节能量和各产业内部行业结构调整节能量累加即可得到国民经济系统细分至行业层次上所有结构因素所形成的节能量，用公式表示即

$$\Delta E_{str2} = G_t \times \sum_{j=1}^{3} [(p_i)_t - (p_i)_0] \times [ie_0 - (ie_i)_0] +$$

$$(G_1)_t \times \sum_{m=1}^{n} [(p_{1m})_t - (p_{1m})_0] \times [(ie_1)_0 - (ie_{1m})_0] +$$

$$(G_2)_t \times \sum_{j=1}^{n} [(p_{2j})_t - (p_{2j})_0] \times [(ie_2)_0 - (ie_{2j})_0] +$$

$$(G_3)_t \times \sum_{k=1}^{n} [(p_{3k})_t - (p_{3k})_0] \times [(ie_3)_0 - (ie_{3k})_0] \quad (6)$$

上式第一项为三次产业间结构调整所形成的节能量；其余几项为各产业内部行业结构调整所形成的节能量，其中第二项为第一产业内部各行业结构调整所形成的节能量，第三项为第二产业内部行业结构调整所形成的节能量，第四项为第三产业内部行业结构调整所形成的节能量。

若在上述划分基础上对各行业进一步细分为若干子行业，通过同样方法可得到各行业内部子行业结构变动所形成的节能量，将不同层次上的结构节能量逐级累加起来即可得到在确定的行业划分层次上所有结构因素形成的总节能量。

（2）居民生活消费部门节能潜力分析方法

若通过定量方法对单位 GDP 能耗作数学分解，可得到

$$e = \frac{E}{G} = \frac{E_G + E_R}{G} = \sum \left(\frac{E_i}{G_i} \times \frac{G_i}{G} \right) + \frac{E_R}{G} = \sum (ie_i \times p_i) + \frac{E_R}{G}$$

$$(7)$$

式中　e——单位 GDP 能耗；

　　　E——全国能源消费总量；

　　　G——全国 GDP 总量；

　　　E_G——产业部门（直接创造增加值的生产部门）所消费的能源量；

　　　E_R——居民生活部门（不直接创造增加值）的能源消费量。

若将国民经济系统划分为若干个行业部门，则 ie_i 为第 i 个行业／部门的能源强度，其值等于该部门能源消费量除以该部门增加值；p_i 为第 i 个行业／部门增加值占全国 GDP 总量的比重，其值等于该部门增加值除以全国 GDP 总量；

E_R/G 为居民生活部门能源消费量除以全国 GDP 总量，反映居民生活部门的能源综合利用状况，可称为"虚拟的居民生活部门能源消费强度"。

由单位 GDP 能耗的数学分解公式可知，居民生活部门的能源消费状况对单位 GDP 能耗也将产生一定影响。虽然居民生活部门不直接创造增加值，不能用增加值单耗指标来计算其节能量，但可选择其他特定指标或通过其他途径对其节能状况进行定量评价。

对居民生活部门节能状况的评价可通过两种方法，一种方法是以单位 GDP 能耗和产业部门平均单位增加值能耗为基础，分别计算出全国总节能量和产业部门节能量，两者差值即视为居民生活部门节能量，用公式表示为

$$\Delta E_{res} = G_t \times (e_0 - e_t) \times (ie_0 - ie_t) \quad (8)$$

另一种方法是以"虚拟的居民生活部门能源消费强度"为基

础,考察其在不同年份的变化情况,得到居民生活部门节能量,用公式表示为

$$\Delta E_{res} = G_t \times \left[\left(\frac{E_r}{G} \right)_0 - \left(\frac{E_r}{G} \right)_t \right] \qquad (9)$$

采用上述两种方法计算得到的居民生活部门节能量是一致的,通过居民生活部门节能量与全国总节能量的比较,就可以定量分析该部门能源消费状况对单位 GDP 能耗变化的影响和贡献。

（3）工业部门节能潜力分析方法

如图 2 所示,工业部门节能量是由结构节能量和技术节能量构成的。其中,结构节能量包括工业内部行业结构调整形成的节能量和行业内部产品结构调整形成的节能量,这两部分节能量的计算方法已分别在前文两部分进行了阐述。工业部门技术节能量是指由于工业产品单位产品综合能耗变化而形成的节能量。计算某一种产品 i 的技术节能潜力的公式为

$$\Delta E_{tech,i} = (p_i)_t \times \left[(pe_i)_0 - (pe_i)_t \right] \qquad (10)$$

式中　p_i —— 第 i 种产品产量;

　　　pe_i —— 第 i 种产品的单位产品综合能耗。

工业部门总技术节能潜力则是所有产品技术节能潜力累加之和,用公式表示为

$$\Delta E_{tech} = \sum (p_i)_t \times \left[(pe_i)_0 - (pe_i)_t \right]$$

如果某种产品的技术节能潜力按其实现方式进行进一步细分,则可以分为新增产能能效控制节能潜力、既有产能技术改造节能潜力和落后产能淘汰节能潜力。

新增产能能效控制节能潜力是指目标年在基年产品产量基础上新增的产量按照高于当前产品能效水平的标准进行控制,进而降低了目标年产品总体平均能效水平,形成了技术节能潜力,用公式表示为

$$\Delta E_{new} = \sum_{i=1}^{n} \left[(pe_i)_0 - (pe_{i,new})_t \right] \times \Delta P_i \qquad (11)$$

式中　ΔE_{new} —— 新增产能能效控制节能潜力;

　　　$(pe_i)_0$ —— 第 i 种产品当前产能的平均单位产品能耗;

　　　$(pe_{i,new})_t$ —— 第 i 种产品新增产能的单位产品能耗;

　　　ΔP_i —— 第 i 种产品纯新增产能。

落后产能淘汰节能潜力是指对能效水平较低的落后产能进行淘汰,并新建先进产能对该部分产能进行等量替代,从而提高了该产品的平均能效水平,形成了相应的节能潜力,用公式表示为

$$\Delta E_{ole} = \sum_{i=1}^{n} \left[(pe_{i,old})_0 - (pe_{i,new})_t \right] \times \Delta OP_i \qquad (12)$$

式中　ΔE_{ole} —— 淘汰落后产能节能潜力;

　　　$(pe_{i,old})_0$ —— 第 i 种产品落后产能的单位产品能耗;

　　　$(pe_{i,new})_t$ —— 第 i 种产品新增先进替代产能的单位产品能耗;

　　　ΔOP_i —— 第 i 种产品被淘汰的落后产能(产量)。

既有产能技术改造节能潜力是指针对既不是纯新增产能,又不是被淘汰产能,而属于当前现有产能中被保留的部分实施节能技术改造,从而降低其单位产品综合能耗,形成的相应节能潜力,用公式表示为

$$\Delta E_{re} = \sum_{i=1}^{n} \left[(pe_{i,re})_0 - (pe_{i,re})_t \right] \times \Delta RP_i \qquad (13)$$

式中　ΔE_{re} —— 既有产能技术改造节能潜力;

　　　$(pe_{i,re})_0$ —— 第 i 种产品保留产能在基年的单位产品能耗;

　　　$(pe_{i,re})_t$ —— 第 i 种产品保留产能在改造后的单位产品能耗;

　　　ΔRP_i —— 第 i 种产品实施技改措施的产品产量。

从数学关系上,按上述方法计算的新增产能能效控制节能潜力、既有产能技术改造节能潜力和落后产能淘汰节能潜力满足如下关系

$$\Delta E_{tech} = \Delta E_{new} + \Delta E_{old} + \Delta E_{re}$$

（4）交通运输部门节能潜力分析方法

1）部门能源需求预测方法：交通用能受多种因素的影响,包括交通需求的高低、交通运输模式的选择、交通工具的能效水平等,用公式表示

$$E = \sum_{i=1}^{n} (S \times S_i / S \times E_i / S_i) \qquad (14)$$

式中　E —— 交通部门的能源需求总量;

　　　i —— 交通模式,分为铁路、公路、水运、航空和管道等;

S —— 交通服务量[1]，即交通需求；

S_i/S —— i 交通模式在交通服务量中的构成；

E_i/S_i —— i 交通模式的单位服务量能耗。

交通需求的高低取决于经济发展水平。经济发展模式包括信息产业的发展状况、人口和城市化进程等。交通模式的选择取决于交通设施状况、居民的收入水平、消费行为与观念等因素，这与消费者的个人选择或生活方式有相当的关系。交通工具的能源效率水平高低则与技术进步有关系，实际运行效率又受到路况、驾驶者习惯等其他因素的影响。

衡量交通需求（S）高低有两类指标[2]：客/货运量和客/货周转量。进行交通用能预测时，多采用客货周转量作为交通需求指标。中国客运周转量、货物周转量、客运结构、货运结构（S_i/S）的预测值，主要通过历史数据线性回归法，综合国内相关机构的预测结果，结合国外发达国家在不同发展历程中经济增长与客货运之间的关系、客货运输结构演变历程等方式进行确定。各交通运输方式单位服务量能耗（E_i/S_i）主要根据历史数据和发展态势进行设定。

2）部门节能潜力分析思路和方法：与工业部门节能潜力分析略有不同，交通部门节能潜力分析主要通过分别比较交通模式变化和交通部门技术进步所带来的交通用能变化进行，具体而言：

在分析"十一五"期间交通模式结构变化带来的能源需求变化（交通模式结构变化节能量）时，课题组假设预测年（2015年）的各运输方式的单耗保持基年（2010年）水平，但预测年的交通运输结构与基年不尽相同，由此所带来的能源需求变化即为交通模式变化节能量。计算过程可用如下公式表示

$$\Delta E = \Delta E_t - \Delta E_t$$

$$= \sum_{i=1}^{n}\left[S_t(S_{i,t}/S_t)(E_{i,0}/S_{i,0})\right] - \sum_{i=1}^{n}\left[S_t(S_{i,0}/S_0)(E_{i,0}/S_{i,0})\right]$$

$$= \sum_{i=1}^{n}\left[S_t \times \frac{E_{i,0}}{S_{i,0}} \times \left(\frac{S_{i,t}}{S_t} - \frac{S_{i,0}}{S_0}\right)\right] \quad (15)$$

式中　E_t —— 目标年交通部门能源需求总量（各交通运输方式单耗保持不变）；

E_t —— 目标年虚拟交通部门能源需求总量（各交通运输方式单耗和运输结构与基年保持一致）；

i —— 交通模式，分为铁路、公路、水运、航空和管道等；

S_t —— 目标年交通服务量[3]；

$E_{i,0}/S_{i,0}$ —— i 交通模式在基年的单耗；

$S_{i,t}/S_t$ —— i 交通模式在目标年交通服务量中的构成；

$S_{i,0}/S_0$ —— i 交通模式在基年交通服务量中的构成。

在分析交通部门技术进步[4]带来的能源需求变化（技术进步节能量）时，课题组假设在预测年（2015年）的运输结构下，比较各运输方式单耗保持基年（2010年）水平与预测年（2015年）单耗改进下的交通部门能源需求结果，其变化量即为技术进步节能量。计算过程可用如下公式表示

$$\Delta E = E_t - E_t$$

$$= \sum_{i=1}^{n}\left[S_t(S_{i,t}/S_t)(E_{i,t}/S_{i,t})\right] - \sum_{i=1}^{n}\left[S_t(S_{i,t}/S_t)(E_{i,0}/S_{i,0})\right]$$

$$= \sum_{i=1}^{n}\left[S_t(S_{i,t}/S_t)(E_{i,t}/S_{i,t} - E_{i,0}/S_{i,0})\right] \quad (16)$$

式中　E_t —— 目标年交通部门能源需求总量；

E_t —— 目标年虚拟交通部门能源需求总量（交通运输结构与基年保持一致）；

i —— 交通模式，分为铁路、公路、水运、航空和管道等；

S_t —— 目标年交通服务量；

$S_{i,t}/S_t$ —— i 交通模式在目标年交通服务量中的构成；

$E_{i,t}/S_{i,t}$ —— i 交通模式在目标年的单耗；

$E_{i,0}/S_{i,0}$ —— i 交通模式在基年的单耗。

---

[1] 此处的交通服务量指综合运输部门所完成的客货周转量之和，用换算吨公里数表示。其中，客运完成的人公里数按交通部门给定的折算系数换算成吨公里。

[2] 客/货运量反映运输业为国民经济和人民生活服务的数量指标；客/货周转量指在一定时期内，由各种运输工具送达的旅客/货物数量与相应运输距离的乘积之总和。

[3] 此处的交通服务量指综合运输部门所完成的客货周转量之和，用换算吨公里数表示，其中，客运完成的人公里数按交通部门给定的折算标准换成吨公里。

[4] 此处的技术进步主要指不同运输方式单耗下降，可称为广义的技术进步。如：民航运输的每换算吨公里能耗下降既包括飞机的燃油经济性提高，即直接的技术进步；也包括机型的调整，即大机型替代中小机型带来的每换算吨公里的油耗下降；还可能包括管理体系的完善，如：飞机负荷率的提高等。

（5）建筑节能领域节能潜力分析方法

首先，根据未来不同建筑物用能领域的发展态势，测算其按照当前发展态势（BAU）到目标年的能源需求总量（$E_{BAU,t}$）；

其次，从引导"节约型"居民消费模式，对新增建筑物进行能效控制，对既有建筑物进行节能改造等措施入手，分析采取相关措施后不同部门所能带来的节能量（$\sum_{i=1}^{n} E_{sav,i,t}$），从而得到建筑物用能部门的实际能源需求量（$E_{BAU,t} - \sum_{i=1}^{n} E_{sav,i,t}$）；

最后，考虑到我们要探讨建筑用能部门对实现单位 GDP 能耗下降目标的贡献程度，需要设定一个 GDP 增长速度。在此增速且该部门能源强度保持不变（冻结）情况下的建筑物用能量为（$E_{frozen,t}$）。如 $E_{BAU,t} - \sum_{i=1}^{n} E_{sav,i,t} - E_{frozen,t}$ 为正，则建筑物用能部门对所要实现的单位 GDP 能耗下降目标能够起到正的贡献，反之亦然。

其中：按照趋势照常下的建筑物能源需求量可用如下公式表示

$$E_{BAU,t} = \sum_{i=1}^{n} S_{i,t} \times (E_{i,t}/S_{i,t}) \qquad (17)$$

式中　i —— 各建筑物用能子部门[①]；

　　　$S_{i,t}$ —— i 建筑物子部门目标年的服务量；

$E_{i,t}/S_{i,t}$ —— 建筑物子部门目标年的单位服务量能耗。

建筑物不同部门的节能量测算可用如下公式表示

$$E_{sav,t} = \sum_{i=1}^{n}\sum_{j=1}^{n} E_{sav,t} = \sum_{i=1}^{n} \left(E_{sav,i,j,0}/S_{sav,i,j,0} - E_{sav,i,j,t}/S_{sav,i,j,t} \right) \qquad (18)$$

式中　　　i —— 各建筑用能子部门；

　　　　　j —— i 建筑子部门所采取的节能措施；

　　　　　$E_{sav,t}$ —— 各建筑用能子部门节能量之和；

　　　　　$S_{sav,i,j,t}$ —— i 建筑子部门目标年采取 j 措施下的服务量；

$E_{sav,i,j,0}/S_{sav,i,j,0}$ —— i 建筑子部门不采取 j 措施下的单位服务量能耗；

$E_{sav,i,j,t}/S_{sav,i,j,t}$ —— i 建筑子部门目标年采取 j 措施下的单位服务量能耗。

冻结方案下的建筑物能源需求量可用公式（19）进行推算

$$E_{frozen,t} = \sum_{i=1}^{n} S_{i,t} * E_{i,0}/S_{i,0} \qquad (19)$$

式中　i —— 各建筑用能子部门；

　　　$S_{i,t}$ —— i 建筑子部门目标年的服务量；

$E_{i,0}/S_{i,0}$ —— 建筑子部门基年的单位服务量能耗。

在不同的经济发展水平，服务业和居民消费的水平和规模也不尽相同，表现在服务水平和单位服务量能耗水平上，一般经济增长速度越快、居民收入水平越高，建筑物的服务水平（量）增长也较快，由此会导致建筑物（商用/民用）能源需求的快速增长。

如前所述，从中长期发展趋势看，随着居民收入水平的提高和经济结构的日益高级化，服务业、居民生活用能总量将快速增长，但并不意味着服务业、民用部门的能源效率水平没有得到改进。

3.3 "十一五"实证分析与"十二五"节能目标和潜力初步研究

3.3.1 "十一五"实证分析

（1）单位 GDP 能耗下降目标完成情况

"十一五"期间，中国实现单位 GDP 能耗累计下降 19.01%，其中 2006 年以来每年分别实现了 2.74%、5.04%、5.20%、3.58% 和 4.01% 的下降率，单位 GDP 能耗由 2005 年的 1.276 tce/万元（2005 年可比价）下降至 2010 年的 1.034 tce/万元，具体如图 6 所示。

从实现的节能量上看，2006—2010 年每年全社会按单位 GDP 能耗计算的节能量分别为 7 293 万 tce、14 900 万 tce、15 989 万 tce、11 390 万 tce、13 577 万 tce，5 年累计实现节能量为 63 148 万 tce（如图 7 所示）。同期能源消费总量分别为 25.9 亿 tce、28.1 亿 tce、29.1 亿 tce、30.7 亿 tce、32.5 亿 tce，以年均 6.6% 的能源消费增长率支撑了年均 11.2% 的经济增长，能源消费弹性系数为 0.59。

（2）实现节能量的构成情况

按照本文 3.2.1 所述的单位 GDP 能耗影响因素逐层分解的

---

① 按照建筑能源消耗现状中的部门划分，主要包括大型公共建筑用电、一般公共建筑用电、城镇居民用电、农村居民用能、北方城镇建筑采暖以及其他 6 个子部门。其中大型公共建筑和一般公共建筑主要指商用部门用能，后面几个子部门（不含其他）主要指民用部门用能。

框架体系（图2），以及各种节能量计算方法，课题组对"十一五"实现节能量的构成和来源进行了实证性分析，具体结果如图8所示。

需要说明的是，图8中显示的结果为5年累计值，而具体计算是分年度进行的，如2006年节能量的比较基准是2005年，而2007年节能量的比较基准是2006年，以此类推。

如果按照中国现行的节能管理体制下常用的领域划分方法，对上述节能量构成进行重新整合和安排，可以得到一个比较清楚简洁、更容易被外界所熟悉的结果，如表1所示。在表1中，建筑节能领域包括居民居住建筑节能和商用建筑节能范畴，两者在计算时分属不同类别的主要原因是因为居住建筑不直接产生经济

价值，与产生经济价值的商用建筑节能量的计算方法有所区别。交通节能领域包括传统的交通运输运营部门（含公路运输、铁路运输、航空运输等）和私人小汽车节能，两者分开计算的原因与建筑节能的相关情况相同。表1中"其他"则指除上述已列出具体来源外的因素，包括农业（第一产业）节能、建筑业节能、第三产业内部结构调整节能等，这些因素对宏观目标的影响都不是太大。

（3）实证分析的有关结果

1）工业部门是实现目标的关键部门："十一五"期间，工业部门单位增加值能耗由2005年的2.18万tce/万元下降到2010年的1.81万tce/万元，降幅达17.2%。在全社会实现的节能量中，

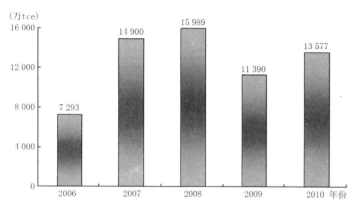

图6 2006—2010年全社会按单位GDP能耗计算的节能量情况

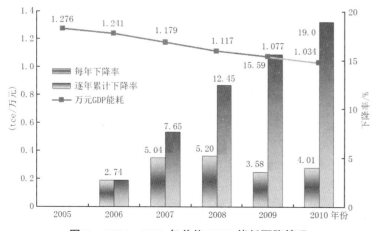

图7 2006—2010年单位GDP能耗下降情况

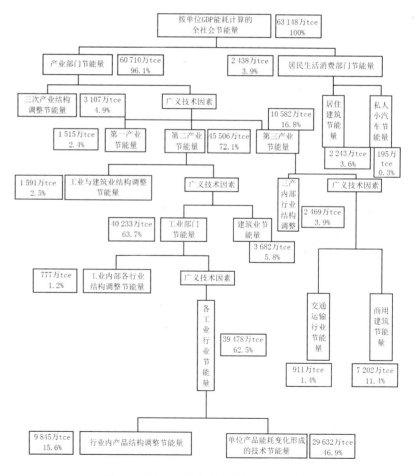

图8 "十一五"实现节能量的构成体系

表 1　"十一五"节能量构成的整合结果

节能量来源	节能量 / 万 tce	对目标的贡献度 / %
全社会节能量	63 148	100
三次产业结构调整	3 107	4.9
建筑节能领域	9 445	15.0
交通节能领域	1 106	1.8
工业节能领域	40 233	63.7
其中:技术节能	29 632	46.9
其他领域	9 257	14.7

资料来源:课题组计算所得。

工业部门贡献了 40 233 万 tce,贡献度达到 63.7%,是确保目标完成的关键部门。

2)建筑和交通部门节能效果显著:"十一五"期间建筑和交通部门共实现节能量 1 亿 tce 左右,对实现节能目标的贡献度达到 17% 左右。虽然相对工业部门而言还比较小,但考虑到其能源消费量占全国能源消费总量的比重比较小,且我国正处于居民消费快速升级、服务需求和水平不断提高、舒适性便捷性要求日益增强、交通建筑能耗迅猛增加的现实条件下,取得这些效果也来之不易,需要付出巨大努力。

3)技术进步仍是实现目标的主要推动力量:从技术因素和结构因素对节能的贡献度来看,结构因素虽然发挥了积极作用,但起主导作用的仍是技术因素。其中,工业部门由于单耗下降形成的技术节能量为 29 632 万 tce,占工业部门节能量的比重为 73.7%,对全社会节能的贡献度也达到 47%。而交通部门和建筑部门取得的节能量中技术因素也发挥了主导作用。粗略估计,工业、建筑、交通等领域因技术进步形成的节能量在 4.5 亿 tce 以上,对全社会节能目标的贡献度达到 70% 以上。

4)结构调整发挥了积极作用:虽然如上所述技术因素是实现目标的主要推动力量,但同时也离不开结构调整发挥的积极作用,否则,因结构调整带来的负节能效应将大大增加技术节能的负担。从"十一五"大多数年份看,包括三次产业结构调整、第三产业内部结构调整以及工业内部行业结构调整在内的结构调整因素都发挥了对节能的积极推动作用,形成了正的节能量,贡献度

约达到 30%。

3.3.2　"十二五"节能目标和潜力初步研究

为研究"十二五"节能目标和潜力相关问题,课题组从两个方面予以考虑:一是不考虑节能目标如何设置,采用从部门技术分析开始自下而上地按照趋势照常情景(BAU)条件测算各领域的节能潜力,汇总后得到"十二五"期间在延续当前发展态势的基本假定下,单位 GDP 能耗的可能下降幅度和可以实现的节能量;二是基于 BAU 情景下的测算结果,分析如果要实现国家根据诸多综合因素提出的"十二五"单位 GDP 能耗下降目标,需要在 BAU 情景基础上做出哪些调整才能够保证实现,实现目标的各领域节能潜力是如何分布的。表 2 为 BAU 情景下"十二五"经济增速及结构设定。

(1)趋势照常情景下可以实现的单位 GDP 能耗下降幅度

1)基本假设:下列所有假设的基本考虑是"十二五"发展趋势延续"十一五"期间的态势和状况,各种政策措施力度和实施效果也与"十一五"期间相同,不考虑政策调整。具体如下:

① 2011—2015 年 GDP 增速为 10.1%,其中第一产业增速 6.8%,工业增速 10.3%,第三产业增速 11.0%;

② 工业部门仍保持惯性增长态势,高耗能产品产量在各行业提出的规划目标或控制目标基础上考虑客观需求适度增加;

③ 技术节能潜力充分考虑未来五年内技术进步的可能性,各种政策措施延续当前力度。

2)各领域节能潜力测算结果:根据本章 3.2 节能潜力测算方法,结合"十一五"发展趋势以及上述基本假设,课题组针对每个

表 2　BAU 情景下"十二五"经济增速及结构设定

项目	2010 年	2015 年	"十二五"年均
GDP 增速 / %	—	—	10.1
GDP 绝对值 / 亿元	314 314	509 548	—
第一产业增加值比重 / %	10.5	9.0	—
第二产业增加值比重 / %	46.5	46.3	—
工业增加值比重 / %	40.0	40.3	—
第三产业增加值比重 / %	43.0	44.7	—

注:GDP 按 2005 年可比价计算。

部门进行了详细的节能潜力分析和测算,受篇幅限制,在此不作详述。主要结果如图9所示。

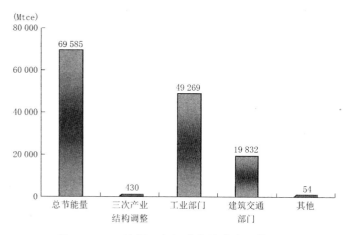

图9　BAU情景下各领域节能潜力测算结果

3)可以实现的单位GDP能耗下降幅度:在上述节能潜力测算结果支撑下,课题组对2015年中国能源消费总量及结构进行了预测,并给出了到2015年可以实现的单位GDP能耗下降幅度为13.2%。有关结果如表3所示。

表3　BAU情景下能源消费的有关结果

指标	单位	2010年	2015年	"十一五"	"十二五"
能源消费总量	亿tce	32.5	45.7	—	—
能源消费年均增速	%	—	—	6.6	7.1
能源消费弹性系数	—	—	—	0.59	0.70
单位GDP能耗	tce/万元	1.034	0.897	—	—
单位GDP能耗降幅	%	—	—	19.0	13.2
全社会环比累计节能量	万tce	—	—	63 148	69 585

资料来源:课题组计算所得。

(2)实现更高节能目标需要的政策条件

1)外部条件要求"十二五"必须坚持较高的节能目标:虽然BAU情景下测算出的到2015年单位GDP能耗仅能下降约13%,但诸多条件限制我们不能以此作为"十二五"国家节能目标。原因有以下两个方面:

① 与碳排放强度下降目标相衔接。按2020年碳排放强度比2005年下降45%、节能贡献率在85%左右计算,要求2020年单位GDP能耗比2005年下降40%左右。按"十二五"节能目标略高于"十三五"节能目标的分配原则,对应的"十二五""十三五"节能目标要求分别为14%和13%。

② 与非化石能源消费比重15%要求相协调。根据能源局预测,2020年我国水电、核电、风电、生物质发电、太阳能发电等非化石能源总量约为7.5亿tce。在2020年非化石能源消费比重达到15%的条件下,要求届时一次能源消费总量控制在50亿tce。在这种前提下,如果"十二五""十三五"国民经济年均增速分别为9%和8%,则要求2020年单位GDP能耗比2005年下降44.5%,对应的"十二五""十三五"节能目标为17%和16%。

在本研究中,课题组将2015年能源消费总量控制在41亿tce作为一项重要目标,在此前提下如果"十二五"期间GDP增速保持在9%,则要求单位GDP能耗下降18%。基于此,下文将以单位GDP能耗降低18%为目标来分析所需政策条件以及实现途径和潜力分布等问题。

2)实现单位GDP能耗降低18%节能目标的政策条件:对比BAU情景,课题组分析和测算了为确保单位GDP能耗降低18%目标的实现需要额外新增的节能潜力和需要满足的政策条件。可以发现,除三次产业结构调整和工业部门还存在挖掘额外节能潜力的可能性、政策操作性和技术经济性外,其他领域如建筑节能、交通节能、农业节能、建筑业节能等难以贡献新的节能潜力。

而在工业部门技术节能潜力也没有太多增加的可能,只能寄希望于工业内部行业结构调整和三次产业结构调整等结构调整性因素。进一步挖掘上述结构节能潜力的关键就在于合理控制高耗能产品的产量,保持高耗能行业的合理增速,并进而降低工业增加值增速,达到优化三次产业结构的目的。经计算,课题组提出了保证18%节能目标实现的高耗能产品产量和高耗能行业增速控制目标,如表4所示。

3)实现18%节能目标的潜力分布:在满足上述政策条件的前提下,测算的各领域节能潜力可以支撑实现单位GDP能耗降低18%的目标。具体潜力分布如表5所示。

表 4　高耗能行业增加值及产量增长控制目标

行业		2010 年产量	"十一五"年均增速	2015 年（BAU）	2015 年控制目标
纸及纸板制造业	增加值增速	—	9.3%	11.0%	9.8%
	纸产量	10 000 万 t	10.0%	14 500 万 t	13 000 万 t
石油和化学工业	增加值增速	—	9.9%	9.5%	7.2%
	焦炭	37 000 万 t	7.8%	45 000 万 t	43 000 万 t
	合成氨	5 200 万 t	2.5%	5 700 万 t	5 500 万 t
	乙烯	1 200 万 t	9.7%	2 500 万 t	2 200 万 t
建材行业	增加值增速	—	13.2%	8.5%	5.3%
	水泥	17.5 亿 t	10.4%	20 亿 t	18.5 亿 t
钢铁行业	增加值增速	—	8.1%	9.0%	5.8%
	粗钢	6.0 亿 t	11.2%	7.0 亿 t	6.5 亿 t
有色冶金业	增加值增速	—	19.6%	10.0%	8.3%
	电解铝	1 400 万 t	12.4%	2 100 万 t	1 900 万 t

资料来源：课题组计算所得。

表 5　实现 18% 节能目标的各领域潜力分布

	BAU 情景		实现 18% 节能目标	
	节能量 / 万 tce	贡献度 / %	节能量 / 万 tce	贡献度 / %
全社会总节能量	69 585	100	90 053	100
三次产业结构调整	430	0.6	6 784	7.5
工业部门	49 269	70.8	60 646	67.3
建筑交通部门	19 832	28.5	18 946	21.0
其他	54	0.1	3 677	4.1

资料来源：课题组计算所得。

3.4　总结和政策建议

3.4.1　本研究所做的主要工作

（1）构建基于单位 GDP 能耗的节能潜力分析方法体系

在整理、总结和评价前人关于节能潜力分析方法的基础上，根据当前形势的要求，提出了基于单位 GDP 能耗为分析对象的节能潜力分析方法体系。该体系由框架构成，一些需要阐明的重要概念，以及各领域、各层次不同节能潜力的计算方法等要素构成的一个有机整体。通过这套方法体系，人们可以比较清楚地了解以下几个问题：什么是单位 GDP 能耗，是如何构成的？单位 GDP 能耗受哪些因素影响，又是如何影响的？实现单位 GDP 能耗下降目标的潜力在哪里，途径是什么，各部分的贡献是什么？等等。

体系给出了单位 GDP 能耗影响因素及节能潜力分析的总体框架，就基准线确定、结构节能与技术节能、基于价值量的节能潜力和基于实物量的节能潜力的关联等关键问题进行了详细阐述，给出了居民生活消费部门节能，结构调整节能，工业、建筑、交通等部门节能领域各种类型节能潜力的分析方法和计算公式，给出了方法的基本内涵、界定条件和部分关键参数的确定方法等。

（2）对"十一五"节能成效进行了实证分析

按照文中所述的单位 GDP 能耗影响因素逐层分解的框架体系图，以及各种节能量计算方法，本研究对"十一五"实现节能量的构成和来源进行了实证性分析。分析结果表明，在"十一五"单位 GDP 能耗下降 19% 左右的背景下：①工业部门是实现目标的关键部门；②建筑和交通部门节能效果显著；③技术进步仍是实现目标的主要推动力量；④结构调整发挥了积极作用。

实证分析工作的顺利开展说明本研究提出的节能潜力分析方法体系是可行的，是可以运用于实践的。通过这种分析，能够对我们已经取得的节能效果进行更加细致、更加直观的定量分析，有助于我们深层次剖析和识别推动节能工作的重点领域和关键因素。

（3）开展"十二五"节能目标和潜力的初步研究

针对"十二五"节能目标和潜力相关问题，本研究采用从部门技术分析开始自下而上地按照趋势照常情景（BAU）条件测算各领域的节能潜力，得到"十二五"期间在延续当前发展态势的基本假定下，单位 GDP 能耗可以降低 13% 左右的重要结论。

基于 BAU 情景下的测算结果，分析了如果要实现更高的单位 GDP 能耗下降目标（18%），只能在工业内部行业结构调整和三次产业结构调整等结构调整性因素方面作出更大努力。而进一步挖掘上述结构节能潜力的关键就在于合理控制高耗能产品的产量，保持高耗能行业的合理增速，并进而降低工业增加值增速，达到优化三次产业结构的目的。本研究在技术测算的基础上提出了保证 18% 节能目标实现的高耗能产品产量和高耗能行业增速控制目标,并给出了支撑目标实现的各主要领域节能潜力的分布情况。

(4)编制节能潜力分析计算通用模型软件

本研究为了方便使用者,对所有计算方法编制了数学计算模型,内嵌了参数输入、定量计算、结果校核和表达等一系列功能模块,使用者只需按要求输入相关数据,省去了复杂的中间环节,即可得到相应的节能潜力测算结果。该工具可供国家层面、区域层面和行业层面分析测算节能潜力使用(见附图)。

3.4.2 主要发现和政策建议

(1)主要发现

本研究对"十一五"实现节能量的构成和来源进行的实证性分析结果表明:

1)工业部门是实现目标的关键部门。"十一五"期间,工业部门单位增加值能耗由 2005 年的 2.18 万 tce / 万元下降到 2010 年的 1.81 万 tce / 万元,降幅达 17.2%。在全社会实现的节能量中,工业部门贡献了 40 233 万 tce,贡献度达到 63.7%,是确保目标完成的关键部门。

2)建筑和交通部门节能效果显著。"十一五"期间建筑和交通部门共实现节能量 1 亿 tce 左右,对实现节能目标的贡献度达到 17% 左右。虽然相对工业部门而言还比较小,但考虑到其能源消费量占全国能源消费总量的比重比较小,且我国正处于居民消费快速升级、服务需求和水平不断提高、舒适性便捷性要求日益增强、交通建筑能耗迅猛增加的现实条件下,取得这些效果也来之不易,需要付出巨大努力。

3)技术进步仍是实现目标的主要推动力量。从技术因素和结构因素对节能的贡献度来看,结构因素虽然发挥了积极作用,但起主导作用的仍是技术因素。其中,工业部门由于单耗下降形成的技术节能量为 29 632 万 tce,占工业部门节能量的比重为 73.7%,对全社会节能的贡献度也达到 47%。而交通部门和建筑部门取得的节能量中技术因素也发挥了主导作用。粗略估计,工业、建筑、交通等领域因技术进步形成的节能量在 4.5 亿 tce 以上,对全社会节能目标的贡献度达到 70% 以上。

4)结构调整发挥了积极作用。虽然如上所述技术因素是实现目标的主要推动力量,但同时也离不开结构调整发挥了积极作用,否则,因结构调整带来的负节能效应将大大增加技术节能的负担。从"十一五"大多数年份看,包括三次产业结构调整、第三产业内部结构调整以及工业内部行业结构调整在内的结构调整因素都发挥了对节能的积极推动作用,形成了正的节能量,贡献度也达到约 30%。

(2)政策建议

基于对"十二五"节能目标和潜力相关问题的分析和计算结果,本研究特提出如下政策建议:

1)要实现更高的单位 GDP 能耗下降目标,只能在工业内部行业结构调整和三次产业结构调整等结构调整性因素方面作出更大努力。而进一步挖掘上述结构节能潜力的关键就在于合理控制高耗能产品的产量,保持高耗能行业的合理增速,并进而降低工业增加值增速,达到优化三次产业结构的目的。

2)"十二五"期间,工业部门仍然是实现宏观节能目标的重点,其对完成节能目标的贡献度一直维持在 70% 左右。虽然工业部门由于单耗下降形成的技术节能潜力在"十二五"期间相比"十一五"将有所减少,但数量依然非常可观,值得重视和进一步加大投入。

3)要更加重视交通和建筑领域的节能工作。随着居民消费升级进程加快,对能源服务质量和水平的要求也越来越高,"十二五"期间这两个领域的能源消费将保持更加快速增长势头,对宏观节能目标的贡献度相比"十一五"期间有所减少。正因为如此,更需要重视这两个领域的节能工作,推动形成节能的、可持续的生活消费方式,否则转移给工业部门的节能压力将更大。

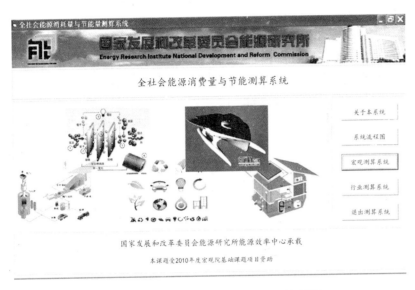

附图 1　节能潜力分析计算通用工具界面

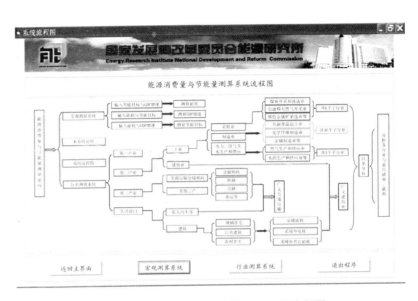

附图 2　节能潜力分析计算通用工具流程图

附图 3　节能潜力分析计算通用工具测算示意图 1

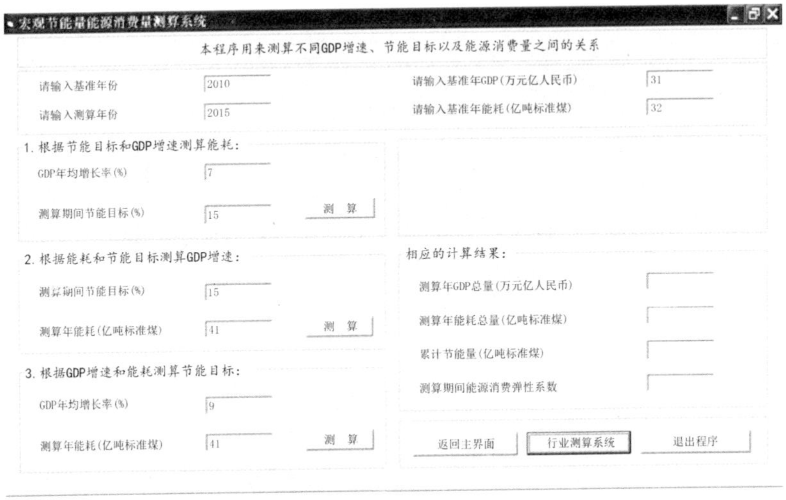

附图 4　节能潜力分析计算通用工具测算示意图 2

参考文献

[1] 戴彦德,周伏秋,朱跃中.实现单位 GDP 能耗降低目标的途径与措施[M].北京:中国计划出版社,2008.

[2] 欧阳洁.重点领域看节能:交通节能亟待"加速"[N].人民日报,2006-09-05.

[3] 王岳平.产业结构对交通运输业发展影响的定量分析[J].管理世界,2004(6).

[4] 国家发改委综合运输研究所课题组.中长途旅客运输多方式比较研究.内部报告,2006.

[5] 中国能源发展战略与政策研究课题组.中国能源发展战略与政策研究[M].北京:经济科学出版社,2004.

[6] 徐华清,等.中国能源环境发展报告[M].北京:中国环境科学出版社,2006.

[7] 国务院经济技术社会发展研究中心.中国经济的发展与模型[M].北京:中国财政经济出版社,1990.

[8] 李树.环境库兹涅茨曲线与我国的政策措施[J].宏观经济研究,2005(5).

[9] 张树伟,姜克隽,刘德顺.中国交通发展的能源消费与对策研究[J].中国软科学,2006(5).

[10] 梁巧梅,魏一鸣,等.中国能源需求和能源强度预测的情景分析模型及其应用[J].管理学报,2004(7).

[11] 胡萌.再论我国能源强度降低问题[J].统计研究,2006(3).

[12] 王政.工业节能潜力有多大[N].人民日报,2006-09-02.

[13] 沈中元.中国汽车拥有量预测.内部报告,2005.

[14] 国家发改委能源所课题组.2050 年中国能源需求情景分析.内部报告,2006.

[15] 罗阳,王晖军.水运发展对铁路运输市场的影响分析[J].综合运输,2004(2).

[16] 严季,李弢.我国货物运输发展趋势预测[J].综合运输,2005(11).

[17] 沈培钧.发展节约型交通要有战略思维[J].综合运输,2006(6).

[18] 王俊,徐伟,等.建筑能耗现状与节能途径[J].中国科技成果,2006(19).

[19] 龚平.建筑节能的新举措[J].中国科技投资,2006(9).

[20] 李庆福.建筑节能技术措施分析[J].工业建筑,2001(7).

[21] 戴彦德.实现节能降耗目标究竟难在哪里?[N].人民日报(海外版),2006-12-28.

[22] 戴彦德,等.从当前节能形势看实现"十一五"节能目标的思路和对策.2006 年全国发展和改革系统研究所(院)会议资料,2006.

[23] 戴彦德,朱跃中,熊华文."十一五"节能目标:挑战与对策[J].中国科技投资,2006(9).

[24] 史丹.结构变动是影响我国能源消费的主要因素[J].中国工业经济,1999(11).

[25] 何建坤,张希良.我国"十一五"期间能源强度下降趋势分析[J].中国软科学,2006(4).

[26] 韩智勇,魏一鸣,等.中国能源强度与经济结构变化特征研究[J].数理统计与管理,2004(11).

[27] 王树茂.经济系统的节能量计算[J].中国能源,1990.

[28] 周大地,等.全面建设小康社会的能源战略研究[M].北京:中国计划出版社,2006.

[29] 国家发改委能源研究所课题组.中国工业节能的现状、问题、挑战与对策.内部报告,2006.

[30] International Atomic Energy Agency, United Nations Department of Economic and Social Affairs, International Energy Agency, Eurostat and European Environmental Agency. Energy Indicators For Sustainable Devlopment: Guideline and Methodologies. IAEA, 2005, Printed by the IAEA in Austria, April 2005.

CDM 项目的风险与控制

郑 爽

1 获奖情况

本课题获得 2005 年度国家发展和改革委员会宏观经济研究院基础性课题优秀成果奖。

2 本课题的意义和作用

2005 年 2 月《联合国气候变化框架公约京都议定书》（以下简称《议定书》）终于正式生效。从此，《议定书》的有效实施是所有国家都面临的任务。《议定书》下的清洁发展机制（CDM）与发展中国家关系最为密切，中国被认为将占有全球 CDM 市场的最大份额。但是，在 CDM 活动实施的初期，中国注册的项目远低于巴西、印度等其他发展中国家。阻碍 CDM 在中国快速、规模化发展的原因是多方面的。其中实施 CDM 项目遇到的风险是国内企业、项目潜在开发商和有关咨询机构面临的重要障碍。为了帮助国内 CDM 相关利益方开发对中国可持续发展有贡献的节能、可再生能源和甲烷回收和利用项目，推进 CDM 在中国的实施，本课题以 CDM 项目的风险及其防范为研究重点，详细并深度分析了 CDM 项目实施中存在的普通商业风险和 CDM 项目的方法学、核证、注册和减排量兑现等特殊风险，探讨风险与减排量价格之间的关系，较好地为政府相关部门、咨询机构和 CDM 项目开发商提供了决策依据，对日后中国顺利开展 CDM 项目起到了积极的作用。

3 本课题简要报告

3.1 CDM 项目的风险识别

风险的基本含义是未来结果的不确定性。从普遍意义来看，任何新建和改造的投资项目都存在不确定性。如果将这些普通项目开发为 CDM 项目，又面临与 CDM 相关的不确定性。项目开发商在决定是否开发一个 CDM 项目时，应首先认识和识别开发和实施 CDM 项目将面临哪些不确定性，即风险。以下将 CDM 项目存在风险归纳为两类：普通项目风险和 CDM 特有风险。

1）普通项目风险（以下简称普通风险）。任何一个新建和/或改造项目，都面临着常规项目的风险，包括建设、技术、行业、财务、审批、市场、国家政治、政策、不可抗力等方面。

2）CDM 特有风险（以下简称 CDM 风险）。由于是气候变化领域的新生事物，以及复杂的国际实施规则和程序，CDM 项目还带有自身特有的风险。这些风险包括：国际审批（方法学审批、核实、注册、核证）、国内审批、减排是否产生（CER 交付）、CER 价格波动、汇率、国际气候谈判进程等各方面。

表 1 列出了以上两类风险的具体表现。

3.2 CDM 项目的风险结构、衡量及控制

上述风险与项目本身的类型有密切关联。首先作为普通项目，CDM 项目可以分为以下类型：①能效提高项目，如工业部门的节能、需求侧管理、交通部门提高能效、热电联产等；②可再生能源项目：如风力发电、太阳能发电、生物质能发电，小水电等；③甲烷气体的回收和利用：如垃圾填埋场填埋气的收集和利用、煤矿甲烷的回收和利用等；④HFC 23 废弃物焚烧项目；⑤己二酸工厂减少一氧化氮排放等。

它们作为常规项目所面临的普通风险不尽相同。例如可再生能源项目的技术风险通常比较高。如风力和太阳能发电是先进技

315

表 1　CDM 项目的风险

风险种类		举例
普通风险	建设风险	交工测试没有通过,延期竣工,成本超出;
	技术风险	技术不适用,事故;
	行业风险	技术革新,商品周期,新的市场准入,竞争或市场革新带来的产业机构调整;
	运行风险	由于技术、操作和维护对运行产生影响,以及原材料/能源/水等的供应问题;
	财务风险	融资失败,资金流出现问题,财务状况恶化;
	审批风险	没有得到审批,许可证及运行许可;
	市场风险	产品价格波动、原材料价格、工资、外汇及利率变化;
	政治、政策风险	战争、暴乱、国有化、优惠政策变化、外汇管制;
	不可抗力	自然灾害、恐怖活动等
CDM 特有风险	方法学审批风险	提交的新方法学不符合 EB 的要求,审批时间漫长;
	国内审批风险	项目不符合东道国可持续发展和有关政策的要求;
	核实风险	DOE 审核项目,发现不符合 CDM 的要求,需要大量修改,时间花费以及公众的负面意见;
	注册风险	提出申请注册后,有 3 个以上 EB 成员提出异议并重审;
	核证风险	项目实施后监测没有按照要求进行,监测结果不可靠;DOE 工作不利,被 EB 取消资格和核证结果;
	CER 交付风险	项目运行后未达到预期结果,没有产生足够减排量;
	CER 价格风险	CER 价格发生波动,较大幅度上升或降低;
	汇率风险	国际外汇市场波动,美元、欧元、人民币等升值或贬值;
	国际气候谈判风险	2012 年之后议定书的命运决定 CDM 是否继续存在

术,多为国外引进,技术要求高。国内通常缺乏技能熟练或训练有素的员工来运行和维护,缺少零配件供应基地,容易导致设备故障和失修。风力发电受地理和气象条件影响大,发电量不稳定,对项目的运营管理和当地电网的稳定运行也提出了更大的挑战。因此,可再生能源项目作为常规项目时也被认为是高风险,融资难度大。

节能技术包括余热利用以及余热余压发电、改造工业锅炉及供热系统、改造工业窑炉,风机水泵系统运行,电机调速、蒸汽管道的管理、洁净煤技术,流化床燃烧技术,以及绿色照明和建筑节能等综合节能工程。节能技术属于高新技术,它建立在应用新工艺、新技术、新设备和新材料的基础上,因此也存在技术风险。

垃圾填埋场填埋气的收集和利用在中国属于新型技术,在认知、技术操作、管理等方面都存在风险。项目实施阶段的填埋气实际收集和利用量很有可能达不到项目开发阶段时的预测量。

煤矿甲烷的回收和利用技术在中国已经有多年的实践和应用,如辽宁抚顺煤矿从 20 世纪 50 年代就开始回收和利用煤矿甲烷。目前,抚顺市的居民燃气全部为煤矿甲烷。但该技术较复杂,在发电时还存在技术难点,也属于技术风险较高的领域。HFC 23 减排和己二酸工厂减少一氧化氮排放方面的项目采用的均为成熟技术,成本低风险小。

以上各类项目由于性质不同,存在的普通风险各异。但它们面临的 CDM 风险是共同的。这些风险处于 CDM 项目开发周期的不同阶段。下面详细分析不同阶段面临的 CDM 特有风险。

1)项目概念开发阶段:方法学审批风险。EB 已批准 51 个方法学,其中大项目方法学 27 个,集成方法学 8 个,小项目方法学 15 个,造林和再造林方法学 1 个。如果一个项目不应用以上任何一个方法学,按照规定应提交根据本项目开发的新方法学。提交的新方法学要求具备科学性、额外性以及减排的可测量。EB 及其方法学小组对新方法学的审批非常严格。

UNEP 对 CDM 项目的跟踪研究表明,EB 批准一个新方法学平均时间为 276 天,否决一个新方法学的平均时间为 162 天。截至 2005 年 11 月,大项目方法学提交了 132 个,最后只批准了 27 个以及整合了 8 个集成方法学。新方法学开发周期长、批准率低是阻碍 CDM 项目大量实施的最大障碍和风险之一。

应付此类风险的措施应首先从已批的方法学中挑选适合自己领域的方法,并予以正确应用。HFC 23 废弃物焚烧项目可采用 AM0001 号方法学;垃圾填埋场填埋气的收集和利用类型项目可采用的方法学选择较多,如 ACM 0001,AM 0002、0003、0010、0011、0012 等。风电、水电、地热发电等可再生能源发电项目可采用 ACM 0002 和 AM 0005;节能领域方法学有 AM 0017、0018、0020、0024,ACM 0003、0004、0005。煤矿甲烷回收利用项目可采用 ACM 0008。

如果开发商/企业选择提交新方法学,必备的条件应为项目本身经济性好、技术额外性明显、减排潜力大、推广复制可能性大，以及开发商自身经济实力雄厚、抗风险能力强。

2）项目开发准备阶段：此阶段面临的风险包括核实、国内审批和 CER 价格谈判及汇率等。根据规则，CDM 项目必须编写项目设计文件（PDD）并由 DOE 核实后才能提交 EB 审批。DOE 根据各项有关要求和标准对项目包括 PDD 进行审核和核实，这是 CDM 流程中关键的一步，审核还包括提交公众评议部分。DOE 可能在此过程中提出各种问题和修改，甚至颠覆性意见。公众和非政府组织也有可能对项目提出负面意见。因此，核实过程中风险较高，应付这类风险的措施包括：正确选择项目和应用方法学，提供详尽的数据和完整的相关文件和信息，选择高水准的咨询机构编写高质量的 PDD，与 DOE 分担风险等。

东道国有各自的国内审批程序和审核要素，如果项目 PDD 质量低下、项目本身没有对东道国可持续发展作出贡献，不符合国内优先领域，以及 CER 价格过低，都可能使项目得不到国内的批准。一般来说，东道国国内的审批风险较低。

如果不是单边项目，开发商需要寻找买家并进行合同谈判。CDM 项目产生的 CER 通常为远期商品，但许多情况下在项目开发准备阶段就签订 CER 交易合同。合同中 CER 价格被确定并固定下来，因此面临未来交付 CER 时国际市场价格波动的影响。碳价格波动的可能性很大，属于高风险领域。若 CER 交付时市场价格已上涨，开发商将遭受损失，并有可能放弃合同，另寻买家。如果交付时国际市场的价格已下跌，买家将受损失，并有可能撕毁合同另寻卖家。对付此类风险的措施包括在合同中不确定具体价格，而将 CER 价格与交付时的国际市场，如欧盟排放贸易的排放许可权（EUA）的价格挂钩以及与资信度高的买家合作等。

当前国内的 CER 购买合同通常以欧元和美元结算，对中国业主来说存在外汇风险。CER 交付时国际外汇市场的汇率波动以及人民币升值、贬值都将直接影响业主的收益。当今世界经济发展不平衡，国际资本流动日益自由化，以及投机因素的作用，汇率波动愈来愈频繁，而且大起大落，从近几年的美元对欧元汇率起伏可见一斑。另外，人民币一直面临升值压力。2005 年 7 月，人民币汇率体制调整，由固定汇率改为浮动汇率，对美元升值 2%。人民币的远期汇率将很不确定。总之，国际外汇市场的汇率和人民币对美元汇率均为高风险。

汇率风险的管理办法包括，企业根据自己的资金结构、规模和项目的规模，正确制定一个损益指标。对交易方进行资信调查，提前收付和拖延收付，选择货币，即用本币（人民币）计价或开立外汇账户等。

3）项目注册阶段：CDM 流程的决定性步骤就是项目注册，它标志着项目开发履行了所有要求规定之后，是否能成为 CDM 项目。根据规定，履行完所有审评步骤及公众评议后，项目申请注册时，若 EB 有 3 个以上成员或项目参与方对项目提出异议，EB 应考虑对项目重审。虽然目前注册的 90 个项目和申请注册的 62 个项目中只有 2 个被提出异议（截至 2006 年 2 月 11 日），但注册阶段的不确定性仍然不能低估。对付此类风险的措施包括选择可靠的 DOE，选择已有登记记录的项目类型开发等。

4）项目实施阶段：根据规则，成为 CDM 项目之后，业主应负责对项目的实施和产生的减排进行监测，并由 DOE 进行核证后报 EB 签发 CER。在这一阶段，业主将面临核证和 CER 交付不足的风险。任何项目在实施中都存在风险，如设备运行和技术未达到设计状况，原材料、市场等因素都将有可能使项目达不到预期的减排量。或者业主的监测活动没有按照要求进行，从而影响实际减排量的计算以及按合同交付足量的 CER。

国际上已有若干项目在监测后发现没有达到预计的减排量。如巴西 Salvador da Bahia 填埋气管理项目的首份监测报告显示，项目运营第一年的减排量仅为项目设计文件（PDD）提出的 56.4 万 t 二氧化碳当量的 8%。尽管并非所有的垃圾填埋项目都会如此，但垃圾填埋项目的 CER 供应量低于 PDD 的估算值的可能性很大。

CER 交付不足的风险需要得到高度重视，买卖双方如何分担此风险是决定 CER 成交价格的关键因素之一。通常买方将它视为 CDM 交易的关键一环，并倾向于将此风险全部转移给卖方。例如荷兰 CERUPT 招标计划对 CER 交付不足规定严格的惩罚，包括对一个未提交 CER 需交纳其本身价格 5 倍的罚金。

中国项目业主在应付此类风险时的策略应采用风险共担或转移的方式，而不应全部承担交付不足的风险。国内有的项目合同中规定，如果没有达到预期减排，业主不负任何责任，由买家自己另行对策。这种方式卖方承担的风险小，但价格也随着降低。还有合同规定,如果当年交付不足,不足数量由以后的产量补足,但价格下降,这是由买卖双方共同承担交付风险、但卖家承担比例大的方式。还有合同规定,若交付不足,由卖家提供其他方式获得的 CER 交付买家,这种情况是由卖家承担全部交付不足的风险。

5) 项目 2012 年之后实施的阶段:按照《京都议定书》的规定,CDM 项目产生的 CER 将用来兑现附件一缔约方 2008—2012 年的减排承诺,它意味着 2012 年之后 CER 将没有用处。而一个 CDM 项目的寿期至少 10 年以上,它在 2012 年后还将继续产生 CER 很多年。但是,无论买方还是卖方都无法预测 2012 年以后 CDM 的命运,因此 2012 年之后出产的 CERs 的价值非常不确定。目前,绝大多数 CDM 项目的 CER 只卖到 2012 年,只有很少买家在合同中购买了 2012 年之后的 CER(但因此降低了 CER 价格)。

但对于项目业主来说,在进行投资决策时,需要对项目未来有确定的预期,对资金、现金流等有正确的估算。由于 2012 年后 CDM 的不确定性较大,CER 收入没有长期的确定性,对开发商来说是风险较高的投资决策。对应措施包括在项目可研阶段设计若干情景,包括 CDM 在 2012 年后终止的可能;通过不同渠道呼吁推进后京都进程等。

3.3 风险与 CER 价格的关系

CDM 存在的风险应得到项目业主 / 开发商的高度重视,因为风险决定了投资的成败和回报。人们对待风险的策略通常是要求"高风险,高回报"。而通过上述对项目风险的剖析可以看出 CDM 是一个高风险的领域。但它是不是"高回报"呢?这需要分析 CER 的价格。单纯讨论 CER 价格是没有任何意义的,因为每一个 CER

表 2　CER 价格与风险

价格区间	合同(或风险)构架
高	卖方承担全部风险,包括国际审批、国内审批以及普通项目风险,即单边项目。另一方面,避免了 CER 价格波动和汇率风险。
低	买方承担全部风险,主要包括国际审批和交付风险,具体执行方式为买方承担 CDM 项目开发和核证阶段的所有或部分成本,即预付费用来支持项目的实施和履行。
中间	买卖双方共同负担各类风险,包括承担项目各阶段的成本

价格都是上述所有风险在买方和卖方之间分担之后的结果。CER 价格谈判的关键是如何在买方和卖方之间分配上述普通风险和 CDM 特有风险。对于这些风险,买方和卖方对它们的衡量是不同

表 3　CDM 项目的风险与控制

风险种类		风险衡量	风险控制措施
普通风险	建设、技术、行业、运行、财务、审批、市场、政治、政策和不可抗力	根据项目类型风险有差别,通常技术风险较高	进行保险,与分包商签约转移风险,对政策等跟踪研究
CDM 特有风险	方法学审批风险	高	首先从已批的方法学中挑选适合的方法,并予以正确应用; 如果选择提交新方法学,必备的条件应为项目本身经济性好、技术额外性明显、减排潜力大、推广复制可能性大,以及开发商自身经济实力雄厚、抗风险能力强
	国内审批风险	低→中	按照国内有关政策要求选择和开发项目;提高项目文件质量
	核实风险	中→高	认真慎重选择项目和准备项目有关文件、数据等并遵循相关规则,选择可靠的 DOE
	注册风险	中→高	选择可靠的 DOE,选择已有登记记录的项目类型开发
	核证风险	中→高	在项目可研中估算变化范围;严格按照程序规则实施监测;选择可靠的 DOE
	CER 交付风险	中→高	规定合同中交付的 CER 数量保守;采用风险共担或转移的方式,卖方不应全部承担交付不足的风险
	CER 价格风险	高	在合同中不确定具体价格,而将 CER 价格与交付时国际市场、如欧盟排放贸易的排放许可权(EUA)的价格挂钩等;选择可靠的、资信度高的买家
	汇率风险	中→高	企业正确制定一个损益指标。对交易方进行资信调查,提前收付和拖延收付,用本币(人民币)计价等
	国际气候谈判风险	高	在项目可研阶段设计若干情景,包括 CDM 在 2012 年后终止的可能;通过不同渠道呼吁推进后京都进程

的。确定后的价格对于卖方来说应该为价格与风险成正比,即低价格、低风险,高价格、高风险。对于买方来说应该成反比,即低价格、高风险,高价格、低风险。

在某些方面,卖方与买方的利益是相冲突的。目前国际上通行的多为买方合同,着重保护买家的利益。而作为发展中国家的卖方,特别应该在合同谈判中保护自己的利益,在风险分担和CER 价格之间找到自己的平衡点。表2较直观和清晰地列出不同价格下的合同(或风险)构架。

决定 CER 价格的另一个关键因素为 CER 的性质,即它是期货还是现货。由于期货的不确定性大,风险较高,其价格明显比现货低。当前国际市场的交易以期货占主体,是价格不高的原因之一。现货是指已由 EB 签发的、零风险的 CER,可在现货市场上高价出售。但目前数量很少,并且多数已经早期卖出,实质仍为期货。随着单边项目增多,现货 CER 的供应将越来越多。此时的CER 交易可以用价格水平较高的欧盟排放贸易为主要参照,卖家争取实现“高风险、高回报”。

根据国际市场的行情报道显示①,未登记的 CDM 项目 CER 价格为 6~8 欧元,并且由买家承担履约及交付风险,卖家基本不承担风险。在买家早期就已经参与(通常是垫付部分资金)的合同通常以 5~6 欧元甚至更低的价格成交。卖家承担大部分风险的单边及准备成熟或已登记的项目要价为 12~16 欧元甚至更高。偶尔还会出现一些与欧盟排放贸易(EUA)相关联的报价。一些已登记并且有履约担保的项目要价高达 20 欧元,但没有买家接受。

2005 年第四季度有一笔涉及黄金标准(gold standard)CDM 项目交易以每单位 CER15 欧元的价格成交,购买方为瑞士政府。

据有关报道及买家信息,中国的 CER 价格低于印度、巴西和墨西哥。对于未来 CER 价格的预测,某些业内人士称 2008 年前交付至买家账户的 CER 价格将高于 2008—2012 年交付的,差幅最大可达 25%。

3.4 结论

基于以上分析和举例,从中国项目业主/卖方利益出发,归纳出以下要点以衡量和控制 CDM 项目面临的风险,如表 3 所示。

参考文献

[1] Risk Management on a CDM Project, Masuda Masato, M4U.

[2] 碳点公司. CDM 及 JI 追踪. 双周通讯,2005—2006 年.

[3] Managing Dispute Risks in CDM Transactions, Ricardo Nogueira.

[4] Carbon Market Update for CDM Host Countries, UNEP.

[5] CDM Pipeline, UNEP.

[6] Legal Issues–Guidebook to the Clean Development Mechanism, UNEP.

[7] 王晓群. 风险管理[M]. 上海:上海财经大学出版社.

[8] 顾孟迪,等. 风险管理[M]. 北京:清华大学出版社.

---

① 资料来源:碳点公司《CDM 及 JI 追踪》双周通讯。

优秀调研报告篇

关于怒江水电开发考察的调查报告

高虎　李俊峰　任东明　时璟丽

1　获奖情况

本报告获得 2006 年度国家发展和改革委员会宏观经济研究院优秀调研报告一等奖。

2　本调研的意义

近年来，水电开发因为生态保护及移民问题而备受媒体和公众关注，尤其是关于怒江开发的争论最为激烈。众多专家、学者包括媒体对怒江开发问题存在较大的分歧。赞成开发的一方认为，从国家能源战略、地区经济发展等多方面考虑，应该尽早开发怒江；反对意见则认为怒江的开发将对当地独特的生物多样性以及地区民族文化等造成重大负面影响，应该将怒江作为最后一条原始生态河流加以保留。通过实际调研，本文提出，在当前形势下国家应加大对怒江地区的投入；尽早建立对重大项目的战略评估机制，组织独立的力量开展环境等评估；抓紧如移民补偿机制等重大问题的研究工作；尽早开展同下游国家的沟通，为决策及日后开发打下基础。

3　本调研简要报告

经过多年努力，我国已在水能开发及利用方面积累了丰富的经验，在勘探、设计、施工、监测等技术领域都处于世界领先地位。可以说，当前我国的水能开发在技术、资金、施工、管理队伍等各个方面，都已不存在大的约束条件。但是，我国剩余未开发的水能资源多数集中在西部、西南部，虽然我国水能的技术可开发利用程度仅为 21.5%，但当前水能的开发与生态环境保护之间的矛盾越来越突出。近年来，水电开发因为生态保护及移民问题而备受

媒体和公众关注，其中，怒江水能资源的开发已经成为各方面关注的焦点。

2006 年 1 月 1 日，《可再生能源法》正式生效。水能是我国最重要的可再生能源之一。为了更好地促进我国水能资源的开发，了解怒江开发的争议并寻求解决问题的思路，国家发改委能源所与中国工程院、水力发电协会专家组成考察团，于 2006 年 8 月 21—26 日，在云南省发改委、怒江州政府、怒江水电开发公司的大力协助下，对怒江流域沿六库至福贡段进行了考察。期间分别同云南省政府、怒江州政府、福贡县和贡山县政府、匹河乡政府以及怒江公司举行了座谈，并走访了怒江两岸共 8 户定居点。此外，课题组还同一些对开发持反对意见的人士及组织进行了深度座谈。有关情况如下。

3.1　怒江水能资源开发的背景资料

（1）怒江水能资源概况

怒江发源于青海唐古拉山南麓，经西藏于云南省贡山县入云南，在德宏傣族景颇族自治州潞西县流出国境，进入缅甸后称萨尔温江，最后注入印度洋安达曼海。怒江全长 3 200 多 km，在中国境内干流全长 2 020 km，流域面积 12.55 万 km²；在云南境内长约 619 km，其中怒江峡谷总长 316 km，最高海拔 5 128 m，最低海拔 738 m，相对高差 4 390 m，怒江干流河道顺直，水量丰沛，是名符其实的水能资源"富矿"，仅干流可开发装机容量就超过 3 000 万 kW。特别是怒江流域水库移民数量比较小，移民总量仅为 5 万多人，是我国开发条件较好，也是目前正待开发的大型水电基地。根据《怒江中下游水电规划报告》，怒江中下游水电开发包括两库十三梯级，即松塔电站（西藏境内）、丙中洛电站、马吉电站、鹿马登电站、

福贡电站、碧江电站、亚碧罗电站、泸水电站、六库电站、石头寨电站、赛格电站、岩桑树电站和光坡电站,总装机容量 2 132 万 kW,年发电量 1 029.3 亿 kWh,各梯级电站中除丙中洛电站采用引水式开发外,其他梯级均采用堤坝式开发。

(2)怒江州社会经济发展情况

怒江全州总面积 14 703 km²,辖泸水县、福贡县、贡山独龙族怒族自治县和兰坪白族普米族自治县,有 29 个乡(镇)、260 个村委会。怒江州是全国唯一的傈僳族自治州,居住着 22 个民族,少数民族人口占总人口的比重达 92.2%,居全国 30 个民族自治州之首。其中,傈僳族和普米族主要聚居在怒江,怒族、独龙族是州内独有民族。怒江州与缅甸邻邦山水相连,国境线长 449.5 km,占中缅边境线的 20%,占云南省边防线的 10% 以上;全州信教群众占总人口的 25%。

除了丰富水电资源外,怒江的兰坪拥有亚洲最大的铅锌矿,"三江并流"更是开发怒江流域旅游资源的特色品牌,但怒江州至今还是云南乃至全国最贫困、最落后的地区之一,是一个集边疆、山区、民族、宗教、贫困为一体的民族自治州。全州 4 县均为国家级贫困县,扶贫攻坚任务异常艰巨。2005 年,全州国内生产总值 24 亿元,地方财政收入 2.1 亿元,财政自给率仅为 16%。农民人均纯收入 1 034 元,仅为全国的 1/3;城镇居民年人均可支配收入仅为全国和全省的一半。按照国家最新的贫困县标准,全州农民人均纯收入低于 882 元的人口有 27.53 万,低于 637 元的有 13.38 万,分别占全州农业人口的 66% 和 33%;此外全州还有 16.8 万无电人口,14.3 万人需要解决通路问题。全州贫困人口比例高达 71%,个别少数民族聚居区的贫困人口比例更高,如独龙族人口的 98%、怒族人口的 95%、傈僳族人口的 84% 均为贫困人口。几十年来,怒江州以自己整体贫困的现状独自承担着守卫祖国 450 km 长边境线的重任,履行着保护占本州 60% 面积的国家自然保护区的义务,在我国经济实力日趋强大的今天,如果未来怒江州的百姓仍然无法实现脱贫致富,只能说明政府的不作为,其结果必然影响边疆的稳定和发展的大局。

怒江地区是自然环境破坏最严重、最不适合人类居住的地区之一。新中国成立初期全州森林覆盖率为 53%,由于"大跃进"和"文革"期间大量毁林开荒,1985 年森林覆盖率下降为 44.1%,30

多年中每年减少林地 44 km²。怒江两岸海拔在 1 500 m 以下的原始森林已荡然无存,1 500~2 000 m 的植被也破坏严重。根据 1999 年详查,由于森林涵养水源的功能急剧下降,全州水土流失面积达 3 933 km²,占全州国土面积的 26.75%。怒江三县(泸水、福贡、贡山)调查统计地质灾害隐患点多达 300 多处,滑坡、泥石流、山洪等自然灾害愈演愈烈,每年因这些自然灾害而死亡 35~50 人。不仅如此,怒江沿岸三县地处"三江并流"的敏感地带,大江大河面积占 10%,2 500 m 海拔以上禁止上山,因而 70% 的面积不能随意耕作,承担着生态环境保护义务的百姓为了生存被迫选择沿岸的陡坡耕作。怒江全州 76% 以上的耕地都是超过 25° 不宜开展种植活动的坡地,粮食亩产 50.5 kg,每亩平均收益仅为 36 元,甚至耕种 10 亩地也养活不了一个人。"薄收"的后果是"广种",大量的农耕活动又反过来加剧了水土流失和对生态的破坏,其带来的损失甚至远远大于粮食的收益。在这种开发与保护的恶性循环当中,怒江流域已越来越不具备传统的农业种植以及畜禽养殖条件,换句话说,怒江流域已越来越不适合于以农业、产粮为主的生产和生活方式。

(3)怒江水能开发进展回顾

1995 年国家正式将怒江流域的水电规划工作提到议事日程,由国电昆明勘测设计研究院着手开展了大量规划前期工作。2000 年 8 月由昆明勘测设计研究院和华东勘测设计研究院分别开展中下游水电规划工作。怒江州同时委托昆明勘测设计研究院开展六库水电站项目前期工作。经过近 10 年的艰辛工作和 3 年多的勘测设计和研究,于 2003 年 7 月完成了《怒江中下游水电规划报告》。2004 年 8 月 12—14 日,国家发展和改革委员会在北京主持召开了有 140 余名专家、学者参加的规划审查会议,对该规划报告进行了审查,尽管极少数与会代表提出了不同意见,但《报告》得到了绝大部分专家的肯定和支持。2004 年 11 月,国家发展和改革委员会、原国家环保总局等在北京组织召开了《怒江中下游水电规划环境影响评价报告》审查会。专家组认为,规划推荐的十三级方案从水资源充分利用和工程技术经济上讲是可行的;为满足保护生态环境的要求,推荐近期开发马吉、亚碧罗、六库、赛格四级水电站,这四级水电站对环境影响相对较小,若采取切实可行的环保对策措施,基本可以满足环境保护的要求。目前,总装机

18 万 kW 的六库电站于 2004 年年底已完成可研、环评和移民等相关专题报告,已经具备上报核准开工建设的条件。

至调研结束时(2006 年 8 月 27 日),国家发改委尚未给出"怒江中下游水电规划报告批复意见",国家环保总局也没有明确的"怒江中下游流域水电规划环境影响报告书批复意见",包括"六库电站环境影响报告书批复意见"。在流域规划方面,水利部至今也没有公布"怒江流域水资源综合利用规划"。

3.2 有关各方对怒江水能开发的态度

(1)云南地方各级政府和怒江水电开发公司的态度

调研了解到,省、州、县、乡四级政府对怒江水能开发表现出了坚定一致的支持态度。归纳起来主要有以下几个方面的理由:①从地区层面而言,怒江地区非常贫困,需要发展,而符合当地发展条件的唯一途径就是开发怒江水能资源;②从环境保护的角度出发,当前怒江中下游地区生态环境持续恶化,已完全不是许多人认为的那种"原生态",特别需要通过开发水电来扩大沿岸的经济容量以弥补自然容量的不足,只有如此才能有效遏制环境的继续恶化,实现保护流域生态环境的目的;③从国家战略考虑,当前国家能源短缺,怒江丰富的、可以永续利用的水能资源应及早开发,这是大势所趋。

怒江水电开发公司隶属于五大发电集团中的华电集团。作为能源公司,怒江开发公司较多地从增加能源供应的角度出发支持开发怒江;由于集团公司自身拥有很多火电站,华电更加了解水电的清洁及可以再生的优势对改善我国能源结构的重要性。因此,怒江开发公司也大力支持开发怒江丰富的水电资源。

(2)地方百姓的态度

考察期间,调研组走访了沿江两处定居点共 8 户怒族百姓,这些百姓中有一直定居于江边的,也有近年来在政府"退耕还林"政策帮助下从山上迁下来的"生态移民"。由于江边交通较为便利,通过耳闻目睹,这 8 户百姓或多或少对怒江水能开发都有所了解。被访百姓对怒江水能开发认识的表达很朴实,但很清晰,且都持肯定的态度,归纳起来包括:①由于有附近小水电站开发的示范作用,多数认为将来怒江大规模开发会给他们带来更多就业和增加收入的机会;②开发水电以后,会有电有水有路,生活会得

到进一步改善;③对于修建水坝可能淹没自己的土地,受访者都表示充分相信政府会解决自己的耕地问题,并相信未来的生活会在政府安排下越来越好。

(3)环保人士对怒江水能开发的态度

此次调研组还接触了一些反对怒江水能开发的人士,了解到了他们反对的观点及理由。这些人士多数是从事生态环境科学工作,如生物多样性、生态环境保护的研究,其次是从事人文及社会科学如公共政策、可持续发展政策等研究,还有一部分代表是媒体或民间环保组织。由于自身背景的限制,在这些反对怒江开发的观点中,绝大多数并没有从工程技术角度对项目开发提出质疑,而是从怒江独特的自然、地理、资源优势出发,认为怒江开发将对自然环境、生物多样性、独特的民族文化产生负面影响。另外,也对国家重大项目决策的方式和科学性等方面提出质疑,主要概括如下:

1)怒江地区是"地球生物多样性的黄金地带",水能开发可能会对这种独特的生态和社会环境以及当地群众生活带来长期、持续的影响,但至今政府还没有对这些影响作出一个全面、系统的研究与综合评价;

2)国家在信息对称方面的工作做得不够,怒江开发的决策过程只有官员、投资方和部分非独立专家参与,虽然决策效率高,但是并没有将诸如项目所需付出的多方代价、替代方案的结论、不确定因素等正反两方面的信息传达给公众;

3)怒江流域的环境影响评价由业主委托的机构进行,这种利益相关的组织程序很难保证环境影响评价的公正性和客观性;

4)我国当前水电开发所遇到的一些关键问题现在并没有得到很好的解决,如产品价格在体现环境和社会等外部成本方面的问题,失去土地的工程移民等弱势群体的长期利益保障问题,如何定位水资源资产属性的问题,具有民族特色的传统文化如何发掘、认定和保护等问题,在这些政策环境尚不明朗的情况下仓促上马,对所有的利益相关人尤其是公众都会带来伤害。

3.3 关于两种声音的争论

对怒江水电开发所表现出来的两种截然不同的声音,既体现了双方在怒江开发过程中对各方面影响"孰轻孰重"认识上的差

异，也反映了各方对 GDP 驱动经济发展模式观念上差异。这种差异的形成既与双方较大的专业背景差异有关，也和双方长期观点对立、缺乏沟通和交流有关，更脱离不开"利益相关"的干系。政府既要做出周密安排应对能源短缺的巨大挑战，同时又要体会各方在发展经济、保护环境等各方面的良好愿望，更要重新审视在新形势下现行宏观及微观政策所存在的不足。

长期以来，怒江流域和内地相比在经济发展方面存在明显的巨大差距，但中央政府却缺乏对怒江这样"极端贫困、有特殊价值、生态脆弱"等特殊地区的长远思考和对策，没有从宏观总体上对怒江地区的发展给予纲领性的指导。虽然国家对怒江部分地区（如贡山县）的财政支出给予高达 90%的补贴，但对整个怒江流域缺乏实质性的、能维持可持续发展的政策关怀。这种指导思想及政策的缺失，迫使地方政府在当前 GDP 驱动的社会经济发展机制下，寻求自身的优势、条件来解决发展及脱贫致富的途径。开发包括水能在内的资源来发展本地经济，从而使自己摆脱贫困的发展思路，无论是过去、现在和未来都符合政府的宏观市场经济政策。在全国其他地区同样采用"以资源开发带动经济发展"模式的选择上，国家没有理由"厚此薄彼"。尤其是怒江人民不仅要承担守卫边疆的责任，更要承担超负荷的环境保护义务，在国家尚未建立生态补偿机制的今天，"有树不能砍、有山不能动、有水不能用"，这种现实已经使怒江沿岸百姓几乎完全失去了生存和发展的所有依靠。坐拥绝好的水电资源，必然要在水电开发上寻找出路。因此，地方政府的发展思路同水电开发集团的意图不谋而合就显得合情合理。由此也不难想象他们支持开发愿望的迫切性。但这种利益相关性同时也必然给他们的组织研究工作带来一定的负面影响——虽然许多研究结论都符合科学的程序，并由符合资质的专家参与论证，但其公正性和科学性仍旧受到了大量的质疑。

另一方面，尽管能源短缺是支持怒江开发认识的"绝对理由"，但我国过去有太多的反面案例，如"大跃进"那种压倒一切、排斥综合考虑，从而付出惨重社会代价的例子；再如"三门峡"那种仓促上马、忽视环境影响，从而导致严重生态灾难的先例。回顾这些惨痛的教训，在关系怒江这样有着重要价值河流的开发决策问题上，无疑需要更全面的考量。

首先，在一些特殊地区，政府是否应该执行全国统一的经济发展衡量标准。在怒江这样的特殊地区，"发展"究竟需要什么样的动力支撑？"绿色 GDP"的考核机制究竟如何落实到这些特殊地区？"西部大开发"的宏伟战略在西部特殊地区该如何区别对待？毫无疑问，这已不仅仅是政府能给予什么样优惠政策的简单问题，而是发展理念问题，国家需要在"发展与保护"这对矛盾日趋激烈的今天，制定更加细致的、高瞻远瞩的战略举措。

其次，国家缺乏对重大工程项目的能够体现"国家意志"而非利益集团要求的战略性环境影响评价，这样的"国家行为"应当具有全局性、前瞻性和指导性。以水电开发为例，当前的项目组织管理都是在明确了业主之后，由业主出资组织进行项目评价，这样的做法即使符合科学的程序，得出的结论也难免不会受到业主的影响。对待怒江这样特殊地区的战略评价不仅要考虑当前利益、局部利益，更要考虑长远利益、国家整体利益。这样的决策论证工作理应由国家而不是水电业内人士主导开展。

最后，国家的能源问题关系国计民生，怒江的发展也和水能开发息息相关，这样利国利民的大事是否仅仅就只有开发怒江这一条道路可走？长期以来，国家以"可行性研究报告"作为项目决策的依据，但缺乏对替代方案的重视和投入。在对待怒江开发的能源贡献及促进地区发展评价问题上，国家一直没有支持开展替代方案的研究，提出可能的替代方案，并深入研究这些方案的代价、收益以及不确定性等相关问题，这也使得政府在面对"可研报告"的最终决策时，缺乏比较的对象和选择的余地。

事实上，在怒江开发问题上，"赞成"与"反对"的两种声音并非完全没有交叉和重叠。双方都深刻认识到国家应该重视怒江百姓需要发展、脱贫的强烈愿望，"三江并流"自然遗产、当地丰富的"生物多样性"以及独特民族文化需要加以保护等。但是由于双方基本立场不同，专业背景差异极大，即使出于同一个目的，也会出现较大的认识偏差。拿"环境保护"来说，一种声音认为"开发水电和保护生态环境并非不能兼顾，可以在保护生态环境的前提下开发水电，在开发水电中加强环境保护"，而反对的声音则认为生态系统是个整体，多样性的各个生物品种不因人类的划分而成为"三六九等"，只是这种多样性生态系统的价值在当前还未得到足够的体现，并且生态环境保护并非仅仅是植树种草、爱护动物这样简单；对于怒江流域当前出现多发的滑坡、泥石流等地质灾害的表现，一方认为人类活动已使得当地生态脆弱性日趋严重，一旦受到更大破坏，就极难恢复，另一方则认为只有通过资源开发使得百姓走出靠山吃饭的境地，当地生态恶化的趋势才能真正得到遏制；在国际河流问题认识上，有人担心怒江开发会引起下游国家的不满，但也有人认为在国际河流开发规则不甚明朗的情况下，从国家利益出发，开发宜早不宜晚等。

调研组从两种声音的对峙中总结出：当前怒江开发仍旧面临一些双方都不能下定论的问题，单纯的工程师、生态学家、环境学家、社会问题专家都不宜就怒江开发得出"是"与"否"的结论。现在看得比较清楚的是，在可研报告中的有些"收益"，但一些可能的潜在"损失"，现在还没有研究到位。

3.4 关于怒江水能开发的建议

（1）怒江开发虽有争议，但国家应尽早大力扶持怒江地区发展

虽然对怒江水能的开发存在着很多争议，通过调研发现，维持怒江的现状——既不开发怒江资源、也不对怒江发展予以政策指导的做法是很不可取的。据当地统计，从 1953 年建州至 1995 年，国家对怒江州的投入累计仅为 9.7 亿元，还不到云南省总投入的 1%。结果造成了严重的缺路、缺水、缺电、缺医少药，大部分群众还没有享受到最基本的公共服务。到现在全州尚无一寸国道穿越，沿边三县仅有一条公路，而且公路等级低，晴通雨阻，通达能力极差。

如果说基础设施投入的缺乏只是影响到了百姓的生活水平，以怒族为例，以下几个社会现象则表明，贫困已严重影响到了当地少数民族的生存和发展：

1）由于和外面的世界差距太大，本地又缺乏发展的机会，怒族姑娘通过外嫁内地"摆脱贫困"的现象越来越多，可以说，如果任其发展，则当地的贫困问题会直接影响到一个民族的生存与发展存在；

2）怒族和外界接触的机会很少，只有 40%会说汉语，这大大限制了他们民族整体素质的提高；

3）由于没有任何产业，怒族年轻人即使受过初等、中等技术教育，回到家乡后也根本找不到任何可以施展的机会，受过教育的怒族人只有把当乡镇公务员当做唯一的出路，否则只能和父辈

一样从事农耕！这也是当地百姓从附近修建小水电站获得实惠，继而支持开发大水电观点的一个重要原因所在。

教育是一个民族保持生命力，得以创新并且发展的最根本要素，如果连教育都不能让一个民族看到振兴的希望，长期下去，这个民族的生存将会出现严重问题。

因此，无论是通过转移支付等"输血式"的补贴，还是改革机制，对承担国家生态保护义务等特殊地区提供"生态补偿报酬"的"献血式"帮助，抑或是加大对当地"旅游"甚至"矿产开发"的投入，并给予税收等优惠政策的"造血式"扶持，国家都应该对这个特殊地区给予足够的重视，而不能听之任之，任由当地向自然索取，继续贫苦下去。为此，国家应该组织力量对多种扶持方式进行比选研究，尤其应尽早开展对特殊区域生态补偿机制的研究，这对西部类似地区的发展也是很好的借鉴。此外，还应考虑除发展水电之外的各种"能源替代""经济发展替代"方案，明确最优的发展思路。

（2）建议建立重大项目由国家主导的独立评审机制

目前一些重大项目都是先立项，成立开发公司，形成利益团体之后，再进行项目可行性研究以及环境影响评价工作，这种程序往往关注项目正面的论证，极容易忽视甚至故意弱化项目可能带来的负面影响，从而造成不必要的决策失误。建议国家在对待怒江开发这样的大型项目建设时，同时组织"可行性研究"及"不可行性研究"两个项目组进行独立论证，由国家主导主流以及非主流观点之间的交锋，包括对"替代方案"的细致分析；所需的研究资金应来自中央财政的专项拨款，而非水电集团。这样的方式可以让决策者听到各种声音，充分了解到多种选择方案的利弊，从而获得比较客观的结论。

此外，国家需要组织多方专家对重大项目及特殊地区的建设进行综合战略评价，这种评价不仅包括对技术的可行性研究，更要对生态、环境、战略作用等各个方面的影响作出评价，力求这些关系国计民生的重大项目的决策依据是来自体现国家意志的研究结论。

（3）怒江开发对生态及环境的影响等悬而未决的问题应及早研究

怒江是我国最后一条从技术角度而言宜于大规模开发但尚

未开发的河流。在地球生物多样性严重退化的今天,怒江流域在野生资源上到底有多少不为我们所知的价值,开发怒江对生物多样性和环境的影响有多严重,保留怒江对中华民族长远发展的战略意义到底有多大,这些问题尚没有经过全局的科学考察及论证,当前的认识和信息量都不够,因此无法给出确切的答案。武断地认为没有大的影响,或者任何水能开发都会改变环境因而都应禁止的极端主张,都不是科学的、理性的态度。在有着较大未知性和不确定性的情况下,应适当推迟怒江开发决策的时间,尽快从国家层面上,先组织研究一些悬而未决的问题,如怒江开发对生物多样性及环境的影响、怒江峡谷破碎地带的地质条件是否允许建设高坝,以及当地发展的替代方案如旅游等。

事实上,推迟有疑问的项目,并不妨碍那些争议较少、各方面效益显著的工程的上马。西南"三江"干流水能资源总体规划约1.05亿 kW,怒江干流共有 2 130 万 kW,约占 20%。由于金沙江、澜沧江干流上已经建成或在建若干水电项目,因此怒江开发的适度延迟,对整个西南水电的发展,以及对全国电能的供应,并不会起全局性的影响作用。大型水电工程自开工到产生效益的周期一般是 10~15 年,集中在西南地区 1 亿 kW 的水电从资金、移民、外送电力的消化等难度考虑,不可能同时开工建设并发挥效益。因此政府有足够的时间组织力量将怒江开发前期的考察、论证工作做细,将不清楚的问题研究彻底,并充分借鉴三峡、龙滩、向家坝等届时西南地区已建大型水电工程对生态、地质和社会影响的研究经验。这样可以避免决策的仓促,以及由此而带来的不可挽回的、令我们子孙利益受损的后患。

（4）建议尽早建立和下游国家的沟通机制,为将来水能开发做好政治准备

随着全球化进程的日益深入,各种多边和双边机制在加强国际合作、维护地区稳定、促进对话等方面发挥了重大的作用。我国作为亚洲大国,西南地区有怒江、澜沧江、雅鲁藏布江、独龙江等多条国际河流,目前仅在澜沧江上修建了漫湾、大朝山两座电站。国际社会当前还没有实际有效的针对国际河流上下游开发的游戏规则。在这种情况下,澜沧江下游的越南、泰国等政府也没有对我国正在进行的澜沧江开发提出明确的反对意见。事实上泰国、老挝、越南等也已经在下游湄公河上建立了水电站。有鉴于此,积极地投入地区对话机制的建设,既是一个负责任大国应有的表现,也是营造我国周边环境稳定的要求,符合我国当前奉行的区域发展策略。事实上,无论怒江还是澜沧江,其水能效益的发挥不可能脱离周边国家的市场,澜沧江的景洪电站就已经同泰国建立起了合作。因此建议政府主动同怒江等国际河流的下游国家建立沟通机制,提前就水能开发的合作及统筹安排交换意见。对已有的地区合作组织,如"大湄公河流域组织",也应积极参与并影响决策,打消周边国家的顾虑,为日后的大规模开发打下政治基础。

（5）建议强化流域移民规划,落实移民补偿

虽然根据规划方案,怒江流域的移民绝对人数少,怒江州政府提出了"城乡联动安置"等方案,但当地可供就地安置的土地资源少,环境容量小,就地安置的困难可想而知。由于云南境内的金沙江、澜沧江都需要大量的异地安置,这就需要云南政府在流域开发上给予统筹考虑。就地安置应结合城镇建设、产业模式转变联合开展,改变百姓的生产、生活方式,减少百姓对土地的依赖。与此同时,应该尽快研究流域补偿方案,而非针对单个项目开展的移民补偿,并且由国家充当补偿的主体,目的是使无论旅游资源还是水电资源均能够成为百姓生产资料的一部分,保证该地区百姓不会因为土地面积的减少而失去长期生存的基本能力。

四川省小水电发展问题调查

任东明 秦世平 高虎

1 获奖情况

本报告获得 2004 年度国家发展和改革委员会宏观经济研究院优秀调研报告一等奖。

2 简要报告

经过多年的开发与建设,四川省小水电已经形成了较大的规模,为发展地方经济作出了重要贡献,特别是为"老、少、边、穷"地区在解决无电人口问题、实现脱贫致富和维护社会稳定等方面起到了不可替代的作用。然而,随着电力体制改革的深入,四川小水电发展中存在的一些深层次问题逐渐暴露,由原来的隐性问题正在变为显性问题。这些问题已日益成为四川小水电产业发展的障碍,严重制约了四川小水电产业持续、快速和健康发展。为全面了解四川小水电发展面临的问题,从 2003 年下半年开始,我们多次到四川进行实地调研,掌握了大量第一手资料。我们认为,四川小水电大省地位决定了四川省小水电发展问题具有行业的代表性,而制定四川省小水电的发展对策也必然对于全国小水电的发展具有普遍意义。

2.1 四川省小水电资源及开发利用现状

四川省地域广阔,地形复杂,素有"千河之省"之称,水电资源十分丰富,是我国水电资源大省。其中,小水电资源分布广泛,几乎覆盖全省。除成都、泸州、自贡和南充市的个别城乡结合地区无可开发小水电资源外,其余 166 个县(区)均有可开发小水电资源。位于该省西部地区的金沙江、雅砻江、大渡河、青衣江及岷江上游等河流由高原山区流向丘陵盆地,落差大,水量充沛,

水力资源极为丰富。而东部地区的岷江中下游、沱江、涪江、嘉陵江等,各河流落差相对较小,水力资源占全省比重较小,但其绝对值仍十分可观。四川的水力资源理论蕴藏量为 1.43 亿 kW,占全国的 1/4。其中,技术可开发量 1.03 亿 kW,经济可开发量 7 611 万 kW,分别占全国的 1/5。在可开发量中,适宜地方可开发的中小水电资源量达 2 532 万 kW,位居全国第一位。2003 年年底,全省农村水电已建成电站 4 253 座,装机容量达到 452 万 kW,年发电量达 187.7 亿 kWh。

此外,四川省有一大批勘测、规划、设计、建设和管理方面的专业人才,出台了一系列相关条例、规程、规范、标准。还具有丰富的农村电气化建设的经验,特别是在两期农网改造,农村电网的低压配电网,包括配电台区、主干线和进户线建设方面积累的经验为小水电发展奠定了良好的基础。

四川的小水电资源广泛分布在广大的山区,具有很好的"就地发电、就地供电、就地成网"的优势,是国家大电网长距离供电无法实现的。另外,目前四川的小水电单位千瓦投资在 5 000 元以下,发供电成本较低,发供电综合售电价在 0.25 元/kWh 左右,这也是煤电和大水电无法办到的。

总体来看,四川小水电资源十分丰富,具有明显的资源优势、人才优势、技术优势和价格优势。

2.2 四川小水电发展存在的问题和障碍

四川小水电发展存在的问题和障碍主要包括体制问题、供电区与上网问题、电价问题、公益性带来的问题以及资源调查和规划问题等。

体制问题具体表现为大小电网利益冲突问题,这是目前四川小水电发展中最棘手的问题,已经成为四川省小水电发展面临的一大障碍。1998年以后,国家开始在全国进行大规模的"两改一同价"工作。四川也开始在"自发自管县"实行了"上划""代管"和"控股股改",由中央电力企业一家从输电网、配电网一直经营管理到城乡居民用户。这个改造过程在一定程度上强化了国家电网的垄断地位,由此导致了《购电合同》双方权利的不对等。例如,在射洪县,在全部由小水电组成的电网和省大电网签订的《购电合同》中,就存在权利严重不对等问题。主要表现在上网电量的确定完全由大电网决定,每年由大电网将一纸计划发往地方电网,而地方电网对此却无权更改。由于"系统内"的电厂将比"系统外"的小水电获得更多上网电量的计划,"系统内"多余的计划可以通过一种所谓的"水火置换"方法进行交易,结果竟出现了停运火电厂的利润高于运行中小水电站所获利润的现象。

由于国家电网和多数小水电的所属关系不同,小水电发电上网问题长期以来没有得到彻底解决,存在严重的输出困难。要么不能上网,要么上网电价很低,使得小水电成本增加,投资风险增大。特别是实行"代管"以后,使得小水电失去了自己的供电区,所发电量被迫以远低于火电的电价上大电网。小水电发电企业获得的上网电量较少,超过部分被称为"无效电量",小水电企业的"无效电量"部分不但得不到任何回报,还经常受到"冲击电网要罚款"的威胁。结果是:一方面,污染环境的火电获得高电价并满发上网;另一方面,小水电所发的可再生电力却以较低的电价只能部分上网,发展受到了抑制。更应引起注意的是,为了生存,许多小水电企业不得不指定专职人员与有关方面进行所谓的"勾兑",其实是以不正当的手段进行电量营销活动,为腐败的产生营造了温床。

在小水电电价的制定上,缺少规范化的政策法规。电价制定与调整往往是根据决策者本身根据工作经验、企业现状和国家政策未来走向的理解进行决策,带有较大的主观性。此外,在小水电价格构成中没有包含其外部经济性应得的合理报酬。因此目前的小水电现行电价水平既背离价值规律,又不能反映供求关系,不利于通过市场配置资源,严重影响了小水电企业的生存、巩固和发展。以雅安市为例,目前的定价机制仍属于行政审批,仍在沿用

1996年制定的电价,峰谷差、丰枯差不明显,不同性质用户之间的价格差别也不合理。在终端用电价格方面,用电最多的高耗能企业电价太低,多数在0.17元/kWh左右,而大宗工业、商业电价又相对偏高,导致这部分用户的用电量较少,造成全年的综合销售电价偏低,甚至低于物价部门核准的综合目录电价。在上网电价方面,地方小水电站上网平均电价仅为0.15元/kWh左右。较低的上网电价,不仅使地方发电企业经营困难,缺乏进一步投资的能力与动力,也影响了外来投资商的投资热情。

为了解决目前小水电发展面临的体制问题、上网问题和电价问题,在四川开始实施了所谓"水火置换"的措施。该措施是指发电成本较高的火电厂将其计划合同电量份额的部分或全部出让给发电成本较低的水电,由水电代替其完成发电任务。在四川进行的"水火置换"中,水电企业不但要购买火电厂所谓"合同电量份额",还要负担煤炭调剂费(火电厂少发电量将减少用煤,因此规定火电厂按置换交易电量计算提取一定的煤炭调剂费,交由政府部门管理)和电网补偿费(作为卖方的水电厂一般远离负荷中心,输电成本较高,规定水电厂在置换电量上要增加一部分线损电量进行补偿)。

四川省是一个水力资源较为丰富的省份,四川省人民政府为鼓励发展水电曾作出了在丰水期停运部分火电,尽量收购水电的规定。但在丰水期,虽然火电厂不允许发电,但它却拥有相当数量的上网电量指标,而被政府鼓励发电的小水电却难以获得较多的指标,不得不进行所谓的"水火置换"。在置换过程中,小水电的电价往往被压得极低(在丰水期只有0.03~0.05元/kWh),以至于出现了前面提到的小水电的收益低于停产的火电厂的现象。仍以射洪县为例,2001年,该县的明珠水利电力股份有限公司计划内电量为3 952万kWh,平均电价为0.185元/kWh。市场置换电量为1 700万kWh,平均电价为0.070 2元/kWh。尽管市场置换电量为计划电量的43.02%,而销售收入却仅仅占16.34%。

由于绝大多数具有库容的小水电项目同时属于水利水电工程,一般都具有防洪、发电、灌溉、航运、水产养殖、城镇供水和工业用水等多方面的功能,可取得综合效益,发挥水资源的多种功能。然而,为了防御洪水灾害,有时要提前泄洪腾空库容,机组被迫长期在低水头运行,致使机组出力下降,经济效益随之受损;为

了确保工农业和城镇用水，有时还要反季节提高水位，常常会错过发电机会。特别是20世纪80年代以来，国家对投资体制进行了改革，水电站由原来国家拨款建设改为由建设单位贷款，实行资金有偿使用，使具有综合效益的水电站一直面临"多家受益，一家还贷"的局面。由于水电带来的防洪、航运等综合效益的投资成本无人分摊，导致水电开发成本过大，在电力市场中缺乏竞争力，打击了地方发展小水电的积极性。

此外，四川小水电的资源调查和规划工作滞后问题严重，对小水电开发产生了极大的负面作用。例如，雅安市目前的水电开发一直在沿用1988年完成的水能资源调查资料。由于气候、地理、植被等自然条件已经发生了很大变化，导致原来的调查资料与目前的实际有较大的偏差。例如，该市的石棉县实际水电可开发量就比原来统计多出了230万kW以上。同时，在已有的水电规划中，水库电站比例极低，需要作出合理调整。

2.3 电力体制改革对四川小水电发展的影响

随着电力体制改革的推进，"厂网分开"使大多数小水电发电企业成为了独立的市场竞争主体，使小水电发电企业有望获得与中央发电企业平等的竞争地位，市场调度可能趋于公平、公正和公开，以往存在的上网电量少、电价执行不规范和拖欠电费等问题可能在一定程度上得到解决。同时，由于允许发电公司向大客户直接供电，供电价格由双方根据市场供求情况进行协商，有利于小水电提高电力销售量，减少对电网公司的依赖和丰水期的弃水。然而，由于相应措施没有及时到位，电力改革对小水电的正面影响尚未得到充分体现。相反，由于体制改革已经触动了传统的运行机制，使四川小水电原有的隐性和潜在性的矛盾开始浮出水面，出现了老的问题没有得到彻底解决，而新的问题又在不断产生的局面。在终端销售电价受控，联动机制未形成的情况下，小水电参与竞价上网必然导致上网电价下降，降低整个小水电企业的利润。地方发电企业与中央所属发电企业相比，企业规模偏小，抗风险能力弱。而小水电由于单个电厂装机容量小，在区域电力市场竞争中处于弱势；在新的两部制电价和竞价上网机制中，新建小水电明显处于劣势。在老体制下，电力企业由国家拨款建设，没有还贷付息的压力，建设材料成本低，电价低，竞价上网竞争力

强。而新体制下修建的电力企业需要还本付息，建设材料、人工成本高，电价高，竞价上网竞争力弱，一旦"竞价上网"，起点不同的新老电站一起参加竞争，则新电厂所面临的生存压力加大，原核定的上网电价较高的新建集资电厂受到冲击最大，有的将从盈利转为亏损，电网的投资收益也将减少，从而必然降低投资者投资可再生能源项目特别是边远地区可再生能源项目的积极性；另外，小水电自身"小、散、杂、满、低"的弱点在电力体制改革中暴露无疑，使得小水电在目前全国电力体制改革中，特别是在竞价上网环境下面临着严峻的挑战；还有一个值得重视的问题是，由于电力市场和调度合二为一，可能对小水电产生新的调度不公平。

2.4 建议

（1）应明确小水电的地位

不应局限于过去把小水电作为电源补充的发展思路，应该明确小水电不仅是重要的电力来源，而且是清洁和可再生能源的重要组成部分；同时小水电还能提供诸如灌溉、供水、防洪等综合效益。应适应新形势，适时调整发展思路。近期要配合农村电气化县的建设和小水电代柴计划的实施，把小水电发展与解决地方"三农"问题联系起来。从长远来看，要注意把小水电发展与调整能源结构、改善生态环境和发展地方经济相结合。建议将发展小水电明确列入我国国民经济和能源发展规划，并对其发展目标和促进机制落实到法律法规的层面。

（2）应保证小水电全额上网

长期以来，在小水电上网问题上存在着很多争议，其中最"有力"的理由是小水电上网将对电网产生冲击，从技术上无法保证电网的供电质量和电网安全。四川省实施"水火置换"事实已经证明，这种小水电影响电网安全的说法与事实不符。由于小水电全额上网将削减电力部门的垄断利益，因此，真正受到小水电上网冲击的不是电网安全，而是某些部门的既得利益。建议国家尽快制定电网必须全额收购小水电发电的政策法规。考虑到小水电受气候影响的实际情况，不可能提交准确的全年发电计划，故可将《购电合同》的内容分为两部分，一是保留现有合同涉及的电量和上网电价，以年为时间段来签订；二是由水电站按月向电网提交下月的超发电量，对这部分电量，电网必须全部收购，考虑到这将

增加电网调度的工作量，故可将电价向下调整到一个合理的水平，有关部门可在相关的政策法规中予以规定，合同可按月或按季度签订。同时，为保证电网的调峰能力，可适当提高电网调峰电站的上网电价。小水电超发电量的电价下调幅度和调峰电价的上调，当以保持现有的电网收购成本水平为原则进行。

（3）应加强小水电的自身建设

小水电自身也应该加强自身建设和管理以降低发电成本和保持电价较低的特点，同时还要注意发挥综合效益和清洁能源等特点。我们建议，组织有关部门和研究机构，对小水电发展过程中存在的技术和管理等方面的问题提出具体的解决措施。

我国照明电器行业的技术装备和原材料、元器件质量水平调研报告

韩文科　刘　虹

1　获奖情况

本报告获得 2002 年度国家发展和改革委员会宏观经济研究院优秀调研报告二等奖。

2　本调研简要报告

"中国绿色照明工程"是我国能源领域一项重点的节能示范工程。工程于 1996 年正式启动,2001 年年底进入第二期实施阶段。开展此项工程的目的是为了促进我国高效照明电器行业技术的发展,提高生产企业的产品质量,引导和规范市场秩序,扩大优质照明电器产品的市场份额;通过宣传教育,提高消费者照明节电的意识和对高效照明产品的认识,增进产品的市场消费,逐步建立一个健康的可持续的高效照明产品市场及服务体系,以照明节电促进我国节能环保事业的蓬勃发展。

从前几年开展"绿色照明"活动的实践中发现,高效照明产品的质量问题一直是推广工作的一个主要市场障碍。产品的质量水平不仅涉及整个照明行业的技术装备水平,还与原材料、元器件质量水平密切相关。因此,为全面摸清我国照明电器行业技术装备及原材料、元器件质量水平状况,探寻提高我国照明产品质量的解决方案,中国绿色照明工程促进项目办公室于 2001 年年底对我国照明电器行业技术装备和原材料、元器件质量水平组织了一次全国性的调查研究。

由于我国照明电器行业很大,大小企业上万家,生产的产品种类很多,本次调研根据产品结构、企业性质和地区分布选取了100 多家具有行业代表性的典型企业。产品涵盖了光源、电器附件、设备、原材料和元器件四大类,被调查的企业包括国企业、民营企业、外资企业(含合资企业,以下同)。

调研方式以发放调查表为主,辅以电话调查和实地考察。同时通过互联网检索和组织召开有关专家座谈会等方式,了解国内外先进水平和发展趋势。调查表格设计为 3 张,其中技术装备调查表和原材料、元器件调查表各 1 张,重点了解企业技术装备和采用的原材料、元器件质量的水平和来源;另有 1 张为企业调查表,该表主要反映企业多项经济技术指标的基本情况。

本次调研,共发放 131 份调查表,收回 42 份,回收率为 32%。通过电话询问和实地考察了 6 家企业,共计调研了 48 家企业。其中光源及附件生产企业 32 家,占调研企业总数的 66.7%;原材料、元器件生产企业 11 家,占 22.9%;设备制造企业 5 家,占10.4%。按企业性质归类,国有企业共 15 家,占 31.3%;民营企业20 家,占 41.7%;外资企业 13 家,占 27.1%。调查样本数量虽然不多,但参与调研的企业包括了佛山照明、南京华电、杭州照明、南京三乐、浙江阳光、广东九佛等国内照明行业的知名企业,也包括了飞利浦、欧司朗、松下这些著名的国际照明公司在中国的合资和独资工厂——南京飞东、上海飞亚、上海飞利浦、佛山欧司朗、番禺欧司朗、北京松下等,其中也有一些中小企业参与了调研,具有一定的代表性。从调查统计数据来看,这些企业的产品产量在国内占到很大的比重,其中光源和电子镇流器企业的各类产品产量分别占到全国产量的约 50%。因此,这次调研基本上能反映我

国照明行业,特别是光源及其附件生产企业的技术装备和所使用的原材料、元器件质量状况。

照明电器行业范围较广,产品有光源、电器附件和灯具等,还包括制造这些产品的设备和原材料、元器件。按光源产品种类分,有热辐射光源、气体放电光源和固体光源。每一大类光源又包含许多小类,如气体放电光源就有低压气体放电灯和高强度气体放电灯两大类。高强度放电灯又因其放电物质不同分为高压汞灯、高压钠灯、金属卤化物灯、硫灯等。而这些不同产品的技术装备和原材料、元器件的情况又不一样,放在一起不宜比较。因此,为便于分析,本次调研主要以"绿色照明工程"目前重点推广,并已在市场上占主导地位的节能型光源产品为主,即直管型荧光灯、电子镇流器、紧凑型荧光灯、高压钠灯、金属卤化物灯、照明电器附件,加上设备、原材料和元器件共八类产品,分别对生产上述产品的企业的生产装备情况和原材料、元器件使用状况进行了较为全面的分析。本次调研活动还特别关注到了照明电器行业生产过程中的环保问题。

2.1 直管型荧光灯生产企业现状

(1)直管型荧光灯技术装备的现状

荧光灯光效高、光色可选择的范围广、热辐射小、寿命长,商品化60多年来,发展很快,其发出的总光通量已占到人造光源总光通量的80%以上。我国20世纪50年代初期开始研制并自制设备生产荧光灯产品,50年代末期引进匈牙利600支/h的半自动排气机,60年代仿制成功。从此,生产荧光灯的企业愈来愈多,产量越来越高,质量也不断提高。80年代初期引进匈牙利、日本、英国1 200支/h的自动生产线,并对英线进行仿制。由于动力、原材料的质量和设备制造水平等问题,未能成功。90年代初期国际著名照明企业飞利浦进入中国,和我国最大的荧光灯生产企业南京华电成立了南京飞东合资工厂,生产节能型细管径荧光灯。随后,奇异、欧司朗、松下等一批国外大公司也纷纷进入我国,建立合资企业生产荧光灯,较大程度地推动了我国荧光灯及其配套材料和生产线动力燃料的发展。随着原材料、动力燃料供应质量,特别是质量可靠性与一致性水平的提高,荧光灯具备了自动化生产的条件。90年代中期,南京华电引进了1 200支/h的节能型细管

径荧光灯中速生产线,并取得成功,从而带动了整个行业荧光灯生产的技术进步。到目前为止,除合资企业外,全国已引进了26条中速荧光灯自动生产线。2000年我国直管型荧光灯的产量为4.59亿支,2001年达到5.47亿支。本次调查的荧光灯生产企业有10家,2001年总共生产了2.78亿支直管型荧光灯,占全国产量的51%。

(2)直管型荧光灯用原材料现状

直管型荧光灯的主要原材料有:玻管、喇叭管、荧光粉、电子粉、灯丝、汞、氩(氪)等惰性气体。其中,玻管采用碱玻璃,喇叭管则采用含铅玻璃。这两种材料的质量,特别是外形尺寸的一致性直接影响自动线生产的合格率。荧光粉直接影响灯的发光效率,而灯的寿命则由灯丝和涂敷在灯丝上的电子粉来保证。其中,汞和铅都是对环境有害的材料。涂粉用的胶和溶剂也是影响质量和环境的主要辅助材料。近几年来,许多企业已开始采用对环境无害的水溶性涂覆材料。新引进的生产线都采用了水涂工艺。一些企业对老生产线进行改造,也采用了水涂工艺。国内采用的水涂材料有两类:早期采用羧甲基纤维素,但在加工过程中需用酸碱溶液处理;而聚氧化乙烯等新型材料直接用水溶制,更符合环保要求。制造荧光灯的原材料,国内已有几十年的生产历史。近几年来,材料的质量水平不断提高,已被越来越多的厂家采用。但新型水涂胶和添加剂还依赖进口。

(3)国内外生产技术水平状况

直管型荧光灯生产技术比较成熟,国内外荧光灯生产企业的规模都比较大,因此,国内生产直管型荧光灯的大多是大型的国有和合资企业,其中生产设备比较先进的主要是合资企业,而国内大型企业的生产设备大多数从中国台湾引进,大多采用的是1 200支/h的中速生产线。国际上大型照明产品生产厂商已采用3 600支/h的自动生产线,最高水平达到7 200支/h,目前,飞利浦正准备在中国的合资企业进一条3 600支/h的自动生产线。

我国的直管型荧光灯用材料国产化率较高,已达到90%的水平,国产材料完全可适用于中速生产线。合资企业生产荧光灯的原材料综合国产化率为68.8%,特别是北京松下使用的原材料国产化率达到了95%;说明国产原材料的质量已具备了较好的水平。原材料中,荧光粉、电子粉、导丝和排气管,对光效、寿命和合

格率等参数影响较大，我国这几个原材料产品的生产质量还有待进一步改进，尤其在大力推广T8等节能型细管径荧光灯时，更要注重提高荧光粉和电子粉的质量，以保证产品的光效、流明维持率和寿命等重要指标。

针对直管型荧光灯的生产，世界上许多国家都制定了环境保护法规，限制产品中的有害废弃物。最严格的标准要求荧光灯中汞的含量小于 200×10^{-6}，即 1 200 mm 长、直径为 26 mm 的荧光灯中的汞量不得超过 3.8 mg。国际上几大光源公司都采取了相应的措施，控制了直管型荧光灯的用汞量。国内采用自动排气机生产的直管型荧光灯，基本上也能保证每支灯管放入 20～40 mg 的汞量，但是在工艺消耗和回收利用方面还有很大的预防汞污染的潜力。

2.2 电子镇流器生产企业现状

（1）电子镇流器技术装备的现状

气体放电灯的负特性决定其需要配套镇流器附件才能正常工作，使用电感镇流器的系统光效不高。20 世纪 70 年代，工业电子学和微电子学的结合发展了照明电子学，人们成功地研制出代替电感镇流器的电子镇流器。经过几十年的发展，用于荧光灯这类低压气体放电灯的电子镇流器越来越成熟，完全可以取代电感镇流器以节约能源。

电子镇流器的生产方式和收音机、电视机等电子线路相同。线路板的制作，元器件的插件、焊接，电路的调试、老化等都有比较成熟的设备和工艺。决定电子镇流器质量特性的关键在于产品的精心设计和选用可靠的元器件。而较好的设备和工艺则是产品特性和质量一致性的保证。是否采用自动化程度较高的插件、贴片、焊接设备主要取决于生产规模。

近十多年来，有许多电子行业的企业加入了电子镇流器的开发和制造行列。国外许多照明公司也看中我国的市场和人力资源，纷纷进入我国设立生产电子镇流器的合资或独资工厂。无疑，这些都大大地促进了我国照明行业电子镇流器的发展。2001 年国产电子镇流器的产量已超过 5 000 万支，其中 80% 出口。这次参与调查的企业中，有 6 家生产电子镇流器，总产量达到 3 400 多万只，占全国总产量的 69%。

（2）电子镇流器采用的元器件的现状

电子镇流器采用的元器件主要有二极管、三极管等晶体管，磁性材料绕制的电感，电解、陶瓷、涤纶等电容，碳膜、金属膜制成的电阻，以及线路板等。

随着我国电子工业的发展，电子元器件的质量水平迅速提高，人们对电子镇流器的特殊性也逐步加深了认识，在电子镇流器中采用的国产元器件愈来愈多。这次被调查的国内企业大多数采用了国产元器件。像飞利浦这样的国际照明企业生产的电子镇流器，其元器件国产化率也达到了 50%。但是，其中晶体管、电容和磁性材料等仍然让人们不放心。电子镇流器生产过程的有害物主要产生于线路板的蚀刻溶液和镇流器的灌胶封装材料。

（3）国内外生产技术水平状况

我国国内生产电子镇流器的企业产量都不是很大，国内电子镇流器的市场还未得到很好的开拓；国内企业的产品在国际市场上的竞争力还不强，出口产量做不大，因此未采用自动生产线。飞利浦和奥欧司朗公司是目前国内最大产量的两家独资企业，其产品大部分出口国外。

我国电子镇流器元器件国产化率虽然已超过 50%，但晶体管、电解电容和磁芯、磁环等元器件的质量水平亟待进一步提高。

2.3 紧凑型荧光灯生产企业现状

（1）紧凑型荧光灯技术装备的现状

荧光灯在光效、光色、寿命等方面有许多优越性。但是，直管型荧光灯不如白炽灯那样便于装饰。人们在研究低压气体放电特性时发现，缩小管径可以提高辐射效率。20 世纪 70 年代的能源危机促进了稀土三基色荧光粉的开发，使得荧光灯缩小管径有了可能。管径细、体积小的紧凑型荧光灯随之问世。首先研制成功的是具有 H 形状的，被称为 PL 的紧凑型荧光灯。随后，人们发挥了丰富的想象力，开发了 Π 形、U 形，并组成双 Π、双 U 等四管型，三 Π、三 U、四 Π、四 U 等多管型，还有螺旋形等，形状各异。

紧凑型荧光灯与电子镇流器的组合——自镇流荧光灯，具有紧凑的结构，和白炽灯一样，显色性好、使用方便、体积小，便于装饰，而光效和寿命却比白炽灯整整高了 5 倍以上。紧凑型荧光灯在许多场合取代了白炽灯，大大节约了能源，被人们俗称为"节能灯"。我国与国际上同步,20世纪70年代末期就开始研制紧凑型荧光灯。80年代中期引进了不太成熟的英国贝德莱公司制造的H型紧凑型荧光灯半自动生产线。随之,又进行了改进仿制。同时,又从中国台湾引进了10多条半自动生产线。至90年代,全国共从英国、瑞士、中国台湾、南韩等国家和地区引进了23条自动、半自动紧凑型荧光灯生产线。国产仿制线也有好几条。但是,这些生产线大多数都未能正常生产,闲置至今。由于市场对紧凑型荧光灯的特别青睐,众多厂家开始自制简易设备生产。一些设备制造厂也开始研制适合我国国情的紧凑型荧光灯生产设备,并得到了政府有关产业部门的大力支持。"八五"期间,国家经贸委组织了"节能灯"一条龙攻关,在国外生产线的基础上,结合国情进行了重新设计。随后,又在第一条试制线的基础上,设计试制成功了国产第二代紧凑型荧光灯自动生产线。近几年来,这些企业对设备进行了不断的改进,逐步提高单机自动化水平,并采用传送带输送方式。其中值得一提的是,用电脑对手工排气台进行集中控制,减少人工的影响,保证了产品质量的一致性。2000年我国的紧凑型荧光灯产量达到5亿支,并出口了50%。2001年全国紧凑型荧光灯的产量达到7.56亿支,其中,自镇流荧光灯5.31亿支。现在,我国生产的"节能灯"布满了全世界的照明市场。这次接受调查生产紧凑型荧光灯的企业共16家,合计产量超过3亿支,占43%。飞利浦、欧司朗、松下等国际照明公司进入我国建立合资工厂时,带进了比较先进的技术装备,采用了自动排气机等先进设备,对提高我国紧凑型荧光灯的生产技术起到了良好的促进作用。

（2）紧凑型荧光灯原材料、元器件的现状

紧凑型荧光灯由紧凑型荧光灯灯管和电子镇流器组装而成。紧凑型荧光灯管结构和直管型荧光灯基本相同,但其管径细并需多次经高温加工成型。因此,对原材料的要求要高于直管型荧光灯。为了得到较高的光效、良好的显色性,提高流明维持率,必须采用三基色荧光粉。由于自镇流荧光灯的电子镇流器需要和灯管紧凑地装配在一起。这样,镇流器本身就要设计得很紧凑。而且,还要承受灯管发出的热量。因此,对元器件的要求又比独立式电子镇流器高。紧凑型荧光灯原材料中有害材料和直管型基本相同。近几年来,国内紧凑型荧光灯生产企业已几乎全部采用环保型水溶性胶。但由于紧凑型荧光灯形状多变,需多次经过火焰加工,常采用含铅玻管。

（3）国内外生产技术水平状况

紧凑型荧光灯的生产国内企业主要采用国产的非自动化设备;从中国台湾引进了较成熟的喇叭机、芯柱机、绷丝机等零部件加工设备。合资厂采用了自动排气等全线自动设备,但未达到2 000支/h的国际先进水平。自动生产线对玻管、导丝等原材料要求较高;自动排气机多数采用汞丸、汞齐。合资厂采用了自动排气等全线自动设备,但未达到2 000支/h的国际先进水平。合资厂采用了自动排气等全线自动设备,但未达到2 000支/h的国际先进水平。国内企业基本使用国产原材料和元器件,生产紧凑型荧光灯灯管和自镇流荧光灯;但合资企业对国产原材料和元器件,特别是关键原材料和元器件还没有完全认可,仍以进口原材料、元器件为主。与我国直管型荧光灯及电子镇流器生产所需原材料类似,紧凑型荧光灯用稀土荧光粉、电子粉、晶体管、电容、磁性材料等还需进一步提高质量,另外,聚氧化乙烯、三氧化二铝、无铅玻管等环保型材料仍需加紧开发并大力推广。

2.4 高压钠灯生产企业的现状

（1）高压钠灯技术装备的现状

高压钠灯具有每瓦110流明以上高光效和2万h以上长寿命的特点。所以,在对显色性要求不高的道路照明、泛光照明等场合,高压钠灯得到了极其广泛的应用。我国在20世纪70年代就开始研制高压钠灯,80年代初上海亚明、南京三乐、沈阳华光等企业,分别从英国、美国引进高压钠灯生产线。经过二三十年的生产工艺积累,通过改进、仿制生产设备,扩大了生产规模,也带出了许多中小企业。目前,国内已能制造生产电弧管的等静压机、分段烧结炉、内管封接机、电子束焊机、封排一体机等,外管生产设备几乎全部可以自制。2000年全国高压钠灯的产量达到1 000万支,2001年全国产量达到1 177万支。本次参与调查的企业有8家,2001年高压钠灯的产量合计639万支,占54%。

（2）高压钠灯原材料的现状

氧化铝陶瓷放电管、铌管、密封圈、电极、钠汞齐、氙气等惰性气体、吸气剂等是制造高压钠灯的重要材料。国产的这些原材料已得到国内高压钠灯生产企业的认可。但合资企业对一些关键材料仍然选择进口。制造外管的材料已基本国产化。制造高压钠灯的原材料中有害材料主要是钠汞齐。国内各工厂，包括合资企业仍使用钠汞齐。

（3）国内外生产技术水平状况

国内企业是 20 世纪 80 年代末期引进的设备，落后于 90 年代进入我国的合资企业。目前国内生产电弧管的主要设备和外管设备已能自制。现在国际上已开发并采用提高氙气压力、减少汞量、直至无汞的高压钠灯；应鼓励国内企业开发生产。欧司朗的技术装备代表了目前国际上的最新水平。

2.5 金属卤化物灯生产企业的现状

（1）金属卤化物灯技术装备的现状

人们在研究改善高压汞灯的光色时，发明了金属卤化物灯。金属卤化物灯具有优良显色性能的全光谱。而且，发光效率高，尺寸紧凑，功率从几十瓦到数千瓦。40 多年来，金属卤化物灯发展很快，已成为现代和未来光源的重要品种。我国 20 世纪 70 年代就开始开发，并自制设备生产镝灯、钠铊铟灯和钪钠灯等金属卤化物灯。90 年代大量引进美国、南韩等国的金属卤化物灯生产线，共 10 条。由于引进企业的工艺水平和市场开拓等问题，大多数生产线运转情况不好。只有杭州照明从美国引进的生产线一枝独秀，并且产品质量好，大量出口。同期进入我国生产金属卤化物灯的外资企业不多。国际大公司只有飞利浦在上海的合资企业——上海飞亚一家生产金属卤化物灯，生产线的水平和国内引进线基本相似。90 年代末期金属卤化物灯的市场打开，制灯工艺也逐渐被一些中小企业掌握。前期引进的生产线纷纷开通，产品质量提高，产量上升。生产外管的设备，基本是国内自制的。原轻工联合总会组织了金属卤化物灯内管和外管生产线的研制开发，近期已鉴定验收。其中部分设备已被国内一些企业采用，投入生产。2000 年我国金属卤化物灯的产量为 350 万支，出口了 100 万支。其中年产量在 40 万支以上的企业有 4 家。2001 年，全国产量达到 844 万支，40 万支以上的企业增加到 6 家。参与本次调查的企业，金属卤化物灯的产量 387 万支，占全国产量的 46%。

（2）金属卤化物灯原材料的现状

金属卤化物灯对原材料的要求比较高。其中最重要的、制作比较困难的材料是金属卤化物丸和几乎不含羟基的石英玻管。放电管采用耐高温、高压的低羟基石英管制成，管内充有金属卤化物和汞，有时也充入氙气等惰性气体。低羟基石英玻管和金属卤化物丸，这两种材料国内虽然已能生产，也被一些厂家采用，但质量还不尽如人意，多数厂家仍依靠进口。另一些重要材料，如电极、氙气、吸气剂等，以及其他材料已全部国产化。

近几年来，国际上开始研制，采用陶瓷管制造金属卤化物灯的放电管。人们称为"陶瓷金属卤化物灯"。这种金属卤化物灯光色稳定、一致性好，光效高、有良好的光通维持率。目前已在中小功率金属卤化物灯中采用，国内一些厂家也在试制，但还未投入生产。

（3）国内外生产技术水平状况

目前，国际上先进的金属卤化物灯内管生产设备速度为 360 支 / h，外管为 1 200 支 / h。国内金属卤化物灯内管的生产设备主要来自进口，属 20 世纪 80 年代水平，合资企业也是如此。国内石英管的质量，特别是羟基的含量，还需进一步改善。我国应鼓励开发和生产金属卤化物丸，并加快研制陶瓷金属卤化物灯的步伐。

2.6 照明电器附件生产企业现状

照明电器附件包括的面很广，这次重点调研了几个生产高强度气体放电灯用镇流器和荧光灯灯具的企业。参与调研的企业有福建源光（高强度放电灯用镇流器）、广州九佛（荧光灯用电感镇流器和灯具）、常州鸿联（荧光灯灯具）。厂家虽然不多，但这几家是龙头企业，有一定的代表性。

（1）高强度放电灯用镇流器

由于可靠性等问题，高强度放电灯的镇流器主要是电感型的，与荧光灯用的电感镇流器结构及制造工艺、材料相似。电感镇流器铁心的冲制、线圈绕制是自动的，插片基本靠人工。

（2）荧光灯灯具

要得到一定的照明效果，灯具是必要的。灯具除了提供与光源的电气连接这一基本功能外，还应具有调整光源光线到预期的方位，且光损失最小、眩光最少的性能。另外，还必须耐用、安全。而且，人们还希望它有装饰的效果，起到美化环境的作用。因此，灯具的品种、规格繁多，有金属的、玻璃的，还有塑料的，花样五彩缤纷。本次调研,我们选取了用量最大的荧光灯反射式灯具作为代表产品。其中,技术装备以静电喷漆机为代表。

从所调查的几家企业的现状看到,荧光灯灯具制造的主要技术装备已国产化,材料虽然大部分已国产化,但影响反射率的铝片等材料还需进口。原材料中只有各种漆对环境有害。实际上,在灯具的生产过程中,使用了大量的酸、碱溶液对灯具进行表面处理。这些企业都意识到环境保护的重要性,采取了措施,加强了治理。

2.7 光源设备制造企业的现状

光源设备制造企业的现状,从前述光源生产企业技术装备的现状中,已略见一斑。由于光源市场的带动,不仅生产光源的企业蓬勃发展;光源设备的制造企业也相应地日益繁荣。我国制造光源设备的企业主要脱胎于电真空设备制造企业,也有一部分制造轻工产品设备的企业。20世纪80年代原轻工部组织了直管型荧光灯进口设备的消化吸收工作,更多的轻工设备制造企业加入了光源设备制造行列。90年代,特别是在"节能灯"的迅猛浪潮中,涌现了许多制造光源设备的民营企业。他们的加入,壮大了制造光源设备的队伍,加快了光源设备国产化的进程,也进一步推动了紧凑型荧光灯的发展。本次调查了5家设计、制造光源设备的企业,1家设计、制造光电参数测试仪器的公司。包括了国有、民营、外资3种类型,有一定的代表性。我国的新乡电光、东大光源在光源设备制造方面均采用了CAD设计,主要的加工设备进口,以保证加工精度。产品上的控制、检测元件采用进口元器件,确保可靠性。所有的光源设备制造厂都能在用户的使用过程中听取意见,不断改进,增强对工艺的适应性。近年来已开始注重设备的自动化水平,采用传送带输送方式,提高紧凑型荧光灯国产技术装备的水平。从调研的光源设备制造企业来看,国内光源设备制造企业,近年来设计、加工能力不断提高,对光源设备的涉足面也越来越广。从零部件到灯管,从白炽灯到气体放电灯,从荧光灯到高强度放电灯,从高压钠灯到金属卤化物灯,从外管到内管,从制造到检测,无所不有。

2.8 结论与建议

根据本次调查结果分析,我们得出如下一些结论和建议。

2.8.1 结论

(1)我国照明电器产品的质量总体上是比较好的,有质量问题的产品只占到总产量的少数,如紧凑型荧光灯产品产量合格率达到了75.1%;电子镇流器的企业合格率为58.1%,近年来均呈逐步上升态势。规模较大的企业比较重视产品质量,但规模小、又缺乏技术的企业,往往采用低质低价在市场上恶性竞争,给市场带来了一些负面影响。

(2)国内照明产品市场中,愈来愈多市场份额,被愈来愈少的企业所占据。这与国际上总的发展趋势是一致的。但是,我国一些国有及民营大型照明企业仍未达到经济规模,还需进一步发展壮大,以增强企业的市场竞争力。

(3)我国照明电器行业的企业比较重视企业体系论证和产品论证。调查结果显示,凡参与调查的企业基本上都通过了ISO 9000质量体系论证,部分企业还通过了ISO 14000环境体系论证;需要论证的产品,特别是出口产品,也都取得了国内或国际上认可的安全论证。

(4)我国照明行业的技术装备水平,已达到了国际上20世纪80年代水平,部分达到20世纪90年代水平。这是近20年来我国企业不断引进、消化吸收国外先进技术的结果。

(5)国内照明电器产品生产设备制造业有了较快发展。近几年来,随着我国照明行业的发展,国内制造光源和照明电器产品生产设备的企业有了长足的进步,设备制造生产能力和技术有了很大提高。

(6)照明电器产品使用的原材料、元器件大部分都已国产化。照明电器产品使用的大部分原材料和元器件的质量已能满足自动线生产的要求,但少数关键材料和元器件的质量仍有待进一步提高,如金属卤化物丸、低羟基石英玻管、晶体管、磁性材料、电解电容、灯具高效率反光片等。

2.8.2 建议

(1)我国提高技术装备和产品质量水平的工作重点应放在扩大市场规模,改进工艺技术和提高原材料和生产用用动力质量方面。首先,照明产品自动生产线有一个经济批量点,而我国大部分照明电器生产企业都处于中小型规模。应重点关注本次调研中发现的部分高效照明产品优秀生产企业,采取激励措施,促进企业生产上规模、上档次。其次,技术装备水平不仅仅是设备的水平,更重要的是与之相配套的工艺技术;技术装备水平的提高,也要依赖产品生产工艺的改进。因此,在引进吸收国外生产线和合资项目中,应鼓励企业引进 20 世纪 90 年代水平的技术装备,并重视相配套的工艺技术的同时引进。另外,原材料和生产用动力的质量直接关系到技术装备水平的提高;反过来,技术装备的进步也必然促进原材料和动力质量的提高。要特别重视提高原材料和生产过程动力质量的一致性;并重视一些关键性的但尚未完全国产化的原材料、元器件的研究开发和产业化生产。

（2）应加快自动生产线设备的国产化水平。因为生产装备技术的提高,会带动整个行业产品原材料、元器件质量提高。近几年来,随着我国照明行业的发展,国内制造光源和照明电器产品生产设备的企业有了长足的发展;我国在制造、引进消化技术装备时,不要盲目仿照,要注意工艺技术的改进,因此国家应选择重点,予以引导和扶持。

（3）立法鼓励开发和采用有利于环保的绿色材料。由于照明电器产品的特殊性,其生产过程和使用终了的有害废弃物比较多。有一定规模的企业比较重视,治理较好,多数小企业治理不力。应加强立法,鼓励采用有利于环境保护的绿色材料,并控制有害物的用量;同时,应制定政策扶持绿色材料的开发和应用,并在资金上给予支持,如聚氧化乙烯、超细三氧化二铝、汞丸、汞齐、无铅喇叭管等。

（4）关注国际上采用无害废弃物,或减少有害物的照明新产品和新工艺。在开发绿色材料的同时,更应关注国际上采用无害废弃物,或减少有害废弃物的照明新产品和新工艺。如基于介质阻挡放电机理的无汞荧光灯、增加氙气压力的无汞高压钠灯、不含铅而加工性能好的喇叭管、玻璃汞珠,以及发光二极管、电致发光等更新的照明产品。

（5）继续加大市场质量监督的力度。规模较大的企业比较重视产品质量,但规模小又缺乏技术的企业,往往偷工减料,采用低质低价的市场策略,使产品市场出现了恶性竞争的局面。为了提高我国照明电器行业在国际市场上的竞争力,扩大产品出口;同时培育和规范国内市场,带动需求,有效解决产品质量问题,应加快产品标准的制定和实施监督,并尽快与国际标准接轨,同时加大对照明电器产品质量的市场监督力度;加强对产品认证的质量监督管理。

在生态脆弱区进行大规模煤炭开采和相关产业发展的调研和思考

朱松丽 崔 成

1 获奖情况

本报告获得 2007 年度国家发展和改革委员会宏观经济研究院优秀国内调研报告二等奖。

2 本调研的意义

陕蒙地区煤炭资源的大规模开发已成定局。同时,当地政府还争相制定了大力发展煤电焦、煤化工的规划,竭力延长产业链。陕蒙煤炭基地大多处于生态脆弱区,水土流失严重,水资源匮乏。目前煤炭开采所带来的生态环境影响已初见端倪。煤炭资源的进一步开发和高耗水产业的不合理布局将给当地脆弱的生态环境带来进一步威胁。如何保证陕蒙煤炭基地的煤炭工业、经济发展与生态环境的协调发展是建设我国生态文明不可缺少的一个环节。为此,必须完善以水资源保护为核心的生态保护机制,控制高耗水行业在西北地区的扩张,建立"以水定产"的开发模式,保证生态环境不出现更多退化。

3 本调研简要报告

我国煤炭生产的中心越来越向中西部移动。13 个大型煤炭基地中的晋、陕、蒙、宁规划区是我国煤炭资源最丰富的地区,集中了我国 64% 的煤炭资源量,是我国当前和未来最重要的煤炭供给区。根据《煤炭工业"十一五"规划》,"十一五"期间煤炭增量的80%要出自该地区。到 2020 年,该地区的煤炭产量将占全国总产量的一半以上。但是晋、陕、蒙、宁正是我国水土流失最严重的地区,水资源异常短缺。根据《2005 年全国环境状况公报》全国水土流失面积 356 万 km²,每年流失土壤 50 亿 t,而晋陕蒙地区的年流失量达 16 亿 t,几乎占 1/3。尽管根据原国家环保总局、国土资源部和科技部联合出台的《矿山生态环境保护与污染防治技术政策》(环发[2005]109 号),限制在水土流失严重的生态脆弱区开采矿产资源,但受经济发展对能源的强劲需求影响,我国西部地区煤炭资源的大规模开采几成定局。保证西部省区煤炭工业、经济发展与生态环境的协调发展是建设我国生态文明不可缺少的一个环节。大规模煤炭开采在山西省造成的恶劣影响已经有目共睹,内蒙古和陕西等西部各省区能否走出一条不同的煤炭工业发展道路?

受国家能源领导小组办公室委托,能源研究所开展了"我国能源发展的环境约束问题研究",课题组成员就该问题与相关决策者、生态专家和煤炭专家进行了深入探讨,并于 2007 年 6 月 3—7 日赴内蒙古自治区鄂尔多斯和陕西省榆林这两个煤炭产量过亿吨的地区以及世界最大的煤炭生产企业神华能源股份有限公司神东煤炭分公司进行了深入调研,分别与当地发改委、环保局、煤炭工业局、水利局等相关人士进行了专题讨论,并走访了煤矿开采影响区和生态治理恢复区。现将调研结果和分析总结如下。

3.1 陕(北)蒙(西)煤炭开采的基本情况

(1)煤炭资源和生产概况:根据国家煤炭资源分布现状,国家发展和改革委员会于 2006 年 3 月批准并公布了国家大型煤炭基地建设规划,共规划了 13 个基地共 98 个矿区,其中陕北和神东煤炭基地共拥有 8 个矿区,位于陕北和蒙西南地区。神东煤炭基地跨越内蒙古和陕西两省区,开发主体为神华能源股份有限公司神东煤炭分公司。这2个基地的煤炭保有资源储量占13个基地探明储量的31%,全国的26%。2003年这两个煤炭基地的原煤产量1.8亿t,占13个煤炭基地产量的13%,全国煤炭产量的10%。陕北煤炭基地正处在建设之中,大规模开采尚没有开始。

陕北的榆林市为国家级能源化工基地,煤炭探明储量1 460亿t,含煤面积占总土地面积的54%。煤质优良,具有特低灰(7%～9%)、特低硫(小于0.8%)、中高发热量(6 800～8 200 kcal/kg)的特点。除煤炭资源外,榆林地区还拥有丰富的油、气、盐资源,具有发展煤化工产业得天独厚的条件。"十五"以来,榆林市煤炭产量飙升,2006年达到1.16亿t;天然气产量也达到65亿m³,原油536万t。与榆林市类似,内蒙古西南部的鄂尔多斯市煤炭探明储量1 244亿t,含煤面积占总土地面积的70%以上,煤质优良。同时鄂尔多斯市也拥有丰富的天然气资源。2006年全市煤炭产量达到1.7亿t,天然气产量53亿m³。

鄂尔多斯市和榆林市是我国仅有的两个煤炭产量过亿吨的地区。从总体来看,这两个地区的地质工作程度低,资源条件好,预查的前景大,其煤炭产量在13个煤炭基地和全国煤炭产量中的比重还会不断上升。

(2)社会经济发展情况:榆林市总面积43 578 km²,总人口351万。2006年全地区实现生产总值436亿元,居陕西省第五位,比上年增长17%,增幅连续五年位列陕西省第一;财政收入达到115亿元,比上年增长71.7%,其中煤炭工业的贡献率达60%以上。2006年城镇居民的可支配收入6 690元,农民人均纯收入2 094元,仍低于陕西和全国的平均水平。

鄂尔多斯市总面积87 000 km²,与浙江省相当,总人口150万。连续多年实现20%以上的增长速度,2006年实现生产总值595亿元,居内蒙古自治区第三位,增长势头十分迅猛。与榆林地区类似,其煤炭工业对财政收入的贡献也高达60%以上。由于起步较早,2006年城镇居民的可支配收入达13 002元,农民人均纯收入达5 308元,已经远高于全国和内蒙古的平均水平。

3.2 陕北和蒙西煤炭开采所造成的生态环境影响

(1)生态环境条件:水资源匮乏、植被稀疏、水土流失严重、沙漠化和荒漠化是陕蒙煤炭基地所面临的共同问题。整个鄂尔多斯市严重水土流失面积47 298 km²,占总面积的54.1%,强度沙漠化面积27 666 km²,占总面积的31.6%,年侵蚀量1.9亿t,每年向黄河输沙1.5亿t左右。位于榆林地区的陕北煤炭基地地处毛乌素沙漠和黄土高原过渡地带,在《全国生态环境建设规划》的8个类型区中,属黄河上中游地区和"三北"风沙综合防治区等类型区,生态环境十分脆弱。森林植被覆盖率低,仅7%,属于生态环境问题最为严峻的地区,为全国生态环境建设重点治理区。

该地区的水资源匮乏程度严重,水资源总量和人均占有率很低,是经济发展的最主要制约因素之一。榆林市人均水资源拥有量979 m³,只相当于全国人均水平的43%。鄂尔多斯人均水资源量约为1 973 m³,相当于全国平均水平的87%。受地形、地貌、泥沙等自然条件影响以及考虑维持脆弱的生态环境平衡所需的用水量,这两个地区可利用的水量将进一步减少。

在这些生态敏感地区进行大规模煤炭开采和相关产业发展将给当地生态环境带来的影响是可以想象的,最大的问题就是对十分稀缺的水资源的破坏,其结果不仅会降低水资源的保障程度,也会进一步加剧水土流失、沙漠化、荒漠化等现象的发生。

(2)生态环境影响:大规模煤炭开采给陕北和内蒙古西南部带来的生态环境影响已初见端倪。这种影响主要表现在三个方面:一是地表塌陷。截至2006年年底,神东矿区形成塌陷区70.65 km²,其中在陕西境内的采空塌陷面积为43.33 km²,以大柳塔矿、活鸡兔矿和榆家梁矿所造成的塌陷最为显著。由于埋藏浅,塌陷均波及地面,造成公路和房屋裂缝,居民被迫搬迁。为提高回采率,神东公司采取多煤层开采的策略,还将造成多次塌陷现象。鄂尔多斯地区的采空塌陷区也达到70多km²。二是水系破坏。神东和陕北煤炭基地地下水赋存条件为碎屑岩类裂隙-孔隙型,水位埋藏深度一般在10～20 m;含水层厚度较大,一般在50～300 m,单井涌水量为300～500 m³/h,局部大于800 m³/h。粗略估算神东公司10个矿井的年涌水量就达到近3 000万t。部分矿区煤炭埋藏浅,导水裂隙带发育直接影响到浅层地下水,造成地下水水位下降,人畜饮水困难,水浇地变旱地。黄河重要的一级支流窟野河已成为季节性河流,全年1/3的时间断流,榆林市原有的869个大大小小的内陆湖泊现在仅存79个;全国最大的沙漠淡水湖红碱淖由原有的 10 万亩水面缩减为 7 万亩（当然原因有可能是多方面的,包括气候变化）,地下水水位下降了 3 m 左右。鄂尔多斯由于人口密度较小,煤炭开采所造成的直接影响暂时还不是很突出,但浅水层水资源的流失现象也大量存在,特别是沙漠边缘的水资源。这些地区年降水量仅为 200~400 mm,少而集中,地下水补给贫乏,浅层地下水的破坏短时间内难以补救,甚至不可逆转。三是地面扰动使植被破坏,耕地变荒地,湿地大面积萎缩,露天煤矿对当地植被的影响则更为突出。上述三方面的影响相互关联,均会加剧水土流失程度,进一步引发土地沙化及荒漠化。

作为财力较为雄厚的中央企业和财政部特批的唯一的煤炭企业,神东公司从吨煤提取 0.45 元计入生产成本（包括 0.15 元的育林资金和 0.30 元的绿化资金）,采取了一些措施提高矿井水的复用量,例如将净化后的矿井水用于矿区工业用水、铺设生态节水灌溉管网绿化荒山等,即使这样矿井水利用率也仅仅在 30%~40%,而其他中小企业的矿井水则基本全部流失,水资源破坏和浪费问题十分突出。

（3）未来发展规划以及对水资源的需求:煤炭开采给鄂尔多斯市和榆林市带来了丰厚的收益。为了进一步发展经济,改变以煤炭开采和粗加工为主的工业格局,除继续大力发展煤炭开采业外,两个地区都制定了雄心勃勃的煤炭产业链延伸计划,以促进煤炭就地转化率的提高。榆林能源化工基地规划的主导产业为煤炭、天然气、石油、煤化工、盐化工以及电力。规划到 2010 年,原煤产量达到 2 亿 t;发电装机容量达到 1 000 万 kW;煤化工和盐化工方面:煤制油 400 万 t,甲醇产能 600 万 t,煤基甲醇制低碳烯烃（DMTO）120 万 t,二甲醚 50 万 t,醋酸 40 万 t,蓝炭 1 800 万 t,烯烃衍生产品 100 万 t,烧碱 100 万 t,聚氯乙稀（PVC）70 万 t,其他化工产品 100 万 t,煤炭的就地转化率达 40%。"十二五"期间,榆林规划初步建成我国重要的煤化工基地,煤制甲醇产量达到 1 000 万 t 以上,煤制油品产量达到 400 万 t 以上,烯烃类产品产量达到 300 万 t 左右,煤炭的就地转化率将进一步提高。

鄂尔多斯市在"十一五"能源工业发展的指导思想是将鄂尔多斯市打造成为国家重要的能源重化工基地,到 2010 年煤炭产量将达到 2.5 亿 t 左右,电力总装机容量达到 1 500 万 kW,天然气产量达到 64 亿 m³,煤化工产品总量达到 700 万 t,其中 300 万 t

煤制油,400 万 t 甲醇和二甲醚等,煤炭的就地转化率达到 50%。

为提高煤炭的就地转化率,两个地区都采取了根据转化项目配给煤炭资源或煤炭开采项目必须配备转化项目的做法,其直接后果是煤焦电、煤化工的盲目发展和遍地开花。尽管国家发改委于 2006 年 7 月下发了《关于加强煤化工项目建设管理促进产业健康发展的通知》,确定了一般不应批准年产规模在 300 万 t 以下的煤制油项目、100 万 t 以下的甲醇和二甲醚项目、60 万 t 以下的煤制烯烃项目的基本原则,实际上类似项目还在不断涌现。

比较而言,鄂尔多斯的发展先于榆林,已经积累了一定的财富,目前发展思路逐渐趋向理智。当地发改委提出将煤化工的发展控制在"适度"的范围内,适当控制煤炭产能和电力装机,延伸产业链,提高加工率,重视后续产业的发展。其中"适度"规模的确定主要依据水资源可供量、环境容量（如二氧化硫）以及运输能力。产业多样化也较榆林市领先一步,机械制造业已逐渐起步。

与该地区丰富的煤炭资源相对照,水资源匮乏是神东公司、榆林市和鄂尔多斯市面临的共同问题。煤炭工业的耗水强度不算高（但它破坏水资源）,煤电焦、煤化工则无一例外都是耗水大户。神东公司的 10 个矿井日需水量约为 6 万~7 万 m³,原有 4 个水源地的供水量日渐下降,目前仅有 2.8 万 m³/d,缺口由矿井水补充。神华集团煤制油项目的水源地为浩勒报吉地下水,大规模取水的潜在风险较大。2006 年榆林市水资源消耗量约为 6.7 亿 m³,预计 2010 年将达到 12 亿 m³,增长 1 倍左右,2015 年将接近 15 亿 m³,当地政府计划通过开发利用黄河干流水源解决水资源缺口。同样,"水权转化"已经成为鄂尔多斯市解决水资源短缺的主要途径,目前通过农业节水工程预计有 1.3 m³ 的农业用水调拨为工业用水,下一步鄂尔多斯市还计划置换北岸灌区的水权以及利用万家寨工程的引黄水资源。可见,煤炭及相关工业用水与农业用水、生态用水的争夺不可避免,引黄水资源的重新分配也将带来一定矛盾。

3.3 中央大型煤炭开采企业与当地政府的矛盾

调研还了解到以神华集团为代表的中央大型煤炭开采企业与所在地政府的矛盾。首先,神华集团在鄂尔多斯市和榆林市的煤炭开采量分别占当地煤炭产量的近一半,但这些煤炭基本都直接外调,显然与当地政府制定的提高就地转化率的目标不符。因此神华集团在申请接续资源、扩大煤炭生产能力方面遇到了一定困难,当地政府不支持。神东集团只能将2010年煤炭产量目标定为12 550万t,仅比2005年增长22%,远低于当地煤炭总产量增幅。其次,部分煤炭专家和地方政府认为大型煤炭企业采用长臂开采法,采空区大,塌陷面积大,因此对生态环境影响更大。但来自神东公司的管理者坚决否认这种说法,他们认为大型企业所造成的塌陷往往是整体塌陷,其范围和影响容易确认和补救,而且企业有实力对矿井水进行回用,而乡镇企业所造成的潜在影响难以预测,而且资源浪费巨大,回采率多不足20%,矿井水基本全部外排。关于这个问题,双方各执一词,也成为地方政府在一定程度上支持地方小企业的托词之一。再次,神东公司作为中央企业,坚持只缴纳国家层面的税费,不缴纳地方自设税费,或者税费水平低于当地企业所缴纳水平,引发当地政府不满;最后,对采空塌陷区的治理和对失地群众的补偿,由于国家没有统一的标准和政策,开采企业与地方政府不能达成一致意见,造成公司与政府及周边村民的矛盾日益突出。

3.4 关于陕蒙煤炭开发和相关产业发展的思考和建议

(1)慎重对待煤化工一体化战略,谨防生态和资源代价:煤化工产业的利润明显高于煤电,并数倍于煤炭开采,诱使资源地政府致力于在本地发展煤炭转化和深加工产业,反对煤炭外运。但是煤化工不仅将造成严重的资源浪费(近4 t煤、1 t油,加工过程中还要消耗1~2 t煤),并且都是耗水量极大的产业(12~15 t水、1 t油),不合理的产业结构可能加剧水资源匮乏,因此在西部这样水资源短缺、生态环境脆弱的地区,一定要慎重对待煤化工一体化、延伸产业链、提高煤炭就地转化率的思路。在一定程度上应该有意识地控制煤炭产量,提高保护性开采的意识。资源开发地不应该死盯着本地转化,而是应该改变思路,转资源投入为资本投入,投资入股到水资源丰富的地区去建化工厂。从全局角度出发,陕蒙地区的煤炭质量优良,运输成本相对较低,应更多地支援其他地区发展。

(2)综合考虑煤电一体化战略,减少水资源的浪费:煤炭开采必然导致大量矿井水的产生,为防止水资源的进一步浪费,并充分利用当地的大气环境容量资源,应从布局角度适度强化煤电一体化战略,在采用节水的空冷发电机组的基础上,充分利用好矿井水资源。另外,适当变输煤为输电还可以节约运输过程中的损耗,减低运输成本和压力,更好地保护沿海地区的环境,其综合效益也相当可观。因此应综合考虑煤电一体化问题,平衡好煤炭就地转化与外运的关系,将生态保护与水资源综合利用因素纳入当地煤炭、煤电发展战略中,保证煤炭产业的可持续发展。

(3)建立资源补偿机制,解决煤炭外运和就地转化之争:建立资源补偿机制,加大对资源地的补偿,鼓励生态脆弱和水资源短缺的煤炭产地的煤炭外运工作,防止出现像山西那样的越采越穷状况的出现。只有从经济的角度解决好资源产地和消费地之间的利益关系,才能从根本上防止大型煤炭基地煤化工一体化等资源生态不友好战略的实施,使资源地政府致力于煤炭外运和煤电一体化。煤炭产地才能从全局角度出发,将当地优质的煤炭资源更多地支援其他地区发展,使煤炭的生产和消费在经济和环境方面趋于优化。

(4)建立以水资源保护为核心的矿山生态保护机制:现行和正在讨论的矿山生态环境保护制度更重视对塌陷土地的治理和复垦,缺乏对水资源破坏和水土流失的足够重视。而在陕蒙地区,由于人口密度较小,土地塌陷所带来的危害并没有像东部地区那样突出,但水资源破坏正是煤炭大规模开采给以陕蒙为代表的生态敏感区所可能带来的最大危害,因此迫切需要建立起以水资源保护为核心的矿山生态保护机制,使"以水定产"成为先决条件。首先应该在若干基础科学方面加强研究,例如陕蒙地区农业节水的潜力、开采对荒漠化地区所可能带来的影响和风险、承压水损耗的风险等,其次在"保水采煤"技术尚处于攻关阶段的时候,应该密切监控地下水水位,必要时限制开采。对西部矿区,矿井水重复利用率的要求应该比南方矿井更为严格。

矿山复垦投资大,周期长,保证资金渠道畅通至关重要。发达国家非常成功的生态保证金制度是非常值得我们借鉴的重要经济政策之一。

(5)理顺中央企业与地方政府、地方企业的关系:要解决中央企业与地方政府、地方企业的矛盾,国家需要出台采煤塌陷区环境保护、生态修复、治理费用和相关标准和政策,并由国家行业主管部门依据标准进行现场验收,达标后发放合格证书、同时制定一套较为详细、可操作性强的矿区生态环境治理工作程序指南,从而规范和指导矿产企业行为。地方政府应该保证补偿资金能够足额发放到农民手中。中央企业应尽量与当地经济建立广泛和稳固的联系,避免"飞地"现象的发生。另外,需强化国家国土资源部在审批采矿权方面的权力,保证现代化大型企业的稳步发展。

(6) 坚定不移地加强资源整合和集约化生产:地方政府出于种种考虑,对乡镇小煤矿采取相对姑息的态度。但是这样的小企业不仅回采率低,资源浪费严重,在环保配套项目和安全设施方面的条件也远逊于大中型企业,矸石随地丢弃,污水横流,而且由于开矿深度较浅,对水资源的破坏更为严重一些(当然由于采空区体积不大,土地塌陷的危害可能较小一些)。因此在资源赋存条件好的陕蒙地区,要严格控制煤炭企业的生产规模,提高准入门槛。严把探矿权,严格禁止整装资源被切割。

(7) 完善煤炭开采环境影响评价体系,加强环保审批:煤炭开发建设项目环境影响评价和矿区总体规划环境影响评价是控制煤炭开采环境影响的一道重要关口。但可以看到目前的环评还存在重污染、轻生态,重影响评价、轻风险评估的现象。对水资源的评价中,只重视采煤对具有供水意义的含水层的影响,而不重视深层地下水的损耗,只要求达标排放。深层地下水具有极其重要的生态意义和战略意义,关系到子孙后代,对它的无度损耗无疑具有很大风险。建议环保部门加强与水利部门、国土资源部门的合作,增加生态评估和风险评估。此外,还需严格环保审批。对于单个矿井来说,建设与否并不会对区域内的能源供应和产业发展构成重大影响。因此,对于煤炭开发项目,如涉及自然保护区、重要水源涵养区、生态脆弱区等敏感区域的,对于居民搬迁范围较大的,煤矸石、矿井水、瓦斯等废弃物综合利用水平较低的,以及对地下水和地表水会产生严重影响的,建议原则上可不予批准建设。

传统的煤矿建设项目环境影响评价由于局限于建设项目层次,处于决策链(战略、政策、规划、计划、项目)的末端,不能影响前期矿区总体规划的布局和决策,也不能指导政策或规划的发展方向,矿区总体规划环评的重要性虽得到了重视,但上报到国家环保总局环评中心的规划环评不足 10 个,执行率非常低。

水资源保护是在陕蒙地区煤炭开采环境保护的重中之重。但是我国煤炭开发项目的地下水环境影响评价是环评中的"软肋",存相当多的问题,例如评价方法过于简单、粗糙,评价范围过小,不重视采区水文地质条件勘察。这些问题导致了评价结论可靠性差,可信度不足,环保措施针对性不强。为此必须提高环评质量以适应需求。

(8) 强化可能的积极环境影响:还应该注意适度的煤炭开采也可能给当地带来积极的环境影响。煤炭开采收益可以提高当地财政和人民收入,增加就业机会,改善当地能源结构,减少对薪柴的依赖和过度耕种、放牧、砍伐对草场的影响。但如果没有政策的强力干预,这种正面影响可能是非常有限的。因此如果要通过采矿业提高农牧民收入,保护生态环境,必须通过中央或地方政府来进行二次分配和支付转移,使煤炭工业的发展真正起到对生态环境的间接保护作用。

(9) 关于生态补偿制度和煤炭价格:目前有很多关于生态补偿机制的研究,呼吁建立起各种层次的补偿制度。但在目前理论尚不健全,补偿制度的实施难度较大。比较现实的还是对煤炭价格的调控。在计划经济阶段,能源资源(主要为煤炭)作为保障经济建设的战略物资,价格一直被压低,严重偏离其市场价值,也不能反映市场供求关系。改革开放以来,经历了价格"双轨制"、机构重组、价格初步放开和完全放开后,煤炭成为市场化最彻底(与其他能源品种相比)的能源品种,其价格基本由市场和供需双方协商形成。但在总体趋势为供过于求、行业内部竞争激烈的形势下,面对垄断度较高的铁路运输和电力集团,煤炭价格难以上升到一个合理的水平。"十五"期间的煤价上升也只是一个"恢复性"增长而已。偏低的价格造成煤炭企业利润欠丰,无力投资环境保护工作。价格过低还刺激了消费者的过度消费。因此,煤炭价格、煤炭产品价格(尤其是电力价格)的进一步市场化和全成本化是解决问题的必要前提,同时加强煤电上下游一体化也是破解价格垄断的一条可行途径。

从经济学角度讲,煤炭开采所引发的生态环境问题应该由矿业公司和矿产品使用者共同承担,最终必然由矿产品的购买和使用者承担,从而在整个供应链和消费链中得到体现。西部生态价值应该在煤炭价格中得到体现。

水泥产品全能耗分析

——关于北京水泥厂水泥产品全能耗分析的调研

庄 幸 刘 强 姜克隽 韩文科

1 获奖情况

本报告获得 2007 年度国家发展和改革委员会宏观经济研究院优秀调研报告二等奖。

2 本调研的意义

水泥行业是传统的高耗能行业，节能降耗任务十分艰巨。对水泥产品进行从原料开采到制成成品整个生产过程的全能耗分析，是水泥行业制定全面节能降耗政策和措施的一项重要基础性工作。研究水泥产品生产全能耗的目的在于发现那些实际存在但却很少被人们关注和重视的隐含能耗，从而找到水泥生产过程中的节能潜力和节能途径。本文选取北京水泥厂作为调研对象，对水泥生产全能耗进行了调查，确定了水泥生产过程中的主要耗能过程和节能途径，提出了水泥生产节能减排的发展方向。

3 本调研简要报告

生命周期评价（LCA）方法是一种对产品、过程和活动进行能源和原材料消耗及废物排放做量化评估的研究方法。回顾我国水泥行业的能耗研究，多数集中在对水泥生产工艺技术和设备进行能耗分析和节能分析上；一些研究虽涉及石灰石矿山开采的环境问题，但对降低能耗关注很少；关于水泥行业利用工业废渣作原料的研究很多，但提及利用废弃物作燃料的很少；也有关于水泥产品能源消耗限额的研究，但限额指标只针对生产工艺过程能耗而不涉及其他方面的能耗问题。总之，在过去的研究中，利用生命周期评价方法从生产全过程角度对水泥产品进行能耗研究的非常有限。出于利用生命周期评价方法研究水泥产品全能耗问题的探讨，一个典型案例调研是非常有意义的。为此，我们选择北京水泥厂进行了调研。

调研对象具有代表性是调研结果从个体看全面的关键。选择北京水泥厂作为调研对象有以下两方面考虑：首先，北京水泥厂采用的日产 2 000 t 和日产 3 000 t 新型干法水泥生产线是我国新型干法水泥生产工艺的主流规模生产线。2005 年我国新型干法水泥生产能力已占全部水泥生产能力的 40%，其中，2 000 t/d 熟料规模以上生产线总数占新型干法生产线的比例为 46.3%，而且很快将上升到 59%（王伟，中材国际工程股份公司总裁，2006）。其次，北京水泥厂的水泥生产工序全面，既有水泥生产工艺，也有矿山开采工序；既有目前水泥工业应用较广的余热发电项目，也有作为全国示范项目、代表未来发展的废弃物处理项目。全面和完整的生产工序为分析水泥生产全过程能耗提供了必要的基础条件。

基于上述研究回顾和调研准备，课题组于 2007 年 7 月 25 日到北京水泥厂进行调研，得到了北京水泥厂企业管理部马主任、梅总工和小赵的热情接待，调研过程中还得到生产管理部和设备管理部等的大力支持。

3.1 北京水泥厂概况

北京水泥厂有限责任公司(简称北京水泥厂)是由北京金隅集团有限责任公司与中国信达资产管理公司共同控股设立的，是北京金隅集团现代制造业的核心企业之一。北京水泥厂始建于1992年，拥有总储量为1.2亿t的石灰石矿山和两条分别为日产2 000 t（1#线）和日产3 000 t（2#线）新型干法窑水泥熟料生产线及配套水泥粉磨车间。2005年生产普通硅酸盐水泥熟料180万t，水泥200万t，其中P.O42.5水泥约占65%。目前，北京水泥厂总资产达54 457万元，全年实现利润3 579.5万元。公司现有职工733人，科技人员占员工总数的10%。经过十多年的建设与发展，北京水泥厂具有生产设备技术先进、产品优质稳定、水泥仓储量大和服务措施完善等优势。企业已通过ISO 9001质量管理体系认证、产品质量认证、ISO 10012计量体系认证、ISO 14001环境管理体系认证。"京都"牌水泥成为首都各建设工程的首选产品，广泛应用于首都国际机场扩建工程、八达岭高速公路、地铁复八线等重点工程。

3.2 北京水泥厂原料消耗和能源消耗状况

（1）水泥生产原料消耗状况：水泥生产的主要原料是石灰石。根据北京水泥厂生产中的原料供需统计，生产1 t水泥需消耗1.462 t原料，其中消耗石灰石1.16 t（占79%）、石英沙岩0.061 t（占4.2%）、粉煤灰0.174 t（占12%）、石膏0.05 t（占3.4%）、铁粉0.017 t（占1.2%）。该厂年产200万t水泥，每年需要200万t石灰石，其中，100万t石灰石由本厂的矿山开采，另100万t石灰石外购。

（2）水泥生产能源消耗状况：北京水泥厂消耗的能源主要有电力、煤炭、柴油、汽油。电力主要用于生产过程中各工序的主要设备，如生料磨，生料辊压机，回转窑，1#、2#、3#水泥磨、煤磨等。全厂用电全部由供电部门供应，2006年全厂实际消耗电量21 342万kWh，其中矿山开采用电643.96万kWh，生料生产用电5 615.18万kWh，烧成熟料用电6 527.37万kWh，水泥磨用电7 293.39万kWh，装运设备用电498.73万kWh，合资项目用电39.57万kWh，固废处理用电0.48万kWh，小磨用电16.72万kWh，施工用电2.07万kWh。全厂用煤也全部外购，原煤消耗主要用于熟料烧成系统，其中1#线和2#线熟料烧成共用煤22.28万t，占全厂总用煤量的99.7%，其他是非工业用煤。柴油主要用于铲车、叉车、水泥窑点火、矿山设备等，2006年消耗柴油802.54 t。汽油主要供车辆运行使用，2006年消耗汽油128.66 t。

从各工序的单位能源消耗看，矿山开采中，每吨石灰石开采消耗电力3.12 kWh、消耗柴油0.3 kg，每吨石灰石开采的综合耗能为0.821 kgce。生料生产中，每吨生料耗电30 kWh。熟料煅烧中，每吨熟料耗能114.45 kgce。水泥生产中，每吨水泥消耗电力38～40 kWh。包装工序的能耗很小。2006年全厂每吨水泥的综合能耗为126.2 kgce，其中熟料热耗为111.2 kgce/t熟料，水泥综合电耗为114 kWh/t水泥。

3.3 北京水泥厂全能耗分析

用生命周期评价方法分析水泥产品的全能耗，其目的在于系统地对北京水泥厂整个生产过程中的能耗情况进行量化研究。出于这个研究目的，水泥产品全能耗被确定为评价对象，相应的研究范围界定为水泥产品从原料到成品全部生产过程中所消耗的能源。对于生产过程的污染物排放以及水泥产品使用过程的能源消耗和污染物排放等问题，不包括在本次研究范围内。北京水泥厂硅酸盐水泥生产工艺和全能耗分析示意图见图1。

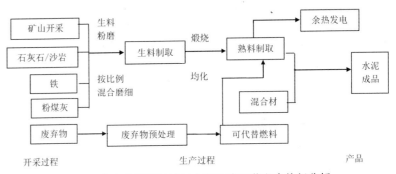

图1 北京水泥厂硅酸盐水泥生产工艺和全能耗分析

从图1中可以看到，北京水泥厂水泥制造的主要生产过程包括：石灰石开采及运送；经生料粉磨工序制取生料；通过回转窑煅烧工序制取熟料；在熟料煅烧中，废弃物处理装置为熟料制取提供部分燃料，回转窑排放的热量用于低温余热发电；最后通过水泥粉磨工序制取水泥产品。水泥制造中消耗的主要原料和燃料包括：煤炭、电力、柴油、汽油以及可燃性工业废弃物等燃料；石灰石和沙岩等矿物原料；铁粉和粉煤灰等工业废弃物原料等。

明确了上述研究对象和研究范围后,进一步确认水泥产品全能耗的分析内容。所谓全能耗是指水泥生产工艺过程的综合能耗和生产过程中所涉及的隐含能耗的全部能耗量。在隐含能耗中,将对水泥生产中用石灰石等原料的隐含能耗、生产中用新水的隐含能耗、生产设备及生产线的隐含能耗(简称设备隐含能耗)进行分析,对于生产中厂房建设的隐含能耗,由于条件限制,本报告不作分析。对于厂里的低温余热发电项目和废弃物替代燃料项目所产生和节约的能源量,也将在全能耗中统一考虑。下面详细讨论北京水泥厂水泥产品全能耗的分析过程。

(1)水泥生产工艺过程综合能耗:根据北京水泥厂的生产统计,2006 年全厂水泥生产工艺综合能耗为 126.2 kgce / t 水泥,其中熟料热耗为 111.2 kgce / t 熟料,水泥综合电耗为 114 kWh / t 水泥。上述所说的水泥综合能耗,是北京水泥厂按照水泥行业对生产能耗的考核要求,包括了石灰石开采到水泥包装入库整个过程的综合能耗,其中各工序能耗的详细叙述见报告中北京水泥厂能源消耗情况部分。

(2)水泥生产用原料隐含能耗:从北京水泥厂水泥生产中使用的原料明细表得知,生产 1 t 水泥需要消耗原料 1.462 t,其中消耗石灰石 1.16 t,石英砂岩 0.061 t,粉煤灰 0.174 t,石膏 0.05 t 和铁粉 0.017 t。则生产 1 t 水泥所用原料的隐含能耗计算方法如下:

$$E_m = 1.16E_s + 0.061E_y + 0.174E_c + 0.05E_g + 0.017E_t \qquad (1)$$

式中 E_m —— 1 t 水泥用原料隐含能耗;

E_s —— 1 t 石灰石开采能耗;

E_y —— 1 t 沙岩开采能耗;

E_c —— 1 t 粉煤灰能耗;

E_g —— 1 t 石膏生产能耗;

E_t —— 1 t 铁粉生产能耗。

由于石灰石占整个原料的比例高达 79%,沙岩的开采与石灰石相似,可粗略认为其开采能耗与石灰石相同。粉煤灰是热电厂废料,铁粉是钢铁厂废料,因此其原料开采能耗可以视为零。关于石膏的开采能耗,由于用量很小,在此不作考虑。通过上述考虑,对水泥用原料隐含能耗的分析将主要关注石灰石开采能耗。计算公式(1)可简化为公式(2):

$$E_m = 1.22E_s \qquad (2)$$

根据北京水泥厂的生产统计,石灰石的矿山开采能耗为每吨石灰石耗电 3.12 kWh,耗柴油 0.3 kg,折算标准煤为 0.821 kgce / t 石灰石。其中柴油消耗主要是矿区内运输的车用柴油消耗,不包括矿区外的运输油耗。

一般来说,水泥厂与矿区之间的距离都很近,可以降低运输成本,运输能耗也可以忽略不计。但是北京水泥厂较特殊,矿区在昌平东部的崔村,与水泥厂之间有 10 km 距离,石灰石从矿山到厂的运输,委托其他运输单位运行,因此油耗没有统计在石灰石开采能耗内。除此之外,北京水泥厂矿山年产石灰石 100 万 t,不能满足年产 200 万 t 水泥的需要,因此每年需外购石灰石 100 万 t,这 100 万 t 石灰石的开采能耗将视为矿山开采能耗计算,它的运输能耗也将按照矿山石灰石运输能耗计算。

按照水泥厂矿山年运输 200 万 t 石灰石,运距按每天 20 km 推算,每年石灰石运输的周转量为 4 000 万吨公里。从汽车油耗水平看,我国公路货运车辆的单位油耗在每万吨公里 500 ~ 700 kg 油耗(参考:中国能源效率分析与国际比较研究,能源办 2007),取平均值为 600 kg / 万吨公里。计算结果是,全年从矿山到水泥厂的石灰石运输油耗是 2 400 t 柴油,吨石灰石运输能耗是 1.2 kg 柴油 / t 石灰石,折合标准煤为 1.766 kg / t 石灰石。

综上所述,北京水泥厂石灰石开采综合能耗,等于石灰石开采能耗与石灰石从矿山到水泥厂的运输能耗之和,加总后得出 1 t 石灰石的综合能耗是 2.59 kgce。需要说明的是,在石灰石能耗中,还应该包括石灰石开采的设备隐含能耗。由于数据获得困难,我们忽略了此部分的能耗量。得到吨石灰石综合能耗后,根据公式(2)我们可以推算出 1 t 水泥用原料隐含能耗是 3.16 kgce。

(3)水泥生产用新水隐含能耗:北京水泥厂水资源供应来自自备井。大型用电设备主要使用循环冷却水,新水作为生产补给和生产辅助用水。2006 年,水泥生产中各工序用新水量为 73 908 m³,其中收尘及增湿塔用 17 667 m³、烧成工断用 41 572 m³、锅炉系统用 14 669 m³。除生产用新水外,办公辅助用水、食堂、洗浴、消防等生产辅助用水量达到 275 561 m³,全厂全年总计用新水量为 349 469 m³。由此计算 1 t 水泥生产用新水量为 0.175 t。因此,北京水泥厂的吨水泥用新水隐含能耗量将通过公式(3)推算出。其中吨水生产能耗采用全国平均吨水生产能耗。

$$E_w = 0.175E_{us} \tag{3}$$

式中　　E_w——吨水泥用新水隐含能耗；

　　　　E_{sw}——吨水生产能耗量。

全国平均吨水生产能耗可以通过全国水生产总量和水生产行业耗能总量计算，计算方法如公式（4）。

$$E_{sw} = E_{ut} / Q_w \tag{4}$$

式中　　E_{sw}——1 t 水生产能耗量；

　　　　E_{ut}——水生产业年能源消费总量；

　　　　Q_w——水生产业年总供水量。

全国水利发展统计公报的数据显示，2005 年我国全年水利工程总供水量为 5 573 亿 m³，全年总用水量为 5 573 亿 m³。2005 年我国水生产业总能源消费量为 692.01 万 tce。通过计算得知，2005 年全国平均吨水生产能耗是 0.124 tce / 万 m³ 水，按照水密度 t / m³ 折算后，1 t 水生产能耗为 0.124 tce / 万 t。通过上述分析，推算出北京水泥厂 2005 年生产 1 t 水泥所消耗新水的隐含能耗为 0.002 2 kgce / t。

（4）水泥生产用设备隐含能耗：对于水泥生产设备隐含能耗的计算，主要考虑水泥在开采和生产中所用机械设备中的隐含能源，以及水泥在开采和生产中所用生产线建设的隐含能耗。由于这部分能耗计算需要考虑的影响因素较多，而且数据不易获得，因此本调研尝试做一些粗略估算。首先，需要搞清所有水泥生产用重型设备的数量、重量以及使用寿命，目的是估算出设备的含钢量。由于水泥设备一般用优质钢制成，并且设备的含钢量很高，接近 100%（Joy 公司），因此可以用设备重量估算其含钢量；再通过吨钢能耗推算出设备的隐含能耗。对于水泥生产线的土建部分（包括均料库）、支架部分和运输皮带构架部分的隐含能耗，也采用相同的方法估算。当然，在推算设备单位隐含能耗时，要考虑生产设备及生产线在设备寿命期的水泥产量，并以此作为计算每吨水泥设备隐含能耗的依据。

北京水泥厂的生产设备包括矿山设备和水泥生产设备。矿山设备包括：3 台潜孔钻；2 台垂式破碎机，1 台颚式破碎机；4 台装卸机（电铲）；矿山年产量 100 万 t，生产设备的使用寿命在 30 年。生产设备包括：水泥生料生产使用的设备有 1 台 × 2 线生料磨；1 台 × 2 线选粉机；1 台 × 2 线风机。水泥熟料生产使用的设备有 1 台 × 2 线回转窑；1 套 × 2 线预热器；1 台 × 2 线冷却机；2 台 × 2 线大型除尘设备；3 台 × 2 线风机。水泥成品生产使用的设备有 3 台水泥磨；3 台选粉机；3 台风机。水泥包装中散装占 98%。除生产设备外，还有 2 个石灰石均料库、2 个均料库和 2 个煤均料库，消耗了大量的钢材。上述重型设备的使用年限一般在 30 年左右，期间的多次大修和更换零件对重型钢体部分影响不大，因此可以认为成套水泥设备和生产线的使用寿命是 30 年。

除设备的数量、种类和使用寿命等信息外，估算设备隐含能耗的关键是要搞清设备的重量，遗憾的是北京水泥厂各相关部门的管理者均不关心设备重量数据，设备台账上对重量也没有记录，一些专家凭经验提供的信息自己也感到很没有把握。笔者曾试图通过收集北京水泥厂各种设备的重量参数，推算整套设备的重量，但由于收集困难和工作量大，效果不佳。就此问题只能另寻线索，从水泥设备制造厂家或设备设计单位方面作更深入的调研。

通过咨询重型设备设计和制造业专家，对成套水泥生产设备的重量有一个粗略的估计结果。从中国建材装备有限公司设计院的调研中了解到，一般来说：日产 1 000 t 的水泥厂设备重为 3 500 t；日产 4 000 t 的水泥厂设备重 12 000 t。上述数据只是水泥生产主要设备（如磨、窑等）的重量，除设备之外，整条生产线的土建部分（包括均料库）、支架部分和运输皮带构架部分也用钢材，此部分的用钢量大于 1 000 t（天津新津源公司调查）。就此问题进一步咨询了天津水泥工业设计院有限公司，他们对全厂水泥成套设备和生产线钢材用量（设备重量）的估计是：日产 1 000 t 规模厂的水泥厂设备重为 3 500 t；日产 4 000 t 水泥厂设备重为 12 000 ~ 14 000 t。

综合上述信息，推算出北京水泥厂两条生产线的设备含钢量为 15 500 t，折算为生产 1 t 水泥所用设备的含钢材量为 0.258 kg（按水泥年产 200 万 t，设备寿命 30 年计）。据研究表明，我国生产 1 kg 普通钢材需要的全部能源消耗为 56.65 MJ（杨建新，2003），由此推算出北京水泥厂生产 1 t 水泥的设备隐含能耗为 0.50 kgce / t 水泥。

（5）余热发电节约能源：根据天津水泥工业设计研究院对北京水泥厂日产 2 000 t 和日产 3 000 t 生产线的测试分析报告和北京水泥厂余热发电可研报告的结论，经过技术改造后，实际日产

2 350 t 级的水泥生产线,窑头熟料冷却机中部的废气量为 90 000 m³/h(标况),废气温度 350℃,利用后排放温度 130℃,具有约 2 610×10⁴kJ/h 的热量;经过技术改造后,实际处置城市工业废弃物示范线(日产 3 000 t 生产线)的窑头熟料冷却机废气量为 80 000 m³/h(标况),废气温度 350℃,利用后排放温度 100℃,具有约 2 576×10⁴kJ/h 的热量。除上述窑头热量外,2 350 t/d 级水泥生产线窑尾预热器废气量为 161 000 m³/h(标况),废气温度 350℃,利用后排放温度 220℃,具有约 2 282×10⁴kJ/h 的热量;处置城市工业废弃物示范工程线窑尾预热器废气量为 240 000 m³/h(标况),废气温度 3 500℃,利用后排放温度 220℃,具有约 4 368×10⁴kJ/h 的热量。利用上述余热,纯低温余热发电工程每年可发电 4 000 万 kWh,折合标准煤 4 916 t,所发电力供水泥生产用。由此推算出,生产 1 t 水泥的余热发电量为 20 kWh,相当于生产 1 t 水泥可提供余热电力 2.46 kgce。

(6)废物利用替代能源:2007 年下半年,北京水泥厂利用水泥窑处置工业废弃物筛上物项目投入试运行。北京水泥厂利用树脂渣、废漆渣、有机废溶液、油墨渣 4 种比较有代表性的工业有机废弃物在本厂 2 000 t/d 熟料新型干法窑上进行焚烧实验。实验测定结果表明,利用可燃性废弃物作为替代燃料生产水泥是技术可行的,具有节能、环保、提高经济效益等多重作用。该项目日处置废弃物量达 100 t,年处置量达 3 万 t。通过废弃物焚烧可替代煤炭近 1.5 万 t(经初步实验表明,1 t 垃圾筛上物可替代原煤 0.6 t),折合标准煤约 1 万。由此推算,由于废弃物处理项目的投入使用,使北京水泥厂生产 1 t 水泥可节约原煤 5 kgce。

(7)水泥产品全能耗:综上所述,北京水泥厂水泥产品生产过程的全能耗应包括:水泥生产工艺综合能耗、水泥生产用原料隐含能耗、水泥生产用新水隐含能耗、水泥生产用设备隐含能耗、余热发电节约能源和废物利用替代能源等内容,计算方法如公式(5):

$$E_{全能耗} = E_z + E_m + E_w + E_n - E_d - E_f \qquad (5)$$

式中 $E_{全能耗}$ —— 吨水泥产品全能耗;
　　E_z —— 吨水泥生产工艺综合能耗;
　　E_m —— 吨水泥用原料隐含能耗;
　　E_w —— 吨水泥生产用新水隐含能耗;

　　E_n —— 吨水泥用生产设备隐含能耗;
　　E_d —— 吨水泥余热发电节约能源;
　　E_f —— 吨水泥废弃物利用替代能源。

基于上述对北京水泥厂水泥产品全能耗进行的调查和分析,一个基于 2006 年数据的分析结果显示,北京水泥厂生产 1 t 水泥产品的全能耗为 122.4 kgce/t(见表 1)。

表 1　北京水泥厂水泥产品全能耗分析结果

单位:kgce/t 水泥

	水泥生产工艺综合能耗	水泥用原料隐含能耗	水泥用新水隐含能耗	水泥用设备隐含能耗	余热发电节约能源	废弃物利用替代能源	水泥产品全能耗
水泥产品	126.2	3.16	0.002	0.5	2.46	5	122.4

3.4　结论和启示

北京水泥厂水泥产品全能耗调研分析结果,使我们对水泥生产的能耗问题有了系统的了解,特别是对水泥生产中所涉及的隐含能耗有了新的认识。尽管其结果只是在北京水泥厂特定的生产条件下产生的,并不能直接说明全国水泥产品的共性问题。但是北京水泥厂的调研方法和全能耗分析思路,对全国水泥产品全能耗分析产生了很有价值的启迪和借鉴作用,其分析结果也可作为全国水泥产品全能耗分析的一个基本参考值。通过对北京水泥厂水泥产品全过程能耗进行调查研究,有以下几点结论和启示。

(1)全方位开展水泥行业的节能降耗十分必要:水泥产品全能耗分析的数据显示,水泥产品的全能耗主要来自生产工艺能耗和隐含能耗部分,而节能则来自于水泥生产中的余热发电和替代能源部分,这样,降低生产能耗、提高节能和能源替代就构成了水泥工业节能降耗的两个重要方面。因此,作为一个高能耗、高污染行业,水泥行业的节能和资源综合利用空间仍相当巨大,从全方位开展对水泥工业的节能降耗工作十分必要。

(2)水泥生产工艺过程是当前降耗的重点:从水泥产品能耗部分看,北京水泥厂吨水泥生产能耗高达 129.86 kgce,其中水泥生产工艺综合能耗占 97.2%,水泥生产用原料隐含能耗占 2.4%,生产设备和生产线隐含能耗占 0.4%,水泥生产用新水隐含能耗很小。由此看出,水泥行业节能降耗的重点在生产工艺环节上,这方面已经得到国家和企业各层面的充分重视。在此方面,北京水泥厂也制定了相应的措施,计划在"十一五"期间,通过水泥粉磨技术改造、预分解窑技术改造以及对选粉机、篦冷机、罗茨风机变频改造等措施实现节能降耗,其节能潜力预计达到 16 553 tce。

(3)低温余热发电有很好的节能降耗效果:从水泥产品全能耗的能源替代部分看,水泥纯低温余热发电对降低水泥产品全过程能耗的贡献是 2.46 kgce / t 水泥,节能效果很显著,值得国家和企业共同努力,将其作为近期水泥行业节能降耗的重要措施。目前,全国已投入运行的纯低温余热发电设备还很有限,2007 年新投产的纯低温余热发电设备达 30~40 套。正在建设中和准备开工建设的新型干法水泥生产线几乎都同时考虑了利用纯低温余热发电技术。相信不远的将来,纯低温余热发电在水泥行业节能减排方面会产生很好的效果。

(4)废弃物处理是未来水泥工业节能环保的发展方向:由于北京水泥厂有废弃物处置项目,对吨水泥产品降低能耗贡献了 5.0 kgce,产生了非常大的影响。可是,目前废弃物处理对全国水泥行业来说还只处于研发和示范阶段。近年来,从国内外日产 5 000~6 000 t 规模先进生产线的技术水平对比情况看,国内水泥生产的先进水平已基本达到或接近国际水平,在熟料热耗、水泥电耗、生产线运转率、熟料质量以及余热发电量等指标上,数据基本一样。但是在废弃物替代燃料率和工业废弃物利用量等指标上,国际水平分别达到 50% 和 350 kg / t 水泥(沈序辉等,天津水泥工业设计研究院,2006),而国内水平却非常低,北京水泥厂的废弃物替代燃料率仅为 6.7%,工业废弃物利用总量为 206 kg / t 水泥(包括废弃物作原料和燃料)。从另一视角看,我国每年产生的工业固体废弃物达到 12 亿 t 以上,而工业固体废物综合利用量仅为 6.8 亿 t。废物处置和危废处置能力存在巨大缺口。利用水泥回转窑系统的高热环境处理工业废弃物,替代水泥生产所需的优质燃料和天然矿物原料,是我国水泥工业从规模扩张和生产技术升级换代逐步过渡到追求节能、降耗、环保和资源合理利用的发展方向,并最终为全社会的节能减排作出显著贡献。

参考文献

[1] 张朝发. 当前我国水泥工业的先进生产力标准. 中国水泥. 2006-10.
[2] 能源办. 中国能源效率分析与国际比较研究. 2007.
[3] 沈序辉. 发展循环经济模式下水泥行业废弃物利用的走向分析. 中国水泥网.
[4] 陆庆珩,等. 水泥行业石灰石矿山开采过程中的主要环境问题及对策. 综述. 2007-01.
[5] 谢泽. 利用可燃性危险废弃物做燃料生产水泥. 数字水泥,www.dcement.com.

实现"十一五"节能目标 企业节能大有作为

—— 武汉钢铁(集团)公司节能目标、途径与措施的调研

戴彦德 戴 林 熊华文 刘志平

1 获奖情况

本报告获得 2006 年度国家发展和改革委员会宏观经济研究院优秀调研报告三等奖。

2 本调研的意义

武汉钢铁(集团)公司(以下简称武钢)"十五"期间吨钢综合能耗由 891 kgce/t 下降到 769 kgce/t,下降了 122 kgce/t,按其 2005 年的实际钢铁产量计算,"十五"期间形成的节能能力为 126.6 万 tce,相当于节约出了一个 177 万 t 的中型煤矿。针对国家提出的节能 20% 的目标,武钢计划在"十一五"期间再将吨钢综合能耗降低 10.3%,达到 690 kgce/t 的国际先进水平,按此计划武钢"十一五"期间的节能能力相当于将再造一个 166 万 t 的煤矿。武钢靠什么取得了"十五"节能的巨大成效,又靠什么来实现"十一五"的节能目标?武钢的经验和做法不仅对钢铁行业实施"十一五"规划具有借鉴意义,更对全国高耗能行业推进技术进步、挖掘节能潜力,实现 20% 的节能目标具有指导意义。

3 本调研简要报告

3.1 引言

党的十六届五中全会和"十一五"规划纲要提出要"在优化结构、提高效益和降低消耗的基础上,实现 2010 年人均国内生产总值比 2000 年翻一番";提出到"十一五"末期"资源利用效率显著提高,单位国内生产总值能源消耗比'十五'末期降低 20% 左右";同时也给出了结构调整节能、技术进步节能和管理节能三大基本途径。

工业是我国能源消费的大户,能源消费量占全国能源消费总量的 70% 左右。重点耗能行业中的高能耗企业又是工业能源消费的大户。为加强重点耗能企业节能管理,国家发展和改革委员会、能源办公厅等部门联合实施了千家企业节能行动。据统计,年耗能量在 18 万 tce 以上的千家企业 2004 年综合能源消费量为 6.7 亿 tce,占全国能源消费总量的 33%,占工业能源消费量的 47%。从目前来看,重点高耗能企业节能潜力较大,突出抓好高耗能行业中高耗能企业的节能工作,对确保实现"十一五"规划目标和全面建设小康社会目标,具有十分重要的意义。

在主要高耗能行业中,"十五"期间钢铁行业扩张迅速,钢产量由 12 850 万 t 增加到 35 239 万 t,年均增速高达 22.4%;2005 年其能源消费量接近 4 亿 tce,占工业能源消费总量的 20% 以上,是工业的第一用能大户。

武汉钢铁(集团)公司作为钢铁行业的重点企业,2005 年钢铁产量突破 1 000 万 t,能源消费量近 800 万 tce。这样一个大型钢铁企业具有多大的节能潜力,在实现国家 20% 的节能目标中又能作出多大贡献,以其为代表的高耗能行业又将扮演何种角色?这些都是值得关注和研究的问题。

为此,课题组选择了钢铁行业中的武钢作为典型调研企业,一行 6 人于 2006 年 7 月 10—11 日对其进行了实地调研,深入

了解其在节能降耗方面的主要做法与成功经验，从推动节能技术进步和加强产品结构调整两方面剖析其实现既定节能目标的主要途径与措施，并扩展到行业层面提出了若干可供借鉴的经验和启示。

3.2 武钢的概况

武钢位于武汉市青山区，是新中国成立后兴建的第一个特大型钢铁联合企业，2005年，武钢和鄂钢、柳钢实现了联合重组，现有在岗职工近9万人。武钢现已形成年产钢铁近2 000万t的综合生产能力，国内排名第三位；主要生产热轧卷板、冷轧卷板、镀锌板、镀锡板、冷轧硅钢片、彩色涂层板以及大型型材、线材、中厚板等几百个品种，正逐步成为我国最重要的汽车板生产基地和全球最具竞争力的冷轧硅钢片生产基地。

"十五"期间，武钢呈现突破性增长态势，钢产量(武钢股份)由2000年的665万t增加到2005年的1 038万t，增长56.1%；工业总产值（2000年不变价，下同）由2000年的102亿元增加到2005年的340亿元，增幅达233.37%；2005年全年实现利税112亿元，利润71亿元。

3.3 武钢的能源消费现状及"十五"节能成效

"十五"期间，武钢能源消耗总量由2000年的592万tce增长到2005年的798.3万tce，年均增长约7%，远低于产量增幅。2005年武钢共消耗能源798.3万tce，其中煤炭842.05万t，电力47.98亿kWh，燃料油14.52万t，分别占其能源消耗总量的90.01%、7.93%和2.06%。

在产量和产值快速增长的同时，武钢通过采取多方面综合措施，使单位产品综合能耗不断下降，能源经济效益大幅提高。"十五"期间，万元产值能耗由2000年的5.81 tce下降到2005年的2.35 tce，降幅达59.6%，年均下降16.6%；吨钢综合能耗由2000年的891 kgce降至2005年的769 kgce(见图1)，下降了13.7%，年均下降率为2.9%。

其五年的节能成效(126.6万tce)相当于建成了一个年供应能力为177万t的中型煤矿，同时这一节能能力相当于形成了89万t碳当量，2.5万t二氧化硫，1.9万t粉尘的减排能力，其社会环境效益相当显著。

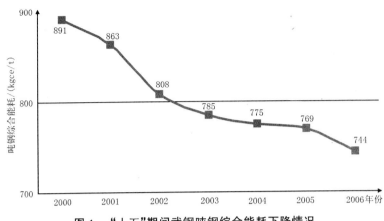

图1 "十五"期间武钢吨钢综合能耗下降情况

3.4 武钢节能降耗的主要措施

武钢是典型的长流程工艺，包括炼铁系统、炼钢系统和轧钢系统，即烧结、焦化、炼铁、炼钢、热轧到冷轧的全过程。炼铁系统包括烧结、炼焦、炼铁等工序，其直接能源消耗占钢铁联合企业总能耗的70%左右，由于炼铁系统会产生大量的焦炉煤气、高炉煤气等二次能源，其利用效果不仅直接影响钢铁企业的能源(动力)介质平衡，更是钢铁企业节能降耗的重点所在。

"十五"期间，武钢的节能降耗工作主要围绕炼铁系统展开，炼铁系统各工序能耗下降明显(见表1)。

表1 "十五"期间武钢炼铁系统各工序能耗

单位：kgce/t

年份	2000	2001	2002	2003	2004	2005	2005/2000下降率/%	国际先进水平
焦化工序	183.1	170.0	155.8	168.9	146.2	112.4	38.61	94.5
烧结工序	64.7	64.0	63.8	63.4	64.2	63.0	2.63	60.4
炼铁工序	452.5	456.6	453.7	446.4	448.8	451.9	0.13	395.5

对钢铁生产的全系统而言，武钢推动节能技术进步所采取的主要措施包括：

（1）以设备大型化改造为契机，大力采用节能新工艺、新技术

企业技术装备和工艺创新是企业实现节能降耗的物质基础，也是企业走持续节能降耗的必然选择。近年来，武钢累计投入130

亿元对焦化、烧结、炼铁、炼钢、轧钢系统进行技术改造和扩建,大量应用了新技术、新工艺,先后实施了新建3座55孔6m大型焦炉和2座3 200 m³大型高炉、烧结机大型化改造、高炉扩容改造等设备大型化工程。通过这些设备大型化工程,武钢烧结机平均容量由2000年的126 m²上升到2005年的356 m²,高炉平均容量由2000年的2 027 m³上升到2005年的2 481 m³,转炉平均容量由2000年的134 t上升到2005年的149 t(见表2)。这些改造和新建工程应用了一大批当代先进的节能新工艺、新技术和新装备,不仅把节能降耗的物质条件推上了一个新台阶,而且提高了武钢的产品竞争优势,为企业的持续发展提供了可靠保障。

表2 2000年和2005年武钢主要生产装置规模对比

装置类别	2000年	2005年
烧结	4×75 m²,4×82.5 m²,193 m²,435 m² 单套平均容量:126 m²	193 m²,360 m²,2×435 m² 单套平均容量:356 m²
焦炉	6×65孔(4.3 m),2×55孔(6 m)	5×65孔(4.3 m),5×55孔(6 m)
高炉	1 386 m³,1 536 m³,1 513 m³, 2 516 m³,3 200 m³ 单套平均容量:2 027 m³	2 200 m³,1 536 m³,1 513 m³, 2 516 m³,3×3 200 m³ 单套平均容量:2 481 m³
转炉	2×100 t,3×80 t,2×250 t 单套平均容量:134 t	2×100 t,3×80 t,3×250 t 单套平均容量:149 t

(2)优化生产操作条件,加强能源管理,充分挖掘节能潜力

钢铁企业生产操作条件的优化对降低能耗起着至关重要的作用。近几年来,武钢炼铁系统着力改善原燃料条件,烧结矿与焦炭质量稳步提高,原燃料条件的改善保证了高炉炉况顺行、稳定,2006年第一季度高炉入炉焦比达到325 kg/t,综合焦比487.8 kg/t,处于国内先进水平。

转炉多吃废钢以降低"铁钢比",减少矿石资源消耗,是近三年武钢调整生产结构、实现主体工序生产平衡的主要措施,同时也是大幅度降低能耗的主要手段。近几年来,三个钢厂平均废钢单耗达到100 kg/t以上,公司"铁钢比"由"八五"末的1.054降到0.98,吨钢综合能耗降低了40 kgce。

另一方面,充分重视挖掘生产过程中节能潜力。公司和各二

级单位在安排生产及检修计划时,尽量考虑能源的合理利用,减少待机能耗。近几年来,通过加强生产组织管理,连铸坯热送热装工作取得了实质性进展,热装率、热装温度逐步提高,降低加热炉燃料消耗15%以上。轧板厂采用轧后控冷新工艺,减少了需热处理的钢板量,降低了煤气消耗。充分利用高炉、转炉煤气替代重油发电,并通过组织自备电厂、热轧等煤气缓冲用户提高煤气用量攻关,使自备电厂高炉煤气用量达到20万m³/h,热轧混合煤气用量提高到5万m³/h,高炉煤气放散大为减少,放散率降到0.99%(钢铁工业平均放散率为7%)。

(3)采用成熟的节能技术措施,推动余热余能回收利用

近几年来,武钢投资20多亿元,新上了大批余热余能回收利用项目,如高炉的TRT和热风炉烟气废热回收装置、转炉煤气回收装置、鼓风供热工程、焦化干熄焦装置等。

1)干熄焦工程:武钢目前已建成二套140 t/h干熄焦装置,分别于2004年和2005年投入生产,每套装置可回收能源4万tce。其他焦炉的干熄焦装置将于"十一五"期间全面建成投产。

2)高炉炉顶煤气余压透平发电装置(TRT):为回收高炉煤气剩余压力能源,武钢共投资1.9亿元在6座高炉上全部配备了TRT发电装置,装机容量7.376万kW,年发电量可达3亿kWh。

3)开拓蓄热式燃烧技术的应用领域:武钢在国内率先将此项技术开发应用于钢包烘烤器和辐射管烧嘴上,并获得成功。近两年又推广到轧钢加热炉和锻造热处理炉,取得了显著的节能效益。

武钢近两年实施的余热回收项目还有:高炉热风炉双预热器提高高炉风温、烧结机的冷却机废气余热回收、以及轧钢厂步进式加热炉汽化冷却技术等。

(4)坚持对标挖潜,开展以节能降耗为重点的技术攻关

对标是通过与同行业能耗先进指标(宝钢等企业)对比,找出节能工作中的薄弱环节。几年来,武钢每年安排10多项公司级重点节能攻关项目开展技术攻关,为节能降耗奠定了重要基础。

如"炼钢转炉实现负能炼钢"攻关组通过采取优化生产组织、减少备用能源消耗、完善能源计量、指标层层分解、加强能源动态考核、增加能源回收等手段,转炉工序能耗从1999年4月开始实现负能炼钢,成为国内第二家转炉负能炼钢的钢铁厂,而且这一

工序能耗一直处于国内领先水平。

（5）延长产业链、提高高附加值产品的比重也是武钢降低企业产值能耗的重要途径和手段

"十五"期间，武钢通过技术创新，加快了产品结构调整步伐，初级产品和普通钢材比重逐年下降，高附加值产品（热轧卷、板及硅钢等）产值占总产值的比重从56%提高到77%；同期产品产量增长56.1%，但总产值增长高达233.4%，单位产品蕴涵的产值增加了113.5%。

通过多年的不懈努力，武钢正成为我国和世界上颇具竞争力的高档精品钢材生产基地。如为了满足各类重大成套技术装备对压力容器钢材的需要，武钢先后研制出低温、常温、中温、大线能量及耐焊接裂纹敏感钢五大系列、几十个品种钢材，打破了这类产品长期依靠进口的局面。在低温取向硅钢研发与生产方面，武钢自2002年起，着手进行该项技术的研究开发，研制出来的产品牌号比例比目前的高温取向硅钢有较大提高，彻底打破了热轧厂只能生产一般取向硅钢的生产"瓶颈"，也使我国成为掌握此项核心技术的少数国家之一。

3.5 武钢"十一五"节能的目标与措施

"十五"期间武钢的单位产值能耗下降了59.6%，单位产品能耗下降了13.7%，按产品单耗计算其节约的能源相当于建成了一个170万t的煤矿，那么像这样一个能耗已经大幅度下降的企业是否还有节约潜力？针对国家提出的GDP能耗降低20%的目标，他们有何作为？

武钢的规划是："十一五"期间，钢产量将由2005年的1 038

表3　2000年、2005年和2010年武钢产量、产值及能耗情况

项　目	单位	2000年	2005年	2010年	2000—2005年变化率/%	2005—2010年年变化率/%
能源消费总量	万tce	592	798	1 035	34.8	29.7
钢产量	万t	665	1 038	1 500	56.1	44.5
吨钢综合能耗	kgce/t	891	769	690	−13.7	−10.3
工业总产值	亿元	102	340	519	233.3	52.6
单位产值能耗	tce/万元	5.81	2.35	1.99	−59.6	−15.3

万t增加到2010年的1 500万t，增长44.5%；工业总产值将由2005年的340亿元增加到2010年的519亿元，增长52.6%；而能源消费总量由2005年的798万tce增加到2010年的1 035万tce，仅增长29.7%。

同期，单位产值能耗在"十五"末的基础上再降低15.3%，由2.35 tce/万元降到1.99 tce/万元；吨钢综合能耗再降10.3%，由769 kgce/t降到690 kgce/t的国际先进水平。照此计算，武钢"十一五"期间将再造一个166万t的煤矿。同期钢产量增加44.5%，产值增长52.6%，而能源消费总量仅增加不到30%，能源弹性系数约为0.5。

为实现既定的企业节能目标，武钢在总结"十五"经验的基础上，继续在技术进步和产品结构调整两个方面进行推进。

在推动节能技术进步方面，继续实施设备大型化工程，加大淘汰落后设备的力度，"十一五"期间计划全部淘汰65孔4.3 m焦炉共5座，分别新建2座65孔7.63 m大型焦炉和3座55孔6 m焦炉，同时新建3 800 m³高炉1座、435 m²大型烧结机1套；在节能改造方面，计划利用多项世界先进技术对既有大型高炉进行改造，通过提高精料水平、提高风温、提高煤比、提高煤气利用率等措施，实现高煤比、高炉温、高负压、高顶压，降低高炉炼铁的燃料消耗等。经初步测算，技术进步对实现单位产值能耗降低目标的贡献率在48%左右。

在加快产品结构调整方面，武钢将通过自主创新继续开发、生产高新技术产品品种，不断提高产品的附加价值，扩大高附加值产品比重。"十一五"期间，武钢将全部淘汰长材；板带比将从2005年的82%提高到2010年的87%；高附加值产品产值占总产值的比重将从目前的77%提高到84%；作为最具竞争力的高附加值产品硅钢，其产量将增长2.55倍，产值比重将由"十五"末期的12%提高到"十一五"末期的21%。初步预计，产品结构调整对实现单位产值能耗降低目标的贡献率在52%左右。

3.6 经验与启示

（1）将节能降耗融入企业发展理念，并建立相应的节能组织管理体系是推进节能工作的基础

从武钢的经验可以看出，要将企业的节能工作落到实处，必

须首先在思想观念上树立向节能要效益的观点,才能在确定企业原料选择、工艺路线、设备改造、产品结构调整等具体工作中全面贯彻节能降耗的思想,在企业发展壮大的过程中,实现"增产又节能"的目标,从而实现企业的可持续发展。

钢铁行业中,能源成本一般占到企业总成本的30%以上,武钢首先在全厂树立了节能降耗的思想观念,"开源"和"节流"并举,提出并努力实现"增长不增能"的发展目标,通过开展体制创新和机制创新,使节能不仅体现在企业的生产运营中,更融入到企业的文化理念中。武汉钢铁公司从上到下统一了对"增产又节能"的认识,各部门和单位都建立了以主要领导亲自挂帅,从上至下全员参与的组织体系,形成了从集团公司到子分公司和生产厂、车间、班组的四级节能管理网络,通过例会定期报告、动态跟踪等途径,层层落实工作职责。同时,武钢在制定企业中长期发展规划的过程中,对节能工作的具体目标、重点工作和保障措施,也都作出了明确的规定。

(2)建立节能长效机制是节能工作取得实效的保证

武钢在领导重视的同时,也根据企业实际积极探索建立各项长效机制。首先是目标分解。武钢有个常年坚持的活动叫"成本效益纵深行",集团公司与各二级单位均签订了目标责任状,将各项指标细化、分解到各单位,按周、按月进行滚动预算,对产、供、销、降成本、资金、效益等各方面情况进行全过程、全方位的监控,将完成情况作为经济责任制的考核依据,按月结算、按月考核。

其次是有效的激励机制。武钢制定完善的监督和责任奖惩体系,把节约绩效与个人奖惩挂钩,在企业内部形成资源节约监管体系,促进节约型企业工作的持续开展。

(3)加大投入是企业强化节能的关键

武钢节能降耗工作取得巨大成效的关键措施就是加大投入,在人力、物力、财力等各方面对节能予以倾斜。"十五"期间武钢累计投入130亿元对炼铁、炼钢、轧钢等系统实施设备大型化工程,累计投入20多亿元进行节能技术改造和余热余能回收利用。

从其节能实践看,无论是实施设备大型化工程,还是进行节能技术改造,或是加强技术创新、推动产品结构调整,都离不开投入的增加。投入是节能的重要推动力,没有投入谈节能,只能是"无米之炊"。武钢在其"十一五"规划中也提出,要进一步加大对节能降耗的资金投入,确保实现既定的能耗下降目标。可以说,加大投入应是当前强化节能最为关键、最为有效的措施之一。

(4)兼顾节能技术进步和产品结构调整,多途径推动企业节能目标实现

从钢铁工业生产实践看,依靠现代钢铁生产技术节能降耗是不可忽视的重要环节,能效水平的提高得益于采用先进的现代化大型装备和实施先进节能技术;同时,要降低单位产值能耗,调整产品结构、增加高附加值产品比重是不可忽视的另一面。

通过对武钢的调研发现,"十一五"期间武钢推动节能技术进步和加快产品结构调整对实现既定节能目标的贡献率各占一半左右,两者对降低产值能耗有同等重要的作用。基于此,武钢在"十一五"期间一方面将狠抓节能技术进步,推动设备改造和更新,努力降低单位产品综合能耗;另一方面将继续延长产业链,提高产品加工深度和技术含量,提高高附加值产品比重,使单位产品所蕴涵的附加价值不断增加。实现"两条腿走路"、多途径推进是武钢"十一五"节能工作的重要战略。

(5)实现"十一五"节能目标,重点耗能企业大有可为

"十五"以来,增长迅速的高耗能行业在一定程度上推动了我国经济的发展,为GDP的增长作出了较大贡献,但也普遍存在生产粗放、技术水平低、资源浪费严重等问题,这也意味着,高耗能行业存在巨大的节能潜力。

武钢的节能实践说明,在高耗能企业中,运用已有的成熟技术对企业工艺和装备实施节能改造,并在产能扩张中通过淘汰落后设备实现设备大型化,是提高能源利用效率、节约能源的根本措施。"十五"期间,武钢通过实施设备大型化、加强余热回收利用等措施实现技术节能量127万tce;在此基础上,"十一五"期间通过若干措施还可进一步实现技术节能量119万tce。

目前我国钢铁工业的总耗能接近全国总能耗的20%,吨钢综合能耗存在着降低10%的节约潜力,从武钢的经验可以看出,钢铁工业如果通过实施包括淘汰落后、强化改造等措施来推动节能技术进步,可节约能源近4 000万tce,如果这一目标能够实现,将为实现20%节能目标作出重要贡献。

同样,以武钢为缩影,放眼重点耗能企业,若能在水泥、玻璃、

烧碱、电石、合成氨、石油化工等高耗能企业强化节能降耗工作，加大节能投入，加快设备大型化和节能技改，挖掘数亿吨的节能潜力是完全有可能的。可以说，重点耗能企业节能潜力巨大，是实现 20% 节能目标的重中之重。

当前的节能工作，应以高耗能企业为重点，狠抓政策措施落实，着力推动节能技术进步，提高整体装备水平，推动产品单耗持续下降。抓好高耗能企业，即抓住了中国节能的半壁江山；抓好高耗能企业，定能"事半功倍"。

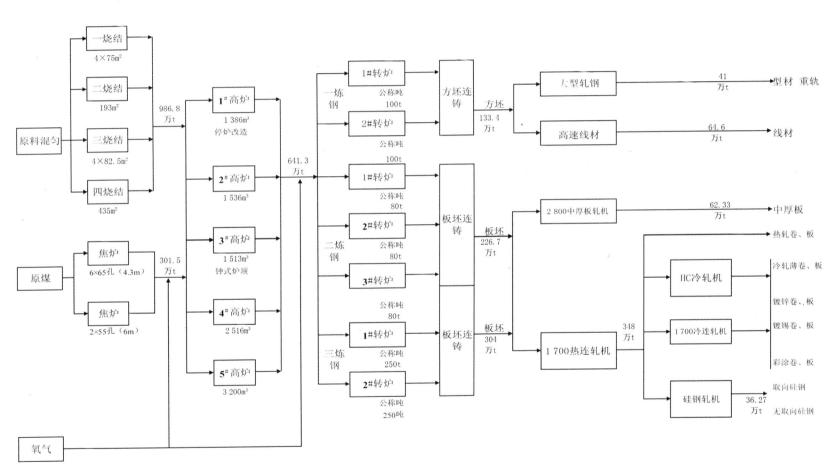

附图 1　2000 年武钢生产工艺流程

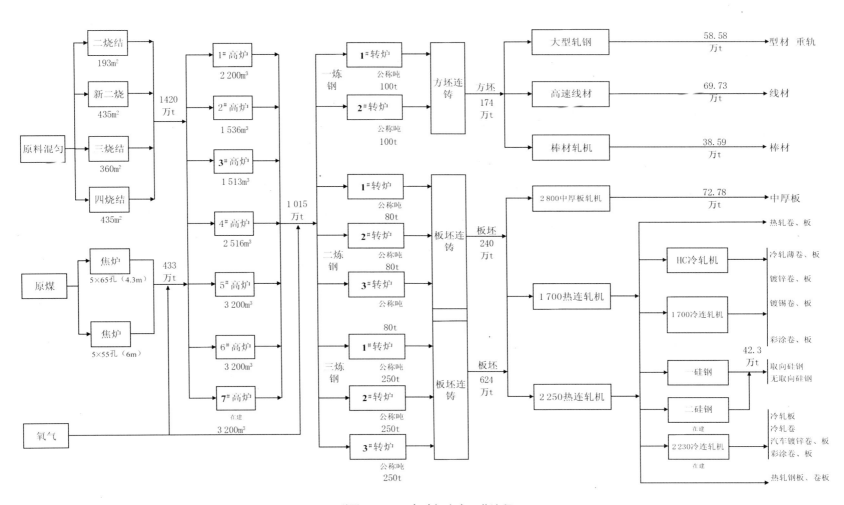

附图2　2005年武钢生产工艺流程

如何破解西部资源型省份节能工作的"结构之困"

—— 来自山西省节能工作调研的发现和思考

熊华文

1 获奖情况

本报告获得 2010 年度国家发展和改革委员会宏观经济研究院优秀调研报告三等奖。

2 本调研的意义

西部资源型省份历来是我国节能工作的重点和难点,推进节能工作面临诸多现实困难,但"结构之困"应该是最大、最难以克服的困境。破解"结构之困",需要从深层次的体制机制改革入手,从经济社会发展的宏观层面入手。本文以山西省为代表,通过实地调研,深入分析了产生"结构之困"的根本原因和现实条件,并以此为基础,从设定合理的节能目标、深化资源要素市场化改革、推进地方政府绩效考核体制和财税分配体制改革、合理调控高耗能产品市场需求、完善项目审批核准机制五个方面提出了破解"结构之困"的对策与建议。

3 本调研简要报告

西部资源型省份历来是我国节能工作的重点和难点,这些省份的节能进展状况事关全国节能工作的大局。一方面,这些省份能源消费量较大,生产方式相对粗放,工艺技术水平和管理水平相对落后,能源利用效率提升的空间和潜力很大;另一方面,资源型省份往往是全国的能源、资源和原材料供应生产基地,产业结构重化趋势明显,而且受区域比较优势、主体功能区布局和产业升级一般规律的影响,这一趋势在短期内仍难以改变,加上在资金、人才、区位等方面存在的障碍和不足,导致这些省份开展节能

工作面临巨大困难和挑战。可以说,西部资源型省份的节能潜力与节能难度并存,机遇与挑战并存。

当前节能工作中面临的产业结构重化、生产方式粗放、技术装备瓶颈等一系列突出问题在西部资源型省份表现尤为明显,矛盾冲突更加集中,是全国节能工作的"难"中之"难"。如果西部资源型省份能够较好地解决这些问题,推动发展方式转型,大幅度提高能源利用效率,实现困境中的突破,则不啻为全国节能工作的攻坚之战,带动全国层面一系列节能难题的迎刃而解。

山西省是西部资源型省份的典型代表,既是能源生产大省,也是能源消费大省。山西省煤炭产量占全国的比重超过 1 / 5,焦炭产量占全国的比重接近 1 / 3;2009 年其能源消费量达到 1.5 亿 tce,占全国能源消费总量的比重接近 5%,位居全国第 10。为了解西部资源型省份节能工作的现状,分析这些省份"十二五"期间的节能潜力,探讨节能工作中面临的现实问题和突出障碍,提出相关解决思路和政策建议,为制定"十二五"节能专项规划和有关节能政策服务,能源研究所课题组以山西省为案例研究对象,一行 5 人(分别为周大地、杨宏伟、郁聪、熊华文和田智宇)于 2010 年 7 月 2—7 日赴山西省临汾市、朔州市和大同市进行了节能工作调研。

调研的内容包括:"十一五"期间推动节能工作的主要做法、进展、成效和经验;"十二五"经济增长内容和产业结构调整具体设想,以及有关节能目标、潜力以及工作思路方面的考虑;当前节能工作中面临的主要问题和突出障碍,产生的原因分析以及有关政策建议等。调研期间,与山西省政府节能主管部门,三个地市政

府节能、发改、财政、建设、交通、统计等有关部门进行了座谈，实地考察了山西同世达煤化工集团公司、临汾钢铁公司、大唐神头发电有限公司、山西金海洋能源公司、大同煤矿集团公司等5家企业。现将有关发现和思考报告如下。

3.1 山西省节能工作呈现的主要特点

（1）节能成效积极显著：山西省的"十一五"节能目标为万元地区生产总值能耗降低22%，比全国节能目标高2个百分点。2009年，山西省万元地区生产总值能耗为2.364 tce／万元，比2008年下降5.7%，"十一五"前四年累计下降18.3%，高于全国平均降幅2.7个百分点，完成进度达到81.3%，也快于全国总体进展，为全国节能目标的完成作出积极贡献，如图1所示。

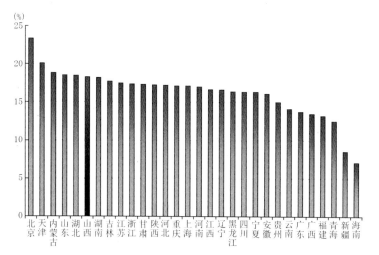

图1 "十一五"前四年各省(市)单位生产总值能耗累计下降率比较

资料来源：根据历年各地区单位生产总值能耗公报计算得到。

规模以上工业能源消费量占全省总能耗的75%以上，是全省节能减排的重要领域。通过四年的不懈努力，规模以上工业单位增加值能耗不断下降。2009年全省规模以上工业单位增加值能耗（当量值）为4.55 tce／万元，比2008年下降8.81%，"十一五"前四年累计下降30.7%，是全省单位生产总值能耗下降的主导因素。

（2）淘汰落后产能和节能技术改造是节能量的主要来源：山西省先后出台了焦化、电力、水泥、钢铁、电石、铁合金等高耗能行业的淘汰落后产能实施方案，明确淘汰任务和责任；制定了《山西省淘汰落后产能专项补偿资金管理办法》，设立淘汰落后产能补偿资金，专项用于2007—2010年钢铁、焦化、电力、水泥、电石、铁合金等行业淘汰落后产能的经济补偿；对不按期淘汰落后产能的企业或设备采取停电、停水、停气、停运、停贷"五停"的强制性措施。截至2009年年底，山西省在钢铁、焦炭、电力、水泥、电石、铁合金、造纸等行业分别淘汰落后产能4 338万t、2 750万t、280万kW、1 754万t、120万t、33万t、30万t，电力、水泥行业已提前完成国家下达的"十一五"淘汰落后产能任务。

同时，制订了节能改造项目推进计划。在"十一五"前三年省财政拿出近20亿元支持了300多个节能技术改造项目的基础上，又提出后两年重点实施总投资622.9亿元的1 043个节能改造项目，预计节能量为1 768万tce，目前90%以上的项目已经完工投产或在建。

上述两项重大举措是山西省获得节能量的主要来源，对单位地区生产总值能耗降低的贡献度达到70%以上，是实现既定节能目标的重要支撑和技术保证。

（3）结构问题是山西省开展节能工作的主要制约：一是产业结构问题。长期以来，山西省产业结构畸重，第二产业增加值占地区生产总值的比重一直维持在55%左右，比全国平均水平高出近10个百分点；第三产业增加值比重不到39%，低于全国平均水平近4个百分点；工业内部以焦化、冶金、煤炭、建材、化工、电力六大高耗能行业为代表的重工业比重一直保持在95%以上，占据绝对主导地位，显著高于全国平均水平。

二是能源消费结构问题。2009年，在全省能源消费总量中，工业能源消费比重高达78%，比全国平均水平高出近8个百分点；在工业能源消费量中，六大高耗能行业能耗比重达到97.8%[①]，几乎是工业能源消费的全部来源。

三是能源消费的品种结构问题。山西省是煤炭资源大省，在

---

① 其中：电力行业占27.0%，煤炭行业占22.3%，冶金行业占20.8%，焦炭行业占16.0%，化工行业占8.9%，建材行业占2.6%。

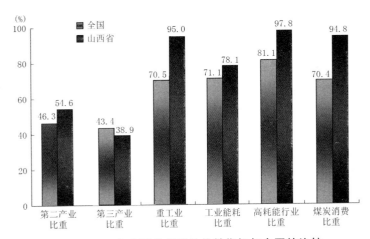

图 2   2009 年山西省若干结构性指标与全国的比较

资料来源:国家统计局.中国统计年鉴(2010)。

其能源消费品种结构中,煤炭占据了绝对主导地位。2009 年,在全省一次能源及外调油品消费量中,煤炭消费比重接近 95%,高出全国平均水平近 25 个百分点。

"十一五"以来,虽然山西省在解决上述结构性问题方面做了很多工作,下了很大工夫,但进展和成效有限。这一时期单位地区生产总值能耗的大幅下降更多得益于技术节能潜力和管理节能潜力的挖掘,结构因素的贡献很小。从长远看,随着技术节能和管理节能的潜力空间越来越小,挖掘的难度越来越大,如果不在解决结构性问题上有所突破,则节能工作的推进将面临重大制约。

(4)2010 年上半年高耗能行业过快增长造成当前节能形势严峻,压力剧增:山西省完成"十一五"期间单位地区生产总值能耗下降 22%的目标,需要 2010 年单位地区生产总值能耗在 2009 年的基础上继续下降 4.6%。据统计,2010 年上半年山西省万元地区生产总值能耗同比降幅为 2.39%,低于目标进度 2.21 个百分点,所属 11 个地级市均没有完成上半年既定目标。在余下几个月的时间里,既要完成下半年的节能进度目标,又要把上半年落下的进度赶上,节能工作面临的形势严峻,压力巨大。

造成这种工作局面的主要原因在于上半年高耗能工业的快速增长。随着山西省经济的全面复苏,高耗能行业生产加快,能源消耗呈现大幅上升态势。占规模以上工业能源消费量 97.55%的

六大高耗能行业能源消费增幅均在 20%以上,其中铁合金冶炼用电增幅达到 103.3%、铝冶炼用电增幅达到 473.9%。2010 年上半年,全省规模以上工业万元增加值能耗同比降幅仅为 4.56%,比 2009 年全年降幅低 4.3 个百分点。

与之相对应,2010 年上半年山西省规模以上工业增加值占全省地区生产总值的比重为 46.7%,比 2009 年同期上升 1.3 个百分点;第三产业发展滞后,其比重同比下降 0.6 个百分点,由此带动单位地区生产总值能耗上升 1 个百分点。

针对这种情况,山西省采取了六项措施强力推进节能减排。主要包括:①启动节能预警调控方案,争取在较短时间内扭转能耗电耗快速增长的被动局面;②严控高耗能、高耗电行业过快增长,对高耗能行业进一步加大监测监管力度;③加强超能耗限额标准管理,实施差别电价政策;④加快发展低能耗产业,不断优化三次产业结构和工业内部轻重工业结构;⑤加快淘汰落后产能,对关停淘汰企业采取断电解列措施,确保落后产能在 2010 年第三季度前全部关停;⑥加强统计工作,切实做到应报尽报。

3.2 西部资源型省份节能工作的"结构之困"

如上面所提到的,在西部资源型省份推进节能工作面临的诸多现实困难中,结构因素应该是最大、最难以克服的困境,也是需要集中精力、必须努力去解决的困境。一方面,结构因素是诸多经济社会因素综合作用的结果,涉及经济社会发展的方方面面,并与深层次的体制机制根源相关,调整结构需要作出重大利益格局调整,绝对不是一蹴而就的;另一方面,相对于技术节能因素和管理节能因素可以通过直接从事节能工作的机构和人员予以推动,当前节能管理体制下节能工作只能被动地接受结构调整带来的或正或负的影响,而很难从推动节能工作、实现节能降耗的目的对结构调整进行主动干预。上述两方面原因决定了结构性障碍将是未来节能工作必须克服的最大障碍,但不局限于传统意义上的节能工作本身,而是要从深层次的体制机制改革入手,从经济社会发展的宏观层面入手。那么,西部资源型省份产生这种"结构之困"的根本原因和现实条件是什么呢? 主要有四个方面。

(1)特定的经济发展阶段是产生"结构之困"的根本原因我国东、中、西部地区差异明显,不同省份的工业化进程和水平参差不

齐。在东部地区的部分发达省市,已经处于后工业化阶段或工业化后期阶段,第二产业比重尤其是工业比重已出现显著下降,第三产业比重上升至50%以上甚至更高,在部分以高耗能行业为代表的重工业领域已出现明显的产业转移现象,产业结构呈轻型化发展态势。

而以山西省为代表的西部地区仍处于工业化初期或中期阶段①,大规模的基础设施建设和家园建设正如火如荼,高耗能产品产量保持较快增速,工业增加值比重提高,产业结构趋重,包括承接来自东部发达地区的产业转移,乃是这一经济发展阶段的显著特征和必然结果,符合经济发展的一般规律。这种客观规律决定了在特定的经济发展阶段,产业结构的变化要有一个"爬坡"的过程,而这一过程势必造成节能工作中的"结构之困",是形成和产生"结构之困"的决定性因素。

从节能工作者的角度看,理想化的状态是低能耗的第三产业加快发展,增加值比重大幅度提高。但也应该看到,第三产业的培育和发展需要坚实的第二产业基础,是以经济发展水平和人民收入消费水平提高到一定程度为前提的,需要时间和过程。客观认识产生"结构之困"的根本原因,有助于我们科学地解决这一困境。

(2)资源成本比较优势及由此形成的路径依赖是陷入"结构之困"的客观因素:山西是西部资源型省份的典型代表,拥有储量巨大的煤炭资源,同时开发时间长,技术力量雄厚,人才队伍齐备,实际经验丰富,具有得天独厚的优势。资源禀赋优势转变成地区间资源成本的比较优势,在市场配置资源和区域优化分工、合理产业布局的条件下,资源型省份往往又成为高耗能产业、原材料产业的聚集地,使节能工作的"结构之困"在经济上找到了合理存在的理由。

由此形成的对资源的"路径依赖"对其他产业产生了明显的挤出效应,造成"资源富集地区反倒成为经济滞后地区"的悖论,这就是所谓的"资源诅咒"。长期以来,山西就是在对煤的"路径依赖"中走到今天的。新任山西省省委书记袁纯清就指出:"煤是大

自然给予山西人民最大的恩惠,但是由于长期挖煤、烧煤、卖煤,不知不觉中形成了'推动经济增长依赖煤、提升区域地位依赖煤、干什么都不如挖煤'的思维定式。"正因如此,说资源依赖和路径依赖是地区产业单一化、重型化的重要推手一点也不为过。

将资源依赖视为造成"结构之困"的客观因素,重视其经济合理的一面,在优化资源配置的前提下逐步摆脱资源依赖,应成为破解节能工作"结构之困"的基础。图3为2008年部分省市平均销售电价的比较。

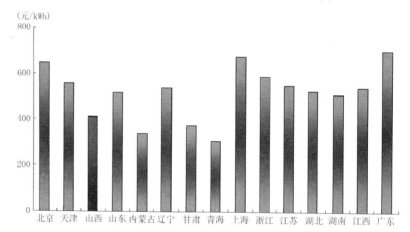

图3　2008年部分省市平均销售电价的比较
资料来源:国家能源局.能源规划数据手册(2009)。

(3)追求过快的经济增速是加剧"结构之困"的外部条件:2009年山西省人均生产总值20 779元,比全国平均水平25 125元/人低17.3%;地方财政收入仅为805.8亿元,在全国排名第16位,占地区生产总值的比重为10.9%,远低于北京(17.1%)、上海(17.0%)等经济发达地区水平;城镇居民人均可支配收入13 997元,比全国平均水平17 175元低18.5%,农村居民人均纯收入4 244元,比全国平均水平5 153元低17.6%。相对较低的经济发展水平、财政收入水平和居民收入水平,缩小与全国先进省份差距的愿望和建设全面小康社会的宏伟目标,激发了山西省追求较

---

① 据中国社院相关研究,我国整体上已进入工业化中期的后半阶段,其中:上海、北京已处于后工业化阶段,天津、广东已处于工业化后期后半阶段,浙江、江苏、山东已处于工业化后期前半阶段,辽宁、福建处于工业化中期后半阶段,山西、内蒙古等10个省份处于工业化中期前半阶段,河南、湖南等10个省份处于工业化初期后半阶段,贵州处于工业化初期前半阶段。

高经济增长速度的热情和冲动。

诚然,夯实经济社会发展的物质基础,提高广大人民群众福利,需要一定速度的经济增长,无可厚非。但不论是从历史实践看,还是从此次对"十二五"经济增长速度和增长内容的调研结果看,追求过快的经济增长速度,并不利于调整结构,反而是加大了经济发展方式转变的难度,对节能工作而言是加剧了"结构之困"。

从历史实践看,只要是地区生产总值增速较高的年份,如1995年、2002—2007年,工业增加值的增速就保持更高水平,超过地区生产总值增速,两者比例在1.0以上,产业结构就向重型化发展。反之,在受到外界条件影响,地区生产总值保持较低增速的年份,如1990年、2008年、2009年,工业增加值的增速就明显放缓,甚至低于地区生产总值的增速,产业结构向轻型化方向变化,如图4所示。

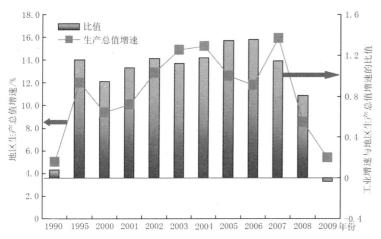

图4　山西省历年不同生产总值增速条件下
工业增速与其比值的对比

资料来源:山西省统计局.历年山西省统计年鉴。

朔州市和大同市有关"十二五"经济增长速度和增长内容的构想也印证了这一点。我们调研发现,朔州市初步规划的"十二五"经济年均增速为14.9%。为保证这一经济增速,5年间该市煤炭产量将增加1亿t,接近目前产量的1倍;电力装机将增加2 129万kW,是目前装机容量的5.3倍;水泥产量将增加1 300万t,是目前产量的3倍以上。大同市初步规划的"十二五"经济年均增速为10%以上,5年间该市大同煤矿集团公司将建成投产千万吨级大型矿井5座,电力装机将增加580万kW,接近目前装机容量的1倍;钢铁产量将增加180万t,是目前产量的1.5倍。

可以看到,如果追求过高的经济增长速度,在基础条件仍不具备的情况下,势必以规模增长代替效益增长,以投资大、见效快、门槛低的高耗能项目弥补经济增长内生动力的不足,又将走入经济增长冲动刺激高耗能行业快速增长、高耗能行业引领经济增长、产业结构不断重化的怪圈,也势必给节能工作带来更严重的"结构之困"。

(4)基础薄弱是破解"结构之困"的现实障碍

在调研中我们也发现,山西省从上到下在主观上都已经认识到了当前发展方式的不可持续性,认为推动经济结构实质性调整、实现经济社会全面转型发展将是破解困境的必由之路,但山西长期以来在思想观念、人才支撑、科技水平、基础设施、产业聚集、环境氛围和区位优势等基础条件方面相对薄弱,难以支撑形成新经济增长点,客观上制约了经济转型的快速实现,加大了转型难度。

有关资料[①]显示,山西省现有的专业技术人员中,70%以上分布在政府机关和高校、研究院所等事业单位,分布在企业中的不到30%;1978年以来,山西省公费留学人员1 100余人,至今回国的仅一半左右,而且其中还有一部分又因环境、待遇等各方面问题再次出国或调离山西。

2006年,山西省全社会科技研发经费占GDP的比重为0.76%,低于全国1.42%的平均水平;全省财政对科技研发的投入为8.2亿元,占全社会研发经费的比重为22.5%,低于全国30%左右的平均水平;在规模以上工业企业中,2004—2006年只有1 140家企业实现了技术创新,占比仅为24.4%,不足三成。

山西省相对薄弱的基础条件这一现实,决定了山西的结构调整、转型发展绝非一朝一夕能够实现的,具有长期性、艰巨性的特

----

① 张德昂.经济全球化:山西的机遇与挑战.

点;重视这一现实,要求山西省破解节能工作面临的"结构之困"必须从基础做起,既要抓好节能工作本身,又要着力解决外部性问题和基础性问题,注重软实力和核心能力的培育。

3.3 破解节能工作"结构之困"的对策与建议

节能工作"结构之困"产生的根本原因和现实条件决定了解决"结构之困"问题的复杂性、艰巨性和长期性。破解这一难题,不仅节能工作本身要作出努力,更需要解决一系列基础性问题、体制性问题和根源性问题,需要全社会的努力。为此提出以下对策和建议:

(1)为西部资源型省份设定合理的节能目标,实现节能工作与结构调整的互相促进:现阶段,节能目标及其责任考核是推动节能工作最重要、最有效的手段之一,"十二五""十三五"要继续强化节能目标的分解落实和责任考核。制定合理的节能目标,对西部资源型省份节能工作和破解"结构之困"的重要作用不言而喻。

要肯定节能目标和节能工作对经济结构调整和发展方式转变的推动和"抓手"作用,坚持以相对较高的节能目标引领节能工作,"倒逼"结构调整和经济转型;但也要充分认识结构调整和经济转型的复杂性和艰巨性,在各方面条件尚不完善、根源性问题未得到配套解决的情况下,不切实际、过高的节能目标反而给节能工作带来被动局面,影响政府公信力,使节能工作步入不科学的轨道,达不到预期的效果。合理的节能目标,可以使西部资源型省份的节能工作、破解"结构之困"和经济发展方式转变完美地结合起来,互相推动,互为促进。

(2)继续深化资源要素市场化改革,消除西部地区畸形"比较优势":在坚持市场合理配置资源、区域主体功能定位、地区间合理分工和优化布局的前提下,继续深化资源要素市场化改革,使资源稀缺性、环境成本、社会成本和可持续发展成本合理地反映到资源价格中去,消除资源成本扭曲,以及由此带来的畸形"比较优势",改变产业结构重化过程中不合理的经济驱动因素,遏制资源型产业和"两高"产业无序扩张和低水平重复建设。

对山西省而言,要深化煤炭行业可持续发展基金试点工作,积极探索煤炭资源税、环境税和价格改革,尽快实现外部成本内部化。同时,要通过税费改革,合理调整资源开采企业与地方政府、人民群众间的利益分配格局,努力增加地方政府财政收入,为结构调整奠定坚实的物质基础。

(3)统筹推进地方政府绩效考核体制和财税分配体制改革,引导地方保持合理的经济增长速度:地方政府追求较高的经济增长速度可以理解,但在实践中,过高的经济增速不利于经济发展方式转变,不利于经济结构调整,不利于诸多矛盾的解决,不利于经济社会的协调可持续发展。从根源上看,由地方主要官员主导的经济高速增长冲动和盲目追求GDP来自两个方面,一是"官帽子",二是"钱袋子"。

现行的地方政府政绩考核指标中,GDP、工业化水平、招商引资等指标虽然是非"一票否决"类的软指标,却对官员今后的升迁有着极大的实质影响作用,是一种"硬约束",也就必然导致几乎所有地方政府,无论本地自然条件如何,重点都放在如何增加GDP和争工业投资上。而在当前中央地方财税分配体制下,地方财力事权不匹配,存在财力上收、支出责任下移,转移支付制度不尽合理等问题,驱动地方政府千方百计增加GDP、增加税源。

工业项目尤其是高耗能项目正好一举解决了地方官员所关心和担心的这两个问题。在西部资源型省份,高耗能项目特有的投资大,见效快,软实力和基础条件要求低,税源稳定,拉动GDP明显等属性使其成为地方政府乐此不疲、争相追逐的目标,由此造成高耗能产业快速扩张、产业结构"畸重"的现象也就不足为奇了。

统筹推进地方政府绩效考核体制和财税分配体制改革,是遏制供应侧盲目推动高耗能产业快速扩张,引导地方政府保持合理经济增速的根本举措。具体方向[①]是:①优化政绩考核指标体系,按不同的区域定位,实行各有侧重的政绩评价和考核办法,部分地区甚至不再考核GDP、投资、工业、财政收入等指标;②对考核结果实行严格的问责制,提高政府及其官员违规成本,形成足够的约束力;③按财力与事权相对称的原则,将部分收入稳定、收益较高的税种留给地方政府,适当提高财政收入

---

① 此部分参考了国家发改委规划司孙玥的论文《关于统筹推进绩效考核体制改革和财税体制改革的一点思考》的有关观点。

中地方政府的分成比例,为地方政府完善公共服务开辟稳定的资金渠道。

（4）把握设施建设的力度和节奏,合理调控高耗能产品市场需求:高耗能产业快速增长的驱动因素中既有供应侧因素,也有需求侧因素,当前来看,需求侧因素应该占主流,这与地方各级政府以大量投资拉动经济、开展大规模造城运动、大搞形象工程、政绩工程、大拆大建低水平重复建设不无关系。未来遏制高耗能产业过快增长、促进经济结构调整,相关产业政策应该由单纯控制产能向合理调控市场需求转变。在市场经济条件下,只有需求保持平稳,不合理需求减少,高耗能行业过快增长的局面才有可能得到根本改观。

把握房地产、基础设施、新项目建设的节奏和速度,减少重复建设和系统浪费,减少经济增长对投资的依赖是调控需求的根本举措。当前,应该对我国基础设施和城市建设的规模和前景有一个科学规划,在考虑资源环境承载力和可持续发展能力的条件下,放缓建设速度,控制在建规模,防止大起大落造成大量产能闲置和浪费,对经济发展带来不良影响;要杜绝城市发展中的急功近利和相互攀比,杜绝建设规模和速度的层层加码,切实将工作重点从追求规模和速度转移到更加注重科学规划、系统高效、财富积累和人民得实惠上来。

（5）完善项目审批核准机制,为高耗能产业升级创造有利的制度条件。技术装备差、生产方式粗放、规模偏小、高能耗高污染的落后产能所占比重大也是西部资源型省份节能工作面临的"结构之困"的重要方面。加快淘汰落后产能、推动产业升级和结构优化是未来高耗能行业健康发展的必由之路。但目前在诸多高耗能行业实行的总量控制政策,以及严格烦琐漫长的项目审批核准程序从某种程度上阻碍了产业升级和淘汰落后的步伐。受这些条件的限制,许多技术先进、规模较大、集约发展的产能项目迟迟不能上马,而大量落后产能、小规模产能却不受限制,以各种灵活手段进入市场,"鸠占鹊巢",挤占了产业结构调整的空间。

基于此,建议严格按照规模、技术经济、节能环保、质量安全等市场准入条件进行新上项目的审批核准工作,将市场准入条件作为项目审批核准的充分条件,只要满足明确的、统一的准入条件即可开工建设;同时,不宜将总量控制、产能过剩等需由市场作出判断的指标作为审批核准项目的先决条件,不宜设置除市场准入条件外的软性门槛和隐形门槛;应加快项目审批核准的决策进程,减少外部环境和突发事件(如经济过热、金融危机等)对审批核准进程的影响和干扰,为先进产能进入市场建立绿色通道,为高耗能产业升级创造有利的制度条件。

我国锂离子电池能源资源消耗调研及政策建议

杨玉峰　安琪　刘佐达　王雷

1　获奖情况

本报告获得 2010 年度国家发展和改革委员会宏观经济研究院优秀调研报告三等奖。

2　本调研的意义

通过锂离子电池能源资源消耗调研发现：与传统镉镍电池相比，虽然锂离子电池存在整体性能优势，但它实际属于高能耗、高排放行业。目前，我国锂离子电池生产成本高，锂提取技术落后，隔膜几乎完全依赖进口，且行业集中度不高，缺乏统一管理，加上消费环节不注重回收和节约，导致锂离子电池能源资源消耗严重。国家应该做好锂离子电池产业发展规划、制定电动汽车动力锂离子电池技术发展和政策调整路线图、拨专款支持锂离子电池关键技术的自主研发和攻关，通过制度规范，引导锂离子电池全行业健康发展，在做好锂离子电池宣传教育工作、加大节约和回收锂离子电池力度的同时，长期做好锂离子电池产业节能减排工作。

3　本调研简要报告

随着我国经济快速发展，各类能源资源消耗越来越大，正在成为经济发展的"瓶颈"，并给我国节能减排工作带来压力。2010年 5 月 21 日，工业和信息化部节能与综合利用司发文《关于委托开展典型电子类产品能源资源消耗及污染控制调研的函》，要求国家发展和改革委员会能源所选择典型产品调研其能耗特点、能耗水平、资源消耗及环境污染等情况。国家发展和改革委员会能源所接到任务后，立即展开了调研，并首先选择了锂离子电池作为调研对象。在先对文献资料和有关生产厂商进行分析后，2010年 8 月，国家发展和改革委员会能源所与中国电池工业协会举办了两次座谈会，对我国锂离子电池行业进行了总体讨论。中国电池工业协会的副秘书长、高级工程师曹国庆等同志参加了座谈。电池协会代表、副秘书长曹国庆认为锂离子电池发展前景广阔，是国家新能源产业发展的重要支撑，然而缺乏统一管理，没有能源资源消耗计量，关键技术没有国产化，这些问题甚至对国家能源与资源安全构成威胁。为了测算锂离子电池行业能源资源消耗和二氧化硫、二氧化碳排放现状，挖掘存在的问题，2010 年 8—9月，国家发展和改革委员会能源所对国内 24 家主要大型锂离子电池原材料生产、电池组装厂展开了电话、问卷调查，获得了生产一线的大量数据。为了进一步解剖和核实问卷调查中涉及的各类问题，9 月中旬，国家发展和改革委员会能源所组织调研组走访了天津力神电池股份有限公司，通过与力神技术、管理人员交流，进一步摸清了锂离子电池行业发展存在的问题，详细测算了锂离子电池行业能源资源消耗和二氧化硫、二氧化碳排放情况，并针对存在的问题提出了政策建议。天津力神电池股份有限公司副总工程师苏金然、总裁助理兼第三事业部部长侯小贺、采购部部长吕文学等同志参加了座谈。

3.1　锂离子电池行业的总体状况

（1）锂离子电池分类

锂离子电池按构成可分为液态锂离子电池（LIB）和聚合物锂

离子电池(PLB)两类。其中液态锂离子电池按正极材料又可分为钴酸锂($LiCoO_2$)、镍酸锂($LiNiO_2$)、锰酸锂($LiMn_2O_4$)及多元复合正极材料等。

锂离子电池按用途可分为小电池和动力电池两类。小电池有手机电池、笔记本电脑电池、数码相机电池、便携设备电池等;动力电池有电动车电池、混合动力车电池、电动工具电池、电站储能电池等。

（2）锂离子电池组成

无论是小锂离子电池还是动力锂离子电池，都是由正极、负极、电解液、隔膜、控制电路、外壳、铜铝箔等几个部分构成。正极物质为含锂的离子化合物，负极物质为石墨。液态锂离子电池的电解液是溶解有六氟磷酸锂的碳酸酯类溶剂(碳酸乙烯酯 EC、碳酸二甲酯 DMC、碳酸甲乙酯 EMC)，聚合物则使用凝胶状电解液。隔膜是一种特殊的复合膜，可以让离子通过，但它是电子的绝缘体，是用来控制电路板防止电池过充过放。电池外壳有钢壳、铝壳、镀镍铁壳、铝塑膜等。锂离子电池在充放电过程中，锂离子在两电极之间的电解液中往返运动,通过隔膜在正负极上嵌入和脱嵌,被形象地称为"摇椅电池"。

（3）锂离子电池生产工艺

锂离子电池生产是典型的流水线式作业,分为原材料制备和电池组装两大过程。原材料制备包括正极材料制备、负极材料制备、电解液制备,如图1所示。根据电池性能的不同要求,原料配比也各不相同。原料制备过程中会涉及煅烧、研磨等流程,是主要耗能环节。组装环节也包含若干步骤,从得到正负极材料后,两级材料需要进行合浆涂布、烘干辊压、剪裁成型分别得到正负极片。然后按照正极片、隔膜、负极片的排列顺序将原材料卷绕,压实后装入电池外壳并注入电解液形成产品,后续还要进行各项性能指标的检测之后才能包装下线(详见图2)。

（4）锂离子电池成本构成

根据调查结果,在锂离子电池的成本构成中,正极材料占比最高,约占制造成本的 30%～40%,负极材料占 15%～20%,隔膜占15%～20%,电解液 5%～10%,其他材料占 25%左右。正极、负极、隔膜和电解液四部分原材料,占据了锂离子电池的绝大部分成本,在锂离子电池材料中,正极材料是锂离子电池发展的关键,它决定

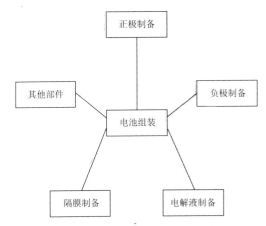

图 1　锂离子电池的主要生产模块

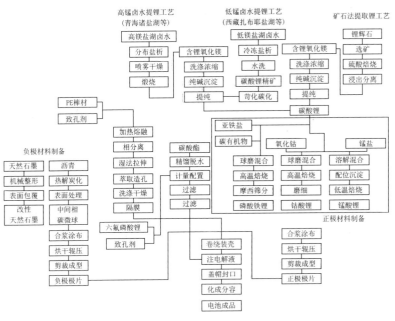

图 2　锂离子电池生产的详细工艺构成

着锂离子电池的品质,目前小型电池一般用钴酸锂和镍酸锂做正极材料;动力电池一般用三元材料和磷酸铁锂做正极材料。

（5）锂离子电池生产现状

目前,我国锂离子电池产业正处于蓬勃发展时期,锂离子电池及电池材料生产和制造企业已超过 600 家。其中,具有较强技术和生产实力的约有 100 余家。自 2000 年锂离子电池产业进入

我国后，产量一直在持续增长，直到 2009 年受国际金融危机影响，产量才略有下降，但仍达到了 13.5 亿只，约占世界总产量的 30%（见图3）。日常消费的锂离子电池（手机电池、笔记本电脑电池等）中，我国企业自己设计和生产的产品占 80%。我国已成为锂离子电池生产大国。

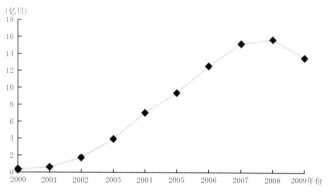

图 3   2000—2009 年我国锂离子电池产量

虽然我国锂离子电池产量已经达到很高水平，在 A 股上市的公司却还是凤毛麟角，除德赛电池在深交所上市外，少数几家较强实力的公司选择了在其他地区上市，例如深圳比亚迪在香港上市，深圳比克在美国纳斯达克上市。据中国电池工业协会统计显示，2009 年，我国生产的 13.5 亿只锂离子电池销售收入总共约 150 亿元，其中：天津力神销售 1.22 亿只，销售收入 15.5 亿元；比亚迪销售 2.2 亿只，销售收入 22 亿元；比克电池销售 1.8 亿只，销售收入 14.4 亿元。除了几家港股和海外上市的大企业以及国内上市的德赛电池外，锂离子电池的剩余市场约 90 亿元。从数据中不难看出，目前我国锂离子电池的生产和封装企业中，非上市公司占了很大比重，市场较为分散。做强做大的企业数目少是上市公司数量较少的一个重要原因。

3.2 锂离子电池生产中的能源资源消耗及二氧化硫和二氧化碳排放测算

（1）测算方法

为了给节能减排工作提供有意义的参考，同时让研究成果具有可比性，经过综合研究，选择了以下两个综合性指标作为测算目标：

1）单位重量锂离子电池产品的生产过程能耗，计量单位是 tce / t 锂离子电池，用符号 $TCE_{锂离子电池}$ 表示；

2）单位重量锂离子电池产品的生产过程气体排放，此处选取了二氧化碳和二氧化硫两种气体。其中，用符号 $C_{锂离子电池}$ 表示单位重量锂离子电池生产过程排放的二氧化碳，计量单位是 t 二氧化碳 / t 锂离子电池；用符号 $S_{锂离子电池}$ 表示单位重量锂离子电池生产过程排放的二氧化硫，计量单位是 t 二氧化硫 / t 锂离子电池。

锂离子电池生产过程消耗的能源主要是电，所以，我们从耗电量入手展开调查。

用 $E_{锂离子电池}$ 表示锂离子电池生产过程的耗电量，它集中体现在原材料制备和电池组装两个环节，用 $E_{原材料制备}$ 表示单位重量锂离子电池所需原材料的生产耗电量，用 $E_{电池组装}$ 表示单位重量锂离子电池组装过程的耗电量，采用公式（1）计算。

$$E_{锂离子电池} = E_{原材料制备} + E_{电池组装} \qquad (1)$$

其中，原材料制备过程耗电量 $E_{原材料制备}$ 由各原材料制备耗电量的加权平均算得，权重为对应原材料在电池中的含量。用 i 代表原材料的编号，用符号 E_i 表示制备第 i 种原材料的耗电量，用符号 p_i 表示第 i 种原材料在锂离子电池产品中的重量百分比，则 $E_{原材料制备}$ 采用公式（2）计算。

$$E_{原材料制备} = \sum_i E_i \times p_i \qquad (2)$$

由于锂离子电池用到的原材料种类很多，给统计造成了很大难度，所以，我们采取了"抓大放小"的思路，集中调研锂离子电池中含量较大、能耗较高、国内产的原材料，将公式（2）简化为具有实用意义的公式（3）。此处值得注意的是，锂离子电池重要部件——隔膜由于依赖进口，所以没有被放入公式（3）。

$$E_{原材料制备} = E_{正极材料} \times p_{正极材料} + E_{负极材料} \times p_{负极材料} + E_{铜箔} \times$$
$$p_{铜箔} + E_{铝箔} \times p_{铝箔} \qquad (3)$$

锂离子电池生产的第二个环节——电池组装过程可以细分为若干工序，如配料、涂片、辊压、分切、极耳焊接、烘烤、储存等，另外，电池组装完成后需要进行充放电检验以保证产品质量合格，业内称为"化成工序"。用 j 表示组装工序的编号，共有 n 个工序，用 E_j 表示不同工序的耗电量，则组装过程的全部耗电量可由公式（4）计算得到。

$$E_{电池组装} = \sum_{j=1}^{n} E_j \qquad (4)$$

由于电池组装工艺繁多，而且很难确定单个工序的耗电量，所以，在实际计算中采用了整体测算的方法，首先，调查电池组装厂的年度耗电总量，用符号 $E_{年度总量}$ 表示，其次，调查电池组装厂的年度产品总重量，用符号 $M_{年度总产量}$ 表示，最后，按照公式（5）将二者相除，即可得到单位重量锂离子电池组装的耗电量 $E_{电池组装}$。

$$E_{电池组装} = \frac{E_{年度总量}}{M_{年度总产量}} \qquad (5)$$

采用整体测算的方法还有一个好处，它包含了组装工序外的能耗情况，如照明、通风、供暖等，因此更加真实地反映了锂离子电池生产全过程能耗。

然后，将耗电量折算成标准煤即可得到最终的计算指标。电力折算系数有两种，第一种是当量系数，用 $p_{当量}$ 来表示，它按国际上规定每千克标准煤的热值（低位发热量）为 29 307 kJ，用 29 307 kJ 除以各种能源每千克的热值即可获得各种能源的折标准煤当量系数，$p_{当量} = 1.228\ 6$ tce / 万 kWh；第二种是等价系数，用 $p_{等价}$ 来表示，即依据当前发电技术水平来计算火力发电煤耗，$p_{等价} = 3.246\ 9$ tce / 万 kWh。从节能减排角度考虑，应该选择等价系数折标准煤计算更能反映生产的全过程能耗。但按照我国统计制度，因钢铁等其他产品一般都是采用当量系数法获得综合能耗，为了与其他工业品进行对比，本文采用当量系数[①] $p_{当量}$ 来进行电力折算，并按照公式（6）计算出最终的单位重量锂离子电池产品的生产过程能耗。

$$TCE_{锂离子电池} = p_{当量} \times (E_{正极材料} \times p_{正极材料} + E_{负极材料} \times p_{负极材料} + $$
$$E_{铜箔} \times p_{铜箔} + E_{铝箔} \times p_{铝箔} + \frac{E_{年度总量}}{M_{年度总产量}}) \quad (6)$$

进一步，折算出标准煤燃烧释放的温室气体，用 $\varphi_{二氧化碳}$ 表示单位重量标准煤燃烧释放的二氧化碳重量，用 $\varphi_{二氧化硫}$ 表示单位重量标准煤燃烧释放的二氧化硫重量。折算过程用公式（7）和公式（8）表示。通常，选取 $\varphi_{二氧化碳} = 2.62$ t 二氧化碳 / tce，选取 $\varphi_{二氧化硫} = 0.008\ 5$ t 二氧化硫 / tce。

---

① 如采用等价系数法，则更支持本文结论，但当量系数法也足以说明问题了。

$$C_{锂离子电池} = \varphi_{二氧化碳} \times TCE_{锂离子电池} \qquad (7)$$
$$S_{锂离子电池} = \varphi_{二氧化硫} \times TCE_{锂离子电池} \qquad (8)$$

（2）主要样本数据

由于天津力神电池股份有限公司是一家综合性锂离子电池生产企业，既有各类生产原料加工，又有电子类、电动类锂离子电池产品，基本覆盖了锂离子电池行业主要原材料加工制备和产品生产，具有很强的代表性。其原始数据可以作为主要测算依据。样本数据见表1至表4。

依据样本数据表1至表4，我们可以计算得到：天津力神2009年生产的锂离子电池总容量约为 8 301.716 万 Ah，2008 年为 9 042.206 万 Ah。该企业生产每 Ah 的锂离子电池，所要消耗的水约为 0.038 5 t，电约为 0.588 kWh。生产每 Ah 的锂离子电池，所

表 1　生产原料使用调研表

零件	材料物质	2009 年使用量	2008 年使用量	主要用途
正极	钴酸锂	945 t	560.5 t	小型电池
	锰酸锂	188 t	162 t	动力电池
	磷酸铁锂	88 t	158 t	动力电池
	三元材料	181.2 t	131.6 t	动力电池
负极	石墨	490.7 t	481.4 t	通用
电解液		366.8 t	407.9 t	通用
隔膜		7 022 761 m²	735 567 m²	通用
铜箔		319.4 t	317.1 t	通用
铝箔		130.4 t	147.5 t	通用
其他	外壳	10 203 万个	9 662 万个	通用
	保护电路	6 338 万个	5 111.7 万个	通用

表 2　2009 年部分主要产品产量调研表

产品名称 / 型号	产品用途	产品容量 /（mAh / 只）	产品数量 / 只
LP 463446	手机	800	17 899 688
LP 483640	手机	800	10 581 981
LR 18650	电动工具	1 400	4 070 000
D 98 / DP3F 1422	蓝牙	82	6 210 000

表 3　生产消耗的水、电调研表

开销项目	2009 年总消耗量	该项目开支 / 万元
水	320 010 t	211.78
电	48 846 200 kWh	3 085.29

表 4　锂离子电池主要经营指标

项目	2009 年	2008 年
总产量 / 万只	11 099	12 089
电池总容量 / 万 Ah	8 301.716	9 042.206

要消耗的正极材料约为 16.5 g，负极材料石墨需要 5.5 g，电解液需要 4.5 g，隔膜需要 81.3 cm²，铜箔需要 3.6 g，铝箔需要 1.6 g。

（3）测算结果

根据以上实际入厂调研获得的样本数据，依据以上测算方法对锂离子电池生产的平均电耗进行了测算，见表 5、表 6，在此基础上对锂离子电池吨产品综合能耗和二氧化硫、二氧化碳排放量进行了进一步测算，结果见表 7。其中，原材料制备过程用电量是根据表 5 估算出来的，生产过程用电量是实际调查数据。

通过测算可知，每生产 1 t 锂离子电池的综合能耗相当于 3.424 8 tce。这一数值要比日本同类企业高约 0.4 ~ 0.9 tce / t 锂离子电池。因为所选企业在国内行业技术水平处于中上等，如果考

表 5　2009 年锂离子电池主要原材料制备过程平均电耗测算结果

材料构成	重量 / t	制备过程用电量 /（万 kWh / t）	总用电量 / 万 kWh
正极	0.520 5	1.500 0	0.780 8
负极	0.173 5	0.605 1	0.105 0
电解液	0.142 0	—	—
铜箔	0.113 6	0.149 4	0.017 0
铝箔	0.050 5	0.569 8	0.028 8
合计	1	—	0.931 5

表 6　锂离子电池综合用电量测算结果

	电池重量 / t	原材料制备过程用电量 / 万 kWh	生产过程用电量 / 万 kWh	综合用电量 / 万 kWh
2009 年	2 631.644	2 451.376 4	4 884.62	7 335.996 4
归一化	1	0.931 5	1.856 1	2.787 6

表 7　单位锂离子电池综合能耗及排放量

电池重量 / t	综合用电量 / 万 kWh	折算标准煤 / t 等价系数（3.246 9 tce / 万 kWh）	折算标准煤 / t 当量系数（1.228 6 tce / 万 kWh）	气体排放 / t CO_2	气体排放 / t SO_2
1	2.787 6	9.051 1	3.424 8	23.71	0.077

虑那些量大面广，但总生产规模小的企业，则吨产品能耗和排放水平更高。为了有一个直观的概念，选择了钢铁、水泥、电解铝三种典型高耗能产品的吨产品能耗和二氧化硫、二氧化碳排放量进行比较。结果见图 4 至图 5。从图中可以发现，锂离子电池的吨产品能耗和二氧化硫、二氧化碳排放量是电解铝的近 2 倍，是钢铁的近 6 倍，是水泥的约 23 倍。为了进一步测算 2009 年我国锂离子电池能耗和二氧化硫、二氧化碳排放总量，并识别锂离子电池

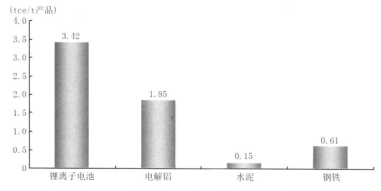

图 4　锂离子电池与几类高耗能产品的吨产品能耗对比

注：根据中钢协提供的资料，2010 年第一季度我国吨钢能耗为 0.613 53 tce；国标《水泥单位能源消耗限额》（GB 17680—2007）中每吨水泥综合能耗指标为 2010 年 0.148 tce；国家对电解铝企业单位产品能源消耗限额（GB 21346—2008）为每吨铝综合能耗不高于 1.850 tce。

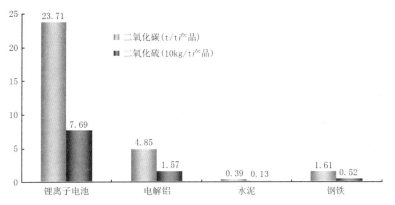

图5 锂离子电池与几类高耗能产品的吨产品
二氧化硫和二氧化碳排放对比

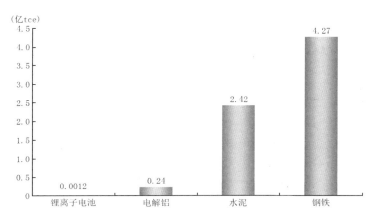

图6 2009年我国几类高耗能产品能耗总量对比

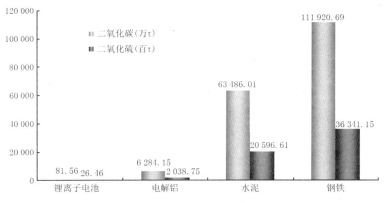

图7 2009年我国几类高耗能产品二氧化硫和
二氧化碳排放总量对比

总能耗与其他能耗产品的比较,仍选择以上钢铁、水泥、电解铝三种产品作为比较对象,其中2009年,我国生产钢材6.96亿t,水泥16.37亿t,电解铝1296.5万t,锂离子电池约196.54万t,依据该组数据测算各类能耗与二氧化硫、二氧化碳排放量结果见图6至图7。这一测算结果说明为什么真正的耗能和排放"大户"锂离子电池一直没有引起人们的注意。

概括起来,锂离子电池行业具有如下特点:

1)单位产量能耗高;

2)单位产量二氧化硫和二氧化碳排放高;

3)当前生产规模小,能耗及二氧化硫和二氧化碳排放的绝对量小。

3.3 锂离子电池能源资源消耗调研与测算发现的主要问题

（1）锂离子电池虽存在明显的性能优势,但未来能耗和排放水平不容忽视

根据调研资料分析,与传统的铅酸、镍镉、镍氢电池相比,锂离子电池具有载能高、体积小、重量轻、工作电压高、循环寿命长、无污染、自放电小等优点(见表8),已经应用到方方面面,小到智能芯片,大到运输工具和储能设备,覆盖了生产、生活、工业甚至军用设施。当前,由于锂离子电池产业规模小,整体耗能水平不高,加之锂离子电池相对于传统镉镍电池而言不存在土壤污染,所以,一直被人们误认为"绿色产业"。通过本次调研和能耗及排放测算发现,在"短小身材"掩护下的锂离子电池其吨产品能耗竟然大的惊人。未来随着我国以锂离子电池为能量的信息、通信、办公、数字娱乐产品、无线传感器、微型无人飞机、植入式医疗装置、智能芯片、微型机器人、集成电路、UPS、太阳能、燃料电池、风力发电等分散式独立电源储能系统以及电动汽车动力锂离子电池等产品需求的不断增长,锂离子电池的能耗和二氧化硫、二氧化碳排放水平必然很高。以电动汽车为例,根据2010年7月上海世博会举办的汽车电气化论坛上,我国提出2015年电动汽车数量50万～100万辆的预期目标。粗略估算,一辆普通家用电动小汽车需要大约1万Ah的电池组,重量约为317 kg(此数据为电池供能材料重量,没有计算电池支架和管理系统的重量,实际的重量会更大),我们延续表7的数据,估算出表9的车用锂离子电池能耗水

平。如果按照国际上提出 2020 年电动汽车数量占所有交通车辆 10%的发展目标，即使以 2009 年我国 6 200 万辆的汽车保有量计算，我国电动汽车数量需达到 620 万辆。根据其他相关研究,预计 2020 年我国汽车年产量将达到 4 000 万辆,如果 10%是电动汽车,则我国每年要为全球 400 万辆汽车提供动力,其综合能耗总量、二氧化硫和二氧化碳排放量如图 8 与图 9 所示,通过和电解铝生产的当前能耗总量和二氧化硫、二氧化碳排放对比,我们可以看到锂离子电池的能耗和排放水平已不容小视。

从以上分析不难看出,仅电动汽车一项,就可造成锂离子电池产业 10 倍以上的增长,如果将风能、太阳能等其他电力市场的储能需求考虑在内,规模将更大。推广使用锂离子电池作为节能减排重要途径的同时,其本身的能耗及排放也必须引起我们的关注。所以,未来需要我们进一步提高管理和技术水平,在锂离子电

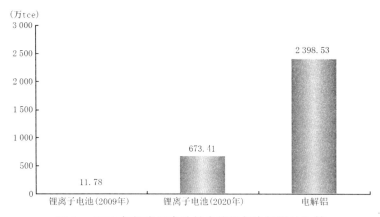

图 8　2020 年锂离子电池综合能耗与电解铝的比较

表 8　目前锂离子电池与其他电池的性能比较

项目	铅酸电池	镍镉电池	镍氢电池	锂离子电池
比能量 / (Wh/kg)	40	50	80	120 ~ 140
电压(单只电芯) / V	2	1.2	1.2	3.6
循环寿命(充放电次数) / 次	300	500	300	500 ~ 1 000
记忆效应	没有	有	弱	完全没有
土壤污染特性	含铅有毒	含镉有毒	无毒	无毒
月荷电保持率 / %	85	70	60	92 ~ 94
成本	低	低	一般	高
负载电流	高	高	一般	高

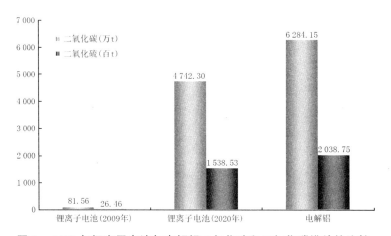

图 9　2020 年锂离子电池与电解铝二氧化硫和二氧化碳排放的比较

池增产过程中把能耗降下来。

（2）锂离子电池缺乏行业统一管理,能源资源浪费严重

在"山寨"产品流行的今天,锂离子电池也未能免遭牵连,国内很多小厂通过打低价牌与正规大厂竞争,在质量方面根本无法保证。根据中国电池工业协会提供的数据,国内锂离子电池厂超过了 300 家,处于高度分散状态。相比之下,日本锂离子电池集中由几家知名大企业生产。根据日本矢野公布的数据,2007 年日本三洋、索尼、松下三家公司一年销售的锂离子电池数量,就超过了我国所有锂离子电池厂全年产量之和。一盘散沙的局面不但造成了国内锂离子电池低水平重复建设严重、仿制与复制不断涌现、核

表 9　电动汽车锂离子电池能耗及排放估算

电动汽车数量 / 辆	电池重量 / t	综合用电量 / 万 kWh	折算标准煤 / t 等价系数 / (3.246 9 tce / 万 kWh)	折算标准煤 / t 当量系数 / (1.228 6 tce / 万 kWh)	气体排放 / t CO_2	气体排放 / t SO_2
1	0.317	0.883 67	2.869 199	1.085 662	7.517 301	0.024 388
400 万	1 268 000	3 534 680	11 476 796	4 342 648	30 069 204	97 552
620 万	1 965 400	5 478 749	17 789 032	6 731 102	46 607 264	151 206.8

心研发制造技术匮乏的局面，而且造成整体行业能源资源浪费严重、二氧化硫和二氧化碳排放水平高。令人担忧的是，目前众多汽车厂商都在自行研发车用锂离子电池，而不屑与正规锂离子电池制造商合作，这势必加剧市场的分散程度，在降低我国产品国际竞争力的同时，加剧了能源资源消耗和二氧化硫、二氧化碳的排放。此外，锂离子电池产品种类多，规格各异，以手机电池为例，根据互联网上公布的信息，现有型号超过700种之多，常卖型号有303种。因锂离子电池标准的缺失大大降低了不同型号电池的替代性，不仅给消费者带来了不便，提高了电池的淘汰频率[①]，更造成了资源、能源的巨大浪费。对于手机电池这类小型产品而言，因电池重量有限，规格差异化对能耗和排放的影响或许还不明显。但是，对于汽车这种大件商品，因为动力锂离子电池重量大，且目前使用寿命一般只有2年，在标准缺失、更换频率大的条件下，带来的危害将难以估量。

（3）锂离子电池生产技术存在致命性"瓶颈"，关键原材料仍依赖进口

当前，国内锂离子电池生产技术仍存在"瓶颈"。一是生产装备还没有全部先进的自动化生产设备，不但生产效率不高、产品质量的均匀性不好，而且生产过程的能源资源消耗严重、二氧化硫和二氧化碳排放量高；二是锂离子电池关键原材料主要依赖进口，如国内还不具备高品质隔膜生产能力，少数几家隔膜生产厂，如佛塑股份等，只能用在低端产品上，质量还无法和国外相比，更不能满足动力锂离子电池的需要。而一些正极材料，如磷酸铁锂，国内还无法大规模生产，年产量也只有几百吨，相比于几千吨的需求来说只能是杯水车薪，基本上依赖进口。这些方面是制约我国锂离子电池产业自主化的巨大"瓶颈"。其中，隔膜生产技术是现有技术中最难攻克的，一方面，高品质隔膜百分之百依赖进口，主要是日本、美国、德国。因技术封锁，我国在国际市场上买不到成熟的先进隔膜生产设备，所有设备都要靠自己研发，所以技术门槛极高；另一方面，隔膜生产过程中的拉伸工艺要求非常高，经验积累非常重要，往往需要企业有5~10年的生产经验。如果目前国外一旦停止向我国供应高品质隔膜，包括许多军用特种锂电池在内的许多电池将不得不停产。所以，锂离子电池生产的技术"瓶颈"不但严重威胁着国家和民生安全，而且也造成能源资源消耗严重、二氧化硫和二氧化碳排放量高。

（4）锂离子电池高成本、高能耗、高排放给我国许多相关产业发展带来"瓶颈"制约

锂是自然界中最轻的金属，它在自然界以两种形态存在，一是盐湖资源，二是矿山资源。全世界盐湖资源主要分布在南美、北美和亚洲，其中玻利维亚储量最大，占42%，智利占34%，阿根廷占12%，中国占12%。矿山锂资源主要分布在美国、加拿大、澳大利亚、俄罗斯、中国和非洲部分地区。我国锂资源储量丰富，盐湖锂集中在青海和西藏，矿山锂分布在四川、江西等地。造成锂离子电池高成本的一个主要因素是锂的提取过程成本高昂。目前，国际上1 Ah锂离子电池成本大约为3元，以电动汽车的锂离子动力电池为例测算，一辆普通轿车所用的锂离子电池成本，大约为人民币6万~8万元。也就是说，如果传统轿车卖10万元人民币，那么电动汽车估计要20多万元以上，价差非常大，所以锂离子电池成本成为推高电动汽车价格的主要因素。而且，未来生产规模决定了我国锂离子电池产业不仅面临高成本，而且必然是高能耗、高排放行业。随着国内节能减排政策的实施和国际碳减排压力越来越大，如果我们不能在锂离子电池产业发展中提高技术和管理水平、降低成本、减少吨产品能耗和二氧化硫、二氧化碳排放水平，那么未来以电动汽车为代表的锂离子电池下游产业均将受到严重制约。

3.4 政策建议

（1）从战略层面，做好锂离子电池全行业产业发展和节能减排规划工作

未来随着我国手机电池、数码产品电池等小型锂离子电池和电动汽车大型动力锂离子电池需求的快速增长，锂离子电池总产量将成倍增长，能耗水平和排放水平均不容忽视。为此，国家应做好锂离子电池产业发展的战略性引导工作。工业和信息化部应联合国家发改委、财政部、环保部等部门研究制定锂离子电池产业发展战略规划并做好锂离子电池行业节能减排规划工作，建议国

---

① 据调查，许多以锂离子电池为能量驱动的电子产品，电池使用寿命普遍不到其服务年限的一半。

务院下发《关于锂离子电池产业发展和节能减排工作若干意见的通知》，从战略、管理、技术三方面提升锂离子电池的产业层次，提高全行业节能减排水平。

（2）应制定电动汽车动力锂离子电池技术发展和政策配套路线图

由于动力锂离子电池规模效应大，而未来我国以动力锂离子电池为驱动的电动汽车产业（包括纯电动汽车和混合动力汽车）发展前景广阔，不但影响我国电动汽车产业整体成本，而且直接关系到我国汽车产业和石油替代战略的实施。所以，国家发改委在制定电动汽车产业发展规划中，应着重制定出我国锂离子电池的技术和政策发展路线图，明确不同时段需重点扶持的技术类型，并列出相应的政策支持措施。国家在实施电动车消费补贴政策的同时，也应考虑对动力电池制造过程实施标准化，以便增加电池更换的灵活性、通用性，降低电池淘汰率，延长电池使用寿命；另外，在城市应首先试点建设电动车锂离子电池充电站，第一步可以考虑在公交总站、出租车休息站建设充电站，在首先推动公交汽车、出租车电动化的同时，加大城市的电动汽车普及率，在实现石油替代的同时，加大节能减排力度。

（3）政府应拨专款支持锂离子电池关键技术的自主研发和攻关

调研中发现，我国的锂矿提取技术和锂离子电池隔膜制造技术存在严重"瓶颈"。当前由于我国自主品牌企业规模小、技术相对落后，仅因这两项技术大约使我国锂离子电池成本至少增加约1/3，并造成能源资源消耗大、二氧化硫和二氧化碳排放水平高。目前，我国锂矿提取技术和锂离子电池隔膜制造技术急需突破，国内有的企业已经在这两项技术上有一定基础，但企业自身拿不出足够的资金加快研发步伐。为此，国家财政应考虑拨专款支持这两项技术的自主研发和试点生产。而且，国家应考虑尽快建立锂离子电池关键技术基金，鼓励有基础、有实力的国有和民营企业加大投入力度，尽快掌握自主创新技术，在早日赶超国外先进水平的同时，实现节能减排目标。

（4）引导锂离子电池全行业健康发展，鼓励企业在做大做强中实现节能减排

首先，国家发改委、工业和信息化部应该规范和整合中国电池工业协会、中国动力电池协会、中国铅酸蓄电池协会、中国电池工业协会动力锂离子电池（电动自行车）技术协作与推广应用委员会等多家相关行业协会。将各协会根据功能归并形成一家政府指导下的权威性电池工业联合会，统计和发布权威数据信息，指导企业健康有序发展；其次，地方政府应配合国家相关部门、地方发改委、经贸委、工信局等部门对锂离子电池行业进行整治，设立规模和技术门槛，鼓励企业通过兼并、入股等措施做大、做强。通过这一过程，使锂离子电池全行业技术和管理水平上一个新台阶，从而实现节能减排目标。

（5）做好锂离子电池宣传教育工作，加大力度节约使用和回收锂离子电池

工业和信息化部应该联合电池工业协会、中央部分权威媒体对锂离子电池的基础知识、技术进展、发展概况、使用寿命等做好宣教工作，让政府、企事业单位、普通公众了解、认识并珍惜锂离子电池，提高政府、企事业单位、普通公众在使用和消费锂离子电池过程中的节能减排、安全环保意识。例如：我国目前丢弃的废旧手机电池使用年限大部分还不到电池平均寿命的一半，造成非常严重的能源资源浪费；所以，国家发改委、工业和信息化部应该会同建设部在我国城镇设立和建设电池回收站，加大锂离子电池回收的宣教工作，告诉广大居民，每3～5 t的废旧锂离子电池就可以回收提取1 t的锂离子电池原料，可以大大节约锂离子电池资源。

我国风电机组国产化进展的调查报告

高虎 罗志宏

1 获奖情况

本报告获得 2009 年度国家发展和改革委员会宏观经济研究院优秀调研报告三等奖。

2 本调研的意义

随着我国风电市场的扩大,我国的风电装备国产化有了长足进步,国产产品生产规模不断扩大,技术水平明显提高。不过当前风电企业虽然已经度过"技术引进"的初期,步入"联合设计"的主流方式,但仍没有完全跨越到"自主创新"的关键阶段,国产化进程仍旧面临着明显的挑战。为此,提出我国应加强基础性研究,通过国家级公共研发机构的建设,加快风电标准和检测认证能力培养,引导和促进企业创新能力的提高,在提高产品质量的基础上,积极谋划未来国际市场的开拓。

3 本调研简要报告

近年来,在《可再生能源法》及其相关政策法规的推动下,我国风电市场快速扩大,成为全球风电增长最快的市场。值得注意的是,尽管我国的风电整机设备生产企业很多,但大多数都是走技术引进、消化吸收和再创新的发展模式。在当前风电市场日益扩大的形势下,为了更好地了解我国风电设备制造业的国产化进程,特别是考察整个产业是否已经跨越从"技术引进"转向"自主创新"的关键阶段,了解我国风电制造业的国产化进展情况,在"中国可再生能源规模化项目"的支持下,国家发展改革委能源所于 2009 年 3 月 16—25 日,对我国风电市场占有率排名前五位的国内企业(华锐、金风、东汽、运达、上海电气)进行了实地调研,形成调研报告。

3.1 我国风电产业发展概况

(1)风力发电发展概况

2008 年,我国新增装机容量约 624.6 万 kW,仅次于美国;累计装机总容量约 1 215.3 万 kW,连续三年翻番。2008 年,全国风电上网电量约 120 亿 kWh,仅占全国总发电量的 3‰。考虑到我国的风能资源总量以及我国经济不断增长的态势,风电具有很大的发展潜力。根据正在拟定的新能源产业振兴规划,2020 年我国风电装机有望突破 1.2 亿 kW。

(2)风电设备制造业发展概况

虽然我国的风电技术研究几乎与欧洲同时起步,但在 2002 年以前,国内风电设备研发基本上停留在样机试制阶段,国内风电项目所用设备基本依赖进口。

2003 年,国家开始实施风电特许权招标,采用以风电规模化开发促进风电设备国产化的思路,在招标中明确提出了参与投标的风电机组国产化率不得低于 70%的要求,用政策为国产风电产品建立了稳定的市场需求。在特许权政策的带动下,特别是在 2005 年《可再生能源法》颁布后,我国风电设备制造业经历了从购买外国许可证生产、到与国外公司合作研发、再到逐步开始自主开发的发展过程,涌现出华锐、金风、东汽、上电、运达等一批整机制造企业,其中华锐和金风更是跃居 2008 年风电设备制造的世界前 10 名。目前国内风电制造领域的企业总数有 70 余家,总产能超过 1 000 万 kW。

通过从整机设计到零部件采购等各环节的国产化,国产风电机组的价格普遍比国外同类产品低约 10%~20%,已逐步在国内市场中超越外资企业,占据了主导地位。在 2008 年新增风电

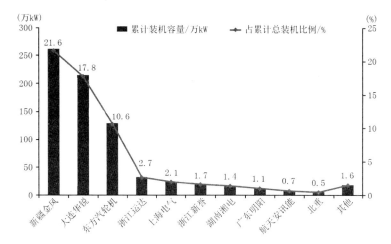

图 1　国产风电机组在全国累计风电市场的占有率

资料来源:中国风能协会。

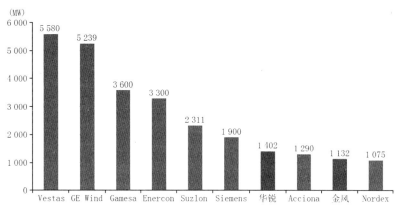

图 2　2008 年全球十大风电设备制造企业

资料来源:全球风能理事会 2008。

装机容量中,国内企业(包括合资)的市场份额达到 75.6%;从累计装机容量看,国内企业(包括合资)的市场份额达到 61.8%,首次超越外资企业。总的来看,我国的风电产业已表现了良好的发展态势。

3.2　风电机组国产化情况及分析

按照企业隶属关系,所调研的国内最大的这五家风电设备制造企业,大致可以分为两类:

（1）具有国有大型设备制造业背景的风电机组制造企业

1）华锐风电科技股份有限公司:华锐成立于 2004 年,是大连重工业起重集团下属机电设备成套有限公司的相对控股公司,主营业务是风电设备制造。2008 年,华锐销售 140 万 kW,营业收入为 51.46 亿元,利润总额为 6.3 亿元。2009 年上半年,华锐完成了增资扩股,改制为股份有限公司。

华锐的主要产品为 SL 1500 系列和 SL 3000 系列风电机组。从技术来源看,1500 系列（1.5 MW）风电机组是通过购买国外许可证方式生产的(德国 Fuhrlander),目前已实现了大批量生产,并在全国安装运行了 2 200 余台,2008 年共生产将近 1 000 台。值得注意的是,华锐 1.5 MW 机型除主轴轴承和控制系统外,都已实现国产化。

3000 系列（3.0 MW）风电机组是华锐与奥地利 Windtec 公司联合设计开发的,但知识产权归华锐公司所有。这款风机是我国生产的第一款海上大型风电机组,已完成 3 台样机的吊装及并网试运行。虽然这 3 台样机主要采用进口零部件,但已经打破了跨国电气巨头在海上风电产品的垄断。目前,华锐除正在与 Windtec 合作共同开发 5.0 MW 风电机组外,还专门成立了海上风电技术设备研发中心。

华锐的优势在于其制造业背景、成熟机型的批量生产、国产化的快速高效以及可靠细致的售后服务。通过 1.5 MW 风电机组的引进、消化、吸收,华锐大胆采用国产零部件,通过大批量、扩张性的策略,迅速占领市场。华锐非常重视风机的售后维护工作,建立了一支 500 多人的技术维护队伍,提供 24 h 快速反应服务。华锐重视产品售后服务上的战略,也为其赢得了很好的口碑。

不过,华锐国产化过程的成功,主要在于成熟产品的数量扩张,而核心技术的掌握水平仍然有待时间去验证,这表现在其新产品的设计仍主要依赖国际合作伙伴,新机型的认证也由国际合作伙伴(Windtec)负责,这表明其自身研发队伍的能力还不足以支撑独立进行先进机型的研发。当然,这也不排除市场风险的分摊及市场战略选择的可能性。

2）东方汽轮机有限公司:东汽隶属于中国东方电气集团公司,是我国三大动力设备供应商之一,其核心业务是蒸汽轮机(含核电)、燃气轮机等大型发电设备制造,于 2004 年进入风电机组制造业。2008年,东汽克服特大地震灾害的影响,实现营业收入88.59亿元,其中风电机组销售105万kW,营业收入为26.17亿元,占近三成左右;利润总额为5.65亿元,其中风电贡献约3亿元。风电设备已成为东汽的重要经营业务。截至2008年年底,东汽职工总数为6 900人,技术人员为1 300人,其中风电领域在职员工为600人,技术人员为100人左右。

东汽是国内较早通过购买许可证方式制造风机的企业之一(德国Repower公司),目前已生产和安装1.5 MW风电机组超过1 000台。在其批量生产的1.5 MW机组中,叶片、齿轮箱、发动机、偏航变桨轴承均已实现国产化,主轴和轮毂等铸件由公司自己生产配套。此外,东汽正在尝试采用国产控制系统和主轴轴承替代国外产品。

在更大机组的研发上,东汽与奥地利Windtec公司合作设计了2.5 MW风电机组,机组的知识产权归东汽所有。目前新机组的设计工作已全部完成,但新机组的认证工作也主要由Windtec负责。

东汽作为国有大型发电设备制造企业,制造和配套能力很强,资金和人力资源充沛,具有风电设备国产化的有利条件,其对控制系统和主轴轴承等关键零部件的国产化工作,一旦成功,将有力提升我国风电设备国产化水平。

但是,东汽同样存在核心技术掌握方面的隐患。在与Windtec合作开发新机型的过程中,东汽虽然拥有2.5 MW机组的知识产权和全部源代码,但在机组设计上高度依赖国外合作伙伴,基本不参与产品认证这一重要环节。这表明在对1.5 MW机型消化吸收的基础上,企业自己的技术人员对机组设计技巧的理解和掌握程度,仍然不能够支持其完全进行自主式的产品开发,也仍然难以改变核心技术对外依附的局面,这将在很大程度上影响其产品升级换代及未来核心竞争力的提高。

3)上海电气风电设备有限公司:上海电气风电公司(简称上电)是上海电气集团和中国华电工程有限公司的合资公司,成立于2005年,以风电设备制造为主营业务。2008年,上电风电销售近18万kW,营业收入为9.28亿元,利润总额为亏损4 500万元。截至2008年年底,上电职工总数为436人,其中技术人员65人。

上电的主要产品是1.25 MW风电机组,同样也是采用购买欧洲许可证方式生产(德国Dewind),目前已经实现了批量化生产,但批量不大,订单不到150台,不过除控制系统和主轴轴承外,其他零部件都实现了国产化。

上电的发展思路是优先发展设计能力,谨慎使用国产部件,在设计和制造方面小心谨慎,避免出现重大问题。目前,上电正与德国Aerodyn公司联合设计2 MW风电机组,知识产权归上电所有。目前已完成样机的装配和厂内测试工作,安装在江苏大丰风电场进行现场调试。为了培养自己的设计研发队伍,上电引进了Aerodyn公司全部61个风电机组专用设计软件,并由Aerodyn对设计人员提供培训课程和技术指导。

(2)其他所有制形式下的风电设备机组制造企业

1)金风科技股份有限公司:金风成立于1998年,是中国最早从事大型风电机组生产的企业之一,也是中国唯一一家专业风电设备制造上市公司,其主要股东为新疆风能有限责任公司和中国水利投资集团公司。2008年,金风风电机组销售113万kW,营业收入为64.57万元,利润总额为11.62亿元。截至2008年年底,金风职工总数为1 557人,其中技术人员为321人。

金风是在我国20世纪90年代风电开发的过程中成长起来的。金风参与了我国最早的大型风电场——新疆达坂城项目风电机组的引进、运行和维护。因而,虽然同样是引进许可证生产,但金风的起步要早得多,金风也是最早可以生产600 kW、750 kW大型风电机组的企业。目前金风的主要产品是750 kW和1.5 MW风电机组。其中,750 kW风机采用购买生产许可证生产(德国Repower),零部件全部实现国产化,已生产安装超过3 000台,是国内应用量最大的机型;1.5 MW风机则由金风与德国Vensys公司联合设计,采用直驱永磁技术,除主轴承需要进口外,其他主要零部件均已实现国产化,目前已生产安装超过800台。

目前,金风正与Vensys联合设计开发2.5 MW、3.0 MW直驱型变桨变速风电机组。通过上市获得的资金,金风于2008年收购了Vensys,成为国内首家拥有国外专业设计团队的风电企业,金风也迈出了其国际化进程的第一步。

2)浙江运达风力发电工程有限公司:运达成立于2001年,由浙江机电工程研究院风能研究所和浙江运达风电设备有限公司重组而成。2005年,获得中国节能投资公司投资,并由中国节能投资公司控股。2008 年,运达风电机组销售 23 万 kW,营业收入为 8.41 亿元,利润总额为 1.19 亿元。2008 年年底,运达职工总数为 327 人,其中技术人员 167 人。

同金风一样,运达也是我国最早开始大型风电机组研制的企业之一。从开始小风机的研究与试制,到目前大型发电机组的规模化生产,运达具有 30 多年风力发电机组研发经验,是从研究机构转向产业发展的代表。运达是较早开展自主研发的企业之一。在从德国 Repower 购买 750 kW 机组生产许可证的基础上,运达尝试自主消化吸收生产了 800 kW 的机型,并在市场上有了应用。

为快速适应市场对兆瓦级以上大型机组的需求,运达在英国 GH 公司的技术支持下,联合设计开发了 1.5 MW 风电机组,样机已于 2008 年 5 月并网发电,并顺利通过现场 3 000 h 运行考核。除变流器和主轴轴承外,其他零部件都实现了国产化。

由于拥有较长时间的研发经验,运达公司的技术工作开发团队具备相对较强的风机研发能力。在与 GH 合作设计 1.5 MW 机组时,运达处于主导地位,许多设计是独立完成的,GH 只提供咨询,这对其掌握风电机组核心技术十分有利。

表 1 调研的五家风电企业情况对比

企业	企业性质	2008 年销售额/万 kW	企业员工数/人	技术人员数/人	产品技术来源	国外研发伙伴
华锐	原国有资本现股份制	140.2	—	—	德国 Fuhrland	奥地利 Windtec①
东汽	国有企业	105.3	600	100	德国 Repower	奥地利 Windtec
上海电气	国有企业	17.8	436	65	德国 Dewind	德国 Aerodyn
金风	民营上市企业	113.1	1 557	321	德国 Repower	德国 Vensys②
运达	原民营,现国有企业控股	23.3	327	167	德国 Repower	英国 GH

资料来源:企业提供信息。
① Windtec 已被美国超导公司(Super Conduct)收购。
② Vensys 已被金风收购。

3.3 我国风电机组国产化的主要现状和存在的问题

(1)我国风电国产化的主要进展

从对五家企业的调研情况来看,应当说,我国已经建立起可以服务于未来风电大规模发展的风电产业基础,主要表现在以下 4 个方面。

1)我国已经具备了大型风电产品的工业化生产能力:从调研的国内五家风电龙头企业来看,他们都已经实现了风电机组的规模化生产,实现了数百台以上的产量。尽管国产产品可能在性能、质量、数量等方面与国外先进水平相比还有差距,但已经全面突破了国外产品的垄断,形成了实际的批量供应能力。

2)全面获得了风电机组自主知识产权:尽管五家企业的产业化进程不完全一致,有的是以许可证的方式技术引进,有的是利用国外力量进行联合设计,也有的是在消化吸收的基础上进行自主开发,但无论何种方式,都对产品具有完全的自主知识产权,可以不受产权限制地进行产品二次创新和市场销售,意味着我国风电机组国产化工作向前迈进了关键的一大步。

3)实现了绝大部分风电机组零部件的自给自足:调研五家企业发现,除主轴轴承和控制系统外,大部分的风电机组关键零部件都实现了国内自给,这包括叶片、齿轮箱、发电机、塔筒、轮毂以及除主轴轴承之外的偏航、变桨等其他部位轴承。关键零部件供应的形成,对打造我国具有国际竞争力的风电设备产业链,将起到至关重要的推动作用。

4)初步形成了具备一定研发能力的技术队伍:五家企业都非常重视自身研发能力的培养,通过国际合作的方式,逐步掌握风电机组开发的基本程序和分析方法,慢慢建立掌握技术核心的研发队伍,为企业的核心竞争力的塑造以及进一步发展打下了基础。

(2)我国风电设备国产化面临的挑战

尽管我国风电机组国产化工作取得了长足的进步,但就整体发展水平而言,仍处于起步和追赶世界先进水平的阶段,存在着以下 5 个方面的问题:

1)尚未完全形成核心技术的设计能力:调研发现,虽然当前风电企业已经度过"技术引进"的初期,步入"联合设计"的主流方式，但仍没有完全跨越到"自主创新"的关键阶段。所有的企业都有国际联合设计团队，目前的二次创新大多局限在材料的选用、局部工艺的改进以及适应特殊气候功能的增加，这表明我国的企业还没有彻底摆脱对"国外大脑"的依赖，形成完全以我为主的设计能力。

从国外发展历程来看，作为一个高科技行业，风电企业核心的技术和研发人员都是在长期的研发和实践中才形成的。我国近几年风电的起步，实际上并不是在长期技术积累的情况下稳步成长，而是在欧洲领先的设计技术之上，结合了我国较为强大的工业基础和加工能力，才跳跃式地获得了现有成就。华锐、东汽、上电就是拥有较强制造业背景企业的典型代表。但这种"拿来主义"的模式恰恰没有经历时间的磨砺，培养出高水平的设计团队。

促进企业依靠国外设计力量的原因较多，比如国外的经验丰富、技术的可靠性高等。但另外一个不容忽视的原因是自我研发的模式太慢，无法满足市场快速增长的需要，如果不尽快跟上主流，就有可能在市场竞争中被对手超过。比如运达，虽然有较扎实的研发团队，但为了更快速推出新机型，还是选择了联合设计的模式。

虽然联合设计的商业模式既可以保证核心技术的获得，也可以保证自我研发水平的提升，但这种受制于人的局面一方面加大了产品投入的成本，比如上电在与德方联合设计过程中，仅设计软件和人员培训的费用就高达1.2亿元，更重要的是企业未来发展将完全听从于国外技术团队，而国外设计公司更是不避讳与多家中国企业联合，获得超额利润，长此下去，必将严重影响我国企业创新能力的提升和整体国际竞争力的形成。

2）还没有彻底扭转关键零部件依赖进口的局面：从调研结果来看，虽然大部分风电机组的零部件已经国内生产，但五家企业的主轴轴承和变频、控制系统都还主要靠进口，这也是目前困扰我国风电产业发展的最薄弱环节。

我国在风电产业大规模的发展仅有约5年的时间，应该说，某些关键零部件还无法实现国产化也是一个正常的现象。调研了解到，轴承的瓶颈在于国内钢材材料满足不了实际需求，轴承加工工艺水平也落后于国外；而变频、控制系统技术与整个机组的设计紧密相关。这些部件对进口的依赖，从侧面反映了我国在基础性研发及核心技术掌握方面的不足。

3）技术水平和产品质量方面仍落后于国际先进水平：与国外的先进技术相比，我国风电产品的技术水平还相对落后。比如，当前我国的主流商业机型中，都不具备满足有利于电网调度的有功、无功控制及低电压穿越等性能，这些电网友好型的先进技术在国外产品中已经普遍推行。另外，与国外机组相比，风电场运营商也陆续反映出国产机组存在运行故障率高、可靠性差等问题。

在发展初期，政府制定了"国产率70%"的保护性政策，为的就是国产风电机组有稳定的市场需求。但这种不符合WTO市场规则的政策，也不可能一直成为国产机组在与国外产品竞争中的保护伞。虽然国产产品具有明显的价格优势，但如果不能在性能、质量、服务等方面有所改善，国产产品的市场适应性能力将不会提高，也不能在最终的市场竞争中掌握主动。

4）企业重产量的快速扩张带来产能过剩的担忧：当前，我国的风电制造业进入快速成长期，全国已经有70多家整机制造企业。调研了解到，仅这五家企业，在2010年前后的生产能力将超过1 200万 kW，再加上其他企业的产能，国内风电机组的制造能力将在短期内超过国内市场的需要，在当前国际市场拓展尚未取得突破的情况下，国内产能过剩的矛盾将在今后一两年逐渐突出。

更重要的是，这五家企业都表现出一个趋势：将产能的扩大而不是靠自我研发能力的提高作为增强眼前市场竞争能力的重要手段。靠自主研发需要时间，对市场变化的反应速度较慢；迅速扩大产能仅仅是产品复制能力的扩充，只要有融资能力就可以实现，这样的好处是一方面可以快速占领市场，赢得主动；另一方面规模的扩大可以带来产品单位成本的降低。在经济危机中其他行业需求面临萎缩、制造业大量产能闲置、资金无所适从的大背景下，这种思路可以理解，但也客观造就了风能这样新兴产业的快速扩张局面。

5）产品检测认证工作薄弱：由于新型风电机组检测认证工作大约需要1~2年的时间，而国内市场需求旺盛，五家企业的大多数新产品没有经过检测认证，在质量和可靠性缺乏验证的情况下就投入大规模生产和安装，这也是导致我国国产机组故障率高于国外机组的重要原因。更令人担忧的是这种情况是我国当前风电市场的一个普遍现象,必将为我国风电未来发展埋下长期隐患。

3.4 关于我国风电设备国产化的有关建议

2006 年《可再生能源法》实施以来,为了促进和拉动国内风电设备制造业的发展,国家出台了一系列的扶持和优惠政策,包括税收、电价、财政补贴等支持政策,为我国风电机组国产化工作创造了有利的环境。不过,装备的国产化不能只满足于本地制造或者在法律上拥有产品的知识产权,而应该将是否有降低成本、提高技术水平、增强企业核心竞争力和可持续发展能力,作为判断国产化水平的评判标准。从调研来看,我国的风电设备国产化能力有了明显进步,但与国际先进水平相比,还有着一定的差距。针对国内风电机组国产化工作中存在的挑战,提出政策如下建议:

(1)采取基础性研究,促进企业核心技术的掌握

必须增加在大型风电机组基础设计研究方面的投入,加强对国家级研究机构的长期投入。新能源作为一个新兴行业,其可持续发展需要有长期、坚实的基础研究作支撑。应正视我国风电核心技术掌握不够扎实的现状,通过对国家级研究机构的长期投入,如构建起国家级的可再生能源技术研究机构,整合国内现有的技术资源,协调开展计算模型等基础性和公共性技术研发工作,并加强与企业的交流和合作,发挥政府和企业、基础研究与产业发展之间的纽带作用,另外还应同大学教育等培训结合起来,承担起人才队伍建设的长远任务。

总之,应该通过国家的投入,建立起公共研发服务体系,解决企业在产业化过程中所面临的一些共同的基础性难题,从而促进企业整体能力的提高。

(2)加快建设风电产业公共技术平台

装备制造业的产业化必须开展大量基础性的实验。大量公共性实验检测服务的设施或机构,在新兴产业起步初期,是不可能靠商业化的方式运行起来的。国内大量新下线的机型在缺乏野外测试的情况下仓促推向市场,使得风电机组产品的质量大打折扣,影响了机型的使用效果,造成实际故障率很高。当前我国还没任何一个可以提供这种公共研发服务的设施,这与我国未来发展成为风电制造业大国的战略是不匹配的。因而,建议政府要加强风电产业公共技术平台的建设,建设叶片、电机、齿轮箱和传动系统实验和测试设施,为国内风电企业自主研发特别是首台机组的测试、验证提供技术条件。

(3)尽快建立国家风电设备标准、检测和认证体系

检测和认证是产品质量保证体系的重要组成部分。当前我国正处于产业转型发展的关键时期,作为新兴装备产业的代表,国产化风电设备要从"技术引进"转向"自主创新",必须强化设备检测设施建设和认证技术能力的培养,保障产品的质量和性能的可靠。应在建立国家级研发机构和公共服务技术平台的基础上,尽快建立起风电等新能源技术标准、检测及认证体系,培养检测、认证专业队伍,并进而推出风电产品强制认证制度,提高产品质量,推动风电设备制造业整体能力的提升。

(4)加强市场引导,防止简单的重复技术引进及盲目投资

当前新能源的投资出现了热潮,风电也是一个重要的投资热点。面对未来风电机组生产能力可能出现过剩的问题,应根据市场需求、企业技术水平以及国际有关参考标准,制定风电产品、并网技术等相关的强制性标准、规范,引导企业朝向具有先进水平的技术方向开展创新性活动,而不是简单重复式的技术引进或产能扩展型的投入,即引导企业朝向核心竞争力的塑造方面发展。同时,在加强检测、认证体系建设的基础上,规范风电装备市场,促进资金的理性投入。

(5)积极谋划远期国际市场的开拓

当前,风电等新能源产业的全球布局还处于形成之中。作为一个后发国家,我国完全有机会参与未来新能源产业格局的塑造。随着国内风电机组制造能力的大幅提高,在努力提高产品质量满足国内市场需求的同时,应充分发挥国内产品性价比高的优势,积极帮助企业拓展未来的国际市场。为此,建议及早谋划,收集、分析海外需求信息,并从退税、信贷、出口保险等金融手段上给予有力支持,争取早日将我国风电产品培养成为具有国际竞争力的领先行业。

西班牙太阳能热水器强制安装政策考察报告

胡润青　任东明

1 获奖情况

本报告获得 2007 年度国家发展和改革委员会宏观经济研究院优秀境外调研报告三等奖。

2 本调研简要报告

2.1 考察背景

我国的太阳能热水器是技术成熟，并已实现商业化运作的可再生能源利用形式。在没有得到国家政策扶持的条件下，经过产业界 20 多年的努力，已逐渐形成了在世界太阳能热水器行业中举足轻重的产业规模。2006 年，太阳能热水器的产量达到 2 000 万 m²，累计安装总量超过 9 000 万 m²，是世界上最大的太阳能热水器生产国和使用国。太阳能热水器的大规模普及，在为城乡居民提供热水供应、提高人民生活水平等方面发挥了越来越重要的作用。

尽管我国拥有全球最大的太阳能热水器市场，但人均太阳能热水器的拥有量并不高，市场发展的潜力还没有充分体现。2006 年我国人均太阳能热水器拥有量仅为 69 m²／千人，远远落后于塞浦路斯（897 m²／千人）、以色列（745 m²／千人）、奥地利（341 m²／千人）等国家。根据我国《可再生能源中长期发展规划》确定的目标，我国 2020 年太阳能热水器的安装量为 3 亿 m²，但届时的人均普及率也仅相当于奥地利 2000 年的水平。

作为发展基础好、开发潜力巨大的可再生能源应用技术，太阳能热水器行业理应得到国家政策的大力扶持和激励。但是，对于已实现商业化发展的太阳能热水器技术、产业和应用该如何支持是可再生能源激励政策制定者关注的重要问题。

目前国际上对太阳能热水器行业的激励政策主要有税收激励政策、补贴政策和强制安装政策。税收和补贴激励政策的实施成本较高，较适用于产业发展的初期。强制安装太阳能热水器政策的实施成本较低，较适用于产业能力和应用市场已形成一定规模的阶段。

西班牙巴塞罗那市是欧洲最早开始实施太阳能热水器强制安装政策的城市，自 1999 年开始实施强制安装政策以来，实施效果显著，并成为很多国家和城市制定强制安装政策仿效的模板。经过五年多的政策实践，2006 年西班牙颁布了国家太阳能法令，将部分城市的城市法令上升为国家法令，在全国范围内强制实施。

《可再生能源法》实施以后，国家发改委和建设部正在研究制定促进太阳能热水器行业发展的激励政策，其中，强制安装政策是一项非常重要的政策措施。为此，考察和学习西班牙太阳能热水器强制安装政策在制定和实施过程中的经验和教训对我国相关政策的研究和制定具有重要的意义。

2.2 考察基本情况

2006 年 11 月 12—21 日，国家发改委能源研究所可再生能源发展中心副主任任东明、副研究员胡润青，建设部标准定额司副处长吴路阳，北京建筑工业学院管理学院副院长张俊，以及北京四季沐歌太阳能有限公司副总经理陆剑一行 5 人访问西班牙，围绕西班牙太阳能热水器强制安装政策进行了深入的考察和研究。考察期间，考察团拜访了西班牙建筑主管部门西班牙房屋部、负责起草和实施西班牙太阳能热水器强制安装政策的西班牙能源多元化和能源效率研究所、安达卢西亚州能源局、巴塞罗那市能源局、西班牙太阳能利用产业协会、西班牙建筑促进协会、西班牙国家能源开发研究实验室,访问了欧洲首先实施太阳能热水器强制安装政策的巴塞罗那市和西班牙最具太阳能发展活力的安达卢西亚州,现场参观了装有太阳能热水器的房地产项目、太阳能热发电项目等。

考察团与参与太阳能热水器强制安装政策的制定和实施的各方面人士进行了充分的交流和讨论,包括西班牙中央政府、安达卢西亚州以及巴塞罗那市的主管建筑和可再生能源的政府官员,太阳能行业和建筑行业的专家、政策和技术研究人员,太阳能利用产业协会和建筑促进协会,太阳能热水器企业和房地产开发商等,对西班牙强制安装政策的出台背景、具体措施和实施效果等都有了充分的了解,从而形成了对我国实施太阳能热水器强制安装政策的一些想法和建议。现将考察结果汇报如下。

2.3 西班牙可再生能源激励政策综述

西班牙是近年来全球可再生能源发展最为迅速的国家之一,在风电、太阳能热利用、太阳能热发电、太阳能光伏发电等技术的推广应用都处于全球领先地位。2006 年颁布实施的太阳能热水器强制安装政策,在西班牙掀起了安装太阳能热水器的高潮,同时在全球范围引起了强烈的反响,成为许多国家学习效仿的样本。

制定并实施有针对性的激励政策是西班牙可再生能源快速发展的动力。例如,西班牙政府对风电、太阳能光伏发电、太阳能热发电、生物质发电等可再生能源发电实施优惠的固定电价政策,并保证全额并网发电,不参与电力竞价。对太阳能光伏发电,则在提供优惠固定电价的基础上,还规定部分大型建筑必须安装一定规模的光伏发电系统。这些政策极大地促进了风电、光伏发电以及太阳能热发电的大规模推广和应用,并带动了相关制造业的发展和壮大。对太阳能热利用技术的推广应用,西班牙政府不提供任何财税优惠政策,也不提供任何补贴,但要求所有有热水供应系统的新建建筑和既有建筑的改造以及游泳池,都必须安装太阳能热水器,并要求达到 30% ~ 70% 以上的太阳能保证率。

西班牙政府对可再生能源的大力支持和推动主要是源于欧盟颁布的可再生能源发展目标及欧盟对各成员国的要求。目前,西班牙可再生能源的发展目标是:到 2010 年,可再生能源占其一次能源供应总量的 12%,可再生能源电力占其发电总量的 30%,

生物液体燃料占交通燃料消耗量的 5.8%,太阳能热水器的安装量达到 490 万 m²。

2.4 西班牙太阳能热水器强制安装政策

(1)1999—2006 年:城市太阳能法令

1999 年 7 月,巴塞罗那市率先实行城市太阳能法令,要求新建建筑必须安装太阳能热水器,政府不提供任何补助,2000 年 8 月开始实施。经过几年的实践,巴塞罗那市对城市法令进行了修订,新的城市法令自 2006 年 2 月开始实施。与 1999 年版本相比,2006 年颁布实施的城市法令在强制安装的范围、免责条款、最低太阳能保证率、安装施工的质量保证、售后服务等方面都作了调整和加强。与 2006 年 9 月开始实施的西班牙国家法令相比,巴塞罗那市 2006 年城市法令的要求更为严格、更为周全。

根据 2006 年城市法令的要求,所有的住宅建筑、体育场馆、医院和其他健康中心、有工业热水或员工洗浴热水需求的工业建筑以及设有餐厅、厨房或洗衣房的其他建筑都必须安装太阳能热水器。住宅建筑的太阳能热水器须能满足热水消耗量的 60% 以上(即太阳能保证率达到 60% 以上)。室内游泳池必须安装太阳能热水器,太阳能保证率不小于 30%。露天游泳池只能使用太阳能热水系统加热池水。工业热水系统(60 ℃)的太阳能保证率不小于 20%。同时,将太阳能热水器的施工安装和验收纳入建筑的施工安装和验收程序中,并要求与用户签订售后维修服务合同,保证系统的质量和高效运行。

巴塞罗那市是欧洲第一个实施太阳能热水器强制安装政策的城市。由于实施效果显著,西班牙以及欧洲其他国家的很多城市都已效仿巴塞罗那出台了城市法令,要求强制安装太阳能热水器。西班牙国家法令也是在此基础上颁布实施的,另外葡萄牙、意大利等国家也都酝酿国家级的强制安装政策。

(2)2006 年:《国家建筑技术法令》及其太阳能强制安装政策

1999 年,为提高房屋质量,西班牙颁布实施了《房屋建筑法》。该法规范了土地开发和房屋建设的各个环节,同时要求政府尽快出台建筑节能技术法令,促进节能建筑的推广和使用。

2000 年,西班牙政府开始了《国家建筑技术法令》的准备工作,投入了大量的人力和时间进行调研和研究,组织了 30 多个技术小组开展研究和编制工作。经过 5 年多的调研、起草、征求意见和修订完善，《国家建筑技术规范》于 2006 年 3 月颁布，2006 年 9 月开始实施。

西班牙《国家建筑技术法令》是强制实施的国家技术标准和法令，适用范围是所有新建建筑和既有建筑的改造。该法令的内容非常详尽，涵盖建筑设计、工程施工、建设条件、结构安全、消防安全、安全使用、健康安全、噪声防护、建筑节能等方面的内容。

建筑节能共有五个方面的基本要求：能耗的要求、供热装置的效率、照明设备的效率、太阳能在户用热水系统的最低保证率（HE4）以及太阳能光伏系统的最低安装量（HE5）。

该法令 HE4 部分"太阳能在户用热水系统的最低保证率"中规定的内容，就是我们所说的太阳能热水器强制安装政策。该法令使西班牙成为第一个在新建建筑和既有建筑改造中强制使用太阳能热水器的欧洲国家。

2.5 太阳能热水器强制安装政策的内容

根据该法令的要求，所有有热水需求的新建建筑、既有建筑的改造以及游泳池必须安装太阳能热水器，且太阳能热水器必须满足三个方面的要求：① 必须满足最低太阳能保证率的要

表 1　热水系统的最低太阳能保证率要求（辅助能源为天然气等）

建筑热水需求量 /（L/d）	太阳能资源区				
	I 区 /%	II 区 /%	III 区 /%	IV 区 /%	V 区 /%
50 ~ 5.000	30	30	50	60	70
5.000 ~ 6.000	30	30	55	65	70
6.000 ~ 7.000	30	35	61	70	70
7.000 ~ 8.000	30	45	63	70	70
8.000 ~ 9.000	30	52	65	70	70
9.000 ~ 10.000	30	55	70	70	70
10.000 ~ 12.500	30	65	70	70	70
12.500 ~ 15.000	30	70	70	70	70
15.000 ~ 17.500	35	70	70	70	70
17.500 ~ 20.000	45	70	70	70	70
>20.000	52	70	70	70	70

表 2　热水系统的最低太阳能保证率要求（辅助能源为电）

建筑热水需求量 /（L/d）	太阳能资源区				
	I 区 /%	II 区 /%	III 区 /%	IV 区 /%	V 区 /%
50 ~ 1.000	50	60	70	70	70
1.000 ~ 2.000	50	63	70	70	70
2.000 ~ 3.000	50	66	70	70	70
3.000 ~ 4.000	51	69	70	70	70
4.000 ~ 5.000	58	70	70	70	70
5.000 ~ 6.000	62	70	70	70	70
>6.000	70	70	70	70	70

表 3　游泳池热水系统的最低太阳能保证率要求

单位：%

太阳能资源区	I 区	II 区	III 区	IV 区	V 区
最低保证率	30	30	50	60	70

求；② 必须满足规定的技术要求；③ 必须满足规定的维护要求。

（1）最低太阳能保证率的要求

根据该法令的要求，太阳能在户用热水系统的最低保证率必须达到 30% ~ 70% 以上。一套热水供应系统的最低太阳能保证率是依据当地太阳能资源情况、用户的热水消耗量和辅助能源系统的种类三方面因素确定的。系统最低太阳能保证率的具体要求见表 1、表 2 和表 3。表中建筑热水需求量仅为热水系统的需求量，不包括供暖系统的热水需求量。

西班牙的太阳能资源分为 5 个区，各城市和地区的太阳能资源分区类别可根据该法令中的表格查到。

从表 1、表 2 要求的最低太阳能保证率可以看出，用户的热水消耗量越大，最低太阳能保证率的要求就越高。辅助能源系统不同，太阳能保证率的要求也不同，与辅助能源系统为天然气时相比，辅助能源系统为电时的最低太阳能保证率的要求较高。

该法令也明确了强制安装政策的减免和免责条款。如有建筑和树荫遮挡，或在屋顶或墙面上嵌入式安装的太阳能热水器，最低太阳能保证率的要求可略为降低，减免幅度约为 10% ~ 50%。在下面三种情况下，可以申请免装太阳能热水器：①使用了其他

可再生能源技术；②建筑受到遮挡，日照时数不足；③古迹等不宜进行改造的建筑。

（2）太阳能热水器产品的技术要求

该法令中，"规定的技术要求"一节包括六个方面的内容，①现有的资料；②系统一般条件；③一般计算标准；④系统部件；⑤方位角和倾斜角热损计算；⑥遮挡造成的热损计算。

该法令给出了系统设计所需的技术参数，包括不同建筑的热水供应设计参数、太阳能资源分区标准以及各个城市的太阳能资源区划表；给出了设计和检测计算的标准；并对系统各个部件（集热器、蓄热系统、换热系统、常规辅助能源系统、控制系统、检测系统、循环泵、膨胀罐、管路、支架、换热工质等）和各种功能（防冻、过热、承压、逆流等）提出了具体技术要求，以保证太阳能热水器性能稳定，质量可靠。

根据该法令的要求，太阳能热水器应为二次循环系统；集热器面积超过 10 m² 时，主管路应为强制循环系统；热水水温高于 60℃ 时，不应使用镀锌钢组件。太阳能集热器的效率必须始终大于 40%，年均太阳能热水器效率须大于 20%。

（3）规定的维修要求

西班牙政府要求太阳能热水器设备供应商必须与用户签署维修合同，提供定期检查、维护和维修服务。该法令对太阳能热水器各个部件的检查周期、维护周期以及检查维护的具体内容和要求有明确的规定，以保证系统的长期高效运行。根据该法令的要求，系统各部件的检查周期为 3~6 个月不等，维护周期为 6~24 个月不等。

2.6 西班牙太阳能强制安装政策的影响和效果

（1）太阳能热水器安装及对房价的影响测算

根据西班牙太阳能热利用产业联盟的数据，目前，西班牙 80% 以上的太阳能热水器是大型系统，集热器面积大于 20 m²，仅 20% 的系统为小系统。大型系统的平均售价为 710 欧元 / m²，小型系统的平均售价为 812 欧元 / m²。太阳能热水器系统的综合平均售价为 730 欧元 / m²。西班牙 80% 的建筑是多层住宅，20% 的建筑是别墅。通常别墅上安装的太阳能热水器集热器面积为 3.5 m²，多层住宅上安装的太阳能热水器集热器面积为 1.5 m²。每套太阳能热水器的平均集热器面积是 2.14 m²。

根据西班牙的官方统计数据，每户居民的平均住房面积为 112 m²、全国平均房价为 1 888 欧元 / m²，每套住宅的平均售价为 21.14 万欧元。按每套太阳能热水器的平均售价 1 592 欧元计算，太阳能强制安装政策出台后，太阳能热水器占房屋售价的 0.74%，对房价的影响不大。

（2）西班牙太阳能热水器制造业和市场的发展

西班牙太阳能热水器市场自 1990 年以来发展迅速，年均增长率为 10% 左右。到 2005 年年底，太阳能热水器年安装量为 10.8 万 m²，累计安装量为 79.55 万 m²，年安装量和累计安装量的年增长率分别到达了 25% 和 16%。西班牙太阳能热水器的发展目标是，2010 年太阳能热水器的累计安装量达到 490 万 m²，2005—2010 年的年均增加率将达到 45%。

目前，西班牙仅有 8~10 家太阳能热水器生产企业，多数产品从德国、奥地利、以色列等国进口。西班牙强制安装政策的实施，使太阳能热水器产品的供应和需求产生了很大的缺口，当地投资商和国外投资商均看好西班牙的太阳能热水器市场，掀起了太阳能热水器制造业的投资热潮。我国的太阳能热水器制造企业江苏连云港太阳雨热水器制造有限公司也在西班牙设立了合资公司，生产制造太阳能热水器产品，供应西班牙市场。

2.7 关于我国实施太阳能热水器强制安装政策的思考和建议

（1）充分认识其重要性，实施有针对性的激励政策

世界各国越来越认识到太阳能热利用技术的重要性，在发布的可再生能源发展规划中，太阳能热利用占有了越来越重要的作用，各种相应的激励政策也纷纷出台。欧盟 2007 年 1 月颁布了《欧盟太阳能热利用行动方案》，提出了宏伟的太阳能热利用发展

表 4 西班牙历年太阳能热水器市场发展现状

	2000 年	2001 年	2002 年	2003 年	2004 年	2005 年
年安装量 / m²	41 500	55 600	61 900	79 200	86 600	108 000
年安装量增长率 / %		34	11	28	9	25
累计安装量 / m²	405 400	461 000	522 900	602 100	688 700	795 500
累计安装量增长率 / %		14	13	15	14	16

目标:2020年人均太阳能热水器拥有量达到1 m²，总安装量达到320 GW$_{th}$(4.57亿 m²)。

我国有全球第一大市场，但人均普及率并不高，开发潜力巨大。我国2005年太阳能热水器拥有量为57 m²/千人，仅为全球普及率最高的塞浦路斯(897 m²/千人)的1/24，是以色列(745 m²/千人)的1/20，是奥地利(341 m²/千人)的1/9，远远落后于世界先进水平。根据我国的规划，我国2020年太阳能热水器的人均拥有量为203 m²/千人，仅为届时欧盟人均拥有量的1/5。如何激活如此巨大的市场潜力，是当今制定激励政策的重点内容之一。

综合考虑我国的国情和太阳能热水器行业发展现状，建议我国采用以强制安装政策和税收政策为主、补贴政策为辅的政策体系，促进太阳能热利用产业的发展。强制安装政策的实施成本低、效果好，非常适用于有一定市场基础和产业基础的我国太阳能热水器产业。税收激励政策体现的是我国对可再生能源支持的基本态度，太阳能热水器产业应享受与其他可再生能源产业相同的税收激励政策。补贴政策适用于市场发展的初期，目前我国太阳能热水器市场已实现了商业化，不适宜也不可能实施大规模的财政补贴政策，但是对一些特殊人群提供财政补贴还是非常有必要的，特别是农村地区、城市低保人群、养老院、孤儿院等。

(2)应尽快纳入建筑节能技术体系，享受节能技术的优惠政策

在西班牙的《国家建筑技术法令》中，太阳能热水器和太阳能光伏电池是作为一个建筑部件出现的。西班牙的太阳能热水器强制安装政策是《国家建筑技术法令》中建筑节能篇中的一个部分，在1009页的法令中仅占40多页的篇幅。在欧盟各国、澳大利亚等国家，也明确太阳能热利用是一种重要的建筑节能技术，享受建筑节能技术的各种优惠政策，并为其提供了前所未有的发展机遇。

目前，我国太阳能热利用技术成熟、产品质量可靠、经济性好，在热水供应和供暖方面发挥着越来越大的作用，已成为建筑节能的重要技术手段之一，应尽快将太阳能热水器明确纳入建筑节能技术体系，在按建筑部件的要求规范其生产、应用和维护的同时，也享受建筑节能技术的各种优惠政策。

(3)已具备实施强制安装政策的条件，应及时推出相关政策

强制性安装政策的实施成本低、推广效果好，是一种非常有效的激励政策。但大规模的强制安装政策需要满足三个方面的基础条件:一是产品质量控制体系健全，太阳能热水器产品性能可靠、质量好;二是有良好的市场基础;三是有良好的制造业基础，三者缺一不可。如果产品质量控制体系不健全，产品质量不过关，建筑行业和用户都不能接受;如果公众和用户对产品的认知度不好，政策的落实和实施难度就较大;如果制造业基础薄弱，产能将无法满足迅速扩张的市场需求，强制政策的最大受益者可能不是国内制造商，而是国外制造商，同时是一哄而上的劣质产品很可能会搅乱市场秩序，从而使用户对产品失去信心。目前，我国太阳能热水器产品的标准、检测和认证体系已基本建立，同时拥有良好的市场基础和制造业基础，具备实施强制安装政策的基本条件。另外，近两年，国内实施强制安装政策的呼声日渐高涨，在海南省、深圳市、烟台市、徐州市、邢台市等省市已开始实施地方性强制安装政策，要求12层以下的新建建筑必须安装太阳能热水器。这些地方政策的实施为国家强制安装政策的出台和实施打下了良好的基础。在这种形势下，国家应及时制定相关法规和配套措施。

(4)鼓励地方实施强制安装政策，推动全国强制安装政策的实施

虽然我国具备了实施强制安装政策的一些基本条件，但是，在我国这样一个幅员辽阔的国家，在不同的气候区，在什么样的建筑上，强制安装多大的太阳能热水器，强制安装的太阳能热水器会对建筑成本产生多大的影响，用户能否接受等，都是要认真考虑和仔细测算的问题。同时，要研究涉及的政策和管理机制问题和对策，包括相关的激励政策和管理机制如何与现有的可再生能源规定以及建筑管理规定协调配合，如何加强和完善标准、检测和认证等产品质量管理体系的建设，如何建立和规范太阳能热水器产品的安装、运行和维护管理体制等。

现阶段，应鼓励条件具备的城市和地区先行实施地方性强制安装政策，积极开展强制安装政策国家行动方案的研究工作，加强和完善标准、检测和认证等产品质量管理体系，建立和规范太阳能热水器产品的安装、运行和维护管理体制，促进太阳能热水器制造业的健康可持续发展，为近期内在全国范围内实行强制安装政策打下基础。

（5）应重视安装施工、运行和维护，以保证系统长期高效运行

专业的安装和定期的运行维护是太阳能热水器长期高效运行的保障。但是，我国目前的太阳能热水器的安装施工、运行和维护管理却是我国太阳能热水器应用的薄弱环节。其主要原因是，我国大多数太阳能热水器产品是建筑的后置安装部件，多由制造商或经销商进行安装施工，缺乏规范的管理和监督。不规范的安装施工对产品性能、建筑质量、建筑美观以及城市景观会产生一定的影响，也使一些城市出台了禁装、限装太阳能热水器的规定。2005 年 12 月，我国颁布实施了国家标准《民用建筑太阳能热水系统应用技术规范》，太阳能热水器产品在建筑上的应用有了技术标准和依据。但目前，我国还没有太阳能热水器安装施工企业的资质管理办法，对安装施工企业的管理尚属空白。建议尽快建立太阳能热水器安装施工单位的资质管理办法，保证安装质量；建立太阳能热水器产品的售后服务体系，为居民提供便利的运行、检修和维护服务，保证系统长期高效运行。

强化政府职能 落实节能优先

—— 山东省节能工作调研报告

白泉 郁聪

1 获奖情况

本报告获得 2004 年度国家发展和改革委员会宏观经济研究院优秀调研报告三等奖。

2 本调研的背景、主要发现和成果应用

为了完成中央财经领导小组办公室布置的关于我国能源供求趋势和发展战略的研究任务，并协助国家能源局和国家发展和改革委员会环资司起草并修改国家"十一五"能源规划，能源研究所系统地对全国能源发展情况进行调研，选定珠江三角洲地区、长江三角洲地区、山东省等为调研的重点地区。2004 年 5 月，所长周大地同志亲自带领能源效率研究中心和能源经济与发展战略研究中心的 5 位同志前往山东省调研能源供需状况和节能工作状况。

此次调研的目的是从基层更直观地认识经济发展与能源的关系，了解地方经济和能源发展之间存在的主要问题、矛盾和未来走势，更深刻地体会统计数字背后隐含的事实和内容。在节能方面，希望通过调研回答以下问题：①在市场经济条件下，过去抓节能的以计划经济为特征的手段行不通了，该有哪些转变和调整？政府在节能领域应该扮演什么样的角色？应该做什么，不应该做什么？②目前的节能管理方法在基层遇到哪些障碍和困难？③"节能优先"到底如何落实？

此次调研历时一周，同山东省委经贸委、济南市经贸委、烟台市经贸委、青岛市经贸委、省煤炭经济运行局、鲁能集团等单位主管节能的同志进行了交流，并走访了山东省节能中心、山东嘉豪节能技术服务公司、青岛市节能服务中心、富士达地源热泵厂等

多家企业听取意见。

调研发现，山东省高度重视节能工作，重视尝试节能新机制，取得了显著的节能效果。此次调研也暴露了节能遇到的难处和问题：①经济发展重化工业趋势加大了实施节能的压力；②机制原因造成新增装机规模偏小，虽解决了缺电的问题，但为今后发展埋下了隐患；③现有的节能法律法规难以执行，亟待修订；④节能优先难以落实到实处；⑤有钱的企业和没钱的企业都不愿搞节能，国企不如私企积极性高；⑥经济和能源统计体系弱化。我们发现，暴露的这些问题并不都是山东特有的，很多问题在全国具有普遍性。

本次调研的成果在完成中央财经领导小组办公室布置的《我国能源供求趋势和发展战略的研究》中得到应用，并为起草和修改国家"十一五"能源发展战略、中长期节能专项规划提供了具有较高参考价值的依据。

3 本调研简要报告

山东是国民生产总值位居全国第三的经济大省，又是一个耗能大省。作为一个人口大省，9 000 多万的人口使得山东的人均能源、资源量明显低于全国平均水平，其人均煤炭储量不及全国人均水平的一半。人口多、资源相对不足、能耗高、环境压力大的特点，促进山东省高度重视节能工作，近年来节能工作成效显著。

3.1 山东省经济、能源基本状况

山东省经济连续 13 年呈现两位数增长。2002 年 GDP 突破万亿元大关，2003 年达到 1.24 万亿元，比 2002 年增长 13.7%。调研中我们也强烈地感受到山东从上到下求发展的呼声非常高，几乎

所有地市对国民生产总值年均增长速度的预期值都在两位数,并制定了一系列城市和区域经济发展规划。例如:在烟台市"十五"社会经济发展规划中提出,以芝罘区为中心,建设210 km长的沿海产业带,培育机械和汽车、电子、黄金、食品加工等4个产业,在沿海产业带形成低能源消耗、高能源利用效率的企业集群。山东省未来发展的一个重要走势是着重发展工业,着力打造胶东半岛制造基地。

山东省的能源产量2003年达1.44亿tce,一次能源消费量达到1.60亿tce,接近全国的10%。能源生产以煤为主,占一次能源产量的72.8%;能源消费也以煤为主,煤炭占山东一次能源消费总量的79.5%。山东虽然是一个产煤大省,但埋藏深,储量相对较少。目前,山东省的煤炭调入调出总量基本持平,但今后很难维持平衡,很可能变为煤炭净调入省份。山东发电以火电为主,风电、水电很少。由于当初为了解决"晋煤外运"问题,山东省火电厂的设计煤种以山西贫瘦煤为主,造成了目前山东省主要燃煤电厂几乎完全依赖山西煤,电煤供应紧张、煤炭运输压力极大、发电成本增高的状况。

在过去的几年,山东省在中央政府减缓电力工业发展速度的要求下,依然没有放慢电力建设的脚步,发电装机增加迅速,由2002年的2 400万kW增加到2003年的3 000万kW,增加了22.9%。电力工业的发展使得山东在近两年全国范围出现的电力紧缺中,拉闸限电的次数比江苏、浙江少得多,在一定程度上解决了经济发展与能源短缺的矛盾。但同时也出现了由于网电电价高,企业为降低能源成本,纷纷上了不少自备电厂;也因为项目审批机制方面存在的硬伤,使得山东省新增小电厂占新增能力的比例高达60%,给节能和环境保护带来了新的问题和挑战。

工业是山东能源消费的主要部门,2002年占终端能源消费的78.3%。山东省年耗万tce以上的企业有700多家,约占全国的10%(全国有7 240家)。其中,以冶金、建材和化工为主,给环境较大压力。山东省能源供需最大的问题是严重依赖煤炭,近两年煤炭价格激增、货源不足导致了山东能源的全面紧张,节能的要求更加迫切。

3.2 山东省节能取得的成绩和经验

(1)山东省节能成绩显著

1996—2002年,全省GDP年均增长10.7%,而能源消耗量仅增长3.18%,以较少的能耗保证了较快的经济增长。6年累计节能5 170万tce,折合经济价值280亿元,直接减排二氧化硫93.06万t,减排二氧化碳3 102万t,产生了明显的经济、社会和环境效益。近两年,山东省对1 000家重点用能企业进行了监测。据估计,这些企业的能耗约占全省工业能耗的60%~70%。2003年,重点用能企业的产值单耗下降了12%。

(2)山东省节能的主要经验

1)政府重视节能并支持节能中心工作

山东省经贸委代表政府主抓节能的宏观管理。在山东省经贸委的领导下,在力促经济发展的同时,全省从上到下高度重视节能工作的开展。山东省的高层领导经常将本省的国民生产总值和能源的发展情况与上海、江苏、浙江进行比较,思考如何推动节能工作,如何采用基于市场经济的节能管理方法。此外,还特别提出在考核官员政绩时,应改用绿色GDP的考核办法,不能单纯追求经济增长。省、地、市经贸委对节能工作高度重视,积极探讨新的节能管理办法。山东省节能监测中心是全国现存少有的每年由政府给予财政补贴的省级节能中心。作为联系政府和企业的桥梁,山东省节能中心和17家节能中心发挥了重要的作用。省节能中心不但负责中央单位和省直属单位的节能监察检测,而且还提供技术支持,指导全省17家节能中心,定期对重点用能企业进行节能培训。在政府支持下,青岛节能中心以节能服务为主线,主动开拓节能市场,为企业服务;济南市节能中心以节能监察为工作主线,积极落实《节能法》及其相关法规的执行。

2)重视尝试节能新机制

1992年前,山东省节能工作的计划经济特征较为突出,多采用行政管理手段。从1992年国务院提出转换企业经营机制以后,山东省开始着手探讨基于市场经济的节能管理新方法。

山东省是全国"自愿协议"节能机制开展最早的省份。2002年山东省经贸委和济钢、莱钢签订了"自愿协议"。通过实施"自愿协议",济钢的万元产值单耗下降了17%。2003年,又有15家企业签订了"自愿协议","自愿协议"这种节能新机制得到了进一步推广。企业自身需求和政府引导方向的协调一致,是促进"自愿协议"这种新机制在山东得以生根发芽的根本驱动力。

节能服务公司(EMC)这种节能新机制在山东省也取得了丰

硕的成绩。山东省嘉豪节能技术服务公司逐步发展壮大,目前已涉及余气发电、余热利用、绿色照明等诸多领域的节能。嘉豪公司曾考察过 200 多家企业,做了 78 个项目,涉及 10 多个行业,其中 40 多个项目已结束,预计所有项目的节能效益累计可达 20 多亿元人民币。

3) 加强节能法规的制定和宣传

在立法方面,山东省是我国节能法律法规建设的先行者,在 1997 年我国第一部《节能法》出台之前,就制定了《山东省节约能源条例》等省级法规,为我国《节能法》的出台奠定了基础。与《节能法》相比,这些法规的可操作性更强,有着明确的执法措施。实践表明,该法规在管理能源使用方面,特别是重点用能单位的能源使用上,发挥了积极的作用,收到了明显的效果。近期正在酝酿出台《山东省节能监测管理办法》。

山东省特别注意法律法规的宣传工作。不但利用好每年定期开展的节能宣传周,而且在报纸上设有专栏,宣传节能法律法规和节能新技术。山东省积极开展执法监察,执法力度较强。在加强执法工作的同时,注重执法队伍的建设,设立了执法证书制度,并对人员进行定期培训。目前,省、地、市各节能中心是节能监察的主力。

4) 积极推广先进节能技术

山东省积极推广先进的节能技术,如洁净煤技术、等离子体点火、地下煤炭气化、高压变频技术、热电联产等。通过综合采用多种节能新技术,济钢的能耗得到显著下降。在济南范围内实施"蒸汽锤改电液锤",消灭了蒸汽锤。济南在绿色照明推广和天然气推广(天然气源自中原油田)中也做了不少工作,如煤改气(天然气代替煤气发生炉)、重油改气等。济南市提出的推广天然气应用的原则是:按用途划分,只有与提高产品质量、经济效益有关的项目才改造。因地制宜的原则有效地推动了天然气这种优质、高效能源的成功推广。青岛市节能中心力图在信息技术和节能工作结合上有所突破。青岛市正在尝试建立信息化的能耗在线监测系统,力图通过该系统将管理体系、科技体系、市场体系、节能技术服务体系四大体系合二为一,希望最终实现能源安全预警的功能。

(3) 存在的问题

山东省的节能工作虽然取得了巨大的成绩,有着诸多成功经验,但调研也暴露出许多实施节能的难处和障碍。可以说,山东节能调研暴露出的问题是全国节能问题的一个缩影,具有比较普遍的代表性。

1) 产业结构向重化工业转向

在稳步发展经济的指导思想下,山东省制定了打造胶东半岛制造基地的设想。目前山东已有年耗万 tce 以上的企业 700 多家,约占全国的 10%(全国有 7 240 家),比例较高。其中,以冶金、建材和化工为主,造成能源消费增长迅速、环境压力比较大。近两年,不但现有的企业要扩大生产规模,而且又准备上马一些钢铁、石化、汽车等新项目。如济钢的产量计划以每年 30% 的速度增加,山水集团的水泥产量增幅也达到 30% 左右,青岛将建设一个大型化工厂等。近两年经济重化趋势将导致能源需求大幅度增加,山东省的万元 GDP 单耗 2002 年为 1.24 tce,2005—2006 年万元 GDP 单耗将会有所上升,恐难以完成"十五"能源规划目标。按目前的状况看,如果调控得当,2006 年前后才可能开始回落,控制在约 1.24 ~ 1.25 tce / 万元左右。万元 GDP 单耗是否能够得到有效控制,关键要看"重化"阶段的持续时间和节能的有效程度。产业结构向重化工业转向带来的能源需求的大幅度增加,将是山东省未来能源发展面临的一大严峻挑战。

2) 新增发电装机规模偏小

山东省经济的持续快速增长和居民生活用能水平随着收入增加而逐年提高,拉动了山东省对能源生产投入的增加。山东煤炭产量 2003 年创历史新高,电力装机也发展迅速,2003 年新增电力装机 750 万 kW,占到全国新增容量的 1 / 5。由于网电价格高、稳定供应缺乏保障,刺激了自备小电厂纷纷上马,特别是在高耗电行业中,建设自备电厂成为企业经营者采取的一个既能降低成本又能保障不停产的最有效办法。在目前电力短缺情况下,小电厂发电上网起到了缓解电力紧张的作用,为保障人民生产生活发挥了好的作用,但是,从资源节约的角度看,这些小电厂的效率肯定是大大低于大电厂的,采取的脱硫等综合环保措施也落后于大电厂。因此,小规模的燃煤电厂不利于资源节约,从长期发展看是给经济发展和环境保护带来了隐患。

3) 节能法律法规难以执行

近年来,民营企业的快速发展,使《节能法》的"节能篇"不可能落实。现在民营资本企业的很多项目不再由国家审批。既然项目都不需国家审批了，项目是否符合节能要求，就更是无人检查。对已投产企业，拒绝进行收费的节能监测是普遍现象，认为节能监测或节能审计的收费属于"乱收费"范畴。有的地方政府为了减轻企业负担，已经取消了节能监测的做法。

我国2003年新颁布了《行政许可法》，"法律一致性"问题使得既有的省级节能法规和1998年颁布的国家《节能法》产生了冲突。例如，按照《行政许可法》，作为下级法的《山东省节约能源条例》"不能突破"作为上级法的《节能法》。目前《山东省节约能源条例》中有明确的罚款等措施，但是《节能法》中并未出现"如果超过限额可以罚款，具体额度由各地相关条例确定"的字样，造成目前的"超限罚款"在某种意义上成为"不合法"的。具体到罚款方式和数额，更难找到"合法的"依据。目前济南市虽仍存在节能的"最高限额制度"，但已取消相应的罚款措施。

4）节能优先难以落实

调研发现，当前的一个很大问题是对资源节约的认识不足，越往下意识越不足，最终导致节能优先难以落实。节能更多停留在讲话上，喊得很响，但严重缺乏财力、人力、政策投入。目前，节能工作在某种程度上存在"虚化、分化、弱化"的现象。虚化，是说得多、做得少；分化，是原来搞节能的人不再搞节能，而转向房地产等其他业务；弱化，是缺乏节能优先的意识。

政府对节能的投入缺乏政策引导，据反映，现在有的部门、地区不是没有资金，而是缺乏为节能出资的"依据"。地方政府急需要中央政府的政策引导，为加大地方政府的节能投入提供"依据"。

5）有钱没钱都不愿搞节能，国企不如私企积极性高

有钱的企业和没钱的企业都不愿意搞节能，是调研发现的一个引人深思的问题。有钱的企业不愿搞节能——这些企业的领导认为节能不是"第一要务"，企业有了钱，首先要做的是扩大生产、占领市场、提高产品质量，节能不是有钱企业的老总们最关心的；节能工艺的技术性强，使得企业领导对搞这项不懂的工作不乐意搞。没钱的企业没钱搞节能——没钱的企业对节能更加重视，因为他们急需降低成本。但是，由于缺钱，他们也没有资金搞节能改造。即使节能服务公司（EMC）可以提供节能服务，一个连工资都发不出来的企业，更不可能爽快地付给EMC公司报酬。

就企业对节能的兴趣而言，国企反而不如私企。目前，很多国企忙着上项目、扩大再生产，提高产品质量，对节能不感兴趣。私企老总由于整个企业都是自己的，更重视节能。受国家管理的国企反而对节能不感兴趣，其根本原因有二：一是考评体制问题。考核国企老总的标准主要是政绩；与之相比，私企、民营企业认为效率是第一位的，省钱是第一位的，而不是政绩。国家虽然正在考虑实施绿色GDP，但仍需时日，短期内难以改变某些国企老总和官员的政绩观。二是决策体制问题。在国企搞节能，必须征得所有人的同意。国企决策时，如果锅炉工说一句"不好烧"，尽管测量出来的数据显示是节能的，锅炉工的一句话就可以否定整个项目。在私企，只需要老板拍板即可，"干扰"因素较少。目前能真正意识到节能的企业以民营企业为主。

6）经济和能源统计体系弱化

此次调研中，发现能源统计体系弱化，能源统计数据凌乱、不统一；经济统计数字不准确，总量下压。统计年鉴中山东省的国内生产总值为1.24万亿元，而各地区之和为1.29亿元，多出4%左右；在发展速度上，山东平均增长速度为11.37%，而所辖17个地级市中16个市的速度都超过11.5%，仅1个地区低于平均水平，为11.23%。在调研中，据很多人反映实际经济增长速度超过了13%，有的市增长速度甚至达到了30%，但都在上报时有所保留。缺乏完善的能源统计体系，能源方面的统计数据不准确，已成为困扰节能工作的一个重大问题。目前，没有合理的能源统计制度，妨碍了决策者对我国能源状况的认识，给决策带来了困难。

（4）关于落实节能优先的政策建议

山东省成功实施节能的经验和此次调研暴露出的问题具有高度的代表性，对探讨我国市场经济条件下如何开展节能具有重要的借鉴意义。目前中央已经充分认识到节能对我国全面建设小康社会的重要性，将节约能源提高到我国能源战略的首要位置。但是，要想真正贯彻节能工作，绝不能再像报告中反映的一样"说得多、做得少"，必须要投入人力、财力、政策，用行动证明中央的决心。

为了在全国范围内进一步推进节能工作，本报告建议：

1）改善产业结构和能源结构

改善产业结构和能源结构，是实现节能的最根本出路。工业

的重化工业趋势,必然导致能源需求大幅增加;继续过于依赖煤炭、利用效率低、运输瓶颈制约、环境污染严重的状况必然难在短期内改变。无论是山东省,还是全国,都应该在经济的发展中统筹考虑,在必要时对高耗能产业的发展实施宏观调控;同时大力推进能源的多元化发展,特别是水电、核电、风电等清洁一次能源的发展。

2)将能源效率水平指标纳入领导干部政绩考核指标体系

对"求发展"的迫切需求误解为"求增长",致使很多地方领导只是把目光放在国内生产总值的数字上,忽略了能源浪费和环境保护,造成了很多"短视"的决策。今后,应积极推动绿色 GDP 指标体系在各级领导干部政绩考核中的应用,特别是要在考核中给出可比较的节能绩效分值。如果不重视、不改善,考核就不通过。只有触动某些人的"乌纱帽",才有可能纠正他们错误的发展观,提高对统筹发展的理解程度,使节能真正触动他们。

3)建立、健全和完善节能管理机构

我国的决策体系是"底下看上头",如果中央能真正做出的大举动,地方才会真正意识到该事务的重要性,否则,恐怕难免被认为是"喊得响、做得少"了。历史上,我国确立了"计划生育、科教兴国"为基本国策,就设立并强化了"国家计划生育委员会""科技部""教育部"这三个部级单位;中央重视环保问题,就单独设立了"国家环保局";中央重视安全问题,就单独设立了"国家安全监督局"。现在国家高度重视节能工作,建议中央考虑单独设立中央一级的节能管理机构,加强政府在节能领域的职能,强化节能管理体系,在组织机构上为落实"节能优先"奠定基础。

4)制定节能激励政策和建立节能专项基金

与煤炭、电力、天然气等能源供应侧每年上百亿元的投资相比,节能可用的资金少得可怜。当前状况下,完全借助节能服务公司通过市场手段解决节能资金问题,恐怕有一定困难,政府有必要制定相应的节能优惠政策和提供财政支持。至于节能监测、统计数据收集、监察执法队伍组建和落实执法,这些公益性事务的资金不可能通过市场解决,政府必须给予长期的财政支持。

建议中央考虑设立节能专项基金,以解决节能事务,特别是节能公益事务的资金问题;或者由中央发布政策或指令,为地方财政的节能专项资金的建立提供依据,以解决某些地区有钱但无法用于节能的问题。在税收减免等优惠政策上,也是或由中央统一制定,或由中央指方向,为地方细化提供依据。

5)尽早修订法律法规,强化企业能源审计、能源监察的法律依据

我国亟待修订《节能法》,并制定配套的法律法规体系。最好的方法是在《节能法》中用更具体的条款加强节能法的可操作性。如果全国情况差异太大、难以细化,至少也要为地方制定具体的、可执行的法规留出足够的依据,让下级法律法规的制定"有法可依"。特别要注意与我国其他法律法规的协调一致。

力争将企业能源审计、能源监察等机制以法规的形式确立起来,推动企业的节能行为。同时,在全国范围内推动节能执法队伍的专职化。

6)健全能源统计体系

当前能源统计数据可用性、完整性较低的根本原因是缺乏健全的能源统计体系。今后,能源统计数据缺乏的状况不能延续下去,长此以往,必将导致国家宏观决策的重大偏差。强化能源统计体系,特别是终端能源消费的统计体系,必须加强能源利用的监测工作。我国对此应给予更多财政支持,利用好目前已有的各地节能中心,与国家统计局一起将能源统计工作做好。

山西省关停小火电机组调研报告

薛新民

1 获奖情况

本报告获得 2002 年度国家发展和改革委员会宏观经济研究院优秀调研报告三等奖。

2 本调研简要报告

2.1 社会经济发展概况

山西省位于我国中部，面积 15.6 万 km^2，占全国国土面积的 1.63%。2000 年总人口为 3 247.8 万人，占全国总人口的 2.57%。

长期以来，山西经济发展缓慢。改革开放以来，为了支持东部沿海地区发展，山西省在能源等方面曾经作出巨大的贡献，但经济却未得到相应的发展，与东部沿海地区的差距越来越大，经济发展已位居全国末几位。2000 年，山西省国内生产总值 1 643.8 亿元，占全国 GDP 的 1.84%；人均 GDP 5 061 元，远低于全国平均水平 7 063 元。据 2000 年《金融时报》报道，山西人均年收入全国倒数第一，仅 4 343 元，最高收入的上海市是山西的 2.5 倍多（10 932 元）。

煤炭及相关产业（炼焦、发电、钢铁、铁合金等）是山西省最重要的支柱产业、主要的经济来源。目前该省年生产煤炭近 3 亿 t，消费煤炭 1 亿多 t，外销煤炭 2 亿 t；该省年产焦炭 5 000 万 t，外销 2 400 万 t；此外每年还向区外输送大量电力。

大量的生产与消费煤炭给山西省带来了经济利益，同时也使其付出了沉重的代价。1999 年国家环保总局环境监测总站公布的全世界 30 个空气污染严重的城市中，太原排在首位；全国 335 个城市的综合污染指数的排序中，前 30 位中山西占了 13 个，前 8

位中山西占了 7 席。空气污染名列全国第一。山西省的空气污染是典型的煤烟型污染，是燃煤、煤炭的粗放加工利用（包括电厂燃煤排放）造成的。

2.2 关停小火电的进展

按照 1999 年 5 月国务院办公厅国办发 [1999]44 号文件精神，1999 年下半年山西省成立了以分管工业的副省长任组长，由省政府办公厅、省经贸委、省计委、省财政厅、省劳动厅、省环保局、省电力局、省地电公司 8 家单位组成的省小火电机组关停领导组，领导组办公室设在省经贸委，全省小火电机组关停计划均由关停领导组决定。

省经贸委组织省电力公司等有关单位，对全省小火电进行了全面细致的调研，截至 1999 年年底，全省共有 5 万及 5 万 kW 以下小火电机组企业 101 户，机组台数 255 台、279.3 万 kW。其中符合国家规定的综合利用机组条件和热电联产机组条件的机组分别有 86 台、42.7 万 kW 和 31 台、52.7 万 kW。按照 44 号文件精神，山西省统一规划，分类指导，因地制宜，分步实施。

（1）对无改造价值的和污染严重的小火电机组如期坚决予以关闭，1999 年、2000 年应关停的小火电机组经省小火电机组关停领导组会议通过，并报经国家经贸委批准后，已如期关停。合计关停 31 台，容量 50.21 万 kW，其中省电力公司系统 19 台，地方小火电机组 12 台。2001 年省电力公司系统又关停 5 台，12.4 万 kW。

（2）对有改造价值的小火电机组允许其改造成集中供热机组，如 1995 年新投运的光达电厂 5 万 kW 机组和 80 年代末永济市电力公司投运的 5 万 kW 机组，允许其改造成热电联产机组，一是取代县城居民采暖小锅炉小煤炉,减少烟尘排放,保护环境;二是提高煤炭利用效率,节约煤炭资源。

(3)充分利用山西煤矸石资源优势,允许有改造价值的部分小火电机组锅炉改造成循环流化床锅炉,如晋城矿务局电厂3台1.2万kW机组与临汾河西电厂3台1.2万kW机组和2台6 000kW机组等。

(4)关停小火电机组工作坚持以结构调整为主线,全面贯彻落实国家计委《关于在常规火电项目中贯彻电源结构调整"上大压小"的政策的通知》(计基础[1999]538号)文件精神,坚持以大代小,如2001年永济电厂10万kW新机组替代该厂4万kW老旧机组技改项目。

对于综合利用机组和热电联产机组的认定,经贸委聘请省政协委员、全国火电专家祝平教授为认定委员会主任委员,由省电科院、省电力公司、省环保局、省税务局等单位组成的认定委员会,认真执行国家有关标准,实地考察、取证,严格标准,严格评审,对符合标准的予以认定,不符合条件的限期整改,重新认定,绝不滥竽充数。杜绝人情认定,关系认定。

在关停小火电机组工作中,山西与其他兄弟省市一样也碰到过关停难的棘手问题,如五台县电厂,按照国家经贸委批准下发的小火电机组关停通知,省相关部门对五台县电厂实施关停。电厂有关人员多次上访,以各种理由请求复产,在经贸委的耐心劝服下,才使上访工作火熄事宁。

山西省电力公司根据国家关停小火电机组的有关政策要求,积极制定有关实施方案与措施,克服困难,努力做好小机组的关停及改造工作,较好地完成了国家下达的关停计划。

2.3 延缓部分小火电机组的关停时间

2.3.1 延缓关停机组的范围

依据国家经贸委关停小火电机组的有关政策,以及山西省经济发展水平、电力供需状况的实际,山西省经贸委决定延缓部分小火电机组的关停时间,如下:

(1)经济贫困地区的小火电机组;

(2)电力供应紧张的地区,如晋南地区;

(3)投产时间短,还贷任务重的小火电机组;

(4)目前未能完全达到指标要求但已基本符合热电联产、综合利用机组条件的小火电机组;

(5)地处电网末端或与主网联系薄弱,在关停后对当地或企业电力正常供应有较大影响的小火电机组。

2.3.2 延缓关停的主要原因

(1)小火电是地方财政收入的主要来源之一

山西是一个贫穷落后的省份,由于长期以来山西省产业结构以能源和原材料为主,产业结构调整比较缓慢,就使得一些经济落后的地区,在脱贫致富时,很难选择其他产业与省内外竞争,只好发展小焦炭、小冶金、小建材及小火电等,这些产业工艺严重落后,浪费资源,并加重了环境污染,也是造成小火电关停困难的原因之一。

小火电在山西省地方经济发展中占有重要地位。1986年国家发布关于发展小火电的暂行规定中把制定电价和上网电量的权限交给地方。小火电的电价由地方核定后执行:不联网的小火电厂,其电价由当地物价部门根据本地区情况,按合理利润的原则确定。对联网的小火电厂,其上网电价按所在地区小火电厂中等偏高的发电成本,加发电税金、合理利润统一确定。电价中已包括税金、合理利润,只要发电上网就有利润。刚好小火电上网电量由当地经贸委负责分配,从保护当地经济发展出发,小火电的年上网小时数均有保证。因此,地方建一座小火电,与建其他五小工业(小钢铁、小化肥、小土焦、小煤窑)相比,优越性更大,表现在不需要生产商去开拓市场,产品"电"不愁销路,且利润可观,等于有了一个稳定的财政收入来源,能给地方增加GDP、增加税收、安置数百工人就业、摘掉贫困帽子;如使用本地产的煤炭,还可带动本地煤炭工业和其他相关产业的发展,同样可安置人员就业。

(2)经济贫穷落后,关停带来的困难暂时难以克服

关停要解决电厂债务偿还问题、安置大批下岗职工等问题,由于国家缺乏必要的配套政策支持,解决这些问题均交给地方,地方确有难度,尤其是近年各地下岗待业职工已很多,再安置这么多人就业,确属不易;另一方面关停使地方财政收入下降,相关产业下马,地方难以承受,尤其对经济贫困落后地区难度更大,以山西省的贫困县为例:

目前山西省有一半以上的县属贫困县，其中 2001 年经国务院扶贫开发领导小组确定的国家级贫困县就有 35 个之多。按照贫困程度，这 35 个重点县依次是：兴县、临县、方山、石楼、静乐、岚县、永和、保德、天镇、大宁、五寨、繁峙、平顺、河曲、岢岚、吉县、五台、阳高、灵丘、娄烦、浑源、广灵、偏关、右玉、汾西、平陆、神池、代县、左权、隰县、武乡、宁武、和顺、壶关、中阳。部分县具体的经济情况见表 1。

表 1　2001 年山西省部分贫困县经济情况

县名	农民人均纯收入/（元/a）	人均国内生产总值/元	人均财政收入/元	贫困程度排位
兴县	651	822	45	1
永和	945	1 830	55	7
河曲	735	2 200	177	14
浑源	1 188	1 824	88	21
代县	1 263	1 969	139	28
和顺	1 316	2 344	169	35

其中有 8 个县有小火电厂，它们是：
① 吕梁地区。
兴县发电厂：2×6 000 kW，凝汽式；
临县发电厂：3×6 000 kW，凝汽式。
② 忻州市。
河曲县第二发电厂：3×12 000 kW，凝汽式；
静乐电厂：2×6 000 kW，凝汽式。
③ 大同市。
广灵电厂：2×6 000 kW，凝汽式。
④ 晋中市。
左权发电厂：1 500 kW，凝汽式；2×6 000 kW，凝汽式。
⑤ 长治市。
武乡发电厂：2×6 000 kW，凝汽式；2×12 000 kW，凝汽式。
⑥ 运城市。
平陆火电厂：2×6 000 kW，抽汽式。
在国家实施扶贫战略以来，经过全省上上下下、方方面面的同心协作、扶贫攻坚，其中少部分县已初步脱贫，但基础仍十分脆弱。这些县的小火电企业，虽然是国家政策关停的对象，但确是贫困县的财政支持，如吕梁地区的临县电厂，该厂年上缴财政利税占全县工业财政收入的一半以上（详见 2.5 节和 2.6 节），同时，这些小电厂也是电网的重要支撑点，如果目前实施关停，不仅会使脱贫的县返贫，还会对工农业生产和居民生活用电造成严重的影响。

（3）电力供需形势趋紧

山西电网是华北电网的组成部分，目前，山西省北部至中部已形成 500 kV 网架，中部至南部仍是 220 kV 网架。山西电网通过大同二电厂至北京房山双回 500 kV 线路与京津唐电网相连，娘子关电厂 2×200 MW 机组以双回 220 kV 线路直送河北南网。此外，忻州地区向陕西榆林供电，阳城电厂向江苏送电。

目前，山西省装机容量达 1 489.66 万 kW，其中水电 77 万 kW，火电及煤矸石、煤气等综合利用发电机组装机容量为 1 412.66 万 kW。除阳城电厂 6×35 万 kW 送江苏和大同二电厂 6×20 万 kW 送唐山，以及送京 50 万 kW 和送河北南网 30 万 kW 的外送电外，实际用于省内发电装机容量为 1 159.66 万 kW，其中省调电厂 981.2 万 kW，地方小发电企业为 178.46 万 kW。

据山西省经贸委提供的材料，近几年来，山西省经济发展及全社会用电量均保持了快速增长。据山西省经贸委提供的材料，2000 年山西省 GDP 增长 9.1%，全社会用电量增长 10%；2001 年，全省 GDP 增长 8.3%，全省发电量完成 598.6 亿 kWh，比上年增长 10%，用电量完成 558.3 亿 kWh，比上年增长 11.2%；2002 年前 7 个月累计，山西省经济仍保持高速发展，完成发电量 379.4 亿 kWh，同比增长 10.1%，累计用电量完成 350.3 亿 kWh，同比增长 9.1%。发电量的快速增长和用电市场的旺盛需求，有力地支持了全省经济的协调发展，但电力建设相对滞后与经济发展对电力需求的矛盾已经显现。

2002 年 7 月以来，山西电网连续出现大负荷，省调电厂曾一度处于零旋备状态。2002 年 7 月 16 日，全省统配用电负荷创历史最高水平，达到 775.4 万 kW。加上送京 50 万 kW 和送河北 30 万 kW，省调电厂发电负荷达 855.6 万 kW。除正常检修容量（计划检修容量按装机容量的 10% 考虑）95.6 万 kW 外，考虑到供热机组要供热必须减少发电出力和酷暑高温影响机组出力水平，以及枯水季节将使水电机组停运或减发等，影响发电负荷减少30万kW，使高峰期间旋转备用机组减少到10万kW以下。

南部电网特别是运城市电网比较薄弱，该地区经济高速发展对电力的需求旺盛，加上该区大容量电厂偏少和电网薄弱，使供需矛盾相当突出。2001年夏季河津电厂一台35万kW机组故障停机，就导致了大面积的拉闸限电。2002年前半年，永济电厂机组平均利用小时已高达3 730 h，南网平均利用小时已达2 942 h。7月，南网的运城、临汾、长治、晋城四市负荷急剧增长，特别是运城市供电负荷已达154.5万kW，日供电量3 525万kWh，分别比上年同期增长16.7%和16.1%，已突破2001年用电最高负荷132.6万kW的历史纪录。在南网各电厂全部机组满负荷运行的情况下，南送的5条线路所构成的断面负荷均已满载，偶尔出现超载。连续大负荷运载，机网协调难度很大，安全可靠性降低，一旦出现掉闸、掉机等情况，运城、临汾、长治、晋城四市必将大面积拉闸、限电。

2002年前7个月，山西省累计拉闸限电8 619条次，比上年同期增长102%，拉闸限电主要集中在运城市，该市累计拉限电8 325条次，同比增长106%，占全省拉闸限电条次的96.6%，损失电量4 268万kWh，同比增长73%。

2002年，山西省电力增长，主要靠逐年提高老机组的运行小时，加强设备管理，挖潜增效来满足用电市场需求，而新投运的机组依然不会超过10万kW，也就是说，支持山西省经济发展的电力资源主要靠存量，并非新的增量。但可增加的机组利用小时数量已十分有限，特别是用于高峰发电负荷已无潜力可挖。1999年，山西火力发电年利用小时为5 151 h，2000年为5 268 h，2001年已达5 300 h，2002年预计将超过5 500 h以上；2002年，山西50万kW机组利用小时已安排到6 000 h，30万~35万kW机组已安排到5 800 h，就是5万kW以下小机组也安排4 800 h。

随着山西省调整产业结构工作的深入，经济继续快速发展，即使中速发展，2003年，山西省用电市场需求增长将不会低于2002年。若按增长6.5%的速度测算，高峰负荷将达911万kW。正常情况下，省调电厂981.2万kW的装机容量应安排10%的检修容量，即计划检修容量为98.12万kW，那么，实际可运营的机组只有882.08万kW。加上供热、酷暑高温及枯水等因素影响机组

发电能力下降，将使山西省高峰负荷缺口达60万kW，这是没有考虑旋转备用情况下的负荷缺口。虽然，发电企业尚可再度挖潜，提高发电能力，但用电高峰负荷缺口不可弥补，形成了用电平峰低谷有电力、用电高峰缺负荷的局面，高峰拉闸限电将成定局。

造成这种局面的主要原因是，山西省近几年没有较大的机组投运，就连5万kW新机投入运行也非常稀少。在省调电厂中，2001年只有太原晋阳热电公司一台5万kW机组投运，这也是省调电厂中唯一投运的新机。2002年年底，也只有侯马2台5万kW机组技改工程将完工投运，2003年，虽有太二电厂五期1×20万kW扩建机组和永济电厂1×10万kW及大同一电厂1×20万kW以大代小技改机组投产发电，但也只能在年底投入运行，而夏季高负荷季节仍然没有新机投运，对于夏季用电市场仍是望梅止渴。

2004年上半年，与关公铝业有限公司的20万t电解铝技改项目配套的永济电厂1×13.5万kW发电机组，有望投产发电，对运城市的缺电状况略有缓解。下半年，大同一电厂技改项目2×20万kW机组可并网发电，可部分缓解2005年的用电市场矛盾，对于2004年夏季用电仍然无补。2005年上半年，漳泽三期2×30万kW机组、榆社电厂二期2×30万kW空冷机组和古交电厂2×30万kW空冷脱硫机组可相继投运发电，将使全省电力紧缺矛盾明显改变。

为提高电网的供电能力，保证电网安全可靠运行，山西省电力公司初步规划，建设太原、晋中、长治、晋城500 kV大环网线路，预计大环网工程在2004年建成投运。在实施大环网的同时，逐步强化220 kV电网，以适应晋南地区经济高速度发展对电力的需求，支持全省经济的健康发展，提高运营质量。

为缓解电力紧缺矛盾，山西省一方面加快电力建设步伐，同时决定延缓部分小火电机组的关停时间，尤其是晋南地区。

2.4 警惕新建小火电热的出现

1998—2001年，山西省新建5万kW及以下机组55.45万kW（1999—2001年山西省共关闭小火电机组62.61万kW），其中5万kW 4台、3万kW 1台、2.5万kW 5台、1.2万kW 10台、0.6万kW 10台和0.3万kW 4台，中小火电的比重仍然居高不下。尽管这些机组或是企业自备电厂，或是热电联产和综合利用机组，

符合政策。但新建这么多小机组,值得深思。

2.5 山西省临县发电厂调研报告

临县位于山西省吕梁地区,是国家级的贫困县。

山西省临县发电厂始建于1968年,位于县城以北6 km的木瓜坪乡张家沟村,经三期扩建,现有3台6 000 kW汽轮发电机组正常运行,总装机容量18 MW,资产总额3 594万元,在册职工628人,年发电能力1.2亿kWh,拥有一批专业技术人员和一支高素质职工队伍,管理水平先进,多年来一直位于临县企业榜首,属全省规模较大的网外运行地方小火电之一。机组为凝汽式中压汽轮发电机组,以烧烟煤为主。属于国家关停系列。

由于下述原因,临县发电厂要求暂缓关停。

(1)临县发电厂担负着全县的供电任务。由于历史的原因,临县至今仍是全省唯一的自发、自供、自用的独立运行的小电网,1997年经35 kV沙张线(沙会则—张家庄)与吕梁电网临时联网运行。现全县用电负荷为25 MW,吕梁电网向临县供电能力仅为全县用电负荷的1/4,临县发电厂供电占总需求的近3/4,担负着对全县总面积2 979 km²,23个乡镇、1 027个行政村、56万人口的生产生活及全县所有企业的供电任务,在临县社会经济发展中,目前仍起着不可替代的作用。若关停电厂,首先将形成供电缺口,对全县工农业生产、人民生活及社会经济发展将产生严重影响,尤其是全县煤炭工业生产将因供电不足而无法正常进行。

(2)临县属国家级贫困县,临县电厂是县里的主要企业,2001年全年发电1.1亿kWh,实现利税285.6万元,上缴财政利税占全县工业财政收入的一半以上,是县财政的重要来源。若关停电厂,将丧失电厂和部分煤炭工业的财政收入,直接影响全县80万人民群众的生产生活,临县作为国家级贫困县扶贫攻坚任务的完成,将面临更大困难。

(3)若关停电厂,原县属煤炭工业销售给电厂的发电用煤,将无处可销,将制约5户国营煤矿的生产,区域经济循环链条将会拉断。不仅电厂600多干部职工生活失去保障,县煤炭工业企业的职工同样面临失业,不利于全县的社会稳定。

(4)该厂对现有设备进行了综合利用机组技术改造,自筹资金500余万元新上马的首台35 t循环流化床锅炉现已投运,3#、4#锅炉的技改工作也已全面铺开。

2.6 山西省临汾市河西电厂煤矸石资源综合利用情况

临汾市河西电厂属民营独资企业。

该电厂位于临汾市河西工业区,占地320 660 m²,现有职工450人。其中,高中级技术管理人员50人,拥有固定资产2.5亿元,年工业产值8 000万元,年创利税2 000万元。

(1)企业现状

临汾市河西电厂已形成集发电、供热、建材、选煤、铁合金为一体的合理产业链。它是以煤炭工业废弃物煤矸石及洗矸为原料、采用国内先进的循环流化床锅炉、三电场电除尘、气力输灰、抽凝式发电机组等节能环保型设备、生产清洁的二次能源电力和热力,并利用电站锅炉排出的粉煤灰经加工成水泥、新型建材产品的资源综合利用企业。现有:

1)煤矸石热电机组。

装机容量:2×6 MW、凝汽式,3×12 MW、抽汽式,发电总装机容量48 MW,抽汽条件下为57 MW。

年发电量:3.6亿kWh。

年供热量:1 356 345 GJ(设计值)。

电站锅炉:4×75 t/h循环流化床。

2)8万m³粉煤灰建筑砌块厂一座,配套3万t粉煤灰水泥磨站一座。

3)6 000 kVA矿热炉一座。

4)48万t选煤厂一座。

电厂年消耗煤矸石45万t;年利用粉煤灰23.4万t;年生产粉煤灰建筑砌块8万m³;配套生产粉煤灰水泥3万t;硅铁合金4 500 t;入洗原煤48万t。

(2)在建项目

为充分利用电除尘器的干灰和灰场的灰渣,目前该厂正在进行下述项目的建设:

1)20万m³粉煤灰混凝土砌块及20万t粉煤灰水泥磨站项目。年产品产量:粉煤灰建筑砌块系列产品20万m³;粉煤灰硅酸盐复合水泥产品20万t;采用Φ2.2×8 m高细磨节能技术及砌块自动生产线。

2）年入选 48 万 t 洗煤厂易地技改项目。年产品产量 40 万 t 洗精煤。该项目全部投产后，将年处理固体废弃物煤矸石 45 万 t，年所排灰渣总量 26 万 t 全部综合利用；年节省煤矸石占地 26 668 m²；可使临汾市区 240 万 m² 办公商务及居住面积实现集中供热，并向周边工矿企业提供工业热源。同时，利用循环流化床电站锅炉产生的粉煤灰、炉渣生产新型建筑材料。每年可在原有 8 万 m³ 炉渣砌块的基础上新增粉煤灰砌块、墙体材料 20 万 m³，粉煤灰硅酸盐水泥 10 万 t，砌筑水泥 10 万 t。获得良好环保节能综合利用效益，改善临汾人民的生产、生活质量。

以上项目可在 2002 年年底前建成，全部建成投运后，年销售产值 1.8 亿元，年创利税 6 000 万元以上。临汾市河西电厂热电联产节能综合利用工程是符合国家产业政策的资源综合利用项目，且有较好的经济节能环保社会综合效益。

（3）工艺概述

燃料（煤矸石＋洗矸）破碎为 0～8mm 合格粒度，经计量由输煤系统送入 3×6 000 m³ 煤筒仓储存，容积 2 万 t。经 150 m 地下输煤栈桥送入斗式提升机，升至输煤层锅炉前煤储斗，由给煤机将其送入循环流化床锅炉炉膛燃烧，产生 3.82 MPa、450℃的过热蒸汽发电。同时，每台汽轮机可抽 70 t／h、0.5 MPa、230℃的蒸汽供城区及周边集中供热，热网有待临汾市统一敷设。

锅炉燃烧产生的飞灰经电除尘净化捕集，由全自动密封式正压管道仓泵经管道送至 2×800 m³ 储灰筒仓储存；炉渣由锅炉卸渣口流出，运至储渣场。灰、渣供本厂粉煤灰砌块砖厂、水泥磨站制作建材和水泥用。

该项目工艺及技术装备先进，自动化水平较高，基本达到吃光用尽，不造成二次污染，具有国内同类型装置先进水平。

工艺流程见图 1 所示。

（4）发展条件

临汾市河西电厂已初具规模，为今后发展打下了坚实的基础，主要表现在：

1）企业界区范围内还有空余土地面积 150 000 m²，可供开发，无需征地。

2）水、电、汽、公用条件具备，供应充沛，不受外界影响。

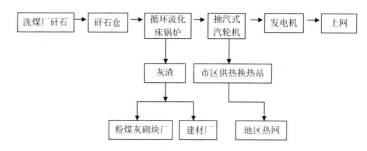

图 1　煤矸石资源综合利用工艺流程

3）总图布置合理，分区明确恰当，内外道路全部硬化，四通八达。

4）人员素质较高，内部竞争机制强，职工再培训制度扎实有效；吸引外部优秀人才机制灵活，吸引力强劲。

5）所在地为开发区，周边相关产业多，焦炉煤气、煤矸石洗中煤（160 万 t／a 以上）、天然气（西气东输贯穿）等资源充沛，协作条件好。

（5）存在问题

1）以上项目可在 2002 年年底前建成，尚缺资金 7 500 万元。

2）改造成综合利用机组，很多条件不成熟，政策不落实，如：

① 矸石售价过高，且无增值税发票，无法抵扣；

② 目前电厂工程不配套，制砖及水泥能力不足，消化不了渣；

③ 黏土砖不禁止使用，使矸石砖只能自用，目前 8 万 m³ 的生产能力，只生产 1 万～2 万 m³ 自用，将来生产能力扩大到 20 万 m³，砖的销路是大问题；

④ 调峰问题：按国家政策规定，综合利用电厂单机容量在 1.2 万 kW 及以下的，不参加电网调峰，但临汾河西电厂仍要求承担调峰，影响电厂的经济效益，需要解决。

2.7 加速山西关停小火电机组的建议

山西关停小火电工作虽然取得了一定成效，但由于关停任务重，难度大，中小火电的比重仍然居高不下，而且新建小火电项目的势头没有得到有效的遏制，为此提出以下建议。

（1）坚定不移地执行国家关停小火电的政策方针

根据山西省目前经济发展的实际情况，国家应想方设法帮助山西省克服关停中的困难；山西省也应从国家全局利益、长远利益出发,克服眼前的困难,坚定不移地执行国家关停小火电的政策方针,对于关停后对地方经济与电力供应不产生重大影响的小火电,要创造条件,尽早关闭。

（2）发展经济、脱贫致富

经济发展是关停小火电的重要基础,经济落后小火电也难以关停。发展山西经济一是要推动煤炭工业由数量速度型向质量效益型转变,由生产初级产品为主向综合开发利用为主转变;大力发展煤化工,以煤焦油深加工和甲醇精细化工为重点,发展优质、清洁液体能源产品和其他高新技术产品。二是要围绕增加品种、改善质量、节能降耗、减少污染和提高附加值,集中力量用高新技术和先进适用技术改造和提升煤炭、冶金、化工、机械、建材等传统产业。三是要发展高新技术产业,实施旅游产业开发工程等。

帮助经济落后地区(尤其是贫困县)发展经济,因地制宜、多种经营,摆脱对当地小火电的经济依赖,是加快小火电机组关停行之有效的基础工作之一。关停小火电要与创造经济增长点相结合,以免造成局部的不稳定。

（3）加强电力建设,缓解电力供需矛盾

加快电源和电网的建设,使电力供应紧张的地区,例如晋南地区的小火电机组早日关停;同时使地处电网末端或与主网联系薄弱,在关停后对当地或企业电力正常供应有较大影响的小火电机组早日关停。

（4）进一步落实煤矸石综合利用机组的政策

山西的煤炭资源丰富,与煤炭伴生的煤矸石资源也十分丰富,全省年产煤炭 3 亿余 t,煤矸石年产量 3 000 余万 t,此外,还有 9 亿 t 的煤矸石存量。如此多的煤矸石找不到出路,一是占用土地,二是久放自燃要产生大量的有害气体,污染环境,利用其发电是一种有效利用煤矸石的途径。据目前的认证,山西省小火电中符合国家规定的综合利用机组条件有 86 台。为使这些机组顺利地改造成为综合利用机组,需要进一步落实煤矸石综合利用机组的有关优惠政策:各地区、各有关部门对企业资源综合利用项目应重点扶持,优先立项;银行根据信贷政策,在安排贷款上给予积极支持;要加强对资源综合利用资金的管理,提高资金使用效率;同时减免部分税费,专项用于资源综合利用。

抓住西部大开发契机 坚持能源可持续发展

—— 青海省能源发展调研报告

苏争鸣

1 获奖情况

本报告获得 2002 年度国家发展和改革委员会宏观经济研究院优秀调研报告三等奖。

2 本调研简要报告

2.1 青海省基本情况调查

青海省位于青藏高原的东北部,与四川省、甘肃省、新疆维吾尔自治区和西藏自治区接壤。全省土地面积为 72.23 万 km²,约占全国面积的 7.5%,在西部地区土地面积仅次于新疆、西藏和内蒙古,排第四位。青海省是长江、黄河和澜沧江的发源地,境内有全国最大的内陆咸水湖——青海湖。

青海人口为 518.16 万人,是西部地区人口最少的两个省(区)份之一。少数民族约占全省总人口的 38.2%。

（1）国民经济发展特点

青海省经济特点是:地域面积大,但人口少;资源蕴藏丰富,但经济落后。造成这种现象的主要原因是地处边远,交通不便,与内地交流形式还处于初级的物质流通阶段;同时省内资源分布不均匀,开采业比重偏大,资源的原始转移降低了产品的附加值,使企业自我发展速度缓慢。近几年在西部大开发战略和国家财政政策的推动下,青海省经济发展有了明显的变化。

"九五"是青海省国民经济和综合实力增强的时期,国内生产总值年均增长 8.8%,分别比"七五""八五"增速提高 3.6 个和 1.2 个百分点。从 1997 年起连续四年增速高于全国平均水平,扭转了近 20 年增速长期落后于全国平均水平的局面。人均国内生产总

值、地方财政收入都有很大的提高,见表 1。

表 1 青海省人均国民经济主要指标

单位:元/人

	1985 年	1990 年	1995 年	2000 年
国内生产总值	809	1 478	3 639	5 872
财政收入	66	154	192	468

注:按当年的实际价格。

虽然近几年青海省各方面变化很大,但由于经济长期低速增长、生产和消费起点低、基础设施建设任务繁重,使经济发展的整体水平难以快速提高, 人均国内生产总值仅为全国平均水平的 73%,城镇人均收入仅为全国平均水平的 82%,农村人均收入仅为全国平均水平的 66%。

（2）经济结构特点

青海省经济结构的特点是以传统的基础产业为主,还处在工业化发展的初级阶段,结构层次较低。农牧业比重高于全国的相应比重,基本上处于小农经济和游牧状态,劳动生产率低下;资源开发型工业占主导地位,没有形成较长的产业链,大量的初级能源和原材料产品进入市场,因此,主导功能不明显,关联效应较差,对地区经济发展的带动力弱;现代意义的第三产业比重很小,交通、通信、商储服务等传统基础设施不完善,信息、金融、房地产等现代意义的基础设施更是落后。

前几年青海产业结构发生显著变化,1995 年第一、第二、第三产业产值分别占总产值的 23.5%、39.6%、36.9%;2000 年分别为 14.6%、43%、42.4%。

"九五"期间,青海省第一产业增长速度以较低水平缓慢增长,2000年出现了负增长。第一产业在国内生产总值中所占比重有继续下降的趋势。

第二产业增长以8%~13%的较高水平速度波动增长,其中,工业以7%~10%的适中速度增长,建筑业以16%~27%的较高速度增长。

第三产业以8%~12%的较高水平平稳速度增长,而且增长速度逐年加快,在国内生产总值中所占的比重有继续上升的趋势。

随着"西部大开发"战略的进一步实施,青海省工业得以迅速发展,工业用电占全社会用电量的90%以上,其中有色金属及黑色金属用电量又占工业用电的80%左右,说明基础工业和重工业比重很大,如青海铝厂、西宁钢厂等,这些行业产品和市场易受国内和国际金属价格的影响,竞争相当激烈,同时也是高能耗、低附加值的行业。

2.2 青海省目前能源发展水平

2.2.1 能源资源及开发程度

(1)水能资源:青海省是三江源头,全省水能理论蕴藏量在1万kW以上的河流有108条,理论蕴藏量达2 537万kW,分别占全国的3.5%和西北地区的27.8%,在国内居第5位,名列西北五省(区)之首。5 000 kW以上的水电站站址共有185处,装机容量2 376万kW,见表2。

表2　青海省水能可开发情况

	可开发水电站/座	可装机容量/万kW
大型电站:		
25万kW以上	17	1 861
中型电站:		
2.5万~25万kW	51	431
小型电站:		
0.5万~2.5万kW	117	83

按河流分:黄河干流在青海境内全长1 983 km,可建电站25座,装机容量可达1 937万kW。其中龙羊峡以下河段资源集中,坝址条件优越,离负荷中心近,可建大中型电站13座,装机1 316万kW,平均发电量为371亿kWh;龙羊峡以上河段可建大中型电站12座,装机600多万kW;。目前,已建成和在建的大型水电站有龙羊峡、李家峡、公伯峡3座,待建的有拉西瓦、积石峡、寺沟峡3座,拟建的中型水电站有7座。

(2)煤炭资源:青海省煤炭资源主要分布在祁连山、柴达木盆地北缘、昆仑山、唐古拉山、积石山地区,预测远景储量380.42亿t,目前已探明地质储量46.06亿t。煤质大多数为低磷、低硫、低灰、高热的优质煤炭。

(3)石油、天然气资源:青海省石油天然气资源主要聚集在柴达木盆地,储量丰富,前景良好。目前已探明石油地质储量2.28亿t,天然气储量1 575亿m^3。天然气气田集中,丰度高,埋藏浅,气质好,为全国四大气田之一。

(4)太阳能资源:青海省平均海拔在3 000 m以上,太阳日照时数长,日光透过率高,全年日照时数2 500~3 650 h,年均日照率达60%~80%,年接受的太阳能折合标准煤1 623亿t,合电量360亿kWh。

(5)风能资源:按"中国风能区划标准",青海省属"风能较丰富区"。全省90%以上的地区年平均风速在3 m/s以上。全年可利用风能时间在3 000 h以上,年平均可用风能密度在60~100 W/m^2以上。年风能资源理论值折合标准煤7 854万t,相当于电能1 745亿kWh。

2.2.2 能源工业和一次能源生产

青海省国民经济基础一直十分薄弱,工农业不发达,人们生活水平低下,能源蕴藏量丰富但就地消费量少,大部分能源资源直接运往外省,难以使省内能源工业迅速发展。近10年,随着经济发展,能源资源由直接外输型逐渐转为深加工型,省内优质能源的消费比例也随之提高。

(1)电力工业:青海省电力特点:水电资源丰富,是"西电东送"的重要基地,但煤炭资源比较贫乏,电源布局以水电为主,火电为辅。

2000年年底青海省发电机组容量为395万kW,其中水电占总装机容量的79%,火电占21%。青海省拥有330 kV和110 kV线路4 457 km。2000年全省发电量为133.78亿kWh,其中水电占

80.5%,火电占 19.5%。

青海省电网是西北电网的一部分，是青海省的主力电网，330 kV 和 110 kV 电网的覆盖率为 36%，用电量占全省的 90% 以上。青海电网不同于其他省市，分为三部分：青海电网、海西中部电网和其他小电网及独立电网。

青海电网共有大、中型发电厂 6 座，总装机 355.15 万 kW，其中火电厂 3 座，装机 64.9 万 kW，水电厂 3 座，装机 290.25 万 kW，水、火电装机比例分别为 81.7% 和 18.3%。330 kV 和 110 kV 线路长 4 024 km。青海电网覆盖面积 14 万 km²，用电人口约 332 万人，分别占全省总面积的 20% 和总人口的 65.5%。2000 年，青海电网最大用电负荷 138.65 万 kW，年用电量 98.4 亿 kWh，最大负荷利用小时为 7 097 h。

海西中部电网共有发电厂 6 座，总装机 12.2 万 kW，其中火电厂 2 座，装机 3.6 万 kW；水电厂 3 座，装机 6.1 万 kW；燃气电厂 1 座，装机 2.5 万 kW。110 kV 送电线路 164.6 km，35 kV 送电线路 247 km。2000 年该电网电量约为 3 亿 kWh，最大供电负荷约为 5 万 kW。

其他地区小电网。包括海西西部地区、果洛大部分地区及其他孤立运行的小电网，这些地区电网多为 35 kV 及以下电压等级，用电水平较低，尤其冬季小水电停运，供电状况更差。

（2）石油天然气工业：青海省石油天然气特点是储量丰富，前景良好，但探明程度低。石油天然气资源自用量很少。

目前青海省石油年开采能力已达到 397 万 t；石油年加工能力 27 万 t。2000 年，天然原油产量 200 万 t，天然气 3.9 亿 m³，加工原油 62 万 t。西气东输的涩—宁—兰天然气管道建设已列入国家和省实施西部大开发工程。

（3）煤炭工业：目前，青海省初步形成了以大通、热水等大中型煤炭生产企业为骨干及一批州、县、乡煤矿组成的煤炭工业布局。2000 年，全省共有矿井 111 处，生产能力 338 万 t，原煤产量 222 万 t，当年从省外购进 300 万 t。

（4）可再生能源和新能源：青海省可再生能源的特点是地属风能和太阳能丰富区，利用太阳能资源解决了浅山地区和沙区农户因炊事、采暖破坏自然植被的现象，太阳能采暖温热利用和光电利用改变了传统的农作方式。

截至 2000 年年底，青海省已建成风—光互补电站 6 座，合计光电功率 1 316 WP，风机功率 3 600 W；太阳能光伏电站 9 座，光电功率 21 406 WP；太阳能电池 42 WP，太阳能热水器 0.65 万 m²，太阳房 19.53 万 m²，太阳灶 3.5 万台，解决了部分边远地区的生活照明问题，受到广大农牧民的欢迎。

从表 3 可以看出，1990—2000 年青海省一次能源生产的结构特点及变化趋势。这 10 年间，能源生产年均增长速度是 4.46%，前 5 年由于青海省经济发展刚起步，能源发展速度相对缓慢；后几年内地经济繁荣，特别需要优质能源的供应，同时青海省经济有了增长，能源需求供应速度加快。

表3　青海省一次能源生产及结构

	1990 年	1995 年	1999 年	2000 年
能源生产总量 / 万 tce	606.5	571.6	885.9	937.9
能源生产总量构成 / %				
其中：原煤	32.3	29.7	23.0	16.8
原油	19.1	30.4	30.6	30.5
天然气	1.0	1.4	4.8	5.1
水电风电	47.6	38.5	41.7	47.7
年均增长率 / %	4.46			

青海省能源生产发展特点：由于煤炭资源储量的有限和关停小煤窑政策的实施，使煤炭生产能源比例逐年下降，2000 年下降幅度增大；原油比例自 1995 年以后基本保持在 30.5% 左右，原油产量稳步增长；天然气产量近几年骤然增长，但所占比例仍然比较小；水电的比重在能源生产结构中占据很大比重，几乎占一半，但水利的枯丰期和自然环境的变化已影响到能源生产结构，1995—1999 年西部大部分地区旱情较为严重，对青海省水利发电影响很大，这段期间水电所占能源生产比重降为 40% 左右。

2.2.3　能源消费

青海省能源消费特点：一是除部分煤炭需从外省调入外，其他都当地加工和利用。"八五"和"九五"期间，能源消费年均增长速度快于能源生产速度，为 5.93%。能源消费状况与能源生产状况大致相同，以水电为主，水电约占能源消费结构的 45%，水电消费量每年呈递增趋势;煤炭调入量逐年增加,主要是终端煤炭消费增加;原油消费比重在一次能源消费结构中从1995年呈上升趋势,由于青海省原油当地加工能力和消费有限,约40%的原油直接运往外省,是资源原始输送的主要产品之一;天然气消费也存在同样问题,随着格尔木和西宁燃气电厂的投产发电,会使天然气消费迅速增长,见表4。

表4　青海省能源消费构成

	1990年	1995年	1999年	2000年
能源生产总量/万tce	606.5	571.6	885.9	937.9
能源消费总量/万tce	504.4	687.7	938.7	897.2
能源消费总量构成/%				
其中:原煤	51.5	41.6	37.3	30.2
原油	12.5	8.4	16.8	19.0
天然气	1.0	1.1	4.4	4.8
水电风电	33.0	48.8	41.5	46.0
年均增长率/%	5.93			

二是人均商品能源消费量不足,为全国平均水平的80%。青海省除几个大城市和工业区外,广大农村和大部分城镇、乡镇由于收入水平低,仍然使用大量的非商品能源。大量地砍树毁林、烧草炊事和其他破坏生态环境行为,使72万km²的青海水土流失面积达一半以上,是全国水土流失最严重的省份之一。

2.3 青海省主要能源问题分析

在西部大开发中,国家相继实施的西电东送、西气东输、青藏铁路及南水北调四项重大的基础设施性工程,都与青海经济建设和人民生活息息相关。如何使青海省一如既往地为国家经济实施资源优势,又能利用国家项目迅速发展本省经济,在保护自然生态环境的前提下最大限度地获取资源,根据国家对西部地区大开发战略决策,冷静、科学和系统地研究和分析青海省的发展趋势是十分必要的。

(1)选择何种发展模式是青海省能源可持续发展的重要问题

一般缩小区域间经济发展差距的传统模式有:大规模开发利用自然资源模式,把资源优势变为经济优势;重复传统工业化模式,继续扩大能源原材料等基础产业,依靠规模的扩张使经济增长,以实现与东部地区的分工,形成一定的产业结构梯度。青海省过去就是采用扩大自然资源开发的模式来发展经济的,随着国民经济的供求形势发生了根本变化,供给过剩已延伸到能源、原材料和其他资源性产品,资源消费政策的变化及运输成本的限制,大规模的开采使原本脆弱的生态环境更加不堪重负,也使青海这个资源省区的传统优势逐步丧失。随着沿海地区大量进口石油、天然气和一些矿物产品及核电站的建立,将导致石油化工、钢铁、有色金属等原材料工业,进一步向沿海地区集中,原来设想从青海省向外输电或输气将会受到影响,资源优势下降不仅不能促进和优化经济发展,反而会成为新的债务包袱。

(2)如何看待能源外输与内需,须用长远眼光

凭借着西部大开发的东风,青海经济将会有大幅度的增长,需要大量的能源支持和配制,特别是优质能源,如何解决能源资源外输和内需矛盾,对青海省的发展是很重要的。

青海现有基础产业已有一定规模,但由于多为国有大中型企业,经济效益不好,技术水平落后,普遍开工不足;经济的长期低速发展,使居民收入不高,难以刺激社会购买力;广大农牧民生产和生活处于温饱阶段,自种自收,自养自用,对商品的要求只限于一般生活日用品。这些现象使青海省经济一直处于低谷时期,以增大能源外输量维护经济活动。随着国家四大工程在西部的开发,大量资金和技术的投入,可以救活省内一些基础产业和相关产业,解决劳动力就业问题,同时扩大了能源内需和其他商品流通市场,激活经济,形成经济的良性循环。

解决能源外输与内需矛盾的根本在于加快现有产业结构的调整和升级,实现工业的现代化和高科技化,而不是再建和新建一般性产业项目,有些项目只有短期效益,很容易面临严重过剩,投资无效益,造成资金、资源和人力的浪费。

(3)经济发展速度、资源开发程度与生态环境保护三者之间的关系

青海省地处三江源头,也是全国生态破坏最为严重的省份之一,青海森林覆盖率只有0.3%。近几年青海省经济快速发展取得了高于全国平均水平的经济增长速度,但在一定程度上是由牺牲

生态效益而得到的工农业发展支撑的。

如何解决既要保护源头水质不受污染，又要在脆弱的生态环境中建设和开发能源工程，如何面对生物多样性锐减，土地、草原退化严重，水土流失加剧，水生态失调，沙尘暴频率剧增，波及范围增大等诸多治理问题，青海省启动了大规模的生态恢复和建设工程，同时还要保持很高的经济增长速度，但目前青海省的产业结构不可能大幅度升级，要达到如此高的增长速度，只能依靠基础产业扩大规模和开发资源，以"量"取胜，大规模过度开发资源一方面提高了生态机会成本，另一方面一旦资源开发处理不当，保护不力，就可能带来新的一轮生态环境破坏和更大范围的资源破坏。

目前实施的"边开发、边治理"政策是否可持续，资源破坏的代价超过了资源开发的收益，环境污染的速度高于环境治理的速度，形成难以恢复的局面。如何处理好经济发展、资源开发和生态保护之间的关系，要使三者的效益相结合，不可追求单方面的高效益，以牺牲生态为代价，适当调整经济增长速度，特别是对自然资源有影响的产业的增长速度，开发替代产业，调整资源利用结构。在生态环境破坏程度高的地区，是否像"退耕还林（草）"政策那样，封住资源，或有节制地开采资源，把恢复植被和建设生态环境作为主要发展方向。这样，才能使经济、资源和环境可持续发展。

（4）打破区域界线，充分开发黄河水电资源

黄河干流全长 5 464 km，河源在青海省，是黄河干流流经的第一个省份，境内 1 983 km，这里山高谷深，河道窄，移民搬迁少，淹没损失小，工程造价低，工期短，见效快。从龙羊峡到公伯峡 270 多 km 的黄河段是修建大中型水电站的"富矿区"。还有湟水河等黄河支流上能建中、小型水电站 10 多座。这些水电站的建成，可以推动青海省工业和农牧业的综合发展，加快了农牧区电网改造的速度，推动了"村村通"工程，改善了农牧民生活的质量。

黄河干流流经的甘肃、宁夏、内蒙古和陕西等省区也是相对贫穷和落后的地区，也是西部大开发的主要省份，青海是个水电资源大省，但是自身财力有限，联合陕、甘、宁等下游省区，共同开发黄河上游丰富的水电资源是十分必要的。如青海境内的李家峡水电站是由陕、甘、宁、青四省区联合开发建成的第一座大型水电站，5 台 40 万 kW 的机组，总装机容量达 200 万 kW，是黄河上游最大的水电站。1998—2001 年以来，年均发电量达 59 亿 kWh。联合的力量缩短了水电站的建设周期，投资建设的四省区也及时受益。区域间合作需要面临如何共同开发和利用资源，如何分配利益和分担风险，还有开采权和资源税所属及生态环境治理等问题，只有解决好这些问题，才能使水资源充分利用，继续实施可持续发展。

西部水电大开发和"西电东送"的实施，打破了我国能源资源分布和经济发展不平衡，也打破了区域划分和行政垄断，拥有水资源的省（区）份联合起来，为缺能地区提供清洁的能源，从而获得共同利益，达到共同富裕的目的。"西电东送"的北、中、南三条通道，其中以黄河上游为起点，经宁夏、陕北向华北地区送电，构成"西电东送"的北路通道。随着黄河上游水电滚动开发的实施，西北电网的电力容量和调峰能力将有很大的提高，不仅能够满足西北电网运行的需求，还有能力向外输送调峰电力，更好地实施"西电东送"计划。

（5）如何以交通为枢纽，带动相关产业发展

青海省地大人稀，经济相对落后，资源和物质交流缓慢，严重影响经济发展。青藏铁路的贯通使青海成为西藏地区连接内地货物和人群流动的集散地，能源消费的调入调出量增大，带动了相关产业（如旅游业、服务业等），成为西南和西北、西部与内地连接的主要通道。对兰青铁路、青藏铁路西宁—格尔木段的电气化改造，进一步提高运输能力；连接甘肃、新疆、四川、西藏的出省公路通道，构成了四通八达的运输网，加上西北电网与华北电网相连，输送天然气管线的延伸，将西部优质资源带往内地，用沿海地区先进设备和产品发展西部，对促进全社会共同进步具有重要的意义。